地球科学与生活

（第7版）

Foundations of Earth Science, Seventh Edition

◇ ［美］Frederick K. Lutgens　Edward J. Tarbuck　著

◇ ［美］Dennis Tasa　绘

◇ 徐学纯　梁琛岳　郑琦　等 译

电子工业出版社

Publishing House of Electronics Industry

北京·BEIJING

内 容 简 介

地球科学是以地球系统（包括大气圈、水圈、岩石圈、生物圈和日地空间）的过程与变化及其相互作用为研究对象的基础学科。本书通过对地质学、海洋学、气象学和天文学等的简要介绍，让人们了解地球科学的基本原理。首先介绍什么是地球科学，然后分7个单元分别介绍构成地球的物质、地表的形成过程、地球内部活动、地球的演化、海洋学、大气学、天文学等。全书通过日常生活中的示例，说明了地质、海洋、气象和天文活动对生活的影响，同时说明了各学科在国民经济发展中的作用。

本书可作为高校理工科专业学生地球科学导论的教材，也可供其他需要了解地球科学是什么的人士阅读和参考。

版权贸易合同登记号　图字：01-2014-7301

图书在版编目（CIP）数据

地球科学与生活：第 7 版/（美）弗里德雷克•K. 拉更斯（Frederick K. Lutgens），（美）爱德华•J. 塔巴克（Edward J. Tarbuck）著；徐学纯等译. —北京：电子工业出版社，2023.4
书名原文：Foundations of Earth Science, Seventh Edition
ISBN 978-7-121-45220-8

Ⅰ.①地…　Ⅱ.①弗…②爱…③徐…　Ⅲ.①地球科学－高等学校－教材　Ⅳ.①P

中国国家版本馆 CIP 数据核字（2023）第 048479 号

审图号：GS 京（2022）1463 号（本书插图系原文原图）

责任编辑：谭海平
印　　刷：北京市大天乐投资管理有限公司
装　　订：北京市大天乐投资管理有限公司
出版发行：电子工业出版社
　　　　　北京市海淀区万寿路 173 信箱　　邮编：100036
开　　本：787×1092　1/16　印张：31.25　字数：840 千字
版　　次：2023 年 4 月第 1 版（原著第 7 版）
印　　次：2024 年 12 月第 2 次印刷
定　　价：178.00 元

凡所购买电子工业出版社图书有缺损问题，请向购买书店调换。若书店售缺，请与本社发行部联系，联系及邮购电话：(010) 88254888，88258888。
质量投诉请发邮件至 zlts@phei.com.cn，盗版侵权举报请发邮件至 dbqq@phei.com.cn。
本书咨询联系方式：(010) 88254552，tan02@phei.com.cn。

译 者 序

地球是人类赖以生存的家园，了解、认识和爱护地球是人类共同的责任和义务，只有很好地掌握地球科学知识，才能更好地保护我们共同的家园。因此，地球科学与人类生活息息相关。本书是电子工业出版社根据社会的需求和人们对知识的苛求，选定出版的。

本书译自著名地球科学家 Frederick K. Lutgens 和 Edward J. Tarbuck 等编著的 *Foundations of Earth Science, Seventh Edition* 一书，该书在美国、日本、新加坡等世界上 24 个国家和地区发行，具有较大的学术影响力，是知识性和科学性极强的普及性读物。全书包含 7 个单元 16 章，主要介绍地质学、海洋学、气象学和天文学的基本主题与原理，内容广泛，知识面宽，由浅入深，通俗易懂，图文并茂，注重前沿信息。书中既有前沿问题聚焦，又有关键知识点和课后复习要点，内容既具有知识性和可读性，又具有科普性，能最大可能地调动人们了解、学习地球科学知识的主观能动性与积极性。本书的最大优点是，既可作为无地球科学背景知识的通俗读物，又可作为大专或大学本科生修读"地球科学"课程的教材。全书内容信息量大、前沿性强，既注重知识的原理性和概念的准确性，又具有内容的可读性与用户友好性。

本书是为自主学习而设计的。每章都从概念开始。每个学习目标都对应于该章的主要部分，并给出学生在学完一章后应掌握的知识和技能，帮助学生了解重点概念。在每章的每节后面都提供"概念检测"，以便学生在深入学习后面的内容之前，了解自己对重要概念的理解程度。每章最后都以能培养学生思维能力的"思考题"结束，每章末的所有新内容都是主动学习本书的重要组成部分。这些思考内容与章首的学习目标相呼应，简明扼要，突出重点。本书具有无与伦比的视觉享受。除了 200 多幅高质量照片和卫星图像，还重新绘制了几十幅地学插图，体现了地球科学的高度可视化。插图和图表常与照片搭配以产生更好的效果，文字叙述中夹杂了许多新的图表，以帮助学生掌握相关内容。

本书的主要目标是为初学者提供可读性强的最新知识，着眼于基本原理和教学过程的灵活性。为实现这一目标，每部分内容都有精挑细选的问题讨论、案例分析和实例。众多的标题和副标题可帮助学生跟进讨论并明确每章提出的重要思想。书中涉及的不少热点话题，其主要关注点都是提升学生对基本地球科学原理的理解和认识。通过本书的学习，可以使学生掌握基本的地球科学知识原理和内容，满足了解和认识地球系统以及进一步研究地球科学的需要。

全书主要由徐学纯、梁琛岳、郑琦、郑常青翻译，林波、徐久磊、韩晓萌、崔一兵、周晓萍、张慧明、孟兆海、钟定鼎、刘云虎、董云峰、王照元、杨岩、郭腾达、石磊、宋旸、周枭等研究生做了大量具体的翻译和校对工作，在此表示感谢。由于译者的水平和能力所限，对原书中很多知识的理解和认识还不能够达到原作者的理想水平，很多翻译内容的表达还不够准确，还存在很多不足和错误之处，敬请广大读者批评指正。

译 者

前　言

本书是地球科学导论课程的教材。全书包含 7 个单元，主要介绍地质学、海洋学、气象学和天文学的基本主题与原理，内容广泛，注重前沿信息，注重原理和概念的可读性与用户友好性，可作为无科学背景知识的学生和相关人员的读物。

新版特点

- **新编排方式**。每章都从基本概念介绍开始，章首给出学习目标，节尾给出"概念检查"，章末给出"思考题"。
- **概念检查**。章末的回顾内容与章首的学习目标相呼应，简明扼要，突出重点。
- **无与伦比的视觉享受**。提供 200 多幅高质量照片和卫星图像，以及几十幅地学插图，且地图和图表常与照片搭配。此外，叙述中还夹杂了许多新图表。
- **内容的更新和修订**。每部分内容都进行了精挑细选，同时改进了许多讨论、案例分析和实例。

与众不同的特征

- **可读性**。本书的语言通俗易懂。众多的标题和副标题可帮助学生跟进讨论并明确每章的重要思想。新版的结构和写作风格更为合理。
- **强调基本原理**。虽然书中涉及不少热点话题，但新版的主要关注点与之前各版本的关注点相同，都是为了提升学生对地球科学基本原理的理解。
- **强大的视觉组成**。地球科学需要高度可视化，插图和照片在导论性课程中起重要作用。如在之前的所有版本中那样，插图师 Dennis Tasa 与本书的作者密切合作，策划并绘制了学生易于理解的表格、地图、图形和草图。地质学家兼摄影师 Michael Collier 为本书提供了几十张航空照片。

教学资源包

- **MasteringGeology**。提供非常具有吸引力的动态学习方式，关注课程目标，并回应学生的进步，有助于学生理解课程内容和较难的概念，详见 www.masteringgeology.com。
- **教师手册**。内容包括概述、学习目标、教学方法、教师资源和每章的习题答案。
- **TestGen 试题库**（仅供下载）。TestGen 是一个试题生成程序，教师能查看和编辑试题库、生成试题，并以各种格式来打印试题。试题库中包含 800 多道选择题、正误题、简答题、填空题和论述题。试题库也能转换为 Word 格式并导入黑板。

致谢

编写教材需要天赋并与多人合作，本书也是团队努力的成果。感谢 Andy Dunaway 为本书投入的时间、精力与热忱，感谢 Crissy Dudonis 对图书撰写进度的把控，感谢 Derek Bacchus 和 Gary Hespenheide 对本书的设计，感谢营销经理 Maureen Mclaughlin 提供的意见和建议，感谢策划编辑 Jonathan Cheney 对本书修订所提供的帮助。感谢 Heidi Allgair 领导的制作团队。

感谢对本书作出重要贡献的如下人士：负责文中所有插图的 Dennis Tasa；为本书提供许多照片的 Michael Collier。

感谢审阅本书的人士，他们是 Winston Crausaz、Chris Hansen、Miriam Helen Hill、Paul Horton、Adam Kalkstein、Kody Kuehnl、Judith Lemons、Randal Mandock、Kevin Marty、Gustavo Morales、Malcolm Skinner。

最后感谢我们各自的夫人 Nancy Lutgens 和 Joanne Bannon 的支持与鼓励。

Frederick K. Lutgens

Edward J. Tarbuck

目录

CONTENTS

第 0 章　地球科学导论

犹他州南部泥河附近下午的一场暴雨（Michael Collier 摄）

壮观的火山喷发、景色秀丽的岩石海岸以及飓风造成的破坏，都是地球科学家研究的课题。

地球科学研究涉及很多有关环境的迷人问题或实际问题。什么力量造就了山脉？为什么每天的天气如此多样？气候真的在发生改变吗？地球有多少岁了，它与太阳系中的其他行星有着怎样的联系？什么导致了海洋潮汐？冰期是什么样的？会不会有另外一个地球？可以在这里成功钻井吗？

本书的主题就是地球科学。要了解地球并不是件容易的事情，因为地球并不是静止不变的物质。相反，它是一个动态的球体，有着许多相互作用的部分和漫长且复杂的演化历史。

0.1 什么是地球科学

列举和描述组成地球科学的学科。

地球科学是试图了解地球及其周围空间的所有学科的总称，它包括地质学、海洋学、气象学和天文学。

在本书中，第 1~4 单元的重点都是地质学，地质学的字面意思是"研究地球"。地质学传统上分为两大领域：自然地质学和历史地质学。

自然地质学考查地球的物质组成，并力求了解发生在地表上或地表下的许多过程。地球是一个动态的、千变万化的星球。地球的内力作用会引发地震、构建山脉和形成火山构造。在地表上，外力作用裂解岩石并形成多种多样的地貌（见图 0.1）。水、风、冰的侵蚀作用造就了种类繁多的地貌景观。由于岩石和矿物是在地球的内部和外部作用过程中形成的，因此研究地球的物质是了解我们这个星球的基础。

图 0.1 阿拉斯加的福拉克山。地球内力作用创造了这座山，而外力则不断雕刻着它。这座山位于迪纳利国家公园，是美国第四高峰（Michael Collier 摄）

与自然地质学相比，历史地质学的目的是了解地球的起源及这颗行星在 46 亿年历史中的演化。它致力于建立一个有序的编年序列，将发生在地质历史中的许多自然和生物变化排列起来。从逻辑上讲，自然地质学研究先于地球历史的研究，因为在试图揭秘它的过去之前，我们必须先了解地球是如何运转的。

第 5 单元主要关注海洋学研究。海洋学其实并不是一门割裂的独立学科。相反，海洋研究综合性强且相互影响，它涉及所有领域及它们之间的相互关系。海洋学综合了化学、物理学、地质学和生物学，包括海水成分和海水运动，以及海岸变化、海底地形和海洋生物的研究。

第 6 单元主要研究因重力作用而保持在行星表面的气体混合物，气体混合物随着海拔高度的增加迅速变得稀薄。在地球运动和太阳能量二者的共同驱动下，无形且不可见的大气圈导致了多种多样的天气变化，而这又构建了全球气候的基本格局。气象学是研究影响天气和气候变化的大气圈及其作用过程的科学。像海洋学一样，气象学在综合研究环绕地球的薄层空气时要使用其他学科的知识。

第 7 单元阐述地球在宇宙空间中的位置，它与太空中所有的其他星体都有关系，需要我们在更大的宇宙空间视角下研究我们所在的行星。天文学（研究宇宙空间的科学）对于确定我们自己的外界环境起源很有用。因为我们如此熟知自己生活的这个星球，所以很容易忘记它仅仅是浩瀚宇宙中的一个小星体。事实上，地球受自然法则支配，而同样的法则也支配了占据巨大宇宙空间的许多其他星体。因此，为了理解我们所在行星起源的学说，了解太阳系中其他星球的知识是有用的。此外，对于我们认识太阳系是组成银河系的大量星体组合中的一部分，而银河系也只是众多星系之一，也是有帮助的。

理解地球科学具有挑战性，因为我们的地球是一个动态的球体，它的许多部分相互作用，并有着复杂的历史。在漫长的演化历史中，地球始终发生着变化。事实上，现在它就在发生变化，且在可预见的未来会继续变化。有时这种变化是迅速和猛烈的，比如强烈风暴、山体滑坡或火山爆发。通常这种变化是逐渐进行的，可能人的一生中都不会注意到。地球科学所研究的现象，其规模及空间位置通常也相差很大。

地球科学通常被视为在室外进行的科学，事实确实如此。很大一部分地球科学家的研究都基于在野外进行的观测和实验。但是，地球科学也有在实验室进行的研究，因为在实验室对各种地球物质的研究可帮助人们了解许多基本过程。例如，在实验室中创建复杂的计算机模型来模拟我们这个星球的复杂气候系统。地球科学家们经常需要了解和应用物理学、化学和生物学。地质学、海洋学、气象学和天文学是我们寻求增强对自然界的认识并扩大我们在自然界中的生存空间的科学。

你知道吗？

1492 年，当哥伦布起航时，许多欧洲人认为地球是平的，哥伦布将航行到地球的边缘。然而，早于此时的 2000 年前，古希腊人就意识到了地球是球形的，因为在月食期间，它总会在月球上投射出弯曲的影子。事实上，希腊天文学家、数学家和地理学家埃拉托色尼（公元前 276—公元前 194）计算了地球的周长并获得了一个数值，它非常接近于 40075 千米这样一个现代测量结果。

0.2 地球的圈层

描述组成地球自然环境的 4 个"圈层"。

图 0.2 中的图像非常经典，因为它们让人类看到了地球不同于以往的一面。这些早期的印象深刻地改变了我们对地球的固有概念，并在第一次观测到它们的几十年后仍印象深刻。这样的图像告诉我们，我们的家园毕竟是一颗行星——虽小却自成一体，甚至在一定程度上相当脆弱。

从太空中仔细观察我们的星球时，可以清晰看到它不仅由岩石和土壤组成。实际上，图 0.2 所示的圈层结构中最显著的特征不是大陆，而是悬挂在大陆表面和广阔海洋上方的卷云。这些特征告诉我们，这个星球上的空气和水非常重要。

图 0.2 中所示的地球照片可帮助我们了解自然环境传统上分为三个主要部分的原因：水的分布，称为水圈；地球的气体外壳，称为大气圈；固体地球，称为岩石圈。

1968年12月，所谓的"地出"景象迎候着阿波罗8号的宇航员，彼时他们乘坐的飞船正从月球背后出现。这一经典照片让人们看到地球不同于以往的一幕

1972年12月拍摄于阿波罗17号的这幅图像可能被首次称为"蓝色弹珠"。深蓝色的海洋和旋转的云朵图案提醒着我们海洋和大气的重要性

图 0.2 从太空中看地球的两幅经典图片（NASA 供图）

图0.3　地球圈层的相互作用。海岸线是交汇地，系统的不同部分在这里相互作用。在这一场景中，空气（大气圈）移动形成的海浪（水圈）会击碎岩岸（岩石圈）。水的力量很大，其导致的侵蚀作用也很巨大（Michael Collier 摄）

应强调的是，我们的环境是高度综合的，而不是由水、空气或岩石单独支配的。相反，其特征在于空气与岩石、岩石与水、空气与水之间不断的相互作用，而且地球生命形式的总和即生物圈，延伸到了这三个自然领域，且同样是地球的组成部分。因此，地球可视为由 4 个主要圈层组成，即水圈、大气圈、岩石圈和生物圈。

地球上的 4 个圈层之间的相互作用是无法估量的。图 0.3 给出了一个简单且形象化的例子。海岸线是岩石、水和大气交汇的场所。在这里，穿过海水的空气运动产生波浪，并拍打对面的岩岸。水的力量很强大，产生的侵蚀作用也很巨大。

0.2.1　水圈

地球有时被人们称为蓝色星球。水无比重要，它使得地球独一无二。水圈是水连续变化的一个动态体，海水从海洋蒸发到大气圈，再降落到大陆，然后流回到大海。全球海洋无疑是水圈的最突出特征，它覆盖了近71%的地球表面并有着3800 米的平均深度。它占据了地球上超过96%的水（见图0.4）。水圈还包括地下的淡水和河流、湖泊及冰川。此外，水还是所有生物的重要组成部分。

尽管后几种来源只是全部来源的一小部分，但要比其所占百分比更为重要。除了为陆地上的生命提供重要的淡水，溪流、冰川和地下水还为雕琢和创造我们所在星球多样性的地貌起了重要作用。大气中的水、云层中的水和水蒸气在天气与气候变化中也至关重要。

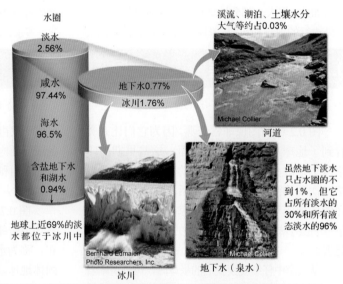

图 0.4　含水的行星。水圈中水的分布

海水的体积非常巨大。如果地球的固体物质呈平滑的球状，那么覆盖在地球表面上的海水的平均深度将超过 2000 米。

0.2.2　大气圈

地球被一个活力十足的气体外壳包裹，这个气体外壳称为大气圈（见图0.5）。当我们观看喷气式飞机穿越天空时，似乎大气圈向上还延伸了很大的距离。然而，与固体地球的半径（约 6400千米）相比，大气圈是一个很薄的圈层。即使忽略其较小的规模，这层很薄的空气毯仍然是地球不可或缺的一部分。它不仅提供了我们呼吸的空气，也保护了我们不受来自太阳辐射的危害。大气与地球表面之间以及大气圈与太空之间不断发生能量交换的过程，导致了我们称为天气和气候的结果。气候对地球表面过程的性质和强度影响很大。气候变化时，这些过程也会相应地变化。

如果地球像月球那样没有大气层,那么我们的星球将会是死气沉沉的,因为许多使地球表面焕发生机的过程和相互作用无法进行。没有风化和侵蚀,地球的面貌可能更加类似于近 30 亿年中未发生明显改变的月球表面。

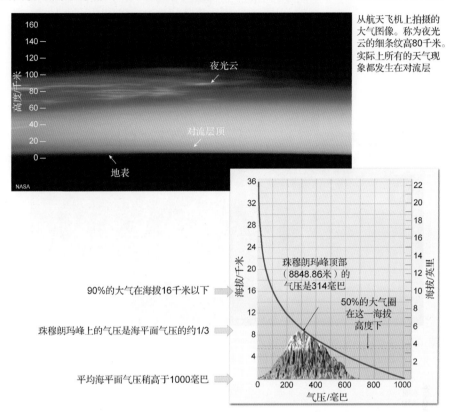

从航天飞机上拍摄的大气图像。称为夜光云的细条纹高 80 千米。实际上所有的天气现象都发生在对流层

90% 的大气在海拔 16 千米以下

珠穆朗玛峰上的气压是海平面气压的约 1/3

平均海平面气压稍高于 1000 毫巴

珠穆朗玛峰顶部(8848.86 米)的气压是 314 毫巴

50% 的大气圈在这一海拔高度下

图 0.5 薄层。大气是地球必不可少的组成部分(NASA 供图)

0.2.3 生物圈

生物圈包括地球上的所有生命(见图 0.6)。海洋生物集中在阳光能照射到的海水中。陆地上的大多数生物集中在地表附近,有些树根和穴居动物能到达地下数米处;一些飞行昆虫和鸟类可到达水面以上 1 千米左右的空中。此外,很多生命形式适应于极端环境。例如,尽管深海海底压力极大且无比黑暗,但有些地方存在能喷出富含矿物质热液的管状物,因此生存有独特的生命群体。在陆地上,有些细菌会茁壮成长在深达 4 千米的岩石下和沸腾的温泉中。此外,携带微生物的气流可在大气中移动数十千米。然而,即使存在这些极端情况,生命仍局限在一个非常接近于地表的狭窄地带中。

植物和动物的基本生活依赖于自然环境,但生物体所能做的不仅仅是应对环境。经历了无数的相互作用后,生物体能帮助维持并改变所处的自然环境。若没有生命,岩石圈、水圈及大气圈的组成与性质会非常不同。

0.2.4 岩石圈

大气和海洋下面的是固体地球或岩石圈。岩石圈从地表延伸到地心,厚约 6400 千米,是迄今为止最大的地球圈层。我们对大部分固体地球的研究集中于更易接近的地表和近地表地貌特征,但值得注意的是,这些地貌特征中的很多都与地球内部的动力有关。

图 0.7 为地球内部结构示意图。如图所示,地球不是一成不变的,而是分为不同的层次。根据成分不同可分为三个主层:高密度的内层,称为地核;密度较小的中层,称为地幔;密度很小

且很薄的外层，称为地壳。地壳的厚度不一，海洋下面的部分最薄，大陆下面的最厚。虽然与其他地球圈层相比，地壳看似微不足道，但它是在同一个现存地球结构形成过程中产生的。因此，地壳对于我们了解这个星球的历史和性质非常重要。

海洋包含了地球生物圈的很大部分，现代珊瑚礁就是独特而复杂的例子，那里生活着约25％的海洋物种。由于这种多样性，它们有时被称为海洋中的热带雨林。

热带雨林的特点是每百平方千米内有数百种不同的生物

图 0.6　生物圈。地球上 4 个圈层之一的生物圈包括所有生命（珊瑚礁照片由 Darryl Leniuk/AGE Fotostock 提供，雨林照片由 AGE Fotostock/SuperStock 提供）

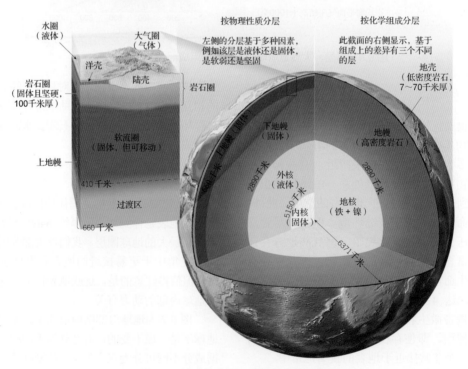

图 0.7　地球的分层。地球的内部结构

施加不同的应力和压力时，物质的不同行为将导致固体地球的分层。术语岩石圈指的是刚性外层，包括地壳和地幔最上层。在组成刚性岩石圈的坚硬岩石下面，软流圈的岩石是软塑性的，它能根据地球内部不均匀的热量分布缓慢流动。

地球表面的两个主要部分是大陆和海盆。这两部分之间最明显的区别是它们的相对水平高度。与海洋的平均海拔相比，大陆要高约840米，而海洋的平均深度为3800米。因此，与洋底的水平高度相比，大陆要高出4640米。

土壤，即地表上生长有植物薄层，是4个圈层的共有部分。固体部分由风化的岩石碎屑（岩石圈）和腐烂动植物生成的有机物（生物圈）组成。分解和破碎的岩石碎片是风化过程的产物，它需要空气（大气）和水（水圈）的共同作用。

水和空气也会充填固体颗粒间的空隙。

概念检查 0.2

1. 列出并简要定义 4 个构成环境的"圈层"。
2. 比较大气圈的高度和岩石圈的厚度。
3. 地球表面有多少被海洋覆盖？地球的总水量中，海水占多少？
4. 简要总结地球的分层结构。
5. 土壤属于哪个圈层？

你知道吗？

我们从来没有直接在地幔和地核中采过样。地球的内部结构是通过分析地震产生的地震波测定的。这些能量波能穿透地球内部，因此速度变化和波形能反映它们通过的具有不同属性的区域。分布在全球的监测站会检测和记录这种能量波。

0.3　地球系统

定义系统并解释地球为什么被认为是一个系统。

研究地球的每个人很快就认识到，我们的星球是一个由许多不同部分组成且相互作用的动态物体或球体。水圈、大气圈、生物圈、岩石圈以及它们的组成部分都能分别进行研究。但这些部分并不是孤立的，而是在许多方面与其他部分相互关联，形成了一个复杂且连续不断的整体，我们称其为地球系统。

地球系统不同部分之间相互作用的一个简单例子是，冬天太平洋的湿气蒸发，随后以降雨的形式落到加州南部的山丘上，引发山体滑坡（见图0.8）。水从水圈转移到大气圈，然后转移到岩石圈的这个过程，对自然景观和栖息于其中的动植物（包括人类）具有深远的影响。

0.3.1　什么是系统

科学家认识到，要更全面地了解我们的星球，必须要了解它的各个组成部分（土地、水、空气和生命形式）是如何相互关联的。这方面的努力（称为地球系统科学）旨在把地球视为由许多相互作用的部分所构成的系统来进行研究。从事地球系统科学的研究人员，试图采用跨学科的方法来了解和解决许多全球性的环境问题。

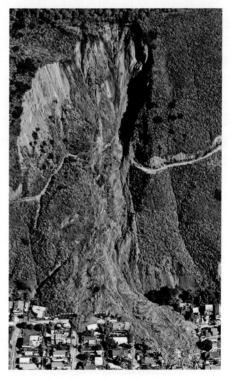

图 0.8　致命的泥石流。图中显示了地球系统不同部分之间的相互作用。2005 年 1 月 10 日，加州拉肯奇塔海岸社区的暴雨引发了泥石流（AP Wideworld Photo 供图）

系统是由相互作用或相互依赖的各个部分组成的复杂整体。大多数人经常会听到并使用这一术语。我们可能维修过汽车的冷却系统，利用过城市的交通系统，参与过政治系统。新闻报道可能会告知我们即将到来的天气系统。此外，我们知道，地球只是太阳系（统）的组成部分，而太阳系只是银河系的组成部分。

0.3.2 各个部分的相互关联

地球系统的各个部分是相互关联的，因此某一部分发生变化时，其他部分或整体也会发生变化。例如，一座火山爆发时，地球内部的熔岩可能会流到地表并堵塞附近的山谷。这种堵塞可能会形成堰塞湖或使溪流改道，进而影响当地的排水系统。在火山喷发过程中，大量火山灰和气体会被吹到大气中，因此可能会影响太阳照射到地球表面的总能量，进而导致整个半球的气温下降。

熔岩流或厚层火山灰覆盖地球表面后，现有的土壤就会埋在下面。这会重新开始把地表上的物质转换为土壤的过程（见图 0.9）。最终形成的土壤反映了地球系多个部分的相互作用——火山母质、风化的类型和速率，以及生物活动的影响。当然，生物圈也会发生显著的变化。一些有机体及其栖息地被熔岩和火山灰毁灭后，会重新创建新的生命及其环境（如湖泊）。潜在的气候变化也可能会影响敏感的生命形式。

时间和空间尺度 地球系统能被几分之一毫米至数千千米空间尺度的变化过程塑造。地球演化的时间尺度范围从几毫秒到几十亿年。像我们知道的地球那样，这种事件变得越来越显而易见，尽管距离或时间明显分离，但很多变化过程都相互关联，一个组成部分的变化会影响到整个系统。

地球系统的能量 地球系统的能量有两个来源。太阳驱动的外力作用发生在大气圈、水圈及地球表面。天气和气候变化、海洋环流和侵蚀过程由太阳的能量驱动。地球内部是能量的第二个来源。地球形成时的能量会保存下来，连续发生的放射性衰变则为火山、地震和山脉的内力作用提供了能量。

人类和地球系统 人类是地球系统的一部分；在这个系统中，生物和非生物成分是互相关联的。因此，我们的行为将会影响到其他所有的部分。我们燃烧汽油、煤炭，沿海岸线建设海堤，处理废物和清理耕地时，都会导致系统的其他部分做出无法预料的回应。在本书中，我们将了解许多地球子系统，如水文系统、构造（造山）系统和气候系统等。这些子系统或组成部分与我们人类一起，形成了相互影响的复杂体系，称为地球系统。

概念检查 0.3

1. 什么是系统？请举出三个例子。
2. 地球系统的两个能量来源分别是什么？
3. 预测水文循环中的某一变化（如某个地区降雨量增加）如何影响生物圈和岩石圈。
4. 人类是地球系统的一部分吗？请简要解释。

图 0.9　变化是持续的。1980 年 5 月圣海伦火山爆发时，图中所示区域被火山泥石流掩埋。现在，这一区域重新生长了植物，新土壤正在形成（Terry Donnelly/Alamy Images 供图）

0.4　地球科学中的时间与空间尺度

讨论地球科学中的时间与空间尺度。

我们研究地球时，必须面对很多空间和时间尺度（见图 0.10）。有些现象比较容易想象，如某个下午的雷暴大小和持续时间，或一座沙丘的大小。另外一些现象要么非常巨大，要么非常小，因而很难想象。银河系（及系外）的恒星数量及相互间的距离，或矿物晶体的内部原子排列，都是这类现象的例子。

我们研究的一些事件发生在几分之一秒内，如闪电。而另一些事件则跨越数百万年或几亿年。喜马拉雅山脉最初形成于近 5000 万年前，并且今天仍在不断生长。

自地球形成开始计算的地质时间的概念，对于除科学家外的很多人来说都还是新事物。而人们习惯于用小时、天、周、年来计算时间增量。史书上经常以超过百年的时间跨度来审视事件，但即使是一个世纪也难以被人们完全理解。对于大多数人来说，某人或某事有 90 岁就已很老，更不用提 1000 年前的遗物。

相反，研究地球科学的人们通常必须面对巨大的时间跨度，如数百万年或数十亿年。放到地球约 46 亿年的历史背景下，1 亿年前发生的某个事件可能会被地质学家定性为"近"，1000 万年的岩石样品可能被地质学家称为"年轻"。

研究地球时，对地质时间量级的评价非常重要，因为许多过程非常缓慢，出现明显改变之前需要漫长的时间跨度。46 亿年到底有多久？如果以每秒数一个数的速度昼夜不停地持续计数，那么需要约两辈子的时间（150 年）才能数到 46 亿！

上文只是试图表达地质时间的大小时，众多类比方法中的一种。尽管这种方法有助于我们理解地球的悠久历史，但无论多么精明，所有类比都只能是了解地球全部历史的开端。图 0.11 显示了另外一种观测地球发展历程的有趣方式。

过去 200 多年中，地球科学家们开发了一个地质年代表。它将 46 亿年历史的地球细分为许多不同的单元，并标定了一个有意义的时间框架，合理地安排了过去的地质事件（见图 8.22）。第 8 章将探讨地质时间尺度和开发它的原理。

概念检查 0.4

1. 列出地球科学的时间或空间尺度中，处于范围两端的两个例子。

2. 地球的年龄是多少？

3. 整个地质时间压缩到 1 年时，哥伦布到达新大陆时已过去多少时间？

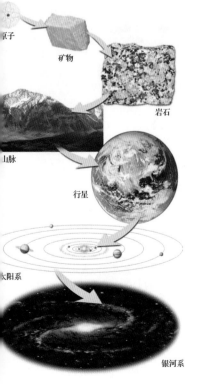

0.10　从原子到星系。地球科学涉及的现象从原子到银河系及系外星系

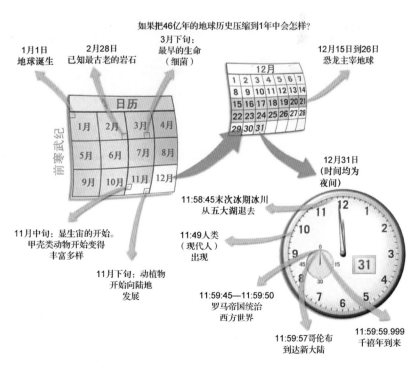

图 0.11　地质时间的量级

0.5 资源和环境问题

总结人与自然环境之间的一些重要联系。

环境是指包围和影响生物体的一切事物。有些事物具有生物属性和社会属性，而其他事物是无生命的。后者统称为自然环境。自然环境包括水、空气、土壤和岩石，以及温度、湿度和阳光等条件。地球科学研究的现象和过程都基于对自然环境的了解。从这个意义上说，大多数地球科学都可称为环境科学。

然而，当应用于今天的地球科学时，环境一词通常意味着人们和自然环境之间的关系。地球科学对于了解和解决这种相互关系中所出现的问题是非常必要的。

人类会极大地影响自然过程。例如，河流发生洪水是自然现象，但洪水的大小和频率会随着人类活动如砍伐森林、建设城市、修筑水坝等发生明显改变。遗憾的是，自然生态系统并不总是与我们预期的人为改变方式相适应。因此，以造福社会为目的的某种环境改变，可能会产生相反的效果。

0.5.1 资源

资源是地球科学的一个重要部分，它对人类很有价值。资源包括水、土壤、种类繁多的金属和非金属矿产、能源等。它们共同构成了现代文明的基础（见图 0.12）。地球科学不仅讨论这些重要资源的形成和发展，也讨论维持资源平衡及其开发与利用对环境的影响。

在发达国家中，几乎没有人意识到维持其目前的生活水平所需的资源量。图 0.13 显示了美国的几种重要金属和非金属矿产资源的人均年消费量，这是按比例分摊到每人头上的份额。其他发达国家的这类数据也具有相似性。

图 0.12 露天煤矿。煤炭始终是世界能源的重要来源。在美国，它约占能源消耗总量的 20%。大多数煤被用于发电。2011 年美国煤炭发电量约占总发电量的 46%

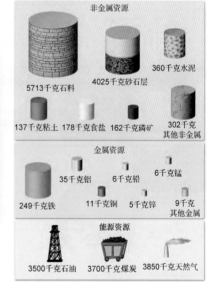

非金属资源

5713千克石料　4025千克砂石层　360千克水泥

137千克粘土　178千克食盐　162千克磷矿　302千克其他非金属

金属资源

35千克铝　6千克铅　6千克锰

249千克铁　11千克铜　5千克锌　9千克其他金属

能源资源

3500千克石油　3700千克煤炭　3850千克天然气

图 0.13 每人每年使用多少资源？美国非金属和金属资源人均年消费量约为 11000 千克。约 97% 的材料使用的是非金属。人均使用石油、煤炭、天然气超过 11000 千克（美国地质调查局供图）

资源通常分为两大类。一些被归类为可再生资源，这意味着它们可以在相对较短的时间内得到补充。常见的例子有能食用的动植物、能制衣的天然纤维及制材或造纸的林产品。从流水、风和太阳得到的能量是可再生能源（见图 0.14）。

与此相反，许多其他的基本资源则称为不可再生资源。重要的金属如铁、铝和铜等属于这一类资源，对人类而言非常重要的石油、天然气和煤炭也属于这类资源。虽然这些资源和其他资源仍在不断形成，但形成过程太过漫长，并且至关重要的沉积过程需要花数百万年累积。本质上讲，地球上的这些资源量是固定的。目前的储量被人们开采或从地下提取后，资源量会降低。虽然一些不可再生资源（如铝）能重复使用，但其他不可再生资源（如石油）并不能回收。

基本资源储量还能使用多久？在今天的工业化国家，如何能在长期维持资源需求日益增长的同时，满足欠发达地区不断增长的资源需求？资源开采造成多大程度的环境恶化是我们能够接受的？能否找到不可再生资源的替代品？要应对不断增加的资源需求和不断增长的世界人口，就要对现有资源和潜在资源有一定的了解。

0.5.2 环境问题

除了寻找适当的矿产和能源资源，地球科学还须应对一系列环境问题。有些问题是局部性的，有些问题是区域性的，还有些问题则是全球性的。发达国家和发展中国家同样面临着严重的困难。城市空气污染、酸雨、臭氧层破坏、全球气候变化问题，只是少数较为严重的威胁（见图 0.15），还存在肥沃土壤受到侵蚀、有毒废料处理及水资源污染和损耗等问题。事实上，这类问题一直在持续增多。

图 0.14　可再生太阳能。太阳能集热器将太阳光聚焦到充有液体的收集管中。热量用于产生蒸汽，驱动涡轮机发电（Jim West/Alamy Images 供图）

应强调的是，自然灾害是自然现象，只有这些现象发生在人类的定居点时，它们才会构成危害。在许多情况下，自然灾害威胁是随着人口的增加，越来越多的人涌入即将发生危险的地方而不断增大的。

所有环境问题中，最复杂的问题是全球迅速增长的人口，以及每个人对更高生活水平的期望。这意味着对资源需求的膨胀和不断增长的压力，而这对人类的居住环境来说是显著的自然灾害。因此，我们必须了解地球，了解地球上的资源分布与再生问题，了解如何处理人类对环境的影响，进而使自然灾害最小化。地球及其运行原理的知识，对我们的生存和福祉非常重要。地球是唯一适合人类居住的行星，它的资源是有限的。

图 0.15　城市空气污染。2008 年 3 月 18 日北京发生的重度空气污染。工厂、发电厂和机动车辆燃烧燃料产生的污染物浓度很高。气象因素决定了污染是"困"在城中还是逐渐消散（Ng Han Guan/Associated Press 供图）

除人为引起和加剧的问题外，人类还须应对自然环境带来的许多自然灾害（见图 0.16）。

地震、滑坡、火山爆发、洪水和飓风只是诸多灾害中较为常见的 5 种。其他灾害如干旱等，虽然不是很壮观，但也同样是重要的环境问题。

图 0.16　龙卷风自然灾害。2011 年 5 月 22 日，毁灭性的龙卷风袭击了密苏里州的乔普林，造成超过 150 人死亡，近 1000 人受伤（c51/ZUMA Press/Newscom 供图）

0.6　科学探索的本质

讨论科学探索的本质以及假说和理论之间的区别。

现代人类逐渐认识到了科学带来的益处。科学探索的本质是什么？科学是形成知识的过程，它具体取决于仔细的观测和对观测物体做出的解释。本章介绍科学工作的开展方式，了解收集数据的难点与解决办法，给出假说提出和检验的例子，进而深入了解一些主要科学理论的演变和发展。

所有科学均基于假设，即假设自然界是以统一和可预测的方式运行的，而通过仔细的系统研究，我们可以了解这些方式。科学的最终目标是发现自然界中的潜在规律，并在一定的条件或情况下，使用这些知识做出一些可以期望的预测。例如，了解形成云的某些条件和过程后，气象学家通常能够预测云形成的大致时间和地点。

新科学知识的发展涉及人们能普遍接受的一些基本逻辑过程。科学家采用观测方式来收集自然界中发生的科学事实（见图0.17），并使用收集的事实来回答有关自然界的问题。由于误差不可避免，因此具体的测量精度值得商榷。尽管如此，观测数据对于科学而言仍然必不可少，它是科学理论发展的基石。

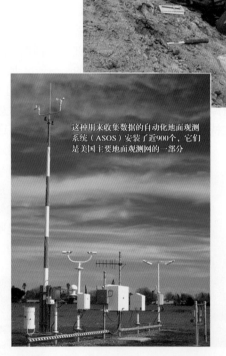

图 0.17　观察和测量。收集数据并进行仔细的观察是科学探索的基本组成部分（仪器照片由 Bobbé Christopherson 提供；古生物学家照片由 British Antarctic Survey/Photo Researchers 公司提供）

0.6.1　假说

获得描述自然现象的事实且确定原则后，研究人员就可根据观察结果尝试解释事物发生的方式与原因。研究人员通常会提出一些试探性的（或未经验证的）说法或假说。研究人员需要提出某个假说来解释某些观察到的现象。某位科学家无法提出多种假说时，团队中的其他科研人员几乎总能给出替代性的解释。因此，随后会出现激烈的争论。这样，反对这一假说的科研人员就会进行大量的研究工作，发表于科学期刊的研究成果则能让更多的人知道。

在假说成为能被人们接受的科学知识前，必须进行客观的检验和分析。假设无法验证时，即使它看起来非常有趣，也是没有科学用途的。验证过程需要根据这些假说做出的预测，与自然界的客观观察结果对比来进行。换言之，与最初构建它们的想法相比，假说须更经得起检验。严格验证中失败的那些假说，最终会被人们抛弃。科学史上充斥着废弃的假说，如宇宙地心说模型认为太阳、月球及恒星每天绕地球运行。数学家雅可布·布洛诺夫斯基对此曾说道："科学可以是很多东西，但最终都要回归到对可行之事的接受和对无用之事的抵制。"

0.6.2　理论

假说经过审查并去除存在争议的内容后，就上升为科学理论。科学理论是经过充分验证并被人们广泛接受的观点，是科学界认同的、对某些观察到的事实的最佳解释。广泛记载并得到充分验证的理论的适用范围十分广泛，例如第15章中讨论的星云理论，它解释了太阳系的形成。另外，第5章至第7章详细讨论的板块构造理论，为了解山脉的起源、地震和火山活动提供了框架。

你知道吗？

科学定律是描述自然界中特定行为的基本原则，这些基本原则的范围通常较为狭窄，并可被简单地阐述——往往像是一个简单的数学公式。由于科学定律被人们多次证明与观测结果一致，因此很少被废弃。然而，定律有可能需要因为新的发现而做出修正。

0.6.3　科学方法

研究人员收集观测事实并提出科学假说与理论的过程，通常称为科学方法。与大众的看法相反，科学方法并不是科学家破解自然界奥秘的常规方式。相反，它只是涉及创造力和洞察力的一种尝试。卢瑟福和阿尔格伦说道："提出假说或理论来想象世界是如何运行的，然后搞清楚如何才能付诸现实的考验，与写诗、作曲或设计摩天大楼具有同样的创造性。"

科学家并不总是遵循固定路径来准确无误地获取科学知识。但许多科学调查涉及如下步骤：

- 提出一个关于自然界的问题
- 收集与这一问题相关的科学数据
- 根据收集的数据提出一些问题，并给出能回答这些问题的一个或多个假说
- 为验证假说开展观察和实验工作
- 接受并修改假说，或基于广泛的验证否定该假说
- 共享数据和成果，接受科学界的审查和验证

有些科学发现可能会由纯粹的理论思维得出，并经受广泛的验证。有些研究人员会利用高速计算机来创建模型，模拟"真实"世界中的事件。这些模型适用于长时间尺度上或人迹罕至地方发生的自然过程。实验过程中发生的意外也可能推动科学进步。这些偶然发现并不完全是运气，正如路易·巴斯德所说："在观察领域，机会只给有准备的头脑。"

科学知识可通过几种途径获得，因此在描述科学探索的本质时，最好的形容是将其视为由科学构成的方法而非科学性的方法。此外，应永远记住的是，即使是最有说服力的科学理论，也只是自然界的简化解释。

本书中会给出几个世纪以来的科学成果。我们将看到数百万次观测、数千个假说、数百个理论的最终成果。

但要意识到的是，我们关于地球的知识每天都在变化，因为全球有成千上万名科学家正在进行卫星观测工作，例如研究海底岩心、分析地震波、开发计算机模型预测气候、研究生物的遗传密码等。这些新知识经常导致人们更新假说和理论。

概念检查 0.6

1. 科学假说与科学理论如何区分？
2. 总结众多科学调查的基本步骤。

概念回顾：地球科学导论

0.1 什么是地球科学

列出并描述共同组成地球科学的学科。

关键术语：地球科学、地质学、海洋学、气象学、天文学

- 地球科学包括地质学、海洋学、气象学和天文学。
- 地质学分为两大亚类。自然地质学研究地球物质和塑造地球景观的内部与外部过程。历史地质学考察地球的历史。
- 其他地球科学试图了解海洋、大气和地球在宇宙中的位置。

0.2 地球的圈层

描述组成地球自然环境的 4 个"圈层"。

关键术语：水圈、大气圈、生物圈、岩石圈、地核、地幔、地壳、陆界、软流圈

- 地球的自然环境通常分为三部分：固体地球，称为岩石圈；地球上的水体，称为水圈；地球上方的气体层，称为大气圈。
- 地球的 4 个圈层之一是生物圈，它包括地球上的所有生命。生物圈集中在一个相对较薄的区域，该区域从水圈、岩石圈到大气圈，延伸几千米。
- 地球上所有的水，96%以上在海洋中，海洋覆盖了近 71%的地球表面。

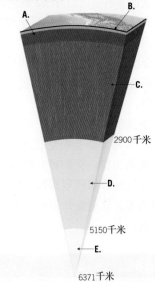

? 这是表示地球分层结构的图形。它是否显示了基于物理属性的分层或基于化学成分的分层？请在图中标出各层的名称。

0.3 地球系统

定义系统并解释为什么地球被认为是一个系统。

关键术语：地球系统、系统

- 虽然能单独研究 4 个圈层中的任何一个，但这些圈层属于一个不断相互作用的复杂整体（称为地球系统）。
- 地球系统科学使用跨学科的方法整合多个学科领域的知识，进行关于地球和全球性环境问题的研究。
- 驱动地球系统能量的两个来源是：①太阳，驱动大气圈、水圈和地表发生的外部过程；②地球内部的热量，驱动产生火山、地震和山脉的内部过程。

0.4 地球科学中的时间与空间尺度

讨论地球科学中的空间与时间尺度。

关键术语：地质时间

- 地球科学必须论述那些小到发生在原子内部、大到发生在无穷大宇宙范围内的过程和现象。
- 地球科学所研究现象的时间尺度范围可能从几十分之一秒到几十亿年。
- 自地球形成开始计算的地质时间约为 46 亿年，这是一个难以理解的数字。

0.5 资源和环境问题

总结人与自然环境之间的一些重要联系。

关键术语：自然环境、可再生资源、不可再生资源、自然灾害

- 环境是指围绕和影响有机体的一切内容。无生命的元素如空气、水、土壤和岩石统称为自然环境。
- 人与环境之间的重要联系包括对资源的需求、人对自然环境的影响，以及自然灾害的影响。
- 两种宽泛的资源分类是：①短时间内能得到补充的可再生资源；②不可再生资源。

? 如照片提醒我们的那样，大量的铝得到了回收。这是否意味着铝是可再生资源？请解释。

0.6 科学探索的本质

讨论科学探索的本质并区分假说和理论。

关键术语：假说、理论

● 科学家通过仔细的观测，并为观测结果给出合理的解释（假说），然后通过现场调查和实验室工作来验证这些假说。理论是经过良好验证并被人们广泛接受与认同的、对某些观察到的事实的最合适的解释。

● 错误的假说被抛弃后，科学知识就会接近于正确的认知，但永远不能认为我们就知道了所有的答案。科学家必须始终乐于接受能改变我们对世界认知的新信息。

思考题

1. 假设读者进入一个黑暗的房间并打开墙上的开关时，顶灯不亮。请至少提出三个假说来解释这一观测结果。提出假设后，下一步应做什么？

2. 地球的周长略大于 40000 千米。若喷气机以 1000 千米/小时的速度飞行，绕地球一圈需要多长时间？太阳的周长是地球周长的 109 倍，以上述方式绕太阳一圈需要多长时间？

3. 所附照片是地球系统不同部分之间相互作用的一个例子。由暴雨引发的泥石流掩埋了菲律宾一个小岛上的小镇，问地球 4 个"圈层"中的哪几个诱发了泥石流？

4. 观察图 0.4，回答以下问题。
   a. 地球上最多的淡水存储在何处？
   b. 地球上的流动淡水在何处最多？

5. 根据图 0.5 中的图形，回答如下问题。
   a. 假设你攀登到了珠穆朗玛峰的峰顶，在这一高度需要呼吸多少空气才等于海平面上的一口气？
   b. 若你乘坐一架商业喷气机在 12 千米的高度上飞行，这一高度以下的大气占整个大气的比例约为多少？

6. 观察连接地球系统 4 个圈层的概念图。圈层间的箭头表示相互作用与影响。对每个箭头，描述至少一种相互作用。

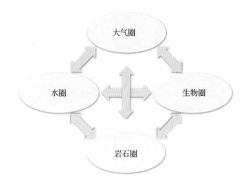

第 1 章　物质成分和矿物组成

墨西哥奇瓦瓦州的石膏晶洞，这是迄今为止发现的最大天然石膏晶体
（Carsten Peter/Speleoresearch & Films/National Geographic Stock 供图）

地球的地壳和海洋是各种有用的基本矿物发源地。大部分人对多数基本金属的常见用途比较熟悉，包括饮料罐中的铝、电线中的铜和珠宝首饰中的金与银。但仍有一部分人不了解铅笔中的"铅"由滑腻的石墨组成，也不清楚痱子粉和许多化妆品中都含有矿物滑石。此外，许多人不知道牙医是使用镶满金刚石的钻头来钻穿牙釉质的，或不知道常见的矿物石英是计算机芯片硅的来源。事实上，每种工业制品中都含有从矿物中获得的原材料。

除了岩石和矿物的经济用途，地质学家的研究过程在某种程度上依赖于地球基本组成物质的属性。例如，火山喷发、造山运动、风化与侵蚀，甚至地震等事件都涉及岩石和矿物。因此，地球物质组成的基础知识对于理解所有地质现象是必不可少的。

1.1 矿物：组成岩石的基本单元

描述组成地球物质的矿物的主要特征。

我们从矿物学的概述开始来讨论组成地球的物质，因为矿物是构成岩石的基本单元。此外，人类出于实用和装饰两种目的使用矿物已有数千年的历史（见图 1.1）。首先开采的矿物是打火石和燧石，它们被打造成武器和切割工具。早在公元前 3700 年，埃及人就开始开采金、银、铜；到公元前 2200 年，人类已经了解如何将铜和锡熔合，制成更硬的青铜合金。后来，从赤铁矿中提取铁的方法得到了发展和应用，这一发现标志着青铜时代的衰落。在中世纪，各种矿物的开采已经非常普遍，并且促进了当地对矿物的正式研究。

图 1.1　石英晶体。在阿肯色州温泉城附近发现的发育良好的石英晶体（Jeff Scovil 供图）

"矿物"一词有不同的用法。例如，关注健康和运动的人称赞维生素和矿物的益处。采矿业通常用这个词指任何从地下开采出来的物质，如煤炭、铁矿石、沙子或砾石。猜谜游戏"二十问"通常是由"它是动物、植物还是矿物？"开始提问的。那么，地质学家用来确定某种物质是否为矿物的标准是什么呢？

1.1.1　矿物的定义

地质学家将矿物定义为自然产生的、具有有序晶体结构和可适度变化的、有明确化学成分的无机固体。因此，地球物质被分类为各种矿物，它们具有如下特点：

1. **自然生成。**矿物形成于自然地质过程。实验室中产生的物质或人工合成物质不是矿物。

2. **常见无机物。**无机结晶固体，地面上天然存在的常见食盐（岩盐）就是矿物［有机化合物一般不是矿物。来自于甘蔗或甜菜的糖（类似于盐的结晶固体），是有机化合物的常见例子］。许多海洋生物会分泌无机化合物，例如碳酸钙（方解石），并以贝壳和珊瑚的形式出现。这些物质被掩埋并成为岩石记录的一部分时，地质学家就认为它们是矿物。

3. **固体物质。**只有固态结晶物质被认为是矿物。以液态方式存在的汞是个例外。

此外，冰符合这一标准，因此是矿物，但液态水和水蒸气不是。

4. **有序的晶体结构。**矿物是晶体物质，这意味着它们的原子（离子）按有序方式排列（见图1.2）。这种有序的原子分布具有规则的外形，因此称为晶体。一些天然固体如火山玻璃（黑曜石）缺乏重复的原子结构，因此不是矿物。

5. **允许有明确变化的化学组成。**多数矿物都是化合物，其组成成分能以化学式表达。例如，常见矿物石英的化学式为 SiO_2，说明石英由硅（Si）原子和氧（O）原子以 1:2 的比例构成。这一比例的硅氧化合物无论产于何处，都是纯石英。然而，有些矿物的成分会在特定的范围内变化，原因是某些元素能够在不改变矿物内部结构的情况下，小范围内替代其他元素。

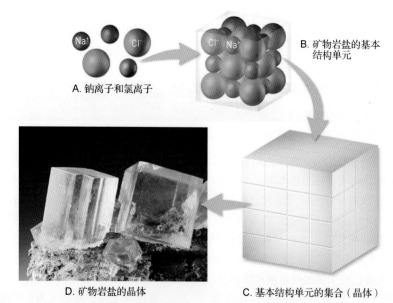

A. 钠离子和氯离子

B. 矿物岩盐的基本结构单元

D. 矿物岩盐的晶体

C. 基本结构单元的集合（晶体）

图 1.2　矿物岩盐中氯离子和钠离子的分布。基本结构单元的原子（离子）分布呈立方体状，因此能形成规则形状的立方晶体（Dennis Tasa 供图）

1.1.2　岩石的定义

与矿物相比，岩石的定义更为宽松。简单地说，岩石作为地球的一部分，是自然产生的任何矿物或类似于矿物的固体集合体。像图1.3 中的花岗岩样品那样，大多数岩石由多种不同矿物的集合体组成。集合体一词意味着矿物加入到了一种保留各自性质的集体形式之中。注意，花岗岩的矿物成分很容易识别。但有些岩石几乎完全由一种矿物构成。一个常见的例子是沉积岩中的石灰岩，它由杂质较多的矿物方解石构成。

有些岩石包含了非矿物成分，如火山岩中的黑曜岩、浮石（它们是非结晶玻璃状物质）和煤炭（它包含了固态有机碎片）。

尽管本章主要讲解矿物的性质，但要注意大多数岩石都只是矿物集合体。岩石的属性主要取决于其化学成分和矿物的晶体结构，因此优先考虑这些地球物质。

你知道吗？

考古学研究显示，2000 多年以前，罗马人就在使用铅管输水。事实上，公元前 500 年到公元 300 年间，罗马人由于熔炼铅和铜矿石导致了小范围的大气污染，这在格陵兰的冰心中有所体现。

概念检查 1.1

1. 列出矿物的 5 个特征。
2. 根据矿物的定义，以下哪种材料不属于矿物并说出原因：金、水、人造钻石、冰和木头。
3. 说出岩石的定义。如何区分岩石和矿物？

花岗岩
（岩石）

石英
（矿物）

角闪石
（矿物）

长石
（矿物）

图 1.3　多数岩石是矿物的集合体。图中所示为花岗岩（火成岩）的手标本和主要成分中的三种矿物（E. J. Tarbuck 供图）

1.2　原子：矿物的结构单元

比较原子中包含的三种基本粒子。

仔细观察矿物时，即使是在电子显微镜下，无数微粒的内部结构还是无法识别。尽管如此，科学家已经发现所有物质（包括矿物）都由称为原子（不能化学分离的最小粒子）的结构单元构成，而原子中则包含更小的粒子——位于原子核中央并被电子环绕的质子和中子（见图1.4）。

1.2.1　质子、中子和电子的属性

质子和中子是质量几乎相同的致密粒子。相比之下，电子的质量约为质子质量的1/2000，因此可以忽略不计。打个比方，如果一个质子或中子有篮球那么重，那么电子只有一粒米那么重。

质子和电子共享一个基本属性——电荷。质子的电荷为+1，电子的电荷为-1。顾名思义，中子没有电荷。质子和电子的电荷相等，但两者的极性相反，因此在这两种粒子成对出现时，电荷相互抵消。物质中通常包含相同数量的带

正电的质子和带负电的电子，因此大部分物质都呈电中性。

电子有时以类似于太阳系绕太阳公转的形式绕原子核运动（见图 1.4A）。然而，实际上电子并不完全按这种方式运动。一种更为现实的描述表明，电子以负价电子云方式环绕在原子核周围（见图1.4B）。对电子分布的研究表明，电子围绕原子核的轨道称为主壳，每个主壳都具有相应的能级。此外，每个主壳都能容纳特定数量的电子，最外层通常含有与其他原子互相作用进而形成化学键的价电子。

宇宙中的大部分原子（除了氢和氦）由大量恒星中的核聚变产生，并在炽热的超新星爆炸期间释放到星际空间中。喷射物质冷却后，新形成的原子核会吸引电子来完善它们的原子结构。在地表温度范围内，所有的自由原子（未与其他原子结合的原子）都有一套完整的电子——对应原子核中的每个质子。

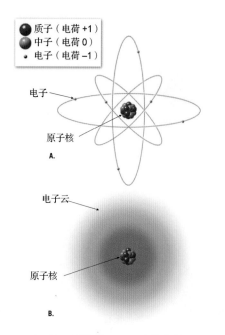

质子（电荷 +1）
中子（电荷 0）
电子（电荷 −1）

电子
原子核

A.

电子云

原子核

B.

图 1.4　原子的两个模型。A. 一个简化的原子视图。中央的原子核由质子、中子和围绕它们高速旋转的电子组成。B. 这个原子模型显示了环绕原子核的球状电子云（壳）。原子核包含几乎所有原子的质量。其余原子的空间被负极电子占据（图中原子核的相对大小已被夸大）

1.2.2　元素：由质子数决定

最简单原子的原子核中只有一个质子。其他原子的质子数量可能会超过 100。原子核中的质子数量称为原子序数，它决定了原子的化学性质。具有相同数量质子的所有原子的物理化学性质相同。具有相同种类的一组原子称为元素。今天，人们发现了约 90 种自然元素，并在实验室中合成了许多人工元素。读者可能会熟悉许多元素的名称，比如碳、氮和氧。所有碳原子都有 6 个质子，氮原子有 7 个质子，氧原子有 8 个质子。元素是有组织的，属性相似的元素排成列后，就称为族。这种排列称为元素周期表（见图 1.5）。每种元素都用一到两个字母来表示。每个元素的原子序数和质量也包含在元素中。

你知道吗？

尽管木浆是印刷业的主要原料，但许多高质量的纸张含有黏土矿物。事实上，本书的纸张中就含约 25% 的黏土（矿物高岭石）。若将这些黏土团成一个球，则它比一个高尔夫球还要大。

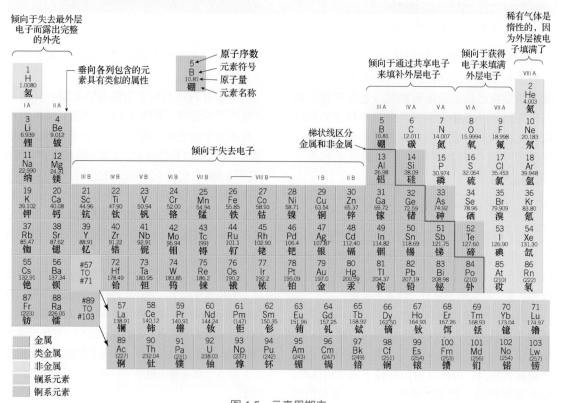

图 1.5　元素周期表

原子是地球矿物的基础构建单元。有些矿物（如自然铜、金刚石、硫和金）完全由单一元素的原子构成（见图 1.6）。然而，大多数元素往往会与其他元素的原子形成化合物。大多数矿物是由两种或两种以上元素的原子构成的化合物。

你知道吗？
黄金的纯度常用克拉数来表示。24 克拉代表纯金。

不足 24 克拉的黄金是和另一种金属（通常为铜或银）组合成的合金（混合物）。例如，14 克拉的黄金由 14 份黄金（按重量）混合 10 份其他金属组成。

概念检查 1.2
1. 列举原子的三种基本粒子并解释它们的差异。
2. 画出原子的简图并标明其三种基本粒子。
3. 简述价电子的意义。

A. 石英上的金

B. 硫

C. 铜

图 1.6 由单一元素组成的矿物（Dennis Tasa 供图）

1.3 原子结合的原因

区分离子键、共价键和金属键。

除了一组称为惰性气体的元素，在地球上，一定的条件（温度和压力）下原子会互相结合。有些原子结合形成离子化合物，有些原子结合形成某种分子，还有些原子结合形成金属物质。实验表明，出现这种现象的原因是，电引力将原子聚集在一起并使其相互结合。这种电引力使结合后的原子整体能量降低，从而更加稳定。因此，形成化合物的原子比自由（未结合）原子更加稳定。

1.3.1 八隅规则与化学键

如前文所述，价（外层）电子通常会参与化学键的形成。要记住每组元素的价电子数量，有一种简单的方法，如图 1.7 所示。注意，第一组元素含有 1 个价电子，第二组元素含有 2 个价电子，以此类推，第八组元素含有 8 个价电子。

惰性气体（氦除外）的 8 个价电子分布非常稳定，因而很少出现化学反应。其他许多原子在化学反应中获得、失去或共享电子，最终趋于形成惰性气体的电子排列。这一现象引出的化学规则称为八隅规则，即原子趋于获得、失去或共享电子，直到原子价层拥有 8 个电子。虽然存在例外，但八隅规则是理解化学键的经验法则。

一个原子的外层不到 8 个电子时，很容易与其他原子结合来填满它的外层。化学键通过转移、共享电子来使每个原子达成完整的价电子层。一些原子通过将其所有价电子转移到其他原子，使其内层成为完整的价电子层。价电子从元素间转移形成离子，这种结合形式就是离子键。电子在原子间共享时，这种结合方式是共价键。价电子在一种物质中的所有原子间共享时，这种结合方式是金属键。

一些代表性元素的电子图							
I	II	III	IV	V	VI	VII	VIII
H							He
Li	•Be	•B•	•C•	•N•	•O•	•F•	•Ne•
Na	•Mg	•Al•	•Si•	•P•	•S•	•Cl•	•Ar•
K	•Ca	•Ga•	•Ge•	•As•	•Se•	•Br•	•Kr•

图 1.7 某些元素的价电子图。每个点代表在最外层发现的一个价电子

1.3.2 离子键：电子转移

离子键也许是最容易可视化描述的类型，它指一个原子放弃一个或多个价电子给另一个原

子从而形成两个离子——一个带正电荷的原子和一个带负电荷的原子。失去电子的原子成为阳离子，获得电子的原子成为阴离子。拥有相反电荷的离子相互吸引并结合形成离子化合物。

钠（Na）离子和氯（Cl）离子结合产生的固态离子化合物氯化钠就是矿物岩盐（普通食盐）。在图1.8A中，一个钠原子将其单个价电子给氯原子后，成为带正电的钠离子。另一方面，氯原子由于获得了一个电子，成为带负电的氯离子。不同电荷的离子相互吸引，因此离子键就是电荷相反的离子互相吸引，可形成电中性

的离子化合物。

图1.8B说明了作为食盐时，钠离子和氯离子的离子分布。注意，盐是由相互吸引的钠离子和氯离子组成的，并以每个阳离子吸引阴离子并被阴离子环绕在四周（反之亦然）的方式分布。这种分布使得阴离子和阳离子的吸引力最大，相同极性离子间的排斥力最小。因此，离子化合物由带有相反电荷的离子有序排列组成，这种排列组合需要有一个明确的比例来保证电中性。

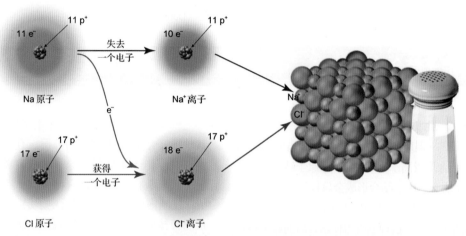

A. 钠（Na）原子中的一个电子转移到氯（Cl）原子，形成Na^+和Cl^-

B. 固体离子化合物氯化钠（NaCl），食盐中Na^+和Cl^-的分布

图1.8　离子化合物氯化钠的形成

化合物的性质与组成化合物的各种元素的性质有很大不同。例如，钠是一种柔软的银色金属，极易发生化学反应并且有毒，即便仅吸收了十分微量的钠元素，也需要立即就医；氯气是一种绿色的有毒气体，其毒性很大，因此它在第一次世界大战中曾作为一种化学武器广泛使用。但钠和氯聚集在一起时，就会形成氯化钠，即一种无害的调味剂——食盐。因此，元素结合形成化合物时，它们的性质会显著改变。

你知道吗？

世界上最重的切割石和抛光宝石是一块22892.5克拉的金黄色黄玉，它目前保存于史密森学会，这颗约4.5千克的宝石大小如同车灯一般，无法作为珠宝佩戴，除非佩戴者是一头大象。

1.3.3　共价键：共用电子

有时将原子聚集在一起的作用力不能视为相反极性离子间的吸引力。例如，氢分子（H_2）中的两个氢原子紧密结合在一起，但没有离子存在。强烈的吸引力来自于两个氢原子的共价键，共价键是指原子间共用一对电子形成的化学键。想象两个氢原子（每个原子带有一个质子和一个电子）相互接近的情形，如图1.9所示。它们一旦相遇，电子构型将会改变，两个电子首先会占领两个原子之间的空间。换句话说，两个电子被两个氢原子共享，并同时被每个原子的原子核中的正价质子吸引。虽然氢原子并未形成离子，但

使这些原子结合在一起的力来自于带相反电荷的粒子——在原子核中带正电荷的质子和原子核周围带负电荷的电子。

1.3.4 金属键：电子自由移动

在金属键中，价电子可以在原子间自由移动，因此所有原子共享可用的价电子。这种类型的化学键发现于金属中，如铜、金、铝、银，以及黄铜和青铜等合金中。金属键会使得金属具有高导电性、易于变形性和许多其他性质。

概念检查 1.3

1. 简述原子和离子间的区别。
2. 简述原子变成正价离子或负价离子的过程。
3. 简要区分离子键和共价键以及电子在二者之间的作用。

两个氢原子结合形成氢分子，来自于相反电价的粒子相互吸引才使得这些原子结合在一起——在每个原子核中正价的质子和围绕在原子核周围负价的电子

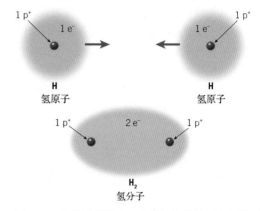

图 1.9　共价键的形成。共价键连接的两个氢原子（H）形成一个氢分子（H_2）。氢原子形成化学键时，带负电荷的电子会被两个氢原子共享，并同时吸引每个原子中心位置的质子

1.4　矿物的物理性质

列出并描述鉴定矿物所用的属性。

矿物有明确的晶体结构和化学成分，这些晶体结构和化学成分赋予了矿物独特的物理化学性质，且这些独特的性质存在于这种矿物的所有样品中。例如，所有岩盐标本具有相同的硬度、密度，并以同样的方式断裂形成解理。若没有先进的测试仪器和设备，则很难确定矿物的内部结构和化学成分，因此更常使用物理性质来鉴定矿物。

1.4.1　光学性质

在众多矿物的光学性质中，光泽、透明度、颜色和条痕更常用于鉴定矿物。

光泽是指矿物表面反光的外观和质量。不管颜色如何，若矿物具有金属外观，就可称其具有金属光泽。一些金属矿物（如天然铜、方铅矿）暴露于空气中时，会形成黯淡的涂层或失去光泽。由于它们不像新鲜断面那样具有光泽，因此这些样品通常称为具有半金属光泽。

大多数矿物具有非金属光泽并被描述为玻璃质或透明的。其他非金属矿物被描述为具有土状光泽（如同土块表面的黯淡光泽）、珍珠光泽（如珍珠或贝壳的内部）。还有一些矿物具有

丝绢光泽（如同缎布那样）或油脂光泽（像涂了油一样）。

刚断裂的方铅矿标本（右）显示了金属光泽，左侧样品因为变暗而具有半金属光泽

图 1.10　金属光泽与半金属光泽（E. J. Tarbuck 供图）

透明度是用来鉴定矿物的另一个光学性质。矿物完全不透光时，称为不透明矿物；矿物能够透光但不能成像时，即仅有部分光透过矿物样品时，称为半透明矿物。光和图像透过矿物都可见时，称为透明矿物。

尽管颜色是所有矿物最明显的特征，但它只能用来判别少量矿物。例如，常见矿物石英中的微小杂质，赋予了石英各种各样的颜色，包括粉红、紫、

黄、白、灰，甚至是黑色（见图1.11）。其他矿物，如电气石，也具有多样的色相，有时多种色相集中在一块电气石样品中。因此，通过色彩识别矿物的方法经常是模棱两可的，有时甚至会导致误判。

矿物粉末的颜色称为条痕，它在鉴定时的价值很大。矿物在条痕板（一块无釉瓷板）上摩擦后，所留下的粉末痕迹即矿物条痕，这时可观察痕迹的颜色（见图1.12）。尽管矿物的颜色在各个样品中不尽相同，但其条痕的颜色通常一致。

A. 萤石　　　　B. 石英

图1.11　矿物的颜色差异。有些矿物，例如萤石和石英，可能有各种各样的颜色（图A由Dennis Tasa提供；图B由E. J. Tarbuck提供）

尽管矿物的颜色并不总是能够帮助鉴别矿物，但矿物粉末的颜色即条痕非常有用

图1.12　条痕

条痕也可以用来区分具有金属光泽的矿物和具有非金属光泽的矿物。金属光泽的矿物通常具有密集的深色条痕，而非金属光泽的矿物具有典型的浅色条痕。

注意，并非所有矿物在条痕板上刻划时都会形成条痕。例如，矿物石英比瓷质条痕板的硬度高，因此石英不会产生可观察到的条痕。

你知道吗？

晶体一词源于希腊语，最初应用于石英晶体。古希腊人认为石英是地球深处高压结晶的水。

1.4.2　晶形和晶体习性

矿物学家常用晶形（晶体形态）或晶体习性来指常见的或特殊的单个晶体或晶体集合体。有些矿物会在三个方向等量生长，其他矿物则会朝某个方向生长，或某个方向被抑制，导致扁平状生长。有些矿物的晶形呈正多边形状，因此有助于其的鉴定。例如，磁铁矿晶形有时会以八面体的形式出现，石榴石经常是十二面体晶形，岩盐和萤石的晶形为立方体或近似立方体。虽然矿物倾向于某种常见的晶形，但有些矿物会有两个或两个以上的特征晶形，例如黄铁矿，如图1.13所示。

尽管大多数矿物只有一种常见的晶形，但像黄铁矿这样的矿物具有两种或两种以上的特有晶形

图1.13　常见的黄铁矿晶形

此外，有些矿物样品由许多共生晶体组成，它们呈有利于鉴定的特征晶形。常用于描述这些晶形和其他晶体习性的术语有：等轴状（等维状）、刃状、叶片状、纤维状、板状、柱状、片状、块状、带状、粒状和肾状。其中的一些晶体习性如图1.14所示。

1.4.3　矿物强度

矿物破碎或变形的难易度，取决于把晶体聚集在一起的化学键的类型和强度。矿物学家使用术语韧性、硬度、解理和断口来描述矿物的强度及矿物受力时破碎的方式。

韧性　韧性指矿物的坚韧程度，或其抗断裂或抗变形的能力。以离子键方式结合的矿物，如萤石和岩盐，往往是脆性的，受力时会碎成小块。相反，以金属键方式结合的矿物，如天然铜，具有延展性，易被锻造成不同的形状。石膏和滑石能被切成薄片，这称为可切割性。还有一些其他矿物，尤其是云母，具有弹性，压力释放后可恢复到原来的形状。

硬度 最有用的鉴定性质之一是硬度，它是一种对矿物耐磨或耐刮擦性的测度。这个性质是由一种未知硬度的矿物摩擦一种已知硬度的矿物来测量的，反之亦可。硬度的数值可通过莫氏硬度表查到，莫氏硬度表由 10 种矿物的硬度组成，硬度从 1（最软）到 10（最硬）排列，如图 1.15A 所示。注意，莫氏硬度只是相对排名，并不代表 2 号矿物石膏的硬度是 1 号矿物滑石的 2 倍。事实上，石膏的硬度仅稍高于滑石的硬度，如图 1.15B 所示。

A. 纤维状   E. J. Tarbuck

B. 刀片状   Dennis Tasa

C. 带状   Dennis Tasa

D. 立方晶体   Dennis Tasa

图 1.14 常见的晶体习性。A. 纤维中的薄圆形石英晶体。B. 向一个方向发育的细长石英晶体。C. 具有条纹或含有不同颜色或纹理的矿物。D. 晶形类似于立方体的石英晶体集合体

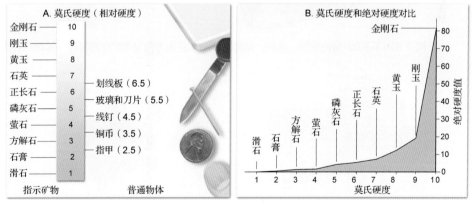

图 1.15 硬度表。A. 莫氏硬度表，其中标出了一些常见物体的硬度。B. 莫氏相对硬度值和绝对硬度值间的关系

实验室中也可使用其他常见物体来确定矿物的硬度，包括人类的指甲。指甲的硬度约为 2.5，铜质美分硬币的硬度为 3.5，玻璃的硬度为 5.5。硬度为 2 的石膏用指甲可以轻易划动。另一方面，硬度为 3 的方解石则会刮伤指甲，但不会划坏玻璃。石英是最硬的常见矿物之一，它能轻易划破玻璃。金刚石是最硬的物质，可以刻划其他任何物质，包括其他金刚石制品。

解理 在许多矿物的晶体结构中，有些原子键相对较弱。顺着这些弱原子键，矿物在受到压力时会趋于破碎。解理是指矿物沿弱键结合面破裂（裂开）的趋势。带有解理的矿物可通过矿物裂开时产生的光滑表面来辨别，但并非所有矿物都能产生解理。

最简单的解理是云母的解理（见图1.16）。这种矿物沿一个方向的原子键很弱，因此会裂开形成扁平的薄片。有些矿物可以沿一个、二个、三个或更多方向形成解理，而其他矿物只有完整的解理或不完整的解理，有的甚至没有解理。矿物均匀地在多个方向上裂解时，解理可通过解理方向的数量和解理夹角进行描述（见图1.17）。

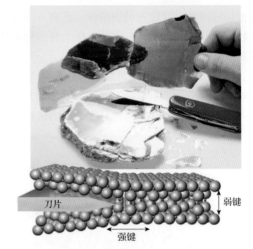

图 1.16 云母的完美解理。图中展示的薄层是一组解理面（Chip Clark 供图）

A. 一个方向的解理。示例：云母

B. 两个方向呈90°角的解理。示例：长石

C. 两个方向不呈90°角的解理。示例：角闪石

D. 三个方向呈90°角的解理。示例：岩盐

E. 三个方向不呈90°角的解理。示例：方解石

F. 四个方向的解理。示例：萤石

图 1.17 矿物展示的解理方向（E. J. Tarbuck 和 Dennis Tasa 供图）

每个不同方向的解理面算做一组解理。例如，有些矿物会裂解成六边形的立方体。因为立方体是由三个不同的平行平面90°相交组成的，因此这种解理的三组解理方向垂直相交。不要混淆解理和晶形。一种矿物出现解理后，它会裂解为有着相同几何形状的碎块。相反，如图1.1所示，光滑表面的石英没有解理，它破碎后，会裂解为另一个类似的晶体或原始晶体的形状。

断口　具有相等或近似相等的化学键的矿物，在所有方向上会强烈展示出一种称为断口的性质。矿物断裂时，大多数会出现凹凸不平的表面，这种表面称为不规则断口。但有些矿物如石英，断裂时会出现类似于碎玻璃那样的光滑曲面。这种断裂称为贝壳状断口（见图1.18）。此外，其他矿物会展示出碎片或纤维状断裂，分别称为参差状断口和纤维状断口。

A. 不规则断口　　　　B. 贝壳状断口

图1.18　不规则断口与贝壳状断口（E. J. Tarbuck 供图）

1.4.4　密度和比重

密度是物质的一种重要性质，它定义为单位体积的质量。矿物学家经常使用比重来描述矿物的密度。比重是一个数字，指矿物重量与同等体积的水的重量之比。

大多数常见矿物的比重为 2～3。例如，石英的比重是 2.65。与之相比，某些金属矿物如黄铁矿、天然铜和磁铁矿等的比重是石英比重的两倍以上。方铅矿的比重约为 7.5，而 24K 金的比重约为 20。

稍加练习，读者就可通过把矿物拿在手中来估计其比重。

1.4.5　矿物的其他性质

除了迄今为止讨论过的属性，矿物还可通过其他独特的属性来识别。例如，岩盐是一种普通的盐，因此可通常味觉来快速鉴定。滑石和石墨都具有独特的触感：滑石像肥皂，石墨很油腻。而且，许多含硫矿物的条痕闻起来有臭鸡蛋味。有些矿物（如磁铁矿）的含铁量高，因此可被磁铁吸引，而有些矿物（如磁石）是天然磁石，可以吸引一些细小的铁制品，例如针和回形针。

此外，有些矿物具有特殊的光学性质。比如，把透明方解石放在印刷文字上方，字母会重复出现。这种光学性质称为双折射（见图1.19）。

若用滴管取一滴稀盐酸并滴到破碎的新鲜矿物表面，碳酸盐矿物上将会出现气泡，并释放二氧化碳气体（见图1.20）。这项测试在鉴定碳酸盐矿物方解石时特别有用。

图1.19　双折射。这块方解石标本展示了双折射（Chip Clark 供图）

图1.20　方解石的弱酸性反应（Chip Clark 供图）

概念检查 1.4

1. 给出光泽的定义。
2. 为什么颜色在鉴定矿物时并非总是有用的性质？请举例说明。
3. 矿物韧性指什么？列举三个术语来描述韧性。
4. 解理和断口的区别是什么？
5. 鉴定方解石矿物时哪种简单化学测试有用？

1.5 矿物分类

列出常见的硅酸盐矿物和非硅酸盐矿物并描述每类矿物的特征。

到目前为止,人们已命名了 4000 多种矿物,且每年都能发现几种新矿物。对于刚开始学习矿物的学生来说,学习几十种矿物就已足够。总的来说,这几十种矿物组成了地壳的主要岩石,因此它们通称为造岩矿物。

尽管种类没那么丰富,但许多矿物已被广泛用于工业产品中,因此称为经济矿物。造岩矿物和经济矿物并不互斥。大型矿床内有些造岩矿物也具有经济价值。例如,方解石是沉积石灰岩的基本成分,但具有包括生产水泥等多种用途。

注意,绝大多数造岩矿物都仅由 8 种元素组成,且这 8 种元素代表了超过 98%(按重量)的大陆地壳成分(见图 1.21)。按从多到少的顺序,这些元素分别是氧(O)、硅(Si)、铝(Al)、铁(Fe)、钙(Ca)、钠(Na)、钾(K)和镁(Mg)。如图 1.21 所示,硅和氧是地壳中最常见的元素。此外,这两种元素容易结合形成最常见的矿物组合中的基本"结构单元"——硅酸盐。人们熟知的硅酸盐矿物超过 800 种,且它们的含量超过地壳总含量的 90%。

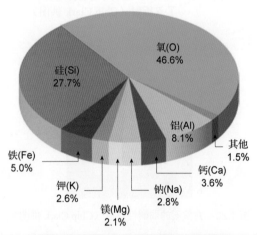

图 1.21 地壳中含量最高的 8 种元素

地壳中含量远不及硅酸盐的其他矿物组合,称为非硅酸盐。尽管不如硅酸盐常见,但有些非硅酸盐矿物具有很高的经济价值。例如,我们使用由非硅酸盐提供的铁和铝来制造汽车,使用石膏作为医用固定板和石膏板来建造房屋,使用铜

线传输电力并连接互联网等。一些常见的非硅酸盐矿物组合包括碳酸盐、硫酸盐和卤化物,除经济重要性外,这些矿物也是沉积物和沉积岩的主要成分。

你知道吗?

珍贵宝石的名称往往与其母体矿物的名称不同。例如,蓝宝石是同种矿物刚玉的两个变体之一,刚玉中钛和铁的微量变化就可使其成为珍贵的蓝宝石。刚玉中包含铬时,会展现出辉煌的红色,此时的宝石称为红宝石。

1.5.1 硅酸盐矿物

每种硅酸盐矿物中都含有氧原子和硅原子。除了少数的硅酸盐矿物(如石英),大多数硅酸盐的晶体结构中还包含一种或多种附加元素。这些元素导致了多种多样的硅酸盐矿物,并使得它们具有不同的属性。

所有硅酸盐都具有同样的结构单元——硅氧四面体。在这种结构,4 个氧原子围绕着一个小得多的硅原子,如图 1.22 所示。在某些矿物中,通过共享氧原子,四面体加入到了线、面或三维结构网络中(见图 1.23)。这些较大的硅酸盐结构通过其他元素互连。加入硅酸盐结构的主要元素有铁(Fe)、镁(Mg)、钾(K)、钠(Na)和钙(Ca)。

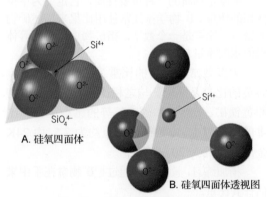

图 1.22 硅氧四面体的两种表示

硅酸盐矿物的主要组合和常见例子如图 1.23 所示。长石是最丰富的组合,占地壳组成的 50% 以上。陆壳中第二丰富的矿物石英,是唯一仅由硅和氧两种元素组成的常见矿物。

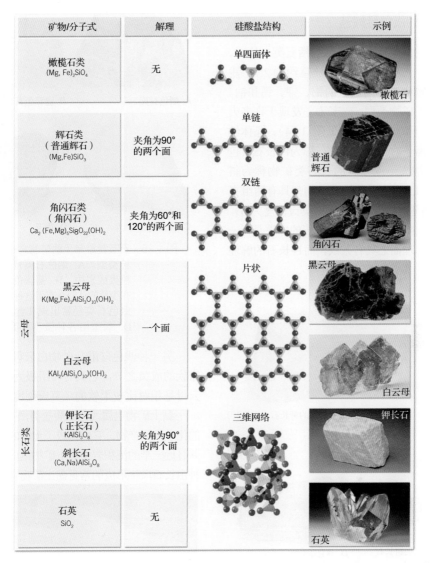

矿物/分子式	解理	硅酸盐结构	示例
橄榄石类 $(Mg, Fe)_2SiO_4$	无	单四面体	橄榄石
辉石类 （普通辉石） $(Mg,Fe)SiO_3$	夹角为90°的两个面	单链	普通辉石
角闪石类 （角闪石） $Ca_2(Fe,Mg)_5Si_8O_{22}(OH)_2$	夹角为60°和120°的两个面	双链	角闪石
云母 黑云母 $K(Mg,Fe)_3AlSi_3O_{10}(OH)_2$	一个面	片状	黑云母
云母 白云母 $KAl_2(AlSi_3O_{10})(OH)_2$	一个面	片状	白云母
长石类 钾长石 （正长石） $KAlSi_3O_8$ 斜长石 $(Ca,Na)AlSi_3O_8$	夹角为90°的两个面	三维网络	钾长石
石英 SiO_2	无		石英

图 1.23 常见硅酸盐矿物。硅酸盐结构的复杂性由上到下逐步增加（Dennis Tasa 和 E. J. Tarbuck 供图）

在图 1.23 中，每种矿物都有特定的硅酸盐结构。矿物的内部结构与其解理间存在一种特定的关系。由于硅-氧键非常牢固，硅酸盐矿物倾向于在硅-氧结构间裂开而非穿过它们。例如，云母具有片状构造并趋于裂解成扁平状（见图 1.17 中的云母）。石英在各个方向的硅-氧键都十分牢固，没有解理但有断口。

硅酸盐矿物是如何形成的？大多数硅酸盐矿物是熔岩冷却时从熔岩中结晶出来的。这种冷却发生在地表或接近地表的位置（低温和低压）。结晶过程的环境和熔融岩石的化学成分主要决定形成哪类矿物。例如，硅酸盐矿物橄榄石在高温环境（约 1200℃）下结晶，石英则在低得多的温度（约 700℃）下结晶。

另外，有些硅酸盐矿物在地表由其他硅酸盐矿物风化后形成。黏土矿物就是这样的一个例子，而其他硅酸盐矿物形成于与造山运动有关的极端压力下。因此，每种硅酸盐矿物都具有表明其形成条件的结构和化学成分。因此，仔细研究岩石的矿物组成后，地质学家通常可以确定岩石形成时的环境。

下面介绍一些最为常见的硅酸盐矿物。根据硅酸盐矿物的化学成分，可将其分为两大类。

1.5.2　常见的浅色硅酸盐

最常见的浅色硅酸盐矿物包括石英、长石、云母和黏土。一般颜色较浅，比重约为2.7，浅色硅酸盐矿物含有不同数量的铝、钾、钙和钠。

最丰富的矿物类型——长石，发现于许多火成岩、沉积岩和变质岩中（见图1.24）。晶体结构中含有钾离子的长石类矿物，称为钾长石。包含钙离子或钠离子或二者的长石类矿物称为斜长石（见图1.24）。所有长石矿物都具有两组夹角呈90°的解理，并且相对较硬（莫氏硬度为6）。通过物理性质唯一能可靠鉴定长石的方法是，一些斜长石的解理面上具有条纹，而钾长石的解理面上没有条纹（见图1.24）。

钾长石

A. 钾长石晶体（正长石）　**B. 具有解理的钾长石（正长石）**

斜长石

C. 高钠斜长石类斜长石　　**D. 具有条纹的斜长石**
**　　（钠长石）**　　　　　　　**　　（拉长石）**

图1.24　长石类矿物。A. 钾长石的晶体形态特征。B. 以图中矿物为例，多数肉红色长石属于钾长石亚类。C. 大多数富含钠元素的斜长石是浅色的，具有瓷器光泽。D. 富钙斜长石往往呈灰色、蓝灰色或黑色。这里展示了各种颜色的变化和晶体表面上的条纹

石英是许多火成岩、沉积岩和变质岩的主要组成部分。石英由于具有杂质而呈各种各样的颜色，石英硬度很高（莫氏硬度为7），且破碎时会出现贝壳状断口（见图1.25）。不含杂质的石英是非常透明的，如果允许其不受干扰地持续生长，它最终将会生长成金字塔形的六方晶体（见图1.1）。

A. 烟色石英　　　　　**B. 蔷薇色石英**

C. 乳白色石英　　　　**D. 碧玉**

图1.25　石英是最常见的矿物之一，它具有多种类型。A. 烟色石英普遍存在于粗粒火成岩中。B. 蔷薇色石英由于含有少量的钛而具有了这种颜色。C. 乳白色石英经常出现在含金岩脉中。D. 碧玉由各种微小石英晶体组成

另一种浅色硅酸盐矿物白云母，是庞大云母家族的成员之一，它具有一组极为完全的解理。云母是相对比较柔软的（莫氏硬度为2.5~3）。

黏土矿物也属浅色硅酸盐类，它一般是火成岩的化学风化产物。它们构成了土壤的大部分物质，并且近一半的沉积岩由黏土矿物组成。高岭石是一种由长石风化形成的常见黏土矿物（见图1.26）。

Dennis Tasa

高岭石

图1.26　高岭石。高岭石是一种常见的黏土矿物，形成于长石的风化作用

你知道吗？

市场上的"可吸收性"猫砂中，含有称为"膨润土"的天然材料。膨润土是一种遇水就会膨胀并凝结成块的高吸水性黏土矿物，猫砂可分离猫咪的排泄物并取出清洁。

1.5.3 常见的暗色硅酸盐矿物

暗色硅酸盐矿物的晶体结构中包含有铁和镁，这种矿物包括辉石、角闪石、橄榄石、黑云母和石榴石。暗色硅酸盐矿物的深颜色由铁造成，比重为 3.2～3.6，明显大于浅色硅酸盐矿物的比重。

橄榄石是一种重要的暗色硅酸盐矿物，是深色火成岩的重要组成部分，在地球的上地幔中含量丰富。橄榄石呈深橄榄绿色，具有玻璃光泽，且常常形成粒状小晶体（见图1.27）。

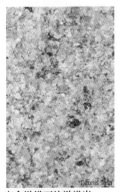

富含橄榄石的橄榄岩
（各种纯橄榄岩）

图1.27　橄榄石。常见黑色或橄榄绿色，橄榄石具有玻璃光泽和粒状结构。橄榄石常见于火成岩的玄武岩中

辉石是一种暗色硅酸盐矿物，是深色火成岩的重要组成部分。最常见的辉石是普通辉石，呈黑色不透明状，有两组夹角近90°的解理（见图1.28A）。

A. 辉石

B. 角闪石

图1.28　辉石和角闪石。这些暗色硅酸盐矿物是各种火成岩的常见组成部分（E. J. Tarbuck 供图）

角闪石类中，最常见的是普通角闪石，颜色通常为深绿色到黑色之间（见图1.28B）。除解理夹角为60°和120°外，普通角闪石与辉石非常类似。在火成岩中，角闪石组成其他浅色岩石的暗色部分。

黑云母是云母家庭中富铁的一员。像其他云母一样，黑云母具有片状构造，因为它具有一组极完全的解理。黑云母闪亮的光泽有助于区分其他暗色硅酸盐矿物。类似于角闪石，黑云母是大多数浅色火成岩的组成部分，包括花岗岩。

另一种暗色硅酸盐是石榴石（见图1.29）。与橄榄石类似，石榴石具有玻璃光泽，解理不完整，断口为贝壳状。尽管石榴石的颜色有多种，但这种矿物多数呈棕色至深红色及透明状。石榴石可用作宝石。

←── 2厘米 ──→

图1.29　晶形完好的石榴石晶体。石榴石的颜色有多种，常见于富含云母的变质岩中（E. J. Tarbuck 供图）

1.5.4 重要的非硅酸盐矿物

根据阴离子或络离子的不同，非硅酸盐矿物通常分为不同的种类。例如，氧化物类包含结合一种或多种类型阳离子的负氧离子（O^{2-}）。因此，每类矿物的基本结构和键的类型类似。在每类矿物中，都具有能够鉴定矿物的相似物理性质。

尽管非硅酸盐大约只占地壳组成的 8%，但有些矿物（如石膏、方解石和岩盐）出现在大量的沉积岩中。此外，许多其他的非硅酸盐具有重要的经济价值。表 1.1 中列出了一些非硅酸盐矿物的类别及其例子。下面简要讨论一些最为常见的非硅酸盐。

矿物类别（关键离子或元素）	矿物名称	化学分子式	经济用途
碳酸盐（CO_3^{2-}）	方解石	$CaCO_3$	硅酸盐水泥、石灰
	白云石	$CaMg(CO_3)_2$	硅酸盐水泥、石灰
卤化物（Cl^{1-}, F^{1-}, Br^{1-}）	岩盐	$NaCl$	食盐
	萤石	CaF_2	用于炼钢
	钾盐	KCl	肥料
氧化物（O^{2-}）	赤铁矿	Fe_2O_3	铁矿、色素
	磁铁矿	Fe_3O_4	铁矿
	刚玉	Al_2O_3	宝石，磨料
	冰	H_2O	水的固态形式
硫化物（S^{2-}）	方铅矿	PbS	铅矿
	闪锌矿	ZnS	锌矿
	黄铁矿	FeS_2	硫酸产品
	黄铜矿	$CuFeS_2$	铜矿
	朱砂	HgS	汞矿
硫酸盐（SO_4^{2-}）	石膏	$CaSO_4 \cdot 2H_2O$	灰泥
	硬石膏	$CaSO_4$	灰泥
	重晶石	$BaSO_4$	钻探泥浆
自然元素（单元素）	金	Au	贸易，首饰
	铜	Cu	电导体
	钻石	C	宝石，磨料
	硫	S	磺胺类药物，化学品
	石墨	C	铅笔芯，干膜润滑剂
	银	Ag	首饰，显影
	白金	Pt	催化剂

表 1.1　常见的非硅酸盐矿物类别

最常见的非硅酸盐矿物都属于如下三类矿物之一：碳酸盐（CO_3^{2-}）、硫酸盐（SO_4^{2-}）和卤化物（Cl^{1-}, F^{1-}, Br^{1-}）。碳酸盐矿物与硅酸盐矿物相比，结构要简单很多。这类矿物由碳酸根离子（CO_3^{2-}）与一个或多个不同类型的阳离子组成。两种最常见的碳酸盐矿物为方解石 $CaCO_3$（碳酸钙）和白云石 $CaMg(CO_3)_2$（钙/镁碳酸盐，见图 1.30A 和 B）。方解石和白云石通常作为沉积岩中石灰岩和白云岩的主要成分一同出现。方解石是主要矿物，岩石称为石灰岩，而白云岩的命名是由于白云石为主要矿物。石灰岩有许多用途，可用作道路主料、建筑石料，并且是水泥的主要成分。

你知道吗？

石膏是一种白色至透明的矿物，公元前 6000 年左右在安纳托利亚（今土耳其）就被用作建筑材料。公元前约 3700 年的埃及金字塔内部也发现了石膏。今天，美国一栋新建住房若平均按 6000 平方英尺的墙面计算，就含有超过 7 吨的石膏。

人们在沉积岩中经常发现的其他两种非硅酸盐矿物分别为岩盐和石膏（见图 1.30C 和 D）。古海洋最后遗存的岩层中通常会发现这两种矿物（见图 1.31）。像石灰岩一样，岩盐和石膏都是重要的非金属资源。岩盐是我们常见的食盐的矿物名称（$NaCl$）。石膏（$CaSO_4 \cdot 2H_2O$）是结构中含水的硫酸钙，它是组成灰泥和其他类似建筑材料的矿物。

大多数非硅酸盐类矿物的经济价值都较高，氧化物赤铁矿和磁铁矿是重要的铁矿石（见图 1.30E 和 F）。同样重要的还有硫化物，它们基本上是硫（S）和一种或多种金属的化合物。重要硫化物矿物的例子包括方铅矿（铅）、闪锌矿（锌）和黄铜矿（铜）。此外，自然元素包括金、银和碳（金刚石）；还有一系列其他的非硅酸盐矿物，如萤石（炼钢熔剂）、刚玉（宝石、磨料）和沥青铀矿（一种铀资源）也具有重要的经济价值。

A. 方解石　　B. 白云石　　C. 岩盐

D. 石膏　　E. 赤铁矿　　F. 磁铁矿

G. 方铅矿　　H. 黄铜矿　　I. 萤石

图 1.30　重要的非硅酸盐矿物（Dennis Tasa and E. J. Tarbuck 供图）

图 1.31　地下矿山的厚层岩盐。得克萨斯州格兰沙林的岩盐（食盐）矿，以人作为比例尺（Tom Bochsler 供图）

概念回顾：物质成分和矿物组成

1.1　矿物：组成岩石的基本单元

描述组成地球物质的矿物的主要特征。

关键术语：矿物学、矿物、岩石

- 在地球科学中，矿物一词是指具有有序晶体结构和特定化学成分，并自然产出的无机固体物质。矿物学是研究矿物的科学。
- 矿物是岩石的结构单元。岩石是天然矿物或类矿物，如天然玻璃或有机物质组成的集合体。

1.2　原子：矿物的结构单元

比较原子中包含的三种基本粒子。

关键术语：原子、原子核、质子、中子、电子、价电子、原子序数、元素、元素周期表、化合物

- 矿物由一种或多种元素的原子组成。任何元素的原子都由三种基本粒子组成：质子、中子和电子。

- 原子中质子的数量是其原子序数。例如，一个氧原子有 8 个质子，因此其原子序数是 8。质子和中子具有几乎相同的大小和质量，但质子带正电，中子不带电。
- 电子比质子和中子小得多，质子或中子的质量约为电子的 2000 倍。每个电子都有一个负电荷，与带正电荷的质子数量级相等。电子通常以几个特定的能级和距离聚集在原子核的周围形成外壳。外壳最外层的电子称为价电子，在一个原子与其他原子结合形成化合物时它很重要。
- 具有类似数量价电子的元素往往会具有类似的性质。元素周期表以元素分布图的方式展示了元素的这些类似之处。
- ? 使用元素周期表，通过质子数识别如下地质学上的重要元素：（A）14，（B）6，（C）13，（D）17，（E）26。

1.3 原子结合的原因
区分离子键、共价键和金属键。

关键术语：八隅规则、化学键、离子、离子键、共价键、金属键

- 原子吸引其他原子时，会形成化学键，这通常涉及转移或共享价电子。对于大多数原子来说，最稳定的分布是在最外层有 8 个电子。这一概念称为八隅规则。
- 离子键涉及一种元素的原子向另一种元素的原子提供一个电子，形成带正负电荷的原子，称为离子。带正电荷的离子与带负电荷的离子结合形成离子键。
- 共价键是两个相邻原子之间电子的共享。在金属键中具有更广泛的共享：电子可在整个物质中自由地从一个原子迁移到另一个原子。
- ? 图中哪种情况是离子键？其显著特点是什么？

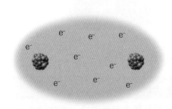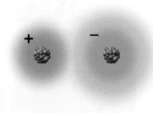

1.4 矿物的物理性质
列举并描述用于矿物鉴定的性质。

关键术语：光泽、颜色、条纹、晶形（习性）、韧性、硬度、莫氏硬度、解理、断口、密度、比重

- 一种矿物的成分和内部晶体结构赋予了其特定的物理性质。这些性质可用来区别于其他矿物，并满足人类的某种需求。
- 光泽是矿物反射光线的能力。一种矿物传输光的程度称为透明度、半透明度和不透明度。颜色是一种不可靠的识别特征，因为微小的杂质会"污染"矿物而误导其本身的颜色。可靠的鉴定特征之一是条痕，条痕的颜色是矿物在瓷质条痕板上刮蹭后所留下矿物粉末的颜色。
- 理想的晶体生长形状对于鉴定矿物是很有用的。
- 化学键的强度变化赋予了矿物属性，如韧性（矿物受力时是否发生脆性形变或弯曲）和硬度（抗刻划的强度）。解理是矿物沿原子弱结构面的优先破裂口，在鉴定矿物时很有用。
- 矿物密度定义为单位体积的物质的质量。矿物学家找到了一种简单度量比重的方法，即矿物密度和水

的密度之比。

- 其他属性也可以识别某些矿物，但对大多数矿物来说比较罕见，比如嗅觉、味觉、触觉、对盐酸的反应、磁性和双折射。
- ? 研究石英和方解石。列举三个可以区分彼此的物理性质。

石英　　　Dennis Tasa供图　　　方解石　　　Dennis Tasa供图

1.5 矿物分类
列举常见硅酸盐和非硅酸盐矿物并描述每类矿物的特征。

关键术语：造岩矿物、经济矿物、硅酸盐、非硅酸盐、硅–氧四面体、浅色硅酸盐矿物、暗色硅酸盐矿物

- 硅酸盐矿物具有小型金字塔形的基本结构单元：1 个硅原子被 4 个氧原子包围。由于这种结构有 4 个面，

因此称为硅-氧四面体。邻近的四面体可共享一些相同的氧原子，形成长链状或网状结构。

- 地球上最常见的矿物种类是硅酸盐矿物，它们可细分为含铁和/或镁的暗色硅酸盐，以及不含铁和/或镁的浅色硅酸盐。浅色硅酸盐矿物通常是浅色的，且比重相对较低，如长石、石英、白云母和黏土矿物。暗色硅酸盐矿物的颜色通常较深，且密度相对较高，如橄榄石、辉石、角闪石、黑云母和石榴石。

- 非硅酸盐矿物既包括氧化物，也包括氧离子与其他元素（通常为金属元素）结合的产物；碳酸盐以 CO_3 作为晶体结构的一个重要部分；硫酸盐以 SO_4 作为其基本结构单元；卤化物包含一个非金属离子，如氯、溴或氟与金属离子钠或钙相结合。

思考题

1. 根据矿物的地质定义，判断下列选项是否为矿物。如果不是矿物，请说明原因。
   - a. 金块
   - b. 海水
   - c. 石英
   - d. 方晶锆石
   - e. 黑曜石
   - f. 红宝石
   - g. 冰川中的冰
   - h. 琥珀

2. 假设中性原子中的质子数是 92，其质量数为 238。
   - a. 元素的名称是什么？
   - b. 它有多少个电子？
   - c. 它有多少个中子？

3. 下列哪个元素更易形成化学键：氙（Xe）或钠（Na）？解释原因。

4. 观察 5 种矿物的图片，确定哪些样品具有金属光泽，哪些具有非金属光泽（Dennis Tasa 供图）。

5. 金的比重接近 20。5 加仑的水重 40 磅，问 5 加仑金的重量是多少？

6. 考察所附照片中的矿物标本破碎时，矿物有几个光滑平坦的表面。
   - a. 该标本呈现出几个平面？
   - b. 该标本的解理方向有几个？
   - c. 解理夹角呈 90° 吗？

切割样品

7. 下列每个句子均描述了一种硅酸盐矿物或矿物类别。给出每句对应的矿物名称。
   - a. 角闪石类的最常见成员
   - b. 云母类的最常见浅色成员
   - c. 完全由硅和氧组成的唯一的常见硅酸岩矿物
   - d. 基于其颜色命名的一种硅酸盐矿物
   - e. 根据条痕表征的一种硅酸盐矿物
   - f. 源于化学风化产物的一种硅酸盐矿物

8. 所附图片表征的矿物特征是什么？

Dennis Tasa

9. 请通过互联网了解需要获取地下的什么矿物来制造以下产品。
   - a. 不锈钢餐具
   - b. 猫砂
   - c. 钙片
   - d. 锂电池
   - e. 铝饮料罐

10. 大多数州都会选定一种矿物、岩石或宝石来代表该州，以提升人们对该州自然资源的兴趣。描述你所在的州的矿物、岩石或宝石，并解释它被选中的理由。如果你所在的州未选定矿物、岩石或宝石，那么请选择一个相邻州的矿物、岩石或宝石来完成测验。

第2章 岩石：固体地球的物质

美国犹他州圆顶礁国家公园北部的沉积岩。岩墙是一种典型的
火成岩侵入体，是顶部火成岩的支脉（Michael Collier 供图）

为什么要了解岩石呢？因为一些岩石和矿物具有很高的经济价值。此外，所有的地球作用过程在某种程度上都取决于这些基本的地球物质的性质。例如，火山喷发、造山运动、风化作用、侵蚀作用，甚至地震，都涉及岩石和矿物。因此，对地球物质的基本了解对理解大多数地质现象必不可少。

每块岩石都包含了其形成环境的线索。例如，有些岩石完全由小贝壳碎片组成。这种现象告诉地球科学家该岩石可能在浅海环境中形成。其他岩石可能形成于一次火山喷发或造山运动的过程中。因此，岩石中包含了大量关于地球悠久历史事件的信息。

2.1 地球系统：岩石循环

绘制、标注并解释岩石循环。

岩石循环生动地告诉我们地球是一个系统。岩石循环让我们看到了许多地球系统的成分与过程之间的相互作用（见图 2.1）。它帮助我们理解火成岩、沉积岩和变质岩的起源，以及它们之间是如何相互关联的。此外，岩石循环表明，在适当的条件下，任何岩石类型都能转换成其他岩石类型。

2.1.1 基本循环

我们从熔岩开始讨论岩石循环。熔岩被称为岩浆，它是通过岩石熔化形成的，主要发生在地壳和上地幔（见图 2.1）。岩浆体形成后，通常会上升到地表，因为它比围岩的密度低。部分岩浆会到达地球表面，作为熔岩喷发。最后，熔岩冷却并凝固，这一过程称为结晶作用或固结作用。熔岩可能固结于地下或伴随火山喷发后固结于地表。在这两种情况下，产生的岩石称为火成岩。

如果火成岩暴露在地表，那么它们会经历大气日积月累产生的风化作用的影响，使岩石缓慢地碎裂和分解。由此产生的松散物质常常通过重力向下坡移动，然后通过流水、冰川、风力或海浪等一种或多种侵蚀因素迁移，最后这些称为沉积物的颗粒和溶解物质被沉积下来。尽管大部分沉积物最终都停留在海洋中，但是还有其他的沉积地点，包括河漫滩、沙漠盆地、湖泊、内陆海及沙丘。

接下来，沉积物发生石化作用，这一术语的意思是"转化为岩石"。当沉积物被覆盖物质的重量压实或被渗透的地下水中的矿物质填满孔隙而胶结时，通常被石化为沉积岩。

如果沉积岩被深埋或被造山运动的动力影响，那么它会经受高压和高温作用。沉积岩可以通过环境变化的影响转化为三种岩石类型。如果变质岩仍然处在高温状态下，它可能会熔化产生岩浆，然后循环再次开始。

虽然岩石呈现为稳定状态，似乎是不变的物质，但岩石循环显示它们并非如此。这种变化有时需要数百万年甚至上亿年。然而，岩石循环在全球范围内的不同地点的不同阶段不断地持续进行着。今天，新的岩浆正在夏威夷群岛的地下形成，而组成科罗拉多洛基山脉的岩石正在被风化和侵蚀而缓慢地磨损。其中一些风化碎片最终被搬运到墨西哥湾，并不断地堆积在那里的沉积物中。

2.1.2 其他途径

岩石并不一定必须经历上文描述的那种循环顺序，也存在其他的途径。比如，火成岩如果未暴露在地表经历风化和磨蚀作用，它可能依然深埋在地下（见图 2.1）。最终这些物质可能受到与造山运动有关的强烈压力和高温的影响，直接转变为变质岩。

变质岩和沉积岩以及沉积物，并非一直被埋

在地下。上覆岩层可能被侵蚀掉，暴露出曾被埋藏的岩石。出现这种情况时，经历风化过程影响的物质转变成新的沉积岩的成分。

地壳深处形成的火成岩也能按类似的方式抬升、风化并转变为沉积岩。火成岩也能保持在地壳深处，伴随造山运动的高温和压力会使它变质或熔融。随着时间的流逝，岩石可能会转变成任何一种其他的岩石类型，甚至形成自身的另一种形式。在岩石循环中，岩石可以"千变万化"。

是什么驱动岩石循环呢？地球内部的热量对火成岩和变质岩的形成起主要作用。风化作用及风化产物的搬运是外部过程，动力来源于太阳的能量。外动力作用产生沉积岩。

概念检查 2.1

1. 图示并标注岩石循环，须包含循环的路径。
2. 使用岩石循环解释"一种岩石是另一种岩石的衍生物"的说法。

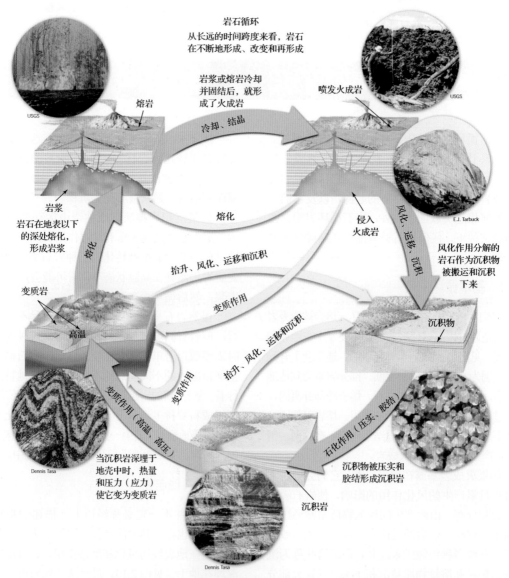

图 2.1 岩石循环。长期观测表明，岩石在不断形成、改变和再形成。岩石循环可帮助我们理解三大基本岩石类型的起源。箭头表示连接各类型之间的过程

2.2 火成岩:"浴火而生"

描述火成岩分类的两个准则并解释冷却速率如何影响矿物的晶体大小。

在岩石循环的讨论中,我们指出火成岩由岩浆或熔岩冷却和结晶而成。岩浆是熔融的岩石,虽然地壳岩石的熔化也产生一些岩浆,但通常大多数由地幔的岩石熔融产生,岩浆体一旦形成,将浮升到地表,因为它比围岩的密度小。

岩浆抵达地表后,就称为熔岩(见图2.2)。有时逸出的气体会推动熔岩向上运动,熔岩像喷泉一样喷射出来。在其他情况下,岩浆爆炸性地从火山通道中喷出,就像1980年圣海伦斯火山喷发一样,形成壮观的景象。然而,大多数火山喷发作用并不猛烈;相反,最常见的火山喷发是熔岩平静的倾泻流出。

图2.2 夏威夷基拉韦厄火山喷出的玄武质熔岩流。夏威夷大岛上的基拉韦厄火山是地球上最活跃的火山之一(美国地质调查局供图)

图2.3 南达科他州黑山的拉什莫尔山国家纪念碑。这座纪念碑由侵入火成岩的花岗岩经雕刻而成。这种巨大的火成岩体在深部缓慢冷却,随后抬升,上覆岩层被侵蚀作用剥离(Barbara A. Harvey/Shutterstock 供图)

熔岩在地表固结时,由此产生的火成岩被分类为喷出岩或火山岩。喷出的火成岩在美国西部很丰富,包括喀斯喀特火山锥和哥伦比亚高原的大量熔岩流。此外,许多海洋岛屿,包括夏威夷群岛,几乎完全由喷出的火成岩组成。

然而,大多数岩浆在抵达地表之前就已失去了流动性并最终在地表以下的深处结晶。形成于地下深处的火成岩称为侵入岩或深成岩。侵入的火成岩会一直在地下深处,除非部分地壳抬升或上覆岩层受到侵蚀而剥离。很多地方都有出露的侵入火成岩,包括新罕布什尔州的华盛顿山、佐治亚州的石头山、南达科他州黑山的拉什莫尔山,以及加州的约塞米蒂国家公园(见图2.3)。

2.2.1 从岩浆到结晶岩

岩浆由熔融(熔化)岩石的元素离子构成,主要由在硅酸盐矿物中发现的能自由移动的硅和氧元素的离子组成。岩浆中还含有气体,特别是水蒸气,由于上覆岩的重量(压力)使其限于岩浆体内,它也含有一些固体(矿物晶体)。岩浆冷却时,可移动的粒子开始有序排列,很多小晶体开始生长,且离子有条不紊地加入到这些晶体的生长中,这一过程称为结晶作用。晶体生长到足够大时,其边界会相交,它们的生长因空间缺乏而停止。最后,所有的液体将转化为相互连生的晶体。

冷却的速度极大地影响着晶体的大小。如果岩浆冷却非常缓慢,离子就可以远距离迁移。因此,缓慢冷却会导致小部分大晶体的产生。另一方面,如果迅速冷却,离子会失去活性并迅速结合,导致很多微小晶体互相争夺活动的离子。因此，快速冷却会导致很多微小连生晶体的产生。

如果熔融物质立即冷却，那么离子自身没有时间形成晶体网络。这种方式产生的固体由随机分布的原子构成。所形成的岩石称为火山玻璃，它与普通人造玻璃颇为相似。"瞬间"淬火有时会发生在剧烈的火山爆发期间，这时会产生微小的火山玻璃碎片，被称为火山灰。

除冷却速率外，岩浆的成分及溶解气体的数量都会影响结晶作用。由于岩浆在各方面的差异，火成岩的物理性质和矿物成分变化很大。

2.2.2 火成结构能告诉我们什么？

地质学家在描述岩石的整体特征时，根据是构成岩石结构的矿物颗粒大小、形状和排列方式。结构是岩石的一个重要特征，因为它允许地质学家通过仔细观察岩石中晶体大小和其他特征，对其成因做出推断。快速冷却会产生小晶体，反之非常缓慢地冷却则产生更大的晶体。如我们预期的那样，横亘于地壳深处岩浆房的冷却速度是非常缓慢的，而喷出到地表的薄层熔岩可能因为变

冷在几小时内就形成了固态岩石。在火山猛烈爆发期间，喷射出的微小熔岩斑点能够在空中凝固。

你知道吗？

在公元 79 年维苏威火山灾难性的大爆发期间，整个庞贝古城（意大利那不勒斯附近）完全被数米厚的浮石和火山灰覆盖。几个世纪过去后，维苏威火山附近发展了新的城镇。直到 1595 年，庞贝古城的遗迹才在一个建设项目中被发现。每年有成千上万的游客到庞贝古城的商店、小酒馆及别墅遗址旅游。

你知道吗？

在石器时代，火山玻璃（黑曜石）被用来制作切割工具。如今，由黑曜石制作的手术刀被用于精细的整形手术，因为这种手术刀所造成的疤痕小于钢制手术刀造成的疤痕。密歇根大学医学院副教授、医学博士李·格林这样解释道："钢制手术刀的刀刃很粗糙，而黑曜石手术刀更加锋利和光滑。"

在地表迅速形成的或少量在上部地壳中形成的火成岩具有细粒结构，细粒结构的单个晶体太小，无法用肉眼识别（见图 2.4D）。常见的许多细粒火成岩含有孔洞，称为气孔，它是岩浆固结时气泡留下的。含有这种气孔的岩石称为具有气孔结构（见图 2.5）。

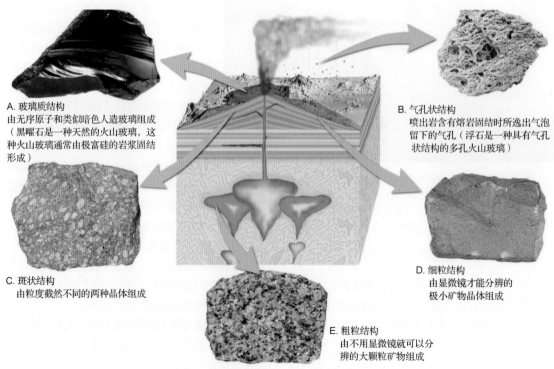

A. 玻璃质结构
由无序原子和类似暗色人造玻璃组成（黑曜石是一种天然的火山玻璃，这种火山玻璃通常由极富硅的岩浆固结形成）

B. 气孔状结构
喷出岩含有熔岩固结时所逸出气泡留下的气孔（浮石是一种具有气孔状结构的多孔火山玻璃）

C. 斑状结构
由粒度截然不同的两种晶体组成

D. 细粒结构
由显微镜才能分辨的极小矿物晶体组成

E. 粗粒结构
由不用显微镜就可以分辨的大颗粒矿物组成

图 2.4 火成岩的结构（E. J. Tarbuck 供图）

当大量的岩浆在地表深处凝固时，围岩会起到隔热作用，热损失得很慢，这给岩浆中的离子构成更大的晶体提供了时间，因此可使火成岩产生粗粒结构。粗粒岩石具有大量的交生晶体，它们的粒度大致相当，单个矿物大到可以用肉眼来识别，花岗岩就是一个典型的例子（见图2.4E）。地壳深处大规模岩浆的凝固可能需要数万年甚至数百万年。因为物质在不同的环境条件（如温度和压力）下结晶，在其他矿物开始结晶之前，某种矿物的晶体可能已生长得很大。如果包含一些大型晶体的熔岩迁移到不同的环境，比如喷出地表，熔岩的剩余熔融部分会冷却得更快，导致岩石产生两期冷却过程，这时的岩石将由大晶体嵌入小晶体构成的基质组成。这种类型的岩石显示出斑状结构（见图2.4C）。

熔渣，气孔状结构的火山岩

图2.5　气孔状结构。气孔形成于靠近熔岩流顶部的气泡溢出

在某些火山爆发期间，熔岩被喷发到大气中产生快速淬火，此时，快速冷却会使岩石具有玻璃质结构（见图2.4A）。无序的原子聚合成有序的晶体结构之前，它"被冻结在一个位置"，因此形成了玻璃质。此外，含有大量硅质成分（SiO_2）的岩浆与那些硅质含量低的岩浆相比，更有可能形成具有玻璃质结构的岩石。

2.2.3　火成岩的成分

火成岩主要由硅酸盐矿物组成。化学分析显示硅和氧通常以岩浆成分中的二氧化硅（SiO_2）出现，到目前为止它在火成岩中的含量都是最多的。这两种元素，再加上铝（Al）、钙（Ca）、钠（Na）、钾（K）镁（Mg）及铁（Fe）离子，构成了大多数岩浆成分的98%左右。此外，岩浆还含有多种少量的其他元素，包括钛、锰，以及微量的稀有元素，诸如金、银和铀。

岩浆冷却并凝固后，这些元素结合起来形成两种主要的硅酸盐矿物。暗色硅酸盐富铁或富镁，且其中含有相当低的二氧化硅（SiO_2）。橄榄石、辉石、角闪石和黑云母是地壳中常见的暗色硅酸盐矿物。通过比较发现，浅色硅酸盐具有更高含量的钾、钠和钙，比暗色硅酸盐更富含二氧化硅。浅色硅酸盐包括石英、白云母等多种矿物，长石在多数火成岩中至少占40%。因此，除长石以外，火成岩还含有前文列出的其他浅色或暗色硅酸盐类矿物。

2.2.4　火成岩的分类

火成岩是根据岩石结构和矿物成分进行分类的。一种火成岩岩石的结构主要取决于它的冷却历史，而它的矿物成分很大程度上取决于母岩浆的化学组成及结晶环境。

尽管火成岩的主要成分具有多样性，但可根据其中浅色和暗色矿物的比例划分为宽泛的类别。图2.6给出的常用火成岩分类方案就是根据结构和矿物成分划分的。

花岗质（酸性）岩石位于岩石成分连续系列的端元，几乎完全由浅色硅酸盐——石英和钾长石组成。这些矿物占主导地位的火成岩具有花岗岩的成分。地质学家也称花岗质岩石为长英质岩石，这一术语源于岩石中的长石和石英。除了长石和石英，多数花岗质岩石含有大约10%的暗色硅酸盐矿物，通常为黑云母和角闪石。花岗质岩石富含二氧化硅（约占70%）并且是大陆地壳的主要成分。

花岗岩是在地下深处由大量岩浆缓慢固结形成的一种粗粒火成岩。在造山运动中，伴随着上覆地壳的风化和剥蚀，花岗岩和有关的结晶岩会被抬升到地表。包括洛基山脉的派克峰、黑山山脉的拉什莫尔山、佐治亚州的石山和约塞米蒂国家公园的内华达山脉在内的地区，大量的花岗岩都出露于地表（见图2.7）。

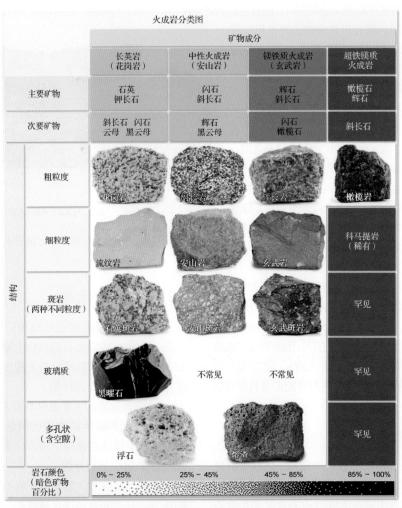

图 2.6 基于矿物成分和结构的火成岩分类。粗粒岩石是深成岩，在地下深处固结。细粒岩石是火山岩，在浅部固结，或呈薄层侵入体。超镁铁岩石是暗色的致密岩石，几乎全部由含有铁和镁的矿物组成。尽管在地表相对罕见，但这些岩石是上地幔的主要成分（E. J. Tarbuck 和 Dennis Tasa 供图）

图 2.7 加州约塞米蒂国家公园出露地表的花岗岩。这种岩石由岩浆在地下深处结晶形成（插图由 Henrik Lehnern/Glow 提供；左上插图由 Corey Rich/Getty 提供）

实际上，石英手表使用石英晶体来保持时间的准确性。在石英手表之前，传统钟表普遍使用某种振动物或音叉来保持时间的准确性。齿轮及其转动把机械运动转变为指针运动。原因是，把电压施加到石英晶体上时，它会产生比音叉好百倍的定时振荡。由于这种性质和现代集成电路技术，石英手表造价低廉，因此在手表停止工作时，人们会选择购买新的手表而不是去维修。但机械式现代手表十分昂贵。

花岗岩可能是最知名的火成岩，一方面是其自然且出众的外表，打磨后更具有欣赏价值，另一方面是其产量大。打磨后的花岗岩平板常用于制作墓碑、纪念碑和工作台面。

流纹岩相当于喷出的花岗岩，基本上由浅色硅酸盐组成（见图2.6）。因此，它通常具有浅黄色至粉色或浅灰色的外表。流纹岩的粒度为细粒，并且常常含有玻璃质碎屑和孔隙，表明它是在地表环境中迅速冷却的产物。但与广泛分布的大型花岗岩侵入体相比，流纹岩沉积物并不常见，而且通常比较少。黄石公园是一个知名的例外情况，它由大量流纹岩成分的熔岩流和厚层的火山灰沉积物组成。

黑曜岩是天然玻璃的一种常见类型，外观看起来与暗色的人造玻璃类似（见图2.8）。尽管颜色较暗，但黑曜岩通常具有更高含量的硅及与浅色火成岩类似的化学成分。与相对透明的玻璃状物质相比，黑曜岩的暗色由少量金属离子造成。另一种富含二氧化硅、具有玻璃质结构和气孔状结构的火山岩是浮岩。它经常与黑曜岩伴生，是大量气体从熔岩中逸出产生灰色泡沫状物质时（见图2.9）形成的。在某些样品中气孔非常明显，而在其他样品中，浮岩类似于连生的细小火山玻璃碎片。由于浮岩中具有大量充满空气的气孔，因此许多浮岩样品会漂浮在水中（见图2.9）。

图2.8 黑曜石是一种天然玻璃。美洲原住民使用黑曜石制作箭头和切割刀具（Jeffrey Scovil 供图）

图2.9 浮岩，一种气孔状玻璃质岩石。含有大量气孔的浮岩非常轻（E. J. Tarbuck 摄，插图由 Chip Clark 提供）

玄武质（基性）岩石是含有大量暗色硅酸盐矿物和富钙斜长石（但不含石英）的岩石（见图2.6）。玄武质岩石含有高百分比的暗色硅酸盐矿物，因此地质学家称其为镁铁质岩石。由于具有铁质成分，玄武质岩石与花岗质岩石相比，通常颜色更深且更致密。

玄武岩是最常见的喷出火成岩，颜色呈深绿至黑色，细粒火成岩主要由辉石、橄榄石和斜长石组成。许多火山岛，比如夏威夷群岛和冰岛，主要由玄武岩组成（见图2.10）。此外，上部海洋地壳也由玄武岩构成。在美国，俄亥俄州中部和华盛顿州的大部分地区，地表出露有大量玄武岩。

图2.10 夏威夷基拉韦厄火山流动的玄武质熔岩（David Reggie/Getty Images 供图）

与玄武岩相当的粗粒侵入岩是辉长岩（见图2.6）。尽管出露于地表的辉长岩并不常见，但它在海洋地壳中比例很高。

图2.6中的安山质（中性）岩石，其成分介于花岗质岩石和玄武质岩石之间，因此称为安山质成分或中性成分，常见的火山岩是安山岩。安山质岩石是浅色矿物和暗色矿物的混合物，主要是角闪石和斜长石。这种重要的火成岩通常与大陆边缘的典型火山活动有关。中性成分的岩浆在地下深处结晶时，形成的粗粒岩石称为闪长岩（见图2.6）。

超镁铁质岩是另一种重要的火成岩，人们称其为橄榄岩，包含的主要暗色矿物是橄榄石和辉石，因此放置在与花岗质岩石相反的成分图谱一侧（见图2.6）。由于橄榄岩几乎完全由暗色硅酸盐矿物组成，因此其化学成分称为超镁铁质。尽管超镁铁质岩石在地表上比较罕见，但橄榄岩被认为是上地幔的主要成分。

2.2.5　不同火成岩的成因

由于存在大量不同的火成岩，人们推测也存在对应的岩浆。但根据地质学家们的观测，一座火山就可喷出具有不同成分的熔岩，这种资料使得他们证明了岩浆变化（演化）的可能性，并因此形成了种类繁多的火成岩类型。为了探究这一想法，鲍文于20世纪初开展了岩浆结晶作用的开创性研究。

鲍文反应序列　在实验室条件下，鲍文证明至少在200℃以上的温度区间，岩浆具有不同的化学过程和结晶作用，而不似简单的化合物（如水）那样具有特定的固结温度，岩浆冷却时，某些矿物在相对较高的温度下率先结晶。随后在温度降低时，其他矿物开始结晶。这种矿物的排列如图2.11所示，称为著名的鲍文反应序列。

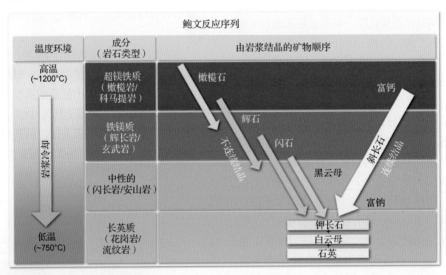

图2.11　鲍文反应序列。图中展示了由岩浆结晶出的矿物序列。请将此图和图2.6所示岩石类型的矿物成分进行对比。注意每种岩石类型由相同温度范围内结晶的矿物组成

鲍文发现最先从岩浆体中结晶的矿物是橄榄石。进一步冷却导致辉石及斜长石的形成。在中等温度下，角闪石和黑云母开始结晶。

在结晶的最后期阶段，大多数岩浆已经固结，矿物白云母和钾长石可能形成（见图2.11）。最终，石英从剩余的液体中结晶。橄榄石和石英很少出现在同一火成岩中，因为石英开始结晶的温度要比橄榄石结晶的温度低得多。

火成岩分析提供的证据表明，这种结晶模型近似于自然界发生的结晶过程。特别是我们发现按照

鲍文反应系列，在相同温度范围内形成的矿物会在同一火成岩中同时出现。例如，图2.11中的石英、钾长石和白云母位于鲍文图解的相同位置，通常一同出现在花岗岩的主要成分中。

岩浆分异作用　鲍文根据一个可预测的模型证明了能从岩浆中结晶出的不同矿物。但鲍文的发现如何解释火成岩的多样性呢？在结晶过程中，岩浆成分会不断变化。产生这种现象的原因是，晶体形成时，它们会选择性地从岩浆中迁移某些元素，而剩余的液体部分（熔体）中这些

元素则会耗尽。结晶过程中，偶尔会发生岩浆固态成分和液态成分分离的现象，产生不同种类的矿物和不同种类的火成岩。早期形成的矿物要比液体部分更加致密（更重），因此会向岩浆房底部沉降，这称为晶体沉降，如图2.12所示。

剩余熔融物质无论在哪个方位或地点固结，即使迁移到围岩的断裂中，也会形成一种与母岩浆成分大不相同的岩石（见图2.12）。由单一母岩浆形成一种或多种次生岩浆的过程称为岩浆分异作用。

在岩浆演化的任何阶段，固态成分和液态成分分为两个化学性质不同的单位。此外，次生岩浆的分异作用也能产生化学性质不同的熔岩物质。因此，岩浆分异作用和结晶作用各阶段的固

态及液态成分的分离，能够产生化学成分多样的岩浆，最后产生各种各样的火成岩。

概念检查 2.2

1. 什么是岩浆？如何区分岩浆和火山喷出的熔岩？
2. 产生侵入性和喷出性火成岩的基本前提是什么？
3. 冷却速度如何影响晶体大小？影响火成岩结构的其他因素是什么？
4. 关于火成岩的形成史，斑状结构表明了什么？
5. 列出并区分4种基本火成岩的成分组合。
6. 如何区分花岗岩和流纹岩？它们在什么情况下相似？
7. 什么是岩浆分异作用？这一过程是如何导致单一岩浆来源的几种不同火成岩形成的？

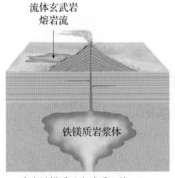

A. 含有铁镁质（玄武质）的岩浆喷发流体玄武质熔岩

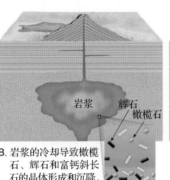

B. 岩浆的冷却导致橄榄石、辉石和富钙斜长石的晶体形成和沉降，或在岩浆体的冷却边缘结晶

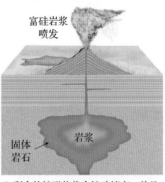

C. 剩余的熔融物将会被硅质填充，并且随后发生一次喷发，生成的岩石将会比原始岩浆更加富硅并且更接近长英质（花岗质）成分范围的尾端

图 2.12　晶体沉降导致剩余熔融物成分的变化

2.3　岩石风化形成沉积物

对比机械风化作用和化学风化作用，并分别举例说明。

所有物质都受风化作用的影响，比如我们称为混凝土的合成岩石。新浇筑的混凝土路面很平滑，但几年后路面就会出现缺口，破裂并高低不平，砂砾暴露于地表。附近有树存在时，树根会生长到路面下方，拱起和撑裂混凝土。不管类型和强度如何，这一自然过程最终都会破坏混凝土道路，或分解天然岩石。

岩石为什么会风化？很简单，风化是地球物质对新环境的自然反应。比如经过数百万年的侵蚀后，侵入火成岩的巨大上覆岩体可能会消失，

进而使得火成岩出露于地表。这种结晶岩石形成于高温、高压的地下深处，而现今正处在完全不同且相对很差的地表环境下。作为回应，这种岩体会逐渐改变，直到在新环境中再次达到平衡。这种岩石的转变就是我们所说的风化作用。

接下来的几节讨论两种基本类型的风化作用——机械风化作用和化学风化作用。机械风化作用（剥蚀）是破坏岩石的物理方式。化学风化作用（分解）则改变岩石的本质，把它变成不同的物质。尽管我们单独考虑这两个过程，但在自

然环境下它们通常同时作用于岩石。此外，侵蚀营力的活动（风、水和冰川）搬运风化岩石碎屑也很重要。这些迁移营力搬运岩石碎屑时，会进一步无情地瓦解这些碎屑。

2.3.1 机械风化作用

岩石遭受机械风化作用时，会破裂为越来越小的碎屑。每块碎屑都会保持原有物质的性质，最终变成来自单块大岩石的许多小碎屑。图 2.13 表明岩石碎裂成小块会增大表面积，因而更易于遭受化学侵蚀。例如在水中加糖，一块冰糖在水中的溶解速度比同等体积的砂糖在水中的溶解速度慢得多，因为表面积存在巨大差异。因此，机械风化作用把岩石粉碎为更小的碎片后，表面积的增大会使得岩石更容易发生化学风化作用。

自然界中有三个重要的机械过程将岩石分解为小块：冰楔作用、板状剥离和生物活动。

冰楔作用 将充满水的玻璃瓶放入冰箱太长时间后，玻璃瓶就会破裂。破裂的原因是液体水具有独特的性质，即结冰后体积会膨胀 10%。这也是隔热不良及在寒冷天气中暴露水管破裂的原因。我们可能看到过自然界中的这种岩石碎裂过程。水进入岩石的裂缝中，冻结、膨胀，扩大裂口（见图 2.14）。经过多次冻融循环之后，岩石就会裂解为小块。

这一过程称为冰楔作用（见图2.14）。冰楔作用在中纬度山区最为明显，因为这里每天都存在冻融循环。部分岩石因冰楔作用后，会松动并下落到称为岩屑堆或岩屑坡的地方。岩屑堆和岩屑坡通常出现在陡峭岩石露头下方（见图2.14）。

板状剥离 大量侵入火成岩暴露于地表并遭受剥蚀时，整个板状体会像洋葱外皮那样破碎松动，这一过程称为板状剥离。它发生的原因是，伴随着上覆岩层的消失，上覆压力大幅度降低（见图2.15）。外层岩石与下部岩石相比，膨胀程度增大，并从岩体上剥离。花岗岩特别容易发生板状剥离。

不断进行的风化作用最终导致石板剥离和脱落，产生板状剥蚀穹顶。这样的例子包括佐治亚州的石头山和约塞米蒂国家公园的半圆丘（见图2.15）。

当岩石机械风化为小块时，更多的表面积会受到化学风化

```
2   2
4平方单位

4平方单位×
6 面×
1 立方=
24 平方单位
```

```
1   1
1平方
单位

1平方单位×
6 面×
8 立方 =
48 平方单位
```

```
0.5 0.5
表面积增大

0.25 平方单位×
6 面×
64 立方 =
96 平方单位
```

图 2.13　机械风化作用增大岩石表面积。机械风化作用会增大化学风化作用发生的概率，因为化学风化作用主要发生在暴露的表面

冰楔作用

倾斜沉积层

下落的岩石碎片

下落的岩石碎片

积雪

由含棱角岩石碎片组成的岩屑坡

图2.14　冰楔作用。山区的冰楔作用产生棱角状岩石碎片，这些碎片累积形成岩屑坡（Marli Miller 供图）

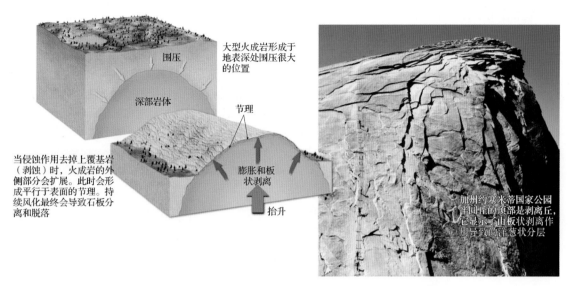

大型火成岩形成于地表深处围压很大的位置

围压

深部岩体

节理

当侵蚀作用去掉上覆基岩（剥蚀）时，火成岩的外侧部分会扩展。此时会形成平行于表面的节理。持续风化最终会导致石板分离和脱落

膨胀和板状剥离

抬升

加州约塞米蒂国家公园半圆丘的顶部是剥离丘，它显示了由板状剥离作用导致的洋葱状分层

图 2.15　减压导致板状剥离。板状剥离导致叶状剥蚀穹窿的形成（Gary Moon/AGE Fotostock America, Inc.供图）

生物活动　风化作用也会通过生物活动来完成，这里所说的生物包括植物、穴居动物和人类。植物根系为了寻找水，会进入岩石裂隙，而且随着根系的发育，它们会楔入岩石并胀裂岩石（见图 2.16）。穴居动物可通过搬运新鲜物质到地表，更加有效地进行物理和化学作用，进而进一步分解岩石。

2.3.2　化学风化作用

化学风化作用通过迁移或添加元素来改变矿物的内部结构。在这种转换期间，原岩被改造成为能够在地表环境下稳定存在的物质。

氧化作用　水是化学风化作用中最重要的因素。溶解于水中的氧在这一过程中会氧化一些物质，这称为氧化作用。例如，我们在土壤中发现一根铁钉时，其上会有一层铁锈（氧化铁），与土壤接触的时间越长，钉子会变得越脆弱。当含有富铁矿物（如角闪石）的岩石被氧化时，岩石表面会出现浅红棕色的锈迹。

碳酸侵蚀　二氧化碳（CO_2）溶解于水（H_2O）中时会形成碳酸（H_2CO_3）。碳酸饮料也具有相同的弱酸性。溶解有二氧化碳的雨水通过大气层时，普通雨水会带有弱酸性。土壤的水中也会溶解腐烂有机物释放的二氧化碳。因此，地球表面无处不存在酸性水。

植物的根部可深入岩石的节理中生长，这一生长过程会使得裂隙变大并崩裂岩石

图 2.16　植物撑裂岩石。科罗拉多州博尔德市附近的根劈作用（Kristin Piljay 供图）

碳酸作用于岩石时，岩石是如何分解的？下面以花岗岩的风化作用为例加以说明。花岗岩主要由石英和钾长石组成。弱酸缓慢地作用于钾长石晶体时，会替换其中的钾离子，进而改变矿物的晶体结构。

长石化学分解后，最丰富的产物是黏土矿物。黏土矿物是化学风化作用的最终产物，它们在地表环境下非常稳定。因此，黏土矿物的含量在许多土壤的无机物质中占比很高。

除了形成黏土矿物，有些二氧化硅（SiO_2）会从长石结构中迁移并被地下水带走。这种溶解的硅最终会沉淀，形成一种硬度大且致密的沉积岩（燧石），填补矿物颗粒间的孔隙，或被搬运到海洋，海洋中的微生物将使用这些硅来构建外壳。

石英是花岗岩的另一种主要成分，它非常耐受化学风化作用。因为耐久性很高，实质上当石英遭受弱酸作用时仍能保持不变。花岗岩风化时，长石晶体会缓慢地转变为黏土，释放出仍保持新鲜玻璃光泽外观的石英颗粒。尽管有些石英仍然留在土壤中，但其中的很多最终会被搬运到海洋中变成沙滩和沙丘。

化学风化作用的产物　表 2.1 列出了一些常见硅酸盐矿物的风化产物。记住，地壳的大部分由硅酸盐矿物构成，而硅酸盐矿物主要由 8 种元素组成：氧、硅、铝、铁、镁、钾、钠和钙。遭受化学风化作用时，硅酸盐矿物会生成钠、钙、钾和镁离子，这些离子可被植物利用或被地下水带走。铁元素易与氧元素结合产生氧化铁化合物，使得土壤变为红棕色或微黄色。剩下的三种元素（铝、硅和氧）与水和其他元素结合，产生一种土壤的重要成分：黏土矿物。

表 2.1　风化产物

矿物	剩余产物	溶解的物质
石英	石英颗粒	硅
长石	黏土矿	硅、K^+、Na^+、Ca^{2+}
闪石	黏土矿、氧化铁	硅、Ca^{2+}、Mg^{2+}
橄榄石	氧化铁	硅、Mg^{2+}

最终，机械和化学风化作用产物形成构建沉积岩的原材料，这是接下来要考虑的问题。

概念检查 2.3

1. 风化作用的两个基本类型是什么？
2. 岩石遭受机械风化作用时，岩石表面会如何变化？这将怎样影响化学风化作用？
3. 水如何导致机械风化作用？
4. 生物活动怎样有助于风化作用？
5. 在自然环境下碳酸是如何形成的？
6. 花岗岩遭受到碳酸的化学风化作用时，会导致什么结果？

2.4　沉积岩：压实和胶结的沉积物

列出并描述不同类别的沉积岩，讨论沉积物转变为沉积岩的过程。

岩石循环展示了沉积岩的起源，而风化作用则开始了这一过程。接下来，重力和侵蚀营力（流水、风、波浪和冰川冰）带走风化产物并搬运到新位置沉积下来。通常来讲，颗粒在搬运过程中会继续分解。沉积后，这种沉积物可能发生石化现象或"转变成岩石"。压实和胶结作用将沉积物转变为固体沉积岩。

沉积一词表明了这些岩石的性质，它由拉丁文而来，意思是沉淀，可理解为固体物质从流体中沉淀出来。多数沉积物都以这种方式沉积。风化的碎屑不断地从基岩处被清除，并被水、冰和风搬运。最终，这些物质会沉积在湖泊、河谷、海洋和数不清的其他地方。荒漠沙丘的微粒、沼泽地上的泥浆、河床的砂砾，甚至是家中的灰尘，都是这一永不停歇过程产生的沉积物。

基岩的风化作用及风化产物的搬运和沉积是连续不断的。因此，沉积物几乎在各处都存在。大量沉积物堆积下来后，靠近底部的物质会被上覆层的重量压实。经过长期作用，这些沉积物被来自于矿物颗粒之间的孔隙水中沉积的矿物质胶结在一起。这就形成了固体沉积岩。

地质学家估计沉积岩仅占地球外层 16 千米的 5% 左右（体积）。然而这类岩石的重要性远大于这个百分比所代表的意义。如果在出露于地表的岩石中取样，就会发现绝大多数都是沉积岩（见图 2.17）。的确，大陆上约 75% 的岩石露头都是沉积岩。因此，我们可以认为沉积岩由地壳最上部相对较薄且不连续的层组成。沉积物堆积在地表，因此易被人们理解。

地质学家通过沉积岩还原了地球历史的许多细节。因为沉积物在地表各种不同的环境下沉积，因此最终形成的岩层携带了许多过去地表环境的线索。沉积岩也展示了允许地质学家解释沉积物搬运方式和距离信息的特征。此外，沉积岩中还含有化石，化石是研究地质历史的重要证据。

最后，许多沉积岩具有重要的经济价值。例如，燃烧后提供电能的煤就被归类为沉积岩。其他主要

图 2.17 亚利桑那州沿红崖出露的沉积岩。沉积岩所在的岩层称为地层。大陆上出露的岩石约 75% 都是沉积岩（Michael Collier 供图）

能源（如石油和天然气）则存在于沉积岩的孔隙内。其他沉积岩是铁、铝、锰和肥料的主要来源，也是建筑行业必不可少的材料。

2.4.1 沉积岩分类

作为沉积物堆积的物质，主要有两个来源。首先，沉积物可能来自于风化岩石的固体颗粒，比如之前介绍的火成岩。这些颗粒称为岩屑，由它们形成的沉积岩称为碎屑沉积岩（见图 2.18）。

碎屑沉积岩　尽管人们在碎屑岩石中发现了多种多样的矿物和岩石碎片，但黏土矿物和石英占主导地位。如前文所述，黏土矿物是硅酸盐矿物化学风化最主要的产物，特别是长石。石英很充足，因为它特别坚硬，且不易于化学风化。因此，当诸如花岗岩的火成岩被风化时，个别石英颗粒会从中脱落。

地质学家们利用颗粒的大小来区分碎屑沉积岩。图 2.18 展示了 4 种组成碎屑沉积岩的颗粒类别。大颗粒砾石占主导地位时，若沉积物是圆的，则称这种岩石为砾岩；若沉积物是棱角状的，则称为角砾岩（见图 2.18）。棱角状的碎片表明颗粒不是从很远的原沉积位置搬运过来的，因此具有棱角状和

碎屑沉积岩		
碎屑状结构（颗粒大小）	沉积物名称	岩石名称
粗（大于 2 毫米）	砾石（磨圆状颗粒）	砾岩 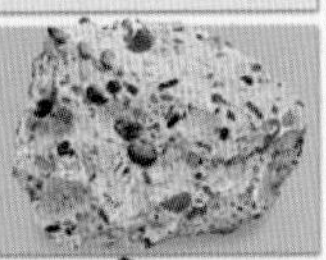
	砾石（角粒）	角砾岩 
中（1/16～2 毫米）	砂	砂岩 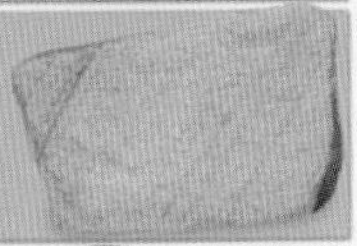
		长石砂岩* 
细（1/16～1/256 毫米）	泥沙	粉砂岩 
极细（小于 1/256 毫米）	黏土	页岩或泥岩 

* 若含有丰富的长石，则称为长石砂岩。

图 2.18　碎屑沉积岩

粗糙磨损的边缘。砂岩一词源于砂粒大小的颗粒占主导地位。页岩是最常见的沉积岩，它由细粒沉积物组成，并主要由黏土矿物构成（见图 2.18）。粉砂岩是另一种细粒岩石，它由黏土级粒度沉积物混合一些粉砂级大小的颗粒组成。

颗粒的大小不仅是划分碎屑岩的简便方法，也提供了沉积物沉积环境的有用信息。水流和空气按大小分选颗粒。水流越强，就会搬运越大的颗粒。例如，砾石会被急速流动的河水、滑坡、冰川搬运。而搬运砂粒所需的能量较小，因此，在沙丘、河流和海滩处，砂粒沉积很常见。淤泥和黏土沉淀非常缓慢，这些物质的累积通常与静水湖、潟湖、沼泽或海相环境有关。

尽管碎屑沉积岩根据颗粒大小进行分类，但在某些特定情况下矿物成分也是命名岩石的依据。比如大多数砂岩富含石英，因此通常称为石英砂岩。此外，由碎屑沉积物构成的岩石很少由同一种粒度的沉积物组成。因此，根据所含砂和粉砂的数量，岩石可归类为砂质粉砂岩或粉砂质砂岩，具体取决于哪种颗粒占主导地位。

与风化固体产物形成的碎屑岩相比，化学和生物化学沉积岩则源于搬运并溶解于湖和海中（见图 2.19）的物质（离子）。这种物质不会无限制地在水中溶解。在某些特定情况下，作为一种物理过程的结果，它会沉淀（沉积）形成化学沉积物。大量海水蒸发后在原地留下盐，就是由物理过程形成化学沉积物的一个例子。

化学和有机沉积岩		
成分	结构	岩石名称
方解石，$CaCO_3$	非碎屑状：细到粗结晶	结晶石灰岩
方解石，$CaCO_3$	非碎屑状：微晶方解石	微晶石灰岩
方解石，$CaCO_3$	非碎屑状：细到粗结晶	石灰华
方解石，$CaCO_3$；生物灰岩	碎屑状：贝壳可见且贝壳碎片松散地粘结在一起	介壳灰岩
方解石，$CaCO_3$；生物灰岩	碎屑状：各种尺寸的贝壳且贝壳碎片与方解石胶结在一起	化石石灰岩
方解石，$CaCO_3$；生物灰岩	碎屑状：微小的贝壳和黏土	白垩岩
石英，SiO_2	非碎屑状：极细结晶	燧石（浅色）
石膏 $CaSO_4 \bullet 2H_2O$	非碎屑状：细到粗结晶	石质石膏
岩盐，NaCl	非碎屑状：细到粗结晶	石盐
改变的植物碎片	非碎屑状：细粒有机质	烟煤

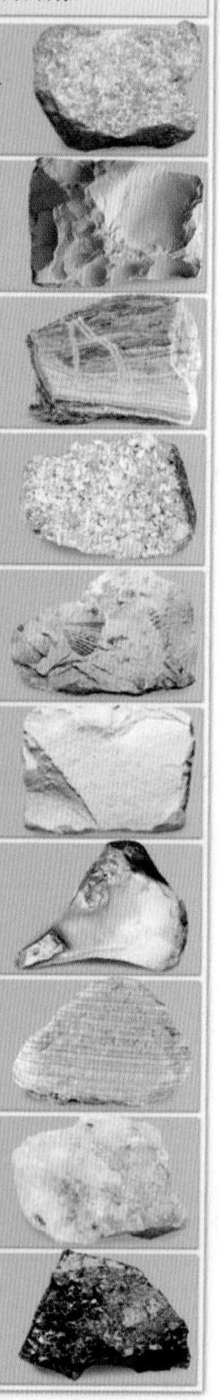

图 2.19　化学、生物化学和有机沉积岩

你知道吗？

常用于制作玻璃的材料是二氧化硅，而二氧化硅通常来自于分选很好的砂岩中的纯净石英。

沉淀作用也可能直接由水生有机物的生命过程形成，所形成的物质称为生物化学沉积物。许多水生动物和植物吸收溶解的矿物质形成贝壳或其他坚硬部分。生物体死后，骨骼会堆积在湖床或海床上。

石灰岩是一种数量极多的沉积岩，它主要由矿物方解石（$CaCO_3$）组成。几乎 90%的石灰岩由海洋生物分泌的生物化学沉积物形成，其余的部分由直接从海水中沉淀的化学沉积物构成。

一种易于识别的生物化学石灰岩是介壳灰岩，它是由松散胶结的贝壳和贝壳碎片组成的粗粒岩石（见图 2.20）。另一种不太明显但我们较熟悉的例子是白垩岩，它是几乎完全由小于针头的微小生物体的硬质部分组成的柔软的多孔岩石。最著名的白垩岩沉积是英格兰南部沿岸暴露的白色白垩岩悬崖（见图 2.21）。

A.

B.

图 2.20　介壳灰岩。这种石灰岩含有贝壳碎片，因此具有生物起源（岩石样品照片由 E. J. Tarbuck 提供；海滩照片由 Donald R. Frazier Photolibrary, Inc./Alamy Images 提供）

5 厘米

发生化学变化或水温较高时，碳酸钙沉淀的浓度升高，此时会形成无机石灰岩。比如石灰华，它是装点洞穴石灰岩类型的一个例子。地下水是洞穴沉积石灰华的来源。水滴到达洞穴的空气中时，一些溶解于水中的二氧化碳会逃离，导致碳酸钙的沉淀。

溶解的二氧化硅（SiO_2）会沉淀形成多种多样的微晶石英（见图 2.22）。由微晶石英组成的沉积岩包括燧石（浅色）、燧石（深色）、碧玉（红色）和玛瑙（带状）。这些化学沉积岩的成因可能是无机的，也可能是有机的，但成因模式通常很难判断。

通常，蒸发作用会导致矿物质从水中析出，析出的成分包括岩盐，岩盐和石膏的主要成分都具有巨大的商业价值。岩盐即大家都熟悉的用于烹饪和调味的食盐。当然，它还有许多其他用途，因食盐交易而发生的战争贯穿于整个人类历史。石膏是熟石膏的基本成分，这种材料广泛用于建筑行业作为涂料和石膏板。

在地质历史中，现在干旱的大陆区域过去曾是辽阔的海洋和伸向开阔大洋的海湾。在这种情况下，水不断进入海湾，补充因蒸发而失去的水分。最终海湾的水变得饱和，开始出现岩盐的沉积作用。今天，这些海洋已消失，剩下的沉积物则称为蒸发沉积岩。

在加州，小规模的蒸发岩沉积可见于死亡谷等地。降雨或融雪时，水流会从周围的山脉流入封闭的盆地。水分蒸发后，由剩余溶解物质组成的白壳会形成盐滩（见图 2.23）。

你知道吗？

每年全球供应的盐约有 30% 是从海水中提取的。海水被抽入池塘进行蒸发，进而得到"人工蒸发岩"。

巨大的白色白垩岩悬崖。白垩岩是一种生物化学石灰岩，几乎完全由微小水生生物（主要是浮游生物）的硬质部分组成

这幅称为颗石藻的浮游生物图片，来自于电子显微镜下。类似于轮胎的圆形个体的直径只有3/1000毫米，小到可以穿过针眼

图 2.21　白色白垩岩悬崖。这一著名的沉积岩主要位于英格兰南部及法国北部地区（David Wall/Alamy Images 供图）

玛瑙

燧石

碧玉

箭头

硅化木

图 2.22　多彩的燧石。燧石因微晶石英组成的高硬度致密化学沉积岩而得名（玛瑙图片由 The Natural History Museum/Alamy Images 提供；硅化木图片由 gracious_tiger/Shutterstock 提供；燧石和碧玉图片由 E. J. Tarbuck 提供；箭头图片由 Daniel Sambraus/Photo Researchers, Inc.提供）

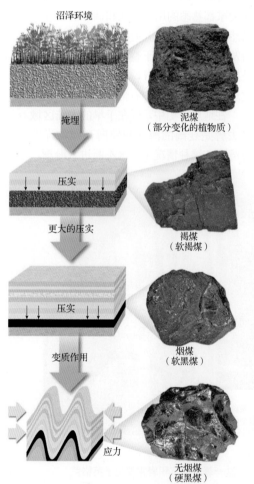

沼泽环境

掩埋

泥煤
（部分变化的植物质）

压实

更大的压实

褐煤
（软褐煤）

压实

烟煤
（软黑煤）

变质作用

应力

无烟煤
（硬黑煤）

图 2.24　从植物到煤的过程。煤形成的连续阶段（E. J. Tarbuck 供图）

这种广泛的蒸发沉积是一片30000英亩的硬白色盐地，有的地方接近2米厚

图 2.23　波利维尔盐碱滩。犹他州这一著名的地点曾是一个巨大的盐水湖（Stock Connection/Glow Images 供图）

与富方解石或富硅沉积岩相比，煤是一种有机沉积岩，它主要由有机质组成，在显微镜或放大镜下仔细观察时，通常会出现植物结构，如已发生化学反应但仍可识别的树叶、树皮和木头。这一现象支持了煤是大量植物死亡后长期埋藏的最终产物这一结论（见图 2.24）。

煤炭形成的初期阶段是大量植物遗骸的堆积。但这种堆积需要特殊的条件，因为死亡的植物暴露在空气中一般会分解。沼泽是一种允许植物物质堆积的理想环境。因为不流动的沼泽水缺氧，植物物质不可能完全腐烂（氧化）。在不同的地质历史时期，这种环境很常见。煤经历了连续的形成阶段，在每个形成阶段，高温和压力驱动了杂质和挥发物，如图 2.24 所示。

褐煤和烟煤是沉积岩，但无烟煤是变质岩。无烟煤是在沉积岩层经受与造山运动有关的褶皱和变形时形成的。

2.4.2 沉积物的石化作用

石化作用是指沉积物转换为固态沉积岩的过程。最常见的过程之一是压实作用，即沉积物堆积随着时间的延长，上覆物质的重量会压迫深处的沉积物。随着颗粒被挤压得越来越紧密，孔隙大大减少。例如，黏土埋在几千米厚的物质之下时，黏土体积可能会减少40%。压实作用对细粒沉积岩非常重要，如页岩，而砂子和其他粗粒沉积物很难压缩。

胶结作用是沉积物转换为沉积岩的另一种重要方式。胶结物通过渗透到颗粒孔隙间的水迁移到溶液中，随着时间的推移，胶结物沉淀到沉积物颗粒上，充填开放空间并连接颗粒。方解石、二氧化硅和氧化铁是最常见的胶结物。胶结物的鉴别很简单，例如方解石胶结物遇到稀盐酸会冒泡（滋滋声）。二氧化硅是硬度最高的胶结物，因此会形成硬度最高的沉积岩。沉积岩颜色为橙色或红色时，通常意味着存在氧化铁。

2.4.3 沉积岩的特征

沉积岩对地质历史的研究有着非常重要的作用。这些岩石在地表形成，并随着一层又一层沉积物的堆积，每一层都记录了沉积物沉积时的自然环境。这些层被称为地层或层组，是沉积岩最具特色的一个特征（见图2.17）。

地层的厚度范围从显微镜下才能观察到的厚度至数十米厚不等。

分隔地层的是层面，即岩石趋向于分离或破碎的平坦表面，通常每个层面标志着一段沉积作用的结束或另一段沉积的开始。

沉积岩为地质学家提供了解过去环境的依据。例如，砾岩表示高能量环境，只有粗粒物质才能沉积。相比之下，黑色页岩和煤的形成与低能量、富含有机物的环境有关，比如沼泽或潟湖。沉积岩的其他一些性质也能给过去的环境带来线索（见图2.25）。

化石是古生物的遗体或遗迹，是在沉积岩中发现的最重要的包裹物（见图2.26）。了解存在于某个特定时期生命形成的本质，可帮助我们回答许多关于环境的问题。它是陆地还是海洋？是湖泊还是沼泽？气候是冷是热？是潮湿还是干燥？海水是深还是浅？是浑浊的还是清澈的？此外，化石是重要的时间标志，在对比不同地点相同时代的岩石方面，非常重要。化石还是解释地质历史的重要工具，详见第11章。

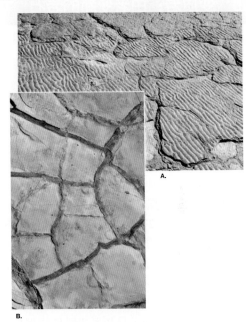

图2.25　沉积环境。A. 沉积岩上保留的波痕可能代表海滩或河道沉积环境（Tim Graham/Alamy Images 供图）；B. 潮湿泥土或黏土干燥并缩水后形成的泥裂，它代表潮滩或沙漠盆地环境（Marli Miller 供图）

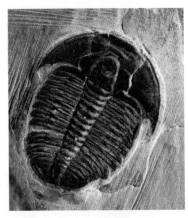

图2.26　化石——过去的线索。化石，古生物的遗体或遗迹，主要与沉积物和沉积岩有关。大量三叶虫与古生代有关（Russell Shively/Shutterstock 供图）

2.5 变质岩: 由老变新的岩石

定义变质作用,说明变质岩是如何形成的并描述变质营力。

你知道吗?

一些低级变质岩中实际上含有化石。化石在变质岩中出现时,它们为确定原岩类型和沉积环境提供了有用的线索。此外,在变质作用期间,扭曲形状的化石可让我们了解岩石变形的程度。

回忆岩石循环的讨论可知,变质作用是一种岩石类型到另外一种岩石类型的转换。变质岩是由已有火成岩、沉积岩甚至早期形成的变质岩转变形成的(见图 2.27)。因此,每种变质岩都有其母岩——形成时的岩石类型。

变质作用的意思为"改变形式",是指在矿物学上、结构(例如粒度大小)上和化学成分上导致岩石变化的过程。变质作用发生在早先形成的岩石受到明显不同于最初形成时的物理化学环境的影响。为了适应这些新环境,岩石逐渐改变,直到达到与新环境的平衡状态。大多数变质的改变发生于距地表 1000 千米深的地下至高温、高压的地幔。

变质岩通常从轻微的变化(低级变质)到大量变化(高级变质)逐步发展(见图 2.28)。例如,在低级变质中,页岩这种常见沉积岩会变成更致密的变质岩——板岩(见图 2.28A)。这些岩石标本有时难以区分,说明从沉积岩到变质岩的转变常常是循序渐进的,且这种改变很细微。

在更加极端的环境中,变质作用会导致转变非常彻底,因此母岩的特性无法确定。在高级变质中,层面、化石、气孔这种在母岩中存在的特征会完全消失。此外,当地壳深处(温度很高)的岩石受到定向压力时,整块岩石都可能变形,产生像褶皱这样的大型构造(见图 2.28B)。

在最极端的变质环境中,温度接近于岩石熔化时的温度。但在变质作用期间,岩石须保持基本的固态完整性,因为熔化现象发生时,就进入了火成活动的范围。

多数变质作用发生在如下两种环境下:

图 2.27 褶皱和变质岩。加州安沙波列哥沙漠州立公园的变质岩露头(A. P. Trujillo/APT Photos 供图)

1. 岩石被岩浆侵入时，可能会发生接触变质作用或热力变质作用，此时围绕大量熔融物质的岩石周围温度的升高造成了这种变化。

2. 在造山运动期间，大量岩石受到压力和高温作用，这种情况与称为区域变质作用的大规模形变有关。

变质岩在各个大陆上都有广泛的分布与出露。变质岩是许多造山带的重要组成部分，构成了山脉结晶核心的大部分，甚至通常由沉积岩覆盖的稳定大陆内部之下，也有变质基底岩石存在。在这种背景下，变质岩通常高度形变并有火成物质侵入。因此，变质岩和相关的火成岩是地球大陆地壳的重要组成部分。

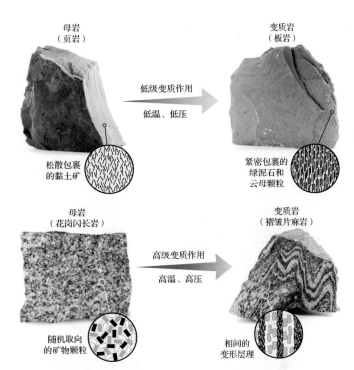

图 2.28　变质级别。A. 低级变质显示了页岩向板岩的转变。B. 高级变质环境会去除现有结构，且通常会改变母岩的矿物成分。温度接近于岩石的熔化温度时，就会发生高级变质作用（Dennis Tasa 供图）

2.5.1　变质作用的动力是什么？

变质因素包括高温、围压、差异应力和化学活动性流体。在变质作用期间，岩石经常同时受到全部 4 种变质因素的作用。然而，从一个环境转变到另一个环境时，变质程度和每个因素造成的影响变化巨大。

变质因素：热量　热能（热量）是影响变质作用最重要的因素。它会引发导致现有矿物重结晶和新矿物形成的化学反应。变质作用的热能主要来自于两个方面。下方的岩浆侵入岩石时，岩石会经历一次温度的升高。这称为接触变质或热变质作用。在这种情况下，邻近的围岩会被侵入岩浆"烘烤"。

你知道吗？

地壳的温度会随着深度的增加而升高。这一事实会使得地下采矿变得复杂。在南非西部一个 4 千米深的矿井中，岩石的温度足以灼伤人类的皮肤。此时需要使用空调来降低矿井中的温度，即从 55℃ 降到可以接受的 28℃。

相比之下，形成于地表的岩石在进入地壳更深的地方时，会经历温度逐渐升高的过程。在上部地壳，深度每下降 1 千米，温度平均增加 25℃。黏土矿物埋藏在 8 千米深处（温度为 150℃～200℃）时，会变得不稳定并开始结晶为该环境下表现稳定的其他矿物，如绿泥石和白云母（绿泥石是一种类云母矿物，由富铁和富镁硅酸盐变质形成）。但许多硅酸盐矿物，特别是那些在结晶火成岩中发现的矿物，譬如石英和长石，能在这样的温度下保持稳定。因此，这些矿物的变质反应所需要的温度，要比结晶所需的温度高得多。

变质因素：围压和差异应力　压力与温度类似，随着上覆岩层厚度的增加，压力也随深度增加而增加。被埋藏的岩石会受到围压的影响。围压和应力与来自于四面八方的水压类似（见图 2.29A）。下潜到海洋的深度越深，围压就越大。埋藏的岩石同样如此。围压会使矿物颗粒间的孔隙变小，形成一种密度更大的致密岩石。此外，在地下特别深的地方，围压可能会导致岩石重结晶，形成新的更为致密的结晶岩石。

在造山运动的某一时刻，大型岩体会变得高

度褶皱和形变（见图2.29B）。形成山脉的应力在不同的方向不等，这称为差异应力。与在所有方向"挤压"岩石的围压不同，差异应力在某个方向的力要比其他方向的力大得多，如图2.29B所示，岩石受到差异应力时，在最大应力方向上会缩短，而在垂直于这种压力的方向上会拉长。差异应力造成的形变，对变质结构的发展起主导作用。

在温度相对较低的地质环境中，岩石呈脆性，受到差异应力时易于断裂。持续的形变会把矿物颗粒压碎并研磨成小颗粒。相比之下，在高温高压环境下的地壳深处，岩石具有延展性，因此更趋向于变形而非碎裂。岩石具有延展性时，矿物颗粒趋向于压扁，受到差异应力时会拉长。这表明它们能发生形变（而非断裂），进而形成复杂的褶皱（见图2.27）。

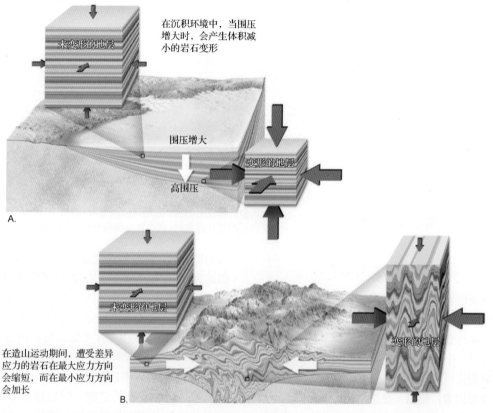

图2.29　围压和差异应力

化学活动性流体　富含离子的流体主要由水和其他挥发成分（在地表条件下容易变为气体的物质）组成，它在某些类型的变质作用中起重要作用。矿物颗粒周围的流体作为催化剂，通过提高离子的迁移能力来促进重结晶作用。在逐步变热的环境下，这些富含离子的流体会变得更具活性。化学活动性流体能够产生两种类型的变质作用。第一种类型是改变岩石中矿物颗粒的分布和形状；第二种类型是改变岩石的化学成分。

两种矿物颗粒挤压在一起时，互相接触的晶体结构部分会受到极大的压力。这些位置的原子很容易在热流体中溶解，并移动到各个颗粒间的孔隙中。因此，高应力地区溶解的物质沉淀到低应力地区时，热流体有助于矿物颗粒的重结晶。此时，矿物会在垂直于压应力的方向上重结晶并快速生长。

热流体通过岩石自由循环时，相邻岩层之间可能会发生离子交换，或离子在最终沉积之前可能会迁移得很远。围绕岩浆的岩石成分明显不同于侵入的流体成分时，主岩和流体之间可能会发生离子交换。这种情况下，周围岩石的整体成分都会发生改变。

2.5.2 变质结构

变质程度反映在岩石的结构和矿物组成上（回忆可知结构这一术语用于描述岩石中的颗粒大小、形状和排列方式）。岩石受到低级变质作用时，会变得更加致密。一个常见的例子是变质板岩，页岩受到比石化沉积物压实作用略大一些的温度和压力时，就会形成板岩。在这种情况下，差异应力会使得页岩中的微小黏土矿物排列为更为密实的板岩。

在更为极端的情况下，压力会导致某些矿物重结晶。一般来说，重结晶会触发更大晶体的生长。因此，许多变质岩中包含肉眼可见的与粗粒火成岩相似的晶体。

片理　片理是指任何岩石中矿物颗粒的平行排列或构造特征（见图 2.30）。尽管片理可能会出现在一些沉积岩甚至火成岩中，但它是区域变质岩的基本特征——即主要通过褶皱作用强烈变形的岩石单元。在变质环境中，片理最终由缩短岩石单元的压应力驱动，导致原有岩石的矿物颗粒发育平行化或近乎平行排列。片理的例子包括：平行排列的板状（平坦类似板状）矿物，如白云母；扁平砾石的平行排列；条带构造——暗色和浅色矿物分离形成的层状外观；能够轻易拆分成板状平面的岩石劈理。

无片理结构　并非所有变质岩都具有片理结构。不具有片理结构时称为无片理结构，这种结构通常在形变很弱且由相对单一化学成分石英或方解石组成的矿物构成的母岩中发育。例如，细粒石灰岩（由方解石组成）因为热岩浆体侵入发生变质时，微小的方解石颗粒会重结晶，形成大的连生晶体。由此产生的大理岩会呈现等轴状随机定向的巨大颗粒，与粗粒火成岩中的颗粒相似。

2.5.3 常见的变质岩石

图 2.31 给出了由变质过程产生的常见岩石及其描述。

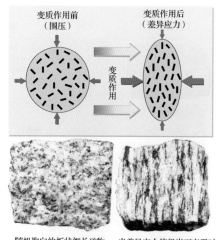

变质作用前（围压）　　变质作用后（差异应力）

变质作用

随机取向的板状细长矿物　　当差异应力使得岩石变平时，矿物颗粒会旋转并大致与最大差异应力方向垂直

图 2.30　板状和细长矿物颗粒的旋转。在变质作用的压力下，一些矿物颗粒会重定向到垂直压力方向。这种矿物颗粒定向导致了岩石的片理状（层状）结构。若左图的粗粒火成岩（花岗岩）经历强烈的变质作用，最终可能会变成与之极为相似的变质岩（片麻岩）（E. J. Tarbuck 供图）

片状岩石　板岩是极细粒片状岩石，由肉眼难以分辨的微小云母片组成（见图 2.31）。板岩的一个明显特征是，岩石劈理极其发育，或具有破裂成平板状的趋势。这一属性使得板岩成为建造屋顶和地砖的有用材料（见图 2.32）。板岩通常由页岩经低级变质作用产生。少数情况下火山灰变质也会产生板岩。板岩的颜色多变。黑色板岩中含有机物，红色板岩的颜色是由氧化铁造成的，绿色板岩通常由绿泥石组成，绿泥石是一种呈绿色的类似于云母的矿物。

千枚岩代表了板岩和片岩之间的变质程度。它主要由白云母和绿泥石板状矿物组成，它们要比板岩中的白云母和绿泥石颗粒大，但还未大到可用肉眼轻易分辨的程度。尽管千枚岩表面看起来和板岩类似，但通过光滑的光泽和波状表面能够轻易地与板岩区分（见图 2.31）。

片岩是通过区域变质作用形成的中度至强度片状岩石（见图 2.31）。它们是片状的，易分裂成薄片或平板。许多片岩的母岩是页岩。术语片岩描述了岩石的结构而不考虑其成分。例如，主要由白云母和黑云母组成的片岩称为云母片岩。

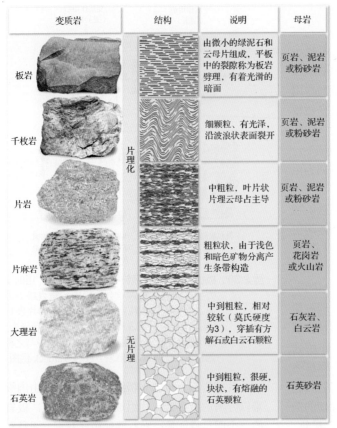

变质岩	结构		说明	母岩
板岩	片理化		由微小的绿泥石和云母片组成，平板中的裂隙称为板岩劈理，有着光滑的暗面	页岩、泥岩或粉砂岩
千枚岩			细颗粒、有光泽，沿波浪状表面裂开	页岩、泥岩或粉砂岩
片岩			中粗粒，叶片状片理云母占主导	页岩、泥岩或粉砂岩
片麻岩			粗粒状，由于浅色和暗色矿物分离产生条带构造	页岩、花岗岩或火山岩
大理岩	无片理		中到粗粒，相对较软（莫氏硬度为3），穿插有方解石或白云石颗粒	石灰岩、白云岩
石英岩			中到粗粒，很硬，块状，有熔融的石英颗粒	石英砂岩

图 2.31　常见变质岩的分类

图 2.32　具有岩石劈理的板岩。因为板岩破裂成平板状，因此有许多用途。大图是靠近挪威阿尔塔的一个采石场（Fred Bruemmer/ Photolibrary 供图）。插图中，瑞士板岩被用作房屋的屋顶（E. J. Tarbuck 供图）

片麻岩一词适用于以细长状和颗粒状（与板状相反）矿物为主的条带状变质岩（见图 2.31）。片麻岩中最常见的矿物是石英和长石，还有少量的白云母、黑云母和角闪石。片麻岩明显分开了浅色硅酸盐和暗色硅酸盐，因此呈条带状结构。处在高温、高压的地下深处时，条带状片麻岩能够变形为复杂的褶皱。

无片理岩石　大理岩是以石灰岩为母岩的粗粒结晶岩石。大理岩由源自母岩的小颗粒方解石重结晶为大连生晶体组成。大理岩的颜色和相对硬度较小（莫氏硬度仅为3），因此是常用的建筑石材。白色大理岩是雕刻纪念碑和雕像的珍贵石材，如华盛顿特区的林肯纪念碑和印度的泰姬陵（见图 2.33）。源自各种大理岩的母岩中含有使岩石呈不同颜色的杂质。因此，大理岩的颜色可以是粉色、灰色、绿色甚至黑色。

石英岩是一种非常坚硬的变质岩，最常形成于石英砂岩。在中级至高级变质作用条件下，砂岩中的石英颗粒会熔化。纯石英岩的颜色为白色，氧化铁会使其上出现红色或粉红色的污渍，暗色矿物会使其上带有灰色。

概念检查 2.5

1. 变质作用意为"改变形式"。描述一块岩石在变质作用期间可能会如何改变。
2. 简要描述"每种变质岩都有一种母岩"的含义。
3. 列出 4 种变质因素并描述每种因素的作用。
4. 区分区域变质作用和接触变质作用。
5. 什么特征能轻易区分片岩和片麻岩与石英岩和大理岩？
6. 用什么方法区别变质岩与火成岩和沉积岩及其形成过程？

图 2.33 大理岩因加工简单而被人们广泛用作建筑石材。A. 华盛顿特区林肯纪念碑的白色外壁主要由科罗拉多州的大理岩建造。粉色田纳西州"大理岩"用于建造室内地板，阿拉巴马州的大理岩用于建造天花板，佐治亚州的大理岩用于建造林肯雕像（Daniel Grill/iStockphoto 供图）；B. 印度泰姬陵的外墙主要由变质大理岩构成（Sam DCruz/Shutterstock 供图）

概念回顾：岩石：固态岩石圈的组成物质

2.1 地球系统：岩石循环

绘制、标注和解释岩石循环。

关键术语：岩石循环

● 岩石循环是在思考地球的形成过程中，一种岩石转换为另一种岩石的较好方式。所有火成岩都由熔岩构成，所有沉积岩都由其他岩石的风化产物构成。

所有变质岩都是在高温、高压下原岩被挤压的产物。在一定条件下，任何岩石类型都能转变为其他岩石类型。

? 绘制或解释下图所示火成岩的下一阶段，或可能会发生的变化。

沉积物变为沉积岩，熔化产生岩浆，然后结晶成为火成岩

2.2 火成岩："浴火而生"

描述用于火成岩分类的两个准则，并解释冷却速率如何影响矿物的晶粒大小。

关键术语：火成岩、岩浆、熔岩、喷出、火山岩、侵入、深成岩、结构、细粒结构、多孔结构、粗粒结构、斑状结构、玻璃质结构、花岗质（长英质）成分、玄武质（铁镁质）成分、安山质（中性）成分、超基性、鲍文反应系列、晶体沉淀、岩浆分异作用

● 地表之下完全或部分熔融的岩石称为岩浆，喷出地表后则称为火山岩。它由含有气体（挥发成分）如水蒸气的液态熔融物组成，而且可能含有固体（矿物晶体）。

● 地下深处冷却的岩浆产生侵入性火成岩，喷出地表的冷却岩浆则产生喷出性火成岩。

● 对地质学家来说，结构用来描述岩石中矿物颗粒的大小、形状和分布。仔细观察火成岩的结构可了解火成岩的形成条件。地表或接近地表的岩浆冷却速度很快，因此会产生大量微小晶体，进而产生细粒结构。地下深处的岩浆冷却时，围岩会将其阻隔，因此热量流失很慢。因此，岩浆离子有足够的时间形成更大的晶体，产生粗粒结构的岩石。地下深处晶体开始形成并随岩浆移动到较浅的深度或喷出地表时，会经历两个冷却阶段，此时会形成斑状结构的岩石。

● 鲍文的开创性实验揭示了在冷却的岩浆中，矿物会

按特定的顺序结晶。暗色硅酸盐矿物如橄榄石，会在最高温度（1250℃）时首先结晶，而浅色硅酸盐矿物如石英会在最低温度（650℃）最后结晶。矿物经过晶体沉降这样的分离作用后，会使得火成岩的化学成分多种多样。

- 根据所含暗色和浅色硅酸盐矿物的比例，火成岩可划分为广泛的成分组合。花岗质（或长英质）岩石（如花岗岩和流纹岩）主要由浅色硅酸盐矿物钾长石和石英组成。安山质（或中性）岩石成分（如安山岩）包含斜长石和角闪石。玄武质（或铁镁质）岩石（如玄武岩）含有丰富的辉石和富钙斜长石。

2.3 岩石风化形成沉积物

比较机械风化和化学风化并分别举例。

关键术语： 机械风化、冰楔作用、片状剥离、剥落穹窿、化学风化

- 风化作用是地表岩石的崩解剥蚀和分解作用。岩石经机械风化作用的物理过程后，会分解为大量的小碎块。岩石经化学风化作用后，矿物会与氧和水发生反应，形成能在地表条件下稳定存在的新物质。

- 机械风化通过冰的扩张和植物根系的生长过程将岩石分解成小块。此外，形成于地下深处高压环境的岩石暴露于地表时会膨胀，导致岩石产生类似于洋葱分层的破裂，这一过程称为片状剥离，能产生称为片状剥蚀穹顶的圆顶露头。

- 水会促进化学风化作用，例如生锈就是氧化作用的一个例子。水还能与二氧化碳结合形成碳酸，与暴露的矿物发生化学反应。由此产生的新产物主要是黏土矿物，它能在地表稳定存在。

? 图中的两个人造物体是如何体现两种主要风化类型的？

Michael Collier 供图

2.4 沉积岩：压实和胶结的沉积物

列出并描述沉积岩的不同类别，讨论沉积物转变为沉积岩的过程。

关键术语： 沉积岩、沉积物、碎屑沉积岩、化学沉积岩、生物化学沉积岩、蒸发岩沉积、有机物、石化作用、地层（层组）、化石

- 尽管火成岩和变质岩占地壳的绝大部分，但沉积物和沉积岩主要聚集在地表附近。

- 碎屑沉积岩主要由固体颗粒（大部分为石英颗粒和微小黏土矿物）组成。常见的碎屑沉积岩包括页岩（最丰富的沉积岩）、砂岩和砾岩。

- 化学和生物化学沉积岩源于由溶液携带到湖泊和海洋的矿物质（离子）。在一定条件下，溶液中的离子会沉淀（沉积），形成化学沉积物，这是一个物理过程，比如蒸发作用。沉淀作用也可间接地通过水生生物体的生命过程发生，此时形成的物质称为生物化学沉积物。许多水生动植物吸收溶解的矿物质来形成外壳和其他硬体部分，生物体死后，骨骼会堆积在湖泊或海床上。

- 石灰岩是一种数量极多的沉积岩，主要由方解石（$CaCO_3$）组成。石膏和岩盐是蒸发作用形成的化学岩石。

- 煤是大量植物体掩埋于沼泽和湿地等低氧沉积环境时形成的。

- 沉积物变为沉积岩的转换过程称为石化作用。石化作用的两个主要过程为压实作用和胶结作用。

? 这张照片摄于亚利桑那州的大峡谷。地质学家为图中沉积岩的特征使用了什么名称？

2.5 变质岩：由老变新的岩石

定义变质作用，说明变质岩如何形成并描述变质因素。

关键术语： 变质岩、变质作用、接触（热）变质、区域变质、片理、无片理

- 岩石在温度和压力上升时，能够改变形式，产生变质岩。每种变质岩都有一种母岩——变质作用前就已存在的岩石。母岩中的矿物受到热和压力作用时，能够形成新的矿物。

- 热量、围压、差异应力、化学活性流体是驱动变质反应的 4 个因素。任何一个因素都能引起变质，4 个因素也可同时起作用。

- 围压源自埋深。压力在每个方向上都是相同的，就

像游泳者下潜到泳池底部时所受到的压力一样。围压增大会导致岩石变为更加致密的结构。

- 差异应力由构造应力引起，压力会在某些方向变强，而在其他方向变弱。岩石在地壳深处的韧性条件下经受差异应力时，易在最大压力方向缩短而在最小压力方向（可能多于一个）延长，产生扁平或拉长的颗粒。相同的差异应力作用于浅层地壳的岩石时，可能会产生脆性形变，并将岩石分解成更小的碎片。

- 片理是一种常见结构类型，指矿物颗粒扁平状排列。常见的片理化变质岩包括板岩、千枚岩、片岩和片麻岩。所列顺序是变质级别递增的顺序：板岩的级别最低，片麻岩的级别最高。

- 常见的无片理变质岩包括石英岩和大理岩，它们分别由石英砂岩和石灰岩结晶而成。

? 观察如下图片，确定这块岩石是否含有片理，并确定它是否在围压或差异应力下形成。哪组箭头显示了最大压力的方向？

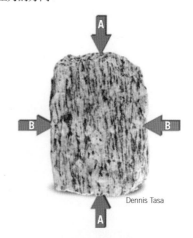

Dennis Tasa

思考题

1. 参考图2.1。岩石循环图（特别是箭头标注的部分）如何证明沉积岩是地表最丰富的岩石类型？

2. 一种侵入性火成岩中的所有晶体都是同样大小的吗？解释是或不是的原因。

3. 根据你对火成岩结构的理解，说明如下图形中每幅火成岩图片的冷却历史。

A.

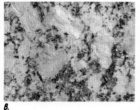
B.

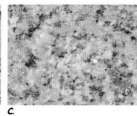
C.

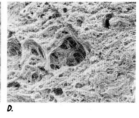
D.

4. 两块火成岩具有相同的化学成分但属于不同的岩石，这可能吗？举例说明。

5. 根据你对岩浆分异作用的理解，解释不同成分的岩浆如何能在一个冷却的岩浆房中生成。

6. 家具上灰尘的堆积是沉积过程的日常实例。举例说明你在生活中观察到的沉积过程的其他例子。

7. 说明沉积岩比火成岩更易含有化石的两个原因。

8. 如果你登上了一座山峰并在山顶发现了石灰岩，这可能表明了什么样的岩石地质历史？

9. 每张附图都说明了一种岩体类型：火成岩体，沉积岩体，变质岩体。你认为哪种是变质岩？解释你排除其他岩体的原因（E. J. Tarbuck 供图）。

A.

B.

C.

10. 观察附图，哪幅图显示了科罗拉多大峡谷的地质现象？注意，峡谷的大部分由 c 沉积岩层组成，但在谷底会出现维什努群片岩，这种岩石为变质岩。

  a. 维什努群片岩的形成过程是什么？该过程与维什努群片岩之上的沉积岩的形成过程有何不同？

  b. 关于科罗拉多大峡谷形成之前峡谷本身的历史，维什努群片岩告诉了你什么？

  c. 为什么维什努群片岩在地表可见？

  d. 与维什努群片岩相似的岩石在其他地方存在但不出露于地表，这有可能吗？解释一下。

A. 大峡谷的内部

B. 维什努群片岩特写（暗色）

第 3 章 水 成 地 貌

图中的风景是从大雾山国家公园流出的小河，它是田纳西河的一条支流（Michael Collier 供图）

本章主要内容

3.1 列举三条重要的地球外力作用并描述它们是如何参与岩石循环的。

3.2 解释崩塌作用对山谷形成的作用，并探讨崩塌作用形成的机制及其产生的影响。

3.3 列出水圈中水的主要存在形式，并说明水是通过哪些不同方式进行水循环的。

3.4 描述水系和流域的性质，并画出流域的 4 个基本要素。

3.5 讨论水流速度及其影响因素。

3.6 概述河流的侵蚀作用、搬运作用和沉积作用。

3.7 对比基岩河道和冲积河道，并给出两种河道的区别。

3.8 对比 V 形谷和 U 形谷及其下切作用。

3.9 讨论三角洲和天然堤坝的形成。

3.10 讨论洪水的诱因和普通的防洪措施。

3.11 讨论地下水的重要性及其分布和运动规律。

3.12 对比泉、井和承压系统。

3.13 讨论三种最主要的地下水环境问题。

3.14 解释溶洞和喀斯特地貌的形成过程。

地球是一个动态的星球，火山活动和其他内力作用使得地面抬升，相反，地球外部作用则不断地侵蚀着地表。太阳和重力驱动的外部作用表现在地球表面。由于重力作用，岩石碎裂和分解，并被水、风或冰搬运而降低高度。所有这些过程雕刻出了地球今天的地貌景观。本章主要介绍一些地球的外部作用，简单介绍崩塌作用后，重点介绍水从地面流向大海这一水循环过程。一些河流流速湍急，一些地下水流速很慢。作为地球系统的一部分，河流和地下水是地球上的水不断循环的基本链条。

3.1 地球的外力作用

列举三条重要的地球外力作用并描述它们是如何参与岩石循环的。

风化作用、崩塌作用和侵蚀作用属于地球外力作用，因为它们的能量来源于太阳，而且发生在地表或近地表。岩石循环的基本环节是地球外力作用使得岩石破碎并沉积下来。

从常人的角度观察，地球表面不会因时间影响而发生明显的变化。实际上，200 年以前，许多人认为地球上有着上千年历史的山峰、湖泊和沙漠是永恒不变的。今天，我们知道地球有 46 亿年的历史，山脉最终会被风化和侵蚀，湖泊被沉积物填平或其中的水会流干，沙漠会随气候的变化而变化。

地球是一个动态的物体，部分地球表面由于造山运动或火山活动而被抬升，这些内力作用的能量来源于地球内部。与此同时，与其相反的外力作用一直在破坏着岩石，并将破碎的岩石碎片搬运到低海拔处。这些外力作用包括：

1. 风化作用：对地表或近地表岩石的物理风化（剥蚀作用）和化学风化（分解作用）。

2. 崩塌作用：在重力作用下岩石和土壤顺坡下滑。

3. 侵蚀作用：由流水、海浪、风或冰川等活动因素驱动的自然迁移过程。

第 2 章介绍了风化作用，本章主要描述崩塌作用和两种重要的侵蚀作用——河流侵蚀和地下水侵蚀。第 4 章将介绍地质作用的另外两种侵蚀作用——冰川侵蚀和风力侵蚀。

概念检查 3.1

1. 说明地球外力作用和地球内力作用的区别。

2. 对比风化作用、崩塌作用和河流作用。

3.2 崩塌作用：重力作用的结果

解释崩塌作用对山谷形成的影响，并探讨诱发和影响崩塌作用的因素。

你知道吗？

尽管包括地质学家在内的很多人经常使用滑坡一词，但该词在地学上并没有特殊的含义，只是一个很受欢迎的非技术性名词，用来描述相对快速的崩塌作用。

地球表面从来没有非常平坦的时候，而是一直都存在着各种斜坡，一些陡峭险峻，一些相对较缓，一些绵长而平缓，还有一些暂短而突转；

一些山坡上覆盖着土壤并长满了植被，还有一些山坡上覆盖着多种贫瘠的碎石。尽管大多数斜坡稳定不变，但它们不是静止不动的，因为地球的重力作用会使得物体向坡下运动。一种极端想法认为，这种运动是缓慢的，乃至人们无法察觉；另一种极端想法认为，它能以泥石流的方式向下流动，或形成雷鸣般的岩石崩塌（见图3.1）。山体滑坡是世界性的自然灾害之一，当这些自然过程导致生命和财产损失时，它们就变成了自然灾害。

3.2.1 崩塌作用和地貌形成

图3.1和图3.2中展示的这些事件是地质学中常见的地质过程，称为崩塌作用。崩塌作用是岩石和土壤在重力直接影响下，向坡下运动的过程。它们不同于侵蚀过程，因为崩塌作用不需要水、风或冰川等运输载体。崩塌作用过程有多种方式，图3.3中列举了4种形式的崩塌作用。

崩塌作用的角色 在大多数地形演化中，崩塌作用发生在风化作用之后。一旦风化作用使得岩石破碎，就会发生崩塌作用，碎石顺坡而下，这时河流通常作为一个传送带将这些碎石冲走（见图3.4）。尽管中途会有很多沉积区域，但大多数沉积物最终被运移到海洋。由于崩塌作用与流水的综合影响，使得途经地区形成河谷，河谷是地表最普通、最显而易见的地形，本章后面会对其进行重点介绍。

单独由水流冲出的河谷通常很窄。实际上，大多数河谷的宽度要大于其深度，这充分说明崩塌作用为河流冲击侵蚀地形提供了物质基础。河谷两侧被侵蚀得很宽的原因是，风化产物崩塌到河流中产生了支流。河流和崩塌作用以这种方式共同侵蚀和塑造着地表。当然，冰川、地下水、波浪和风在地貌的侵蚀与塑造过程中，也起重要作用。

图3.1　注意岩石滚落！山区经常出现提示注意山体滑坡的路标。山体滑坡照片由摄影师 Herb Dunn 于2006年8月6日在加州约塞米蒂国家公园的默塞德河畔拍摄。左图是岩石下落过程中产生的碎石和尘埃，右图是碎石顺坡下落时冲倒树木的情形（DunnRight Photograph 版权所有）

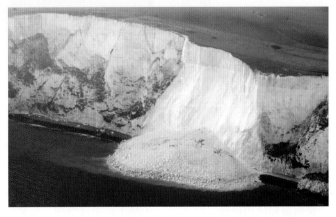

图3.2　岩石崩塌。照片是2012年3月英国多佛尔白垩岩悬崖发生的岩石崩塌（美联社照片网 Rex Features 供图）

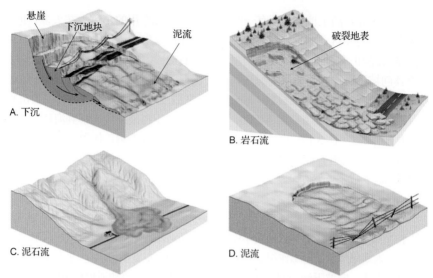

图 3.3　崩塌作用的几种形式。图中列举的 4 种过程都是快速的崩塌作用。因为碎石等物质在下落过程中都沿地表进行，所以把这种运动称为滑动。泥石流就是一个很好的例子

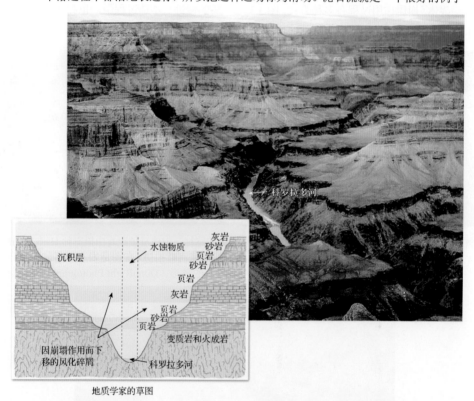

地质学家的草图

图 3.4　挖掘大峡谷。科罗拉多大峡谷两侧的峭壁离科罗拉多河河道很远，因为风化砂等滚落到河流中并被河水冲走，此外崩塌作用形成了其他支流（Bryan Brazil/Shutterstock 供图）

山坡随时间变化　大多数急速的、规模巨大的崩塌事件发生在坚硬的、地质年龄较新的山脉上。较年轻的山脉迅速被河流和冰川侵蚀，形成陡峭且不稳定的斜坡。这种情况下会发生巨大的毁灭性滑坡。造山运动停止后，崩塌作用和侵蚀作用会将它逐渐风化，随着时间的推移，陡峭险峻的山峰形成较缓、较低的地形；大规模的快速崩塌作用逐渐被缓慢平静的滑坡运动所取代。

3.2.2 崩塌作用的控制和诱发

重力是控制崩塌作用的力量，但在克服惯性和防止物质向坡下移动方面还有其他几个重要因素。在崩塌作用发生之前的很长一段时间内，有多种地质作用会破坏山坡上的物质，使得它们越来越容易在重力作用下滑落，这样山坡就越来越不稳定。最终，山坡从稳定状态超越不稳定的极限点，导致滑坡运动的发生，这种事件称为诱因。诱因并不是崩塌作用发生的唯一因素，而只是众多因素中的最后一个。在众多常见的因素中，诱发崩塌作用的还有水体对地表物质的浸泡、削峭作用、植被的减少、地震引起的地面震动等。

水的作用　强降雨或周期性的雪融水对地表的浸泡也会引发崩塌作用，如图3.5所示。

当沉积物中的空隙充满水时，颗粒间的黏合力遭到破坏，颗粒间更容易滑动，譬如沙子稍微潮湿一些时会更好地聚在一起，但如果把水添加到沙子中，且足以充满沙子之间的空隙时，沙子就会向各个方向渗漏。因此，水的浸透会使物质的直接黏合力减小，因而可很容易地被重力拉开。黏土被浸湿后，会变得非常滑——这是另一个证明水具有润滑作用的例子。水还会增加物质的重量，增加的重量本身可能就足以使得物质滑动或顺坡流动。

图3.5　巴西发生的泥石流。2011年1月，在一段时间的强降雨后，厚厚的泥浆将巴西新弗里堡的许多汽车掩埋，大量雨水的浸泡产生了未预料到的斜坡崩塌（ZUMA PRESS.com/Newscom 供图）

陡坡　斜坡的坡度是诱发崩塌作用的另一个因素。在自然界中有很多相似的例子，比如河流从下部切断谷坡、巨浪拍打悬崖的底部等。此外，人为造成的一些大角度的不稳定斜坡也会引发崩塌作用。

松散颗粒状（沙粒大小或稍大一些）微粒稳定在一个斜坡上，这个角度称为静止角。最大静止角是物质刚好能保持稳定的角度（见图3.6）。根据颗粒形状和大小的不同，这个角度通常在25°和40°之间变化。在这个角度，物体刚好保持稳定，角度再增大一点，颗粒就会沿着斜坡下落。

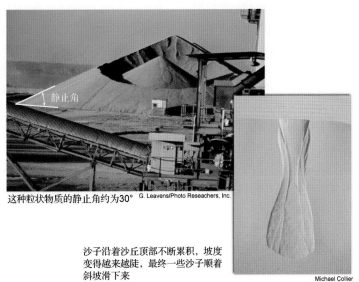

这种粒状物质的静止角约为30°

G. Leavens/Photo Reseachers, Inc.

沙子沿着沙丘顶部不断累积，坡度变得越来越陡，最终一些沙子顺着斜坡滑下来

Michael Collier

图3.6　静止角。这是大量颗粒物聚集时保持物体稳定的最大静止角，更加不规则的物体可以有更大的最大静止角（大图由 G. Leavens/Photo Researchers, Inc.提供，插图由 Michael Collier 提供）

削峭作用非常重要，不仅因为它会引发松散颗粒物质的运动，而且因为不稳定斜坡会使得黏土、风化层乃至基岩运动。这一过程可能不会像松散颗粒物那样立即发生，但迟早会经过一次或几次的崩塌作用将陡峭的坡度削至稳定的坡度。

你知道吗？

据保守估计，各种崩塌作用给美国每年带来的损失要超过 20 亿美元。

植被减少 植被的根系将土壤和风化层连接在一起，可以减少土地侵蚀，有助于山坡保持稳固。植被少的地方崩塌作用发生得比较强烈，尤其是在有大量水流的光秃山坡上。当植被由于森林火灾或人类破坏（采伐木材、垦荒或开发）而消失时，地表物质经常会向坡下滚落。

地震诱发 地震是诱发崩塌作用的最重要诱因。地震和余震可以移动体积巨大的岩石和松散的物质。很多地区在地震中严重受创，但这种损失并不是由地面直接震动造成的，而是由地震引发的山体滑坡和地面塌陷造成的。

3.2.3 无诱因的滑坡？

急速的崩塌事件是否总是需要强降雨或地震等多种诱因？这个说法是否定的，许多快速的崩塌事件是没有明显诱因的。图 3.1 所示的岩石崩塌就是一个例子。斜坡上的物质被长时间的风化作用（水分的渗透和其他一些物理风化过程）影响，变得越来越脆弱。最终，当强度低于维持斜坡稳定的程度时，就会发生滑坡。这些事件发生的时间是随机的，无法准确预测。

据美国地质调查局评估，在美国每年死于山体滑坡的人数约为 25～50，世界上死于山体滑坡的人数更多。

概念检查 3.2

1. 水是如何影响崩塌作用的？
2. 阐述静止角的意义。
3. 森林火灾如何影响崩塌作用的形成？
4. 谈谈地震和滑坡的联系。

3.3 水循环

列出水圈中水的主要存在形式，并描述水是通过哪些不同方式进行水循环的。

水一直是运动着的，从海洋到大气，然后到陆地，之后再回到海洋，这样永无休止的循环称为水循环。本章余下的部分介绍水如何循环回到海洋。有些水流经河流，有些水则进入速度更慢的地下水。我们将介绍影响水循环的分布和运动因素，同时研究水如何塑造地形、地貌。科罗拉多大峡谷、尼亚加拉大瀑布、老忠实泉和猛犸洞穴，这些地貌都是水在奔流入海的路上塑造出来的。

地球上的水 地球上任何地方都存在水——海洋、冰川、河流、湖泊、空气、土壤和生物组织，所有这些"水库"组成了地球上的水圈。估测地球上水圈中的所有水共有 13.6 亿立方千米。约有 96.5% 的水存在于海洋中，冰川约占 1.76%，剩下仅有约 2% 的水存在于湖泊、河流、地下水、大气水中（见图 0.4）。虽然这部分水在总量上所占的比重很小，但绝对数量还是非常巨大的。

水循环路径 水圈非常巨大，全球循环系统的能量来源于太阳，大气是水循环中连接海洋和陆地的主要部分（见图 3.7）。蒸发即液态水变为水蒸气（气体），这是水从海洋进入空气的过程，其中一小部分来源于陆地。风通常可以把这些饱含水分的空气吹出很远的距离，并通过复杂的过程形成云，最终形成降水。水降落到海洋中就完成了它的循环，并且准备开始下一次循环。降落到大陆上的雨水则开始了其回到海洋的循环之旅。

那么水降落到地面之后呢？一部分水会浸湿地面（称为渗透作用），并逐渐向下运动，然后水平运动，最终渗入湖泊、河流，或直接渗入海洋。当降水的速度超过地面吸收水分的速度时，未被吸收的水就会流入湖泊和河流，这个过程称为径流。渗透到土壤的水会流入河流、湖泊，且大部分会通过蒸发作用重新回到大气中。有些渗入土壤中被植被吸收的水会被植物释放回大气中，这个过程称为蒸腾作用。因为我们无法清楚地区分土地中蒸发的水分数量和植物释放的水分数量，所以蒸腾作用这一术语经常用于二者的综合效应。

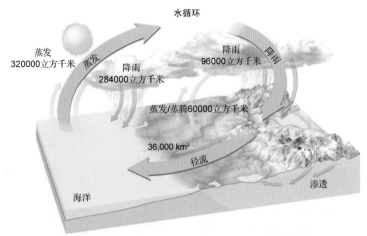

图 3.7 水循环过程。在水循环过程中，水的主要运动途径标在图中的箭头上，数字指的是这一途径中每年的水量

冰川存储的水　当水降落在非常寒冷的地区（高海拔或高纬度）时，水分不会很快地渗透、流走或蒸发，而可能会变成一部分积雪或冰川，因此在陆地上，冰川存储着大量的水资源。假设有一天冰川全部融化，把其存储的所有水资源都释放出来，海平面将会上升几十米，进而淹没许多沿海城市。在第 4 章中，我们将会看到在过去的 200 万年间，冰川经历过好几次形成-融化的过程，每次都影响着水循环的平衡。

你知道吗？

每年一片庄稼会蒸腾出约整片庄稼范围内 60 厘米深的水分，而相同地区树木蒸腾出的水分则是庄稼蒸腾作用的 2 倍。

水的平衡　图 3.7 显示了水的平衡，或者称为每个环节每年循环的水的总量。在任何时刻，空气中的水蒸气含量都只是地球上水总量极小的一部分，但每年通过大气循环的水总量是巨大的（380000 立方千米），足以将地球表面全部淹没，且深度可达 1 米。

了解水循环平衡过程非常重要，因为大气中水蒸气的总量几乎是不变的，全球平均每年的降水量和蒸发量是一样的。但在将所有大陆合并在一起统计时，降水量则大于蒸发量。相反，海洋的蒸发量大于降水量，因为水循环系统会保持平衡，而全球海平面并未下降。在图 3.7 中，每年约有 36000 立方千米的水从陆地流向海洋，并形成许多地貌侵蚀作用。实际上，这么多流动的水正是塑造地球表面地貌的最重要因素。

本章剩余的部分介绍水在地面上流动时的作用，包括洪水、侵蚀和山谷的形成。然后探讨地下水在地下是如何缓慢移动的。地下水在流向海洋的途中会变成泉水、溶洞水，为生物提供生活用水。

概念检查 3.3

1. 描述或画出水循环的过程。水降落到陆地上后，会经历哪些途径？

2. 蒸腾作用意味着什么？

3. 解释为何在海洋中蒸发量大于降水量，而海平面却未下降？

3.4　流动的水

描述水系和流域的性质，并画出流域的 4 个基本要素。

回忆可知，降落到陆地上的降水不是进入土壤（渗透），就是留在地表以流水的方式向低洼处流动。大量的水会流动起来而非渗透到土壤中需要具备以下几个因素：①持续的强降雨，②已

有大量的水渗透到土壤中，③地表的性质，④地面的坡度，⑤植被的类型和范围。当地表物质的吸水性差或土壤中的水已饱和时，径流就起主导作用，因为城市的很大面积都被吸水性差的物质

覆盖，比如路面、停车场，所以在城市中水流非常大。

径流最开始在山坡上流动时的面积很广，水很浅，这些分散的水最终将汇聚在一个通道内成为多个很窄的水流，称为小溪，小溪汇聚形成沟渠，再形成河流。起初河流很小，但多条河流汇聚时，就形成了越来越大的河流，最终从广泛地区汇聚来的水就形成了大河。

3.4.1 流域

河流流过的区域称为流域（见图3.8）。两个流域的分界线称为分水岭。分水岭分为两种：一种是大陆分水岭，它将大陆分为两个不同的水系；另一种是小山将山两侧分为不同的水系。在北美地区，密西西比河的流域最大（见图3.9），范围从西部的洛基山脉到东部的阿巴拉契亚山。密西西比河及其支流的覆盖面积达320万平方千米。

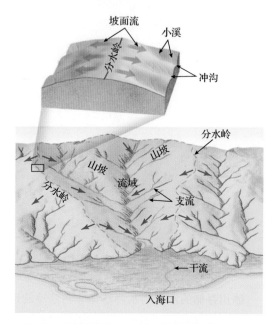

图 3.8 河流流域和分水岭。流域是指河流流过的区域，两个流域的分界线称为分水岭

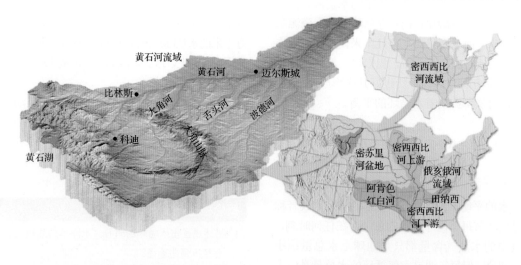

图 3.9 密西西比河流域。密西西比河是北美洲最大的河流，其流域约为3000000平方千米，由许多相对较小的流域组成。黄石河是密苏里河的众多支流之一，同时密苏里河也是密西西比河的一个支流

3.4.2 河流系统

河流系统不仅包括河流的河道，还包括其流经的所有水系。根据河流系统在各个时期的主导作用不同，可以将其分为三个区域：侵蚀作用区——产生沉积物，搬运作用区，沉积作用区（见图3.10）。不管是在哪个作用占主导地位的区域，沉积物的侵蚀、搬运、沉积一直持续在河流的整个区域内。

侵蚀作用为主的区域位于河流的源头和上游，这里为下游提供了大量流水和沉积物，河流搬运的沉积物是基岩风化之后，发生崩塌作用运移到坡下的，之后又经过坡面径流进入河流。另外，下蚀作用和侧蚀作用也为河流提供了大量的沉积物。

侵蚀作用得到的沉积物主要在干流的河道中搬运，干流中的沉积物处于平衡状态时，河流侵蚀河岸产生的沉积物正好等于沉积到河道中沉积物

的数量，尽管河流依然对河道有着侵蚀作用，但这既不是沉积物来源的主要区域，也不是沉积物沉积的主要区域。

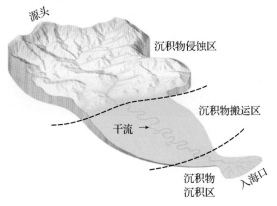

图 3.10　河流系统区域。每个区域都根据河流系统在不同地区主导作用的不同来划分

河流到达海洋或流入另一个大水体时，流速会变得缓慢，这时搬运沉积物的能力会大大降低，大量的沉积物会在河口三角洲处沉积，在波浪能量的作用下形成各种各样的岸边形态，或被海流冲到海洋深处。因为大颗粒沉积物大部分在河道上游处就已沉积，因此最终到达海洋时，沉积的主要是一些颗粒极细的沉积物（黏土或细砂）。侵蚀作用、搬运作用、沉积作用这些过程合在一起，就是河流对地表地貌塑造的过程。

3.4.3　水系类型

水系类型是河流网组成在一起形成的特殊形态。不同类型的地形会形成不同的水系类型，具体取决于水系流经地区的岩石种类，或取决于其存在于何种类型的断裂或褶皱构造。图 3.11 列举了 4 种不同的水系类型。

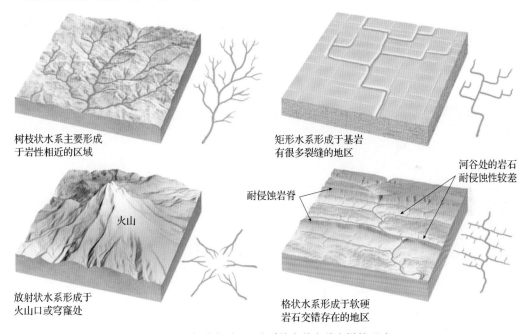

图 3.11　水系类型。河流系统有着多种多样的形式

最常见的水系类型是树枝状水系。这种不规则的分支河流组成的类型就像是落叶树的枝干。树枝状水系主要形成于岩性基本相同的流域，因为地表岩性几乎一样，其抗侵蚀的能力也几乎相同，所以它不能控制水流的方向，控制水流方向的是流域的地形。

就好像辐条在车轴处分开一样，水流从中心区域向四周分叉形成支流，这种类型的水系称为放射状水系。这种类型的水系在火山口或穹窿处发育。

矩形水系存在大部分直角或近直角的支流分叉，这种类型的水系形成于断层或板块拼合造成的基岩纵横交错的区域，因为这种构造比完整的岩石更容易侵蚀，所以河谷的方向一般基于这些构造的几何形式。

格状水系是指各个支流以直角或近直角的方式分开，而且很多支流平行或近于平行，就像花园中那些花园工艺的网格一样。这种类型的形成是因为岸边有大量耐侵蚀岩石，而河谷处有大量不耐侵蚀的岩石。

3.5 流速

讨论水流速度及其影响因素。

你知道吗？

北美洲最大的河流是密西西比河，俄亥俄河就汇聚于此。密西西比河宽 1.6 千米，每年向墨西哥湾搬运约 5 亿吨沉积物。

水以平流或湍流两种方式流动。流速较低的河流通常为平流，而且水通常在比较平直的河道中流动。平流的河水遇到不规则的障碍物时，通常会变成湍流或产生漩涡。湍流中经常能够见到漩涡或溅起白色的水花（见图 3.12）。尽管河水的表面看似平静，但在其底部和边部的流速非常快，因为湍流更容易将沉积物从河床上搬运走，所以它主要以侵蚀作用为主。

流水的速率是影响河水素流的一个重要因素，流速增加，河水会变得更加湍急。同一河流在不同地区和不同时间的流速是不同的，主要取决于降水量和强度。渦水过河时，深处水流强度增大，这与摩擦阻力有关，在河岸和河床附近摩擦阻力最大。

在大峡谷的湍流中急速漂流——湍流的一个极端示例

这条河流非常平静，它流速缓慢，水面如镜，其前方的水流一定是平流

图 3.12 平流和湍流。缓慢流动的水可以展现为平流，在平直的河道中，水的流动非常缓慢。但大多数河流的水流非常迅速，表现为湍流（Michael Collier 供图）

3.5.1 影响流速的因素

河流的侵蚀和搬运能力与其流速直接相关。即便是流速的轻微变化也会导致水流对泥沙搬运能力的大大降低。有几种影响水流速度及控制其功能的因素：①河道的坡度或坡降，②河道的大小及其横截面的形状，③河道的粗糙度，④河床内的水流量。

坡降 河流流经一定距离时，河床纵向坡度的变化称为梯度。密西西比河下游地区的坡降很小，有的地方每千米的坡降仅为 10 厘米或更小。相反，某些山间河道的坡降很大，有的河道海拔每千米就会降低 40 米以上，其坡降是密西西比河下游的 400 倍。坡降的不同不仅体现在不同的河流中，也体现在同一河流的不同地段。坡降越大，流水的能量就越大。如果两条河流除了坡降，其他因素全部相同，那么坡降大的河流，水的流速更快。

河道的形状、大小和粗糙度 河道就是河水流经的通道。河道形状、大小和粗糙度影响着河水流动的阻力大小。河道越大，河水流速越大，因为水与河道接触的比例更小。河道越光滑，流速越均匀，不规则的河道中存在大量巨石时，河水中产生的漩涡越多，对流速的影响越明显。

流量 河流大小是变化的，有些小溪的宽度不到 1 米，而大河道的宽度达数千米。河道的宽度主要取决于河流的补给量。这种测量河流大小的方法称为流量——单位时间内的流水量。流量通常以立方米/秒或立方英尺/秒为单位，其计算方法是水流的横截面积乘以水流速度。

你知道吗？

河流流入海洋的水有 20% 都是从亚马孙河流入的，与其流量最接近的是非洲的刚果河，但其流入海洋的水仅占 4%。

北美洲最大河流密西西比河的平均流量为 17300 立方米/秒。尽管流量很大，但还是比不上南美洲的亚马孙河，亚马孙河是世界上最大的河流。亚马孙河被相当于美国 1/4 国土面积的多雨地区供给，因此其流量是密西西比河的 12 倍。

大多数河流的流量并非固定不变的，因为降水量和融雪量经常变化。各个地区的降水量不同，河流的流量在雨季或融水季会达到最大，而在旱季或河水蒸发量大的高温季节会降到最低。此外，并非所有河道都能长期有流水，只在雨季有流水的河流称为间歇性河流。在旱季时，许多河流只是偶尔在一次大雨后才会有流水，这种河流称为季节性河流。

3.5.2 从上游到下游的变化

研究河流的一种有用方法是考查河流的纵剖面。它是从河流源头到河口的代表性剖面，直到这条河流流入另一个大水体——一条大河、一个湖泊或大海，如图 3.13 所示。典型剖面的明显特点是，从源头到河口处，河流的坡降不断减小，尽管局部会出现不规则的现象，但整体坡降为一条平滑的凹形曲线。

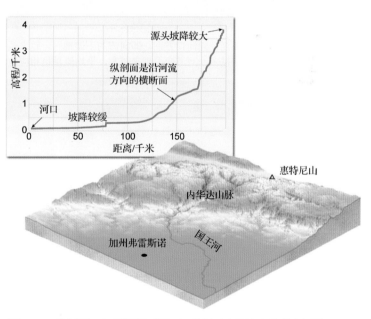

图 3.13 纵剖面。加利福尼亚国王河发源于内华达山脉并流经国王河谷

随着流量和河道大小的增加及沉积物粒径的减小，大多数河流纵剖面的坡度通常都会发生变化。在潮湿地区，大多数河流朝着河口方向，河水的流量增大，因为有越来越多的支流汇入干流，为了容纳越来越多的河水，下游的河道也相应变宽。大河道中水的流量大于小河道中水的流量。下游河道中沉积物的粒度也相应地变细，河道变得更光滑，流速更高。

尽管向着河口方向河流的坡降变小了，但河水的流速通常是增加的。这与我们平时想象的河流流经狭窄河流源头和宽而平静的大河相反。河道变大，流量增加，河道变得光滑，坡降变小，进而使得河流流速变大。因此，河流源头的流速要低于宽且光滑河道中的流速（见图3.14）。

概念检查 3.5

1. 对比平流和湍流。
2. 总结影响流速的因素。
3. 什么是河流的纵剖面？
4. 从河流源头到河口处，坡降、流量、河道的大小、河道的粗糙度如何变化？
5. 流速是在源头处大还是在河口处大？解释原因。

图 3.14 密西西比河下游。向河口方向，即河流的下游地区，越来越多的河流汇聚在一起，河流中的水也越来越多，河道变得越来越宽，平均流量也相应地增加（Michael Collier 供图）

3.6 流水的作用

概述河流的侵蚀作用、搬运作用和沉积作用。

地球上最重要的侵蚀作用发生在流水中。流水不仅发生下蚀作用和侧蚀作用，而且具有通过层流、崩塌和地下水作用搬运大量沉积物的能力。最终这些物质沉积并产生多样的沉积特征。

3.6.1 河流侵蚀

使沉积颗粒变得松散的降雨增强了河流堆积和搬运土壤与风化岩石的能力。土壤中的水饱和时，雨水向下坡流动，搬运一些脱离原位的物质。在贫瘠山坡上流动的泥水称为层流，它会侵蚀一些小路、山坡，并随时间变成大的沟渠（见图3.15）。

一旦表面流动的水形成溪流，其侵蚀能力会极大地增强。水流足够大时，会把颗粒物带入流动的水中，以这种方式流动的河水会迅速侵蚀河床和河岸的物质。有时，河道的两岸会被冲垮，因此更多的物质会进入水中并流向下游地区。

除了对未固结物质的侵蚀，河水的冲击力还可以侵蚀河床中坚硬的基岩。流水中携带有大量的碎屑，从而使得河流对基岩的侵蚀能力大大增强。这些碎屑物质大小不一，包括快速流水中的砂砾、碎石和慢速流水中的泥沙。就像砂纸上的粗砂可以磨穿一块木头一样，流水中的泥沙和碎石也可以侵蚀河道。此外，涡流中的鹅卵石会像钻头一样钻入河道底部形成凹坑（见图3.16）。

图3.15　冲沟侵蚀。雨水可以冲出很小的小溪，然后将它冲成更大的沟渠（Carl Purcell/ Photo Researchers, Inc.供图）

图3.16　凹坑。旋转的鹅卵石就像钻机向下钻一样，钻出很多凹坑（Elmari Joubert/Alamy Images 供图）

3.6.2　河流的搬运作用

所有河流，不管是大还是小，都具有搬运能力和分选能力，因为小而轻的物质更容易搬运。河流以三种方式进行搬运：①溶解运移（溶解质），②悬移（悬移质），③推移或滚动（推移质）。

溶解质　大多数溶解质被地下水带入溪流并在所有流水中运移。水渗入土壤时，会溶解土壤中的许多可溶物质，然后穿过基岩中的裂缝和空隙溶解更多的物质，最终富含矿物质的水进入其他水流中。

水的流速基本上对水溶解其他物质没有影响，不管水是否流动，物质都能溶解于水，当水的化学性质发生变化时，溶解的物质会发生沉淀。在干旱地区，水会流入内陆湖或海洋，然后在蒸发后留下溶解质。

悬移质　许多流水中含有大量的悬移质（见图3.17）。实际上，水中大量的悬移物正是流水组成的一部分，通常情况下，只有细砂和泥质能以这种方式运移，但在洪流中，颗粒大的物质同样能以悬浮方式搬运，在洪流中悬移物质也会相应地增多，这一点可以通过某处的沉积物来验证。

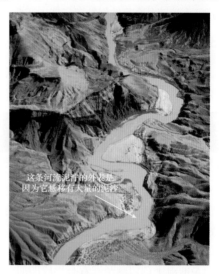

图3.17　悬移质。大峡谷中的科罗拉多河鸟瞰图。暴雨使得大量沉积物冲进河流（Michael Collier 供图）

推移质　组成河床的一部分沙子、碎石和大鹅卵石等，由于太大而不能以悬移方式搬运，只能沿河床底部移动，从而构成了推移质。与悬移质和溶解质不同的是，这些推移质只是间歇性地移动，只有在河流动力足够强时才能推移这些大颗粒，小颗粒砂和砾石以一系列跳跃形式移动，而大颗粒则根据它们的形状，沿河床底部滚动或滑动。

容量和能力　河流的搬运能力通常用两个标准来描述：容量和能力。容量是河流单位时间内搬运的固体颗粒物的最大负荷。流量越大，河流搬运沉积物的能力越强，因此，大河有高的流速和大的容量。

能力用来判断河流搬运颗粒的大小而非数量。流速是最主要的因素：流速越快，搬运能力越强，而与河道的大小无关。河流的搬运能力与其流速的平方成正比。如果水的流速增加 2 倍，则水的冲击力增加 4 倍；如果水的流速增加 3 倍，则其冲击力增加 9 倍。因此，大石块在流速慢的水中是不动的，而在洪水中则可以被搬运，原因就在于流速的增加。

现在我们了解了最大的侵蚀作用和搬运作用发生在洪水期的原因，流量的增加会使容量增加，而流速增加则会使河流的能力增加。随着流速的提高，河流会变得越来越湍急，因此能搬运越来越大的颗粒。洪水在几小时或几天内的侵蚀搬运能力，比正常河水流速几个月的侵蚀搬运能力还要强。

3.6.3 河流的沉积作用

水流下降时，情况正好相反：流速降低，搬运能力下降，沉积物开始沉淀，最大的颗粒先开始沉淀。不同大小的颗粒都有其临界沉淀速率。流速降低到某一颗粒大小的临界沉积速率时，沉积物开始按类别沉积。这样，河流搬运就提供了一种分开大小不同颗粒的机理，这一称为分选的过程解释了类似大小颗粒沉积到一起的原因。

河流的沉积物称为冲积物，冲积物是用来表示一些河流沉积物的术语。许多不同的沉积地貌特征由冲积物构成。一些出现在河道中，一些出现在邻近河道的河谷中，一些出现在河口处。我们将在后面介绍这些沉积地貌特征的属性。

概念检查 3.6

1. 列出河流对河道的两种侵蚀方式。
2. 河流的三种搬运方式中，哪种速度最慢？
3. 容量和能力有何区别？
4. 河流如何对沉积物进行分选？

3.7 河道

对比基岩河道和冲积河道，并给出两种河道的区别。

河流不同于坡面流的基本特征是，它要在河道中流动，河道是由河床和河岸组成的、限制水流（洪水期间除外）的开放通道。

我们可以简单地将河道划分为两种类型。基岩河道是河流下蚀切割坚硬岩石形成的河道。相反，如果河床和河岸是由松散沉积物组成的，则该河道称为冲积河道。

3.7.1 基岩河道

在河流的源头处，河道的坡降很大，大多数河流下切基岩。这些河流搬运粗大的颗粒主动磨蚀基岩河道。河流侵蚀作用的有力证据是我们经常见到的凹坑。

基岩河道通常交替出现在易于堆积冲积物的平缓地带和基岩出露的陡峭地带之间。这些较陡区域可能含有急流或瀑布，河流下切基岩展现的河道特点主要由其下的地质构造控制。即使是在岩性相同的基岩上流动，河流也是以弯曲或不规则状而非笔直的样式流动的。在基岩河道中急速漂流的人们，可看到过蜿蜒陡峭的河流特点。

3.7.2 冲积河道

许多河道由松散堆积的沉积物组成（冲积层），因此可能经受了显著的形态变化，因为这些沉积物会不断地被侵蚀、搬运和再沉积。影响河道形状的最主要因素是，这些被搬运沉积物的平均粒度和河道的坡降及流量。

冲积河道的特点反映了河流在花费最小能量时按均匀比率卸载其搬运物质的能力。因此，搬运沉积物的大小和类型有助于判断河道的性质。两种常见类型的冲积河道是曲流河和辫状河。

曲流河 搬运许多悬浮物蜿蜒前行的河流通常称为曲流河。这些河流在相对较深的光滑河道中流动，并主要搬运泥质（淤泥和黏土）。密西西比河下游存在这种类型的河道。

因为淤泥的黏结性，搬运细颗粒物的河道

两岸趋于阻止侵蚀作用，因此大多数河流的侵蚀发生在凹岸一侧，这一侧的流速和湍流最大。随着时间的推移，特别是在高水位时期，凹岸会被逐渐侵蚀。因为凹岸地带侵蚀作用强烈，因此通常称为侵蚀岸（见图3.18）。随着粗粒物质作为边滩逐渐沉积在曲流河凸岸的减速带上，曲流河在凹岸携带碎屑物向下游迁移。

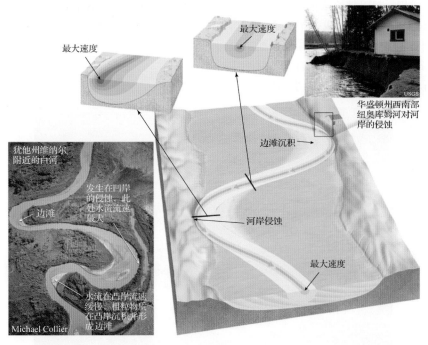

图3.18 河岸侵蚀和边滩沉积的形成。通过侵蚀凹岸并在凸岸沉积，河流可转移两岸的物质

除了侧向迁移，由于河曲下游（下坡）侧的侵蚀更为有效，因此河曲也会沿山谷向下迁移。当遇到阻力较大的物质时，下游曲流的迁移有时会减慢，从而使上游曲流能够"追赶"并超越它，如图3.19所示。两条曲流之间的陆地颈部逐渐变窄，最终可能会蚀穿并截弯取直，废弃的河曲称为牛轭湖。

辫状河 一个河流系统可由多条汇聚和分散的河道网组成，这些河流穿越在许多岛屿或砾石滩之间（见图3.20）。因为这些河流相互交叉，所以称它们为辫状河。辫状河形成于有大量粗粒物质（沙子和砾石）被卸载和水流量变化很大的地方。因为河岸物质容易遭受侵蚀，所以辫状河往往又宽又浅。

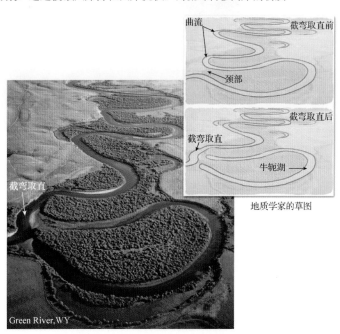

图3.19 牛轭湖的形成。牛轭湖是由废弃的河道形成的。该图是怀俄明州布朗克斯附近的格林河牛轭湖鸟瞰图（Michael Collier 供图）

辫状河形成的最初位置是冰川末端，那里冰川融水量季节性变化很大。夏季，大量冰蚀沉积物会被冰川融水冲走，融水较少时，则没有能力搬运所有沉积物，因此在河道中会堆积粗粒物质形成坝，起阻挡流水的作用，促使流水分叉并流向几个方向，形成多个河道。通常，大多数侧向迁移河道每年都会再造表面的沉积物，最终改变整个河床。但在有些辫状河中形成的砾石坝，已被植物固定为小岛。

简单地说，曲流河在搬运含有大量悬移细粒物质且深而光滑的河道中形成。相反，又宽又浅的辫状河则形成于粗粒冲积物以底砂搬运的河道中。

概念检查 3.7

1. 基岩河道更容易发育在河流源头或河口位置？
2. 描述并画出曲流河的进化和牛轭湖的形成。
3. 描述一种可能导致河流发育为辫状河的情况。

图 3.20 辫状河。克尼克河是典型的辫状河，它的许多河道被迁移的砾石滩分隔。尼克河被阿拉斯加安克雷奇北部楚加奇山的 4 个冰川融水所携带的沉积物堵塞（Michael Collier 供图）

3.8 河谷的形态

对比狭窄的 V 形谷，宽缓的 U 形谷与河漫滩并说明深切曲流河。

河流借助风化作用和崩塌作用，通过其流动雕塑地形，并一直改造其流经的河谷。

河谷不仅包括河流流经的河道，还包括周围为其提供流水的各种地形。因此，它包括最下方的谷底、部分或全部被河道占据的平台区，以及谷底之上两侧的谷坡。大多数河谷上部要宽于谷底部分，如果仅仅是河流流动的因素起作用，这种情况是不可能发生的。多数河谷两侧的形态是风化作用、坡面流和崩塌作用的共同结果。在一些干旱地区，风化作用较缓慢，且岩石特别坚硬，因此狭窄的河道两侧常见近乎直立的河岸。

河谷分为两种常见的类型：狭窄的 V 形谷；具有平坦河床的宽阔 U 形谷。两者之间也存在多种过渡类型。

3.8.1 基准面和河流侵蚀

河流不可能一直向下侵蚀河谷，河谷的侵蚀有一个最低限，这个限度称为侵蚀基准面。通常，河流的侵蚀基准面就是它流入大海、湖泊或另外一条河流的水面。

存在两种常见的侵蚀基准面。海平面是最终的侵蚀基准面，因为它是河流能够侵蚀地面最低的水平面。临时的或当地的侵蚀基准面包括湖泊、耐磨岩石及支流流入干流的水平面。例如河流流入湖泊时，其流速很小，接近于零，且几乎不发生侵蚀作用。这样湖泊就阻碍了河流的下蚀作用，湖泊上游河流流入湖泊任何一点的水平面即为临时基准面。然而，湖泊也会向外排泄和下切，使得湖泊干涸，因此湖泊也仅仅临时阻碍了河流对河道的下切。按照类似的方式，图 3.21 中瀑布边缘的耐侵蚀性岩层起到了临时基准面的作用。它一直阻碍上游河流的下蚀作用，直至硬岩层的平台被侵蚀掉。

基准面的任何变化都会引起河流作用的相应变化，河流上修建水坝后，形成的水库抬高了河流的基准面（见图 3.22）。大坝上游河流的坡降降低，流速也降低，搬运能力也相应地出现变化。此时，这条河流只有很小的搬运能力，搬运物最终会沉积下来，形成新的河道。河流一直以沉积作用为主，直到河流的坡降增加到一定程度时，它才能开始搬运作用。

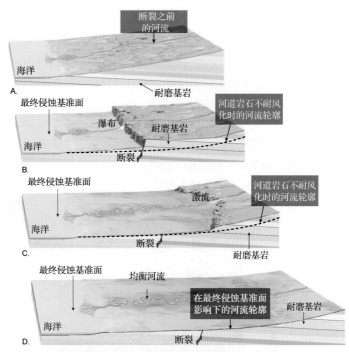

图 3.21　临时基准面。这些图形说明了河流某处出现断裂，使得下部耐磨基岩抬升时发生的情况：A. 发生断裂前，河流光滑的轮廓；B. 发生断裂后，耐磨岩层作为一个临时基准面，且断裂导致的陡峭峭壁形成了瀑布，河流的侵蚀力集中在耐磨基岩上；C. 瀑布演变成了坡度较缓的湍流；D. 最终河流又恢复为光滑的轮廓。

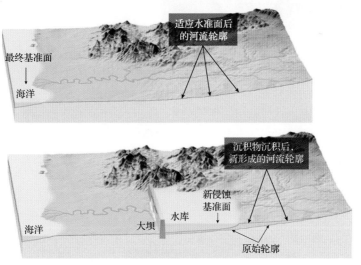

图 3.22　修建大坝。水库上游基准面的升高使得水流的流速降低，沉积物开始沉积，进而导致坡降降低

3.8.2　深切河谷

河流的坡降很大且河道高于基准面时，河流以下切作用为主。伴随快速流动的水缓慢降落到河床上的水动力条件，推移质沿河底滑动、滚动并磨蚀河床，最终形成陡峭的河岸和 V 形谷。图 3.23 所示黄石河中的 V 形谷就是一个典型的例子。

V形谷的明显特征是存在急流和瀑布，这两种特征都出现在坡降明显增大的河道中。这种情况通常是河道下切基岩的侵蚀能力变化造成的。耐侵蚀岩层作为上游河流的临时基准面产生急流，进而允许其向下游流动继续下蚀作用。最终，河流磨损耐侵蚀的岩石并导致河水的突然垂直降落，形成瀑布。

3.8.3 河谷拓宽

河流将河道下切到接近基准面时，下切作用会变得越来越弱，此时河道成为弯曲样式，侧蚀作用将占据主导地位，导致河流从一边到另一边切割河岸，使河道被侵蚀得越来越宽（见图3.24）。由河道弯曲迁移引起的不断侧向侵蚀作用导致河道加宽，冲积物覆盖平坦的谷底，这种特征称为冲积平原，这是一个形象的名称，因为在洪水期间，河水会溢出河道，冲积出冲积平原。

随着时间的推移，冲积平原不断扩大，仅有少数河流侵蚀河谷两侧的谷壁。实际上，只有像密西西比河下游这样大的河流，其河道两岸之间的距离才会超过160千米。

图3.23 黄石河。V形谷、湍急的水流和瀑布表明这条河流的下切作用强烈（Jorgen Larsson/AGE Fotostock 供图）

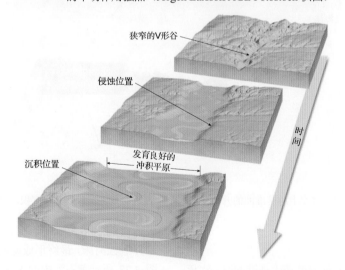

图3.24 侵蚀冲积平原的形成。河曲不断迁移对两岸的侵蚀作用，使得河道逐渐加宽，平坦的河谷被沉积的冲积物覆盖

3.8.4 基准面的变化和深切的河曲

我们通常认为高度弯曲的河流出现在宽广河谷的冲积平原上。然而，某些河流会在峭壁上流动，窄深的河流展现了弯曲的河道。这样的曲流河称为深切河曲（见图 3.25）。这种地貌特征是怎样形成的呢？

图 3.25 犹他州科罗拉多河峡谷区国家公园内的深切河曲。在科罗拉多高原隆起之前，这条河流是平原上的一条泛滥河流，在高原隆起期间，由于坡降变大，河流开始发生下切作用，从而形成了这条深切河曲（Michael Collier 供图）

起初，曲流河很可能是在冲积平原上由近于基准面的河流发展起来的，随后由于基准面的变化，导致河流开始发生下蚀作用。基准面下降或河流所在地面的抬升，也会导致河曲的出现。

基准面下降导致河曲的例子发生在冰期，此时海洋中大量的水冻结成大陆冰川，导致海平面（最终基准面）下降，进而使得流入海洋的河流发生下蚀作用。

河流所在地面抬升导致河曲的例子是，美国西南部科罗拉多高原的区域性的地面抬升。随着科罗拉多高原的逐渐抬升，许多曲流河高于基准面以上，并产生下蚀作用。

你知道吗？

世界上最高的连续瀑布是委内瑞拉丘伦河上的天使瀑布，它以美国飞行员 Jimmie Angel 的名字命名。1933 年，Angel 是在空中观察到这一瀑布的第一人，河水飞流而下达 979 米。

概念检查 3.8

1. 给出侵蚀基准面的定义，区分最终侵蚀基准面与暂时侵蚀基准面。
2. 解释为何 V 形谷中通常含有急流和瀑布。
3. 讨论或画出冲积平原是如何形成的。
4. 讨论基准面的变化是如何影响下切作用的。

3.9　沉积地貌

讨论三角洲和天然堤坝的形成。

河流不断地从其流经的河道中挖掘沉积物，并沉积在下游河道。这种河道沉积物的成分大多数是沙子和砾石，通常被称为沙坝。例如在图 3.18 中，侵蚀河岸所得到的物质被搬运到下游，并以边滩方式沉积下来。这种情况是暂时性的，这些物质还会再次被携带并最终搬运到海洋中。除这些沙子和砾石坝外，河流也会形成一些长期稳定的其他沉积特征，包括三角洲和天然堤坝。

3.9.1 三角洲

三角洲形成于携带沉积物的河流流入相对平静的海洋、湖泊或内陆海的入口处（见图 3.26），河流向前的流速减慢时，失去动力的水流会卸载所携带的沉积物。三角洲向外生长时，河流坡降不断减小。这种情况最终导致河道随着缓慢流水中的沉积物沉淀而堵塞。这样，河流就要寻找到达基准面较近和坡降较大的路径，如图 3.26 所示。图中显示一条主干河道分成了若干小河道，这些小河道称为支流。大多数三角洲具有这些迁移河道的特征，它们以相反的方式对支流的迁移河道起作用。

你知道吗？

并非所有河流都会形成三角洲。一些携带较大沉积物的河流一般不会形成三角洲，因为海浪和潮汐的能量会重新分配沉积物，太平洋西北地区的哥伦比亚河就是一个例子。另外，河流未携带充足沉积物时也不能形成三角洲，比如圣劳伦斯河在安大略湖到圣劳伦斯湾河口之间未携带足够的沉积物，因此未形成三角洲。

支流不仅为干流提供河水，也从干流中带走

河水。经过大量的河道转换后，三角洲的形状会类似于三角形。但许多三角洲并不具备这种理想的形状，海岸线的形态差异、波浪作用的性质和强度变化，都会导致三角洲具有不同的形状。许多大河流的三角洲的面积达数千平方千米，密西西比河三角洲就是一个例子，它由密西西比河及其支流在大范围内获得的沉积物堆积而成。新奥尔良地区 5000 年前还是一片海洋。图 3.27 表明

一部分密西西比河三角洲在 6000 年前就已开始沉积。如我们看到的那样，这个三角洲实际上是由 7 个小三角洲合并形成的，每当河流转换河道，河水就会经过更短、更直的河道流入墨西哥湾，留下这些三角洲。个别小三角洲相互穿切、相互覆盖，形成了非常复杂的结构。如今的小三角洲由于其支流形状，称为鸟爪状三角洲，它们是密西西比河在过去 500 年间形成的。

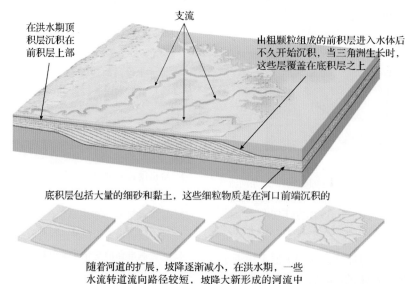

图 3.26 简单三角洲的形成。在相对平静水域中形成的简单三角洲的构造和生长过程

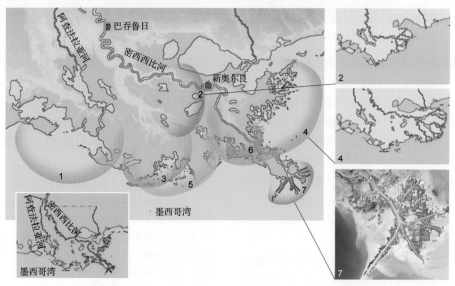

图 3.27 密西西比河三角洲的发展。过去 6000 年中，密西西比河形成了 7 个后来合并在一起的三角洲。数字显示了三角洲的沉积顺序。今天的鸟爪状三角洲（第七个）已沉积了近 500 年（JPL/Cal Tech/NASA 供图）。左侧插图表明，密西西比河曾经改道（箭头指示处），且可能是它通往墨西哥湾的最短距离

3.9.2 天然堤坝

一些河流的河谷被广阔的冲积平原占据，形成了平行于河道两岸的天然堤坝（见图 3.28）。天然堤坝由连续多年的洪水冲积形成。河水漫过河岸时，流速会马上降低，一些粗粒沉积物会靠近河道的长条状边缘沉积下来，而河水流出河谷时，只有小部分细粒沉积物越过河床沉积下来，这种物质的不均匀分布形成了天然堤坝很缓的斜坡。

密西西比河下游的天然堤坝要比冲积平原高 6 米。因为水无法越过天然堤坝流入河中，所以天然堤坝外部地区的排水不是特别顺畅，因此

聚集形成沼泽，这称为漫滩沼泽。因为天然堤坝的阻挡，一条支流无法流入河流中，不得不平行天然堤坝流淌，直到某处出现缺口时才能流入河中，这种支流称为亚祖式支流，而后它平行于密西西比河流动超过了 300 千米。

概念检查 3.9

1. 河流流入相对较平静的湖泊、内陆海或海洋时，会形成什么？它有什么特征？
2. 什么是支流？为什么会形成支流？
3. 简单描述天然堤坝的形成，与漫滩沼泽和亚祖式支流有关的特征是什么？

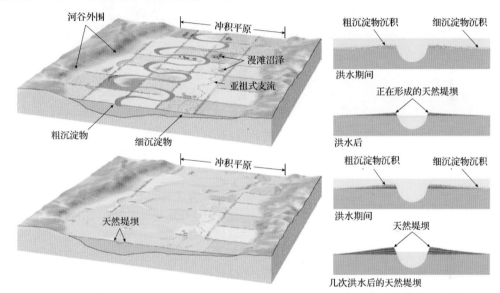

图 3.28　天然堤坝的形成。这些缓坡状结构在反复的洪水作用后平行于河道发展。因为河道旁的地势高于周围的冲积平原，可能会形成漫滩沼泽和亚祖式支流

3.10　洪水与防洪

讨论洪水的诱因和常见的防洪措施。

河水流量超过河道所能承载的极限时，河水会漫过河岸形成洪水。洪水是地质灾害中最常见和最具破坏性的灾害。不过，洪水只是河流自然行为的一部分。

3.10.1　洪水的成因

河流发生洪水主要是因为气候。春季时积雪快速融化和/或大范围的暴风雨引发的强降雨都能形

成洪水。例如，1993 年夏季，密西西比河上游的特大降雨引发了毁灭性的洪水（见图 3.29）。

与刚刚提到的大范围洪水不同，骤发洪水的影响范围相对较小。骤发洪水很难预测，带来的危害非常大，因为它会迅速提高水位，且具有破坏性的流速。影响骤发洪水的因素包括：降雨强度、持续时间、地表条件和地形。城市地区更易发生骤发洪水，因为城市地区的地表大部分是隔

水的屋顶、街道和停车场等，而且流水非常快。山区发生骤发洪水是因为陡峭的山坡使得流水迅速流入狭窄的山谷。

人类活动会影响河流系统乃至恶化或引发洪水。毁坏的大坝或人造堤坝是很明显的例子，建造这些设施的目的是为了防洪，它们能容纳一定量的洪水，但发生大洪水时，洪水水位可能会超出这些人造堤坝或大坝，人造堤坝或大坝被毁坏或冲垮时，其存储的水就会流出，成为骤发洪

水。1889 年，小科芒河大坝破裂引发的洪水，摧毁了宾夕法尼亚州的约翰斯顿，近 3000 人在这次洪水中丧生。1977 年，约翰斯顿发生了第二次大坝毁坏，77 人丧生。

你知道吗？

人类已将大量的土地用于修建建筑物、停车场和道路。最新研究表明，在美国（不包括阿拉斯加和夏威夷），这些不透水面的面积已超过 112600 平方千米，仅略小于俄亥俄州的面积。

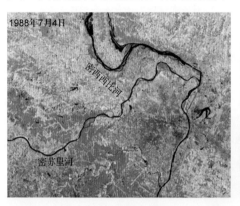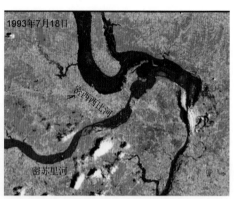

图 3.29　1993 年的大洪水。这些卫星图像显示了密西西比河、伊利诺伊河和密苏里河汇聚的圣易路斯地区。左图显示了 1988 年夏季的干旱河流，右图显示了 1993 年洪峰期间，共有近 56656 平方千米的土地被淹没，至少 5 万人无家可归（Spaceimaging.com 供图）

3.10.2　防洪

为消除或降低洪水带来的危害，人们设计了许多方案。工程上的措施包括建设人造堤坝、防洪大坝和河道渠化等。

人造堤坝　人造堤坝是建设在岸边的土堆，用来增加河道的容水量，这些围堵河流的常见建筑一直被人们使用。人造堤坝与天然堤坝区别明显，因为人造堤坝的坡度更陡。建造的许多人造堤坝并不能抵御超大洪水，比如 1993 年夏天密西西比河上游及其支流发生洪水时，中西部的许多人造堤坝就被损毁（见图 3.30）。

防洪大坝　建设防洪大坝的目的是存储洪水，然后慢慢地释放这些水，进而降低洪水水位。从 19 世纪 20 年代以来，美国在主要河流上建造了数以千计的大坝，但许多大坝并没有防洪功能，比如有些大坝储水的目的是农业灌溉或水力发电。此外，许多水库成为了一些地区的娱乐设施。

尽管这些大坝可以减少洪水或存在其他用途，但建造这些设施需要付出巨大的成本，并对环境造成重大影响。比如，由大坝形成的水库占用了大量肥沃的良田、茂密的森林、历史遗址和风景优美的山谷，大坝也挡住了沉积物，因此下游的冲积平原和三角洲由于不再有洪水期带来的泥沙补给而开始受到侵蚀。大坝也会破坏河流周边历经数千年形成的生态环境。

建造大坝并不是解决洪水的永久性方案，建造大坝之后的沉积作用意味着水库将逐渐变小，进而降低这一设施的防洪效果。

渠化　河道渠化是指改变河道，加速水的流动，防止河流水位达到洪水期的高度。简单的渠化包括清除河道的障碍物，或深挖河道以使河道变得更宽、更深。更彻底的改造方法包括：人工挖掘，取直河道；缩短河流路径和坡降，增大流速；增大流速，扩大水流量，有助于洪水的快速排泄。

河流

堤坝垮塌

图 3.30　垮塌的人造堤坝。大水冲塌了伊利诺伊州门罗县的一座人造堤坝。在 1993 年中西部史无前例的洪水中，大多数人造堤坝都冲塌，有些较脆弱的部分直接被冲塌或被洪水淹没（James Finley/AP Wide World 供图）

从 19 世纪 30 年代早期开始，美国陆军工兵部队就在密西西比河上采用许多人工开挖河道的方法来提高河流的效率，降低洪水的威胁。总体上，河流缩短了 240 多千米。这些工程有效地降低了河水在洪水期的水位高度。由于河水的侧蚀作用，河流趋于弯曲的趋势仍然存在，阻碍河流再回到原来的河道很困难。

非结构性方法　迄今为止，所有防洪措施包括建筑方法，都以控制河流为目的，这些方法一般成本较高，且会给居住在冲积平原上的居民带来不安全感。

今天，许多科技人员提出了一种用于洪水控制的非结构性方法：他们建议改变人造堤坝、防洪大坝和河道渠化的防洪方式，健全冲积平原的管理；确定高危地带，实施适当的分区规划管理，实施最小化开发，促进更合适的土地利用。

概念检查 3.10

1. 区分大规模洪水和骤发洪水。
2. 描述三种基本防洪措施。
3. 非结构性洪水控制的意思是什么。

3.11　地下水：地表之下的水

讨论地下水的重要性及其分布和运动规律。

地下水是人们可获得的最广泛且最重要的资源之一。但人们对地下环境的看法往往是不正确和不清楚的。因为除了洞穴和矿井中的水，其他地下水并不在我们的视线之内。对地表的观察给人们的印象是，地球是固态的，即便当进入洞穴并发现已切入固态岩石的河道流水时，这种观点依然不会有大的改变。

因为这种观察结果，许多人认为地下水只存在地下河中，但实际上，地下河非常稀少，实际

的许多地下环境并不完全是固态的，而是在土壤颗粒中、沉积物的狭窄连接处及岩石裂隙中含有许多微小的孔隙，这些空间加在一起后会非常大，地下水就在这些细小的空隙中存储和流动。

3.11.1　地下水的重要性

地下水只占整个水圈或整个地球水的一小部分，但存在于地下岩石和沉积物中的这一小部分水的数量非常巨大。排除海洋只考虑淡水的来

源时，地下水的意义就更为重要。

图 3.31 显示了淡水在水圈中分布的百分比。很明显，数量最大的淡水是冰川水。排名第二的是地下水，它占淡水总量的比例略大于 30%；排除冰川水只考虑液态水时，地下水约占淡水总量的 96%，可以说地下水是人类最大的淡水库，它在经济和人类福祉上的价值不可估量。

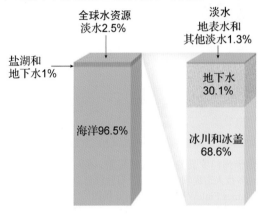

图 3.31　地球上的淡水。淡水在水圈的分布。地下水是液态淡水的主要来源（美国地质调查局供图）

根据美国地质调查局的资料，美国人每天使用淡水约 13 亿立方米，其中约 76% 为地表水，约 24% 为地下水。

全球范围内，井和泉一直在为城市、农作物、牲畜及工厂提供水资源。在美国，地下水占所有用水来源的 40%（不包括水力发电和工厂制冷）。50% 的人口饮用的是地下水，约 40% 的地下水用于灌溉，工业用水的 25% 以上也来自于地下水。在一些地区，这种资源的过度使用带来了严重的问题，包括河流干涸、地面沉降和取水成本增大。另外，有些地区的人类活动导致了地下水污染。

3.11.2　地下水的地质作用

在地质上，地下水是重要的侵蚀因素。地下水的溶解作用缓慢地移动岩石，形成称为落水洞的地下溶洞（见图 3.32）。地下水也控制着地表流水的均衡，许多流入河流的水并不是直接从积雪融水或雨水流出的，相反，它们大部分会渗入地下并缓慢流入河流。地下水也是一种储水方式，它会在非降水期为河流提供水。我们早季看到的河中的流水，就来自于此前存储在地下的降水。

图 3.32　溶洞和落水洞。A. 新墨西哥州卡尔斯巴德溶洞内景，它是可溶性地下水溶解灰岩形成的溶洞。随后地下水沉积形成了内部的钟乳石等（Clint Farlinger/Alamy Images 供图）；B. 新西兰南岛提马鲁西部的落水洞（地下水溶解岩石形成的坑洞），图中的白点是正在吃草的羊（David Wall/Alamy Images 供图）

3.11.3　地下水的分布

降雨时，一些降水会流走，一些降水会因蒸腾作用和蒸发作用重返大气圈，剩余的水则渗入地下。后者是所有地下水的主要来源。地下水的来源很多，但其数量会因时间和地区的不同而有很大的变化。影响因素包括斜坡的坡度、地表物质的性质、降雨的强度及地表植被的数量与类型。在隔水的陡坡上，暴雨形成的大部分水都会流走，而在易渗水的缓坡上，大部分降雨则会渗入地下。

地下水的分带　一些水渗入地下后，移动并不远，而以表面膜的形式被分子间的力吸附在土壤颗粒上。这种近地表带称为包气带。纵横交错的植物根系、根系腐烂后留下的孔洞，以及一些动物和虫穴，增强了降水渗入土壤的能力。包气带的水对植物的生长和蒸腾作用非常重要。一些水也直接蒸发到大气圈。

未被土壤吸附的水分继续向下渗透，直到所

有沉积物和岩石的孔隙都被水分填充，这个地带称为饱和带。此处的水称为地下水。这一地带的上限称为潜水面。潜水面以上区域的土壤、岩石和沉积物中，水是不饱和的，因此称为不饱和带（见图3.33）。尽管不饱和带中存在大量的水，但这些水无法通过井来抽取，因为它们与土壤和岩石颗粒吸附得非常紧密。相反，在潜水面以下，水压大得足以使其流入井中，进而被人们抽取并利用。本章后面会详细介绍井水。

潜水面　潜水面并不是如同桌面那样的平面。相反，它的形状通常是一个平滑的虚拟面。在高山下，潜水面海拔最高，而向山谷方向，潜水面降低（见图3.33）。湿地（沼泽）的潜水面就在地表，湖泊和河流的位置通常都较低，其潜水面在地表之上。

决定潜水面不规则形状的因素有几个，重要原因之一是地下水运动的速度非常缓慢，因此地下水趋于聚集在高处之下的河谷之间，如果降雨完全停止，那么这些聚集如山的水将缓慢消退并逐靠近邻近河谷的水面。而新降雨补给通常足以阻止这一过程。无论怎样，经历一段时间的干旱后，潜水面可能足以降至干涸浅井。其他使得潜水面不均匀的原因有：不同地区降水量的变化，地球物质的渗透性差异等。

3.11.4　影响地下水存储和运动的因素

地表下物质的性质严重影响着地下水的流速和储量，其中两个因素尤为重要——岩石的孔隙度和渗透性。

你知道吗？

由于美国最大的高原蓄水层的高孔隙度、良好的透水性和巨大的面积，因此集聚了大量的地下水，足以填满休伦湖。

孔隙度　水能渗入地下的原因是基岩、沉积物和土壤中含有大量的孔洞与空隙。这些空间就像海绵一样，通常称为孔隙。地下水的可存储数量取决于物质的孔隙度，即组成岩石和沉积物的空隙总体积百分比（图3.34）。最常见的空隙是沉积颗粒之间的孔隙，但岩石的节理、断裂、可溶性岩石如石灰岩的溶洞和气孔（如气体从熔岩中逃逸留下的气孔），也是常见的孔隙。

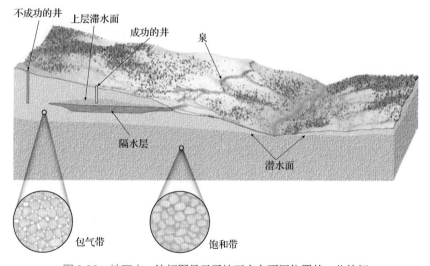

图3.33　地下水。这幅图显示了地下水在不同位置的一些特征

图3.34　孔隙度示例。孔隙度是指空隙占岩石或沉积物总体积的百分比

孔隙度差异很大，沉积物通常是多孔的，且孔隙可占沉积物总量的10%～50%。孔隙取决于沉积岩中颗粒的大小和形状、颗粒胶结在一起的方式、分选度及胶结物的数量。大多数火成岩和变质岩以及某些沉积岩由紧密排列的晶体组成，因此这些岩石中颗粒之间的空隙很少，但裂隙提供了很大的空间。

渗透性 岩石的孔隙度并不是唯一决定地下水存储量的因素。尽管岩石或沉积物中有许多孔隙，但仍可阻止水的通过。一种物质的渗透性代表了其通过某种流体的能力。地下水环绕和直接流经相连的小孔，孔隙空间越小，地下水流动得越慢。颗粒之间的孔隙太小时，地下水就不能全部流动。例如，黏土的孔隙度高，蓄水能力很大，但由于其孔隙太小，水不能在其中运动，因此我们称黏土是不透水的。

你知道吗？

地下水的运动速度变化很大。测试地下水运动速度的一种方法是，将一口井中的水染色，然后开始计时，当我们在另一口井中发现这种颜色的水时，就可计算出地下水的运动速度。许多含水层的标准流动速度约为15米/年。

3.11.5 隔水层与含水层

阻碍或阻止水运动的诸如黏土这样不透水的岩层称为隔水层。相反，由沙子或大颗粒砾石组成的岩层有很大的孔隙，因此水能很容易地在其中运动。这些地下水自由通过的透水岩层或沉积物称为含水层。含水层很重要，因为它们是找到合适位置打井的含水岩层。

3.11.6 地下水的运动

大部分地下水在孔隙间的运动非常缓慢，典型的运动速度约为每天几厘米。重力作用为地下水运动提供能量。在重力作用下，地下水从潜水面高的区域流向潜水面低的区域。这意味着地下水通常会流向河流、湖泊或泉。尽管地下水沿最短路径流向潜水面斜坡，但大部分地下水经过长距离和弯曲的路径流向排泄区。

图 3.35 显示了水是如何从各个方向注入河流的。有些水流会从低处流向高处，进而流到河床中，这明显违反了重力作用的原则。原因很简单，即越到饱和带的深处，水的压力越大。因此，饱和带中水的循环曲线流动可视为重力下拉和水向减压区运动双重作用的结果。

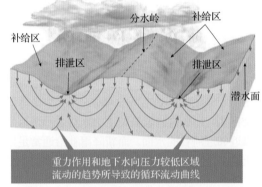

重力作用和地下水向压力较低区域流动的趋势所导致的循环流动曲线

图 3.35 地下水的运动。箭头显示了水在均匀透水性物质中的运动方式

概念检查 3.11

1. 地下水占淡水的百分比是多少？若排除冰川，其含量又是多少？
2. 地下水的两个地质作用是什么？
3. 发生降雨时，有哪些因素会影响水分的渗透？
4. 地下水及与其相关的潜水面是如何定义的？
5. 孔隙度和渗透性的区别是什么？对比含水层和隔水层。
6. 在图 3.35 中，影响地下水流动的因素是什么？

3.12 泉、井和承压系统

对比泉、井和承压系统。

大量地下水最终会到达地表，有时以天然的流动泉或壮观喷出的间歇性方式出现。人们利用的大多数地下水是由水泵从井中抽取的。

要了解这些现象，有必要先了解地球复杂的地下"管道"。

3.12.1 泉

数千年来，人们一直对泉充满着好奇。其实，泉这种神奇的现象并不难理解，在各种气候下，水在这里自由地从地下流出，似乎取之不尽，用之不竭，并且没有固定的来源。今天，我们知道这些泉水是从饱和带流出的，其最终来源是大气降水。

潜水面与地面相交时，地下水就会自然流出，我们称之为泉。图3.36中的泉就是隔水层阻碍地下水向下运动，而驱使它侧向运动，在隔水层出露的地方形成的。

图 3.36　千泉。这些著名的喷泉沿爱达荷州哈格曼谷的斯内克河发育，水上两人正在船上游玩（David R. Frazier/Alamy Images 供图）

图3.33显示了形成泉水的另一种情况，即隔水层位于主潜水面之上，当水向下渗透时，其中一部分被隔水层阻挡，因此在这里形成了水饱和带，称为滞水带。然而，泉并不局限于在滞水带的地方形成地面流水，在许多地质条件下均可形成泉，因为不同地区的地下条件是完全不同的。

你知道吗？
许多人认为怀俄明州黄石国家公园的老忠实喷泉会定期喷发（每小时喷发一次），但这并不准确。老忠实喷泉每次喷发的时间间隔为65~90分钟。由于喷泉通道的变化，每年喷发的次数几乎都在增加。

热泉　热泉没有广为接受的定义。常用的定义是，泉水温度高于当地年均气温6℃~9℃即为热泉。仅在美国，就有超过1000个这样的热泉。

在深部矿井或油井中，温度会随着深度的增加而升高，深度平均每下降100米，温度会升高

2℃。因此当地下水位很深时，就会变得很热。这些水流出地表就成为热泉。美国东部的大部分热泉就是这样形成的。美国超过95%的热泉都位于西部地区，原因是大多数热泉的热源来自于冷却的火成岩，且美国西部地区的岩浆活动出现在最近时期。

间歇性喷泉　在很大压力的作用下，热水和水蒸气会间歇性地喷射出来，喷射高度通常可达30~60米，因此称为间歇性喷泉。水停止喷射时，会喷出柱状的水蒸气，且时常伴有咆哮声。全球最著名的间歇性喷泉是黄石公园的老忠实泉，其喷射频率约为每小时一次（见图3.37）。世界上其他地方也存在间歇性喷泉，特别是新西兰和冰岛。

图 3.37　怀俄明州黄石国家公园的老忠实泉（Art Director & Trip/Alamy Images 供图）

间歇性喷泉经常出现在地下含有大量热量的岩浆房处，相对较冷的地下水到达岩浆房时，会被围岩加热。在岩浆房底部，上覆水的重量会使得岩浆房底层的水承受巨大的压力，因此会使得这里的水温达到正常地表温度100℃以上时，不发生沸腾。例如，在300米深处充填水的岩浆房底部，水须加热到接近230℃时才会沸腾。加热会导致水膨胀，有些水会挤出地表，而水的流失会导致岩浆房中剩余水的压力和沸点降低。深处岩浆房

内的部分水迅速转变为水蒸气，形成间歇泉。随着这种喷发过程，冷地下水再次渗入岩浆房，开始一个新的循环过程，这就是间歇泉喷发产生的过程。

3.12.2 井

人们常用钻入饱和带的水井来抽取地下水。井就像一个其中不断有地下水迁移的小型水库，人们从井中将水抽到地表加以利用。采用井来抽水的方法可追溯到几个世纪以前，且今天仍然是一种获取水的重要方法。到目前为止，美国仍在使用这种方法来抽取井水，灌溉农作物，每年超过65%的地下水都用于此目的。工业用水排在第二位，紧跟其后的是城市和农村地区的家庭用水。

潜水面会在每年的不同时间段波动。旱季时水位下降，雨季时水位升高。因此，若要保持长期供水，井就须钻到潜水面以下。当大量的水从井中抽出时，井周围的潜水面会下降，离井位越远，潜水面下降得越少，这种效应称为降水。因此，潜水面的降低形成了类似于漏斗的形状，这称为降水漏斗（见图 3.38）。对于大多数小型家用水井来说，这种漏斗状的潜水面下降可以忽略不计。然而，当井用于灌溉或工业用途时，大量抽水会造成又宽又陡的漏斗状潜水面下降，这种下降会实质上降低一个区域的潜水面，使得邻近浅井干涸。图 3.38 显示了这种情形。

3.12.3 承压系统

很多井中的水位并不能自动上升。若水位深度为 30 米，则它会保持在这种深度，即便是随着旱季和雨季的变化，水位也仅在 1～2 米内波动。但有些井的水位会上升，有时会流出地面。

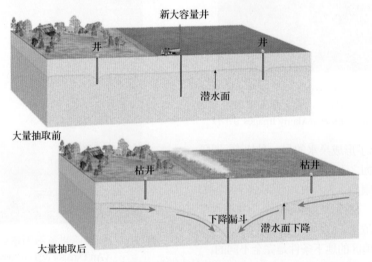

图 3.38 下降漏斗。井中水位的下降会使井周围的水位随着下降，形成下降漏斗，对于许多较小的井来说，下降漏斗可以忽略。当井水被大量抽取后，下降漏斗会变得很大，水位会下降得很低，一些较浅的井会干涸

承压系统 承压系统是指井中的水位高于最初水位的情形。出现这种情况有两个必要条件（见图 3.39）：①水必须封闭在倾斜的含水层中，且含水层的一端出露于地表，以便能接收到水；②含水层上部或下部的隔水层须能保存住水，以防止水的流失。这样的含水层称为承压含水层。存在这样的含水层时，上部水的压力会挤压下部的水，使下部的水上升。没有摩擦力时，水可到达含水层的顶部水位。但摩擦力会降低这种承压面的高度。距补给区越远，受到的摩擦力越大，水到达的高度越低。

在图 3.39 中，1 号井是一口非溢流井，出现这种情况的原因是，其承压面在地平面以下。承压面高于地平面，且钻井深度到达含水层时，就会形成

自流井（图 3.39 中的 2 号井）。并非所有的自流系统都是井，还存在自流泉。在某些情况下，地下水也可沿断裂这种天然裂隙而非人造孔上升到地表。在沙漠中，自流泉有时是绿洲形成的原因。

承压系统作为"天然管道"，将水从补给区长距离传送到偏远的排泄区。例如，几年前威斯康星州的降水，今天会在伊利诺伊州南部被社区提取和利用。

从不同的尺度上看，城市供水系统是人工承压系统的一个例子（见图 3.40）。把水泵入水塔可视为补给区，管道是承压含水层，而家里的水龙头就是自流井。

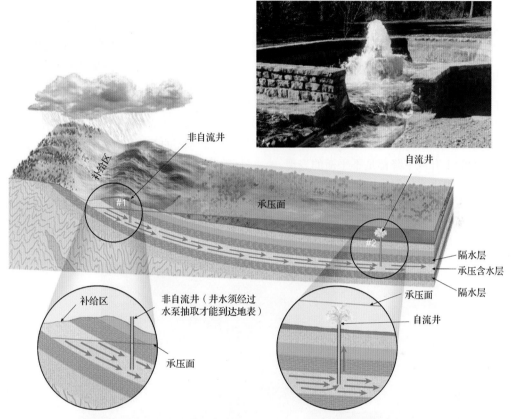

图 3.39 承压系统。倾斜含水层被两个隔水层包围时，就会出现图中的这种地下水系统。这种含水层称为承压含水层，图中标出了一口自流井（James E. Patterson 供图）

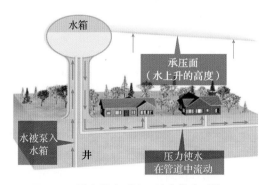

图 3.40 城市供水系统。城市供水系统可视为一个人工的承压系统

概念检查 3.12

1. 描述图 3.33 中形成泉的环境。

2. 热泉和间歇泉的热源是什么？

3. 描述导致间歇泉喷发的原因。

4. 叙述地下水位下降与下降漏斗的关系。

5. 在图 3.33 中，两口井在同一平面，为什么有一口可以抽水，但另一口却不可以？

6. 画出一口自流井的承压系统的简单截面图，并标出隔水层、含水层和承压面。

3.13 地下水的环境问题

列举并讨论三种与地下水有关的重要环境问题。

与许多其他有价值的自然资源一样，地下水的开发正在逐年增加。有些地区因过度使用地下水，已经威胁到了地下水的正常供给。有些地方由于地下水的过度开采，导致地面沉降及有关事情的发生。还有些地区出现了地下水污染问题。

3.13.1 不可再生的地下水资源

许多自然系统趋向于达到平衡状态。地下水也不例外，潜水面的高度变化反映了降水补给地下水的速率和地下水排泄与抽取造成的迁移速率。潜水面的上升或下降都是不平衡的表现。持续性干旱或地下水排泄量增加与过度开采，都会导致地下水的补给减少，出现潜水面的长期下降。

很多人认为，地下水似乎是无穷尽的可再生

资源，因为它们会不断地被降水和融雪补充。但在有些地区，地下水一直被作为不可再生资源对待，因为地下水的使用量明显要多于含水层的补给量。

南达科他州到得克萨斯州西部相对干旱的高原地区，是主要依赖于灌溉的农业经济区（见图3.41）。在这片地区，涉及的8个州约有45000平方千米的农田，其高原含水层在美国是农业上最主要和最大的含水层。它占美国农业灌溉地下水使用量的30%。在这一地区的南部，包括得克萨斯州在内，含水层的天然补给速度非常缓慢，因此该地区的潜水面严重下降。实际上，几年来平均降水量或低于平均降水量的地下水补给量微不足道，因为稀少的降水量几乎都通过蒸发作用和蒸腾作用返回到了大气圈。

图3.41　开采地下水。A. 高原含水层是美国最大的含水层之一。B. 在部分高原含水层中，取水的速度大于补给速度，此时地下水被人们作为不可再生资源。鸟瞰图表明，科罗拉多州东部半干旱地区的圆形农田采用了中心枢轴灌溉系统（James L. Amos/CORBIS/Bettmann 供图）。C. 在美国，每天用于农田灌溉的地下水超过2亿立方米（Michael Collier 供图）

因此，有些长期经历灌溉的地方，地下水的亏损情况很严峻。潜水面以1米/年的速度下降，导致某些地区整体下降15～60米，此时可以说地下水已被真正开采。在这种情况下，即使立刻停止开采地下水，要使地下水全部充满也需要数千年的时间。

在高原和西部的其他地区，地下水消耗问题已被关注数年，但值得指出的是，这一问题不仅美国存在，其他国家也存在。除干旱和半干旱地区外，许多地区对地下水资源需求的增加已超出含水层的承受能力。

3.13.2　地下水开采引起的地面沉降

如本章后面所述，与地下水有关的自然过程会引发地面沉降。然而，当人们从井中抽取地下水的速度远大于自然补给过程时，同样会引发地面沉降。下面是厚层松散沉积物的地区，这种效应尤为明显。大量抽取地下水时，水压降低，上覆表土重量产生的压力转移到沉积物上，巨大的压力使沉积物颗粒聚集得越来越紧密，因此出现地面下沉。

很多地区可以用来说明这样的地面沉降。美国加州圣华金河谷就是一个经典的例子（见图 3.42）。其他知名的由抽取地下水造成地面沉降的案例有美国内华达州的拉斯维加斯、路易斯安那州的新奥尔良和巴吞鲁日、得克萨斯州的休斯敦和加尔维斯顿地区。在休斯敦和加尔维斯顿之间地面下降的海岸地区，陆地下降 1.5～3 米，形成了约 78 平方千米的永久性洪水泛滥区域。

图 3.42　惊奇的沉降。加州圣华金河谷地区是美国的重要农业基地，在 1925—1977 年间，由于地下水的大量开采和沉积物的压实作用，某些地区下降了近 9 米（美国地质调查局供图）

在美国以外的其他地区，最严重的地面沉降事件发生在墨西哥城，这个城市的一部分建在以前的河床上。20 世纪上半叶，数千口井深入到这个城市下面的饱水沉积物中，当从地下大量抽水时，部分城市下降了 6 米甚至更多。

你知道吗？

据美国地质调查局的估测，在过去 60 年里，高原地区含水层中的蓄水量减少了约 565 万立方米，其中 62% 出现在得克萨斯西部地区。

3.13.3　地下水污染

地下水污染是一个很严重的问题，尤其是在那些含水层提供大部分水源的地区。最常见的地下水污染源是不断增加的化粪池带来的污染，另外一些污染源主要来自于不完全的和破损的污水管道系统及农场废弃物。

如果被细菌污染的污水渗入地下水系统，那么它可能会被地下水的自然循环过程净化。有害细菌可通过沉积物对水机械过滤，或被化学氧化破坏，或被其他生物体吸收而净化。然而，净化作用的出现，含水层必须有合适的条件。例如，渗透性很高的含水层，如裂隙发育的结晶岩石、粗砂砾层或洞穴石灰岩，有足够大的空间使得污染的地下水长距离运移而不被净化。这种情况是因为水流速度太快，未向与周围产生净化作用的物质提供足够长的接触时间，如图 3.43A 中的 1 号井所示。

另一方面，当含水层中含有砂和渗透性砂岩时，流经此处的地下水有时会在短短的几十米内被净化。砂粒之间的孔隙大到足以使水在其中流动，而水的流速非常缓慢时，会有充足的时间产生净化作用（图 3.43B 中的 2 号井）。

其他来源和种类的污染也威胁着地下水的供给（见图 3.44），包括一些物质的广泛使用，如撒在公路上的盐，以及施用在地面的肥料、农药等。另外，可能有从管道、存储罐、填埋场和存储池中泄漏的化学品和工业废料，有些此类污染物称为有害物质，因为它们具有易燃性、腐蚀性、易爆性或毒性。当雨水流经垃圾渗入地下时，可能会溶解各种各样的潜在污染物，这些污水流到潜水面并与地下水混合后，就会污染整个地下水水源。

因为地下水的流动通常很缓慢，受到污染的水会运移很长时间而未被检测出来。实际上，有时人们在饮用污染的水得病后，才发觉地下水被污染。这时，污染的水量已相当大，即便消除了污染源，这种水污染问题仍不能得到彻底解决。尽管地下水的污染源多种多样，但解决方案却相当少。

一旦发现污染源，最常见的做法就是放弃水源地，并让水逐步冲刷污染物。虽然这是成本最低且最简便的方法，但这样做须保证多年不用含水层。为了加速这一过程，人们通常会将水抽出并进行处理。随着污染地下水的迁移，含水层开始允许自然补给地下水，或在相同情况下，处理过的水或其他淡水资源被回灌到含水层中。这种方法成本高、耗时长，且具有危

险性。因为没有哪种方法能完全去除所有污染物，因此解决地下水资源污染问题最有效的方法就是预防污染。

概念检查 3.13

1. 描述在部分高原地区抽取地下水进行灌溉引起的问题。
2. 圣华金河谷地区过度抽取地下水发生了什么问题？
3. 由粗粒砾石、砂或洞穴石灰岩组成的含水层，哪种对净化污染的地下水最为有效？解释原因。

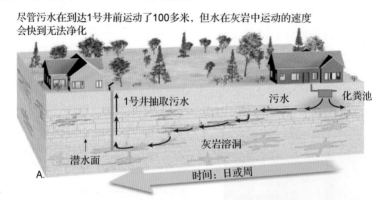

尽管污水在到达1号井前运动了100多米，但水在灰岩中运动的速度会快到无法净化

当从化粪池中渗出的水穿过可透水性砂岩时，其流动速度非常缓慢，因此能在相对较短的距离内净化

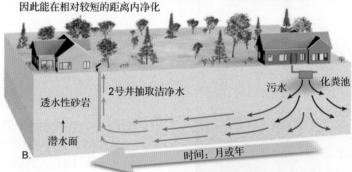

图 3.43　两种含水层的比较。例中石灰岩含水层允许污染物流到井中，而砂岩含水层则不允许

图 3.44　潜在的地下水污染源。泄漏的石油管道和垃圾堆渗漏的物质有时会污染含水层（石油管道照片由 Earth Gallery Environment/Alamy Images 提供；垃圾堆照片由 Picsfive/ Shutterstock 提供）

3.14 地下水的地质作用

解释溶洞的形成和喀斯特地貌的发育过程。

地下水溶解岩石这一事实是了解溶洞和落水洞如何形成的关键。特别是灰岩这种可溶性岩石覆盖了地表数百万平方千米的面积，而地下水对石灰岩的侵蚀起到了重要作用。石灰岩在纯水中几乎不溶解，但易溶于含有少量碳酸的水，而大多数地下水都含有这种酸性物质。因为雨水易于从大气和腐烂的植物中溶解二氧化碳而形成酸性水，因此，当地下水接触到石灰岩时，碳酸会与岩石中的方解石（碳酸钙）反应生成碳酸氢钙，然后这一溶解物以溶液的形式被带走。

3.14.1 溶洞

最壮观的地下水侵蚀结果是石灰岩溶洞。仅在美国就发现了约 17000 个溶洞，其中大多数溶洞规模较小，但有的规模非常壮观。新墨西哥州东南部的卡尔斯巴德溶洞和肯塔基州的猛犸洞就非常著名。卡尔斯巴德溶洞中的一个洞室的面积相当于 14 个足球场，其高度相当于美国国会大厦；猛犸洞的总长可达 540 千米以上。

大多数溶洞形成于潜水面或低于潜水面，一般形成于地下水饱和区。在饱和带中，酸性地下水沿岩石的脆弱部位如岩石的接合面和层理面流动。与此同时，地下水缓慢的溶解过程使得岩石形成溶洞并不断地扩大溶洞。这些被地下水溶解的物质最终排泄到河流或搬运到海洋中。

当然，大多数游客最好奇的特征是那些千奇百怪的岩石外观。这些景观不是岩石侵蚀作用的结果，而是沉积作用的结果。它们是长时间无尽的滴水形成的，留下来的碳酸钙形成了我们称为石灰华的石灰岩。这些溶洞沉积物通常也被人们称为石笋，这明显地反映了它们的形成方式。

虽然溶洞在饱和带中形成，但直到溶洞上升到潜水面以上时，石笋才可能形成。在不饱和带中，这种情况出现在切割河谷较深的河流附近，降低的潜水面如同河流的流水抬升一样。一旦溶洞中充满了空气，在适当的条件下，就会开始形成溶洞中各种各样的奇观。

在溶洞中发现的各种各样的石笋状地貌，最常见的是石钟乳。这些石钟乳像冰凌一样悬挂在溶洞顶部，它由上部裂隙中渗出的溶解有碳酸钙的水形成。当水在溶洞中接触空气时，一些溶解在水中的二氧化碳就会从渗出的水滴中逃逸，于是方解石就开始沉淀。围绕水滴边缘会出现环形的沉积物。当水一滴接一滴地滴下时，每滴都会留下微小沉积方解石的痕迹，这样就形成了一个空心的石灰岩管。然后，水从石灰岩空心管中流过，在石灰岩空心管的末端短暂停留后，又形成微小的环状方解石，并掉落到溶洞的底板上。

刚刚介绍的石钟乳也形象地称为"软饮料吸管"（见图 3.45A）。这种软饮料吸管状的空心管通常会被堵塞，或流水量增加，不论哪种情况，水依然会溢出到空心管外，并沿其外部沉积方解石。随着沉积作用的不断进行，石钟乳就呈现出常见的圆锥形。

你知道吗？

美国最大的蝙蝠栖息地是在溶洞中发现的。比如，在夏天，得克萨斯州中部布兰肯洞穴是 2000 万只墨西哥游尾蝙蝠的栖息地，它们白天在这个漆黑的洞穴中聚集，占据超过 3 千米的范围，晚上则飞出洞穴觅食，每天捕食超过 200000 千克的昆虫。

在溶洞底板上发育并向上朝顶板方向生长而形成的钟乳石被称为石笋（见图 3.45B），为石笋生长提供方解石的水从溶洞顶部滴下并飞溅到地表各处，因此石笋不存在中心管，且石笋的规模更大，其顶部比石钟乳更圆。如果经历足够多的时间，向下生长和向上生长的钟乳石会连接在一起形成石柱。

你知道吗？

尽管很多溶洞和落水洞在石灰岩地区的下面是相连的，但这些景观也会在石膏和岩盐地区形成，因为这些岩石的溶解性很高。

图 3.45 溶洞景观。A. 阿肯色州独立县池泉溶洞内的软饮料吸管石钟乳特写（Dante Fenolio/Photo Researchers, Inc.供图）；B. 新墨西哥州卡尔斯巴德溶洞国家公园内的石笋和石钟乳（glowimages 供图）

3.14.2　喀斯特地貌

世界上许多地区大范围的地貌形态都是由地下水溶解形成的。这样的地貌称为喀斯特地貌，这一名称来源于喀斯特地貌极度发育的斯洛文尼亚和意大利边界之间的克里斯地区。在美国，喀斯特地貌出现在许多石灰岩分布区，包括肯塔基州、田纳西州、阿拉巴马州，以及印第安纳州南部、佛罗里达州中部和北部地区（见图 3.46）。通常，干旱和半干旱地区由于没有充足的地下水，因此不发育喀斯特地貌。当这种地貌特征在一些地区存在时，有可能是一段时间过剩的降雨溶蚀的残留物。

落水洞　喀斯特地区具有典型的不规则地貌，有许多称为落水洞的洼地或小的低洼地间断出现（见图 3.32）。在佛罗里达州、肯塔基州和印第安纳州南部的石灰岩地区，有着数以千计的这种洼地，它们的深度约为 1 米或 2 米，有的深达 50 多米。

落水洞有两种常见的形成方式。有些是由无任何机械破坏的岩石多年逐步形成的。在这种情况下，落水洞由渗入土壤下面石灰岩的含有二氧化碳的雨水直接溶解形成。这些洼地通常并不深，并具有较缓的斜坡。相比之下，当溶洞顶盖在其自身重力作用下坍塌时，落水洞也能在没有前兆时突然形成。通过这种方式形成的洼地比较陡峭而且很深。如果发生在人口密集地区，就可能成为一种地质灾害，图 3.47 中清楚地显示了这种情况。

喀斯特地区除由落水洞形成的地表洼地外，显著的特征是明显缺乏地表排水系统（河流）。随着降雨，径流迅速经过洼地，流经地下漏斗进入地下，然后流经溶洞，最后到达潜水面。地表河流的河道长度均较短，且名称通常具有特定含义。例如，肯塔基州的猛犸洞穴区就是沉没的小河、小溪和沉没的支流。一些落水洞的泥沙堵塞，形成了小湖泊或池塘。

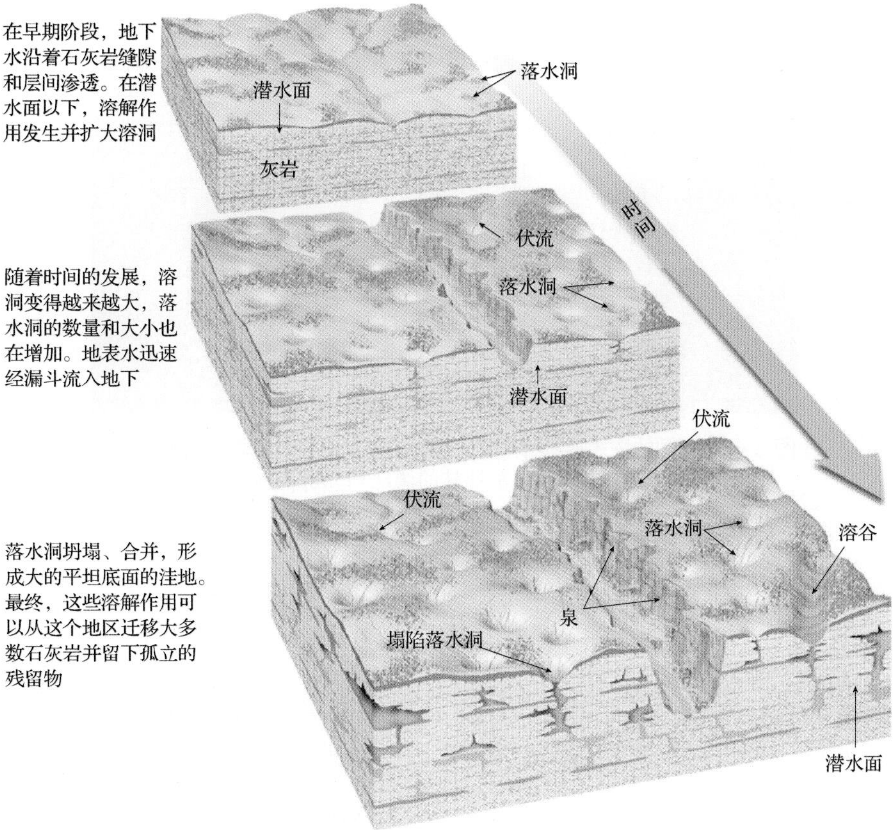

在早期阶段, 地下水沿着石灰岩缝隙和层间渗透。在潜水面以下, 溶解作用发生并扩大溶洞

落水洞

潜水面

灰岩

时间

随着时间的发展, 溶洞变得越来越大, 落水洞的数量和大小也在增加。地表水迅速经漏斗流入地下

伏流

落水洞

潜水面

伏流

落水洞

伏流

溶谷

落水洞坍塌、合并, 形成大的平坦底面的洼地。最终, 这些溶解作用可以从这个地区迁移大多数石灰岩并留下孤立的残留物

泉

塌陷落水洞

潜水面

图 3.46　喀斯特地貌的演化

图 3.47　落水洞可成为地质灾害。这个落水洞突然形成于佛罗里达州湖城的一家后院。这样的落水洞是在溶洞顶部坍塌形成的 (AP Photo/The Florida Times-Union, Jon M. Fletcher 供图)

塔式喀斯特景观　喀斯特景观区的发育看上去完全不同于图 3.46 中所展示的布满落水洞的地形, 中国南方的广大地区是塔式喀斯特地貌的一个突出例子。如图 3.48 所示, 塔式一词相当合适, 因为这里的地貌由迷宫般的、拔地而起的孤立山丘组成。每座山峰都由内部的洞穴和通道相连, 这种类型的喀斯特地貌形成于湿润的热带和副热带地区, 并且有裂隙发育的厚层石灰岩。在这种情况下, 地下水溶解了大量的石灰岩, 而仅残留下这些塔式山丘。热带地区更容易形成这种喀斯特地貌, 因为这里有着充沛的降水和大量热带植物腐烂所释放出的二氧化碳, 土壤中剩余的二氧化碳越多, 就会有越多的碳酸来溶解石灰岩。在其他热带地区, 发育有这种喀斯特地貌的有波多黎各的部分地区、古巴西部和越南北部。

概念检查 3.14

1. 溶洞形成过程中, 地下水的作用是什么?

2. 石钟乳和石笋是如何形成的?

3. 描述落水洞形成的两种方式。

图 3.48　中国的塔式喀斯特景观。最著名、最有特色的塔式喀斯特
景观位于中国西南部桂林的漓江（Philippe Michel 供图）

概念回顾：水成地貌

3.1　地球的外力作用

列举三条重要的地球的外力作用，并描述它们是如何
参与岩石循环的。

关键术语： 外力作用、内力作用、风化、崩塌作用、
侵蚀作用

- 风化作用、崩塌作用和侵蚀作用是沉积物产生、搬
  运和沉积的原因。这些称为地球的外力作用，因为
  这些作用发生在地表外部或近地表，而且这些作用
  的能量来自于太阳。
- 内力作用，比如火山运动和造山运动，这些运动的
  能量来自于地球的内部。

3.2　崩塌作用：重力作用的结果

解释崩塌作用对山谷形成的作用，并探讨诱发和影响
崩塌作用的因素。

关键术语： 诱因，静止角

- 崩塌作用是岩石和土壤在重力直接影响下而向坡
  下运动的过程。
- 引发崩塌作用形成的因素称为诱因。水的加入、斜
  坡的陡峭、植被的减少和地震的晃动是诱发崩塌作
  用的 4 个因素。并非所有滑坡都是由这些因素之一
  诱发的，有些则由几种因素共同作用产生。

3.3　水循环

列出水圈中水的主要存储形式，并描述水是通过哪些
不同方式进行水循环的。

关键术语： 水循环、蒸发作用、渗透、径流、搬运作
用、蒸腾作用

- 水通过改变在大气圈的多种存储方式，如由蒸发作

用、冷凝成云，再通过降水降落到地面。一旦降落
到地面，雨水就会被吸收，蒸发，通过蒸腾作用返
回到大气或以径流方式流走。流水是雕塑地球千变
万化地貌景观的最重要因素。

3.4　流动的水

讨论流域和水系的性质，并草绘 4 种基本水系类型。

关键术语： 流域、分水岭、树枝状水系、放射状水系、
矩形水系、格子状水系

- 将水分配给河流的陆地区域称为流域，分开流域的
  假想线称为分水岭。
- 通常，河流系统倾向于在上游末端发生侵蚀，在中
  游搬运沉积物，然后在下游末端沉积下来。
- ？ 鉴别以下略图中的每种水系类型。

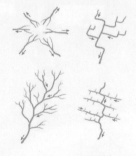

3.5　流速

讨论河流和引起它改变的因素。

关键术语： 平流、湍流、坡降、排泄量、纵剖面

- 河水的流动可以是平流，也可以是湍流。河流的流
  速受河道坡降、大小、形状、河道的粗糙度和排泄
  量的影响。

- 河流的纵剖面图是从河流源头到河口的一个纵向剖面。通常河道的坡降和粗糙度向下游减小，而河道的大小、河流的排泄量和河的流速向下游方向增加。

3.6 流水的作用

讨论河流的侵蚀作用、搬运作用和沉积作用的方式。

关键术语：凹坑、溶解质、悬移质、推移质、容量、能力、分选、冲积层

- 湍急的河流从河床中冲起松散的颗粒并搬运走，这种作用称为侵蚀作用。涡流中的颗粒像钻头一样集中在一点处旋转，在固体岩石中也能形成凹坑。
- 河流以溶液、悬浮物和沿河床底部的形式搬运负载的沉积物。河流搬运固体颗粒的能力使用两个标准来描述。容量指的是一个河流搬运沉积物的多少，而能力指的是河流能够移动颗粒的大小。
- 河流流速减慢和搬运能力下降时，河流悬浮物减少。这导致发生分选作用，在这一过程中，类似大小的颗粒一起沉积下来。

3.7 河道

对比基岩河道和冲积河道，并区分两种河道的不同。

关键术语：曲流、岸边侵蚀、边滩沉积、截弯取直、牛轭湖、辫状河

- 基岩河道是河流下切固体岩石并在坡降陡峭的源头地区常见的河道，湍流和瀑布是其常见特征。
- 冲积河道是河流流经以前河流沉积的冲积层而成的。冲积平原通常随着河流漫过或穿过辫状河道覆盖河谷。
- 曲流河通过侵蚀作用切割河岸（凹岸），沉积物沉积在边滩（凸岸），因此会改变河道的形状。曲流河可以截弯取直并形成牛轭湖。

3.8 河谷的形态

对比狭窄的 V 形谷、冲积平原上宽阔的 U 形谷并展示下切曲流河的河谷。

关键术语：河谷、基准面、冲积平原、深切曲流河

- 河谷包括河道、相邻的冲积平原和相对陡峭的谷坡。河流在侵蚀到基准面之前，一直在发生下蚀作用。河流下蚀作用达到的最低点可能侵蚀河道。河流在流向海洋之前，其流经路线可能会遇到多个局部基准面，包括湖泊、阻碍河流下切的抗阻岩层。
- 河流的蜿蜒变化可以侵蚀河谷壁和加宽冲积平原而使河谷加宽。如果基准面下降或陆地抬升，曲流河可能开始下切并发育深切的河曲。

3.9 沉积地貌

讨论三角洲和天然堤坝的形成。

关键术语：大坝、三角洲、支流、天然堤坝、漫滩沼泽、亚祖式支流

- 当河流流入其他水体时，河流沉积物在河口处沉积形成三角洲。河流分割成不同方向的许多支流穿过沉积物。
- 天然堤坝是由多次洪水事件沿着河道两岸边缘沉积物沉积而形成的，因为天然堤坝斜坡缓慢地远离河道，所以相邻冲积平原干涸，导致漫滩沼泽和亚祖式支流平行于主河道流动。

3.10 洪水与防洪

讨论洪水的成因和一些常见的防洪措施。

关键术语：洪水

- 洪水的诱因是强降雨和/或融雪。有时，人类活动也能改变或引发洪水。防洪措施包括建设人造堤坝和大坝。渠化可能包括人工截断河流。很多科学家和工程师提倡非建筑方法防洪，这种方法更多地涉及合理土地利用的问题。

3.11 地下水：地表之下的水

讨论地下水的重要性及其分布和运动规律。

关键术语：饱和带、地下水、潜水面、包气带、孔隙度、渗透性、隔水层、含水层

- 地下水是人类现成的巨大淡水资源水库。从地质角度来说，地下水是河流的均衡器，而且地下水的溶解作用可以使灰岩形成溶洞和落水洞。
- 地下水是占据地表以下沉积物和岩石之间空隙的水分，这些区域称为饱和带。饱和带上部的边界称为潜水面，潜水面之上区域中的物质是不饱和的，称为不饱和带。
- 存储在岩石或沉积物孔隙中的水分数量称为孔隙度。渗透性是物质允许水分在其孔隙之间流动的能力，它是影响地下水运动的关键因素。含水层是允许地下水自由迁移的渗透物质，而隔水层是非渗透性物质。

3.12 泉、井和承压系统

对比泉、井和承压系统。

关键术语：泉、滞水面、热泉、喷泉、井、水位降低、下降漏斗、承压系统、承压含水层

- 泉出现在潜水面与地面相交的位置，是地下水自然流动的产物。地下水在地下深部循环时，会被加热，并作为泉暴露于地表。地下水在地下洞室被加热后，体积膨胀，一些水分迅速变成蒸汽并引起泉水

喷发。大多数热泉和喷泉的热量源于热的火成岩。

● 井是钻入饱和带的开口，从井中抽取地下水会引发潜水面的圆锥形下沉，这称为沉降漏斗。

3.13 地下水环境问题
列举并讨论三种与地下水相关的重要环境问题。

● 当前涉及地下水的环境问题包括大量灌溉引起的地下水过渡使用、地下水过度开采引起的地面沉降，以及污染物引起的地下水污染。

3.14 地下水的地质作用
解释溶洞的形成和喀斯特地貌的发育过程。

关键术语：溶洞、钟乳石、石笋、喀斯特地貌、落水洞

● 大多数溶洞形成于潜水面及以下的石灰岩中，由酸性地下水溶解这种可溶性岩石而成。

● 喀斯特地貌发育在石灰岩地区，而且呈现出不规则的地势，伴有许多被称为落水洞的洼地，一些落水洞是溶洞顶部坍塌形成的。

? 识别照片中所示有明显标识的溶洞沉积物。

Miroslav/AGE Fotostock

思考题

1. 夏天的美国西部山区常发生野火。照片所示为 2004 年 7 月在加州圣克拉丽塔附近发生的野火。我们知道地球是一个系统，其 4 个主要圈层通过各种方式互相影响。请参照图片回答问题。

 a. 先前什么样的大气条件会引发这样的野火？

 b. 大火可能会引起什么问题？从自然和人类两个角度回答。

 c. 至少从一个方面来描述野火可能会影响未来的崩塌作用。

Joshua Gates Weisberg/EPA Newscom

2. 至少从一个方面描述地球内部过程可能会引起或有助于崩塌作用。

3. 如果从河流中盛一罐水，哪些物质会沉积在罐子的底部？哪些物质会存留在水中？河流承载的哪部分物质不可能出现在样品中？

4. 河流系统由三个区域组成，请基于主要作用划分每个区域。根据附图，将每个区域与其对应的作用相匹配：沉积物产生作用（侵蚀作用）、沉积物沉积作用和沉积物搬运作用。

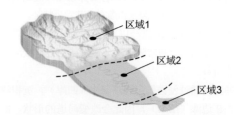

区域1
区域2
区域3

5. 阿肯色州弯曲的白河是密西西比河的一条支流。

Michael Collier

 a. 在这幅鸟瞰图中，白河的河水呈棕色，河水中搬运的物质是使得它呈现出这种颜色的原因吗？

 b. 如果在图中箭头所示的最窄处开通一条人工河道，河流的坡降会如何变化？

 c. 坡降的变化如何影响河流的流速？

6. 有位朋友去杂货店买一些瓶装水，一些商标标注它们为自流水，另一些商标则标注它们来自于泉水。若朋友问你自流水和泉水是否比其他水源的水好，你应如何回答？

7. 有位朋友想在得州大草原购买一块高产农田，并想在接下来的几年内继续种植农作物。若他问你对其所选区域和将来计划的意见，你会给出什么建议？

8. 下图是爱达荷州南部斯内克河的著名千泉，这些泉是地下水的天然排水口。

   a. 在这张照片中能看到水吗？如果能，它们在什么地方呢？

   b. 准备一个故事来回答下列问题。对每个问题提出几种可能性。图中的水通过什么旅程到达这里？水以其自身的方式流动，通过什么途径可能流回海洋？

David R. Frazier/Alamy Images

9. 三种基本岩石类型（火成岩、沉积岩和变质岩）中哪一种可能是最好的含水层？解释其原因。

第4章 冰川与干旱地貌

从阿拉斯加苏厄德附近坚硬冰原流出的贝尔冰川。大约 200 年前,冰川延伸至图片底部的终碛位置。像阿拉斯加的大多数其他冰川一样,贝尔冰川正退向山脉(Michael Collier 供图)

就像第 3 章中介绍的流水和地下水一样,冰川和风也无时无刻不在进行着风化作用,它们的风化作用不仅形成了许多地形地貌,而且它们也是岩石循环中的重要一环,它们的风化产物也发生着搬运、沉积过程。

气候对地球外部作用的性质和强度有很大的影响。本章重点讲述这些实际例子。地球的气候变化主要控制着冰川的存在和范围。气候与地质学之间极度关联的实例是干旱地貌的发育。

今天,冰川覆盖着地表近 10% 的面积,但在最近的地质历史中,有三次范围更广的冰盖,以厚达数千米的冰覆盖着广大地区。许多地区仍然能够发现冰川存在的证据。本章的第一部分介绍冰川及其产生的侵蚀和沉积作用特征,第二部分探索干旱大陆和风的地质作用。因为沙漠与半沙漠条件占主导的地区远比冰期时巨量冰川影响的范围大,这种地貌的性质是真正值得我们深入探讨的。

4.1 冰川:两个基本循环的一部分

列出不同类型的冰川并总结其特点,并描述地球上现代冰川的位置及范围。

当今许多地貌都是最近一次冰期广泛冰川作用改造的结果,并仍强烈地反映出冰川作用改造的证据。如阿尔卑斯山脉、科德角、约塞米蒂山谷,这些地方的基本特征都存在现已无影无踪的大块冰川冰的刻蚀迹象。此外,长岛、纽约、北美五大湖、挪威海湾及阿拉斯加等地区也都存在冰川,当然,冰川不仅仅是过去存在的地质现象。今天,冰川仍然在很多地区塑造着地貌和发生着沉积作用。

冰川是地球上两种基本循环(水循环和岩石循环)的一部分。在水循环中,高纬度或高海拔地区降雨时,水不会很快地流回海洋,而是可能会成为冰川的一部分。虽然冰川最终会融化为水,并通过各种途径返回到海洋中,但水可以作为冰川冰存储数十年、数百年甚至数千年之久。在这段时期内,水是冰川的一部分,大块冰的移动会洗擦地表并捕获、搬运和沉积大量的沉积物。这种作用也是岩石循环的一个基本部分(见图4.1)。

冰川是数百年或数千年形成的巨厚冰块。它由陆地上的积雪经过堆积、压实和再结晶形成。冰川表面上看是静止不动的,但事实并非如此,冰川移动很缓慢,就像流水、地下水、风和海浪一样,冰川也是动态的侵蚀因素,它堆积、搬运和卸载沉积物。因此,冰川是岩石循环中的多种因素之一,尽管今天在全球的很多地区都存在冰川,但大部分都分布在遥远的两极地区或高山地区。

4.1.1 山岳(阿尔卑斯)冰川

毫不夸张地说,有数千座较小的冰川存在于高山地区,它们通常沿原来河流占据的山谷中分布。与以往在山谷中流动的河流不同,冰川移动缓慢,或许每天只有几厘米。因为它们所在的位置,这些移动的大冰块被称为山谷冰川或高山冰川(见图 4.1)。每个冰川都是一条被限定在陡峭岩壁中的冰河,并从山顶的积雪中心向山谷流动。像河流一样,山谷冰川可长可短,有宽有窄,或单个或分叉。高山冰川的宽度通常小于其长度。

有的冰川长度在 1 千米以内，有的冰川则长达数十千米，比如阿拉斯加和加拿大育空地区的哈巴德冰川西部分支延伸可达 112 千米。

图 4.1 肯尼卡特冰川。这个 43 千米长的山谷冰川正在塑造着阿拉斯加兰格尔－圣伊莱亚斯国家公园的山峰。图像中的暗色条纹状沉积物称为中碛，冰川可以搬运和沉淀沉积物，所以它是岩石循环的基本一环（Michael Collier 供图）

你知道吗？

目前在两极和高山地区约有 160000 个冰川。今天的冰川覆盖面积是冰川期最大覆盖面积的 1/3。

4.1.2 冰盖

冰盖存在的规模比山谷冰川更大。这些巨大的冰盖从一个或多个积雪中心向不同方向流动，几乎完全掩盖了下面地形的最高处。由于每年入射到极地的太阳能量很少，因此这些地区积累了巨大的冰盖，今天地球上的两个极区都有冰盖存在——北半球的格陵兰和南半球的南极洲（见图 4.2）。

冰期的冰盖 大约在 18000 年前，冰川冰不仅覆盖了格陵兰和南极洲，而且也覆盖了北美洲、欧洲和西伯利亚的大部分地区，在地球历史上这一时期被称为末次盛冰期。这一术语意味着还有其他盛冰期存在。在整个第四纪，也就是从 260 万年之前开始直到现在，冰盖形成并覆盖了广大地区，然后又慢慢地融化。这种交替的冰期和间冰期一直反复出现。

格陵兰岛和南极洲 有些人错误地认为北极也被冰川所覆盖，实际情况并非如此。

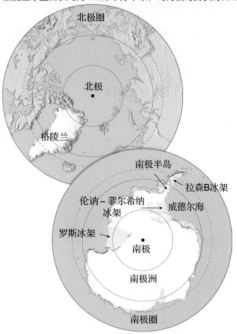

格陵兰冰盖面积约为 170 万平方千米，约为该岛面积的 80%

南极洲冰盖的面积约为 1400 万平方千米，冰架的面积约为 140 万平方千米

图 4.2 冰盖。现今仅有覆盖格陵兰岛和南极洲的冰盖，它们约占地球陆地面积的 10%

覆盖北冰洋的冰是海冰——冻结的海水，海冰漂浮在海上是因为冰的密度小于海水的密度，海冰从未完全地从北冰洋中消失过，覆盖范围的扩大和缩小与季节变化有关。海冰的厚度可从几厘米厚的新冰到 4 米厚的海冰。相比之下，冰川可达数百米至数千米厚。

冰川在大陆上形成，北半球格陵兰岛今天仍存在冰盖。格陵兰岛位于北纬 60°～80° 之间。这个地球上最大的岛屿被约为 170 平方千米的冰盖所覆盖，覆盖面积约占这个岛屿面积的 80%，平均厚度约为 1.5 千米，有的地方厚达 3 千米。

在南半球，巨大的南极冰盖最厚达 4.3 千米，覆盖面积大于 1390 万平方千米，几乎为整个南极大陆的面积。因为巨大的覆盖面积，它们通常被称为大陆冰盖。据统计，如今大陆冰盖的总面积约占整个地球陆地面积的 10%。

冰架 沿着部分南极海岸线，冰川冰流入邻近海洋并形成冰架。这些巨大而相对平坦的浮冰块从海岸向海洋方向扩展，并与陆地保持着一侧或多侧的连接。冰架在伸向陆地一侧的厚度最

大，而伸向海洋的一侧厚度变薄。因为有来自于附近冰盖的冰，以及降雪和海水冻结的补给，它们保持不变。南极的冰架约有 140 万平方千米。罗斯和尼菲尔希纳冰架是面积最大的两个，仅罗斯冰架的覆盖面积就相当于得克萨斯州的大小（见图 4.2）。

你知道吗？

据估算，山谷冰川的体积约为 21 万立方千米，相当于世界上所有淡水湖与咸水湖的体积总和。

4.1.3 其他类型的冰川

除山谷冰川和冰盖外，还存在其他类型的冰川。覆盖在一些高地和高原上的大块冰川冰称为冰帽。像冰盖一样，冰帽完全覆盖了其下部的地貌，但其范围要比大陆冰川小得多。冰帽存在于很多地区，包括冰岛和北冰洋中的几个大型岛屿（见图 4.3A）。

另外一种类型称为山麓冰川，它占据着陡峭山峰底部的广泛低地，并从山谷中的一个或多个山谷冰川出露，前行的冰展开形成宽阔的冰层。山麓冰川的个体变化很大，其中最大的是沿阿拉斯加南部海岸广为分布的马拉斯宾纳冰川。它位于圣埃利亚斯山脉山脚下平坦的海岸平原区，覆盖面积超过 5000 平方千米（见图 4.3B）。

通常，冰盖和冰帽会提供注出冰川。这些冰舌向山谷下方流动，并从这些大的冰块边缘向外扩展。这些冰舌本质上是山谷冰川从冰盖或冰帽通过山地向海洋运动的通道。在它们遇到海洋的地方，一些注出冰川以漂浮的冰架分散开来，形成大量的冰山。

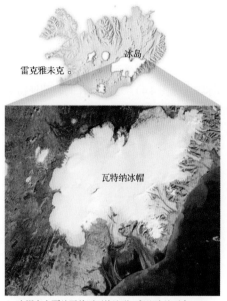

A. 冰帽完全覆盖了其下面的地形，但比冰盖更小

B. 当山谷冰川流出山谷而不再受地形限制时，其展开为山麓冰川

图 4.3　冰帽和山麓冰川（卫星图像由 NASA 提供）

概念检查 4.1

1. 今天冰川都存在于地球上的哪些位置，它们占地表面积的百分比是多少？
2. 描述冰川是如何参与水循环的，它们在岩石循环中扮演的是什么角色？
3. 列出并简要区分 4 种类型的冰川。
4. 冰盖、海洋浮冰与冰架的区别是什么？

4.2　冰川如何移动

描述冰川是如何移动的、它们的移动速度及冰川移动预测的意义。

冰川的移动形式很复杂，主要有两种基本类型。第一种是塑性流动，它涉及冰川内部的运动。冰川表现为脆性固体，当它承受相当于 50 米厚冰的压力或更大压力时，就会表现为塑性物质，并开始流动。出现这种流动是由冰的分子结构造成的。冰川冰是由多层分子组成的，层间分子的作用力小于层内分子间的作用力，所以当外力超过分子间的作用力时，层与层之间就会开始滑动。

第二种同样非常重要的冰川运动机制是，整个冰块沿地面滑动。这一滑动过程可能会使得大部分冰川的最底部开始运动。

冰川最上部的 50 米称为破裂带，因为这部分冰川所承受的上覆压力不足以使其发生塑性流动，因此冰川的上部由脆性冰构成，所以这部分冰会被下伏的冰携带着移动，当冰川移动到不规则地形时，破裂带的冰川因受到张力作用而产生裂隙，被称为冰隙（见图 4.4）。这些张开的裂隙使得穿越冰川的旅行非常危险。这些裂隙可以延伸到 50 米深处，在这个深度以下冰川依然表现为塑性特征。

图 4.4　冰隙。随着冰川的移动，巨大的内部压力使得在冰川较脆弱的上部形成了很大的裂隙，这些裂隙称为破裂带。冰隙的深度可达 50 米，会给冰川上的旅行者带来危险（Wave/Glow Images 供图）

你知道吗？

很难想象格陵兰冰盖到底有多大。我们可以这样比喻一下，冰川的长度大约可以从佛罗里达州的基韦斯特延伸 160 千米到达缅因州的波特兰北部，宽度大约可以

从华盛顿延伸到印第安纳州的印第安纳波利斯。换句话说，冰盖的范围约为美国密西西比河东部区域的 80%，而南极冰盖的面积约为这一面积的 8 倍。

4.2.1　观察并测量冰川的运动

与河流中水的运动不同，冰川冰的运动非常不明显。如果我们看到山谷冰川在明显地移动，那么它肯定是随着河流水而流动的。所有的冰并不以相同的速率顺流而下，因为受到山谷谷壁和谷底产生的拖曳作用，导致冰川中心部位的流动速度最大。

19 世纪早期，人们在阿尔卑斯山设计并实施了第一个有关冰川运动的实验。实验人员在阿尔卑斯山画了一条穿过冰川的直线。这条直线的位置被标记在谷壁上，如果冰川移动，直线位置的变化就能观测到。定期记录这条线的位置就可揭示冰川的运动。尽管冰川的运动对于视觉观察来说非常缓慢，实验人员还是成功地揭示了这种缓慢的冰川运动。图 4.5A 演示了 19 世纪晚期于瑞士的罗纳冰川上所做的实验。它不仅追踪标记了冰川的运动，而且标记了冰川前缘的位置。

多年来，延时摄影一直帮助我们观察冰川的运动。在一定时间范围内定期（如每天一次）地从同一角度拍摄图像，然后像看电影那样播放拿回来的图片。今天，我们可通过卫星来观察冰川的运动及其各种行为（见图 4.5B），因为冰川所处的偏远地区和极端的气候条件限制了我们的研究，而卫星则有了特殊用途。

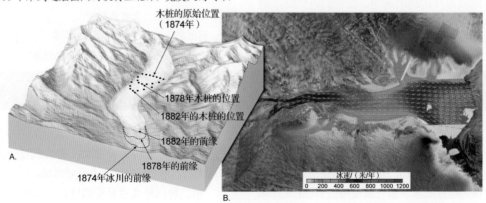

图 4.5　测量冰川的运动。A. 瑞士隆河冰川前缘的运动和变化。在这个山谷冰川的经典研究中，木桩位置的变化清晰地说明了冰川的运动，而冰川边部的运动要慢于冰川中心的运动。尽管冰川的前缘正在消融，但冰的内部依然在向外运动。B. 这幅卫星照片提供了南极兰伯特冰川运动的一些详细信息。冰速是由间隔 24 天的两幅雷达数据图像测出的（NASA 供图）

冰川是如何快速移动的呢？每个冰川移动的平均速度是各不相同的，一些冰川的移动速度很慢，以至于树木及其他一些植物可在冰川表面堆积的碎石中生长。还有一些冰川每天可以移动几米，最近的卫星雷达成像系统提供了南极冰盖的运动数据。部分流冰每年可移动 800 米，而在一些内陆地区的冰每年只能移动不到 2 米。

有些冰川的运动偶尔会极其迅速，这称为突变，而随后是周期性的缓慢运动。

4.2.2　冰川的估算：增长与消融

雪为冰川的形成提供了原料，因此冰川形成于冬季降雪量比夏季融雪量多的地区，冰川在不断地增长和融化过程中存在。

冰川的分区　降雪的堆积和冰的形成出现在累积区（见图 4.6）。增加降雪量加厚了冰川并促进其运动。在冰形成的地区之外是消融区，在这里随着先前冬季降雪和冰川冰的融化，使得冰川产生净消耗（见图 4.6）。

除了融化，也随着大冰块从冰川前缘裂开而消耗，这一过程称为崩解。当裂开的这部分冰川到达海洋时，就形成了冰山（见图 4.7）。因为冰山的密度略低于海水，所以冰山会漂浮在海面上，但其 80% 的体积沉浸在海水中。格陵兰冰盖边缘每年会形成数以千计的冰山。这些冰山向南漂移并到达北大西洋，对那里的航行带来了危险。

地质素描图

冰山只有20%或更少的部分位于水面之上

图 4.7　冰山。当大块冰从冰川前缘裂开并到达水体后，就形成了冰山，这一过程称为崩解（Radius Images/Photo library 提供）

冰川的估算　无论冰川的前缘是前进、后退，还是保持稳定不变，都得依靠冰川的计量来完成。冰川的估算一方面涉及冰川的累积，另一方面涉及冰川消融之间的平衡关系。如果冰川冰的形成速率大于消融速率，那么冰川的前缘就会向前增长，直至两者达到平衡状态。到达这一点时，冰川的终点保持稳定不变。如果气候变暖，那么冰川消融量增加；如果降雪减少，那么累积也会减少，冰川前缘将后退。随着冰川终点的后退，消融区的范围缩小。因此，最终冰的消融与形成速度又会达到新的平衡，冰川前缘将再次保持稳定不变。

不管冰川的前缘是前进、后退还是保持不变，冰川中的冰都会继续向前运动。在这种消减冰川的情况下，冰仅仅是不迅速向前流动，但足以补偿其消耗。如图 4.5A 所示，当隆河冰川上的那条木桩线向下游前进时，冰川的终点却缓慢地后退。

冰川的消退　冰川极易受温度和降水的影响，即气候影响着冰川的形成与消退。在世界各地的山谷冰川正在以前所未有的速度消融，而很少有例外。本章开头照片中的阿拉斯加贝尔冰川就是一个例子。图 4.8 中的照片是另外一个例子，许多山谷冰川已完全消失，例如，150 年以前，蒙大拿州国

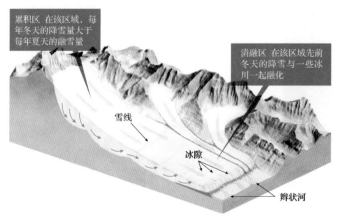

累积区　在该区域，每年冬天的降雪量大于每年夏天的融雪量

消融区　在该区域先前冬天的降雪与一些冰川一起融化

雪线

冰隙

辫状河

图 4.6　冰川分区。雪线分开雪的累积区与雪的消融区。冰川的增长、消融或保持在某个位置不变，主要取决于雪的累积和消融的平衡

家冰川公园中共有 147 个冰川，而现在只剩下 37 个，而且它们将会在 2030 年消失殆尽。

1941

2004

图 4.8　冰川消融。这两张照片是阿拉斯加冰川湾国家公园中同一地点相隔 63 年的照片，在 1941 年的照片中缪尔冰川很明显，而在 2004 年的照片中，缪尔冰川已从视野中消失，里格斯冰川也已明显变薄和后退（National Snow and Ice Data Center 供图）

你知道吗？

如果南极洲冰盖以合适的均匀速度融化，那么它可为密西西比河提供 50000 多年的水量，可为亚马孙河流提供约 5000 年的水量。

概念检查 4.2

1. 描述冰川的两种运动方式。
2. 冰川如何迅速地移动？举出一些例子。
3. 什么是冰川裂隙，它们形成在何处？
4. 叙述对冰川两个分区的估算。
5. 在什么环境下冰川的前缘前进？后退？或保持稳定不变？

4.3　冰蚀作用

讨论冰川侵蚀作用的过程及主要特征。

冰川会侵蚀巨量的岩石。在山岳冰川的终点，冰川强大侵蚀力的证据显而易见，我们能亲眼目睹冰川融化时所释放的各种大小的岩石碎块（见图 4.9）。所有这些证据都指向一个结论：冰川已从冰川谷底和谷壁刨掉、磨蚀和破碎岩石碎屑并携带着其向低谷处迁移。在山区，崩塌作用过程也为冰川提供了很多的推移质。

随着冰川的融化，大小和形状不同的一些岩石碎块会沉积下来并堆积在一起。

图 4.9　冰蚀作用的证据。阿拉斯加山谷冰川前缘的一张特写照片，冰川在穿过此处时明显侵蚀掉了许多岩石碎块（Michael Collier 供图）

冰川捕获岩石碎屑后，并不像风和水流搬运碎屑那样使其沉淀下来，而是一直携带着它们。

因此，冰川可以携带巨大的岩石碎块，而其他介质几乎不可能搬运此类碎石。尽管如今冰川的侵蚀作用能力不那么重要，但今天的很多地貌都是近代冰期广泛冰川作用的结果，仍然反映了冰川的强大作用。

4.3.1　冰川如何侵蚀

冰川侵蚀地面主要有两种方式——挖蚀作用和磨损作用。首先，冰川在流经破碎的基底岩石表面时，会疏松和捡起岩块，然后合并岩块与冰。这个称为挖蚀作用的过程出现在冰川融水渗入岩石裂隙并与冰川岩石底板相连且冻结时，水冻结时其体积会增大，给周围岩石以极大的胀力，使其变得松散。在这种方式的作用下，各种不同大小的沉积物都成为了冰川的搬运物。

第二种主要侵蚀方式是磨蚀作用。因为冰川及其携带的岩石碎屑在基岩上移动，因此它们能像砂纸那样摩擦并抛光下面的基岩。被冰川磨成粉末状的那些岩石碎屑称为岩粉，这些岩粉可能形成脱脂牛奶状浅灰色外貌的融水残留在冰川上，这是冰川磨蚀力的明显证据。

当冰川搬运更大的岩块时，会在底部基岩上磨出很长、很深的凹槽，这称为冰川擦痕（见图 4.10A）。这些线状冰川擦痕为冰川运动提供了最直接的证据，通过这种擦痕的大面积填图，通常能重建冰川流动的模型。

并非所有的磨蚀作用都能产生擦痕，岩石表面会被其上部冰川运动的冰和携带的细粒碎屑磨得更光，加利福尼亚州约塞蒂国家公园中大面积光滑的花岗岩就是一个典型的例子（见图 4.10B）。

与其他侵蚀作用因素相同，冰川侵蚀作用的速度是高度变化的。这种冰川产生的差异侵蚀作用主要受控于 4 个因素：①冰川的运动；②冰川的厚度；③冰川底部携带碎石的形状、数量及岩石的硬度；④冰川下面岩石的抗侵蚀度。这些因素的任何一个或全部在不同的时间和不同的地点，对不同地区塑造出的地貌特征、影响及侵蚀程度也是不尽相同的。

A.　　　　　　　　　　　　　　B.

图 4.10　冰川磨蚀作用。移动的冰川携带着大量的沉积物，会像砂纸一样摩擦、抛光岩石（Michael Collier 供图）

4.3.2　冰蚀地貌

尽管冰盖的侵蚀能力非常强，但它对地面的塑造能力远不如山谷冰川，山谷冰川塑造的地貌特征明显、令人敬畏。在有些地区，冰盖的侵蚀作用非常明显，冰川磨蚀的地面和形成的柔和地形是规则的。相反，在有些山区，山谷冰川塑造出许多真实而壮观的地形。许多崎岖山峰之所以因奇观异景而闻名，都要归功于山谷冰川。

我们花一些时间来研究图 4.11。该图显示了冰川侵蚀作用之前、之中和之后的山脉特征。在后面的讨论中还会经常提到这幅图。

冰蚀谷　在冰川作用之前，高山峡谷以 V 形为特征，因为这里的河流高于基准面，河流的下切作用形成了 V 形谷（见图 4.11A）。然而，在山区由于冰川的作用，这些峡谷不再那么狭窄，当冰川沿着曾被河流占据的峡谷向下移动时，冰川会通过三种方式来改造它：冰川使峡谷变宽、加深和取直，所以那些曾经的 V 形谷被塑造成 U 形的冰川槽（见图 4.11C）。

冰川的侵蚀能力在某种程度上取决于冰川的厚度，所以最主要的冰川也称主干冰川，与其他一些分支冰川相比，它能更深地切割地形。因此，冰川消退后，分支冰川峡谷会被遗弃在主干冰川槽之上，成为悬谷。河流流经这些悬谷就能形成非常壮观的瀑布，就像加利福尼亚州约塞米特国家公园中的瀑布一样（见图 4.11C）。

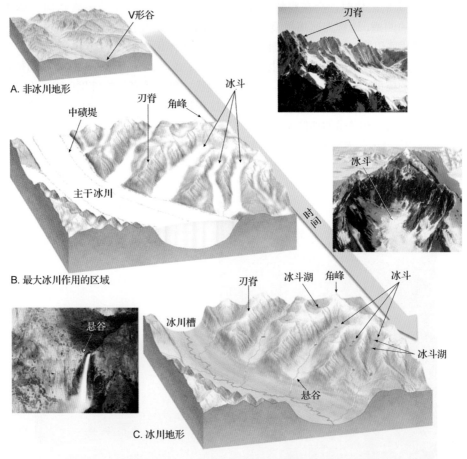

图 4.11 高山冰川侵蚀作用形成的地貌。图 A 中的非冰川地貌是图 B 中冰川地貌的前身，图 C 为冰川消退后新形成的地貌，它与冰川之前的地貌大不相同（刃脊图片由 James E. Patterson 提供；冰斗图片由 Marli Miller 提供；悬谷图片由 John Warden/Superstock 提供）

你知道吗？

如果地球上的冰川全部融化，那么海平面将会升高约 70 米。

冰斗　在冰蚀谷靠近高山冰川一侧的顶部，有着很明显而且很壮观的特征——冰斗。如图 4.11 所示，这些空心的碗状洼地三面都有险峻的峭壁，而沿着山谷向下的一侧是开口的。冰斗是冰川生长的位置，因为雪在这里积聚，冰川在这里形成。在山边形成的冰斗最初是不规则的，随后由于冰川周边和底部的冰楔作用与挖蚀作用而扩大。接着冰川作为传送带将其剥蚀的碎石搬运走，在冰川融化之后，冰斗盆地通常会形成一个小湖，这种小湖称为冰斗湖。

刃脊和角峰　阿尔卑斯山、北洛基山和其他许多山峰景观都是由山谷冰川侵蚀而成的，这种

景观远多于冰斗和冰川槽。另外还有一些蜿蜒尖刻的山脊称为刃脊，尖角状像金字塔一样突出周围山峰之上的山峰称为角峰（见图 4.11C），两者的地貌特征都起源于同样的基本过程，即挖蚀作用和冰冻作用形成冰斗的进一步扩大。在孤立的高山周围，冰斗侵蚀作用使其成为岩石尖峰，这种尖峰称为角峰，当冰斗不断扩大和汇聚时，就会形成孤立的角峰。位于瑞士阿尔卑斯山的马特洪峰就是一个著名的例子。

刃脊的形成方式与角峰类似，所不同的是，冰斗并非仅围绕孤立的山峰分布，而是在分水岭的两侧分布。冰斗增长时，两侧冰斗之间的分水岭会变得越来越窄，进而形成像刀锋一样的刃脊。刃脊也可在冰川擦蚀和加宽冰川谷壁时，使得分开两个平行冰川谷的区域变窄而形成。

冰川峡湾 冰川峡湾通常是两侧陡峭、深度很深的海水湾，其存在于世界上高纬度山脉邻近海洋的地区（见图4.12），挪威、不列颠哥伦比亚、格陵兰岛、新西兰、智利和阿拉斯加都有冰川峡湾的海岸线特征。它们是随着冰期的海平面上升，冰川作用产生的冰川峡谷被留下来并被海水淹没而形成的。

一些冰川峡湾的深度超过1000米，但这么深的峡湾只有部分能够用后冰期的海平面上升来解释。与河流的下切作用不同，海平面并不是冰川下切作用的基准面，所以冰川可将其下部岩石剥蚀得低于海平面，比如一个300米厚的山谷冰川在其下蚀作用停止并漂浮在海上之前，能够将谷底刻蚀得低于海平面250米以下。

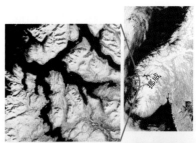

图4.12　冰川峡湾。挪威海岸以其众多的峡湾而闻名。这些由冰川作用形成的海岸峡湾通常有数百米深（卫星照片由NASA提供；峡湾照片由Inger Helene Boasson/AGE Fotostock提供）

概念检查4.3

1. 冰川是如何获取它们所携带的沉积物的？
2. 如何区分冰蚀山谷与非冰蚀山谷？
3. 观察近期的山谷冰川，描述冰蚀作用的特征。

4.4　冰川沉积

区别两种冰川沉积类型并简要描述每种类型的相关特征。

冰川捕获并搬运大量的碎石在地表缓慢前行，当冰川融化时，这些物质最终沉积下来。冰川沉积物对其沉积地区的地貌形成具有真正意义上的作用。比如有些曾在末次冰期冰川所覆盖的地区，因为厚达数十米甚至数百米厚的冰川沉积物完全掩盖了地势，所以基岩很少裸露，这些冰川沉积物的通常作用是填平地形，的确，许多现今熟悉的乡村地貌景观——新英格兰地区的岩石牧场、达科他州的麦田、中西部起伏的农田，都是冰川沉积作用的直接结果。

4.4.1　冰碛物的类型

远在泛冰期理论提出之前，人们认为覆盖部分欧洲地区的土壤和碎石来自于其他地区。那时人们认为这种外来物质是在以前大洪水时期通过浮冰漂浮过来的，因此这些沉积物被认为是冰碛物（冰川漂移物）。尽管这一根深蒂固的理论并不正确，在真实的冰川成因沉积物理论被广为认可后，它仍然被保留在冰川的词汇中。冰碛物是所有冰川沉积物的统称，无论它们是如何、在何处或以何种形式沉积的。

冰碛物分为两种不同的类型：①冰川直接沉积的物质，称为冰碛物；②由冰川融水卸载而沉积的物质，称为层状冰碛物。它们的不同是，冰碛物由冰川融化后留下的岩屑形成，与流水和风的沉积作用不同，冰川不能分选其所搬运的沉积物，因此冰川的沉积物是由未分选的许多大小不等的混杂堆积颗粒组成的（见图4.13）。层状漂碛物则是依据颗粒的大小和重量分选的，由于冰川没有分选能力，因此这些沉积物也不是由冰川直接沉积下来的，而是冰川融水分选作用的结果。

一些层状冰碛物是由冰川融水形成的溪流直接分选而沉积的，而另外一些沉积物则是先前沉积下来的冰碛物再被冰川融水拾起、搬运和沉积在远离冰川的边缘，这些层状冰碛物的堆积通常大部分由砂和砾石组成，因为冰川融水没有能力搬运更大的物质，而细粒岩石粉末在冰川融水中保持悬浮状态并常常被搬运到远离冰川。主要由砂和砾石组成的层状冰碛物是一种看得见的现象，在许多地区这些沉积物被作为筑路和其他建设项目的材料而开采。

图 4.13　冰碛物。与风和水搬运的沉积物不同，冰川搬运的沉积物未经过分选（E. J. Tarbuck 供图）

冰碛物通常是由许多大小不等的沉积物混合堆积形成的

仔细观察冰碛物发现，这块鹅卵石在被冰川搬运期间受到了很多的摩擦作用

如果发现冰碛物或横卧地表的大砾石不同于下部基岩，那么它是冰川漂砾（见图 4.14）。当然，它们一定来自于其他地方。尽管大多数漂砾的原始位置是未知的，但其中一些漂砾的来源是可以确定的。因此，通过冰川漂砾以及冰碛物矿物成分的研究，地质学家可以追溯冰川移动的路径。在新英格兰和其他一些地区的牧场与农田中可见到各种冰川漂砾，这些砾石被清走并堆积起来当作石头围墙或篱笆。

4.4.2　冰碛石、冰水沉积平原和冰碛湖

冰川沉积作用形成的广泛特征是冰碛石，这些冰碛物呈简单的层状或脊状堆积，有几种类型的冰碛石已被人们识别，有些则只常见于山谷中，还有一些存在于冰盖或山谷冰川影响的地区。中碛和侧碛属于第一类，而终碛和底碛属于第二类。

图 4.14　冰川漂砾。阿拉斯加德纳里国家公园中的两块巨大冰川漂砾（Michael Collier 供图）

冰川漂砾

冰川漂砾

侧碛和中碛　山谷冰川两侧堆积了大量来自两侧谷壁的岩石碎片。冰川消退后，这些物质残留下来形成脊状，称为侧脊垄，其分布在山谷两侧。当两个向前移动的冰川汇聚到一起形成一条冰河时，每个边缘携带冰碛物的冰川汇聚到一起，形成一个新的更大的冰川，中间有一条暗色的岩石碎屑条带，即中碛堤。在冰河中间形成这些暗色条带更加有力地证明了冰川是移动的，因为冰川不向山谷下方移动，是不会形成中碛堤的。在山谷冰川中经常能看到许多黑色的条纹，因为每次有小的冰川与主冰川汇聚时都会形成中碛堤，图 4.1 中的肯尼科特冰川就是一个很好的例子。

终碛和底碛　终碛是冰川前缘脊状堆积的冰碛物。这些相对常见的地形是冰川消融和累积达到平衡状态时沉积形成的，也就是说，终碛是冰川前缘的消融量与冰川从补给区向前移动的速率几乎相等时形成的（见图 4.15）。尽管冰川的前缘是稳定不变的，但冰川会像生产线的传送带向终端提供产品一样，不断向前流动和提供沉积物，随着冰川的融化，这些冰碛物沉积下来，使得终碛不断生长。冰川前缘保持稳定的时间越长，冰碛堤将变得越大。

最终，冰川的消融速度大于其增长速度，在这种情况下冰川的前缘开始向其最初向前移动的方向消退，随着冰川的消退，作为载体的冰川就源源不断地为终端提供新的沉积物。按照这种方式，随着冰川的消融和后退，大量的冰碛物沉积下来，形成岩石散落且波状起伏的地面。这种伴随冰川前缘的后退沉积的轻微起伏的冰碛层称为底碛。底碛具有填平的效应，它充填一些低

洼的小坑或堵塞古老的河道，常常会毁坏现有的排水系统。在有些地区，这种冰碛层相当新鲜，例如在北美五大湖区干涸的沼泽地，这种现象就很常见。

当冰川在某一地点再次达到消融与补给平衡时，冰川将消退。这种情况发生时，冰川的前端又会保持稳定状态，形成一个新的终碛。

在冰川完全消退前，终碛垄和底碛可能会多次反复地沉积，图4.16显示了这样一种模式。第一个终碛垄的形成标志着冰川前行到的最远距离，这个终碛垄称为前缘终碛垄。在冰川后退过程中，冰川前缘偶尔稳固时形成的终碛称为消退终碛，前缘终碛和消退终碛本质上是一样的，唯一的不同在于它们的发育位置。

当冰川的消融速度等于增长速度时，冰川前缘停止不动，此时易于形成终碛

图4.15　终碛的形成。基奈峡湾国家公园中的消融冰川在前缘形成的终碛（Michael Collier 供图）

最近冰期沉积下来的终碛在中西部和东北部的很多地区非常明显。例如，在威斯康星州密尔沃基附近，树木繁茂的丘陵地区的冰碛湖就是一个著名的例子。

东北部的长岛也是一个著名的例子，这些线性分布的冰川沉积物从纽约向东北部延伸，是终碛混合体的一部分，另外一些沉积物从宾夕法尼亚州东部延伸到了马萨诸塞州的科德角。

图4.17显示了一个假想的冰川流经地区，它显示了终碛的沉积特征，接下来的内容会介绍这些特征。该图描述了在游览美国中西部或新英格兰地区时可能会见到的一

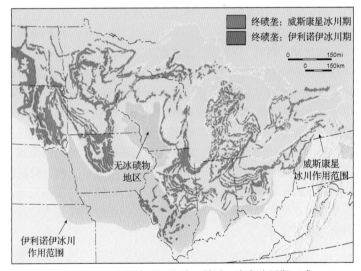

图4.16　五大湖地区的终碛。最近一次大冰川期（威斯康星冰川期）沉积的终碛占支配地位

些地形特征，当阅读其他关于冰川沉积的文章时，我们可能会再次联想到这幅图片。

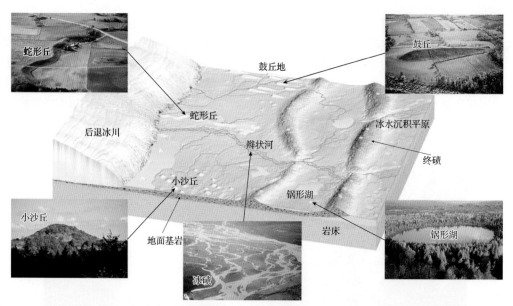

图 4.17　常见的沉积地貌。图中为一个假想地区，这个地区现在被冰盖覆盖（鼓丘图片由 Ward's Natural Science Establishment 提供；冰砾阜图片由 John Dankwardt 提供；锅状湖图片由 Carlyn Iverson/Photo Researchers, Inc.提供；蛇形丘图片由 Richard P. Jacobs 提供；辫状河图片由 Michael Collier 提供）

冰水沉积平原和山谷冰水沉积　在终碛形成的同时，冰川融水形成快速流动的河流，并时常携带悬浮物并搬运大量的推移物。当流水远离冰川后，速度开始下降，这时大量的推移物开始沉积，导致河道形成辫状河。通过这种方式，下游终碛垄附近会堆积广阔且杂乱的层状冰碛物。当这种现象伴随冰盖形成时，就称为冰水沉积平原，当它局限于山谷时，通常称为山谷冰水沉积（见图 4.17）。

冰碛湖　通常，终碛垄、冰水沉积平原和山谷冰水沉积会伴随称为冰碛湖的凹痕状盆地和洼地出现（见图 4.17）。冰碛湖是被掩埋在冰川漂移物中的死冰块最终融化时，在冰川沉积物中留下凹坑而形成的。大多数冰碛湖的直径不超过 2 千米，标准深度小于 10 米，通常水会充满冰碛湖洼地并形成池塘或湖泊。一个著名的例子是康科德附近的瓦尔登湖。18 世纪 40 年代，大卫·梭罗独自在这里生活了两年，写成了美国文学经典名著《瓦尔登湖》。

4.4.3　鼓丘、蛇丘和冰砾阜

冰碛地貌不是冰川沉积的唯一地貌，有些冰川地貌的特征是具有许多平行排列的冰碛山丘，还有一些地区具有锥形山丘和主要由层状冰碛物组成的相对狭窄且蜿蜒的山脊。

鼓丘　鼓丘是由冰碛物组成的线性非对称丘陵（见图 4.17），它们通常高达 15～60 米，平均长 0.4～0.8 千米。山丘的峭壁面对冰川增长方向，而较缓的山坡则指向冰川运动的方向。鼓丘并不单独出现，而是成群地排列，被称为鼓丘地。纽约洛奇斯特市东部的鼓丘地群约有 10000 个鼓丘，它们的流线形排列表明它们是一个较活跃的冰川带状流动雕塑而成的。人们认为鼓丘是冰川增长超过先前的冰川沉积的漂移物并重新改造这些物质而形成的。

蛇丘和冰砾阜　有些地区曾被冰川覆盖，在那里可能会发现由大量砂和砾石组成的蜿蜒山脊，这些蜿蜒山脊称为蛇丘。它们是在靠近冰川的末端，在冰川内部或底部的渠道中，河流流动时沉积而形成的（见图 4.17）。这些山丘通常高几米、宽约几千米。在有些地区它们通常作为砂或砾石开采，正因如此，一些蛇丘业已消失。

冰砾阜是一些有陡峭面的山丘，与蛇丘一样，它也由大量层状冰碛物组成（见图 4.17）。冰砾阜是冰川融水冲刷沉积物进入冰川停滞消融末端的开口和洼地中形成的。冰最终融化时，层状冰碛物以小土包或小山丘状沉积在后面。

研究表明，冰川的消融可能会降低断层的稳定性，而且有可能引发地震。当一个质量巨大的冰川消退时，地面减负，构造活动地区在冰川期后开始反弹，地震可能很快就会发生，而且要比冰川期的地震更为强烈。

4.5 冰期冰川的其他作用

描述并解释冰期冰川不同于侵蚀和沉积地形之外的几种重要作用。

除了冰期冰川发生大规模的侵蚀和沉积作用，冰盖冰川还会发生其他作用，而且有时会对地貌会产生强烈的影响。比如，当冰川增长或消退时，动植物会被迫迁移，因为这些生物无法适应这种生存条件。此外，今天的许多河道与它们在冰期前的河道已大不相同。例如，密苏里河曾向北流向加拿大的哈德逊湾，密西西比河曾流经伊利诺伊州中部，而俄亥俄河的源头只流经印第安纳州（见图4.18）。比较图4.18中的两部分会发现，北美五大湖是冰期的冰川侵蚀作用形成的，在冰期之前，五大湖所在盆地是低地，其间的多条河流向东流向圣劳伦斯湾。

在冰集聚的中心地区，例如斯堪的纳维亚和加拿大北部，在过去的几千年中，陆地会缓慢地抬升。在3千米厚冰块的极大重压下，陆地发生下陷。随着这种巨大负载的去除，地壳从那时起就一直通过回弹逐渐向上调整。

冰盖和山谷冰川可以起到水坝的作用，能阻挡冰川融水并阻断河流形成湖泊，一些这样的湖泊相当小，且存在的时间很短。有些此类湖泊则很大，可以存在几百年或上千年之久。

图4.19所示为阿加西斯湖的地图，阿加西斯湖是北美地区冰期形成的最大湖泊。随着冰盖的消退，带来的大量冰川融水形成了这些湖泊。北美大平原通常向西倾斜，当冰盖的末端向北东方向消退时，冰川融水就被圈闭在冰和倾斜的陆地之间，形成了阿加西斯湖，并使其加深和变得更为宽阔。阿加西斯湖形成于约12000年前，持续存在了约4500年。这种水体被称为冰前湖，这种命名是因为这些湖泊的位置超出了冰川或冰盖前缘范围。

图中显示了北美五大湖和现在的主要河流。第四纪冰川在改造这些河流和湖泊类型中起河道的作用

重建的冰川期前的流域系统。这些水系与今天的水系大不相同，而且北美五大湖当时并不存在

图 4.18　河流的变化。冰盖的消退和增长引起了美国中部河流的变化

冰期的长远影响是，伴随冰盖的消融与增长都会导致世界范围的海平面变化。由于滋养冰川的降雪最终来自于海水的蒸发，因此，当冰盖增大规模时，海平面就会下降，海岸线会向海洋方向移动（见图4.20）。据估计，海平面最低时要比现在低100多米，因此，美国大西洋海岸距离纽约市东部有100多千米。此外，今天连接法国和英国的英吉利海峡、连接阿拉斯加和西伯利亚的白令海峡，以及东南亚和印度尼西亚之间，都被干旱的大陆连接在一起。

图 4.19 阿加西斯冰川湖。这个冰川湖非常大——比今天北美五大湖的总面积还大，如今依然存在的冰前水体是其主要地貌特征

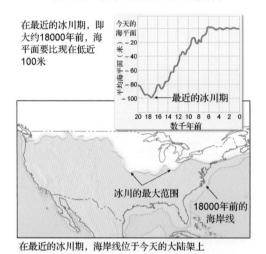

在最近的冰川期，即大约18000年前，海平面要比现在低近100米

在最近的冰川期，海岸线位于今天的大陆架上

图 4.20 海平面变化。随着冰盖的增长和消退，海平面也相应地降低或升高，进而引起海岸线的变化

冰川的形成和增长直接反映了气候的变化，但冰川的存在也影响着冰川地区及周围一些地区的气候变化。在全球大陆干旱和半干旱地区，气温低的地区，意味着那里的蒸发量也低，同时降水量也相对适度。然而，这种寒冷而潮湿的气候导致形成了许多湖泊，这些湖泊称为雨成湖。

在北美地区，这种雨成湖集中在内达华州和犹他州的巨大盆地和周围的很多地区（见图 4.21）。尽管现在许多雨成湖已经消失，但仍有几个雨成湖得以保留，其中最大的雨成湖是犹他州的大盐湖。

你知道吗？

形成于10000～12000年前的北美五大湖是地球上的巨大淡水资源库。今天，湖中的淡水量约占地表淡水量的19%。

概念检查 4.5

1. 列出除主要侵蚀和沉积特征的形成以外冰川的4种作用。
2. 比较图 4.18 中的两部分，指出在冰期美国中部河流流动的三种主要变化。
3. 观察图 4.20 并说明自末次盛冰期以来海平面的变化。
4. 对比冰前湖和雨成湖的区别。

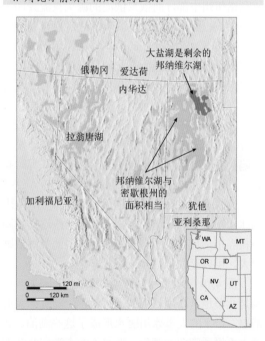

图 4.21 雨成湖。在冰期时，盆地及邻区的气候要比现在潮湿，许多盆地变成了很大的湖泊

4.6 冰期冰川作用的范围

讨论第四纪冰期的冰川作用范围和气候变化。

在冰期，冰盖和山岳冰川的范围要远比现在的范围广得多。有一段时间，人们对冰川沉积物

的最普遍解释是，这些物质是通过冰山漂流过来的，或许是通过灾难的洪水漂流过来的。然而，

在 19 世纪，很多科学家通过实地调查发现了令人信服的证据，证明这些沉积物及许多其他特征都是泛冰期的结果。

20 世纪初期，地质学家在很大程度上确定了冰期冰川作用的范围。他们还发现许多冰川地区不只是含有一层漂流层，而是多层。仔细观察这些较老的沉积层，发现了发育良好的化学风化带和土壤的形成，以及需要温暖气候的植物的遗迹。很多确凿的证据表明，这里不只是经过了一次冰川发育，而是经过了多次。每次都被广泛的气候变暖或比现在温暖的气候期分隔开。冰期不只是一次冰川发育覆盖陆地的时间，而是会逗留很长一段时间，而后消退。也就是说，它是一个经历了多次冰川发育和消退的复杂过程。

陆地上的冰川记录由于许多侵蚀作用造成的间断而缺失，因此，这使得重建冰期的幕次很困难，而海洋沉积物则提供了这一时期气候周期的不间断记录，这些海底沉积物的研究表明，冰期与间冰期的出现周期大约为 100000 年，在我们所称的冰期范围内，约有 20 个这样的冰期与间冰期循环。

在冰期内，冰川在地球上约 30% 的土地上留下了痕迹，包括北美洲约 1000 万平方千米的地区、欧洲 500 万平方千米的地区和西伯利亚 400 万平方千米的地区（见图 4.22）。北半球冰川的数量约为南半球的 2 倍，主要原因是南半球有一些陆地在中纬度地区，因此南极圈的冰川并不会覆盖到远在南极洲的边缘，相反，北美洲和欧亚大陆为冰盖提供了更为广阔的陆地。

现在我们知道冰期始于 200～300 万年前，这意味着许多主要的冰期出现在地质年代表中称为第四纪的时期。尽管第四纪通常被用作为冰期的同义词，但这一时期并不能包含它的全部，例如南极冰盖至少形成于 300 万年以前。

你知道吗？
南极冰盖的重量大到会使地壳下沉 900 米或更多。

概念检查 4.6

1. 在第四纪时期，受冰川影响的地球陆地表面有多大范围？

2. 在冰期，冰盖在何处分布更广泛，是北半球还是南半球，为什么？

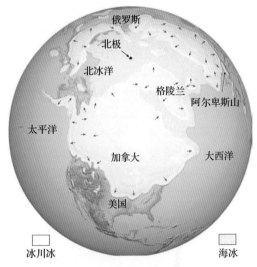

图 4.22　冰在哪里？图中显示了冰期北半球冰盖的最大范围

4.7　荒漠

描述地球上干旱陆地的大体分布及其原因，解释水在改造荒漠地貌时的作用。

你知道吗？
北非的撒哈拉沙漠是世界上最大的沙漠，它从大西洋延伸到红海，面积约为 900 万平方千米，相当于整个美国国土的面积，而美国最大的沙漠是内华达州大盆地沙漠，其面积不到撒哈拉沙漠面积的 5%。

全球干旱地区的面积约为 4200 万平方千米，占地球陆地表面的 30%。其他任何气候都不会覆盖这么广阔的区域。荒漠一词的字面意思是荒芜或无人生存之意。对于许多干旱地区来说，这种描述非常合适。然而，在荒漠中可能有水的地方，植物和动物仍可以生存。不过，世界上的干旱地区是除极地地区外，人们最不熟悉的区域。

常见的荒漠地貌是光秃秃的，这些地区并没有太多的土壤和丰富的生物，而到处都是裸露和陡峭的岩石露头，常见棱角状的山坡。一些岩石为红色和橘色，也有一些呈灰色、棕色或带有黑色条纹。对许多旅游者而言，荒漠景观非常壮观而美丽，而对有些人来说，荒漠则代表着荒凉。

不管哪种感觉,很明显的是,荒漠与多数人居住的湿润地区完全不同。

如我们所了解的那样,干旱地区并非由某个单独的地质条件控制,而是由构造营力(造山运动)、流水和风等多种因素共同作用形成的。因为这些因素在不同的地方会以不同的方式组合,所以荒漠地貌的形态变化多样(见图4.23)。

4.7.1 干涸土地的分布与成因

我们都承认荒漠是干燥的,但干燥一词的意思是什么呢?也就是说,用多少降雨量来定义干燥与潮湿的界限呢?

有时用单一的降雨量数字,比如年降雨量为25厘米,来定义干燥与潮湿是随意的,但干燥的定义则是相对的,其所指的是任何缺水的情况。气候学家将干旱气候定义为年降水量小于年蒸发量的气候。

这种降水量不足的地区常见两种气候类型:荒漠或干旱地区和大草原或半干旱地区。这两种类别有许多共同特征,所不同的是它们的干旱程度不同。大草原通常位于荒漠地区的边缘,相对要潮湿一些,是向沙漠过渡的地带,它将沙漠与潮湿地区分隔开来。地图上表明,沙漠与大草原

的分布显示干旱地区主要分布于副热带及中纬度地区(见图4.24)。

图4.23 亚利桑那州图森附近的索诺兰沙漠。这些巨大的树形仙人掌存活了100年以上。沙漠的地表景观在不同地区变化很大(Michael Collier 供图)

图4.24 干旱气候。干旱和半干旱地区约占地球陆地面积的30%。美国西部干旱地区通常分为4个沙漠,其中两个延伸进入墨西哥

例如，非洲、阿拉伯半岛和澳大利亚等地的干旱地区分布主要取决于全球气压和风的分布（见图 4.25），低纬度的干旱地区与高气压相一致，因此称为副热带高压。这些压力系统由下沉的空气流表示，当空气下沉时，就会被压缩和变得温暖。这些条件恰好与产生云和降水的条件相反，因此，这些地区因天气晴朗、阳光灿烂且越来越干燥而闻名。

中纬度干旱地区和大草原存在的主要原因是，它们处于大陆内部而受到保护，且远离海洋。但是，它们是云的形成和降雨的水分来源。另外，高山的存在也将携带含水海洋云团的盛行风路径与这些地区分隔开来，北美洲的内华达山脉、海岸山脉和喀斯喀特山脉是阻挡太平洋水分进入内地的

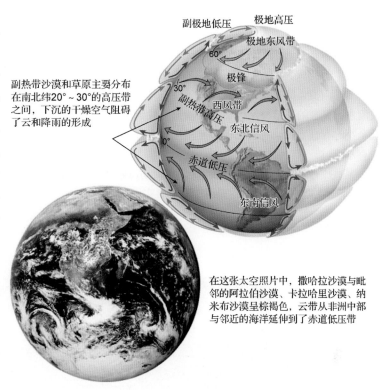

副热带沙漠和草原主要分布在南北纬20°~30°的高压带之间，下沉的干燥空气阻碍了云和降雨的形成

在这张太空照片中，撒哈拉沙漠与毗邻的阿拉伯沙漠、卡拉哈里沙漠、纳米布沙漠呈棕褐色，云带从非洲中部与邻近的海洋延伸到了赤道低压带

图 4.25　副热带沙漠。副热带沙漠分布与全球气压分布密切相关

主要山脉（见图 4.26），它们的雨影区（无雨干带）则位于美国西部干燥而广大的盆地和山区。

中纬度地区的沙漠提供了造山过程是如何影响气候的例子。如果没有山脉，今天的干旱地区可能会变得湿润一些。

你知道吗？

并非所有沙漠都很热。中纬度地区的沙漠，有的温度就很低，比如位于蒙古戈壁沙漠中的乌兰巴托，其 1 月份白天的平均气温仅为 −19℃。

图 4.26　雨影沙漠。山脉经常有助于中纬度地区干旱沙漠和草原雨影的产生。大盆地沙漠就是雨影沙漠，它覆盖了整个内华达州和邻近的部分地区（左侧照片由 Dean Pennala/Shutterstock 提供；右侧照片由 Dennis Tasa 提供）

4.7.2　水在干旱气候中的作用

在潮湿地区我们可以看到很多常年的河流，但沙漠中的河床大部分时间是干涸的。沙漠中存在季节性河流，即只有在特定降雨条件下才会形成流水。典型的季节性河流每年可能只有几天或几个小时存在水流，也许在很多年里河道中都不曾有水流过。

某些旅行者会发现许多桥下并无河水流动，或发现浸泡道路的干涸河道，这是显而易见事实。沙

漠中出现罕见的暴雨时，短时间的降水不能完全渗入地下。由于沙漠中植被稀少且径流无阻，所以此时在沙漠中非常容易沿着河床形成洪水（见图4.27）。这种洪水与湿润地区的洪水大不相同。如在密西西比河的洪水，要经过几天或几周的时间才能达到最大洪峰，之后再慢慢消退。但在沙漠中，洪水发生得很突然，而且消失也很迅速。因为沙漠地表的大多数物质都未被植被覆盖，所以在短短的洪水期就能发生强烈的侵蚀作用。

图 4.27　季节性河流。这些河道大部分时间是干涸的。图中所示为暴雨过后的情景，短时间内发生了大量侵蚀；注意水体非常浑浊。通过路标发现道路变成了河道（河流照片由 Universal Images Group/SuperStock 提供；路标照片由 Demetrio Carrasco/Dorling Kindersley 提供）

在美国西部的干旱地区，季节性河流有着不同的名称，比如旱谷、冲蚀谷。在世界上其他地区的干旱沙漠中，河流称为干谷（阿拉伯半岛和北非）、陡岸干沟（南美洲）或水道（印度）。

湿润地区有着非常良好的流水系统，但在干旱地区河流缺乏支流的分支系统。事实上，沙漠地区河流的一个基本特征是，河流非常窄小，而且在流到海洋之前就已经消失。因为水平面通常远低于地平面，沙漠河流很少能像潮湿地区的河流那样有相同的作用。由于没有足够的水源补给，沙漠中的河流会因发生蒸发作用和渗透作用而很快干涸。

仅有很少的季节性河流能穿过沙漠，比如美国南部的科罗拉多河和北非的尼罗河，这些河流的源头不在沙漠，而是一些降水充沛的高山地区。水分的补给必须要大于河流在沙漠中的损

失，才能使其穿过沙漠，比如当尼罗河从非洲中部的山脉和湖泊中流出后，穿过了撒哈拉沙漠近3000千米的路程，而且中间没有任何其他支流。

应该强调的是，流水在沙漠中尽管非常罕见，但它们却在沙漠侵蚀中发挥着重要作用，这与我们所认为的风是沙漠最主要的侵蚀因素的观点正好相反，尽管风在干旱地区的侵蚀作用要比在其他地区的作用重要得多，但沙漠中的大部分地貌仍是被水流侵蚀而来的。本章后面将介绍风在搬运和沉积过程中形成大量沙丘时的主要作用。

概念检查 4.7

1. 定义干旱气候。在地球上沙漠和草原是如何分布的？
2. 讨论沙漠形成的原因。
3. 什么是季节性河流？
4. 在沙漠中，最主要的侵蚀因素是什么？

4.8 盆地和山脉：多山荒漠地貌的演化

讨论美国西部盆地和山脉地区地貌的演化阶段。

典型的干旱地区缺少永久性的河流，但通常有内部排水系统，这意味着不流出沙漠的季节性河流有其不连续的排水方式而不流入海洋。美国干旱的盆地和山脉地区就是很好的例子，这些地区包括俄勒冈州南部地区、整个内华达州、犹他州西部地区、加利福尼亚州东南部地区、亚利桑那州南部地区和新墨西哥州南部地区。这些据以取名的盆地和山脉能适当描述这个面积为80万平方千米的区域。在这些盆地中，900～1500米高的小山峰超过了200座。这些断块山的起源将在第6章介绍，这里仅介绍我们看到的如何改变地貌的表面过程。

与世界上的其他地区一样，这里的盆地和山脉地区的大多数侵蚀作用都与海洋无关（最终的基准面），因为这些内部排水系统在流入海洋前就已干涸，尽管有些永久性河流最终流到了海洋，但这些河流很少有支流，因此只有与其相邻的条带状陆地受海洋侵蚀基准面的控制。

你知道吗？
智利的阿塔卡马沙漠是世界上最干旱的沙漠，其

狭窄的干旱带沿南美洲太平洋海岸延伸了1200千米（见图4.24）。据称阿塔卡马沙漠的部分地区已有400多年未下过雨。人们肯定会对这种说法持怀疑态度，但通过观测可以确定的是，阿塔卡马沙漠北部地区已有14年未下过雨。

图4.28所示的模型揭示了盆地和山脉地区地貌的演化方式。随着山地的升高，河流侵蚀山脉并将风化产物搬运到盆地中沉积下来。在早期阶段，侵蚀作用（在一个地区的高点和低点是不同的）是最强烈的，侵蚀作用使得山脉变低，而沉积物充填盆地，两者间的高差缩小。

当零星的降雨或融雪期间的融水向山谷流动形成湍急的流水时，流水就会携带大量的沉积物出现在山谷，当径流遍及山脉基岩的缓坡时，流速迅速变慢，因此流水携带的沉积物会在很短的距离内沉积下来，在山口处形成扇形的碎屑堆积，被称为冲积扇。经过多年的沉积，冲积扇逐渐扩大，最终邻近山谷的多个冲积扇沿着山前合并为一个裙状沉积区域，这一沉积区域称为冲积平原。

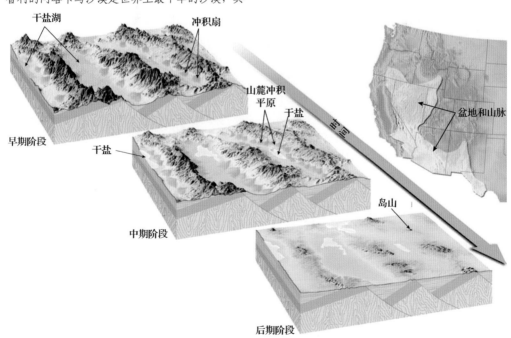

图4.28　盆地和山脉地区的地貌演化。山脉侵蚀和盆地沉积持续时，补给减少

图 4.29　死亡谷：一个经典的盆地和山脉地貌。卫星图像于 2005 年 2 月拍摄，强降雨导致了小干盐湖的形成——盆地中的绿色部分是水体。到 2005 年 5 月，这个湖泊已干涸为干盐湖（NASA 供图）。小照片是死亡谷中众多冲积扇之一的放大图（Michael Collier 供图）

在极少数降雨充沛的情况下，河流可以流经冲积扇到达盆地中心，使盆地底部变为一个很浅的干盐湖。干盐湖只能在蒸发作用和渗透作用排干水之前的几天或几周内存在，残留的干涸且平坦的湖床称为干盐湖。干盐湖有时会在溶解蒸发盐的水分蒸发后变为表面附有一层盐层的盐滩。图 4.29 是加利福尼亚州死亡谷中一部分的卫星照片，这是一个经典的盆地-山脉地貌，有着许多我们刚描述的特征，包括冲积平原（山谷左侧）、冲积扇、干盐湖和依然存在的盐滩。

随着山体的不断侵蚀作用和伴随的沉积作用，局部地形起伏不断减小，最终整个山体几乎完全消失。这样，到侵蚀作用的后期阶段，整个山区只剩下几块大的裸露基岩（称为岛状山），

而侵蚀的沉积物则充填于其间的盆地中。

在干旱地区，盆地与山区地貌演化的每个阶段如图 4.29 所示。最近，人们在俄勒冈州南部地区和内华达州北部地区发现了处于侵蚀早期阶段的抬升山脉。加利福尼亚州的死亡谷和内华达州南部地区正处于演化的中期阶段，而含有岛状山的亚利桑那州南部地区则处于演化的后期阶段。

概念检查 4.8

1. 内部排水系统是什么意思？
2. 描述多山荒漠的特点和每个演化阶段的特征。
3. 美国的哪些地区可以观察到沙漠地貌演化的各个阶段？

4.9　风蚀作用

描述风搬运沉积物的方式及风蚀作用产生的特征。

流动的空气就像流动的水一样，可以扰动和携带松散的岩石碎块并将它们搬运到其他地方。正如河流一样，风速随着距离地面的高度而增加。

也像河流一样，风以悬浮状态搬运细小颗粒，而以推移方式搬运较大的颗粒。然而，风搬运沉积物与水流搬运沉积物是不同的，主要表现为两个

方面。首先，风的密度比水的密度小，所以搬运粗大物质的能力较低；其次，因为风的流动不需要通道，所以风可以将物质搬运到很大的区域，也可以将其搬运到高空中。

与流水和冰川相比，风是一种微不足道的侵蚀介质。回忆可知，即使是在沙漠中，最主要的侵蚀作用也是通过流水而非风来完成的。风在干旱地区的侵蚀作用要强于在湿润地区的侵蚀作用，因为在湿润地区，水分与颗粒物混合在一起，且地面上生长有很多植物。干旱气候且植被稀少是风能保持其有效侵蚀能力的先决条件。当这种环境存在时，风就能侵蚀、搬运、沉积大量的细粒物质。19 世纪 30 年代，在北美大平原的部分地区曾发生过巨大的沙尘暴（见图 4.30）。当大量的植被生长区开垦为农田后，就会出现严重的干旱，因而裸露的土地容易被侵蚀，形成风沙侵蚀区。

4.9.1 风蚀、膨胀露头和沙漠砾石盖层

风蚀作用的一种方式是通过刮风，搬运和移动松散的物质来侵蚀地面。风仅能悬移细粒物质，如黏土和细砂（见图 4.31A），大一些的物质会在风蚀作用下在地面上滚动或跳动，这一过程称为跃移，它包括推移（见图 4.31B）。更大一些的物质通常不会被风搬运。因为风蚀过程同时会使地面不断变低，刮风造成的影响很难被人们注意到，但风蚀作用很重要。

图 4.30　19 世纪 30 年代的沙尘暴。1937 年 5 月 21 日，堪萨斯州埃尔克哈特地区遮天蔽日的沙尘。19 世纪 30 年代这种风暴在大平原地区称为沙尘暴（国会图书馆供图）

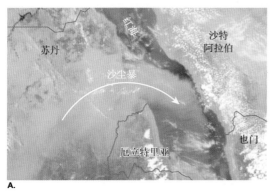

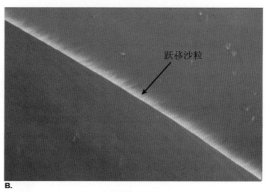

图 4.31　风搬运沙粒的方式。A. 这张卫星照片显示 2009 年 6 月 30 日大量沙尘从撒哈拉沙漠吹到了红海地区。在干旱的北非地区，这种沙尘暴特别常见，事实上该地区是世界上最大的沙尘来源区。卫星是研究风沙运动的有效工具，卫星照片中显示沙尘覆盖了很大的区域，且沙粒可被运输很远的距离（NASA 供图）。B. 风在地表运输的物质包括许多跃移和滚动的沙砾。即便风很大，被运移的沙砾也不会远离地表（Bernd Zoller/Photolibrary 供图）

沙漠并非完全由一望无际的移动沙丘组成。令人惊奇的是，沙粒堆积只占沙漠的一小部分。在撒哈拉沙漠中，沙丘仅占 1/10，即使是在沙粒最多的地区阿拉伯沙漠，沙丘也仅占沙漠面积的 1/3。

风蚀作用最显而易见的结果是，在一些地方形成称为风蚀洼地的浅坑（见图 4.32）。在北美五大湖区域，从得克萨斯州北部到蒙大拿州可以见到数千个风蚀洼地，最小风蚀洼地的深度不到 1 米、宽度不到 3 米，最大的风蚀洼地深度超过 45 米、宽度达几千米。这些风蚀洼地的深度主要取决于地下水水位，风蚀洼地低于地下水水位时，潮湿的地表和植被就可阻止风蚀作用的侵蚀。

有些沙漠地区的地表有着大量的粗糙砾石和鹅卵石，由于这些颗粒太大，以至于风无法将其搬运走。这些表面堆满砾石的地区称为荒漠砾幂，它是风将表面的细砂吹走并降低地表后形成的。如图 4.33A 所示，密度大的物质残留下来，而细小的物质则被风吹走，最终残留下大量的粗糙物质。

研究表明，图 4.33A 中的这一过程并不是唯一塑造荒漠砾幂环境的因素，因此人们又给予了新的解释，如图 4.33B 所示。这一理论表明，在荒漠砾幂的初期阶段，该地区是由大量的粗糙砾石组成的，随着时间的推移，粗糙砾石的棱角被风中携带的细小砂砾逐渐磨圆，且随着降雨形成的水流，砂砾会落入石块之间的缝隙，磨蚀粗糙砾石更大的表面。

图中人员所指位置是风沙刚开始侵蚀时的地表，而现在风已将地表侵蚀到了其脚下

图 4.32　风蚀作用。风在塑造这些地貌时的作用非常大，当地表干旱且植被不多时，作用更加明显（USDA/Natural Resources Conservation 供图）

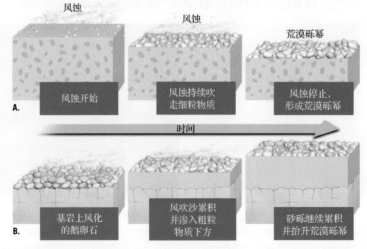

图 4.33　荒漠砾幂的形成。A. 模型显示了沉积物未经分选的一个地区。随着时间的推移，鹅卵石出露地表，地面下降，地表粗粒物质开始集中。B. 在模型中，地表最初被鹅卵石覆盖。随着时间的推移，风吹来的大量沙粒逐渐沉积到地表，且这些沙粒通过雨水渗入下方

荒漠砾幂经过上百年形成后，其地表可防止风蚀作用的进一步侵蚀。然而，由于只有一层或两层碎石，在车辆或动物活动的作用下，其下面的细粒物质就会暴露出来。发生这种情况后，下面的物质就又会受到风蚀作用的侵蚀。

4.9.2 风蚀作用

就像冰川和河流一样，风的侵蚀作用包括磨蚀作用。不管是在干旱地区还是在海滩上，风沙侵蚀都会磨光地表基岩。我们所见的磨蚀作用要远远大于其本身的能力。这一特征使得在基岩上方高而尖的岩石与其上错综复杂的特征得以保持平衡，这正是风沙磨蚀作用的结果。沙粒很少能被刮到地表几米高的地方，所以风沙的磨蚀作用在高度上有着明显的不同。在某些地区这种作用特别明显，因此在这些地区埋设电线杆时，需要在电线杆表面涂敷特殊材料，以免被风沙磨蚀吹倒。

概念检查 4.9

1. 为什么风蚀作用在干旱地区要比在湿润地区强烈？

2. 什么是风蚀洼地？讨论形成风蚀洼地的过程。

3. 简要描述对荒漠砾幂形成原因的两种解释。

4.10 风成沉积

区别风成沉积的两种基本类型。

虽然风并不是侵蚀作用的主要介质，但有些地区的沉积地貌大多是风成沉积，世界上干旱地区和有些沙质海岸累积的风成沉积物尤其引人注目。风成沉积主要有两种独特的类型：①通过风的悬浮作用漂移过来的大量黏土沉积物，称为黄土；②通过风的推移作用形成的成堆沙粒，称为沙丘。

4.10.1 黄土

在世界上的一些地方，地表布满了风成沉积的黏土，称为黄土，这些尘土堆积了数千年才得以形成。黄土被流水冲垮或因铺路而毁坏时，其断面通常近乎垂直，且几乎看不到层理，如图 4.34 所示。

黄土在世界上的分布表明其沉积物有两个主要来源：沙漠和冰川的层状冰碛。最厚且范围最广的黄土沉积在中国的西北地区，它们是被风从宽阔的中亚盆地吹来的，30 米厚的黄土层并不少见，最厚的地方超过 100 米，并且沉积物粒度很细，土黄色的沉积物使得流经这里的河流称为黄河。

美国也有很多黄土沉积地区，包括达科他州南部、内布拉斯加州、艾奥瓦州、密苏里州和伊利诺伊州，以及太平洋西北地区和加拿大西南部地区。但是，这些地区的沉积来源并不是沙漠。

美国和欧洲的黄土沉积直接来源于冰川作用，随着冰川的消融，一些河谷中填满了冰川沉积物，强风刮过这些裸露的冲积平原时，就将这些细粒沙土搬运到了与山谷相邻的地区沉积下来。

图 4.34 黄土。有些地区的地表覆盖着棕黄色的沉积物（峭壁照片由 James E. Patterson 提供；窑洞照片由 Ashley Cooper/Alamy Images 提供）

4.10.2 沙丘

就像流水一样，风速下降，其搬运物质的能

力也会下降，因此其搬运的沉积物就会沉积下来。所以当风遇到阻碍导致风速下降时，沙土就会开始堆积。与黄土在广阔范围内成片地堆积不同，沙丘通常以成堆或成脊的方式堆积，称为沙丘（见图4.35）。

遇到物体如植物或岩石的阻碍时，风速在很小的区域内就能降低，因此会沉积一些携带的尘沙。随着沙粒的堆积，沙堆逐渐变大，对风的阻力也越来越大，所以沉积的沙粒会越来越多。如果有足够的沙粒补给且一直有风将其搬运过来，丘状或带状沙堆就会形成沙丘。

风

强风吹动沙粒形成的沙丘的坡度相对缓和

随着沙粒在沙丘顶端不断地累积，坡度会越来越陡峭，一些沙粒会向背风面的陡坡滑落

图 4.35　白沙国家保护区。新墨西哥州东南部的这些地标性沙丘由石膏组成。这些沙丘在风的作用下会缓慢移动（Michael Collier 供图）

当移动的空气遇到一个物体如一团植物或岩石时，风一扫而过，在其后面形成一个缓慢移动的空气障蔽影，以及更小的平静空气区域。有些沙粒会在移动的风产生的障蔽影中停留下来。随着沙子的堆积，形成许多不对称的沙丘，其背风坡的坡度通常较大，而迎风坡的坡度通常较缓。沙粒在风力作用下逐渐向缓坡上滚动，而在沙丘的上部风蚀变小，沙粒逐渐积累，当更多的沙粒积累时，坡度开始变得较陡，最终一些沙粒在重力作用下又滑落到下部。通过这种方式，沙丘的背风坡（又称滑落面）保持了相对较陡的角度，沙粒的持续累积，再加上滑落面沙粒的定期滑落，导致沙丘缓慢随着风向移动。

随着沙粒在滑落面的堆积，它们沿风向开始形成一层层倾斜的堆积。这些斜层称为交错层理。当成堆的沙丘最终沉积下来并成为沉积岩的一部分后，它们的不对称形状将不复存在，但它们的交错层理依然存在，且可以作为其起源的一个证据。目前，犹他州南部锡安峡谷中的砂岩交错层理最为明显（见图4.36）。

概念检查 4.10

1. 对比黄土和沙丘。

2. 描述沙丘是如何移动的。

3. 什么是交错层理？

沙丘通常不对称，而且会随着风移动

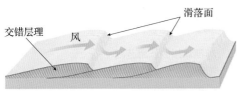

沙粒以静止角沉积到沙丘下风面形成交错层理

沙丘被覆盖而成为沉积岩的一部分时，交错层理就能保存下来

交错层理是犹他州锡安国家公园沙丘岩层的明显特征

图 4.36 交错层理。随着沙粒在背风面沉积下来，沿顺风方向会形成倾斜沉积层。随着时间的流逝，风向的变化会沉积出各种复杂的沉积层（Dennis Tasa 供图）

概念回顾：冰川和干旱地貌

4.1 冰川：两个基本循环的一部分

列出不同类型的冰川并总结其特点，描述现在冰川的位置及地球上冰川的范围。

关键术语：冰川、山谷冰川、冰盖、海冰、冰架、冰帽、山麓冰川、注出冰川

- 冰川是大陆上巨厚的积雪经过压实、再结晶形成的，它为过去或最近的冰川泛滥提供了证据。冰川既参与水循环，也参与岩石圈循环，它们能存储和释放淡水，还能搬运和沉积大量的沉积物。
- 山谷冰川在山谷中向下运动。冰盖非常巨大，比如格陵兰冰盖和南极洲冰盖。在最近的一次大冰川期，即约 18000 年前，地球处于冰川期，此时地球被这一冰期的巨大冰川所覆盖。
- 当山谷冰川从山谷中流出后，会流到更宽阔的区域，此时的冰川称为山麓冰川。同样，当冰川流入海洋形成一层浮冰时，称为冰架。
- 冰帽类似于小冰盖，冰盖和冰帽都可以像山谷冰川一样向外流动。

4.2 冰川如何移动

描述冰川是如何移动的、它们的移动速度以及冰川移动预测的意义。

关键术语：冰隙、冰川增长带、冰川消融带、冰山、冰川消融增长量预测

- 冰川的一些部位会在压力作用下移动。在冰川表面，冰川呈脆性，在 50 米以下，压力非常大，冰川呈塑性流动。冰川的另一种运动形式是冰川底部沿着地表滑动。
- 快速移动的冰川每年可移动 800 米，而速度慢的每年只能移动 2 米。一些冰川的速度会周期性地发生快速的增长。
- 当冰川的增长量大于消融量时，冰川的前缘就会前进，当冰川上游的补雪量大于冰川下游的融雪量时，就会发生这种情况。消融量超过补雪量时，冰川就会后退。

4.3 冰蚀作用

讨论冰川侵蚀作用的过程及主要特点。

关键术语：挖蚀、磨蚀、研磨、冰川擦痕、冰川槽、悬谷、冰斗、刃脊、角峰、冰川峡湾

- 冰川通过挖蚀地面、利用冰川中携带的岩石碎块磨蚀基岩或冰川上部的地面发生崩塌作用，来获得沉积物。摩擦基岩产生的凹槽称为冰川擦痕。

- 山谷冰川地貌包括冰川谷、悬谷、冰斗、刃脊、角峰和冰川峡湾。

? 判断图中冰川活动后的多山地貌，标出冰川的侵蚀地貌特征。

4.4 冰川沉积

区别两种类型的冰川沉积并简要描述与每种类型相关的特征。

关键术语： 冰川漂移、冰碛物、层状冰碛物、冰川漂砾、侧碛、中碛、终碛、底碛、冰水沉积平原、谷碛、冰蚀湖、鼓丘、蛇形丘、冰碛阜

- 所有冰川来源的沉积物都称为冰川漂移物。两种典型的冰川漂移物是未经分选而直接沉积的冰碛物，以及经过冰川融水分选沉积的层状冰碛物。

- 冰川沉积的最主要特征是成层的或成脊的冰碛物，称为冰碛石。与山谷冰川沉积有关的是在山谷边缘沉积的侧碛、在两个冰川交汇处沉积的中碛堤、在冰川前沿沉积的终碛垄。冰川消退时沉积的波状冰碛物，是山谷冰川和冰盖冰川都具有的沉积特征。

? 判断图中冰盖冰川消退后留下的沉积地貌，标识其特征，并说明哪种地貌中含有冰碛物，哪种地貌中含有层状冰碛物。

4.5 冰期冰川的其他作用

讨论并解释冰期冰川除侵蚀和沉积之外的一些重要作用。

关键术语： 冰堰湖、雨成湖

- 除了侵蚀作用和沉积作用，冰期冰川的其他作用还包括影响生物迁徙，冰川融化之后，地壳减负上升，或冰川形成后巨大的负载使得地面下降。

- 冰盖的增长和消退会导致河道明显变化。在冰期，冰川会阻挡冰川融水或河水流出，从而使水聚集形成冰堰湖。由于后冰期气候相对寒冷、潮湿，在一些地区形成了雨成湖，比如现在的内华达州。

- 冰盖冰川水分的最终来源是海洋，所以当冰盖冰川增长时，海平面会下降，而当冰盖冰川融化时，海平面会上升。

4.6 冰期冰川的作用范围

讨论第四纪冰期时的冰川作用范围与气候的变化。

关键术语： 第四纪

- 冰川期始于 200 万～300 万年前，之后经历了数次复杂的冰川增长与消融。大多数主要冰期之间所经历的跨度在地质年代表上称为第四纪。冰期有数次冰川活动存在的证据是，在大陆上发现的多层冰碛物和在海底沉积物中保存至今的气候变化记录。

4.7 荒漠

描述荒漠在地球上的分布及其原因，并解释水在改造荒漠地貌时的作用。

关键术语： 干旱气候、荒漠、大草原、季节性流水

- 干旱气候地区约占地表面积的 30%，这些地区的年降雨总量小于年蒸发量。沙漠比大草原更干旱，但这两种气候类型都是降水不足引起的。

- 低纬度干旱地区处于高压带，空气下沉，即我们所知的副热带高压带。中纬度地区沙漠的形成是由于它们处于大陆深处，远离海洋。在阻挡湿润空气流动进而导致山脉两侧气候差异方面，山脉也起着重要的作用。

- 沙漠中几乎所有的河流大多数时间都是干涸的，这种河流称为季节性河流。但是，河流在沙漠侵蚀中起最主要的作用。尽管风在沙漠地区的侵蚀强度要大于其在湿润地区的侵蚀强度，但风在沙漠中的最主要作用是对沉积物进行搬运和沉积。

4.8 盆地和山脉：多山荒漠的地貌演化

讨论美国西部地区盆地和山脉地貌的演化过程。

关键术语： 内陆水系、冲积扇、山麓冲积平原、干盐湖

- 在美国西部的盆地和山脉地区，高山在内陆水系的作用下被侵蚀风化，然后沉积物在盆地地区沉积。冲积扇、山麓冲积平原、干盐湖、盐碱地和岛山这些特征地貌通常与这种盆地和山脉地貌相关。

? 判断图中的地貌。它们是如何形成的？

Michael Collier

4.9 风蚀作用

描述风搬运沉积物的方式及风蚀产物的特征。

关键术语：风蚀、风蚀洼地、沙漠砾幂

- 风的侵蚀作用非常强烈，尤其是在干旱且植被稀少的地区。风会吹起并搬运一些松散物质，在地面上吹出一些较浅的洼地，称为风蚀洼地。风也可通过搬运走一些细砂和黏土使得该地区的地表下降。
- 风中所携细砂和黏土导致的磨蚀作用，在塑造地貌

过程中起到了非常重要的作用，且磨蚀作用还会摩擦、切割地表的岩石。

? 何种术语用于描述覆盖在沙漠地区的这些粗粒的碎石？它们是如何形成的？

镜头盖作为比例尺

Bobbé Christopherson

4.10 风成沉积

区别风成沉积的两种基本类型。

关键术语：黄土、沙丘、背风面、交错层理

- 风成沉积主要有两种类型：①通过风的悬浮作用漂移过来的大量黏土沉积物，称为黄土；②通过风的推移作用形成的成堆沙粒，称为沙丘，它是由被风携带的推移质的一部分沉积物堆积在一起形成的。

思考题

1. 北极的冰应该用什么术语来描述？格陵兰的冰应该用什么术语来描述？这两者是否都是冰川？

2. 图中显示的是用来测量冰川如何移动的一个经典实验，该实验历时 8 年。联系该图回答下列问题：
   a. 冰川中心每年的移动速度是多少？
   b. 冰川中心每天的移动速度是多少？
   c. 计算冰川边缘运动的平均速度。
   d. 为什么冰川中心与冰川边缘的运动速度不同？

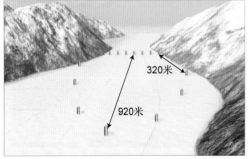

320米

920米

3. 研究发现，在冰期，一些冰盖的边缘从哈德逊湾地区向南运动，运动速度约为 50～320 米/年。
   a. 计算冰川从哈德逊湾向南运动到如今的伊利湖（两者相距 1600 千米）所需的最大时间。

   b. 计算冰川运动这些距离所需的最小时间。

4. 图中显示的山谷冰川的表面出现了一些裂隙。
   a. 这些裂隙的术语是什么？

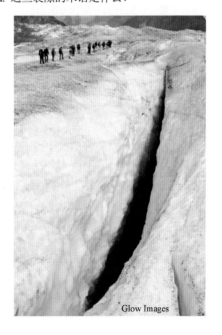

Glow Images

b. 在哪些区域会出现这种裂隙？

c. 这些裂隙会一直破裂到冰川的底部吗？解释原因。

5. 如果冰川在某个时期内的消融量与增长量相同，那么不久后你会在冰川前缘发现什么特征？它们是否由冰碛物和冰川漂移物组成？假设冰川的消融量大于其增长量，那么冰川的前缘将如何变化？描述这种情况下冰川将会发生哪些沉积。

6. 新墨西哥州阿尔伯克基的平均年降水量约为20.7厘米，使用常用的柯本气候分类法时，阿尔伯克基属于沙漠地区，俄罗斯上扬斯克城的平均年降水量为15.5厘米，比阿尔伯克基少约5厘米，但该地区却属于湿润地区。解释为什么会出现这种情况。

7. 假设你正和一名不懂地质的朋友在图中所示的阿拉斯加哈巴德冰川游览。经过对冰川的长时间了解，你的朋友会问你这些东西确实是在移动吗？使用图中可见的证据，你应如何向朋友证明冰川在移动？

Michael Collier

8. 图中显示了格陵兰附近的一座漂浮冰山。

a. 冰山是如何形成的？这个过程应该用哪些术语来描述？

b. 利用你所学过的知识，解释"图中所示只是冰山的一角"。

Andrzej Gibasiewicz/Shutterstock

c. 冰山与海冰是否相同？解释原因。

d. 如果这个冰山融化了，海平面将会发生什么变化？

9. 图中所示为位于犹他州南部干旱地区的布赖斯峡谷国家公园，它形成于庞沙冈特高原的东部边缘，侵蚀作用将多彩的灰岩风化成了奇异的形状，而且还有尖顶，称为石林。假设你和你的朋友一起漫步在布赖斯峡谷国家公园中，你的朋友说："风雕刻出这些景观简直不可思议！"我们已经了解干旱地区的地质作用，你将如何给你的朋友解释其成因呢？

ozoptimist/Shutterstock

10. 下面的说法是否正确？解释原因。

a. 风在干旱地区的风化作用要强于在湿润地区的风化作用。

b. 在干旱地区，风是最主要的风化作用的介质。

11. 下面是亚利桑那州北部普雷斯顿台面沙丘的鸟瞰图。

a. 画出这些沙丘的素描图，并用箭头标出风向和沙丘的背风面。

b. 这些沙丘会在地表缓慢地移动，解释这一过程。

Michael Collier

第5章　板块构造：一场科学的革命

登山者攀登珠穆朗玛峰附近的长征峰（Jimmy Chin/Aurora Open/SuperStock 供图）

板块构造论是全方位解释产生地表主要地貌特征及形成大陆和大洋盆地过程的首个理论。在板块构造论的框架下，地质学家发现了地震、火山和造山带产生的基本原因及分布，且我们现在能更好地解释各地质历史时期中植物和动物的分布，以及重要矿产资源的分布。

5.1 从大陆漂移说到板块构造论

论述 1960 年前大部分地质学家对大洋盆地和大陆地理位置的划分观点。

20 世纪 60 年代末之前，多数地质学家认为大洋盆地及大陆的地理位置早就固定了，并且形成于很久以前。此后，研究人员们开始意识到大陆并不是静止的，相反，它们会在全球范围内逐渐迁移。正是由于这些运动，导致大陆板块相互碰撞并致使地壳变形，进而产生了地球上众多的宏伟山脉（见图 5.1）。此外，大陆会时常相互分离，大陆板块分离时会形成一个新的洋盆。同时，部分海底会下沉到地幔中。简单地说，出现了一个截然不同的地球构造模型。构造过程就是那些使地壳形成主要构造特征，如高山、陆地、海洋盆地等的运动。

这种意义深远的科学思维逆转被形象地描述成科学革命。这场革命始于 20 世纪初大陆漂移说的提出。50 多年来，科学组织直接反对大陆能够漂移的观点，尤其是遭到了北美洲地质学家的反对，原因或许是大部分支持这种观点的证据都在非洲、南美洲和澳大利亚，而这些地方却不为北美洲地质学家所熟悉。

第二次世界大战后，现代仪器取代了许多研究人员手中的地质锤。借助于先进的工具，地质学家和新一代研究人员，包括地球物理学家和地球化学家，有了几个惊人的发现，并重新燃起了对漂移说的兴趣。直到 1968 年，地质学的发展才使得包含更多内容的板块构造论得以展开。

本章将重新审视导致这一巨大逆转的科学事件，并简要追溯大陆漂移说的发展历程，了解其最初不被人们接受而板块构造学说却被人们接受的原因。

图 5.1 勃朗峰附近的岩石顶峰。阿尔卑斯山脉是由非洲板块和欧亚板块碰撞形成的（Bildagentur Walhaeus 供图）

阿尔弗雷德·魏格纳以大陆漂移说而闻名,他还撰写了大量关于天气和气候的文章。由于对气象学的浓厚兴趣,魏格纳先后4次去英格兰冰盖旅行研究恶劣的天气。1930年11月,魏格纳及其同伴意外死亡于为期1个月的长途跋涉中。

5.2 大陆漂移说:超越时代的一个想法

列举并解释有关魏格纳大陆漂移说的证据。

17世纪,大洲(特别是南美洲和非洲)概念的提出,使得人们绘制更好的世界地图成为可能。然而,直到1915年前,这种见解仍未体现出太大的意义。阿尔弗雷德·魏格纳(1880—1930)是德国气象学家和地球物理学家,他当时撰写了《海陆的起源》一书。这本书阐明了魏格纳大陆漂移说的基本框架,挑战了长期以来人们相信大陆和海洋位置固定不变的观点。

魏格纳认为曾经存在过一个包含所有陆地的超级大陆①,并将这个大陆命名为泛大陆(见图5.2)。魏格纳进一步假设在约2亿年前的中生代早期,超级大陆开始裂解成较小的大陆碎片,且这些大陆碎片在数百万年后"漂浮"到了现在的位置。

魏格纳和其他支持大陆漂移说的人收集了大量证据来证明他们的观点。例如,南美洲和非洲的拼合、化石的地理分布和古气候,都支持这些分散的大陆原来是一个整体的说法。下面我们来看一下这些证据。

5.2.1 证据:大陆拼图

像此前的那些人一样,魏格纳也怀疑过这些大陆是否曾经相连,直到有一天他注意到大西洋两岸海岸线的惊人吻合性。魏格纳用现在的海岸线来拼接大陆的行为立刻遭到了其他地球科学家们的反对。反对者认为,海岸线一直受着剥蚀和沉积作用,即使大陆发生了位移,做这样的实验也不太合适。由于魏格纳的原始大陆拼图太过粗糙,因此人们臆测他已意识到了这一问题(见图5.2)。

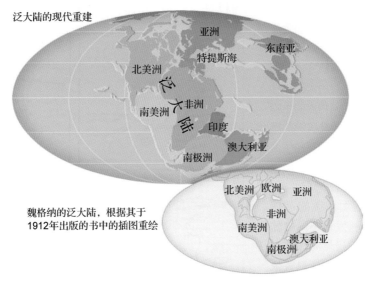

图 5.2 重建的泛大陆。泛大陆被认为出现在2亿年前

---

① 魏格纳并不是首个构想超级大陆的人。爱德华·休斯(1831—1914)是19世纪著名的地质学家,他提供了南美洲、非洲、印度和澳大利亚等大陆能拼接到一起的证据。

后来，科学家们决定研究近似大陆外边缘的边界，即大陆架向海一侧的边缘，该边缘仅比海平面低几百米。在 20 世纪 60 年代早期，爱德华·布拉德博士及其两位同事一起搭建了一幅南美洲和非洲大陆架深度约为 900 米的边缘拼图（见图 5.3）。接近完美的拼接完全超出了研究人员的预期。

图 5.3　南美洲和非洲的完美拼合。该图表明南美洲和非洲在深约 900 米处的大陆架处完美吻合

5.2.2　证据：跨海化石的吻合

尽管魏格纳学说的灵感来源于大西洋两岸大陆边缘的相似性，但在得知南美洲大陆和非洲大陆化石具有一致性时，他开始更加关注大陆漂移说。通过查阅文献，魏格纳得知大多数古生物学家（研究古生物遗迹化石的科学家）需要用大陆漂移说的观点来解释中生代同种族的生物跨海分布的原因。原产于北美洲的现代生命形式与非洲和澳大利亚的生命形式完全不同，因此在中生代广阔大陆上分布的生物应该截然不同。

中龙　为了增加假说的可信度，魏格纳查阅资料发现不同大陆上的几种生物化石，虽然海洋使它们相隔万里，但它们的生活形式依旧相同（见图 5.4）。中龙就是一个典型的例子。中龙是一种小型淡水爬行动物，其化石仅保存在南美洲

东部和非洲西南部二叠纪（2.6 亿年）的黑色页岩中。如果中龙能横渡南大西洋做一次长距离旅行，那么该物种将会分布得更加广泛，但事实并非如此。魏格纳宣称南美洲和非洲在一段地球历史时期是连接在一起的。

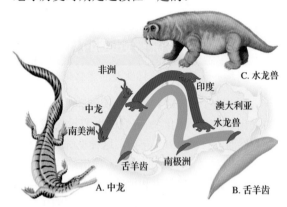

图 5.4　支持大陆漂移的化石证据。人们在澳大利亚、非洲、南美洲、南极洲及印度等目前已被海洋分隔开的大陆岩石中，发现了同种、同龄生物化石。魏格纳通过将这些大陆放回原来的位置来解释这种现象

再来看看大陆漂移说的反对者是怎样解释相隔数千千米海域的地方存在相同生物化石的。漂流、地峡连接和岛屿跳板是解释这种"迁移"现象的常见说法（见图 5.5）。众所周知，8000 年前结束的冰期使得海平面下降，进而允许哺乳动物（包括人类）通过白令海峡从俄罗斯跨越到阿

图 5.5　陆生动物如何横渡广阔的海洋？上图形象地说明了目前被广阔海洋分隔开的同一物种在不同大陆存在的几种解释（经 John Holden 允许复印）

拉斯加。是否存在过连接非洲和南美洲但事后又隐于海面之下的大陆桥？现在的海底地图可以证实魏格纳的观点，即如果如此大规模的桥梁存在，那么将始终存在于海面之下。

舌羊齿 魏格纳还提到"种子蕨"舌羊齿也是泛大陆存在的证据。这种植物的特征是大舌形叶子和种子，易被风刮起并广泛分布于非洲、澳大利亚、印度和南美洲[①]。魏格纳了解到这些种子蕨和相似的植物都在低温的环境中生长，比如阿拉斯加中部。因此他总结出这些大陆连接在一起的位置接近于南极。

5.2.3 证据：岩石类型和地质特征

玩过拼图的人都知道如何在保持画面连续性的同时将碎片拼到一起。必须拼入"大陆漂移拼图"的"画面"是一种岩石类型和类似于造山带的一种地质特征。如果大陆曾连接在一起，那么相邻地区的岩石年龄或类型应十分接近。魏格纳发现产自巴西的 22 亿年前的火山岩与非洲另一位置的岩石在岩性组合和年龄方面很相似。

类似的证据也可以在造山带中发现，即某一造山带终止于海岸边缘，却在隔海相望的另一大陆上重新出现。例如，阿巴拉契亚造山带向北东方向延伸时，先通过美国西部，后消失在纽芬兰海岸（见图 5.6A）。此外，人们在不列颠群岛和斯堪的纳维纳半岛发现了相同年龄和结构的造山带。这些陆地在 2 亿年前的分布如图 5.6B 所示，从图中可以看出这些山脉形成一个连续的山带。

魏格纳在描述大西洋两岸这些陆地的相似地质特征时说："这就像我们要通过边缘形状来修复破碎的报纸，拼接好后还要检查是否平整。如果连接得毫无缝隙，那么它们原来肯定是按照这种方式连接在一起的。"[②]

5.2.4 证据：古气候

因为魏格纳是研究世界气候的一名学者，所以他怀疑古气候数据也可能支持大陆漂移说。当他了解到结束于晚古生代的一个冰川期曾在非洲、南美洲、澳大利亚和印度出现时，他的猜想得到了证实。这意味着大约 3 亿年前，广阔的冰盖覆盖了南半球的大部分地区和印度（见图5.7A）。这些大陆此时位于赤道两侧 30°范围内的副热带及热带地区，且这些地区几乎都有古生代冰川存在。

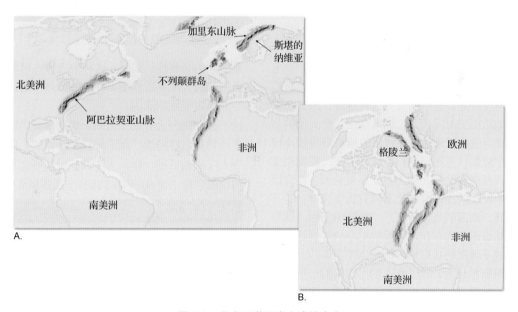

图5.6 北大西洋两岸山脉的吻合

[①] 1912 年罗伯特·斯科特船长及其两名同伴在首次尝试到达南极极点失败后，于返程途中被冻死并被 16 千克的岩石压住。这些岩石是比尔德摩尔冰川的冰碛石，其中含有舌羊齿化石。

[②] Alfred Wegener, *The Origin of Continents and Oceans*, translated from the 4th revised German ed. of 1929 by J. Birman (London: Methuen, 1966).

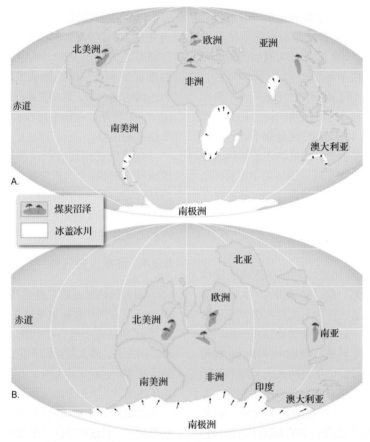

图 5.7 大陆漂移说的古气候证据。A. 大约 3 亿年前，冰川覆盖了南半球和印度地区。图中的箭头指示了冰川的运动方向，其运动模式可由地表基岩上的冰川擦痕和冰蚀谷推出。B. 此时，推断今天温带地区的煤沼泽，在大陆漂移前的位置应为热带区域

广泛的冰川覆盖区域为何会出现在赤道附近呢？猜想之一是，我们的星球经历了一段极端的全球变冷期。魏格纳反对这种解释，因为在相同的地质历史时间内，北半球存在几个大型的热带沼泽。这些沼泽中郁郁葱葱的植被最终被掩埋并转化成煤（见图 5.7B）。现在这些沉积物构成了美洲西部和欧洲北部的主要煤炭资源。在含煤岩层中发现的很多树蕨化石拥有大型复叶，这符合温暖、潮湿的气候特征[①]。魏格纳坚称，这些大型热带沼泽的存在，与极端变冷的气候导致冰川形成于现在的热带地区的观点不符。

魏格纳认为，形成晚古生代冰川的一个更加合理的解释是，它是由泛大陆提供的。在这种构想下，他认为南部的大陆互相连接，并且位置靠近南极（见图 5.7B）。这解释了产生广阔冰川覆盖大陆的必要性。同时，这种地理分布可以使今天的北部大陆靠近赤道，并能解释热带沼泽形成巨大煤炭资源的原因。

冰川为何会存在于炎热干燥的澳洲中部？陆生动物是怎样跨越广阔的海洋来迁徙的？像这些令人叹服的证据一样，大陆漂移说的概念及由此得出的合理结论 50 年后才被科学团体相继接受。

概念检查 5.2

1. 令早期研究人员怀疑大陆曾经相连的第一条证据是什么？
2. 为支持大陆漂移说，请解释仅在南美洲和非洲发现中龙化石的原因。
3. 在 20 世纪早期，哪种主导理论解释了陆生动物跨越广阔海面进行迁徙的原因？
4. 魏格纳是如何解释当南部陆地存在冰川时，北美洲、欧洲和亚洲却是郁郁葱葱的热带沼泽的？

[①] 注意，如果大量植被被覆盖，那么煤炭也可能形成于各种类型的气候环境中。

5.3 大辩论

讨论反对大陆漂移说的两种主要观点。

你知道吗？

一群科学家提出了一个有趣的假说，尽管该假说并未正确地解释引起大陆漂移的原因。他们认为在早期的地球历史时期，地球的直径仅为现在的一半，并全部被大陆地壳覆盖。从那时起，地球就开始膨胀，使得大陆板块分裂成现在的结构，与此同时，新的洋壳"填满"了陆壳分离时的间隙。

魏格纳的假说并未引起许多公开的批判，直到 1924 年他的著作翻译成英文、法文、西班牙文和俄文。从那时起直到他 1930 年去世，大陆漂移说引起了充满敌意的巨大批判。美国的权威地质学家张伯伦说道："魏格纳的假说无拘无束，它既考虑了我们这个世界的自由，又不受尴尬和丑陋事实的束缚。"

5.3.1 对漂移学说的抵制

反对魏格纳学说的主要原因之一是，他未能建立大陆漂移说的可信机制。魏格纳认为，太阳对地球的部分引力会在全球范围内产生潮汐，进而移动大陆。然而，著名物理学家哈罗德·杰弗里正确地反驳道，若潮汐能大到移动大陆，那么地球将会停止自转，这当然从未发生过。

魏格纳还认为，更大、更坚固的大陆能撞碎较薄的洋壳，就像破冰工具刺穿冰面那样。这也是错误的，因为没有证据证明在大陆漂移过程中，洋底会因受大陆挤压碰撞而脆弱到发生明显的变形。

1930 年，魏格纳第四次也是最一次去格陵兰冰盖进行了旅行（见图 5.8）。尽管这次探险的主要任务是研究大冰盖及其气候，但魏格纳继续验证了他的大陆漂移说。但在从位于格陵兰岛中央的埃斯梅特试验站返回时，魏格纳及其格陵兰的伙伴意外身亡。但是，他的假说并未消亡。为什么魏格纳未能在活着时推翻人们已经建立的科学观点呢？最重要的事实是，尽管魏格纳的大陆漂移说的主旨正确，但也包括许多错误的细节。例如，大陆不能撞碎洋底地壳，微弱的潮汐能也不能移动大陆。然而，任何科学理论要得到民众的广泛接受，就必须经得住来自所有科学领域的批判与检验。尽管魏格纳的主要贡献在于让我们了解了地球，但并非所有证据都像他提出的那样支持大陆漂移说。

尽管魏格纳那代人反对他的观点，甚至公开嘲笑，但也有一些人认同他的观点。对于那些继续探索的地质学家来说，大陆漂移说激起了他们的兴趣。其他人则把大陆漂移说视为解决此前无法解释的观察现象的一种手段（见图 5.9）。然而，大部分科学团体，特别是北美洲的科学团体，要么直接拒绝大陆漂移说，要么对其抱有极大的怀疑。

在远征格陵兰岛期间，魏格纳正等待1912—1913年北极圈冬天的结束。他穿越了格陵兰岛上的最薄冰盖，并成功完成了1200千米的旅行

图 5.8　阿尔弗雷德·魏格纳（阿尔弗雷德·魏格纳研究所供图）

概念检查 5.3

1. 大部分地球科学家反对魏格纳大陆漂移说的哪两个方面？

图 5.9　板块构造运动引发了强烈的地震。秘鲁皮斯科地区 2007 年
8 月 16 日发生了强烈地震（Sergio Erday/epa/Corbis 供图）

5.4　板块构造论

列出地球岩石圈和软流圈的主要区别，并解释它们分别在板块构造理论中的重要性。

第二次世界大战后，海洋学家从美国海军研究所获得了先进的海洋探测工具和充足的资金，并开展了前所未有的海洋探索新时期。接下来的 20 年间，人们绘制了大面积的海底地图。在这项工作中，科研人员发现了一个全球性的洋中脊系统，它以类似于棒球接缝的形式蜿蜒穿过全球所有的重要海洋。

在海洋的其他地区，人们有更多的新发现。对西太平洋的研究发现，地震发生在深海海沟之下，且洋底的最老年龄不超过 1.8 亿年。研究还发现，深海洋盆堆积的沉积物厚度很薄，预测不超过几千米。直到 1968 年，这些进展才导致了比大陆漂移说更进一步的理论——板块构造论。

5.4.1　覆盖软流圈的刚性岩石圈

根据板块构造模型，地壳和地幔最上部的最冷部分组成地球最硬的外层——岩石圈。岩石圈的厚度和密度不同，具体取决于它是大洋岩石圈还是大陆岩石圈（见图 5.10）。大洋岩石圈在深海盆地的厚度约为 100 千米，而沿着洋中脊系统的顶部相对较薄——稍后我们会考虑这一因素。相比之下，大陆岩石圈厚约 150 千米，它可延伸到 200 千米，或延伸到更深的稳定大陆内部。此

外，洋壳和陆壳的组成会影响它们的密度。洋壳的岩石组成包括铁镁质（玄武质）成分，因此洋壳比陆壳的密度大。陆壳大部分是由密度低的长英质（花岗质）岩石组成的，这就使得大陆岩石圈要比相应大洋岩石圈的密度低。

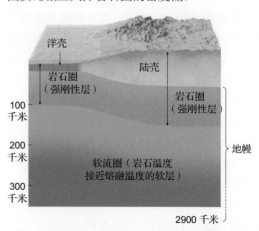

图 5.10　软流圈上覆刚性岩石圈

软流圈是地幔中更热的软弱地带，它位于岩石圈的下部（见图 5.10）。在这一深度（100～200 千米），软流圈上部的温度和压力接近于岩石的熔融温度，因此岩石以流动的形式来回应温度和压力的变化，就像粘稠液体的流动。相比之下，

温度相对较低的刚性岩石圈则倾向于以弯曲或破碎但不流动的形式来抵抗外界环境的改变。地球的这些刚性外壳有效地脱离了软流圈，因此这些层可以相对独立地移动。

5.4.2　地球的主要板块

　　岩石圈破碎后形成的 20 多个不规则大小和形状的碎片，称为岩石圈板块或简称为板块。这些板块一个接一个地运动（见图 5.11）。7 大岩石圈板块构成了地球表面积的 94%：北美洲板块、南美洲板块、太平洋板块、非洲板块、欧亚−印度板块和南极洲板块。其中最大的是太平洋板块，它包括太平洋盆地的大部分地区。其他 6 大板块包括整个大陆和大面积的洋底地区。如图 5.12 所示，南美洲板块包括整个南美洲大陆和半个南大西洋洋底的面积。这种观点背离了魏格纳的大陆漂移说，他认为陆壳穿过洋壳运动，而不是和洋壳一起运动。还需要注意的是，没有一个板块的边缘完全由大陆边界来定义。

　　中等大小的板块包括加勒比板块、纳斯卡板块、菲律宾板块、阿拉伯板块、科科斯板块、斯科舍板块和胡安德富卡板块。除阿拉伯板块外，这些板块大部分由大洋岩石圈组成。另外，一些

较小的板块（微板块）未在图 5.11 中显示。

5.4.3　板块边界

　　板块构造论的一条重要原则是，刚性板块会相对于其他板块移动。当板块移动时，不同板块上两点间的距离会不断改变，例如纽约和伦敦；然而，同一板块上两点间的距离则保持相对稳定，例如纽约和丹佛。有些板块的部分地区相对"较软"，例如华南地区，它是印度次大陆撞击亚洲板块时挤压所致。因为板块相对彼此不断地运动，大部分板块相互间的反应（变形）发生在它们的边界处。事实上，我们是从标注地震位置和火山活动的过程中首次建立板块边界概念的。板块边界分为三种不同的类型，它们是由不同板块的不同运动形式确立的。图 5.12 简要描述了这几种板块边界：

1. 离散板块边界（生长边界）：在这种边界，两个板块相互分离，导致源于地幔的热物质上涌，继而形成新的洋底（见图 5.12A）。
2. 汇聚板块边界（消亡边界）：在这种边界，两个板块相对运动，导致大洋岩石圈下潜（见图 5.12B）。

图 5.11　地球的主要岩石圈板块

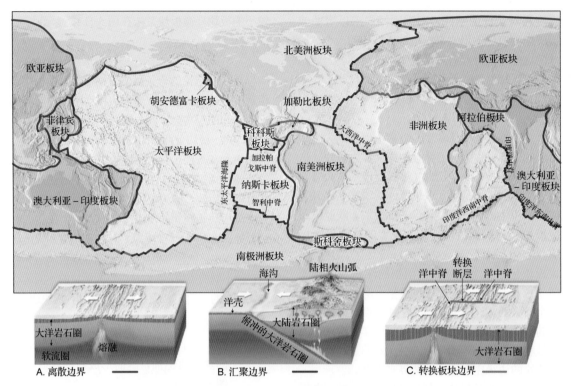

图 5.12　离散、汇聚和转换板块边界

3. 转换板块边界（保守边界）：在这种边界，两个板块相互摩擦，没有岩石圈的增减（见图 5.12C）。

离散和汇聚板块边界各占所有边界类型的 40%。转换断层占剩下的 20%。下面介绍三种板块边界的性质。

你知道吗？

在另一个星球上的观察者会发现，几百年后，现在地球上的所有大陆和大洋盆地的位置确实会移动。另一方面，月球不存在构造变形，所以未来几百万年它看起来不会有什么变化。

> **概念检查 5.4**
>
> 1. 第二次世界大战后海洋学家发现了洋底的哪些重要特征？
> 2. 参照和对比岩石圈和软流圈的特征。
> 3. 列出 7 大岩石圈板块。
> 4. 列出三种板块边界类型并分别描述它们的相对运动特征。

5.5　离散板块边界和海底扩张

画图并描述沿不同板块边界的运动，及其形成新大洋岩石圈的过程。

大部分离散板块的边界都位于洋中脊的顶部，也可将它视为增生的板块边界，因为在这里会产生新的洋底（见图 5.13），两个板块相互分离，在洋壳中产生长而较窄的裂隙。最终，地幔热岩上涌，充填地壳迁移留下的空隙。这些熔融物质逐渐变冷，产生新的洋底碎片。相邻板块缓慢且无休止地逐渐分离，之间则形成新的岩石圈。因此，离散型板块边界也被认为是扩张中心。

5.5.1　洋中脊和海底扩张

大部分但非全部离散板块的边界都与大洋中脊有关，大洋中脊是洋底具有高热流和火山活动等特征的抬升区域。

全球洋中脊系统是地球表面上最长的地形特征，其长度超过 70000 千米。如图 5.12 所示，人为为全球中脊系统的各个分段进行了命名，包括大西洋中脊、东太平洋海隆和印度洋中脊。

大洋中脊系统占地球表面的 20%，它们蜿蜒通过全球所有主要的大洋并形成棒球状接缝。尽管大洋中脊的顶部通常比邻近的洋盆高出 2～3 千米，进而导致我们认为它们很窄，但事实上，洋脊的宽度为 1000～4000 千米。此外，在这些成段的中脊系统顶部有深似峡谷一样的结构，称为裂谷（见图 5.14）。这种结构是拉张力把洋壳和大洋脊顶部分开的证据。

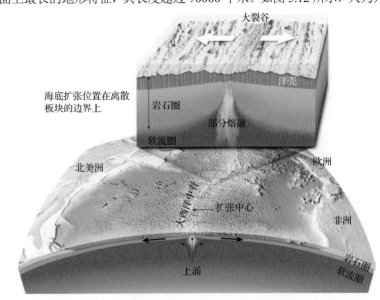

图 5.13 海底扩张。大部分离散板块边界位于大洋中脊的顶部，这也是海底扩张的位置

图 5.14 裂谷。冰岛的辛格维尔国家公园位于一个宽约 30 千米的大裂谷的西部边缘。该裂谷的特征类似于大西洋中脊。图中左侧的悬崖位置接近于北美洲的东部边缘（Ragnar Sigurdsson/Arctic/Alamy 供图）

大洋中脊系统运动产生新洋底的机制被称为海底扩张。典型海底扩张的平均速度约为 5 厘米/年，大致相当于人类指甲的生长速度。研究发现，沿大西洋中脊海底扩张的速度以相对较慢的速度 2 厘米/年进行，但在东太平洋海隆测量发现扩张速度是平均 15 厘米/年。尽管海底扩张的速度与人类时间尺度相比很缓慢，但在过去的 2 亿年间，它们相当迅速地产生了所有的海洋盆地。

洋中脊抬升的主要原因是新产生的大洋岩石圈很热，这意味着它要比远离洋脊轴部的低温岩石密度低。新的岩石圈形成后，它会逐渐缓慢地被更新的岩石圈取代并远离上涌区。因此，它开始冷却收缩，继而增加密度。这种热收缩解释了在远离洋中脊的大洋深处岩石密度增大的原因。大洋岩石圈温度保持稳定并停止热收缩，这一过程需要 8000 万年的时间。此时，曾抬升洋中脊系统的岩石正位于深海洋盆中，在那里它可能会被继续沉积的沉积物覆盖。

另外，板块远离洋中脊运动会使软流圈温度降低，并增强自身的刚性。因此，大洋岩石圈从上到下都是由冷却的软流圈产生的。换句话说，大洋岩石圈越老（冷），其厚度越大。大洋岩石圈年龄超过 8000 万年，最大厚度约为 100 千米。

你知道吗？

路易斯和玛丽·李奇在东非大裂谷发现了一些早期人类、人类能人和直立人的遗骸。科学家认为该地区是人类的"发祥地"。

5.5.2 大陆裂谷

离散板块边界可以在大陆中发展，此时大陆可以分裂成两个或更多由海洋盆地分隔开的小陆块。当板块运动产生反向拉力拉伸岩石圈时，就开始了大陆张裂。然后，在拉伸作用下，岩石圈变薄，地幔上涌，上覆岩石大面积上翘（见图 5.15A）。在

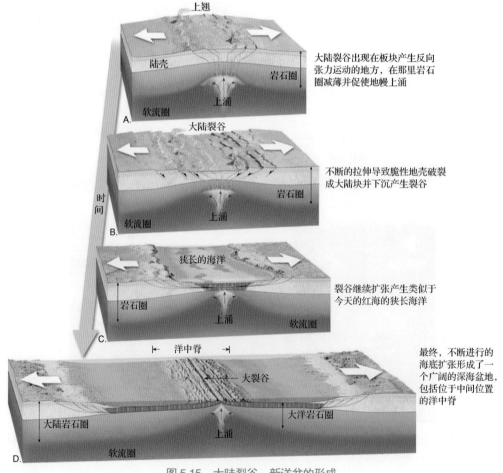

图 5.15 大陆裂谷：新洋盆的形成

这一过程中，岩石圈变薄，且脆性地壳岩石挤入大板块中。当构造力继续拉伸地壳时，破裂的地壳碎片开始下沉，产生的狭长洼地称为大陆裂谷，大陆裂谷继续加宽，最终形成狭窄的海洋（见图5.15C），并形成新的洋盆（见图5.15D）。

一个鲜活的现代例子是东非大裂谷（见图5.16）。这个裂谷最终能否导致非洲大陆裂解是大陆研究的一个主题。然而，东非大裂谷是大陆裂解初始阶段的很好模型。在此，拉力拉伸岩石圈使其变薄，导致地幔熔融岩石上涌。最近的火山活动证据包括几个较大的火山山脉，包括非洲最高的山峰乞力马扎罗山和肯尼亚山。研究表明，如果大陆继续开裂，大陆裂谷就会变长变深（见图 5.15C）。在某一时刻，大陆裂谷会变成带有通向大洋出口的海峡。阿拉伯半岛从非洲大陆分裂后形成的红海，就是具有这种特征的一个现代例子，它为我们提供了对大西洋初期阶段的认识（见图5.15D）。

概念检查 5.5

1. 画图并描述两个板块沿离散板块边界是怎样相对运动的。

2. 在现代海洋中，洋底扩张的平均速度是多少？
3. 列举 4 个区分大洋中脊系统的因素。
4. 简要描述大陆裂谷的形成。它今天出现在何处？

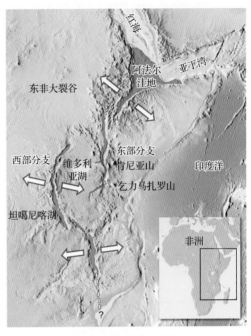

图 5.16　东非大裂谷

5.6　汇聚板块边界与俯冲作用

参照和对比三种不同类型的汇聚板块边界，并说出每种类型是在哪里被发现的。

在洋中脊不断地产生新的岩石圈。但我们的星球并没有不断地增长，而是保持总表面积不变。保持这种平衡的原因是，部分密度大的较老大洋岩石圈俯冲到地幔的速度与产生新洋底的速度相同。岩石圈的俯冲发生在汇聚板块边界处，此时两个板块相对运动，位于前缘的板块由于在另一板块下方滑动，因此会弯曲并下降（见图5.17）。

汇聚板块边界也称为俯冲带，因为在那里岩石圈会下降（被下拉）进入地幔。发生俯冲是因为下降的岩石圈密度远大于下伏软流圈的密度。一般较老大洋岩石圈的密度比下伏软流圈的密度高 2%，这就引起了俯冲下沉。相反，大陆岩石圈密度较低并且不易俯冲下沉。因此，只有大洋岩石圈能俯冲到很大的深度。

深海海沟是大洋岩石圈俯冲到地幔的表现（见图5.18）。这些大型的线性洼地既长又深。秘鲁－智利海沟位于南美洲西部海岸，长约 4500 千米，底部距海平面约 8 千米。在太平洋西部的海沟，包括马里亚纳海沟和汤加海沟，它们的深度比东太平洋海沟的深度更大。

大洋岩石圈板块俯冲到地幔的角度从几度到接近垂直（90°）不等。大洋岩石圈向下俯冲的角度大小主要由其年龄决定，密度对其也有影响。例如，当海底扩张出现在俯冲带附近时，譬如沿智利海岸分布的俯冲板块，其俯冲下沉的岩石圈板块很年轻并且浮力大，这导致俯冲角度很小。当两个板块汇聚时，上覆板块摩擦下伏俯冲板块的顶部，形成一种强迫俯冲类型。最终，秘鲁－智利地区周围的海沟经历了大地震，包括 2010 年

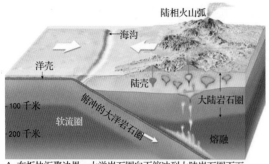

A. 在板块汇聚边界，大洋岩石圈向下俯冲到大陆岩石圈下面

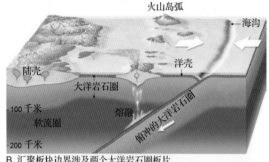

B. 汇聚板块边界涉及两个大洋岩石圈板片

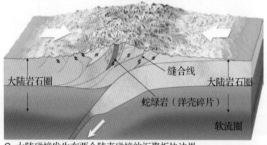

C. 大陆碰撞发生在两个陆壳碰撞的汇聚板块边界

图 5.17　三种不同类型的板块汇聚边界

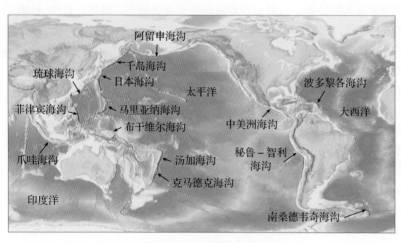

图 5.18　全球海沟分布图

史上十大地震之一的智利地震。

　　随着大洋岩石圈年龄的增加（离海底扩张中心越来越远）及逐渐变冷，导致岩石圈变厚及密度增加。在西太平洋的部分地区，有些大洋岩石圈的年龄为 1.8 亿年，这是现代海洋厚度和密度最大的岩石圈。在该地区，密度极大的板块是俯冲进地幔角度接近 90°的典型例子. 这很大程度上解释了西太平洋海沟比东太平洋海沟深的原因。

　　尽管所有的板块汇聚地区都有相同的基本特征，但基于涉及地区的地壳物质类型和构造背景不同，它们的差别也可能很大。汇聚板块边界可以形成于两个大洋板块、一个大洋板块和一个大陆板块或两个大陆板块之间。

5.6.1　洋—陆汇聚

　　当还覆盖着陆壳物质的板块前缘与大洋岩石圈板片汇聚时，浮力大的大陆板块保持"漂浮"状态，密度稍大的大洋板块下沉进入地幔（见图 5.17A）。当下降的大洋板块深达 100 千米时，热软流圈的三角岩楔位于其下方，进而导致俯冲大洋板片熔融。但冷的大洋岩石圈板块的俯冲是怎样引起地幔岩石熔融的呢？答案是俯冲板片中的水起到了类似于盐能融化冰的作用。也就是说，"湿"的岩石在高温环境中的熔融温度低于同样组分的"干"岩石。

　　随着俯冲板块下降到很大深度，洋壳中将包含大量的水。当板片向下俯冲时，热和压力驱使水分离开岩石。当深度达 100 千米时，地幔岩楔会热到足以使下伏板片析出水分，继而引起部分熔融，这一过程称为部分熔融。这会产生一些熔融物质与未熔融地幔岩石的混合物。这种热的移动性物质比周围地幔的密度低，于是逐渐上升至海平面。在这种环境下，大量幔源熔融岩石从地壳中上升并引起火山喷发。然而，大部分上涌物质并不能到达水面；相反，它们往往在深处固结，这是一个地壳变厚的过程。

高耸的安第斯山脉是由纳斯卡板块向南美洲大陆俯冲过程中产生的熔融岩石堆积形成的（见图 5.12）。部分物质由洋壳俯冲火山活动产生的山脉，如安第斯山脉，称为大陆火山弧。华盛顿州、俄勒冈州的喀斯喀特山脉由几个著名的火山组成，包括雷尼尔山、沙斯塔山、圣海伦山和胡德山（见图 5.19）。这个活动的火山弧一直延伸到加拿大地区，包括加里波第山脉、银座山脉等。

5.6.2 洋－洋汇聚

洋－洋板块汇聚边界与大洋－大陆板块汇聚边界有许多相似的特点。当两个板块汇聚，一个俯冲下降到另一个下面，并引发火山活动。其产生机制类似于所有俯冲带（见图 5.12）。大洋岩石圈俯冲板块的水被挤压出，引起上部热地幔岩楔熔融。在这种背景下，火山从洋底而非大陆台地生长。继续俯冲最终将会形成火山链结构的大岛屿。形成的新陆地组成一个形似弧形的火山岛，简称为岛弧（见图 5.20）。

你知道吗？

新西兰的阿尔派恩大断层是一个贯穿新西兰南岛的转换断层，也是两个板块的边界。新西兰南岛西北部位于澳大利亚板块，但南岛的剩余部分则位于太平洋板块。类似于其姐妹断层，加利福尼亚州的圣安德烈亚斯断层的位移高达几百米。

阿留申群岛、马里亚纳群岛和汤加群岛是相对年轻的火山岛弧。岛弧一般位于距深海海沟100～300千米的地方，即它们毗邻阿留申海沟、马里亚纳海沟和汤加海沟。

俄勒冈州的胡德山　　Wallace Garrison/Getty Images

陆相火山弧

胡安德富卡板块

卡斯卡迪亚地层俯冲带

北美洲板块

西雅图

雷尼尔山

洋壳

圣海伦山

亚当斯山

波特兰

胡德山

陆壳

软流圈（地幔）

俯冲的大洋岩石圈

来自俯冲板块的水导致了地幔的熔融

当大洋岩石圈板块俯冲到软流圈时，俯冲板块中的水分会降低地幔岩石的熔融温度并产生大量的岩浆。喀斯喀特山脉是胡安德富卡板块俯冲到南美洲板块形成的

图 5.19　大洋－大陆板块汇聚边界。俄勒冈州的胡德山是喀斯喀特山脉中十多座大型层状火山中的一座

大多数火山岛弧都位于太平洋西部。只有两座位于大西洋——小安的列斯群岛火山弧位于加勒比海的东部边缘，桑德韦奇群岛位于南美洲的尖端边缘。小安的列斯群岛火山弧是大西洋板块俯冲到加勒比板块的产物。英国的维尔京群岛和法国的马提尼克群岛就位于这座火山岛弧上，1902年马提尼克群岛上的培雷火山爆发时，摧毁了皮埃镇并夺走了28000人的性命。这一连串的岛屿还包括蒙特塞拉特岛，最近的火山活动也发生在那里。第7章将介绍更多的火山喷发事件。

火山弧通常具有简单的结构，这种结构由大量火山锥组成，火山锥下面为洋壳且厚度最多不超过20千米。一些火山弧更为复杂，下面是厚达35千米的变形地壳，例如日本、印度尼西亚及阿留申半岛。这些火山岛弧由早期俯冲产生的物质或远离大陆的小碎片组成。

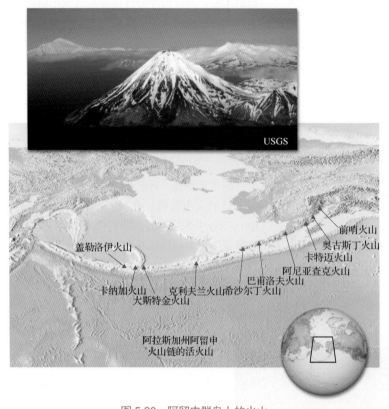

图5.20　阿留申群岛上的火山

5.6.3　陆—陆汇聚

当一个大陆由于洋底俯冲继而向另一个大陆边缘运动时，就产生了第三种汇聚板块边界（见图5.21A）。尽管大洋岩石圈呈现厚度和密度都不断增加并俯冲到地幔的趋势，但具有较大浮力的陆壳物质往往阻止其向下俯冲。最后，两个汇聚大陆板片开始引发碰撞（见图5.21B）。碰撞致使大陆边缘堆积的沉积物和沉积岩发生褶皱和变形。变形的结果是形成一个新的造山带，该造山带由变形的沉积岩和变质岩组成，还包括洋壳碎片。

这样的碰撞始于5000万年前。当印度次大陆"撞击"亚洲大陆时，撞击产生了地球上最壮观的山脉——喜马拉雅山脉（见图5.21B）。在撞击过程中，陆壳弯曲破碎，并逐步横向缩短、垂

向加厚。除喜马拉雅山外，其他一些主要的山脉包括阿尔卑斯山脉、阿巴拉契亚山脉和乌拉尔山脉，它们都是由大陆板片碰撞产生的。第6章将深入探讨这一主题。

概念检查5.6

1. 为什么岩石圈的产生速度与消亡速度大致相等？
2. 对比大陆火山弧和火山岛弧。
3. 描述深海海沟的形成过程。
4. 为什么大洋岩石圈发生俯冲而大陆岩石圈不发生俯冲？
5. 简要说明像喜马拉雅这样的造山带的形成原因。

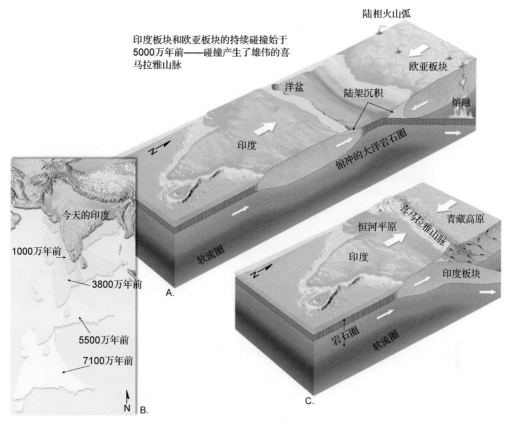

印度板块和欧亚板块的持续碰撞始于5000万年前——碰撞产生了雄伟的喜马拉雅山脉

陆相火山弧

欧亚板块

洋盆

陆架沉积

熔融

印度

俯冲的大洋岩石圈

今天的印度

1000万年前

3800万年前

5500万年前

7100万年前

软流圈

A.

N

B.

恒河平原

喜马拉雅山脉

青藏高原

印度

印度板块

岩石圈

软流圈

C.

图 5.21　印度板块和欧亚板块碰撞

5.7　转换板块边界

描述转换断层边界沿线的相对运动，并在板块边界图上标出。

转换板块边界也称转换断层，在这里板块相互水平运动且无岩石圈的增减。转换断层的性质于 1965 年由加拿大地质学家约翰·图佐·威尔逊发现，他认为这些断层连接两个扩张中心（离散板块边界），或在特殊情况下连接两个海沟（汇聚板块边界）。大部分转换断层是在洋底中发现的，在洋底它们将洋中脊系统分割成段，并产生阶梯状的板块边缘（见图 5.22A）。注意，图 5.12 中大西洋中脊系统的锯齿形状大致反映出原始张裂作用引起了泛大陆的裂解（对比大西洋两岸的大陆边缘形状和大西洋中脊的形状）。

通常，转换断层是洋底的重要线性断裂，也称为构造破碎带。构造破碎带既包括活跃的转换断层，也包括内部不活跃的延伸部分（见图 5.22B）。仅存在于两个断错山脊之间的活跃转换断层，通常是由弱的浅源地震导致的。在此处，

其中一条山脊轴线处产生的新洋底，向另一山脊产生的新洋底的相反方向移动。因此，在洋脊的各段块间，沿转换断层边界与之毗邻的洋壳板片互相摩擦。除了洋脊顶部是不活跃区域，其他断裂区域都被保持为线性洼地。这些断裂的走向大致与它们形成时的运动方向平行。因此，这些结构能有效地指出过去地质历史时期板块的运动方向。

转换断层的另一个作用是，使山脊顶部的洋壳物质运移到俯冲板块边界，也就是深海海沟。图 5.23 解释了这种情况：胡安德富卡洋脊正向东南方向移动，最终俯冲到美国西海岸下面。该板块的最南端以门多西诺断层为边界。这个转换断层边界连接了胡安德富卡洋脊和卡斯卡迪亚俯冲带，因此它促进了胡安德富卡洋脊俯冲到终点即北美洲大陆过程中产生的地壳物质的运移。

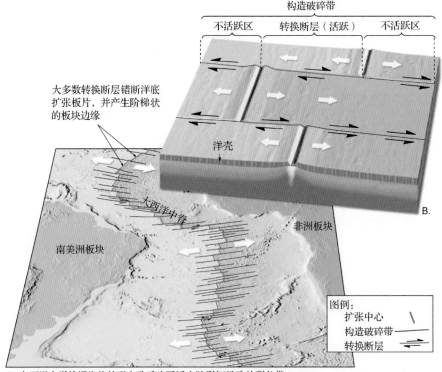

在洋底，构造破碎带具有狭长且形似伤疤的特点，其延伸方向垂直于被错断的洋脊沉积物板片。构造破碎带既包括活跃的转换断层，又包括其"石化"痕迹

构造破碎带

不活跃区　　转换断层（活跃）　　不活跃区

洋壳

B.

大多数转换断层错断洋底扩张板片，并产生阶梯状的板块边缘

大西洋中脊

非洲板块

南美洲板块

图例：
扩张中心
构造破碎带
转换断层

A. 大西洋中脊的锯齿状外形大致反映了泛大陆裂解导致的裂谷带

图 5.22　转换板块边界

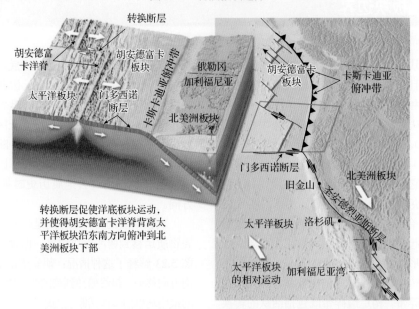

转换断层

胡安德富卡洋脊

胡安德富卡板块

俄勒冈
加利福尼亚

太平洋板块

门多西诺断层

卡斯卡迪亚俯冲带

北美洲板块

胡安德富卡板块

卡斯卡迪亚俯冲带

门多西诺断层
旧金山

北美洲板块

太平洋板块

洛杉矶

圣安德烈亚斯断层

转换断层促使洋底板块运动，并使得胡安德富卡洋脊背离太平洋板块沿东南方向俯冲到北美洲板块下部

太平洋板块的相对运动

加利福尼亚湾

图 5.23　转换断层促使板块移动。海底扩张使胡安德富卡板块远离太平洋板块并向东南方向移动，最终俯冲到北美洲板块下面。因此，该转换断层连接了一个扩张中心（离散板块边界）和一个俯冲带（汇聚板块边界）。图中的圣安德烈亚斯断层是一个转换断层，它连接了两个扩张中心：胡安德富卡洋脊和加利福尼亚湾的扩张中心

类似于门多西诺断层，大多数转换断层边界都位于大洋盆地内部，但少数断层会穿越大陆地壳，如地震多发的加州圣安德烈亚斯断层和新西兰的阿尔派恩断层。如图 5.23 所示，圣安德烈亚斯断层使位于加州海岸的扩张中心和卡斯卡迪亚俯冲带以及位于美国西北海岸的俯冲带联系起来。沿着圣安德烈亚斯断层，太平洋板块途经北美洲板块向西北方向移动（见图 5.24）。如果太平洋板块继续运动，加州西部的一部分断层包括墨西哥的巴哈半岛，将会演变为美国和加拿大西海岸的一个小岛，并有可能最终到达阿拉斯加。但让人最担忧的是，

断层系统运动会引发强烈的地震活动。

你知道吗？

当所有大陆板块汇聚形成泛大陆时，地球表面剩余的其他部分就被一个巨大的泛古洋所覆盖。今天，泛古洋的剩余部分是太平洋，自泛大陆开始裂解，泛古洋就在不断缩小。

概念检查 5.7

1. 画图说明沿转换断层边界的两个板块是怎么运动的。
2. 区分转换断层边界和其他两种边界类型的不同。

图 5.24　板块沿圣安德烈亚斯断层运动。航拍照片显示了加州塔夫脱附近华莱士小溪的干燥河道

5.8　检验板块构造模型

列出并简要描述支持板块构造理论的证据。

如今人们已提出了一些支持大陆漂移说的证据。随着板块构造论的发展，研究人员开始测试在这一新模型下地球如何运作。尽管获得了新的支持数据，但它重新解释了已经形成的数据并且影响了理论思潮。

5.8.1　证据：大洋钻探

有关洋底扩张的一些令人信服的证据来自于深海钻探计划，这些计划的持续时间是 1968 到 1983 年。深海钻探计划的早期目标是收集洋

底样品并确定其形成年龄。为了实现这一点，人们建造了"格洛玛挑战者号"，它是能够在水深几千米的深海进行钻探工作的钻井船。数以百计的钻孔穿过海底层状沉积物并覆盖洋壳，穿过了下部的玄武岩。除了用放射性方法测量地壳岩石的年龄，研究人员还用在沉积物中发现的微生物化石来直接反映洋底各个位置的年龄。放射性测量洋壳年龄的方法并不可信，因为玄武质岩石会被海水交代。

当标定出每口钻井处的最老沉积物与井位

离洋中脊距离的关系图后，研究人员发现，离洋中脊越远，沉积物的年龄越大。这一发现支持了海底扩张理论，表明最年轻的洋壳位于洋中脊的顶部，即洋底产生的位置，而最老洋壳应该位于大陆附近。

洋底沉积物的厚度可以进一步验证海底扩张。"格洛玛挑战者号"提取的岩心表明，在洋脊顶部几乎没有沉积物，且离洋脊越远，沉积物的厚度越大（见图5.25）。如果海底扩张理论正确，那么这种沉积物的分布模式预计也是如此。

深海钻探计划收集的数据也表明，从地学角度看大洋盆地是年轻的，因为迄今为止发现的大洋盆地的最老年龄不超过1.8亿年。相比之下，大多数大陆地壳的年龄超过几亿年，有些甚至超过40亿年。

2003年10月，"乔迪斯果敢号"成为了综合大洋钻探计划（IODP）这一新项目的一部分。这个国际合作项目使用了很多勘探船，包括210米长的"行星地球号"，它于2007年开始运营（见图5.25）。IODP的目标之一是自上而下地恢复完整的洋壳。

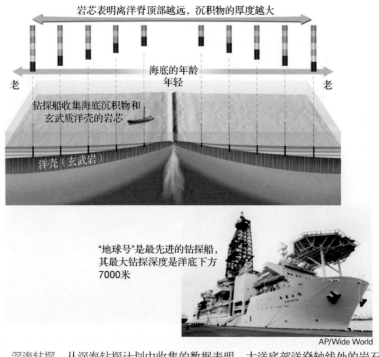

图5.25 深海钻探。从深海钻探计划中收集的数据表明，大洋底部洋脊轴线处的岩石最年轻

5.8.2 证据：地幔柱和热点

在地图上，太平洋中火山岛和海山（海底火山）的位置揭示了一些线形链状的火山结构。其中研究最充分的链状火山至少由129座火山组成，这个链状火山从夏威夷群岛延伸到中途岛，并继续向西北方向的阿留申海沟运动（见图5.26）。采用放射性方法测定夏威夷岛－帝国海山火山链的年龄后，发现从夏威夷的大岛开始，随着距离的增加，火山的年龄也在不断增加。在链状火山（夏威夷）群岛上，从洋底产生的最年轻的火山岛的年龄小于100万年，而中途岛的年龄是2700万年，靠近阿留申海沟的底特律海山的年龄约为8000万年（见图5.26）。

大多数研究人员同意将圆柱形的热上涌岩石命名为地幔柱，它位于夏威夷岛的下部。随着热岩石柱穿透地幔，围压下降，引发部分熔融（这个过程称为降压熔融，将在第7章中讨论）。这一活动的主要表面表现是热点，它是一个火山活动区域，伴有高热流和几百千米长的地壳抬升。当太平洋板块移过热点时，就建立了大家熟知的具有火山链结构的热点示踪。如图5.26所示，每座火山的年龄均表明了自其坐落在地幔柱上开始到离开地幔柱的时间。

仔细观察夏威夷五大岛屿后，即从火山活动活跃的夏威夷岛到由休眠火山组成的最老岛屿考艾岛，人们发现了一个相同的年龄规律（见图5.26）。500万年前，当考艾岛正好位于地幔柱上方时，它是唯一存在的夏威夷岛。通过考察如今存在的火山可以看出考艾岛的年龄，如今这些火山已被侵蚀成锯齿状山峰和大峡谷。相比之下，夏威夷相对年轻的岛屿则存在很多熔岩流，五大火山之一的基拉韦厄如今仍很活跃。

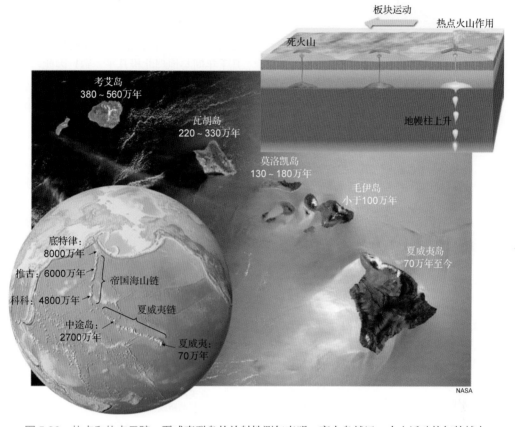

图5.26　热点和热点示踪。夏威夷群岛的放射性测年表明，离大岛越远，火山活动的年龄越大

5.8.3　证据：古地磁学

每位使用指南针定向的人都知道地球的地磁场有南极和北极之分。如今，这些磁极大致与地理极点对齐（地理极点位于地球表面与地球转动轴的交点上）。地球的地磁场与条形磁铁产生的磁场相似。肉眼看不见的磁力线穿过行星，从一个磁极到另一个磁极（见图5.27）。指南针的指针，本身就是一个小磁针，并可沿轴自由旋转，若将它放在磁场中，则它会沿磁力线方向移动，最终与磁力线平行。

地磁场不如地心引力那么明显的原因是人类无法感觉到它，但指南针的运动证实了它的存在。另外，一些自然形成的矿物具有磁性，并且会受地磁场的影响。最常见的富铁矿物是磁铁矿，它在玄武质熔岩流中比较富集[1]。

玄武质熔岩流的地表喷发温度超过1000℃，超过了居里点（约585℃）。最终，磁铁矿颗粒在熔融的熔岩中是没有磁性的。但当熔岩流冷却后，这些含铁颗粒会逐渐具有磁性，并在磁力线的作用下自动排列成行。一旦这些矿物固结，它们拥有的磁性通常就会"固结"在现有的位置上。它们的行为类似于指南针的指针，因为它们形成时是"指向"磁北极的。形成于几千万年或几百万年前

---

[1] 有些沉积物和沉积岩中也含有丰富的含铁矿物，因此足以获得可测量的磁场。

的岩石，仍然"记录"有它们形成时的磁北极方向，这说明其具有古地磁或化石磁性。

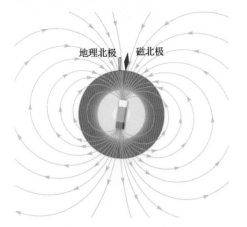

图 5.27　地磁场。地磁场由有方向的磁力线组成，类似于由放在地心的巨大条形磁铁产生

你知道吗？

奥林匹斯山是火星上一座类似于夏威夷火山的巨型火山。它高出周围平原约 25 千米，其规模如此巨大的原因是，板块构造在火星上不起作用。它不会因板块运动而从热点区域移开，而是保持位置固定不变，因此规模不断增大。

磁极迁移　遍及欧洲古老熔岩流的古地磁学研究导致了一个有趣的发现。不同年龄熔岩流中富铁矿物的磁性排列表明磁北极随时间不断

变换。从欧洲开始测量磁北极曾经存在的位置，表明在过去的 5 亿年中，磁极的位置逐渐从夏威夷东北部移向如今的北冰洋（见图 5.28）。这个有力证据说明存在两种可能性：磁北极发生位移（称为极移），或者磁极位置不变但其下各大陆发生漂移——换句话说，欧洲相对于磁北极已经漂移。

尽管磁极确实沿不稳定路线移动，但很多地方的古地磁学研究发现，古地磁极点的位置平均几千年间与地理北极几乎一致。因此，对如今磁极移动的更合理解释是魏格纳的假说提供的：如果磁极保持固定，那么它们移动是由大陆漂移引起的。

在北美洲建立极点迁移路线后的几年间，出现了大陆漂移的更多证据（见图 5.28A）。在首个 3 亿年左右，发现北美洲和欧洲的极点迁移路线在方向上有相似性，但相隔大约 5000 千米。然后，在中生代中期（1.8 亿年前），它们开始在如今的北极点汇合。这些曲线的解释是，北美洲和欧洲在中生代大西洋开始扩张时，是连接在一起的。从那时起，这些大陆不断分离。当北美洲和欧洲重新移动到它们的最初位置时，如图 5.28B 所示，这些明显的移动路径发生重合。这就证明了北美洲和欧洲曾经相连并且作为同一大陆的一部分相对于两极移动。

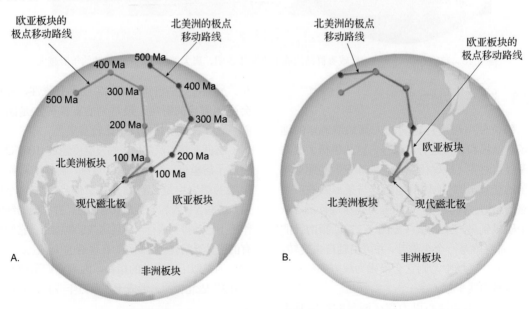

图 5.28　磁极移动路径。A. 根据北美洲数据确定的更偏西路径是北美洲从欧亚大陆向西漂移约 24° 造成的。B. 两个大陆重回初始位置时的极移路径位置

磁极翻转和海底扩张 地球物理学家有了另一个大发现。在几十万年间，地球磁场会周期性地出现磁极翻转。在磁极翻转期间，磁北极称为磁南极，反之亦然。在反极性期间，熔岩固化并被极性相反的磁场磁化，且磁性与现代火山岩的磁性相反。当岩石表现出的磁性与当前磁场的磁性相同时，则称为正常极性，反之则称为反常极性。

磁极翻转的概念建立后，研究人员开始建立一个已发生磁极翻转的年代表，做法是测量数以千计熔岩流的磁极性，并用放射性测年法确定每种熔岩流的年龄。图 5.29 显示了使用这种技术完成的过去几百万年的地磁年代表。地磁年代表的主要部分称为时间刻度，其持续时间约为 100 万年。随着越来越多测量工作的进行，研究人员发现几次短暂的翻转（不到 20 万年）经常发生在单一极性期间。

与此同时，海洋学家开始对洋底进行地磁调查，并绘制详细的洋底地形。勘探人员使用安装在考察船下面的高精度磁力仪完成了地磁测量（见图 5.30A）。这些地质调查的目标是，了解下部地壳岩石的不同磁特征所引起的地磁强度。

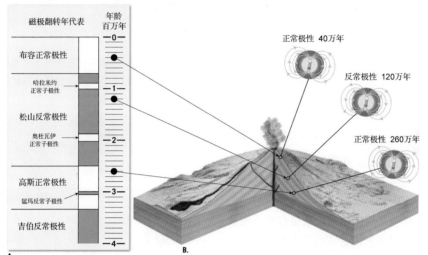

图 5.29 磁极翻转年代表。A. 过去 400 万年的磁极翻转年代表。B. 该年代表是在已知熔岩流年龄的基础上发展起来的（数据来源：Allen Cox 和 G. B. Dalrymple）

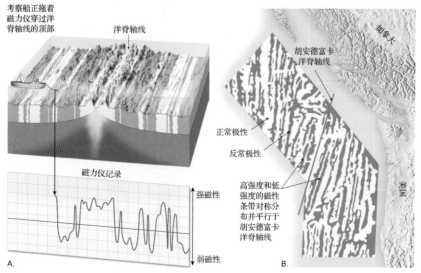

图 5.30 洋底是地磁记录器。A. 当磁力仪被考察船拖过洋底时，就记录了洋底的磁场强度。B. 注意高强度和低强度的磁性条带呈对称分布，并平行于胡安德富卡洋中脊轴线。维尼和马修斯认为高强度的磁性条带出现在正常磁化的大洋岩石区，原有磁场被增强。相反，低强度的磁性条带出现在磁极翻转的区域，原有磁场被削弱

首个此类研究地区是北美洲的太平洋海岸，且研究取得了令人意外的结果。研究人员发现了交替出现的条纹，以及高强度的磁性和低强度的磁性，如图5.30B所示。这种相对简单的磁性变化模式并未受到人们的重视，直到1963年维尼和马修斯证明高强度和低强度的磁性条带支持海底扩张的假说。

你知道吗？

研究人员已经确定大约每隔5亿年，大陆就会聚集到一起形成超级大陆。自从泛大陆裂解以来已经过去了2亿年，所以我们还有3亿年时间等待下一个超级大陆的出现。

你知道吗？

由于板块运动过程的能量是地球内部提供的，所以驱动板块运动的力在遥远未来的某一时刻可能会停止。然而，外部力量（如风、水和冰）会继续侵蚀地球表面。最终，大陆将趋于平坦，并呈现一个不同的世界——没有地震、没有火山且没有山脉的地球。

维尼和马修斯认为，在高强度磁性条带存在的地区中，洋壳的古地磁学样品展示出正常极性（见图5.30A）。因此，这些岩石会增强地磁场的强度。相反，那些强度低的磁性条带存在于磁极翻转的岩石中，因此它们会降低地磁场的强度。但正常或翻转磁极条件下，磁性条带为什么会在洋底平行分布呢？

维尼和马修斯推断，当岩浆在洋脊顶部的狭窄裂隙中固结时，会被现有的磁场磁化（见图5.31）。因为海底扩张，这条地壳磁化带将会逐渐增宽。当地球磁场翻转时，将会形成介于老条带之间的条带。这两个老条带逐渐以相反的方向运移，并远离洋脊。随后的磁极翻转将建立正常的磁性条带和反常的磁性条带，如图5.31所示。由于新岩石被等量地加入洋底扩张的边缘，我们可以认为洋脊一侧的条纹模式（大小和极性）是洋脊另一侧的条纹模式的镜像。事实上，仅冰岛南部的调查就展示了一个与洋中脊相关的明显对称的磁性条带模式——一个横穿大西洋中部的洋脊。

概念检查 5.8

1. 深海钻探恢复的洋底最老沉积物的年龄是多少？与大陆最古老的岩石相比，该沉积物的年龄怎样？

2. 假设热点位置保持不变，当夏威夷岛形成时，太平洋板块向什么方向移动？推古海山什么时候形成？

3. 海底的沉积核是如何支持海底扩张概念的。

4. 描述维尼和马修斯是怎样将海底扩张理论与磁极翻转联系起来的。

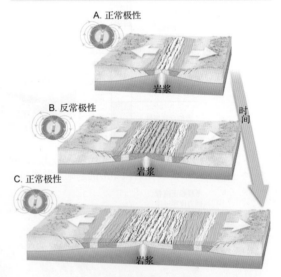

图 5.31 磁极翻转和海底扩张。当新玄武岩在大洋中脊处形成时，会被当时的地球磁场磁化。因此，洋壳永久性地记录了过去2亿年间地球的每次磁极翻转

5.9 板块运动的驱动力是什么？

总结板块-地幔对流，并解释板块运动的两个主要驱动力。

研究人员一般认为，某些类型的对流（热地幔岩石上升并逐渐变冷，密度大的大洋岩石圈下沉）是板块构造的最终驱动力。然而，这种对流的许多细节仍然是科学研究团体的主要研究课题。

5.9.1 板块运动的驱动力

地球物理证据表明，尽管地幔几乎完全由固体岩石组成，但它会热和软到足以像流体那样形成对流。最简单类型的对流，类似于加热炉子上

的一壶水（见图 5.32）。加热水壶会导致底部的水密度降低（浮力增加），使水分子相对轻盈地上升，并在表面以水泡形式扩散。随着表层冷却，其密度增加，导致冷水分子下降到水壶底部，底部相对较冷的水重新加热后，会再次上升。地幔对流与之类似，但要比刚才描述的模型更加复杂。

图 5.32　烧水壶中的对流。由于火炉加热水壶底部的水，所以热水开始膨胀，密度变小（浮力增大），继而上升。同时，水壶顶部的冷水因密度稍大而开始下沉

人们普遍认为，冷且密度大的俯冲大洋岩石圈板片是板块运动的主要驱动力（见图 5.33）。这种现象称为板块拖曳，其发生的原因是，大洋岩石圈中较冷板片的密度，要比下伏较热软流圈的密度大，因此大洋岩石圈受重力的影响会像"石头一样下沉"。

另一个重要的驱动力是洋脊推挤（见图 5.33）。这种重力推动机制是由洋脊位置抬升引起的，它会使岩石圈板片向洋脊两侧"滑移"。洋脊推挤作用似乎没有板块拖曳作用重要，最主要的证据是，移动最快板块（太平洋板块、纳斯卡板块和科科斯板块）的边缘都存在广阔的俯冲带。相比之下，几乎没有俯冲带的北大西洋洋盆的扩张速度是最低的，约为 2.5 厘米/年。

尽管温度低、密度大的岩石圈板块的俯冲是板块运动的主要作用力，但也存在起作用的其他因素。地幔中流体的阻力即"地幔阻力"，同样也会影响板块运动（见图 5.33）。当软流圈中流体的速度超过板块运动的速度时，地幔拖力将加快板块的运动。然而，如果软流圈中的流体速度比板块的移动速度慢，或反向移动，那么这种作用力就会阻滞板块运动。另一种类型的阻力由俯冲板块边界的摩擦导致，上覆板块和俯冲板块的摩擦力会导致强烈的地震活动。

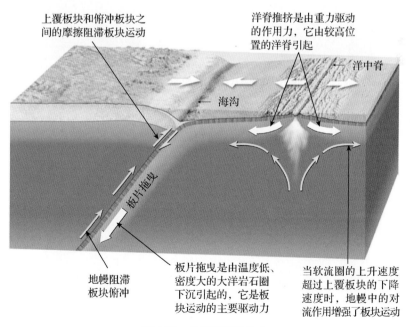

图 5.33　作用于板块的力

5.9.2 板块－地幔对流模型

虽然尚未完全了解地幔的对流，但研究人员通常同意以下观点：

- 发生在2900千米厚的地幔中的岩石对流（浮力大的热岩石上升变冷，密度大的物质下降）是板块运动的驱动力。
- 地幔对流和板块构造是同一体系的一部分。俯冲大洋板块驱动对流的向下低温部分，而沿着洋中脊向浅部上涌的热岩和浮力大的地幔柱则为对流机制的上推臂。
- 地幔对流是将地球内部热量输运到地表的主要机制，最终热量将辐射到太空。

人们至今还不是很清楚对流流体的确切结构，但提出了几个板块－地幔对流模型，下面介绍其中的两个。

全地幔对流 大多数研究人员同意全地幔对流模型，也称热柱模型。在该模型中，温度低的大洋岩石圈下沉到很大深度并扰动整个地幔（见图 5.34A）。全地幔模型认为俯冲板片的最终埋藏地点是核－幔边界。这一下降的趋势与将热物质输运到地表的浮力较大的地幔柱上升流保持平衡（见图 5.34A）。

研究人员提出了两种类型的地幔柱——狭窄的管状地幔柱和巨型上涌地幔柱，并认为从核－幔边界延伸的狭长热柱产生了夏威夷群岛、冰岛及黄石公园等的热点火山作用。如图 5.34A 所示，大型岩浆地幔柱出现在太平洋盆地和非洲南部的下部。后者的结构能解释非洲南部比预测稳定大陆的高度更高的原因。两种类型地幔柱的热量均被认为来源于地核，但深部地幔是不同化学成分岩浆的来源。

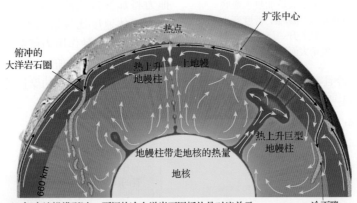

A. 在"全地幔模型"中，下沉的冷大洋岩石圈板片是对流单元的下肢，而上升地幔柱将热物质从核幔边界搬运到地表

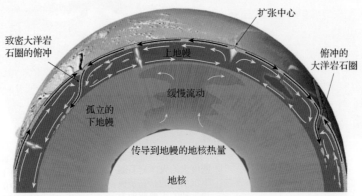

B. "分层蛋糕模型"有两个分离的对流层。活动性较强的对流层，其动力由俯冲的低温大洋岩石圈板块提供，活动性较弱的对流层其携带热量缓慢上升，但与上部无热量混合

图 5.34 地幔对流模型

分层蛋糕模型 有些研究人员认为地幔类似于一个"分层蛋糕"，其划分深度大约为 660 千米，但不超过 1000 千米。如图 5.34B 所示，该分层模型有两个对流区——一个位于上地幔活动性强的薄的对流区，另一个位于下地幔的活动性弱的较厚对流区。像全地幔对流模型一样，向下对流的流体是由密度大的较冷大洋岩石圈驱动的。然而，这些俯冲板片的插入深度不到 1000 千米。图 5.34B 所示分层蛋糕模式中，上层杂乱无章地分布着不同年龄段的大洋岩石圈。这些熔融的碎片被认为是一些发生在板块边缘的火山活动的岩浆来源，如夏威夷的火山群岛。

与活动性强的上地幔相比，下地幔活动性缓慢并且不提供支持表面火山活动的物质。然而，这一层的对流十分缓慢并携带热量上升，但一般认为两层很少发生混合现象。

地幔中对流过程的实际形状，尚具有高度的争议性，因此是当前科学研究课题之一。或许不久之后，会出现结合蛋糕分层模式和全地幔对流模式特点的新假说。

概念检查 5.9

1. 描述板片拖曳和洋脊推挤。哪种作用力对板块运动的贡献更大？
2. 在地幔对流中，地幔柱扮演什么角色？
3. 简要描述针对地幔－板块对流提出的两种模式。

5.10 板块和板块边界如何变化？

解释非洲和南极洲板块逐渐变大而太平洋板块逐渐变小的原因。

尽管地球的总表面积不会改变，但个别板块的大小和形状却在不断变化。例如，非洲板块和南极洲板块主要由离散板块边界，即新洋底产生的位置来限定，且它们的边缘逐渐增长，进而扩张成新岩石圈。相比之下，太平洋板块沿着北部和西部两侧向地幔俯冲的速度，要比其沿东太平洋海隆的增生速度更快，因此总面积在减小。

板块运动的另一个后果是板块边界发生迁移。例如，秘鲁－智利海沟是纳斯卡板块弯曲向下俯冲到南美洲板块下面形成的，其位置会随时间变化而不断改变（见图 5.12）。由于南美洲板块相对于纳斯卡板块向西漂移，因此秘鲁－智利海沟的位置也向西迁移。

作为对岩石圈上作用力变化的反应，板块边界会重新产生或消亡。红海是相对较新的扩张中心，其形成于 2000 万年前阿拉伯半岛从非洲分裂时。在其他地区，板块携带着大陆地壳向另一个板块移动。最终，这些大陆碎片可能相互碰撞并缝合。例如，在太平洋南部，澳大利亚正向北朝亚洲南部移动。如果澳大利亚继续向北迁移，当这两个板块变成一个板块时，它和亚洲的边界线将会消失。在地质历史时期，泛大陆的裂解是板块边界变化的经典例子。

5.10.1 泛大陆的裂解

魏格纳用生物化石、岩石类型和古气候等证据建立了一个适用于大陆的拼接模型，因此创造了他的泛大陆这样的超大陆。通过采用相同的方法，并利用魏格纳不能使用的现代工具，地质学家们重现了超级大陆始于 1.8 亿年前的裂解过程。在这项工作中，地质学家建立了陆壳碎片逐个分离及相对运动的有关数据（见图 5.35）。

泛大陆裂解的结果是形成了一个"新"洋盆：大西洋。如图 5.35 所示，超级大陆的裂解并非同时发生在大西洋的边缘。第一次裂解发生在北美洲和非洲之间。此时，大陆地壳的高度破碎为大量的流体熔岩涌出地表提供了路径。如今，这些熔岩的代表是美国东海岸已经风化的火山岩，它主要被形成大陆架的沉积岩覆盖。这些固结熔岩的放射性测年显示，裂谷作用始于 1.8 亿年到 1.6 亿年前。该时间跨度代表了北大西洋这段的"出生时间"。

直到 1.3 亿年前，南大西洋才从现在的非洲南部尖端开始扩张。由于该裂谷区继续向北迁移，南大西洋逐渐扩张（对照图 5.35B 和 C）。南部大陆继续裂解，导致非洲和南极洲分离，并使印度板块继续向北运动。到约 5000 万年的新生代早期，澳大利亚从南极洲分离，南大西洋已成为一个成熟的大洋（见图5.35D）。

现代地图（见图5.35F）表明印度最终与亚洲板块碰撞，这个时间始于大约5000万年前，并且碰撞形成了喜马拉雅山和青藏高原。同一时间，格陵兰从欧亚大陆上分离，完成了北部大陆的裂解。在过去约2000万年的地球历史时期，阿拉伯半岛从非洲大陆分离形成红海，加利福尼亚半岛从墨西哥分离，形成加利福尼亚湾（见图5.35E）。与此同时，巴拿马岛弧连接了北美洲和南美洲，形成了我们熟悉的全球现代外貌景观。

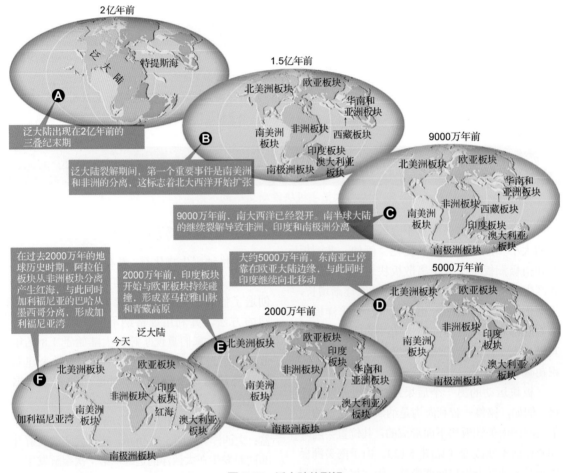

图5.35　泛大陆的裂解

5.10.2　未来的板块构造

地质学家推测出了当今板块的未来运动形式。图5.36显示了当今板块持续运动5000万年后的陆地分布情况。

在北美洲，我们发现圣安德列斯断层以西的下加利福尼亚半岛和加州南部的一部分可能已滑移了过去的北美洲板块。如果继续向北迁移，1000万年后洛杉矶和旧金山将会彼此分离，在约6000万年时，下加利福尼亚半岛开始与阿留申群岛碰撞。

如果非洲板块继续向北运动，它将与欧亚板块继续碰撞。结果是地中海闭合，最后仅保存曾经巨大的特提斯洋，并开始另一个造山时期（见图5.36）。在世界上的其他地区，澳大利亚将横跨赤道，靠近新几内亚，并与亚洲板块碰撞。同时，北美洲和南美洲将会分离，在太平洋消亡的基础上，大西洋和印度洋将继续扩张。

一些地质学家甚至猜测2.5亿年后的地球外观。如图5.37所示，下一个超级大陆的产生可能是由于美洲和欧亚—非洲大陆的碰撞，导致大西洋洋底俯冲。对大西洋闭合可能性的支持，来源于一个类似的事件，即在形成泛大陆的过程中，大西洋闭合前就已出现了一个大洋。在接下来的2.5 亿年间，澳大利亚将与东南亚碰撞。如果这一场景准确，那么当新的超级大陆形成时，大陆裂解将会停止。

这样的预测虽然有趣，但不确定因素非常之多，它要求所做的设想必须正确。但数亿年来，大陆形

状和位置的改变也同样意义深刻。只有地球内部的热量出现更多的损失时，才会使板块运动停止。

概念检查 5.10

1. 列举一个增长的板块和一个缩小板块。
2. 泛大陆裂解之后新形成了哪个大洋盆地？
3. 简要描述未来 5000 万年后全球会有哪些主要变化。

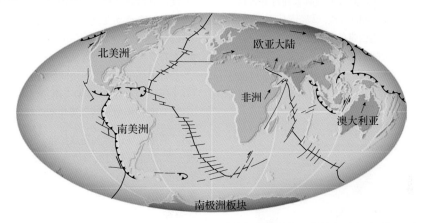

图 5.36　5000 万年后世界的可能外观。这一重建高度理想化，并基于泛大陆裂解一直持续的假说（据 Robert S. Dietz、John C. Holden、C. Scotese 等人修改）

图 5.37　2.5 亿年后地球的可能外观

概念回顾：板块构造：一场科学的革命

5.1　从大陆漂移说到板块构造论

论述 1960 年前大部分地质学家对大洋盆地和大陆地理位置的划分观点。

- 50 年前，大部分地质学家认为大洋盆地非常古老，并且大陆是固定不变的。板块构造论则使得地质学抛弃了这种观点。多种证据支持的板块构造论是现

代地球科学的基础。

? 今天，我们知道 20 世纪早期反对大陆漂移说的地质学家的观点是错误的。因此，他们就是糟糕的科学家吗？为什么？

5.2 大陆漂移说：超越时代的一个想法

列举并解释有关魏格纳大陆漂移说的证据。

关键术语： 大陆漂移、超级大陆、泛大陆

- 德国气象学家魏格纳在 1915 年形成了大陆漂移说。他认为地球上的大陆位置并非一直固定的，而是在地质历史时期内不断缓慢运动。

- 魏格纳重建了一个称为泛大陆的超级大陆，它存在于 2 亿年前的晚古生代和中生代早期。

- 魏格纳的泛大陆存在，但最后裂解成碎片并各自漂浮的证据包括：①大陆的形状；②跨海化石的吻合；③岩石类型和当今造山带的匹配；④沉积岩记录了古气候，包括泛大陆南部的冰川。

? 为什么魏格纳选择类似于舌羊齿和中龙这样的生物体作为大陆漂移的证据？如果将鲨鱼和水母作为证据又如何呢？

中龙

John Cancalosi

5.3 大辩论

讨论反对大陆漂移说的两个主要观点。

- 魏格纳的假说有两个缺陷：提出潮汐力是大陆运动的机制，这暗示着大陆运动会穿过薄弱的洋壳，就像一艘船破冰行驶那样。当魏格纳提出大陆漂移说时，地质学家是反对这一观点的，从那时起一直到 50 年后的这段时间大陆漂移说都未能复兴。

5.4 板块构造论

列举地球岩石圈和软流圈的主要区别，并解释它们分别在板块构造论中的重要性。

关键术语： 大洋中脊系统、板块构造论、岩石圈、软流圈、岩石圈板块（板块）

- 第二次世界大战期间的调查研究对此有了新的见解并帮助复兴了魏格纳的大陆漂移说。对洋底的探索揭示了之前人们不知道的特征，包括很长的大洋中脊系统。洋壳样品测年结果表明，它相对于大陆而言还很年轻。

- 地球最外层的岩石圈分裂成很多板块。它们相对坚硬，并破碎弯曲导致变形。岩石圈下面是软流圈，它是一个流动变形相对较弱的层。岩石圈包括地壳（洋壳和陆壳）的全部和上地幔的上部。

- 共有 7 大板块，还有另外 7 个中等大小的板块，以及许多微型板块。板块间的边界可能是离散型（两个板块相对分离运动）、汇聚型（两个板块相对运动）或转换型（两个板块横向移动）。

5.5 离散板块边界和海底扩张

画图并描述沿不同板块边界的运动，及其形成新大洋岩石圈的过程。

关键术语： 离散板块边界、海底扩张、扩张中心、大陆裂谷

- 海底扩张导致在洋中脊系统产生新的大洋岩石圈。当两个板块相互分离运动时，张力打开板块中的缝隙，导致岩浆上涌，产生新的洋底条带。这一过程以 2~5 厘米/年的速度产生新洋壳。

- 随着年龄的增长，大洋岩石圈逐渐变冷并变厚。由于它不断迁移远离洋中脊，并逐渐趋于平静。同时，新物质加入到其下面，导致板块不断增厚。

- 离散板块边界不仅限于海底。大陆也可以裂开，从大陆裂谷开始（像今天的东非裂谷）并最终导致裂谷两侧中间产生新的洋盆。

5.6 汇聚板块边界与俯冲作用

参照和对比三种不同类型的汇聚板块边界，并说出每种类型是在哪里被发现的。

关键术语： 汇聚板块边界、俯冲带、深海海沟、部分熔融、大陆火山弧、火山岛弧

- 当板块相向运动时，大洋岩石圈俯冲到地幔，并在那里重新循环。俯冲带在洋底表现为较深的线状海沟。俯冲的大洋岩石圈板块可以从接近水平角度到接近垂直角度的任意角度俯冲。

- 由于水的存在，俯冲的大洋岩石圈在地幔中引起部分熔融，产生岩浆。产生的岩浆比周围岩石密度小，继而上升。它可能在深部变冷，加厚地壳，或喷出地表，喷发位置即为火山。

- 在大陆地壳喷发的线形火山称为大陆火山弧，大洋岩石圈上覆板块喷发的线形火山称为火山岛弧。
- 大陆板块密度较低，不易俯冲，所以当涉及的大洋盆地在俯冲过程中被完全消亡时，另一边的大陆板块仅发生碰撞，产生新的山脉。

? 画图描述典型大陆火山弧并标记最主要的部分，然后标出下伏大洋岩石圈板块。

5.7 转换板块边界

描述转换断层边界板块的相对运动，并在板块边界图上标出几个实例。

关键术语：转换断层边界（转换断层）、断裂带

- 在转换断层边界，岩石圈板块之间水平滑动。没有新的岩石圈形成，并且不消耗老的岩石圈。浅源地震是这些岩石圈板块相互摩擦的指示信号。
- 加利福尼亚州的圣安德烈亚斯断层是陆壳中转换断层的一个边界实例，大西洋中部洋脊的断裂带是洋壳中转换断层的例子。

? 下面是加勒比海的构造图，请先找到恩里基洛断层（2010 年的海地地震位置，用黄色五角星表示）。这是何种板块边界类型？这个地区的其他断层也显示这种类型的运动吗？

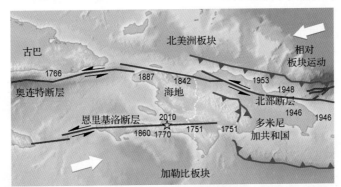

5.8 检验板块构造模型

列出并简要描述支持板块构造理论的证据。

关键术语：地幔柱、热点、热点示踪、居里点、古地磁学（化石磁性）、磁极翻转、正常极性、反常极性、地磁时间表、磁力仪

- 板块构造论已被许多证据证实。例如，深海钻探计划发现，洋底距洋中脊越远，其年龄越大。洋底上覆沉积物的厚度与到洋中脊的距离成比例：较老的岩石圈有更充足的时间积累沉积物。
- 总的来说，大洋岩石圈很年轻，且最老不超过 1.8 亿年。
- 热点是地幔柱到达地表导致火山活动活跃的区域。热点火山活动产生火山岩，并提供随时间变化的板块运动方向和速度。
- 磁性矿物如磁铁矿等在岩石形成时，会调整它们在地磁场中的方向。这些化石磁体记录了地球磁场的古老方向。对地质学家而言，这有两方面的意义：①可以根据堆积层的变化位置来解释磁极随时间的变化；②地磁场的磁极翻转在洋壳上表现为正常极性和反常极性的"条带状"分布。

5.9 板块运动的驱动力是什么？

总结板块—地幔对流，并解释板块运动的两个主要驱动力。

关键术语：板片拖曳、洋脊推挤、对流

- 某种对流（低密度物质向上运动而高密度物质向下运动）驱使板块运动。
- 大洋岩石圈板块在俯冲带下沉的原因是，俯冲板片比下伏软流圈的密度大。在板片拉张过程中，地球引力作用于板片，导致板块其余部分也向俯冲带移动。当岩石圈沿洋中脊下降时，它会施加一个较小的附加力，即向外的洋脊推挤。流动地幔产生的摩擦力作用于板块底部，并影响板块运动的方向和速度。
- 人们还未完全了解地幔对流的确切模式。全地幔模式提出的对流可能贯穿于整个地幔。分层蛋糕模式提出对流发生在地幔中的两层——相对活跃的上地幔和不活跃的下地幔。

? 对比地幔对流与熔岩灯的作用方式。

（Steve Bower/Shutterstock 供图）

5.10 板块和板块边界如何变化？

解释非洲和南极洲板块逐渐变大而太平洋板块逐渐变小的原因。

- 尽管地球的总表面积不变，但各个板块的大小和形状会因板块俯冲与海底扩张而不断变化。因为作用于岩石圈的力的变化，板块边界可能会重新产生或消亡。

- 泛大陆的裂解和印度与欧亚板块的碰撞，是地质历史时间中板块变化的两个例子。

思考题

1. 在参考题为"科学探索的本质"介绍的相关章节后，回答下列问题：

   a. 魏格纳观察到什么后提出了大陆漂移说？

   b. 为什么大多数科研团体反对大陆漂移说？

   c. 你认为魏格纳是否遵守了科学探索的基本规则？列举证据支持你的观点。

2. 参考下图解释三种汇聚板块的边界，回答下列问题：

   a. 区分汇聚边界的每种类型。

   b. 火山岛弧形成于哪种类型的地壳中？

   c. 为什么在两个板块碰撞之处几乎没有火山活动？

   d. 描述洋－洋汇聚与大洋－大陆汇聚两种方式的不同。它们相似吗？

  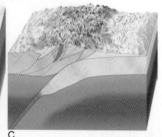

A.　　　　　　　B.　　　　　　　C.

3. 一些人预测加利福尼亚州最终会沉入洋底。这种观点符合板块构造论吗？解释一下。

4. 参考以下假想的板块地图并回答以下问题：

   a. 图中展示了多少个板块？

   b. A、B 和 C 板块是相向运动还是相背运动？你是如何确定的？

   c. 解释为什么 A 和 B 板块比 C 板块存在更多的火山？

   d. 提供至少一个背景，在这一背景下引发板块 C 的火山活动。

5. 形成于地幔柱上方的火山，如夏威夷火山群岛，是地球上最大的盾形火山，但火星上的盾形火山比地球上的更大。这种不同能告诉我们板块运动在塑造火星表面的作用吗？

6. 假设你正沿着不同的大洋中脊研究海底扩张，并利用磁力仪获得的数据画出了以下两幅图。从图中你得出的沿洋中脊海底扩张的速度是多少？请给出解释。

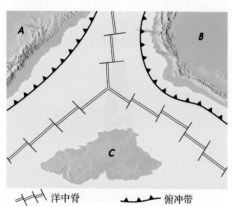

　┼┼┼ 洋中脊　　　▲▲▲ 俯冲带

磁异常

扩张中心A

扩张中心B

7. 澳大利亚有袋类动物（袋鼠、树袋熊等）与美洲有袋类负鼠的化石有直接联系。但现在澳大利亚的有袋类动物与它们在美国的近亲截然不同。泛大陆的裂解是如何解释这种现象的（见图5.35）？

8. 密度是影响地球物质行为的关键参数，它对于我们理解板块构造有特殊的意义。描述密度或密度差在板块构造中所起的三种不同作用。

9. 参考下面的地图和几组城市，回答以下问题：
   （波士顿，丹佛），（伦敦，波士顿），
   （檀香山，北京）

   a. 哪组城市是板块运动相互分离的结果？
   b. 哪组城市是板块运动相互靠近的结果？
   c. 哪组城市目前相对于彼此没有移动？

板块每年移动的厘米数

第6章 动荡的地球：地震、地质构造和造山运动

2011 年 3 月 11 日，海啸正在袭击日本海岸（Sadatsugu Tomizawa/AFP/Getty Images 供图）

2010 年 1 月 12 日,西半球最贫穷的国家海地发生了 7.0 级地震,估计约有 316000 人丧生。除了惊人的死亡人数,还有 30 多万人受伤,28 万间房屋被毁。

震中距离人口密集的首都太子港仅 25 千米。震源深度仅 10 千米,并沿一个类似于加州圣安德烈亚斯断层的断层分布。由于地震发生的深度较浅,因此地表经历了超乎寻常的大规模晃动。其他导致太子港灾难发生的因素有城市的地质背景和建筑结构。这座城市建在沉积物上,因此,地震过程中很容易遭受地表震动。最重要的是,不完善的建筑标准导致建筑物更容易倒塌。这次地震至少发生了 52 次余震,震级都在 4.5 级以上,而地震的不断和伤亡的扩大对震后的幸存者无疑是雪上加霜。

6.1　什么是地震

画图并描述大多数地震的产生机制。

地震是由一个岩块沿断层突然或迅速滑过另一个岩块引起的地表震动。大部分断层都是静止不动的,但短暂且突然的滑移会引起地震(见图 6.1)。断层之所以静止不动,是因为上覆地壳对其施加了巨大的围压,使得地壳中的裂隙"被挤压而闭合"。

地震易发生在已存在的断层中,因为这些断层中的内应力会使地壳岩石破碎,或使地壳岩石断裂为两块或多块。滑移开始的位置称为震源。地震波自该点向周围的岩石辐射。震源在地表上的垂直投影点称为震中(见图 6.2)。

图 6.1　2010 年海地地震后,遭受毁坏的总统府(Luis Acosta/AFP/Getty Images 供图)

你知道吗？

地球上每天都会发生成千上万次地震！所幸的是，大多数地震都会小到人类无法察觉，而较大的地震往往发生在偏远地区。由于有敏感地震仪的帮助，因此我们知道它们的发生。

大地震会以地震波的形式释放大量的能量。地震波能穿过岩石圈和地球内部，是能量传递的一种形式。地震波携带的能量会使得传送地震波的物质震动。地震波类似于石块扔进平静水池中时所产生的水波。就像石块会导致扩散的圆形水波那样，地震产生的波会从震源向四周的所有方向辐射。尽管在远离震源的位置，地震能量会迅速消散，但敏感的仪器仍然可以检测到地震，即使它发生在地球另一面。

每天全球都有成千上万次地震发生。所幸的是，大多数地震都会小到人类无法察觉。在所有这些地震中，人类记录的强震（震级大于或等于7）仅有约15次，且这些强震往往发生在偏远地区。少数情况下，人口密集地区也会发生大地震。这类事件是地球上最具破坏力的自然力量之一。地表的晃动，通常伴随着土地淹没，建筑物、道路毁坏。此外，当地震发生在人口密集地区时，电力线和天然气管道的断裂会引发许多火灾。在 1906 年的旧金山地震中，许多破坏就是由火灾引起的，因为输水管道的破裂导致消防员们无水救火，进而导致火灾变得无法控制（见图 6.3）。

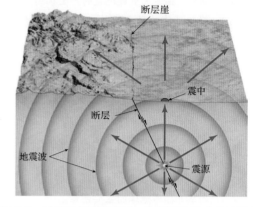

图 6.2　地震的震源和震中。震源是初始位移开始发生的位置，震中是震源正上方的地表位置

6.1.1　探索地震的成因

火山喷发、大规模山体滑坡及陨石撞击释放的能量，也可产生类似于地震波的波，但这些事件通常很微弱。产生破坏性地震的机制是什么？我们知道，地球并不是一颗静止的星球。大部分地壳都已被抬升，所以人们在海拔几千米的位置也能发现海洋生物化石。而在其他地区，如加州的死亡谷，则出现了地壳下沉。除了这些垂向位移，篱笆、道路和其他建筑物的偏移表明，地壳块体之间的水平位移也很常见（见图 6.4）。

图 6.3　地震引发火灾（照片源自美国国会图书馆；插图由 AFP/Getty AFP/Getty 提供）

加利福尼亚州加利帕匹哥东部沿断层的滑移使得篱笆发生了偏移

1906年的旧金山地震后，
篱笆偏移了2.5米

图 6.4 沿断层出现的位移（彩色照片由 John S. Shelton/University of Washington Libraries 提供；插图由 G. K. Gilbert/USGS 提供）

约翰·霍普金斯大学地质学家里德在 1906 年的旧金山地震后，开展了一项具有里程碑意义的研究，研究发现了地震产生的机制。这次地震导致圣安德烈亚斯断层的北段在水平方向上发生了几米的位移。现场研究认为，在这次地震中，太平洋板块向北行进了约 9.7 米，并经过了毗邻的北美洲板块。为了更加形象地描述这次运动，我们可以想象自己站在断层的一侧，并观察到断层另一侧的人突然水平滑移 9.7 米后出现在你的右边。

图 6.5 演示了里德的研究结论。在数十年到数百年间，差异应力会使得断层两侧的地壳岩石慢慢发生弯曲。这与我们弯曲柔软的木棍类似，如图 6.5 所示。摩擦阻力会使得断层断裂，地壳滑移（摩擦力会阻止滑移运动，断层面越不规则，摩擦力越强）。在某一时刻，沿断层的应力会克服摩擦阻力，于是断层开始滑动。滑动会使得已变形（弯曲）的岩石很快恢复到无应力和变形的原始状态；当断层滑动时，会产生一系列向外辐射的地震波（见图 6.5C 和 D）。由于岩石表现出弹性，因此里德将"回跳"称为弹性回跳，类似于释放拉长橡皮筋时的现象。

6.1.2 断层与地震

发生在断层周围的滑移可以用板块构造理论来解释，板块理论表明，地球岩石圈板块会频繁地相互摩擦。这些移动的板块与相邻板块相互作用，导致板块边缘的岩石发生应变和变形。与板块边界相关的断层通常是大型地震发生的原因。

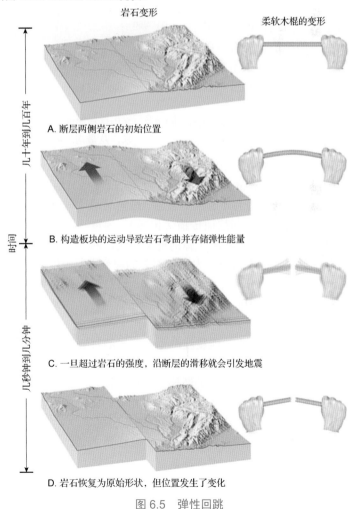

岩石变形   柔软木棍的变形

A. 断层两侧岩石的初始位置

B. 构造板块的运动导致岩石弯曲并存储弹性能量

C. 一旦超过岩石的强度，沿断层的滑移就会引发地震

D. 岩石恢复为原始形状，但位置发生了变化

图 6.5 弹性回跳

转换断层边界 圣安德烈亚斯断层是将地球岩石圈分成北美洲板块和太平洋板块两部分的转换断层边界。大多数转换断层，包括圣安德烈亚斯断层，并不完全呈直线或连续；相反，它们通常包括许多扭曲和偏移的分支和细小断裂（见图 6.6）。此外，地质学家了解到，沿转换断层出现的位移在不同段中会表现出不同。圣安德烈亚斯断层的有些部分会缓慢且平稳地位移（称为断层蠕动），并导致小幅度的地震晃动。有些断层部分则会相对密集地滑动，产生许多小至中型的地震。还有一些断层部分会保持静止不变，在地震之前会存储几百年的弹性能量。

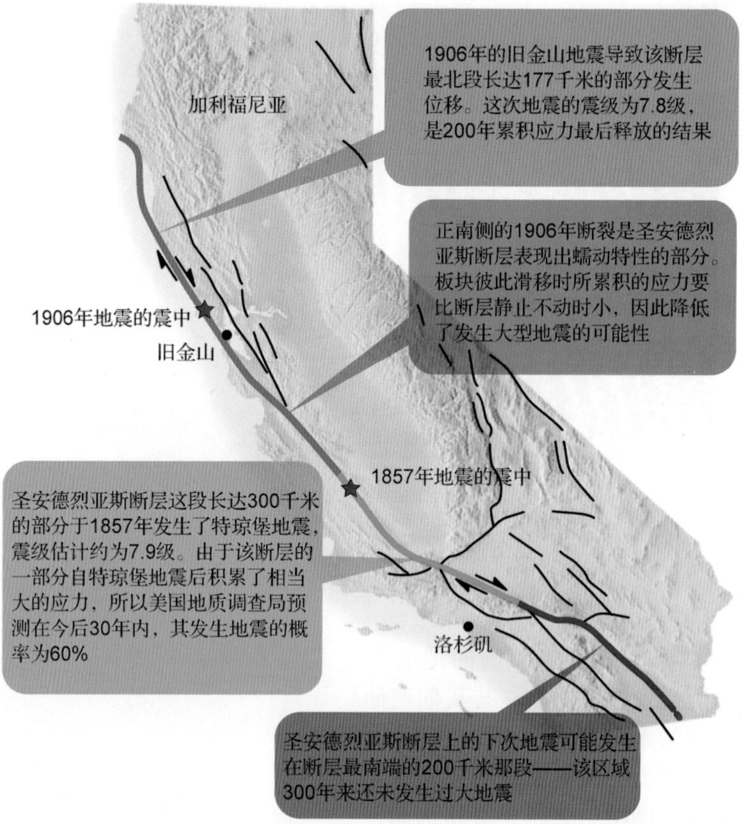

沿圣安德烈亚斯断层静止段发生的地震往往会反复发生：地震结束后，由于连续的板块运动，又立即开始累积应力。几十年或几百年后，又会发生地震。

1906年的旧金山地震导致该断层最北段长达177千米的部分发生位移。这次地震的震级为7.8级，是200年累积应力最后释放的结果

正南侧的1906年断裂是圣安德烈亚斯断层表现出蠕动特性的部分。板块彼此滑移时所累积的应力要比断层静止不动时小，因此降低了发生大型地震的可能性

圣安德烈亚斯断层这段长达300千米的部分于1857年发生了特琼堡地震，震级估计约为7.9级。由于该断层的一部分自特琼堡地震后积累了相当大的应力，所以美国地质调查局预测在今后30年内，其发生地震的概率为60%

圣安德烈亚斯断层上的下次地震可能发生在断层最南端的200千米那段——该区域300年来还未发生过大地震

加利福尼亚

1906年地震的震中

旧金山

1857年地震的震中

洛杉矶

图 6.6　圣安德烈亚斯断层。加利福尼亚州的圣安德烈亚斯断层长达 1300 千米，从最南端到最北端呈对角线横跨加州。多年来，研究人员一直尝试预测该地震系统的下一次"大地震"——震级大于或等于 8 的

沿大断层的滑移不会立刻发生。最初的滑移发生在震中并沿断层面传播（传导），速度为 2～4 千米/秒，比步枪子弹的速度还快。断层某部分出现的滑移会增大相邻部分的应变，进而导致另一部分也开始滑移。例如，滑移沿断层碎裂区传播 300 千米约需要 1.5 分钟，而沿断层传播 100 千米只需要 30 秒。由于部分断层开始滑移，因此，地震波产生于断层的每个点上。

与汇聚板块边界相关的断层 与汇聚板块相关的断层也会引发强震。与大陆碰撞相关的压力会引发造山运动，并产生许多这样的断层。

另外，俯冲大洋岩石圈板片和上覆板块之间的板块边界会形成大型逆冲断层。由于这些大型俯冲断层会俯冲到洋底下方并经历垂向运动而取代上覆海水的位置，因此会产生强破坏性的海啸。

大型逆冲断层已经导致了地球上的大部分强震，包括 2011 年的日本地震（M 9.0）、2004 年的印度洋（苏门答腊岛）地震、1964 的年阿拉斯加地震（M 9.2），以及有记录以来的最大地震——1960 年的智利地震（M 9.5）。

概念检查 6.1

1. 什么是地震？强震通常发生在什么条件下？
2. 断层、震源和震中是如何相关的？
3. 首位解释大多数地震形成机制的人是谁？
4. 什么是弹性回跳？
5. 哪种类型的断层易产生最具破坏性的地震？
6. 在一次地震中，断层持续滑移的时间长度不超过 1 秒。正确还是错误？
7. 辩论：未经历断层蠕动的断层是安全的。

6.2 地震学：地震波研究

对比地震波的类型并描述用来检测它们的地震仪的工作原理。

地震波的研究，即地震学，可追溯到大约2000年前中国尝试确定地震波的方向。最早的测量工具是由张衡发明的地动仪（见图6.7）。大型中空容器的内部悬挂着与圆筒四周龙雕相连的重物（类似于摆钟的钟摆）。每个龙雕的嘴中都有一个金属球。当地震波到达时，悬挂的重物和空心容器的相对运动，会使得几个金属球下落到正下方的青蛙嘴中。

图 6.7 中国古代地震仪。在地震期间，主要震动方向的龙嘴中的金属球会下落到青蛙嘴中（James E. Patterson 供图）

6.2.1 记录地震的仪器

现代地震仪或地震检波仪的原理与早期中国研究者所用的仪器相似。在与基岩安全接触的地震仪基座上，悬挂着一个重物（见图6.8）。当地震产生的震动到达仪器时，重物的惯性会使它保持相对静止，但地球和地震仪的基座会运动。惯性可简单概括如下：静止的物体倾向于静止，运动的物体倾向于运动，除非有外力作用才会改变其运动状态。当我们尝试迅速停止行驶的汽车时，就会经历惯性，此时我们的身体由于惯性会继续向前倾。为了检测到微弱的地震或发生在较远处的强震，大多数的地震仪都会放大地表的运动。在地震频发的区域，所用的地震仪可以承受发生在靠近震源附近的剧烈晃动。

你知道吗？

地震仪最有意义的一些用途包括重现人类灾难，如空难、管道爆炸和矿难。例如，一名地质学家曾协助调查了泛美航空 103 号航班的空难事故。该航班在苏格兰洛克比镇上空被恐怖分子的导弹击落。附近的地震仪分别显示了 6 次单独的撞击，表明飞机在坠毁前就已分解成了很多的大碎片。

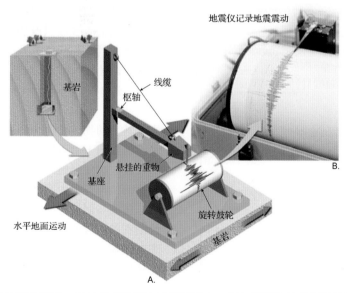

图 6.8 地震仪的工作原理。悬挂的重物倾向于保持静止，但与基岩接触的记录鼓轮会因地震波而震动。固定的重物是测量地震波穿过地面时位移量的参照物（Zephyr/Photo Researchers, Inc.供图）

6.2.2 地震波

由地震仪得到的记录称为地震图,它提供了地震波性质的有用信息。地震图揭示了由岩块滑移产生的两种主要地震波:一种称为面波,它在略低于地表的岩层中传播(见图 6.9);另一种称为体波,它在地球内部运动。

体波 可根据其在地球内部的传播方式,再细分为两种类型:"先到波"或 P 波,以及"次到波"或 S 波。P 波是"推/拉"波,沿运动方向,它们会瞬间推(挤压)和拉(拉伸)岩石(见图 6.10A)。这种波的运动类似于人类的声带使空气来回运动发声。当固体、液体和气体被压缩时,它们会抵抗改变其体积的压力。因此,压力一旦消失,它们就会发生弹性回跳。所以,P 波可在所有物质中传播。

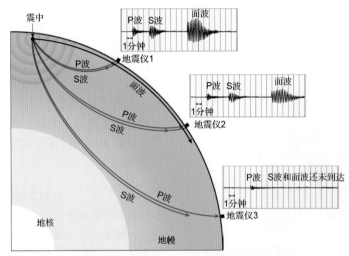

图 6.9 体波(P 波和 S 波)与面波。P 波和 S 波穿过地球内部,而面波则在地表之下传播。P 波第一个到达地震台站,然后是 S 波,最后是面波

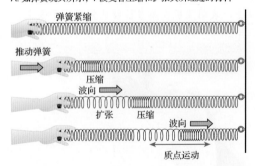

图 6.10 P 波和 S 波的运动特点。在强震期间,地面晃动由各种类型的地震波组成

相比之下,S 波的"震动"粒子的震动方向与其传播方向垂直。这可由固定绳子一端而摇晃另一端导致的现象来解释,如图 6.10B 所示。P 波会通过挤压和拉伸来暂时性地改变材料的体积,而 S 波只改变传输介质的形状。因为流体(气体和液体)无法抵抗压力导致的形状变化,压力一旦消失,流体也不能恢复原状。因此,液体和气体不能传播 S 波。

面波 面波分为两种。一种面波会使得地表及其上的物体由静止变为运动,就像船只在涌浪的作用下上下晃动那样(见图 6.11A)。另一种面波会使得地球物质侧向移动,对地表建筑物的结构有很大的破坏性(见图 6.11B)。

体波与面波之比较 图 6.12 所示为地震仪检测到的地震波,我们可以看到地震波之间的主要区别是它们的传播速度。P 波是首个到达记录台站的,然后是 S 波,最后是面波。一般情况下,P 波的传播速度是 S 波的 1.7 倍,S 波的传播速度比面波快 10%。

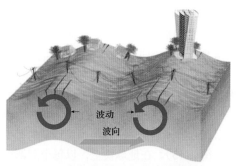

A. 第一种类型的面波类似于海浪沿地表传播。红色箭头表示地震波经过岩石时，岩石的运动方向

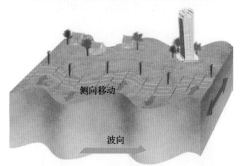

B. 第二种类型的面波会使得地表侧面移动，毁坏建筑物的地基

图 6.11　两种类型的面波

除了速度差异，还要注意图 6.12 中的高度或振幅，不同类型的波的振幅也不相同。S 波比 P 波的振幅稍大，而面波表现出更大的振幅。

面波保持最大振幅的时间也高于 P 波和 S 波。面波更易引起地面的剧烈晃动，与 P 波或 S 波相比，会造成更大的财产损失。

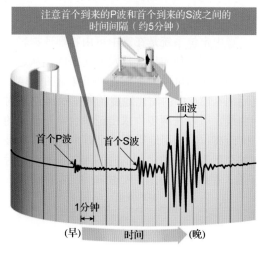

图 6.12　典型的地震图

概念检查 6.2

1. 描述地震仪的原理。
2. 列举 P 波、S 波和面波的主要区别。
3. 哪种类型的地震波会对建筑物造成更大的损害？

6.3　震源定位

解释如何利用地震仪来确定震中的位置。

分析地震时，地震学家的首要任务是确定震中。震中是震源在地表的垂直投影（见图 6.2）。确定震中的原理是 P 波的传播速度要快于 S 波。

这种方法类似于不同速度的两辆汽车的比赛结果。就像速度快的汽车那样，首个到达的 P 波总是要比首个 S 波早到。赛道的距离越长，它们到达终点（地震台站）的时间差越大。因此，首个到达的 P 波和首个到达的 S 波的时间间隔越大，表明离震中的距离越远。图 6.13 显示了同一次地震的三条简化地震图。参照 P 波和 S 波的时间间隔，哪个城市离震中最远？是那格浦尔、达尔文还是巴黎？

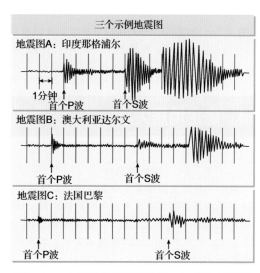

图 6.13　在不同位置记录的同一地震的地震图

1811—1812 年新马德里地震期间，地表下沉了 4.5 米以上，并在密西西比河西部形成了圣弗朗西斯湖，扩大了里尔富特湖的水域。而其他地区地表则被抬升，并在密西西比河上形成了暂时性的瀑布

震中定位系统是在震中可由物理证据轻易确定的地震中使用地震仪发展起来的。从这些地震图，我们可以确定传播时间（见图 6.14）。利用图 6.13A 中的简化地震图和图 6.14 中的时距曲线，可以在两步内求出记录台站到震中的时间距离：①利用地震图求出首个到达的 P 波和首个到达的 S 波之间的时间间隔；②利用时距图，在纵轴上求出 P 波和 S 波的时间间隔，并用该信息在水平轴上求出到震中的距离。经过这些步骤后，我们就可以确定地震发生在距印度那格浦尔的记录仪 3400 千米的远处。

现在我们知道了距离，但地震发生在哪个方向呢？震中可以在地震监测站的任意方向。知道地震发生地距各个观测台站的三个距离或更多距离后，利用三角测量法就能确定地震的精确位置（见图 6.15）。在地球仪上，以每个观测台站为中心画圆，这些圆的半径就等于地震观测台站到震中的距离，而三个圆的交点即地震的震中。

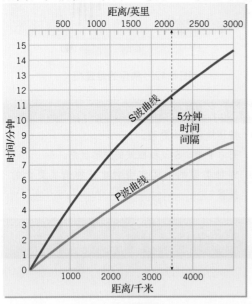

图 6.14 时距图。时距图用来确定到地震震中的距离。在该例中，首个到达的 P 波和首个到达的 S 波的时间差为 5 分钟，因此离震中的距离约为 3400 千米

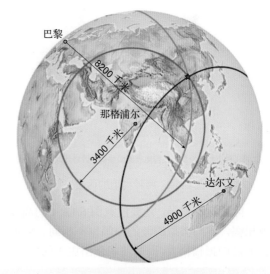

图 6.15 确定地震位置的三角测量法。这种方法使用从地震观测台站获得的三个或多个距离来确定地震位置

概念检查 6.3

1. 地震的时距图提供了什么信息？
2. 简述如何利用三角测量法来确定地震的震中。

6.4 确定地震大小

区分烈度和震级。

死亡人数最多的地震是中国陕西的华县地震。华县居民的房屋通常是在黄土中所挖的窑洞。1556 年 1 月 23 日，该地区发生地震，窑洞倒塌无数，83 万人死亡。可悲的是，1920 年再次发生了相同的事件，20 万人丧生。

地震学家使用两种完全不同的方法来确定地震的大小——烈度和震级。使用的第一种方法是烈度，烈度是根据观察到的财产损失来衡量特定地区地表晃动程度的指标。后来，随着地震仪的发展，人们得以使用地震仪来测量地面运动。这种数量级的测量称为震级，它根据地震记录收集到的数据来估计震源释放的能量。

6.4.1 烈度表

19 世纪中期前，历史记录都只能提供地震晃动的严重程度和损失数量。首次科学描述地震的影响大概是在 1857 年意大利大地震之后。通过系统地描述地震的影响，人们建立了一种测量地表晃动强度的方法。这种地图的制作方法是用线条连接具有相同破坏程度的地方，这些地方也具有相同的地表晃动程度。利用这种方法，人们确定了区域的烈度，最高烈度的位置出现在靠近地表最大晃动的地区，且经常（但不总）是地震的震中。1902 年，朱塞佩·麦加利发明了一种更可信的烈度表，且人们至今仍在使用其修正表。修正后的麦氏烈度表如表 6.1 所示，它是依据加州的建筑物发展起来的。例如，在麦氏烈度表的 12 个指标中，如果一场地震摧毁了一些坚固的木式建筑和大部分砖石建筑，那么这一区域的烈度就用罗马数字 X（10）来表示。图 6.16 显示了 1989 年旧金山地震所破坏的区域，这些区域的地表晃动强度是由麦氏烈度表确定的。

表 6.1	修正后的麦氏地震烈度表
I	仅在特定环境下有震感
II	仅在人们休息时有震感，尤其是在建筑物的高层
III	室内感觉明显，尤其是在建筑物的高层，但许多人并未意识到这是地震
IV	室内有震感，室外基本无震感。感觉就像重型拖拉机冲撞建筑物
V	每个人都有震感，且许多人会惊惶失措。有时会出现树木、立杆和其他较高物体摇晃的现象
VI	每个人都有震感；许多人会因害怕而冲向室外。一些较重的家具会移动；出现石膏下落或烟囱倒塌现象。破坏力较小
VII	每个人都会冲向室外。结构良好建筑物的毁坏很小，普通建筑物出现轻微或中等程度的毁坏；危房会出现倒塌现象
VIII	结构良好的建筑物会出现轻微毁坏，普通建筑物毁坏严重，部分出现倒塌现象，危房全部倒塌（工厂烟囱、立柱、纪念碑和墙壁倒塌）
IX	结构良好的建筑物毁坏严重，建筑物地基出现平移现象，地面出现裂缝
X	结构良好的木式建筑损毁。多数砖石和框架结构毁坏，地面严重开裂
XI	砖石结构几乎全部倒塌，桥梁毁坏，地面出现很大的裂隙
XII	全部毁坏。地面波动，物体抛向天空

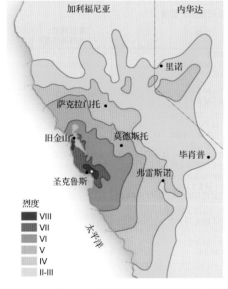

图 6.16 1989 年旧金山地震的地震烈度图。烈度级别根据修正后的麦氏烈度表画出，并用罗马数字表示。该事件的最大烈度区大致相当于震中，但也并非总是如此

6.4.2 震级表

为了更准确地对比全球地震，科学家们试图找到一种能描述地震所释放的能量且不依赖于全球不同建筑物方法。最终，人们建立了几个震级表。

里氏震级 1935 年，加州理工学院的查尔斯·里克特利用地震记录首次建立了震级表。如图 6.17 的顶部所示，里氏震级是通过计算地震图记录的最大地震波（通常是 S 波或面波）的振幅得到的。由于地震波会随震源和地震仪之间距离的增大而减弱，里特发明了一种解释随距离增加振幅减弱的方法。理论上，只要使用相同的某种仪器，由不同地区的观测台站所记录的每条地震记录，都会得到相同的里氏震级。但实践过程中，由于地震波会穿过不同类型的岩石，因此，导致不同记录台站测得的同一地震的震级会略有差异。

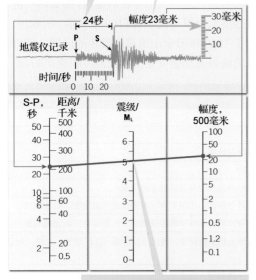

1. 在地震图上测得最大波形的高度（幅度）为23毫米，并将其标在振幅尺度上（右侧）

2. 用首个到达的P波和首个到达S波的时间间隔（24秒），求离震源的距离并把它标注在距离尺度上（左侧）

24秒　　幅度23毫米　　30毫米
20
10
地震仪记录　P　S
时间/秒　0　10　20

S-P,
秒　　距离/千米　　震级/M_L　　幅度,500毫米

3. 画一条连接这两点的直线并从震级表（中间）上读出震级（$M_L = 5$）

图6.17　确定地震的里氏震级

地震在强度上有很大的差别，大地震产生的波幅是小地震的几千倍。为了应对这种较大的变化，里克特使用对数尺度来表示震级，震级每增加1级，波幅增大10倍。因此，5级地震的地表震动强度是4级地震的10倍（见图6.18）。

震级、地表运动与能量

震级变化	地表运动变化（幅度）	能量变化（近似）
4.0	10 000 倍	1 000 000 倍
3.0	1000 倍	32 000 倍
2.0	100 倍	1000 倍
1.0	10.0 倍	32 倍
0.5	3.2 倍	5.5 倍
0.1	1.3 倍	1.4 倍

图6.18　震级、地表运动和能量三者之间的关系。地震的一个震级要比另一个震级大很多（例如M 6远大于M 5），其产生的地表运动间的关系是10倍的关系，高一级地震是低一级地震所释放能量的32倍

另外，里氏震级每增大1级，其释放的能量会增大32倍。因此，6.5级地震所释放的能量是5.5级地震的32倍，是4.5级地震的1024倍（32×32）。8.5级大地震所释放的能量是人类无感的最小地震的上百万倍（见图6.19）。

不同震级地震的发生频率及所释放的能量

震级（Mw）	年均次数	说明	示例	能量释放（千克炸药当量）
9	<1	有记录的最大地震：大面积毁坏，大量人员失去生命	智利，1960（M 9.5） 阿拉斯加，1964（M 9.0） 日本，2011（M 9.0）	56 000 000 000 000
8	1	大地震：经济损失严重，大量人员失去生命	苏门答腊，2006（M 8.6） 墨西哥城，1980（M 8.1）	1 800 000 000 000
7	15	大地震：经济损失数以百万美元计，许多人员失去生命	密苏里州新马德里，1812（M 7.7） 土耳其，1999（M 7.6） 南卡罗来纳州查尔斯顿，1886（M 7.3）	56 000 000 000
6	134	强地震：人口密集区破坏严重	日本神户，1995（M 6.9） 加利福尼亚州旧金山，1989（M 6.9） 加利福尼亚州北岭，1994（M 6.7）	1 800 000 000
5	1319	中型地震：质量差的建筑物毁坏	弗吉尼亚州米纳勒尔，2011（M 5.8） 纽约北部，1994（M 5.8） 俄克拉荷马州俄克拉荷马城东部，2011（M 5.6）	56 000 000
4	13 000	小型地震：室内物品出现可察觉的震动，财产损失较大	明尼苏达州西部，1975（M 4.6） 阿肯色州，2011（M 4.7）	1 800 000
3	130 000	小地震：人类有感，财产损失轻微	新泽西州，2009（M 3.0） 缅因州，2006（M 3.8）	56 000
2	1 300 000	极小地震：人类有感，无财产损失		1 800
	未知	极小地震：人类无感，但可记录		56

数据源自USGS。

图6.19　不同震级的地震（数据源自USGS）

使用由地震图计算出的单个数字来描述地震大小的方便性，已使得里氏震级成为一个实用的工具。自修正里氏震级之后，地震学家又开发了一些相似的震级表。

尽管里氏震级很实用，但对大地震来说仍存在局限性。例如，1906年旧金山地震和1964年阿拉斯加地震的里氏震级大致相同，但根据受影响区域的大小和相关的构造变化，阿拉斯加地震比旧金山地震释放了更多能量。因此，里氏震级对于大地震来说是饱和的，它不能很好地区分较大的地震。尽管存在这一缺点，但人们仍在使用类似于里氏震级的震级表，原因是它计算快捷。

矩震级 为了测量中型和大型地震，人们开发了称为矩震级（Mw）的新震级表，用于测定地震所释放的总能量。矩震级是通过计算断层的平均滑移距离、滑移断层面的面积和断层岩石的强度得出的。

矩震级也可通过对地震图中的数据进行建模得到。其结果即可转换为震级数。此外，如里氏

震级那样，矩震级每增大一级，其释放的能量也大致增大32倍。因为矩震级是用来估计总释放能量的，所以它适用于大型地震。根据这一点，地震学家已用矩震级重新计算了较老的强震。例如，1964年的阿拉斯加地震，原来的震级定为里氏8.3级，使用矩震级重新计算后，震级上调到了9.2级。相反，1906年的旧金山地震原定为里氏8.3级，而重新计算后则下调到7.9级。史上最强烈的地震是1960年的智利俯冲带地震，其矩震级为9.5级（见表6.2）。

概念检查6.4

1. 麦氏地震烈度表告诉了我们有关地震的哪些内容？
2. 哪些信息用来确定麦氏烈度表中的低级地震？
3. 震级7.0的地震比震级6.0的地震所释放的能量多多少？
4. 为什么矩震级比里氏震级更受欢迎？

表6.2 一些著名的地震				
年份	位置	死亡人数（估）	震级*	说明
856	伊朗	200000		
893	伊朗	150000		
1138	叙利亚	230000		
1268	小亚细亚半岛	60000		
1290	中国	100000		
1556	中国陕西	830000		可能是最大的自然灾害
1667	高加索	80000		
1727	伊朗	77000		
1775	葡萄牙里斯本	70000		海啸破坏巨大
1783	意大利	50000		
1908	意大利墨西拿	120000		
1920	中国	200000	7.5	山体滑坡掩埋了一个村庄
1923	日本东京	143000	7.9	火灾导致了巨大的破坏
1948	土库曼斯坦	110000	7.3	靠近震中的几乎所有砖式建筑物坍塌
1960	智利南部	5700	9.5	有记录的最大震级的地震
1964	阿拉斯加	131	9.2	北美最大震级的地震
1970	秘鲁	70000	7.9	引发了大滑坡
1976	中国唐山	242000	7.5	估计死亡总人数高达655000人
1985	墨西哥城	9500	8.1	主要破坏出现在距震中400千米处
1988	亚美尼亚	25000	6.9	质量差的建筑物坍塌
1990	伊朗	50000	7.4	滑坡和建筑物倒塌导致了很大的破坏
1993	印度拉杜尔	10000	6.4	位于稳定的内陆地区

6.5 地震的破坏作用

列举并描述由地震震动引发的主要破坏力。

你知道吗？

人们通常认为中等地震可以降低同一地区发生大地震的可能，但事实并非如此，比较不同震级所释放的能量后，就会发现"大"地震期间成千上万的中等地震也会释放大量的能量。

北美史上最强烈的地震（阿拉斯加地震）发生于1964年3月27日下午5点36分。整个州的大部分人都感觉到了这一地震，其矩震级（Mw）为9.2，持续了3～4分钟。这场地震造成128人死亡，数千人无家可归，严重破坏了该州的经济。首次地震后的24小时内，出现了28次余震，其中10次的矩震级超过了6级。图6.20显示了震中的位置和受灾最严重的城镇。

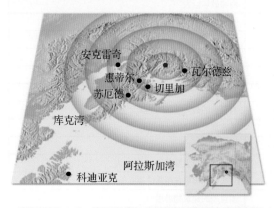

图6.20 1964年阿拉斯加地震影响最严重的区域

地震的破坏程度取决于许多因素，其中最明

显的是地震的震级和距震中的距离。在一次地震中，离震中20～50千米的区域会经历大致相同程度的震动，超过这一范围震动将很快消失。发生在稳定大陆内部的地震，如1811—1812年的新德里地震，通常认为比发生在地震多发的加州地震波及范围更广。

来自地震震动的破坏 1964年的阿拉斯加地震使得人们开始认识到地表晃动也是一种破坏力。地震释放的能量会沿地表传播，传播方式包括上下运动和左右运动，进而导致地表震动。建筑物的损坏数量取决于震动的如下几个因素：①烈度；②持续时间；③物质本身的性质和结构；④建筑材料的性质及该区域的工程施工方法。

1964年的地震震动摧毁了安克雷奇市的所有多层建筑，而木质结构的居民建筑物却表现良好。图6.21给出了建筑类型对地震损失影响的一个经典示例。我们可以看到图中左侧的钢结构建筑经受住了震动，而不良设计的杰西潘尼大厦损失惨重。工程师们了解到，由木板和砖块而非钢筋组成的建筑结构，在地震中受到的威胁最大。遗憾的是，大部分发展中国家的建筑物结构都是无钢筋混凝土板和干泥浆制成的砖块，这就是在同一震级的情况下，海地等贫困国家的地震死亡率高于美国的原因。

图 6.21　结构损坏对比。阿拉斯加安克雷奇市的五层杰西潘尼大厦遭受巨大损失，而毗邻的钢和玻璃结构建筑物的损失较小（NOAA 供图）

尽管安克雷奇市的建筑物都是按照抗震要求建造的，但 1964 年的阿拉斯加地震仍毁坏了大部分建筑物。原因可能是地震超长的持续时间。大多数地震包括震动，其持续时间不会超过 1 分钟。例如，1994 年北岭地震的有感持续时间为 40 秒，震感强烈的 1989 年旧金山地震的持续时间小于 15 秒，而阿拉斯加地震则持续了 3～4 分钟。

图 6.22　地面破坏导致安克雷奇市街道塌陷

地震波的放大　尽管靠近震源的区域会经历相同烈度的地表晃动，但破坏程度可能相差很大。这种不同通常是由地表性质和地面结构导致的。例如，较软的沉积物与坚硬的基岩相比，通常更易放大震动。因此，建在松散沉积物上的安克雷奇市出现了严重的建筑物损毁（见图 6.22）。相比之下，惠蒂尔市的大部分城镇尽管靠近震中，但由于建在坚固的基岩上，因此地震造成的损失较小。

液化作用　地震的强烈震动会造成松散堆积的饱和含水物质（如含水的沉积或填埋物）转变为一种类似于液体的物质（见图 6.23）。这种将比较稳定的土壤转变成具上升到地表能力的活性物质的现象，称为液化作用。液化发生时，地表无法支持建筑物，且地下储油罐和污水管道可能会直接漂浮到地面上（见图 6.24）。1989 年旧金山地震期间，在旧金山的海滨区，建筑物倒塌，间歇泉中的沙子和水涌出地面，这是液化发生的证据（见图 6.23）。1906 年的地震中，液化还损坏了旧金山的供水系统。

山体滑坡和地面沉降　对建筑物造成损害最大的地震灾害，通常是由地震引发的山体滑坡和地面沉降造成的。例如，1964 年阿拉斯加地震时的瓦尔迪兹和苏厄德地区，剧烈的晃动导致海岸沉积物下滑，使得这两个港口城市消失。在瓦尔迪兹，31 人因为码头滑入海底而死亡。整个瓦尔迪兹则移到了 7 千米远的坚固地区。

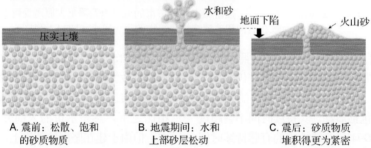

A. 震前：松散、饱和
的砂质物质

B. 地震期间：水和
上部砂层松动

C. 震后：砂质物质
堆积得更为紧密

图 6.23　液化。1989 年旧金山地震引发的"泥火山"。它们是由间歇泉中的沙子和水涌
　　　　出地表形成的，是出现液化的标志（Richard Hilton 摄，经 Dennis Fox 授板）

图 6.24　液化作用的影响（USGS 供图）

安克雷奇地区的大部分损失是由山体滑坡造成的。在特纳盖恩高地，因为黏土层失去了强度，家园被毁，200米宽的土地滑向了海洋（见图6.25）。这次山体滑坡的一部分由于自然条件的原因被保留下来，作为这次破坏的警示。这个地方恰如其分地命名为"地震公园"。安克雷奇市中心的主要商业区也下沉了3米以上（见图6.22）。

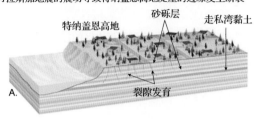

阿拉斯加地震的震动导致特纳盖恩高地陡崖的边缘发生断裂

特纳盖恩高地　砂砾层　走私湾黏土

A.　裂隙发育

岩块开始沿软弱的滑移面向大海方向滑移，不到5分钟就破坏了长达200米的特纳盖恩高地陡崖地区

原始剖面　20米

B.

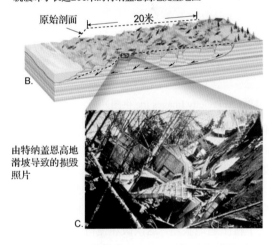

由特纳盖恩高地滑坡导致的损毁照片

C.

图6.25　1964年阿拉斯加地震导致特纳盖恩高地发生了滑坡（USGS供图）

6.5.1　火灾

100多年前，旧金山由于金矿和银矿的开发而成为美国西部的经济中心。然而，1906年4月18日拂晓，强烈的地震袭击了这座城市，引发了巨大的风暴性火灾（见图6.3），城市的大部分地区化为灰烬和废墟。据估计，约有3000人死亡，超过城市人口半数的40万居民无家可归。

著名的旧金山地震提醒我们，可怕的火灾威胁往往发生在燃气管道和输电线路损坏时。地表晃动使得输水管线断裂，进而使得大火无法控制。火灾肆虐3天后，人们才通过炸毁建筑物后形成的一条防火隔离带控制了大火。

虽然死于旧金山火灾的人数不多，但破坏性更强的其他地震引发的火灾造成了更多人死亡。例如，1923年的日本地震据估计引发了250场火灾，这些火灾摧毁了横滨市，以及东京市半数以上的家庭，超过10万人死于火灾。

6.5.2　什么是海啸？

重要的海底地震有时会引发一系列的巨大海浪，被称为海啸，如著名的日本海啸。大部分海啸是由沿大型逆冲断层抬升的大洋板片引发的（见图6.26）。海啸类似于一块鹅卵石掉进池塘形成的一系列涟漪。与涟漪相比，海啸在海洋上会以十分惊人的速度（时速约为800千米）前进，相当一架商用客机的速度。尽管有如此明显的特点，但人们在开阔的海域却无法检测到它，因为在这些区域，海啸的高度（振幅）通常会小于1米，且波峰之间的距离为100～700千米。海啸进入浅海后，毁灭性的波浪因"触底"而变得缓慢，进而导致水浪堆叠（见图6.26）。个别特殊的海啸，其高度会达30米。当海啸的波峰到达海滨时，看起来就像是在动荡混乱中迅速升起的海面（见图6.27）。

对于正在接近的海啸，首先要警告海滩上的人员迅速撤离，因为第一个大浪很快就会到达。太平洋海盆的一些居民已经学会注意这个警告，并迅速转移到地势较高的地方。海水退却5～30分钟后，延伸到内陆几千米的巨浪出现。海浪每次激增后，都伴随着迅速退却。因此，经历过海啸的人不会在第一次海浪退却时返回海滨。

2004年印度尼西亚地震引起的海啸灾害
2014年12月26日，靠近苏门答腊岛的海底发生了9.1（Mw）级大地震，印度洋和孟加拉湾大浪滔天（见图6.27）。它是现代最致命的自然灾害之一，据报道超过23万人失去生命。当水涌入内陆几千米时，汽车和卡车像玩具被扔进鱼缸一样，渔船冲向房屋。在某些地区，水的回流会把一些尸体和大量碎片拽入海洋。

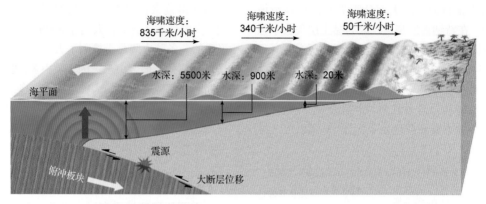

图 6.26　海啸是由洋底位移引起的。海浪的速度与大洋深度相关。海浪在深水区的行进速度超过 800 千米/小时。水深 20 米时，海浪的速度逐渐下降到 50 千米/小时。逐渐到达海滨时，海浪高度不断增加，最终以巨大的力量拍到海滩上

图 6.27　2004 年苏门答腊岛海岸生成的海啸（AFP/Getty Images Inc.供图）

海啸的破坏性极大。在印度洋海岸，它不仅会破坏豪华的度假村，也会破坏破旧的小渔村。据报道，这次海啸波及的范围最远到了非洲的索马里海岸，要知道索马里海岸位于震中西部 4100 千米处。

日本海啸　日本位于环太平洋带，且有广阔的海岸线，因此极易受海啸的影响。袭击日本的最强现代地震是 2011 年的东北地震（Mw 9.0）。这次史上著名的地震及毁灭性的海啸至少造成 15861 人死亡，超过 3000 人失踪，6107 人受伤，近 400000 栋建筑物、56 座桥梁和 26 条铁路被摧毁或损坏。

人员伤亡和财产损失主要由太平洋大海啸引起，海啸最高高度达 40 米，且在仙台市涌入内陆地区超过 10 千米（见图 6.28）。本章开始的照片显示了这一灾难性的事件。此外，日本福岛第一核电站的三座核反应堆发生熔毁泄漏。海啸横跨太平洋，在加利福尼亚州、俄勒冈州、秘鲁和智利造成了多人死亡，以及一些房屋、船只和码头损坏。这次海啸是由日本东海岸外 60 千米处的洋底板片突然"逆冲"5～8 米导致的。

海啸预警系统　1946 年，一场大海啸毫无征兆地袭击了夏威夷群岛。高达 15 米的海浪使得几个村庄遍地狼藉。这次破坏使得美国海岸和大地测量局建立了一个环太平洋海岸国家和地区的地震海啸警报系统，目前已有 26 个国家加入。遍布整个地区的地震观测台站，负责向位于檀香山的海啸警报中心报告检测到的大地震。监测中心的科学家们通常用装有压力传感器的深海浮标来监测地震释放的能量。此外，潮汐仪表则持续监测海啸过程中的海面高低变化，并在 1 小时内发出警告。尽管海啸的传播速度很快，但警告所有地区的时间仍然比较充足，除了那些靠近震源的地区。例如，发生在阿留申群岛附近的海啸需要 5 小时才能到达夏威夷，智利海岸附近的海啸需要 15 小时才能到夏威夷（见图 6.29）。

图 6.28　2011 年 3 月日本海啸造成的名取市建筑物损坏（Mike Clark/AFP/Getty Images 供图）

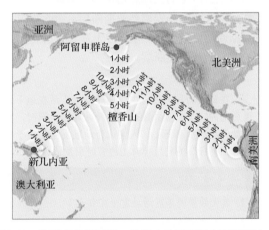

图 6.29　海啸的传播时间。从指定地区穿越太平洋到达
　　　　 夏威夷檀香山的传播时间（数据由 NOAA 提供）

概念检查 6.5

1. 列出 4 个由地震震动导致的影响人类建筑物破坏数量的因素。

2. 除了地震震动直接引起的破坏，列出与地震相关的其他三种类型的破坏。

3. 什么是海啸？海啸怎样产生的？

4. 为什么 7.0 级地震与 8.0 级地震相比，可能会造成更大的人员伤亡及财产损失？请至少列出三种原因。

6.6　地震带与板块边界

在世界地图上找到最大的地震带并标出发生过的最大地震的相关区域。

大约 95%能量释放发生在相对狭小的区域，且能量是通过地震释放的，如图 6.30 所示。最大的地震活动带称为环太平洋地震带，它包括智利沿海地区、中美洲、印度尼西亚、日本，以及阿拉斯加-阿留申群岛（见图 6.30）。环太平洋带的大多数地震发生在汇聚板块边界，因为在汇聚板块边界，板块会以很小的角度向另一个板块下方俯冲。俯冲板块和上覆板块之间接触的位置为逆冲断层，在逆冲断层处易发生较大的地震。

环太平洋地震带的俯冲板块边界超过 40000 千米，其位移由逆冲断裂作用控制。断裂偶尔会发生在沿板片延伸长达 1000 千米的位置上，产生灾难性的震级为 8 级或 8 级以上的逆冲型地震。

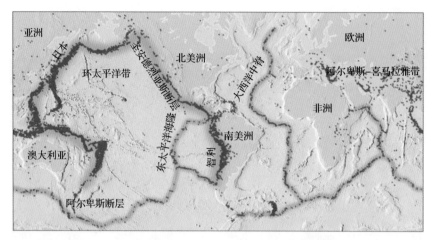

图 6.30　1900 年以来震级大于 7.5 级的地震分布（数据由 USGS 提供）

另一个地震活动集中带称为阿尔卑斯－喜马拉雅带，它从地中海一侧的山区延伸到喜马拉雅山区（见图 6.30）。这个地区的构造活动主要是由非洲板块与欧亚板块中的印度板块、东南亚板块之间的碰撞形成的。这些板块之间的相互作用会产生一直保持活跃的推力和走滑断层。此外，离这些板块边界较远的许多断层被重新激活，类似于印度板块继续向北俯冲碰撞亚洲板块。例如，2008 年中国四川发生在复杂断层系统上的滑移，至少造成了 7 万人死亡，150 万人无家可归。"罪魁祸首"是印度次大陆不断俯冲碰撞青藏高原，与东部的四川盆地岩石圈形成了强烈挤压走滑。

图 6.30 显示了另一个连续的地震带，它穿越全球大洋并延伸数千千米。这个区域与洋中脊系统的分布一致，是一个地震频发但震级不大的区域。在海底扩张期间，当拉张力拉开板块时，该区域正断层的位移是大部分地震产生的原因。其他地震活动与沿着洋中脊碎片之间的转换断层走滑有关。

转换断层和较小的走滑断层也贯穿于地壳，这些位置产生的大地震通常具有周期性，包括加利福尼亚州的圣安德烈亚斯断层、新西兰的阿尔卑斯断层以及 1999 年导致土耳其人员死亡惨重的北安纳托利亚断层。

你知道吗？

在日本的民间传说中，地震是由生活在地下的鲶鱼引起的。当鲶鱼扑腾时地表开始震动。同时，在俄罗斯的堪察加半岛上，人们认为地震发生是由于一只名为"柯仔"的狗甩掉身上的雪时引发的。

概念检查 6.6

1. 最大数量的地震活动发生在哪里？
2. 哪种类型的板块边界与地球上的最大地震相关？
3. 指出另一个主要的强震活动集中带。

6.7　地球内部

解释如何获得地球内部的分层结构及如何利用地震波来探索地球内部。

你知道吗？

在一次地震期间，靠近牙买加罗亚尔港地区，建在水饱和砂岩上的城市发生了剧烈晃动。水饱和时，砂粒之间会变得疏松，因此不管是人还是建筑物，在这种地基上都会下沉。一名目击者称："整个街区和居民都被吞没……有些很快就被吞没，但又被巨浪卷回；有些被卷走后再未出现。"

如果能将地球切成两半，那么我们首先注意到的是其明显的分层结构。密度最大的物质（金属）位于中心，较轻的固体（岩石）位于中间，液体和气体则位于顶部。对于地球，我们知道这些层分别是铁质地核、岩石地幔和地壳、液体海洋和气体大气层。95%以上的地球内部组成和温度变化都与分层相关。

在一定的深度，地球的组成和温度会有变化，这说明地球的内部十分活跃。地幔和地壳岩石会不断运动，不仅包括板块构造运动，也包括持续不断的地表和深部循环。此外，海洋和大气层中的水与空气是由地球内部不断补充的，因此，这是地表会出现生命的原因。

6.7.1　地球分层结构的形成

在物质积累形成地球时，高速运动的星云碎片和放射性元素的衰变使得地球的温度不断升高。在这种高温期间，地球会热到足以使铁和镍熔化。熔化形成的液滴会下沉到地球内部的中心。这一过程在地质历史时期发生，并迅速形成密集的富铁核。

早期阶段的高温还会导致另一个化学分异过程。熔融产生的大量浮力较大的熔融岩石，会上升到地表并固结，形成原始的地壳。这些岩石物质富含氧和"亲氧"元素，尤其是硅和铝，并含有少量的钙、钠、钾、铁和镁。另外，一些重金属元素（如金、铅和铀）的熔点较低，易熔于原始地壳中上升的熔体中。

6.7.2　探索地球内部："透视"地球的地震波

探索地球深部的结构和属性并不容易。光线无法穿透岩石传播，所以我们必须找到另一种方法"透视"我们的星球。了解地球内部最好的方式是挖或钻一个洞来直接观察。遗憾的是，在较浅的深度下，这种方式是可能的。最深的钻井曾经穿透的最大深度是 12.3 千米，而这仅是到地心距离的 1/500。即便如此，这也是人类取得的非凡成就，因为温度和压力会随深度的增加而不断增大。

许多地震大到足以使地震波一直在地球内部传播，使得在地球的另一端也能检测到地震波的存在（见图 6.31）。这意味着地震波的行为类似于对人体成像的医用 X 射线。人们每年能较好地记录 100～200 次大地震（Mw > 6）。这些大地震提供了一种"透视"地球的手段，并

提供大量数据来解释地球的内部性质。

通过地震图来确定地球的结构很有挑战性。地震波不沿直线传播；相反，地震波通过地球时通常会发生反射、折射和衍射。它们反映了不同圈层的界线，地震波从一层传播到另一层时，曲线会发生折射（或弯曲），并且会衍射绕过障碍物（见图 6.31）。这些不同的波的行为可用来确定地球内部的圈层界线。

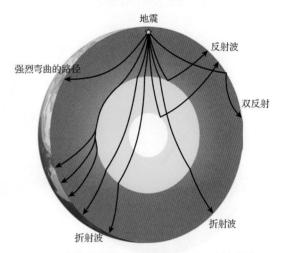

图 6.31　地震波传播的可能路径。注意，在地幔中，地震波的传播路径是曲线（折射）而非直线，因为岩石中的传播速度会随深度的增加而增大，深度越大，压力也越大

地震波的一个最明显的行为是，它会沿极度曲折的路径传播（见图 6.31）。这是因为地震波的传播速度会随着深度的增加而不断增大。另外，地震波在特别坚硬或不能压缩的岩石中传播时速度较快。这些刚性和压缩性特征随后可用于解译岩石的组分和温度。例如，当岩石温度较高时，就变得不那么坚硬，因此地震波在其中的传播速度会变慢。地震波在不同组分岩石中传播的速度也不同。因此，地震波的传播速度也可用来确定地球内部岩石的种类和热度。

概念检查 6.7

1. 我们是怎样获得地球圈层结构的？
2. 简要描述地震波是如何用于探测地球内部的。

6.8 地球圈层

列举并描述地球的主要圈层。

1964 年阿拉斯加地震引发的海啸严重毁坏了位于阿拉斯加海湾的社区并造成了 107 人死亡。相反，在安克雷奇只有 9 人直接死于地震震动。此外，尽管提前警报了 1 小时，但在加州的克雷森特市仍有 12 人失踪，这是由最具破坏性的地震引起的第五大海啸。

地球的三个不同组分的圈层（地壳、地幔和地核），根据物理性质的不同可进一步划分。物理性质用于区分圈层是液态的还是固态的，以及各个不同地区的强弱。两种类型的圈层对于我们理解地质过程是必要的，例如火山活动、地震及造山运动（见图 6.32）。

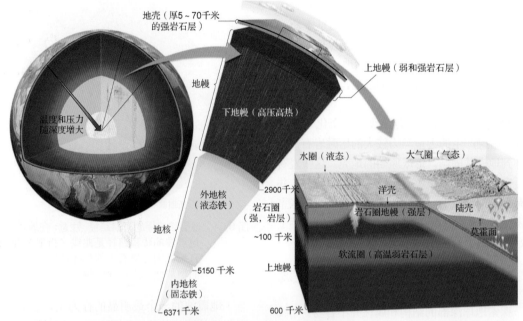

图 6.32 地球的分层结构。地震波研究和其他地球物理手段表明，地球是一个多部分相互作用的动态星球。地球的圈层属性包括组成物质的物理性质（固体、液体、气体）及物质的坚固性（如岩石圈和软流圈的区别）。这些研究发现，地球圈层主要靠密度划分，最重的物质（铁）位于中心，而最轻的物质（气体和液体）在最外层

6.8.1 地壳

地壳是地球相对较薄的岩石外壳，它分为两种类型：陆壳和洋壳。洋壳厚约 7 千米，由暗色的火成玄武岩组成。相比之下，陆壳平均厚 35~40 千米，在某些山区可达 70 千米，例如在洛基山脉和喜马拉雅山脉。与成分单一的洋壳不同，陆壳包含多种类型的岩石。尽管上地壳的平均成分为花岗质岩石（花岗闪长岩），但不同地区的成分差别很大。

大陆岩石的平均密度是 2.7 克/立方厘米，其中有些岩石的年龄为 40 亿年。大洋岩石较年轻

（1.8 亿年或更少），且密度要比陆壳岩石的大（约 3.0 克/立方厘米）。液体水的密度为 1 克/立方厘米，而玄武岩的密度是水的 3 倍。

6.8.2 地幔

地幔位于地壳下方。地幔占地球体积的 85%。地幔较为坚固，延伸深度约为 2900 千米。地壳和地幔的界线是化学成分变化的界线。地幔最上端主导的岩石是橄榄岩，这种岩石比发现在陆壳或洋壳的矿物质富含镁和铁。

上地幔从壳－幔边界一直延伸到深约 660 千米的位置。上地幔分为两个部分。上地幔顶部是刚

性岩石圈的一部分，底部是较软的软流圈。岩石圈（"岩石范围"）包括整个地壳及上地幔，形成地球相对较冷的刚性外壳。岩石圈的平均厚度为 100千米，但在最古老大陆部分，岩石圈的厚度超过250 千米（见图 6.32）。从坚硬外层到深度约 350千米处，是一个相对较弱的软流圈（"薄弱区域"）。软流圈的顶部具有一定的温度/压力，会导致少量的熔融。在这个较弱的区域，软流圈和岩石圈在物理上相对分离。因此，我们认为岩石圈能够在软流圈上自由移动，这将在下一章中讨论。

强调不同地球物质的强度这一点很重要，因为它是成分和环境温度与压力的函数。整个岩石圈的表现并不像在地表发现的脆性岩石那样，相反，岩石圈的岩石随着深度的增加，会变得更热、更软（更容易变形）。在软流圈最上部，岩石温度非常接近熔点温度，因此很容易变形，且事实上也会发生部分熔融。因此，软流圈最上部比较软，其温度接近于熔点。从 660 千米深到地核顶部是下地幔，其深度约为 2900 千米。由于压力不断增大（由上覆岩石造成），地幔岩石逐渐增强。尽管强度增大，但下地幔的岩石仍具有逐渐流动的能力。

6.8.3　地核

人们通常认为地核的成分是铁镍合金，并伴随有少量的氧、硅以及经常与铁结合成化合物的亲硫元素。在极高的压力下，这种富铁物质的密度高达 10 克/立方厘米，是地心处水的密度的 13倍。地核分为具有不同物理强度的两部分，外核是液体圈层，其厚度为 2270 千米。金属铁在该层的运动产生了地球磁场。内核是一个半径为1216 千米的球体。尽管其温度较高，但由于地心存在巨大的压力，因此内核中的铁是固体。

概念检查 6.8

1. 陆壳和洋壳有什么不同？
2. 比较软流圈和岩石圈的物理结构。
3. 地球的内核和外核有何区别？它们有何相似性？

6.9　岩石变形

比较和对比脆性和韧性变形。

地球是一个动态的星球。移动的岩石圈板块经常通过移动全球大陆的方式来改变地球的外貌。这种构造活动最明显的地方可能就是地球的主要造山带。人们在海拔几千米的高峰上发现了含有海底生物的化石，并伴随有大量岩石单元的弯曲、扭曲和倒转，有时甚至伴随有大量的断裂。

6.9.1　岩石为什么变形

每块岩石，无论多么坚硬，都会有一个可以断裂或流动的点。变形是一个通用术语，用来描述一个岩块的形状、位置及方向上的变化。明显的地壳变形一般位于板块边界。沿板块边界的板块间的运动及相互作用所产生的构造作用力，能使岩石变形。

当岩石所受的力（应力）大于自身的强度时，它们就会变形，并经常发生弯曲或破碎（见图 6.33）。我们很容易想象岩石是如何破碎的，因为我们通常认为岩石是脆性的。但为什么岩块会弯曲形成复杂的褶皱而在整个过程中岩石不破碎呢？为了回答这一问题，地质学家们开展实验，研究了在类似于地壳的不同深度下，岩石遭受到的力的变化。尽管不同岩石类型的变形不同，但从实验中得出了岩石变形的一般共性——滑移。

你知道吗？

尽管没有陨石撞击大洋产生海啸的历史记录，但类似的事件确实发生过。历史证据表明，在 1500 年左右，一场大海啸摧毁了澳大利亚的部分海岸。65 亿年前，陨石撞击了墨西哥尤卡坦半岛附近，形成了迄今为止的最大海啸，产生的巨浪席卷了墨西哥湾内陆数百千米。

6.9.2　岩石变形的类型

地质学家们发现，当压力不断升高时，岩石首先会发生弹性变形。弹性变形导致的变化可以恢复，就像橡皮筋那样，当外力消失时，岩石会恢复为原来的形状和大小。弹性变形期间，岩石中的化学键会被拉伸，但并未断裂。一旦超越岩石的弹性极限（强度），那么岩石要么流动（韧性变形），要么断裂（脆性变形）。

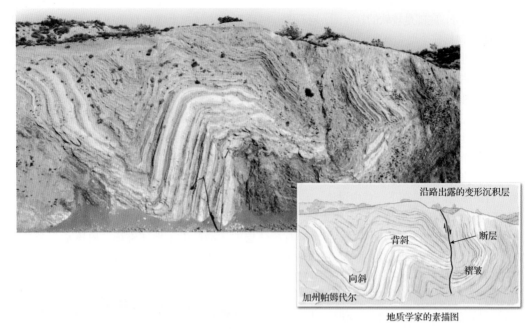

图 6.33 变形的沉积地层。这些变形的岩层出露在加州帕姆代尔的路边切面。除了明显的褶皱，浅色岩层已被断层错开，如右图所示（E. J. Tarbuck 供图）

影响岩石强度的因素包括变形的温度、围压、岩石类型和时间。地表附近的岩石，其温度和压力都比较低，类似于脆性固体，并且一旦超过其强度范围就会破碎。这种类型的变形称为脆性变形。日常生活经验告诉我们，玻璃、木质铅笔、陶瓷、骨骼一旦超过其强度范围，都会表现出脆性破坏。相比之下，在深部，温度和围压较高，岩石表现出韧性行为。韧性形变是一种没有压裂的固态流动，通常伴随着物体大小和形状的改变。表现出延展性的一般物体包括黏土、蜂蜡、焦糖和大多数金属。例如，铜币放在铁轨上，列车通过后它将会变得平整且薄，这是由列车施加的力所造成的变形（未碎裂）。

岩石的韧性变形主要由高温和高围压控制，在某种程度上类似于被火车压变形的硬币。在岩石中，韧性变形是化学键断裂的结果，同时另一些化学键形成，使得矿物形状发生改变。岩石韧性流动的证据是在很深的深度处表现出扭曲和褶皱。

概念检查 6.9

1. 描述弹性变形。
2. 脆性变形与韧性变形有何不同？

6.10 褶皱：韧性变形构造

列举并描述褶皱的主要类型。

你知道吗？

人们事实上已经观察到了断层崖的形成。1983 年，爱达荷州一次大地震的幸存者称，这次地震形成了一个 3 米的断层崖，致使他们中的许多人中断了脚步。更多的时候，断层崖只有在形成后才会被人们发觉。

沿汇聚板块边界，平整的沉积岩层和火山岩经常弯曲成一系列起伏不平的形状，这称为褶皱。褶皱在沉积岩中的表现形式类似于我们用双手捏住一张白纸的两端，然后将这两端推到一起。在自然条件下，褶皱有各种各样的大小和形态。有些褶皱在数百米厚的岩石单元中广泛弯曲。另一些褶皱是在变质岩中发现的微细变形结构。尽管存在这种大小的差异，但大多数褶皱是由挤压造成的，并将导致地壳变薄或变厚。

6.10.1 背斜和向斜

两种最常见的褶皱类型是背斜和向斜（见

图 6.34）。背斜经常表现为隆起，或者拱起的沉积岩层，有时沿沉积岩层的公路行驶时我们会发现这种壮观的风景。几乎总是与背斜有关的洼地或低谷，称为向斜（见图 6.34）[①]。注意，图 6.34 中背斜的一翼（或分支）也是相邻向斜的一翼。

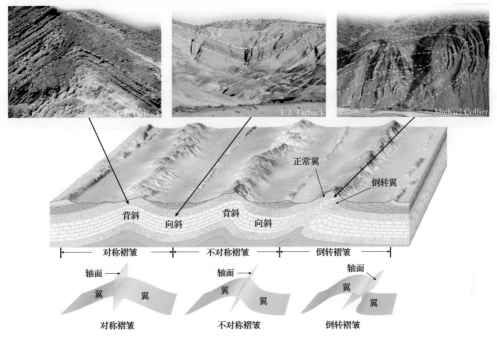

图 6.34　褶皱的常见类型。隆起或拱形结构是背斜，低洼或低谷为向斜。注意背斜的一翼也是向斜的一翼

根据褶皱的方向，当镜像彼此一致时，这些基本的褶皱就称为对称褶皱，而镜像彼此不一致时则称为不对称褶皱。不对称褶皱中的一翼或两翼倾斜超过垂直角度的，称为倒转褶皱（见图 6.34）。倒转褶皱也可"倒向一侧"，所以褶皱的轴面可沿水平方向扩展，这种平卧褶皱高度变形，在阿尔卑斯山脉中较为常见。

6.10.2　穹窿和盆地

基岩上覆沉积岩层通常会广泛上拱、变形并产生大量褶皱。这一翘起产生的圆形或拉长结构称为穹窿，而向下弯曲的类似形状则称为盆地。

南达科他州西部的黑山是由岩层上拱形成的穹窿构造。由于上拱的沉积岩层已被侵蚀，因此出露了位于中心的老火成岩和变质岩（见图 6.35）。曾经连续沉积的沉积岩层清晰可见，并作为翼部环绕在这些山脉的结晶中心周围。

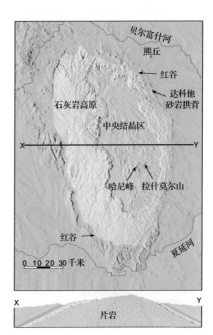

图 6.35　南达科他州西部的黑山由风化剥蚀后剩下的火山岩和变质岩组成。上图为俯视图，下图是过点 X 和点 Y 的剖面

---

① 严格来说，背斜是一种最老地层位于中心的结构，它通常发生在地层隆起的褶皱中。向斜则定义为一种最年轻岩层位于中心的结构，它常见于低洼处。

美国有几个大型盆地。密歇根和伊利诺伊盆地是由像盘子边缘那样稍微倾斜的岩层组成。这些盆地的成因是大量较重的沉积物积累导致地壳下降而成的。

由于大型盆地的沉积岩席倾斜的角度非常小，因此它们的年龄可由组成它们的岩石确定。中心的岩石最年轻，翼部的岩石最老。这与穹窿结构的顺序正好相反，例如在大黑山，最老的岩石就位于中部。

6.11 断层：脆性变形构造

画图并描述正断层和逆断层两侧岩体的相对运动。

你知道吗？

传说中的尼斯湖水怪所在的湖泊沿苏格兰北部的大峡谷分布。沿断层区域分布的走滑断层破坏了大面积岩石，且随后的冰蚀作用剥蚀了这些岩石，在尼斯湖形成了狭长的峡谷。破碎的岩石很容易遭受侵蚀，这一事实可以很好地解释尼斯湖的深度为什么会低于海平面 180 米。

断层是地壳中发生明显位移的断裂。有时，我们能在路边的切面发现沉积岩位移了几米的小断层，如图 6.36 所示。这种尺度的断层经常以单一的离散断裂出现。相比之下，大尺度断层，如圣安德烈亚斯断层，其位移达数百千米，并且包括很多不连续的断层面。这些断裂带宽达几千米，且从高空照片中识别它们往往要比从地面识别简单。

6.11.1 倾向滑移断层

平行于倾斜（倾向）断层面运动的断层称为倾向滑移断层。我们通常将断层面上部的岩块称为上盘，而将其下部的岩块称为下盘（见图 6.36）。这种命名方法源于探矿人员和矿工在有矿床的断裂带挖掘竖井和隧道。在这些隧道中，矿工走在矿化断裂带（下盘）的石头上面，并把灯挂在上部的岩石上（上盘）。

倾向滑移断层的垂向位移可能很长，其中较低的陡坡称为断层崖。正如图 6.37 所示，断层崖的断层会产生位移，形成地震。

正断层 上盘相对于下盘向下移动的倾向滑移断层，称为正断层（见图 6.38A）。由于上盘向下运动，正断层会使得地壳拉长或扩张。

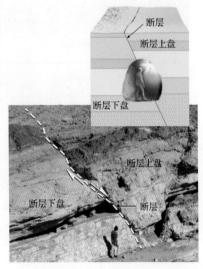

图 6.36 断层导致这些岩层位移。箭头显示了岩石单元的相对运动方向（Marli Miller 供图）

图 6.37 断层崖。这个陡坡是由 1964 年的阿拉斯加地震产生的（USGS 供图）

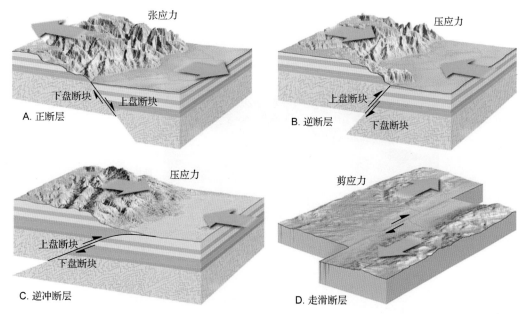

图 6.38　4 种断层类型图解

正断层的尺寸多种多样。有些正断层很小，位移仅 1 米，如图 6.36 中路边的切面所示。有些正断层延伸达数十千米，并沿山前边界蜿蜒分布。大多数大型的正断层有相对陡的坡，并随深度的增加而逐渐趋于平缓。

断块山　在美国的西部地区，与大型正断层结构相关的山脉称为断块山。较好的断块山例子是在盆地和山脉地区发现的，这些地区包括内达华州及周边的部分地区（见图 6.39）。此处地壳被拉伸，形成了 200 多个相对较小的山脉，长度平均 80 千米，比毗邻的下降断层盆地高 900～1500 米。

与正断层系统相关的盆地和山脉地区的地形倾向大致为南北向。沿这种断层产生的上升断块称为地垒，而下降的断块称为地堑。地垒产生上升地形，地堑则形成盆地。如图 6.39 所示，这种结构称为半地堑，在盆地和山脉区域也有助于区分地形的高低。地垒和更高的倾斜断块是地堑和较低的倾斜断块所形成盆地的沉积物来源。

在图 6.39 中，随着深度的增加，正断层的坡度减小，并最终形成一个接近水平的断层，这称为滑脱断层。这些断层形成一个主边界，边界上部的岩石表现出脆性变形，下部的岩石则表现出韧性变形。

断层运动为地质学家提供了确定地球构造作用力的方法。正断层与拉张力相关，并将地壳分开。这种"分开"要么由引起地面拉伸或断裂的抬升导致，要么由方向相反的水平力导致。

逆断层和逆冲断层　上盘相对于下盘上升的倾向滑移断层，称为逆断层或逆冲断层（见图 6.38B 和 C）。逆冲断层是逆断层中倾斜角度小于 45º 的断层，因此上覆板块几乎是在下伏板块上水平运动的。

逆断层是由挤压应力产生的，而正断层是由张应力产生的。由于上盘相对于下盘上升，逆断层和逆冲断层会缩短地壳的水平长度。大多数高角度的逆断层都很小，并由该地区其他类型的断层控制其位移。另一方面，逆冲断层的规模不同，有些大型逆冲断层的位移高达数十千米。在阿尔卑斯山脉、洛基山脉北部、喜马拉雅山脉和阿巴拉契亚山脉，逆冲断层在相邻岩石单元上的位移层长达 100 千米。这种大尺度运动的结果是，老地层最终覆盖在年轻地层之上。

逆冲断裂作用在俯冲带及板块碰撞的汇聚边界最明显。压应力通常产生褶皱和断层，并会导致其中的物质变厚并缩短。

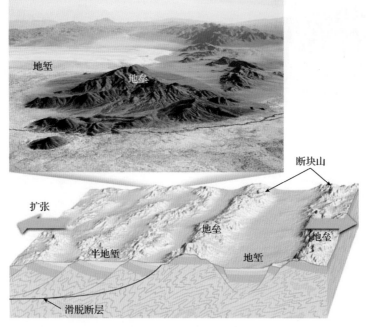

图 6.39 盆地和山脉地区的正断层。这里，张应力拉伸地壳，使其破碎成很多碎块。沿这些断裂的运动使地块发生倾斜，并形成一系列平行的山脉，这种山脉称为断块山。下降块体（地堑）形成盆地，上升块体（地垒）剥蚀形成高低不平的山脉。另外，许多倾斜块体（半地堑）既可形成盆地，又可形成山脉（Michael Collier 供图）

走滑断层 以水平位移为主并平行于走向（指南针方向）的断层，称为走滑断层（见图6.38D）。最早关于走滑断层的科学记录是由断裂面产生的地震记载的，其中最著名的是 1906 年的旧金山大地震。在强震期间，建在圣安德烈亚斯断层上的诸如篱笆这样的建筑物位移高达 4.7 米。由于沿圣安德烈亚斯断层的运动导致另一侧地壳块体面对断层向右侧移动，所以被称为右旋走滑断层。

苏格兰的大峡谷断层是左旋走滑断层的一个著名例子，它展示了反方向的位移。沿大峡谷断层的位移达 100 千米。与此相关的断层迹象是众多的湖泊，包括传说中有水怪出没的尼斯湖。

有些走滑断层会切穿岩石圈，并在两个大构造板块中调整自身的运动。回忆前文可知，这种特殊的走滑断层称为转换断层。许多转换断层等会切割大洋岩石圈并连接大洋中脊。有些走滑断层会在大陆板块中调整自身的位移并水平运动。一个比较知名的转换断层是加利福尼亚州的圣安德烈亚斯断层。

概念检查 6.11

1. 比较正断层和逆断层的不同运动形式。
2. 断块山与哪种类型的断层有关？
3. 逆断层和逆冲断层有何相同点和不同点？
4. 描述走滑断层两侧的相对运动。

6.12 造山运动

在世界地图上找到并确定地球的主要造山带。

最近地质历史时期内造山运动发生在以下几个地方（见图 6.40）：美洲的科迪勒拉山系，它从美国西部的阿拉斯加，包括安第斯山脉和洛基山脉，一直延伸到南美洲的合恩角；阿尔卑斯—喜马拉雅链状山系，它从地中海开始，穿过伊朗、印度北部，一直延伸到中国；西太平洋的多山地区，包括由火山岛弧组成的日本、菲律宾和苏门答腊。大部分年轻造山带的年龄还不到1亿年，个别造山带5000万年前才开始生长，如喜马拉雅山脉。

除了这些年轻的造山带，地球上还有几个在古生代形成的造山带。尽管这些年老的构造发生了严重的剥蚀，且地形特征并不显著，但它们的结构特征与年轻的山脉一致。美国西部的阿巴拉契亚山脉和俄罗斯的乌拉尔山脉都是典型古老造山带的例子。

产生造山带的过程可用术语造山运动来表示。多数造山带会显示出显著的视觉证据，表明水平力使得地壳缩短并加厚。这些压缩性的山脉

包括大量先前存在的沉积岩和结晶岩，且这些结晶岩已断裂和扭曲，形成了一系列褶皱。尽管褶皱作用和逆冲断裂作用通常是造山运动的最显著标志，但不同程度的变质作用和火山活动总是存在的。

造山带是怎样形成的呢？这一问题引起了古希腊时期的哲学家和科学家的广泛兴趣。早期的认识之一是，地表的褶皱是由地球原始半固结状态逐渐变冷导致的。根据这种观点，当地球变冷时，它开始收缩变小，这种引起地壳变形的方式类似于干橘子皮变形的方式。然而，不论是这种观点还是之前的假说，都未能经受住科学的检验。

图6.40　地球上的主要造山带。注意观察从欧洲开始向东延伸的造山带，以及从北美洲延伸到南美洲的造山带

随着板块构造理论的发展，出现了一个能很好地解释造山运动的模型。根据这一模型，产生地球主要造山带的过程始于汇聚板块边界，即大洋岩石圈俯冲到地幔中的位置。

你知道吗？

1953年5月29日，第一个登上珠穆朗玛峰的人是新西兰的埃德蒙·希拉里和尼泊尔的丹增·诺尔盖。然

而，希拉里的成功并未止步，后来在他的带领下，人类首次穿越了南极洲。

概念检查6.12

1. 给出造山运动的定义。
2. 在板块构造模型中，哪种板块边界类型与地球上的主要造山带直接相关？

6.13　俯冲作用与造山运动

画出一个安第斯型造山带并描述其主要特征是如何形成的。

洋壳的俯冲作用是造山带的驱动力。大洋岩石圈向大洋板块下面俯冲的位置，发育火山岛弧和相关的构造特征。另一方面，大洋岩石圈俯冲到大陆板块下面时，会沿大陆边缘形成大陆火山

弧和多山地貌。此外，火山岛弧和其他大陆碎片会"漂浮"在大洋盆地上部，直到它们到达俯冲带，在俯冲带它们相互碰撞并与其他陆壳物质或较大的大陆板块相连。如果俯冲持续时间足够

长，最终将导致两个或两个以上的大陆碰撞。

你知道吗？

世界上最高的城市是玻利维亚的拉巴斯，其海拔高度达 3630 米，是美国海拔最高城市丹佛的 2 倍。

6.13.1　岛弧型造山运动

岛弧是由大洋岩石圈的稳定俯冲形成的，这一过程可能会持续 2 亿年或更久（见图 6.41）。周期性的火山活动、深部火成熔岩的侵入以及从俯冲板块上刮落沉积物的不断积累，增大了上覆陆壳物质的体积。一些大的火山岛弧，例如日本火山岛弧，是在已有大陆地壳碎片上新增两个或多个火山岛弧形成的。

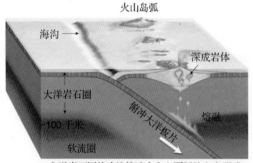

大洋岩石圈的连续俯冲会在上覆板块上方形成较厚的大陆型地壳单元

图 6.41　火山岛弧的发育。火山岛弧形成于两个大洋板块的汇聚处，此时其中的一个大洋板块会俯冲到另一个板块下方。汇聚带的连续俯冲会形成较厚的大陆型地壳单元

火山岛弧的持续增长，可能会使得由条带状岩浆岩和变质岩组成的山区地貌的形成，而这种运动被认为是主要造山带的一个发展阶段。

6.13.2　安第斯型造山运动

大陆边缘沿线的造山运动涉及大洋板块和前缘包含陆壳的板块的汇聚。例如，在安第斯山脉，安第斯型汇聚带形成了大陆火山弧和大陆边缘内陆相关构造特征。

理想的安第斯型造山带的第一个发展阶段发生在俯冲带变形之前。在这段时间内，大陆边缘是被动的大陆边缘，它不是板块边界，而是同一板块上邻近大洋地壳的一部分。北美洲东海岸提供了当代被动大陆边缘的一个例子。像其他被动大陆边缘那样，此处被大西洋环

绕，大陆架上沉积物的积累形成了较厚的浅水砂岩、石灰岩及页岩的浅海楔形体（见图 6.42A）。在远离大陆架的地区，浊流沉积物会堆积在大陆坡并逐渐增厚（见第 9 章）。

在某个时刻，大陆边缘会开始活化。一个俯冲带形成，并开始变形（见图 6.42B）。检验活动大陆边缘的好地方是南美洲的西海岸，沿秘鲁—智利海沟，纳斯卡板块俯冲到了南美洲板块的下面。

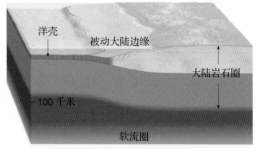

A. 带有广泛沉积物和沉积岩台地的被动大陆边缘

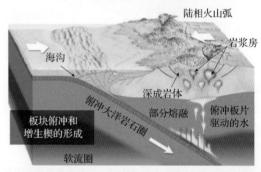

B. 板块汇聚形成一个俯冲带，部分熔融形成大陆火山岛弧。压应力和火山活动进一步使地壳变形增厚，抬升造山带

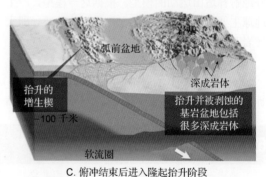

C. 俯冲结束后进入隆起抬升阶段

图 6.42　安第斯型俯冲带的造山运动

在理想的安第斯型俯冲带中，大陆板块和俯冲大洋板块汇聚，导致大陆边缘发生变形和变质。一旦大洋板块下降到约 100 千米处，俯冲板

片上部地幔岩石部分熔融产生的岩浆就会向上迁移（见图 6.42B）。较厚的大陆地壳会严重阻碍岩浆上升。因此，大部分岩浆会侵入地壳而不能到达地表，反而，在深部结晶形成侵入火成岩（深成岩体）。最终，抬升和侵蚀作用使这些火成岩及其伴生的变质岩得以出露，一旦它们在地表被剥蚀出露后，这些块状构造的岩体就被称为岩基（见图 6.42C）。大量深成岩体和岩基形成了内达华山脉的核心，秘鲁的安第斯山脉同样如此。

在这种大陆火山弧的发展过程中，从大陆和俯冲板块刮落的沉积物都堆积在靠近内陆海沟的一侧，这些堆积物就像推土机前堆积的泥土一样。这种沉积岩、变质岩和少量刮落洋壳碎片的混乱堆积，称为增生楔（见图 6.42B）。长时间的俯冲可形成大到足以高出海平面的增生楔（见图 6.42C）。

安第斯型造山带包括两个大致平行的带。火山带是发展在大陆块上，它由火山和大量侵入体及高温变质岩混杂组成。临海部分为增生楔，它由褶皱和断裂的沉积岩与变质岩组成（见图 6.42C）。

内达华山脉和海岸山脉　不活跃的安第斯型造山带的一个较好例子可在美国西部找到。它包括内达华山脉和加利福尼亚的海岸山脉。这些平行山脉是由部分太平洋盆地向北美洲板块西部边缘下方俯冲形成的。内达华岩基是大陆火山岛弧的后续部分，是历经几千万年的岩浆上涌形成的。接着发生抬升和剥蚀，致使有关过去的火山活动证据丢失，并出露由火成岩和相关变质岩组成的结晶核。

在海沟地区，从俯冲板块上刮落的沉积物，加上被侵蚀的大陆火山弧物质，这些沉积物会发生强烈的褶皱和破碎，最终形成增生楔。这种复杂的混合物构成了目前的加利福尼亚州海岸山脉的弗朗西斯科建造。海岸山脉的抬升近期才发生，直接证据是松散的年轻沉积物仍是这些高原地区的主要组成部分。

概念检查 6.13

1. 火山岛弧上多山地形的形成，为何被认为是主要造山带形成过程中的一个阶段？
2. 举例说明什么是被动大陆边缘。
3. 增生楔是什么？简要描述其形成过程。
4. 内达华山脉和安第斯山脉有何相似之处？

6.14　碰撞造山带

总结诸如喜马拉雅山的碰撞山带发展阶段。

大多数主要造山带是由一个或多个活跃的大陆碎片与一个大陆边缘以俯冲作用碰撞到一起而形成的。大洋岩石圈的密度相对较大，因此会持续俯冲，而大陆岩石圈由大量的低密度陆壳物质组成，浮力相对较大，不能向下俯冲。因此，地壳碎片在海沟处的聚集，会导致与上覆大陆板块碰撞，且通常会结束俯冲过程。

你知道吗？

在泛大陆汇聚期间，欧洲大陆和西伯利亚板块碰撞，形成了乌拉尔山脉。在板块构造发现之前很长的一段时间，这种广泛剥蚀的山脉被认为是欧洲和亚洲的边界。

6.14.1　科迪勒拉型造山运动

科迪勒拉型造山运动由北美洲的科迪勒拉山命名，它发生在太平洋海盆，在那里太平洋海盆的海底扩张速度与俯冲速度大致相等。在这种条件下，岛弧和较小的大陆碎片极有可能顺流而下，直到它们与活跃的大陆边缘相撞。碰撞和把相对较小大陆碎片拼接到大陆边缘的过程，就在太平洋的边缘形成了许多的多山地区。

地质学家称这些拼接的陆块为地体。术语地体用于描述明显可分辨的由板块构造过程搬运的岩石建造系列。相比之下，地形这一术语则用于描述地表地貌的形状或"地形走向"。

地体的性质　这些地壳碎片的性质是什么？地体起源于哪里？调查表明，在它们拼接到大陆板块之前，这些碎片可能会形成微陆块，如位于非洲东部印度洋中的马达加斯加岛。其他的碎片则类似于日本、菲律宾和阿留申群岛的火山岛弧。还有一些碎片可能会被海水淹没，例如水下海洋台地就是与地幔柱有关的、由大量溢出玄武质熔岩形成的。已知约有100个这样小的大陆碎片，它们大部分位于太平洋中（见图6.43）。

拼接和造山作用　当大洋板块移动时，将嵌入的海洋台地、火山岛弧和微陆块携带到安第斯型俯冲带。当大洋板块包含很多小型海山时，这些结构通常也沿大洋板块俯冲。然而，巨厚的洋壳单元，诸如阿拉斯加岛一样大的翁通—爪哇海台，或由大量"轻"火成岩组成的岛弧，致使大

洋岩石圈的浮力大而不能下沉。在这种情况下，出现地壳碎片和大陆边缘之间的碰撞。

接着，当小的陆壳碎片到达科迪勒拉型边缘时，发生的一系列事件如图6.44所示。与俯冲不同的是，这些较厚地带的上部壳层从下降板块中剥落，并挤入邻近陆块上方的较薄板片。汇聚一般不会随大陆碎片的拼接而结束，相反，则会形成新的俯冲带，且这些新俯冲带能携带其他岛弧或微陆块向大陆边缘运动并发生碰撞。每次碰撞都会置换之前拼接的内陆边缘地体，增大变形区和大陆边缘的厚度，并使大陆边缘横向伸展。

图6.43　现代海台和其他水下地壳碎片分布图（数据源自 Ben-Avraham 等人）

北美科迪勒拉山系　造山运动与陆壳碎片的拼接之间的相关性，主要来自于对北美科迪勒拉山系的研究（见图6.45）。根据阿拉斯加和不列颠哥伦比亚造山带岩石的化石和古地磁证据，研究者认为这些岩层以前位于赤道附近。

现在我们知道，组成北美科迪勒拉山系的很多地体都分散在太平洋东部，而火山岛弧和海洋台地目前分布在太平洋西部。在泛大陆裂解期间，太平洋盆地（法拉隆板块）的东部开始向北美洲西部边缘的下方俯冲。这次活动导致零碎的地壳碎片拼接到了整个大陆的太平洋边缘——从墨西哥的巴札半岛到北部的阿拉斯加（见图6.45）。地质学家们推测，很多现代微陆块未来同样会拼接到环太平洋的活动大陆边缘，形成新的造山带。

6.14.2　大陆碰撞：阿尔卑斯型造山运动

阿尔卑斯型造山带是以研究超过200年的阿尔卑斯山脉命名的，它位于两个大陆块体相碰撞的区域。这种类型的造山运动也包括洋盆中大陆碎片或火山岛弧的拼接。主要洋盆闭合形成的山带，包括喜马拉雅山脉、阿巴拉契亚山脉、乌拉尔山脉和阿尔卑斯山脉。大陆碰撞会使得山脉发育，其特点是通过褶皱和大规模的逆冲作用使得地壳缩短和增厚。

喜马拉雅山脉　喜马拉雅造山时间始于约5000万年前，印度板块开始碰撞亚洲板块。在泛大陆裂解之前，印度板块位于南半球的非洲和南极洲之间。当泛大陆裂解时，印度板块迅速移动，从地学角度来说，它向北的移动达数千千米。

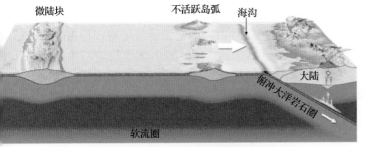

A. 微陆块和火山岛弧被搬运到俯冲带

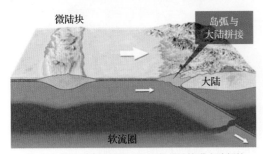

B. 火山岛弧从俯冲板块上被刮落并被挤进大陆板块

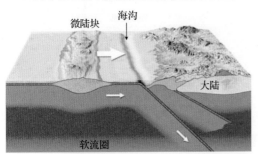

C. 老俯冲带的向海方向形成了一个新俯冲带

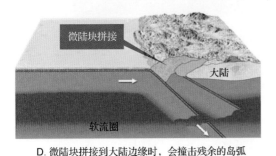

D. 微陆块拼接到大陆边缘时，会撞击残余的岛弧和内陆地区，同时大陆的边缘朝大海方向增长

图 6.44　火山岛弧和微陆块的碰撞，及与大陆边缘的拼接

图 6.45　过去 2 亿年间拼接到北美洲西部的地体（据 D. R. Hutchinson 等重绘）

促使印度板块向北移动的俯冲带位于亚洲板块的南部边缘（见图 6.46A）。沿亚洲板块边缘的持续俯冲形成了一个安第斯型板块边界，它有发育完好的大陆火山弧和一个增生楔。另一方面，印度板块北部边缘是一个由浅水沉积物和沉积岩组成的厚大台地形被动大陆边缘。

地质学家们已经确定，在印度和亚洲俯冲板块之间，曾经存在一个或多个小陆块碎片。在洋盆逐渐闭合时，一个小陆壳碎片（今藏南的一部分）到达海沟。接着，印度和亚洲开始碰撞。这次碰撞的构造应力十分巨大，因此向海的大陆边缘物质先发生了变形，然后强烈褶皱并破碎（见图 6.46B）。地壳的缩短和增厚抬升了大量地壳物质，因此产生了雄伟的喜马拉雅山脉。

除了抬升，地壳的缩短将"堆叠在底部的"岩石深埋到了一种高温、高压的环境中（见图 6.46B）。深部的部分熔融和造山带的变形区产生的岩浆，侵入到上层岩石中。只有在这种环境下，碰撞山脉的变质岩和火成岩核才能形成。

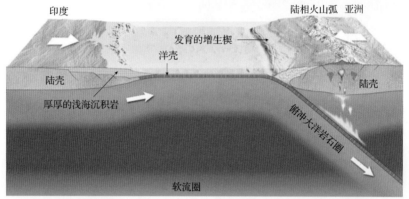

A. 印度和亚洲碰撞之前，印度的北部边缘由较厚的大陆架沉积物构成，亚洲的南部边缘则是一个活动的大陆边缘，它有着发育良好的增生楔和火山岛弧

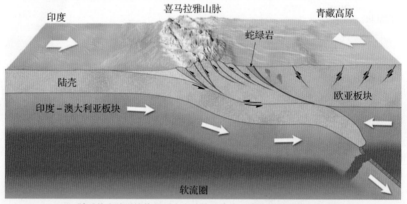

B. 随后的大陆碰撞使得两个大陆的地表岩石发生褶皱破碎，并形成了喜马拉雅山脉。接着，由于印度次大陆向亚洲推进，青藏高原逐渐抬升

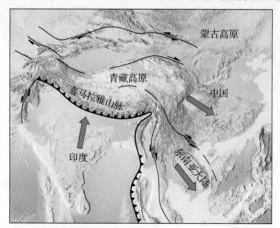

C. 印度板块向欧亚板块俯冲，导致中国和东南亚大陆向东南方向移动

图 6.46　印度板块和欧亚板块的碰撞形成了壮观的喜马拉雅山脉

喜马拉雅山形成后，接着是青藏高原的隆升阶段。地震证据表明，印度次大陆的一部分插入到了西藏下方约400千米。因此，增加的地壳厚度可以解释高耸的藏南景观，藏南的平均海拔高于美国本土的最高点——惠特尼峰。

此后，与亚洲的碰撞放缓，但向北移动的印度板块并未停止。印度板块自移动以来，至少已向亚洲大陆推进了2000千米。地壳的缩短基本适应了这种运动。插入亚洲板块的剩余部分导致了亚洲板块的横向位移——大陆逃离。如图6.46C所示，当印度板块继续向北移动时，在亚洲板块的部分地区向东"挤压"出了碰撞带。这些位移的地块包括现在南亚的大部分大陆和中国的部分大陆。

其他大陆碰撞 地质学家认为，类似但更早的碰撞发生在欧洲大陆与亚洲大陆，碰撞形成纵贯俄罗斯南北的乌拉尔山脉。在发现板块构造之前，地质学家对乌拉尔山脉的存在难以解释，由于乌拉尔山脉位于大陆内部，稳定大型陆块内部的山脉怎么会有几千米厚的海洋沉积物并发生高度变形呢？

其他能证明大陆碰撞的山脉是阿尔卑斯山脉和阿巴拉契亚山脉。阿巴拉契亚山脉是由北美洲、欧洲和非洲北部碰撞形成的。尽管它们现在已分离，但2亿年前仍是泛大陆的一部分。对阿巴拉契亚山脉南部的详细研究表明，其形成要比我们原来的认识复杂得多。不同于单个大陆的碰撞，阿巴拉契亚山脉明显是由几期造山运动形成的，在近3亿年间有不止一次造山运动出现。

概念检查6.14

1. 地体与地形有什么区别？
2. 在新形成的碰撞造山带中，何处会产生岩浆？
3. 板块构造理论如何解释在挤压山顶上岩石中存在的海洋生物化石？
4. 列出由大陆碰撞产生的4个造山带。

概念回顾：动荡的地球：地震、地质构造和造山运动

6.1 什么是地震？

画图并描述大多数地震的产生机制。

关键术语：地震、断层、震源、震中、地震波、弹性回跳、断层蠕动、大型逆冲断层

● 地震是由断层两侧岩石的突然运动引起的。岩石开始滑动的点是震源。地震波从该点向外辐射到周围的岩石。震源在地表上的垂直投影就是震中。

● 弹性回跳解释了大多数地震发生的原因：岩石由地壳运动给以应力，摩擦阻力使得断层在原地不动。然后，应力不断积累，直到超过阻力，接着岩石板块突然开始滑动，并释放积攒的能量，当弹性回跳发生时，断层两侧的岩石板块恢复为其原始形状，但位置有所变动。

● 俯冲带由大型逆冲断层标记，历史记录表明大型逆冲断层往往会导致大地震的发生。大型逆冲断层能够引起海啸。

● 走滑断层也是地震的"制造者"。加利福尼亚州的圣安德烈亚斯断层是一个典型的大走滑断层，它的一部分引起了破坏性的地震，其余部分移动缓慢并逐渐发生断层蠕动；这些位置目前不会发生地震，因为它们还未积累足够的能量。

? 在下方展示地震和断层之间关系的图中，标出空白处的名称。

6.2 地震学：地震波研究

对比地震波的类型并描述用来检测它们的地震仪的工作原理。

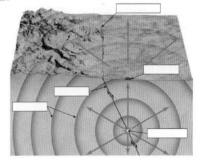

关键术语：地震学、地震仪（地震检波器）、惯性、地震图、面波、体波、P波、S波

● 地震学是研究地震波的科学。利用惯性原理，可用地震仪来检测地震波。尽管地震仪会随着波的运动而移动，但记录笔会保持固定，并记录二者的相对位移。记录的结果称为地震图。

● 地震图揭示了三种类型的地震波：P波、S波（这两个都是能在地球内部传播的体波）和面波（只能在地壳表面传播）。P波的传播速度最快，S波的

速度居中，面波的传播速度最慢。面波的幅度最大，其次是S波，P波的幅度最小。波的幅度越大，地面的晃动越强烈，因此在地震期间面波会造成巨大的损害。

- P波展示挤压运动：它们经过岩石时会改变岩石的体积。相反，S波经过岩石时会使岩石上下晃动，它能改变岩石的形状，但岩石的体积不变。液体易改变体积但不易改变形状，所以P波可以经过液体，但S波不能。

? 怎样向未学过地质学课程的朋友们展示P波和S波的不同？

6.3 震源定位

解释如何利用地震仪来确定震中的位置。

- 震源在地表上的垂直投影就是震中。利用P波和S波到达时间的不同，可求出记录台站到震中的距离。已知三个或更多震中到观测台站的距离时，就可通过三角测量法确定震中的位置。

6.4 确定地震大小

区分烈度和震级。

关键术语：烈度、震级、修正后的麦氏烈度表、里氏震级、矩震级

- 烈度和震级是地震强度的不同测量指标。烈度是指地震时地表晃动程度的测度，而震级是对地震所释放能量的测度。

- 修正后的麦氏烈度表主要依据物理学证据建立，它根据对人工结构的破坏情况，将破坏程度分为12级，它不适用于无建筑物或人员稀少的位置。

- 里氏尺度用来确定地震的震级。这种尺度不仅考虑了地震仪所测量的地震波的最大振幅，还考虑了地震仪与震源的距离。里氏震级是按对数计算的，这表明震级每增大1级，相应的振幅会增大10倍。地震波的振幅越大，所释放的能量也越大，震级每增大1级，其所释放的能量会增大32倍。

- 由于里氏震级并不能准确地区分大型地震，因此人们设计了另一种方法来处理大地震的数据。矩震级可以测量一次地震释放的所有能量，它考虑到了断层岩石的强度、滑移量和滑移地区。矩震级是测量这种尺度地震的现代衡量标准。

? 对一个距离为400千米、最大振幅为0.5毫米的地震，根据下面的里氏震级图求其震级（M_L）。对于相同的地震（相同的 M_L），求40千米远处地震仪的最大波的振幅。

6.5 地震的破坏作用

列举并描述由地震震动引发的主要破坏力。

关键术语：液化、海啸

- 几个因素影响地震的破坏程度。地震的震级和距离是重要因素，但还需要考虑：①晃动的强度；②晃动持续的时间；③建筑物下面的地表类型；④建筑施工标准。无钢筋的砖石结构与其他类型的建筑物相比，在地震中更容易倒塌。

- 建筑物可能建在坚固的基岩或松散的沉积物上。一般来说，基岩上的建筑物在地震中更稳定，而松散沉积物的地表会放大地震晃动。

- 当水进入沉积岩和土壤中时会发生特定的灾害：震动频率固定时，材料会像液体一样流动。液化作用会引起砂状"火山"。建筑物可能沉入地下，地下储油罐或污水管道将漂浮到地表。

- 地震可能会引发山体滑坡或地面沉降，破坏输气管道，进而引发毁灭性的火灾。

- 海啸是水发生位移时形成的巨大海浪，通常由洋底的大型逆冲断层引起。海啸穿越大洋的速度相当于一架商用客机的速度，但在深水中却不易发现。当海啸到达浅海水域时，海浪的速度会放缓并堆叠，有时会产生高达30米的巨浪。海啸看起来像是可以快速升高的海平面，并可能被沉积物和其他碎屑物质阻塞。

? 在本章讨论的地震次生灾害中，哪些是你所居住地区最关心的？为什么？

6.6 地震带与板块边界

在世界地图上找到最大的地震带并在相关区域标出发生过的最大地震。

- 大部分地震能量会在环太平洋带释放，环形大型逆冲断层分布在太平洋边缘。另一个地震带是阿尔卑斯—喜马拉雅带，它贯穿欧亚、印度—澳大利亚和非洲板块之间的碰撞带。

- 地球上不同的洋中脊系统形成了另一个地震活跃带，在这一地带，洋底扩张产生了很多的小型地震。陆壳中的走滑断层，包括圣安德烈亚斯断层，会产生大地震。

? 根据记忆，在地图上圈出主要的地震带。

6.7 地球内部
解释如何获得地球内部的圈层结构及如何利用地震波来探索地球内部。

- 地球内部的圈层结构是地球早期物质由于重力分选形成的。密度大的物质下沉到中心，密度轻的物质则上升到地表。

- 地震波可让地质学家"透视"地球内部，否则将无法了解地球内部。像 X 射线穿透人体那样，大地震释放的地震波揭示了地球的圈层结构。

6.8 地球圈层
列举并描述地球的主要圈层。

关键术语：地壳、地幔、岩石圈、软流圈、地核、外核、内核

- 地球有两种不同的外壳：洋壳和陆壳。洋壳比陆壳薄且密度大，并比陆壳年轻，因此易下沉，而陆壳不易下沉。

- 地幔按密度划分为上地幔和下地幔两部分。地幔的最上层由大量刚性岩石圈板块组成，其下方是软流圈。

- 地核的组成成分可能是铁、镍和轻元素的混合物。陨石中密度大的常见元素是铁和镍，其余部分则起"构建模块"作用。外核密度较大（约为 10 克/立方厘米），为液态，因此 S 波无法经过。内核是固体，且密度更大（超过 13 克/立方厘米）。

6.9 岩石变形
比较脆性和韧性变形。

关键术语：变形、弹性变形、脆性变形、韧性变形

- 弹性变形是岩石暂时性的弯曲，但未超过断裂点。当压力消失时，岩石会迅速恢复原来的形状。

- 当岩石所受的压力高于其强度时，会发生脆性或韧性变形。脆性变形会使岩石破碎成小块，韧性变形则以可塑性黏土或热蜡的方式流动。

6.10 褶皱：韧性变形构造
列举并描述褶皱的主要类型。

关键术语：褶皱、背斜、向斜、穹窿、盆地

- 褶皱指的是层状岩石的波状起伏，它是岩石在挤压应力作用下经历韧性变形形成的。

- 具有拱形结构的褶皱称为背斜，而具有低谷形结构的褶皱称为向斜。背斜和向斜可能是对称的、不对称的、倒转的或平卧的。

- 穹窿和盆地是类似于"牛眼"并出露于野外的大型褶皱。穹窿或盆地的总体形状类似于茶托或碗，要么正面朝上（盆地），要么翻过来（穹窿）。

? 给下图所示的岩石构造命名。

6.11 断层：脆性变形构造
画图并描述正断层和逆断层两侧岩体的相对运动。

关键术语：断层、倾向滑移断层、上盘、下盘、断层崖、正断层、断块山、地垒、地堑、逆断层、逆冲断层、走滑断层、转换断层

- 断层和节理是岩石在脆性变形中形成的断裂构造。断层展示了断裂两侧的位移，而节理不发生位移。

- 断层的位移由相应的断层面决定。如果运动沿断层的倾斜方向（倾向），那么断层面上部的岩块就是上盘，下部的岩块就是下盘。如果上盘相对于下盘向下运动，就是正断层。如果上盘相对于下盘向上运动，就是逆断层，其中逆断层中倾角很小的称为逆冲断层。
- 断层横切地表会产生一系列称为断层崖的"阶状台地"。构造发育的区域可以产生断块山，例如盆地和山脉区域，地垒是相邻地堑或半地堑分离形成的。
- 走滑断层的大部分运动是沿着断层走向的。走滑断层的运动主要是水平运动，上下运动的幅度很小。转换断层是一种作为岩石圈板块构造边界的走滑断层。

6.12 造山运动

在世界地图上找到并确定地球的主要造山带。

关键术语：造山带、挤压山脉

- 造山运动可以形成山脉。大多数造山运动发生在汇聚板块边界，汇聚板块边界的挤压应力会引起褶皱和岩石断裂，垂向增厚地壳，水平方向缩短地壳。一些造山带很老，而另一些造山带在今天仍然很活跃。

6.13 俯冲作用与造山运动

画出一个安第斯型造山带并描述其主要特征是如何形成的。

关键术语：被动大陆边缘、活动大陆边缘、增生楔

- 俯冲作用导致造山运动。如果俯冲板块之上是大洋岩石圈，那么最终会形成岛弧型山脉——由火山岩和俯冲板块上刮落的沉积物混合形成的厚层堆积。
- 安第斯型造山运动发生在大陆岩石圈下的俯冲带，它产生大陆火山弧。
- 从俯冲板片刮落的沉积物形成增生楔。加利福尼亚州的中部仍保留着增生楔（海岸山脉）和大陆火山岛弧的根部（内达华山脉）。

6.14 碰撞造山带

总结类似于喜马拉雅山的碰撞山带的发展阶段。

关键术语：地体、微陆块

- 地体是相对较小的地壳碎片（微陆块、火山岛弧或海底台地）。当俯冲作用携带地体到海沟时，地体可能拼接到大陆上，但地体一般不会发生俯冲，因为其密度相对较小。地体从俯冲板片中"剥离"并被挤入大陆前缘。
- 喜马拉雅山脉和阿巴拉契亚山脉的起源相同，即都是由之前大陆板块分离形成的大洋盆地现在发生闭合产生的。较老的阿巴拉契亚山脉是由先前的北美洲和非洲在 2.5 亿年前发生碰撞导致的。相反，年轻的喜马拉雅山脉是 5000 万年前印度和欧亚板块碰撞导致的。喜马拉雅山脉现在仍在继续上升。

? 如图 9.14 所示的世界地图上，标识以下类型的现代例子：①微陆块；②火山岛弧；③海底台地。

思考题

1. 简要描述弹性回跳的概念。举出一个类似于橡皮筋的例子来解释这一概念。

2. 下图标出了自 1900 年以来地球上发生的最大的 15 次地震。参考地球板块分布图（见图 5.12），确定什么类型的板块边界与这些大地震有关。

3. 根据下面的地震图，回答如下问题：

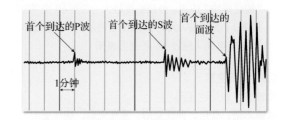

a. 三种类型的地震波中哪种最先到达？

b. 图中首个到达的 P 波和首个到达的 S 波的到达时间间隔是多少？

c. 根据 b 题的答案和图 6.14，求地震监测台站到地震发生地的距离。

d. 当地震波到达地震监测台站时，三种类型的地震波中哪种的振幅最大？

4. 去海边慢跑并靠近海水时，我们会发现脚下的砂子堆

积得很紧密。每走一步，都会发现脚印很快会充满水，但这些水并非来自海中。这些水从何而来？这是否是与地震灾害相关的较好类比例子？

5. 用自己的语言解释海啸引发的海水首次涌入大陆后，迅速退回海洋的原因。

6. 为什么海啸可以提前预警而地震却不能？给出一个海啸预警失效的例子。

7. 用以下术语简单地描述每幅图形：走滑断层、倾向滑移断层、正断层、逆断层、右旋、左旋。

8. 利用互联网信息比较 2010 年分别发生的智利地震和海地地震。对比内容包括震级、板块边界类型和破坏程度。为什么智利地震会引发海啸，而海地地震却未引发？

9. 参照下图并回答问题：

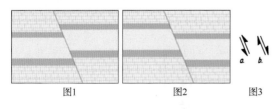

图1　　　图2　　　图3

a. 图 1 代表哪种倾向滑移断层？

b. 图 2 代表哪种倾向滑移断层？

c. 将图 3 中正确的一对指示断层移动方向的箭头与图 1 和图 2 匹配。

10. 乌拉尔山脉呈南北向贯穿欧亚大陆（见图 6.40）。板块构造理论如何解释这条造山带在广阔的大陆内部分布？

11. 简要描述阿巴拉契亚山脉和北美科迪勒拉山系形成过程中的主要不同。

12. 参考下图。哪种特征最可能结束大陆边缘的拼合？是加拉帕戈斯群岛上升还是格兰德群岛上升？解释你的选择。未来，地质学家如何确定这种拼接的地体与大陆地壳是不同的？（提示：见图 5.12 所示的板块分布图。）

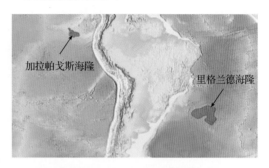

加拉帕戈斯海隆

里格兰德海隆

13. 假设在大陆内部发现了狭长的洋壳成分。这将支持还是否定板块构造理论？请解释。

14. 以下草图中的哪一幅能最好地说明安第斯型造山带、科迪拉型造山带和阿尔卑斯型造山带？

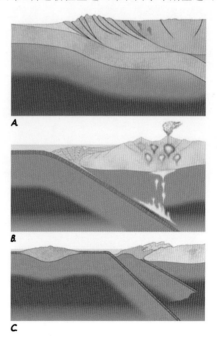

第 7 章 火山及其他岩浆活动

意大利埃特纳火山的近期喷发（Stocktrek Images/Superstock 供图）

乍看之下，我们可能并不了解岩浆活动的重要性，但由于火山喷出的熔岩形成于地下深处，它们是为我们提供直接观察地表之下几千米处所发生事情的唯一途径。此外，大气和海洋由于火山喷发时释放的气体而发生变化。这些事实足以引起我们对岩浆活动的关注。

7.1　圣海伦火山和基拉韦厄火山

比较 1980 年喷发的圣海伦火山和 1983 年以来一直喷发的基拉韦厄火山。

1980 年 5 月 18 日星期日，北美历史上最大的火山喷发使得一座风景如画的火山变成了没有山顶的废墟（见图 7.1）。这一天，华盛顿州西南的圣海伦火山喷发，喷发摧毁了整个火山的北翼，留下了很多巨大的坑洞，短时间内海拔 2900 米的著名火山降低了 400 多米。

这次事件摧毁了火山北面的大片森林（见图 7.2）。400 平方千米的无枝树木缠绕在一起，就好像是撒落地面的牙签。同时，泥流携带火山灰、树木和水饱和的岩石碎片流入 29 千米外的福克图特尔河。火山喷发造成 59 人死亡：有些人死于炽热的高温和令人窒息的火山灰与气体，有些人死于爆炸的冲击，其他人则死于泥石流。

爆发摧毁了圣海伦火山的北翼，留下了巨大的坑洞，火山瞬间降低了450米。

图 7.1　圣海伦火山爆发前后的照片对比。1980 年 5 月 18 日，华盛顿州西南的圣海伦火山喷发

图 7.2　圣海伦火山由于横向冲击波，导致道格拉斯冷杉折断或连根拔起（大图由 Lyn Topinka/AP Photo/USGS 提供；插图由 John M. Burnley/Photo Researchers, Inc.提供）

喷发抛出了近 1 立方千米的火山灰和岩石碎片。毁灭性爆炸后，圣海伦火山持续喷出大量的热气和灰尘。爆炸的力量非常大，以至于火山灰在大气中被推出了 18 千米。接下来的几天，这些颗粒极细的物质被上空的强风搬运到了周围的土地上。据报道，沉积物吹到了俄克拉荷马州和明尼苏达州，甚至破坏了蒙大拿州中部的农作物。同时，附近地区落下的火山灰厚度超过 2 米，（东部 130 千米处）华盛顿州雅吉瓦的上空布满了灰尘，这里的居民经历了像午夜一样黑暗的中午。

并非所有火山喷发都像 1980 年的圣海伦火山喷发那样猛烈。有些火山，如夏威夷的基拉韦厄火山，会产生相对安静的层流。这些"温和的"喷发并非没有炽烈的显示；有些炽热的熔岩会被喷到几百米的高空。尽管如此，在基拉韦厄火山最近的活跃阶段（始于 1983 年），180 多所房屋和一个国家公园游客中心遭到摧毁。

自 1823 年有记录以来，尽管基拉韦厄火山喷发了 50 多次，但 1912 年建在火山山顶的监测台站表明，该火山的喷发非常"温和"。

概念检查 7.1

1. 比较 1980 年喷发的圣海伦火山和 1983 年以来一直喷发的基拉韦厄火山。

7.2　火山喷发的性质

解释有些火山是爆裂式喷发而有些火山是宁静式喷发的原因。

人们通常认为火山活动是以剧烈喷发方式产生锥形构造产物的过程。然而，许多喷发并不是爆炸式的。火山喷发的方式是由什么决定的呢？

7.2.1　影响黏度的因素

火山喷发的起源物质是岩浆，熔融岩石通常包含一些晶体和大量的溶解气体。喷发的岩浆称为熔岩。影响岩浆和熔岩最首要的因素是温度、物质组成和它们中所含的溶解气体量。这些因素在不同程度上决定了岩浆的流动性或黏度。物质的黏度越大，其流动的阻力越大。例如，糖汁的黏度比水大，因此其流动的阻力也大。

> **你知道吗？**
> 智利、秘鲁、厄瓜多尔以拥有世界上最高的火山而自豪，几十个火山锥的高度超过了 6000 米。

厄瓜多尔的钦博拉索山和科多帕希火山曾一度被人们认为是世界上最高的山脉，且该荣誉一直保持到 19 世纪人们测量喜马拉雅山脉之后。

温度　温度对黏度的影响很容易观察。像加热糖汁可使其更易流动那样（黏度小），温度也会强烈影响熔岩的流动性。随着熔岩冷却并开始凝结，其黏度会增大，并最终停止流动。

组成成分　另一个影响火山行为的重要因素是岩浆的化学组成，回忆可知不同火山岩的主要区别是硅（SiO_2）含量的不同（见表 7.1）。产生类似玄武岩的铁镁质岩石的岩浆，其硅含量约为 50%；产生长英质岩石的岩浆（花岗岩及与其相对应的喷出岩、流纹岩），其硅含量大于 70%；中等含量的岩石类型如安山岩和闪长岩，其硅含量约为 60%。

表7.1　不同组成成分的岩浆导致了属性变化						
组成成分	含硅量	含气量	喷发温度	黏性	形成火成碎屑 沉积岩的趋势	火山地貌
玄武质（铁镁质）	最少（约50%）	最少（1%~2%）	1000℃~1250℃	最小	最小	地盾火山、高原玄武岩、 火山锥
安山质（中性）	适中（约60%）	适中（3%~4%）	800℃~1050℃	适中	适中	复式火山锥
流纹质（长英质）	最多（约70%）	最多（4%~6%）	650℃~900℃	最大	最大	火山碎屑流，熔岩穹窿

　　岩浆的黏度与硅含量直接相关，岩浆中的硅含量越大，其黏度也越大。硅阻止岩浆流动的原因是，结晶过程中硅酸盐结构开始连接在一起组成长链。同时，长英质熔岩（流纹岩）的黏度非常大，倾向于形成相对短而厚的熔岩流。硅含量相对较低的铁镁质熔岩（玄武岩）的流动性强，它在固结前可流动1500千米或更远。

　　可溶性气体　岩浆中溶解于水的气态组分也会影响岩浆的流动性。在其他因素不变的情况下，岩浆中溶解的水越多，其流动性越强，因为水会打破硅和氧的结合，减少二氧化硅链的形成。然而，气体的减少会使岩浆（熔岩）更黏稠。同时，气体会增强岩浆的爆发性。

7.2.2　宁静式和爆裂式火山喷发

　　在第3章，我们了解到多数岩浆产生于由玄武岩组成的上地幔岩石的部分熔融。新形成岩浆的密度要比围岩低，因此会缓慢上升到地表。在有些背景下，高温玄武岩浆会到达地表，形成流动性强的熔岩。这通常发生在与海底扩张有关的洋底。在大陆背景下，由于地壳岩石的密度要比上升物质的密度小，导致岩浆在壳—幔边界形成岩浆房。高温岩浆通常足以部分熔融上覆的地壳岩石，生成密度小的富硅岩浆，并继续向地表上升。

　　宁静式夏威夷型火山喷发　玄武质熔岩流的喷发，如夏威夷大岛上的基拉韦厄火山，通常由到达岩浆房的一批新熔融岩石触发。人们通常能察觉这一事件，因为此时火山顶部会开始膨胀，在爆发前山顶会上升几个月甚至几年。新熔融岩石的注入会加热和重组半液态的岩浆房。此外，岩浆房膨胀会使上部的岩石破碎，进而使得岩浆通过新形成的通道继续向上移动，熔岩流出的时间通常会持续几周、几个月或几

年。基拉韦厄火山在1983年开始喷发，并持续了20多年。

　　爆裂式喷发　所有的岩浆都包含有水汽和其他气体，它们会在上覆岩石的巨大压力下继续保持溶解状态。岩浆上升时，随着压力的降低，溶解的气体开始从熔岩中分离，形成小气泡，这类似于打开一罐可乐，然后让二氧化碳气体会被释放。

　　当玄武质熔岩流喷发时，承压气体便开始逃逸。温度超过1100℃时，这些气体的体积会迅速扩大数百倍。扩散的气体会使炽热的熔岩在空中移动几百米，形成熔岩喷涌（见图7.3）。尽管喷涌很壮观，但其通常是无害的，总体上与造成生命和财产损失的主要爆炸事件无关。

气体稳定地自高温玄武质熔岩流中逃逸，形成了熔岩喷涌。尽管喷涌很壮观，但通常不会造成太大的生命和财产损失。

图7.3　玄武质熔岩流的气体逃逸所形成的熔岩喷涌。意大利埃特纳火山熔岩喷发（D. Szczepanski terras/AGE Fotostock 供图）

　　一些极高黏度的岩浆以接近超声波的速度排出部分熔岩碎片和气体时，所形成的浮烟称为喷发烟柱。喷发烟柱在大气中的高度可达40千米（见图7.4）。由于富硅岩浆具有黏性，大部分水汽仍将呈溶解状态，直到岩浆接近地表，此时岩浆中会形成小气泡，且这些小气泡会逐渐增大。当膨胀岩浆体的压力超过上

覆岩石的压力时，就会碎裂。随着岩浆向上移动并破裂，围压的进一步下降将导致形成更多的气泡。

概念检查 7.2

1. 定义黏度并列出三个影响岩浆黏度的因素。
2. 解释岩浆的黏度是如何影响火山爆发的。
3. 根据岩浆的组成，按从富硅到贫硅的顺序列出铁镁质（玄武质）、长英质（流纹岩）和中性（安山岩）。
4. 什么类型的岩浆喷发会产生喷发烟柱？
5. 与溢流岩浆的火山相比，为什么高黏度岩浆形成的火山喷发对生命和财产的威胁更大？

高黏度的熔岩喷发会产生称为喷发烟柱的火山灰爆炸云和气体。

图 7.4　富硅黏性岩浆形成的喷发烟柱。阿拉斯加库克湾的奥古斯汀火山所喷发的蒸汽与火山灰（Steve Kaufman/Getty Images 供图）

7.3　火山喷发期间挤出的物质

列举和描述火山喷发期间的三类喷出物。

你知道吗？

现代历史上最大的一次火山喷发是 1815 年的印度尼西亚坦博拉火山喷发。与 1980 年的圣海伦火山相比，这次喷发的火山灰和岩石要多 20 倍。喷发的声音在 4800 千米外的美国都能听到。

火山喷发时，会喷出熔岩、气体和火山碎屑物（碎石、熔岩"弹"、细灰和灰尘）。本节将介绍所有这些物质。

7.3.1　熔岩流

地球上 90% 的熔岩估计都是玄武质熔岩。剩余 10% 的熔岩中，大部分是安山质熔岩和其他中性熔岩。流纹质（长英质）熔岩只占熔岩总量的 1%。

高温玄武质熔岩的流动性非常好，因此会形成丝带状的熔岩流。在夏威夷岛，这些熔岩会以 30 千米/小时的速度沿斜坡向下流动。但 10～300 米/小时的流速更常见。相反，富硅的流纹质熔岩通常流动距离很少会超过 1 千米。安山质熔岩在组成上呈中性，因此其流动性介于玄武质熔岩和流纹质熔岩之间。

块状熔岩流和绳状熔岩流　流动的玄武质岩浆会产生两种熔岩流：一种称为块状熔岩流，其表面粗糙，具有锋利的边缘和不规则凸凹边缘的碎块（见图 7.5A）；另一种称为绳状熔岩流，其表面平滑，有时就像几股绳子绞在一起（见图 7.5B）。

尽管同一火山可喷发出两种不同类型的熔岩，但与块状熔岩相比，绳状熔岩的温度要高得多，也更具流动性。此外，绳状熔岩可变成块状熔岩，但块状熔岩不能变成绳状熔岩。

熔岩在通道中流动并冷却时，绳状熔岩会变成块状熔岩。温度下降和黏度的增大，会促进气泡的形成。逃逸的气泡会导致含含有大量孔洞（囊泡）和不规则表面的冷凝熔岩。随着内部熔化的进行，外壳会遭到破坏，表面相对平滑的绳状熔岩会变成粗糙的块状熔岩。

熔岩管　绳状熔岩流经常会产生被称为熔岩管的穴状管道，它是把熔岩运移到火山口熔岩流前缘的通道（见图 7.6）。熔岩管形成于熔岩流的内部，其内部的温度即使在表面冷却并硬化后，仍会长时间地保持高温。由于熔岩管是熔岩从火山口长距离运移的通道，因此是熔岩流的重要特征。

图 7.5　熔岩流。A. 慢速移动的典型玄武质块状熔岩流。B. 典型的绳状（黏稠）熔岩流。这两种熔岩流都是在夏威夷基拉韦厄火山一翼的裂隙中喷出的（USGS 供图）

熔岩管。熔岩从活跃的火山口流经这些类似洞穴的
管道后，到达熔岩流的前缘。

加利福尼亚熔岩床国家纪念馆的一条
熔岩管——瓦伦丁洞

图 7.6　熔岩管。当熔岩在熔岩管中持续流动时，可能会形成固态的上地壳。有些熔岩管的规模特别大，如夏威夷莫纳罗亚火山南坡的卡祖穆拉洞，其长达 60 多千米（Dave Bunell 供图）

7.3.2　气体

岩浆中包含有大量溶解的气体挥发成分，它们是因压力作用而存储在熔岩中的，就像罐装饮料中的二氧化碳。当压力减小或消失时，气体就会逃逸。由于在喷发的火山附近对气体进行取样非常危险，因此地质学家通常只能估计普通岩浆中的气体含量。

大多数岩浆中的气态部分占总重量的 1%～6%，其中的大部分是水蒸气。尽管百分比很小，但实际释放的气体量每天要超过几千吨。火山爆发偶尔会向大气中释放巨量的火山气体，它们会在高空中停留几年时间。有些爆发可能会影响地球的气候，详见本章后面的讨论。

火山气体的组成很重要，因为这些气体对我们星球大气的形成意义重大。分析夏威夷火山爆发时的样品表明，70%的气体是水蒸气，15%是二氧化碳，5%是氮气，5%是二氧化硫和少量的氯气、氢气与氩气（不同火山区域的组成分有不同）。硫化物可通过其辛辣的气味辨认。火山也是空气污染的自然来源，有些火山会释放大量的二氧化硫，而二氧化硫与大气混合后，会生成硫酸和其他硫化物。

7.3.3　火成碎屑物

活跃的火山爆发时，会从通道中喷出粉状的岩石、熔岩和玻璃质的碎片。产生的碎屑颗粒称为火成碎屑物，通常也称为火山碎屑。按颗粒大小排列，有火山灰（小于 2 毫米）、火山砾和重达几吨的火山块（见图 7.7）。

火山灰和火山尘是在富含气体的黏性岩浆爆裂式喷发时产生的（见图7.7）。岩浆在管道中移动时，气体会迅速膨胀，形成内部含有泡沫的熔岩。当高温气体爆炸式膨胀时，泡沫中会吹入极细的玻璃质碎片。高温火山灰下落后，玻璃质碎屑通常会熔融为熔结凝灰岩。这种片状物和此后固结的火山灰沉积，覆盖了美国西部的大部分地区。

小弹珠到核桃大的火山碎屑称为火山砾，这些喷出物通常称为火山渣（2~64毫米），而颗粒直径大于64毫米的喷出物称为火山块，它们是在炽热的熔岩爆炸时形成的（见图7.7）。由于火山弹是半熔融喷发物，因此在抛向空中时呈溪流状。由于尺寸较大，火山弹和火山块通常会落在通道附近，偶尔也会落到较远的地方。例如，日本中部的浅间火山喷发时，长6米、重200多吨的火山弹就被吹离火山口600多米。

到目前为止，我们仅基于碎屑颗粒的大小区分了火山碎屑物，也可根据碎屑构造和组成对它们进行区分。特殊情况下，玄武岩浆喷发会产生泡状的火山渣（见图7.8A）。黑色到红褐色的火山渣，类似于熔炉中生成的炉渣。当中性（安山质）和长英质（流纹

火山碎屑物（火山灰）		
颗粒名称	颗粒大小	照片
火山灰*	小于2毫米	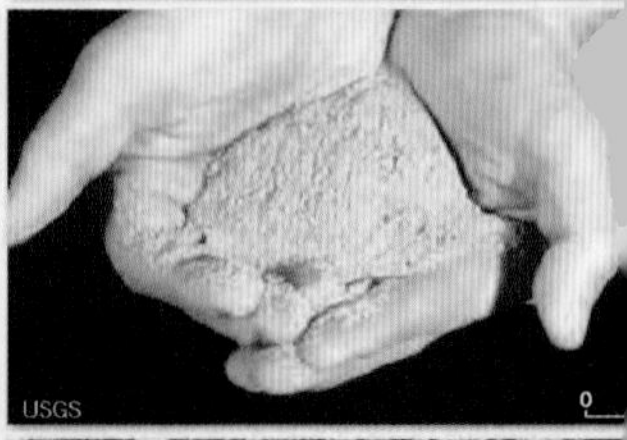
火山砾（灰渣）	2~64毫米	
火山弹	大于64毫米	
火山块		

*颗粒直径小于0.063毫米的火山灰称为火山尘。

图7.7 火山碎屑物的类型。火成碎屑物通常也称为火山碎屑岩）组成的岩浆爆裂式喷发时，会释放出火山灰和含有气孔的浮岩（见图7.8B）。浮岩的颜色较浅，密度小于火山渣，且因为含有气孔而可以漂浮于水上。

火山渣是一种成分为玄武质或安山质的泡状岩。豌豆到篮球大小的火山渣碎片组成了大部分火山渣锥

浮岩是一种低密度的泡状岩石，它是由安山质和流纹质的黏性岩浆爆裂式喷发形成的

图7.8 常见的浮岩。火山渣和浮岩是带有气孔构造的火山岩。气孔是火山气体逃逸时留下的小坑（E. J. Tarbuck 供图）

概念检查 7.3

1. 描述绳状熔岩和块状熔岩流。
2. 熔岩管是如何形成的？
3. 列出火山喷发时释放的主要气体。火山喷发时，气体扮演什么样的角色？
4. 火山弹与块状火山碎屑有何不同？
5. 什么是火山渣？火山渣和浮岩有何不同？

7.4 火山结构

图解典型火山锥的基本特征。

你知道吗？

日本的浅间火山喷发时，长 6 米、重 200 多吨的火山弹抛离火山口达 600 米。

我们想象中的火山应是顶端被雪覆盖的圆锥形山，如美国俄勒冈州的胡德火山和日本的富士山。这些风景如画的火山是由几千年甚至几万年持续进行的火山活动形成的。然而，很多火山并不是我们想象中的样子。这些奇特的锥状火山通常非常小，由持续几天到几年的单座火山喷发形成。阿拉斯加的万烟谷是平顶沉积，它由 15 平方千米的火山灰组成，与 1980 年的圣海伦火山喷发相比，其规模要大 20 倍，它在 60 小时内覆盖河谷达 200 米深。

火山地貌的形状和大小各不相同，每座火山都有其独特的喷发历史。然而，火山学家已对火山地貌进行了分类，并基本弄清了火山的喷发规律。本节先介绍理想火山锥的结构，然后讨论三

种主要类型的火山锥——盾状火山、火山渣锥和复式火山，以及它们导致的灾害。

当地壳中形成裂隙后，火山活动就会频繁地发生，因为岩浆会涌向地表。富含气体的岩浆移动到裂隙中时，其路径通常是止于地表的圆形管道，地表上的管道口就称为喷口（见图 7.9）。这种锥形构造称为火山锥，通常由连续喷发的熔岩和火山碎屑物组成。

大部分火山锥的顶部是较浅的漏斗状洼地，称为火山口，成分主要是火山碎屑物。火山通常都有火山口，它是由火山碎屑逐渐在周围的边缘堆积而成的。其他火山口是在爆发过程中，由快速的喷发颗粒侵蚀坑壁形成的。火山顶部由于喷发而崩塌时，也会形成火山口。具有圆形洼地的有些火山被称为破火山口，其直径大于 1 千米，有时甚至会超过 50 千米。本章后面将探讨不同类型破火山口的形成方式。

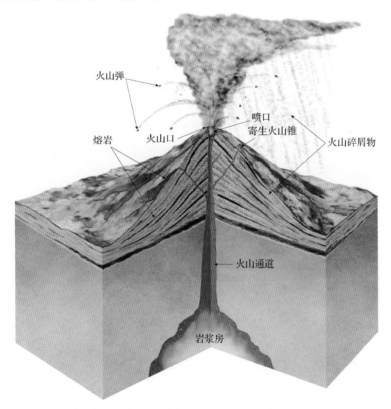

图 7.9　火山的结构。请比较盾状火山（见图 7.10）和火山锥（见图 7.13）的典型复式火山锥结构

在发育的早期阶段，大多数火山排放的物质都来自于顶部的火山口。对于成熟的火山而言，物质总是从火山底部或两翼形成的裂隙中释放的。翼部的持续喷发会形成一个或多个寄生火山锥。例如，意大利的埃特纳火山就有 200 多个次喷口，其中的一些甚至在形成寄生火山口。然而，很多喷口只释放气体，此时可将喷口称为喷气口。

概念检查 7.4

1. 火山口和破火山口有何不同？
2. 区分火山通道、喷口和火山口。
3. 什么是寄生火山锥？它在哪个部位形成？
4. 火山喷气孔释放的是什么？

7.5 盾状火山

举例说明盾状火山的特点。

盾状火山是由玄武质熔岩流累积形成的，外形呈宽阔的轻度穹隆构造状，类似于士兵的盾牌（见图 7.10）。大多数盾状火山是由洋底的海山形成的，有些海山会成长为火山岛。事实上，除了在俯冲带上形成的火山岛，大多数的其他海岛要么是单个盾状火山，要么是在枕状熔岩上形成的复式盾状火山，如加那利群岛、夏威夷群岛、加拉帕戈斯群岛和复活岛。此外，有些盾状火山是在大陆地壳上形成的，如尼亚穆拉吉火山、非洲的多数活火山以及俄勒冈州的纽贝里火山。

你知道吗？

根据传说，夏威夷火山女神贝利的家就在基拉韦厄火山的顶部。女神存在的证据是贝利的头发，呈纤细、柔软的金棕色玻璃状。当高温的熔岩斑点洒落且气体逃逸后，就形成了这些纤细的火山玻璃。

7.5.1 莫纳罗亚火山：地球上最大的盾状火山

大量对夏威夷群岛的研究表明，它们是由平均几米厚的大量玄武质熔岩流与少量火山碎屑喷发物混合而成的。莫纳罗亚山是组成夏威夷大岛的 5 个盾状火山之一（见图 7.10）。从根部（位于太平洋海底）到山顶，莫纳罗亚火山的高度超过 9 千米，超过了珠穆朗玛峰的海拔高度。组成莫纳罗亚山的物质的体积约为雷尼尔这种复式火山锥的 200 倍（见图 7.11）。

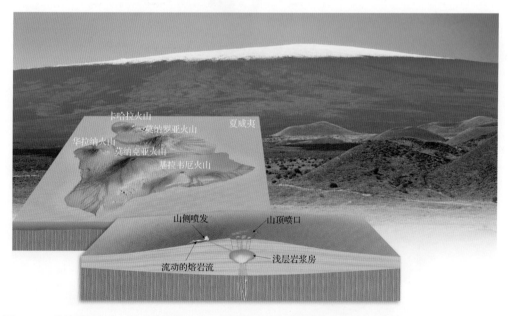

图 7.10 莫纳罗亚火山：地球最大的火山。莫纳罗亚火山是组成夏威夷大岛的 5 个盾状火山之一。盾状火山主要由玄武质熔岩流组成，其包含的碎屑物很少（Greg Vaughn/Alamy 供图）

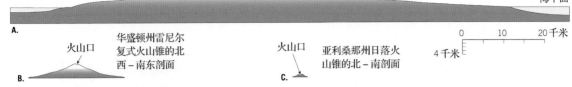

夏威夷莫纳罗亚盾状火山
的北东—南西剖面

破火山口

海平面

A.

火山口

华盛顿州雷尼尔
复式火山锥的北
西–南东剖面

火山口

亚利桑那州日落火
山锥的北–南剖面

B.

0   10   20千米

4千米

C.

图 7.11　不同规模火山的对比剖面。A. 夏威夷莫纳罗亚火山（夏威夷岛链上最大的盾状火山）剖面图，将其规模与华盛顿雷尼尔山的大型复式火山锥进行对比。B. 华盛顿州雷尼尔火山的剖面，它是很小的火山锥。C. 亚利桑那州日落火山的剖面，它是一种典型的陡峭火山锥

　　莫纳罗亚火山翼的坡度很小，原因在于高温熔岩流在流过火山通道时速度非常快。另外，多数熔岩（约 80%）流经的都是发育良好的熔岩管道系统。活跃盾状火山的另一常见特点是，顶部的破火山口具有大量的陡壁。岩浆房顶部的固态岩石塌陷时，通常会形成破火山口。当岩浆房内的岩浆因大爆发而不足时，或在岩浆流到火山翼以爆裂式喷发时，岩浆房顶部的固态岩石就会塌陷。

　　在发育的最后阶段，盾状火山会零星地喷发，且火山碎屑喷发更为常见。此外，熔岩的黏度会增大，厚度也增大，流动距离则缩短。这些喷发会使得峰顶的坡度变陡，因此其上会布满成串的火山锥。这就是历史时期很少喷发的莫纳克亚火山与 1984 年喷发的莫纳罗亚火山相比，顶部更陡峭的原因。天文学家根据峰顶天文台观测的数据，确认莫纳克亚火山正在衰退中。

7.5.2　夏威夷基拉韦厄火山：喷发的盾状火山

　　基拉韦厄火山是世界上最活跃且人们研究得最多的盾状火山，它位于夏威夷岛上的莫尔罗亚火山附近。自 1823 年有记录以来，它已喷发了 50 多次。每次喷发期的前几个月，岩浆都会逐渐上涌，并在峰顶之下几千米处的岩浆房中累积，导致基拉韦厄火山膨胀。在喷发前的 24 小时，密集的小地震会提醒人们即将发生的活动。

　　基拉韦厄火山的多数近期活动都是沿着称为东部断裂带的火山翼发生的。从 1983 年开始，基拉韦厄火山开始了最长和最大的裂隙喷发，并一直持续到了今天。首次喷发是沿一条 6 千米长的裂隙进行的，当时喷向空中的红色熔岩形成了高达百米的"火帘"（见图 7.12）。喷发减弱后，形成了一个寄生熔岩渣锥，当地人称为普沃·噢噢火山。接下来的 3 年多中，这一幕不时重演（几小时到几天），富含气体的熔岩喷向天空形成了"喷泉"。每次喷发后，都会有近 1 个月的平静期。

图 7.12　沿夏威夷基拉韦厄火山东部裂隙带喷出的熔岩"帘"（Greg Vaughn/Alamy 供图）

到 1986 年夏天，沿裂隙向下打开了一条 3 千米的喷口。这里，表面平滑的绳状熔岩形成了一个熔岩湖。熔岩尖偶尔会溢流，但多数情形下，熔岩会经过通道流到靠近海洋的火山东南翼。这些熔岩流摧毁了近 100 个村庄，覆盖了一条主要的铁路，最终到达海洋。熔岩持续间歇地涌入海洋，为夏威夷岛增添了新陆地。

概念检查 7.5

1. 描述与盾状火山有关的熔岩的组分和黏度。
2. 碎屑物是盾状火山的重要组成部分吗？
3. 盾状火山大多形成于何处？是洋壳还是陆壳？
4. 熔岩管中的熔岩流与盾状火山有何关联？
5. 美国最著名的盾状火山在哪里？世界上的其他盾状火山有哪些？

7.6 火山锥

描述火山锥的起源、规模和组成。

顾名思义，火山锥由喷发的熔岩碎屑组成，熔岩碎屑在飞行的过程中，会固结产生含有气孔的火山渣（见图 7.13）。这些火山碎屑的大小从颗粒极细的火山灰到直径超过 1 米的火山弹不等。然而，大多数火山锥的体积由豌豆到胡桃大小的气孔状碎屑组成，颜色呈黑色到红褐色。另外，这些碎屑物还含有玄武质成分。

尽管火山锥的组成大部分是松散的火山渣碎屑，但有些火山锥会在广泛的熔岩区域形成。这些熔岩流通常在火山寿命的最后阶段形成，此时的岩浆体失去了其中的大部分气体。火山锥由松散的碎屑而非固态岩石组成，因此熔岩通常会从火山锥松散的基底而非火山口流出。

火山锥的形状通常由火成碎屑物在斜坡上保持稳定时的状态决定（见图 7.13）。火山锥的锥角度数（碎屑物保持稳定的最陡角度）较高，因此较为陡峭，陡边的坡度为 30°～40°。此外，火山锥有相当大且深的火山口，这与它的总体构造有关。尽管相对对称，但有些火山锥在最后喷发期间，顺风面会更高、更长。

大多数火山锥都是由单次短暂的火山喷发事件造成的。研究表明，半数火山锥的形成时间少于 1 个月，95%的火山锥的形成时间少于 1 年。火山喷发停止后，管道中的岩浆就和管道及岩浆源固结在一起，火山因此通常不再喷发（尼加拉瓜的一个火山锥除外，它从 1850 年形成起，共喷发了 20 多次）。由于形成时间短，火山锥的规模通常都很小，高度通常为 30～300 米，个别火山锥的高度超过了 700 米。

图 7.13　火山锥。火山锥由喷发的熔岩碎屑形成（大多数是火山渣和火山弹），且相对较小——通常不高于 300 米。图中的火山锥位于加利福尼亚州拉森火山附近（Michael Collier 供图）

地球上的火山锥数以千计。有些火山锥会成组地出现，如美国亚利桑那州旗杆镇附近的火山区有近 600 个火山锥。其他火山锥是寄生锥，通常可在火山的翼部或较大火山的破火山口内找到。

7.6.1 帕里库廷火山：各种火山锥的花园

地质学家很少研究的火山锥之一是帕里库廷火山，它位于墨西哥城向西 320 千米处。1943 年它开始喷发时，正准备种植玉米的农场主迪奥尼希奥·普利多见证了这一事件。

在首次喷发前的两周内，大量的轻微震颤引起了附近村民的恐慌。但在 2 月 20 日，含硫气体开始像波浪一样袭来，在玉米地里劳作的农夫们至今仍然记得这一景象。晚上，通道中开始喷出发光的碎屑，就像是壮观的烟火。喷发持续进行，偶尔会向 6000 米的高空抛出高温碎屑和灰尘。大碎屑落到了火山口附近，有些在滚下斜坡

时仍然发光。这些碎屑形成了美丽的火山锥，同时细小的火山灰飘到了更远的区域，烧毁并覆盖了圣胡安帕里库廷村。第一天，火山锥增高了 40 米，到第 15 天，它已高达 100 米。

第一波熔岩流源自火山锥北部的裂隙，但几个月后，熔岩流开始从火山锥的底部流出。1944 年 6 月，10 米厚的熔岩流覆盖了圣胡安帕里库廷村，仅出露了教堂的尖顶（见图 7.14）。在火山碎屑间歇性地喷发及熔岩从通道底部持续流出 9 年后，喷发活动停止了。今天，帕里库廷火山就像其他的火山锥一样，成为了装点墨西哥这一地区的风景。当然，像其他火山一样，它也不再喷发。

> **概念检查 7.6**
>
> 1. 描述火山锥的组成。
> 2. 与盾状火山相比，火山锥的大小和坡度如何？
> 3. 形成一个火山锥需要多长时间？

墨西哥的帕里库廷火山锥喷发了9年

熔岩流

源于火山锥底部的块状熔岩流掩埋了圣胡安帕里库廷村的大部分，仅留下了村中的教堂

图 7.14　著名的帕里库廷火山锥。帕里库廷火山喷发的块状熔岩吞没了圣胡安帕里库廷村，仅有教堂的尖顶出露（Michael Collier 供图）

7.7　复式火山

解释复式火山的起源、分布和特点。

地球上大部分风景如画的危险火山都是复式火山，也称成层火山。大多数复式火山均位于太平洋边缘称为"火环（环太平洋火山带）"的狭窄区域（见图 7.33）。这个活动带包括沿美国西海岸分布的大陆火山链，以及南美安第斯山脉和加拿大西部喀斯喀特山脉等许多火山锥。

典型的复式火山锥都很大，这种基本对称的结构都由火山渣、熔岩流和火山灰形成的互层组成。少量的复式火山锥会持续喷发，如意大利的埃特纳火山和斯特龙博利火山，十多年来人们一直可在火山口看到熔融的岩石。斯特龙博利火山因喷发炽热的斑点状熔岩而闻名世界，被誉为"地中海的灯塔"。埃特纳火山自 1979 年起，平均每两年会喷发一次（见章首的照片）。

就像盾状火山的形状是由玄武质熔岩流造成的那样，复式火山锥也反映了其组成成分的黏度。大体上，复式火山锥的组成成分是富硅的安山质岩浆。但许多复式火山锥也会喷发大量的玄武质熔岩流，且部分火山碎屑物由长英质（流纹岩）组成。典型复式火山锥的富硅岩浆通常会形成黏度大且厚的岩浆，这种岩浆只能流动几千米。另外，复式火山锥的特点是，会爆裂地喷出大量的火山碎屑物。

大多数的大型复式火山锥都由陡峭的山顶区域和有一定坡度的翼部组成。经常出现在日历和明信片上的这种经典轮廓，是由一系列黏度大的熔岩和火山碎屑喷发物形成的。粗碎屑从火山口顶部喷发，并在接近源头的位置堆积，形成了陡峭的斜坡顶端。细粒喷发物会薄薄地沉积在较大的区域，形成火山锥平坦的翼部。另外，在发育的早期，与晚期的熔岩相比，早期的熔岩在通道中会流得更远，因此形成了火山锥的宽阔基底。随着火山的成熟，喷口喷出的流动距离较短的熔岩逐渐加固其顶部区域。总体上说，陡峭的斜坡有可能超过 40°。两个最完美的火山锥——菲律宾的马荣火山和日本的富士山，都有着陡峭的顶部和平缓的斜翼（见图 7.15）。

除了对称的复式火山锥，大多数复式火山锥的形成都非常复杂。许多复式火山有许多喷口，这些喷口产生了许多火山锥，甚至会在翼部形成更大的结构。围绕这些结构的大量火山碎屑，是大规模滑坡发生时最易下滑的部分。受爆裂式侧向喷发的影响，有些复式火山的山顶会形成了圆形凹陷，例如 1980 年圣海伦火山喷发期间，就出现了这种现象。但多数这类火山的外形很快就会改变，而不会保留原来的痕迹，也有火山会因顶部的塌陷而变成平顶（见图 7.20）。

概念检查 7.7
1. 地球上的什么区域复式火山最集中？
2. 描述组成复式火山的物质。
3. 复式火山和盾状火山在组成和熔岩流动的黏度上有什么区别？

图 7.15　典型的复式火山——富士山。日本富士山是典型的复式火山——陡峭的顶部和平缓的斜翼（Koji Nakano/Getty Images/Sebun 供图）

7.8　火山灾害

讨论与火山有关的主要地质灾害。

地球上已知的约 1500 座火山在过去的 1 万年间至少喷发了一次，有的喷发了多次。历史记录和与活火山有关的研究表明，每年约有 70 次火山喷发，且每十年会有一次大规模的喷发。大规模的喷发会导致大量的人员伤亡。例如，1902 年培雷火山的喷发造成 28000 人死亡，这是附近圣皮埃尔市的全部人口。

今天，从日本、印度尼西亚到意大利和美国的俄勒冈州，住在活火山附近的人约有 5 亿。他们要面对的是大量的火山灾害，如火山碎屑流、火山泥流、熔岩流、火山灰和火山气体。

7.8.1 火山碎屑流：致命的自然力量

自然界中最具毁灭性的力量之一是火山碎屑流，它由炽热的气体、灰尘和较大的熔岩碎屑组成，也称炽热火山云（火山灰流）。炽热的灰流沿陡峭斜坡流动的速度可达 100 千米/小时（见图 7.16）。火山碎屑流由两部分组成：包含细粒灰尘的膨胀气体所形成的低密度火山云，以及落到地面上的物质（通常为浮岩和其他囊状火山碎屑物）。

重力驱动 火山碎屑流由重力驱动，并以类似于雪崩的方式流动。熔岩碎片中释放的膨胀火山气体，以及涌动前受困的热空气膨胀，会使得火山碎屑流动。这些气体会降低灰尘和浮岩碎片间的摩擦，使得碎屑会在重力作用下几乎无摩擦地下滑。这就是在离源头几千米处发现火山碎屑流沉积的原因。偶尔，强劲的热风会搬运走火山碎屑流中的少量灰尘。这些低密度的云是致命的，但通常不会摧毁沿途的建筑物，但 1991 年日本云仙火山喷发的热灰云吞没了 80 米范围内的几百栋房屋和移动的汽车。

火山碎屑流可能源于不同背景的火山。有些碎屑流是由强烈的火山爆发形成的，火山碎屑物会从火山的一侧喷出。更多的时候，火山碎屑流是由火山喷发的高喷发柱崩塌产生的。当重力大于逃脱气体的向上推力时，喷发的物质就会开始下落，进而在火山翼部覆盖多层炽热的碎块、灰尘和浮岩。

吉普

图 7.16　碎屑流，最具毁灭性的火山力量之一。菲律宾皮纳图博火山 1991 年喷发时，发生了火山碎屑流。碎屑流由从斜坡滑下的热灰、火山弹和/或熔岩碎片组成（Alberto Garcia/Corbis 供图）

你知道吗？

1902 年培雷火山喷发时，美国参议院正在对修建连接太平洋和大西洋的运河提案进行表决。修建运河的地点是巴拿马或尼加拉瓜。支持在巴拿马修建运河的议员认为，尼加拉瓜的火山喷发威胁巨大，因此运河最终修建在巴拿马。

圣皮埃尔市的毁坏 1902 年，加勒比海马提尼克岛上的培雷火山爆发，导致了一次声名狼藉的火山碎屑流。火山碎屑流摧毁了港口城市圣皮埃尔。尽管大部分火山碎屑流出现在布兰奇河谷中，但低密度的炽热浪涌向南传播，很快就吞没了整个城市。破坏瞬间发生，圣皮埃尔市约有 28000 名居民丧生，仅有市郊地牢中的一名囚犯和海港船上的几人幸免于难（见图 7.17）。

灾难发生几天后，科学家赶到了现场。尽管圣皮埃尔市已被多层火山碎屑覆盖，科学家仍然发现近 1 米厚的砖墙像多米诺骨牌一样倒塌了，且大树被连根拔起，大炮被掀翻。

1902年喷发前的圣皮埃尔市

培雷火山喷发后的
圣皮埃尔市

图 7.17　圣皮埃尔市的毁坏情况。左侧照片是 1902 年培雷火山喷发后的圣皮埃尔市（根据国会图书馆的资料重绘）；右侧照片是火山喷发前的圣皮埃尔市，喷发的那天许多船只停泊在岸边（Photoshot 供图）

7.8.2　火山泥流：活跃和不活跃火山锥的火山泥流

除了猛烈的喷发，复式火山锥还可能产生火山泥流。当火山灰、碎屑和水的混合物从陡坡快速向下流动到山谷时，就会发生破坏性的泥流。岩浆流到有冰层覆盖的火山表面时，会导致冰和雪的大规模融化，此时也会引发火山泥流。此外，大雨浸透风化的火山沉积也会引发火山泥流，因此，不喷发的火山也会引发泥流。

圣海伦火山在 1980 年喷发时，产生了几次火山泥流。这些泥流伴随洪水以 30 千米/小时以上的速度快速流入附近的河谷。狂暴的泥流严重破坏了沿途的家园和桥梁（见图 7.18）。所幸的是，这一地区的人口并不稠密。

1985 年，内华达州的雷斯雪峰（哥伦比亚安第斯山脉的一座 5300 米高的火山）小规模喷发期间，产生了致命的火山泥流。高温碎屑物融化了山上覆盖的冰雪，携带着灰尘和碎屑的泥流以100 千米/小时的速度从火山翼部流向了三个主河谷，导致了 25000 人丧生。

许多人认为，像雷斯雪峰那样，华盛顿州的雷尼尔火山同样是美国最危险的火山，由于这座火山终年覆盖着厚厚的冰雪，且附近的峡谷中居住了十几万人，这些人的家园就建在成百上千年来累积的火山泥流沉积上，因此非常危险。未来雷尼尔火山的喷发，或降雨量非常大时，都有可能导致类似的火山泥流。

图 7.18　源于火山斜坡的泥流。1980 年 5 月 18 日圣海伦火山喷发时，泥流沿东南方向的马迪河下冲。树干上的流痕表明了此次泥流的高度。图中以圆圈中的人作为比例尺(Lyn Topinka/USGS 供图)

7.8.3　其他火山灾害

火山会以各种方式对人们的健康和财产造成危害。火山灰和其他火山碎屑物会摧毁房顶，或被人、动物吸入肺部，或被飞机引擎吸入（见图 7.19）。火山所释放的气体（多数是二氧化硫）会影响空气的质量，当这种气体和雨水混合时，会破坏蔬菜，并使得地下水的水质下降。尽管存在这些危险，但数以百万计的人们仍然生活在活火山附近。

火山灰会摧毁植物，并被人类或动物吸入肺中

灰尘和其他碎屑物会使屋顶坍塌，
或将建筑物全部覆盖

熔岩流会毁坏沿途的家园、道路和建筑物

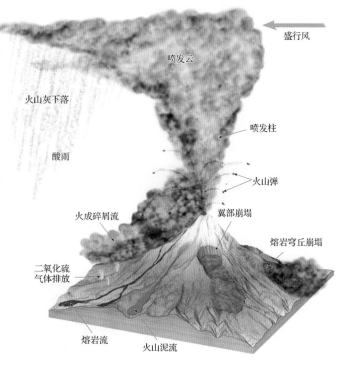

图 7.19　火山灾害。除产生碎屑流和泥流外，火山在其他的很多方面也会对人们的健康和财产造成危害

火山引起的海啸　与火山有关的一种灾害是其产生的海啸。尽管海啸通常由强烈的地震引起，但有时也会由强大的火山爆发或火山翼部塌陷到海洋中引起。1883 年，印度尼西亚岛喀拉喀托火山的喷发撕裂了岛屿，产生的海啸使 36000 人丧生。

火山灰与航空　在过去的 15 年间，至少有 80 架商用飞机因无意飞入火山云中而遭破坏。例如，在 1989 年，一架载有 300 多名乘客的波音 747 就遇到了阿拉斯加里道特火山释放的灰云。灰尘堵塞发动机后，4 台发动机都熄火了。所幸的是，飞行员成功地重启了发动机并安全降落到了安克雷奇。

2010 年，冰岛火山向大气中喷发了大量的灰尘，厚厚的烟羽甚至漂浮到了欧洲，使得航空公司取消了上千个航班，造成了上万人的行程延误。几个星期后，航空才重新恢复了正常的飞行计划。

火山气体与呼吸道健康　1783 年，拉基火山沿冰岛南部的一个大裂缝开始喷发，这是最具破坏性的火山事件之一。这次喷发形成了约 14 立方千米的玄武质熔岩流，释放了 130 吨的二氧化硫和其他有毒气体。当二氧化硫被人体吸入后，它会在人体的肺部和水反应生成硫酸。喷发释放的二氧化硫导致了冰岛 50% 以上的家畜死亡。接着发生的饥荒，导致了 25% 的冰岛人口死亡。此外，此次大规模喷发还威胁到了欧洲人的生命和财产安全。西欧的部分地区发生了农作物减产，上千居民因为相关的肺病死亡。近期研究估计，今天若爆发一场类似的喷发，那么仅在欧洲就会引起 140000 人因心肺病而死亡。

火山灰和火山气体对环境及气候的影响　火山喷发会产生细粒火山灰，或将二氧化硫气体释放到高空大气中。火山灰尘会将太阳能反射到太空中，导致暂时性的大气冷却。1783 年，冰岛火山的喷发就影响到了地球的大气循环，导致了印度和尼罗河谷干旱盛行，1784 年冬天，甚至在新英格兰出现了历史上最长的低温期。

其他火山喷发也对全球气候产生了重大影

盛行风
喷发云
火山灰下落
喷发柱
酸雨
火山弹
火成碎屑流
翼部崩塌
熔岩穹丘崩塌
二氧化硫
气体排放
熔岩流
火山泥流

响：1815 年印度尼西亚的坦博拉火山喷发，导致 1816 年当地的夏季消失；1982 年墨西哥的火山小规模喷发，释放了大量的二氧化硫气体和水蒸气，并在大气中形成了硫酸云（气溶胶），直到几年后它们才逐渐消散。像细小的灰尘那样，这些气溶胶也会反射太阳能而降低太空的温度。

你知道吗？

1783 年，沿冰岛南部 24 千米断层发生的爆裂式喷发，喷出了 12 立方千米的玄武质熔岩浆。另外，释放的硫化物气体和灰尘毁坏了大草原，使得冰岛的大部

分畜牧丧命。喷发和随之发生的饥荒使得 10000 名冰岛居民丧生。近年来，研究这次火山喷发的一名专家估计，今天若发生类似的喷发，将会使北半球的经济动荡几个月之久。

概念检查 7.8

1. 描述碎屑流，并解释它们能流动到很远处的原因。
2. 什么是火山泥流？
3. 列出除碎屑流和火山泥流外的至少三种火山灾害。

7.9 其他火山地貌

列举和描述除火山锥之外的火山地形。

最常见的火山结构是锥状的复式火山，但地球上的火山活动也会产生其他有特色的重要地貌。

7.9.1 破火山口

破火山口由大而陡峭的凹坑组成，其直径超过 1 千米，直径小于 1 千米的火山口称为塌陷坑。多数破火山口的形成过程如下：①大型复式火山喷发出富硅的浮岩和火山灰后，峰顶崩塌（火山湖形破火山口）；②中心岩浆房的伏流导致盾状火山顶部塌陷（夏威夷型破火山口）；③富硅浮岩和火山灰沿环形断裂的大面积下流导致崩塌（黄石公园型破火山口）。

火山口湖型破火山口 俄勒冈州的火山口湖位于一个宽约 10 千米、深约 1175 米的破火山口中。这个破火山口形成于 7000 年前，当时的玛扎马复式火山锥喷发了 50～70 立方千米的火山碎屑物（见图 7.20）。这个 1500 米高的突出锥状物的峰顶塌陷后，形成的破火山口最终被雨水填满。随后的火山活动在破火山口形成一个小型的火山锥。今天，这个火山锥被人们称为"巫师岛"，它无声地表明了过去的火山活动（见图 7.20）。

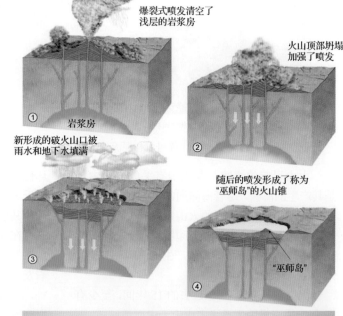

图 7.20　火山口形成的火山口湖。约 7000 年前的猛烈喷发清空了玛扎马火山下面的岩浆房，导致火山顶部塌陷。雨水和地下水充填了火山口湖，它是美国最深的湖泊（594 米深），也是世界上第九深的湖泊（据 H. Williams, *The Ancient Volcanoes of Oregon*）

夏威夷型破火山口　与火山湖型破火山口不同的是，许多破火山口是逐渐形成的，因为岩浆是从火山顶部下方较浅的岩浆房流出的。例如，夏威夷的莫纳罗亚活火山和基拉韦厄活火山，它们的顶部就有破火山口。基拉韦厄火山口长 3.3～4.4 米，深 150米。火山口壁近乎垂直，看起来像广阔的平底深坑。基拉韦厄破火山口是因底部岩浆房中的岩浆侧向流动，岩层逐渐下沉形成的。

黄石公园型破火山口　与 630000年前黄石公园喷出约 1000 立方千米的火山碎屑物相比，历史上其他致命的火山喷发就显得规模很小了，如圣海伦火山和维苏威火山的喷发。这次喷发甚至在遥远的墨西哥湾都下起了尘雨，并形成了直径达 70 千米的破火山口。这次事件的痕迹就是黄石公园中的许多热泉和间歇泉（见图 7.21）。

你知道吗？

大多数参观黄石国家公园的人都没有意识到他们正站在世界上最大的破火山口上。

基于大量的火山喷发物，研究人员断定与黄石国家公园破火山口有关的岩浆房一定也同样巨大。随着越来越多岩浆的累积，岩浆房的压力开始超过上覆岩石的重量。当富气的岩浆上涌到上覆地壳的垂直裂隙中并延伸到地表时，就会发生喷发。岩浆沿这些裂隙上涌时，就会形成环状喷发。失去支撑后，岩浆房的顶部就会开始塌陷。

形成破火山口的喷发占比很大，它会喷发出巨量的火山碎屑物，主要由火山灰和浮岩碎片组成。这些物质形成的火山碎屑流会横扫流经的地貌，破坏大部分生物。碎屑流停止移动后，高温火山灰和浮岩碎片会熔融在一起，形成熔结凝灰岩。尽管火山口的规模巨大，但形成它们的喷发过程却是简短的几小时或几天。

大破火山口的喷发历史较复杂。例如，在黄石地区，过去的 210 万年间已知有三次形成破火山口的喷发。最近的一次喷发（630000 年前）中，

图 7.21　黄石公园的超级喷发。上图显示了黄石国家公园的范围，下图显示了各次喷发所形成的灰层。这些喷发时间间隔约为 700000 年。最大的一次喷发与 1980 年的圣海伦火山喷发相比，规模要大 10000 倍

甚至流出了脱气流纹质和玄武质熔岩。地质证据表明，黄石公园下方仍存在岩浆源，因此随时可能会出现形成破火山口的喷发。

形成大型破火山口的喷发的最典型特点是，破火山口处的地层会缓慢隆起，形成中间较高的复活穹顶（见图 7.21）。与盾状火山和复式火山锥火山口不同的是，黄石公园型塌陷非常大，还有很多类似的大型破火山口未被发现，只能期待在航空照片或卫星图像上识别。美国境内的其他大型破火山口有加利福尼亚州的长谷破火山口、拉格瑞塔破火山口，以及新墨西哥州洛斯阿拉莫斯以西的瓦莱斯破火山口，类似的破火山口在地球上的大型火山结构中随处可见，因

此得名"超级火山"。火山学家比较了它们的毁灭性力量和小行星撞击地球的相近。所幸的是，历史上还未出现过形成破火山口的喷发。

7.9.2 裂隙喷发和玄武岩高原

大量火山物质会从地壳中的断裂（裂隙）喷出。裂隙喷发通常会形成广泛覆盖的玄武质熔岩而非火山锥（见图 7.22）。最近的基拉韦厄火山活动就是沿东部裂谷区的一系列裂隙喷发的。

有些位置会在相对短的时间内沿裂隙喷出超量的熔岩，从地质学角度上来说。这些巨量的堆积物形成的地貌被称为玄武岩高原，因为大多数堆积物的玄武质组分，趋于形成平坦且宽阔的地形。在美国西北部的哥伦比亚平原（见图 7.23），巨大的裂隙喷发掩埋了原始地貌，形成约 1.6 千米厚的熔岩高原。有些熔融的熔岩甚至会流动 150 千米。术语溢流玄武岩是用来描述这样的喷发产物的。

类似于哥伦比亚平原，玄武熔岩的大量堆积出现在世界各地。最大的玄武岩平原之一是德干高原，印度中西部这个厚厚的平伏玄武岩流的面积达500000 平方千米。6600 万年前形成德干高原时，100 万年间喷出了近 200 万立方千米熔岩。其他的巨大溢流玄武岩沉积还有海底的嗡通－爪哇高原。

图 7.22 玄武岩爆裂式喷发。裂隙中的熔岩喷涌和熔岩流的形成统称为溢流玄武岩。底部照片显示了爱达荷瀑布附近的溢流玄武岩

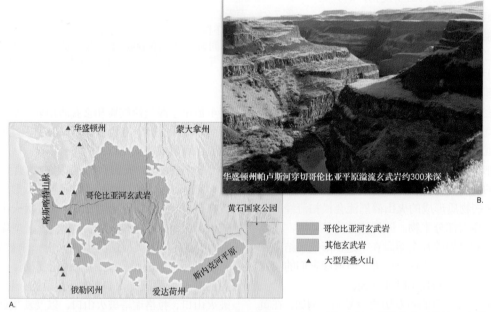

图 7.23 哥伦比亚河玄武岩。A. 哥伦比亚河玄武岩的面积近 164000 平方千米，通常称为哥伦比亚高原。这里的活动始于 1700 万年前，当时从大裂隙中溢出了大量熔岩，形成了平均厚度超过 1 千米的玄武岩高原。B. 华盛顿州西南部帕卢斯河谷出露的哥伦比亚河玄武岩流（Williamborg 供图）

7.9.3 火山颈和火山管道

大多数火山都是通过连接底部岩浆房和地面火山喷口的短管道而喷发熔岩的。当火山开始不活跃时，凝固的岩浆通常会像天然的柱状体那样存储于管道中。但所有火山都会受到风化和剥蚀作用。在剥蚀过程中，占据火山管道的岩石有效地防止了风化作用，即使在火山锥剥蚀殆尽后，也仍然存在。新墨西哥州的船岩就是这种结构的典型例子，地质学家称之为火山颈或岩颈（见图 7.24）。420 多米高的船岩要比大多数摩天大楼高，在美国西南部的典型红色沙漠地貌中非常突出。

一种不常见的火山管会将深达 150 千米地幔中的岩浆带到地面。含气岩浆在管道中的流速很快，因此在上涌期间基本保持不变。

最著名的火山管是南非含金刚石的金伯利岩岩管。填充岩管的岩石源于地球的深部，此处的温度和压力高到足以形成金刚石。基本上不改变岩浆（和金刚石包裹体）的长达 150 千米的独特运移过程，是形成天然金刚石的关键。地质学者认为火山管道是我们观察地球深部岩石的"窗口"。

概念检查 7.9

1. 描述破火山口湖的形成，并将它与基拉韦厄盾状火山的破火山口相比较。

2. 碎屑流和非火山锥与哪种火山结构有关？

3. 喷发形成的哥伦比亚平原与喷发形成的大型复式火山有何不同？

4. 比较典型熔岩穹窿和典型裂隙喷发的组成。

5. 新墨西哥州的船岩是哪种类型的火山结构？它是如何形成的？

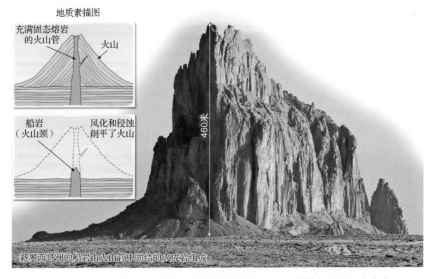

地质素描图

充满固态熔岩的火山管　火山

船岩（火山颈）　风化和侵蚀削平了火山

460米

新墨西哥州的船岩由火山管中固结的火成岩组成

图 7.24　火山颈。新墨西哥州的船岩是高达 420 米的火山颈，它由火山喷口处结晶的火成岩剥蚀后形成（Dennis Tasa 供图）

7.10　侵入岩浆活动

比较这些侵入的岩浆结构：岩脉、岩席、岩基、岩株、岩盖。

尽管火山喷发活动非常壮观，但大多数岩浆在深部的侵入和结晶并无预兆。了解在地下深处发生的成岩过程对地质学者研究火山来说非常重要。

7.10.1　侵入岩体的性质

岩浆上升到地壳时，它会推挤此处原有的地壳岩石（称为主岩或围岩）。岩浆侵入围岩所形成的岩石称为侵入岩体或深成岩体。因为所有侵入岩体都是在地表以下很深的位置生成的，所以地质学者主要研究的是遭受抬升和剥蚀后出露的侵入岩体。重建深部不同条件下几百万年前生成这些侵入岩体结构的事件，对地质学者而言是一种巨大的挑战。

你知道吗？

美国东部的一些出露花岗侵入岩呈穹顶状，因峰顶几乎无树木存在，故称"秃峰"，如缅因州的卡迪拉克山、新罕布什尔州的科科鲁阿山、佛蒙特州的黑山和佐治亚州的石山。

侵入岩体的形状和大小各异，图 7.25 中给出了一些常见的侵入岩体。有些侵入岩体呈板状（片状），其他侵入岩则呈块状（球状）。此外，有些侵入岩体会穿切原有的构造如沉积地层，其由岩浆注入两个沉积层之间而形成。因为存在这些不同，人们通常根据它们的形状是板状还是块状，以及它们相对于主岩的产状，来对它们进行分类。若侵入岩体穿切了原有的构造，就称它是不整合的；若侵入岩体平行注入到了像沉积层这样的特征中，就称它是整合的。

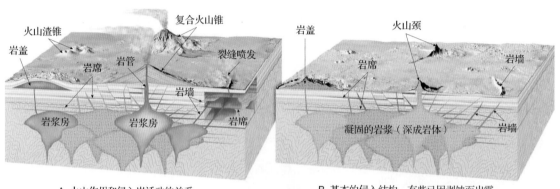

A. 火山作用和侵入岩活动的关系

B. 基本的侵入结构，有些已因剥蚀而出露

C. 广泛的抬升和剥蚀，使得由几个小侵入体（深成岩体）组成的岩基出露于地表

图 7.25　侵入岩的结构

7.10.2　板状侵入岩体：岩墙和岩席

岩浆强行侵入裂隙或薄弱区域时，会形成板状侵入岩体，就像一个层理面（见图 7.25）。岩墙是穿切围岩层理面或其他结构的不整合侵入岩体。而岩席则是岩浆侵入沉积层中间的薄弱地带或其他构造时所形成的水平整合侵入岩体（见图 7.26）。总体而言，岩墙充当运移岩浆的板状管道，而岩席则累积岩浆并增加其厚度。

岩墙和岩席是典型的浅部特征，它出现在围岩出现脆弱断裂的位置，其厚度从几毫米到 1 千米以上。

岩墙和岩席能以单体形式出现，岩墙多形成大致平行岩墙群。这些多元结构反映了张力拉裂围岩时成组形成裂隙的趋势。岩墙也会出现在遭受剥蚀的火山颈处，就像车轮上的轮辐。在这种环境下，活跃的上涌岩浆会使得流出熔岩的火山锥产生裂隙。与围岩相比，岩墙的风化较为缓慢。

因此，当岩墙因剥蚀作用而出露时，就会呈现出墙形外观，如图7.27所示。

图 7.26　亚利桑那州盐河谷出露的岩席。基本水平的黑带是侵入到水平沉积岩中的玄武质岩席

因为岩墙和岩席的厚度基本均匀，且能延伸几千米，因此人们通常认为它是流动性非常好的岩浆的产物。所有岩席中，人们研究得最多的是美国的帕利塞得岩席，它沿新泽西州东北的哈德逊河西岸出露 80 千米，厚约 300 米。由于具有较强的抗蚀作用，帕利塞得岩席形成了壮观的悬崖，甚至在哈德逊河对面都可清晰地看到。

岩席在很多方面都类似于地下熔岩流。它们都是板状的，空间上能广阔地延伸，且多会形成

柱状节理。侵入岩冷却并因收缩而形成裂隙时，就会出现柱状节理，多形成六条边的柱状岩石（见图7.28）。此外，由于岩席通常形成于近地表处且只有几米厚，因此侵入岩浆的冷却速度会快到足以产生细粒结构（回忆可知大多数侵入岩体都是粗粒结构的）。

图 7.27　科罗拉多州西班牙峰出露的岩墙。延伸的岩墙由比其周围物质更能抵抗风化的火山岩组成

图 7.28　柱状节理。北爱尔兰的巨大长堤是柱状节理的极好例子（John Lawrence/Getty Images 供图）

7.10.3 块状侵入岩体：岩基、岩株和岩盖

目前为止，最大的岩浆侵入岩体是岩基。岩基是一种巨大的线性结构，长达几百千米，宽达100千米（见图7.25C）。例如，内华达岩基是一种连续的花岗结构岩体，它形成了加利福尼亚州内华达山脉的大部分。另一个更大的岩基从加拿大西部山脉的海岸向北延伸了1800千米，直至阿拉斯加南部。尽管岩基会覆盖较大的区域，但近期的研究表明，其厚度通常会小于10千米，甚至更薄，例如秘鲁沿岸的岩基实际上是厚度平均为2～3千米的平板状体。

典型的岩基是由花岗质和中性岩石类型组成，因此通常称为"花岗岩岩基"。大型花岗岩岩基由数百个相互共生和相互渗透的深成岩体组成。这些球状块体的侵入历经了几百万年。例如，形成内华达山脉的侵入活动持续了1.3亿年，直至8000万年前才结束。

按照定义，深成岩体被认为是岩基时，其出露的面积须大于100平方千米。较小的深成岩体称为岩株。深成岩体的出露面积大到足以被认为是岩基时，许多岩株将会是该深成岩体的一部分。

岩盖 19世纪，美国地质调查局的吉尔伯特在研究犹他州的亨利山脉时，首次发现了岩浆侵入体造成沉积地层隆升的证据。吉尔伯特将其观察的岩浆侵入体命名为岩盖，他认为，岩浆岩强力地注入沉积地层之间，拱起上覆岩层并留下下面这些相对平坦的地层。今天，人们认为亨利山脉的五个主峰并不是岩盖而是岩株，这些中心岩浆体是吉尔伯特认为的分支岩盖的物质来源（见图7.29）。

在犹他州，人们发现了大量的花岗岩盖，其中最大的位于犹他州圣乔治的松树山谷的一部分。在拱门国家公园附近的拉萨尔山和正南方向的阿波尔山，人们也发现了许多岩盖。

概念检查 7.10

1. 术语围岩是什么意思？
2. 使用下列合适的术语描述岩墙和岩席：块状，不整合，板状，整合。
3. 比较岩基、岩株和岩盖在大小和形状上的差别。

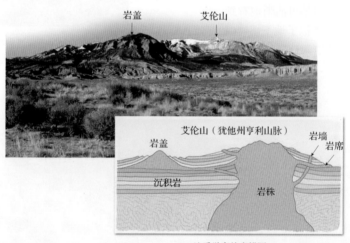

地质学家的素描图

图7.29　美国犹他州亨利山脉的五峰之——艾伦山。尽管亨利山脉的主要侵入岩是岩株，但形成的大量岩盖、岩席及岩墙都是岩株的分支（Michael DeFreitas North America/Alamy 供图）

7.11　部分熔融和岩浆的成因

总结由固态岩石产生岩浆的主要过程。

你知道吗？

尽管大多数海啸都与海底断层的位移有关，但有些海啸是由火山锥的坍塌造成的。1883年喀拉喀托火山喷发就证明了这一点，当时火山的北侧全部滑入了巽他海峡，形成了30多米高的海啸。尽管喀拉喀托火山附近荒无人烟，但印尼群岛中的爪哇岛和苏门答腊岛沿岸的36000名居民被夺去了生命。

地震波研究得到的证据表明，地壳和地幔主要由固态岩石而非熔融岩石组成。尽管外地核呈液态，但这些富铁物质非常稠密，并位于地球的深部。那么岩浆是从何处来的呢？

7.11.1 部分熔融

回忆可知火成岩是由多种物质混合组成的。由于这些物质的熔点不同，因此火成岩的熔点不低于 200℃。岩石开始熔融时，熔融温度最低的矿物最先熔融。随着熔融的继续，具有较高熔点的矿物开始熔融，且熔融物质的组成越来越接近其源岩的总成分。

然而，熔融通常并不完全。岩石的不完全熔融称为部分熔融，它是产生大多数岩浆的过程。部分熔融类似于阳光下暴晒的巧克力曲奇。巧克力代表的是熔点最低的物质，因为它的融化会早

于其他物质。与其中含有坚果的巧克力曲奇不同的是，岩石在部分熔融时，熔融物质会从固体组分中分离出来。同时，因为熔融物质的密度要低于剩余固体物质的密度，因此在累积足够多的熔融物质后，它就会上涌到地表。

7.11.2 从固态岩石产生岩浆

地下采矿人员都知道越深入地下，温度越高。尽管位置不同温度有所不同，但在上地壳中，深度每下降 1 千米，温度会升高 25℃。温度随深度的增大而增加，称为地热梯度。如图 7.30 所示，由比较典型的地热梯度和地幔橄榄岩的熔点曲线可知，在相同深度处，橄榄岩的熔融温度要比地热梯度高。因此，正常情况下地幔呈固态。然而，构造运动会降低地幔岩石的熔点（温度），进而引发熔融。

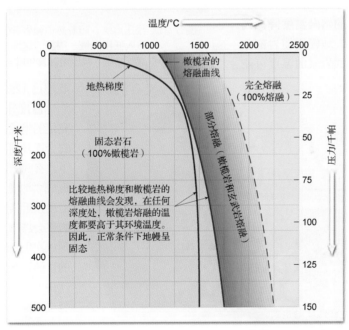

图 7.30　地幔主要呈固态的图示。该图显示了地壳和上地幔的地热梯度（温度随深度的增大而增加），以及地幔橄榄岩的熔点曲线。比较温度随深度的变化（地热梯度）与橄榄岩的熔点可知，在任何深度处，橄榄岩的熔融温度都要高于地热梯度。因此正常条件下，地幔呈固态

7.11.3 压力降低：减压熔融

若温度是决定岩石熔融的唯一因素，那我们的星球将会是由一层薄薄的固体外壳所覆盖的熔融球体。事实并非如此，原因是压力会随着深度的增大而增加，因此会影响到岩石的熔融温度。

伴随有体积增大的熔融，会因深度的增大所导致的温度增加而发生。这是由上覆岩石重量所施加的围压导致的。相反，降低围压可以降低岩石的熔融温度。围压足够低时，就会引发减压熔融。

减压熔融发生于高温固态地幔岩石上涌进入低压区时。这一过程会沿着断裂的板块边界即离散板块边界（洋中脊）产生岩浆（见图 7.31）。在脊顶的下方，高温地幔岩石上升并熔融，替代水平因拉伸远离脊轴的物质。减压熔融也发生在上升的地幔柱到达上地幔时。

水的加入　另一个影响岩石熔融温度的重要因素是含水量。水和其他挥发物的作用类似于融冰中的盐。水会导致岩石在低温下熔融。水影响岩浆的产生过程主要发生在汇聚板块边界处，即冷的大洋岩石圈板片下沉到地幔的位置（见图 7.32）。当大洋板块下沉时，高温和高压会从俯冲的洋壳和上覆沉积物中获得水。这些流体会移入上方的热地幔楔中。在 100 千米深处，水的加入会使地幔岩石的熔融温度降低到足以引发部分熔融。地幔橄榄岩部分熔融，进而产生玄武岩浆的温度可能

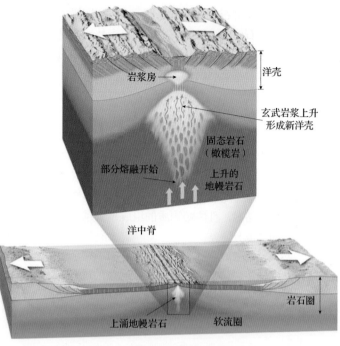

图 7.31　减压熔融。随着热地幔岩石的上升，它会持续地移入低压区域。围压的这种下降会导致上地幔的减压熔融。减压熔融发生时无须外部能量源（热）

要超过 1250℃。

温度升高：地壳岩石熔融　充足的幔源玄武质岩浆形成后，它会浮升到近地表。在大陆环境下，玄武质岩浆会在地壳岩石下形成"池塘"，其密度较小，且温度接近其熔融温度。热玄武质岩浆会加热上覆地壳岩石，直至形成次生富硅岩浆。这些低密度的富硅岩石到达地表时，就可能产生与离散板块边界有关的爆裂式喷发。

形成大造山带的大陆碰撞也会导致地壳岩石熔融。在这种事件期间，地壳非常薄，且一些地壳岩石埋藏于温度高到足以引起地壳熔融的深度处。以这种方式形成的长英质（花岗质）岩浆在到达地表之前通常就会固结，因此火山作用通常与这种碰撞造山带无关。

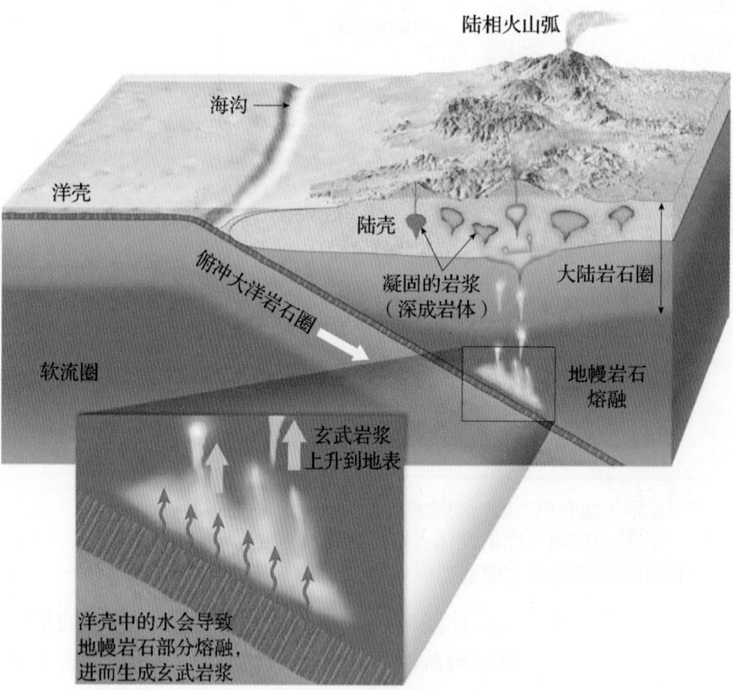

图 7.32　水的加入会使得热地幔岩石的熔融温度降低，进而引发熔融。当大洋板块下降到地幔时，从地壳岩石俯冲到地幔楔时获得水和其他挥发物。在 100 千米深处，地幔岩石因水的加入而引发熔融

总之，岩浆可通过三种方式产生：①上涌区压力降低（温度不变）所导致的减压熔融；②水的加入导致地幔岩石的熔融温度降低，进而产生岩浆；③在大陆碰撞期间，地壳岩石被热的幔源玄武质岩浆加热到其熔融温度。

概念检查 7.11

1. 什么是地热梯度？比较不同深度处地幔橄榄岩的熔融温度和地热梯度。

2. 描述减压熔融的过程。

3. 水和其他挥发分在岩浆形成时扮演什么角色？

7.12 板块构造和火山活动

说明火山活动的分布和板块构造的关联性。

你知道吗？

在海拔 4392 米高度处，华盛顿州的雷尼尔山是组成喀斯喀特山脉的 15 座超级火山中最高的。尽管人们认为雷尼尔山是活火山，但其峰顶被 25 个高山冰川所覆盖。

几十年来，地质学者认识到地球上的大多数火山并非随机分布的。陆地上的活火山基本上都沿大洋盆地边缘分布，例如环太平洋带内的活火山被人们称为"环太平洋火山带"（见图 7.33）。这些火山主要由喷发富含挥发分的安山质（中性）岩浆的复式火山锥组成。

另一组火山是沿洋中脊脊顶处形成的无数海山。在这样的深度（距海面 1～3 千米）处，压力大到足以使海水中释放的气体无法到达海面。

图 7.33 环太平洋火山带。地球上的大多数主要火山都位于环太平洋火山带上。其他大型活火山则主要隐没在洋中脊系统的沿线

然而，有些火山结构体在地球上呈随机分布。这些火山结构体主要由深海盆地中的岛屿组成，如夏威夷群岛、加拉帕戈斯群岛和复活岛。

在形成板块构造论之前，地质学家对地球上的火山分布并没有统一的认识。回忆可知，大部分岩浆均源于上地幔中的固态而非熔融岩石。板块构造与火山活动间的基本联系是，板块运动为地幔岩石历经部分熔融进而产生岩浆提供了动力。

7.12.1 汇聚板块边界的火山活动

回忆可知，沿着某些汇聚板块边界，两个板块会相向运动，且大洋岩石圈板片会下冲到地幔中，形成深海沟。随着板片继续向深部地幔俯冲，温度和压力的升高将使洋壳释放出水和二氧化碳。这种运动的流体会向上移动，使地幔岩石的熔点降低到足以引发某些熔融（见图 7.34A）。地幔岩石（橄榄岩）部分熔融产生的岩浆由玄武质组成。熔融足够的岩石后，活跃的团状岩浆会缓慢地向上移动。

你知道吗？

冰岛是世界上最大的火山岛，其上有 20 多座活火山及大量的间歇泉和热泉。冰岛人称他们的第一个热水泉为"间歇泉"，这一名字随后用来描述世界上具有相同特征的喷泉，包括黄石公园中的老忠实泉。

B. 离散板块火山活动。沿拉裂两个板块的洋中脊，上涌的热地幔岩石形成了新洋底

冰岛（Wedigo Ferchland供图）

D. 板内火山活动。当大地幔柱上升到陆壳下方时，会生成大量的溢流玄武岩，被填德干高原的玄武岩

非洲乞力马扎罗山（Corbis/Photolibrary供图）

F. 离散板块火山活动。当板块运动拉裂一个陆块时，拉长且变薄的岩石圈会导致地幔中的熔融岩石上升

A. 汇聚板块火山活动。当大洋板块向下俯冲中，地幔熔融会产生岩浆，岩浆上升后在上覆洋壳上形成了火山岛弧

阿拉斯加奥古斯丁火山（NASA供图）

C. 板内火山活动。当大洋板块移到热点上方时，形成了一类似于夏威夷群岛的火山链结构

夏威夷基拉韦厄火山（USGS供图）

E. 汇聚板块火山活动。当大洋岩石圈下沉到大陆下方时，地幔中生成的岩浆会上升，形成陆相火山弧

图 7.34 地球上的火山活动带

汇聚板块边界的火山活动会形成略弯的火山链，这种火山链称为火山弧。这些火山链大致沿相关的海沟平行分布——距海沟200～300千米。大洋和大陆岩石圈上都能形成火山弧，大洋中形成的岛弧会大到其顶端足以露出海面，这样的岛弧称为群岛。地质学家更喜欢使用术语火山岛弧或岛弧来描述它们（见图7.34A）。西太平洋盆地的边缘有几个年轻的岛弧，包括阿留申岛弧、汤加岛弧和马里亚纳岛弧。

在大洋岩石圈板块俯冲到大陆岩石圈之下时的位置，与汇聚板块边界相关的火山活动也会形成陆相火山弧（见图7.34E）。幔源岩浆的形成机制本质上类似于火山岛弧的形成机制，最大的不同是，与洋壳相比，陆壳更厚，并且组成陆壳的岩石的含硅量更高。因此，在岩浆上升并被含硅量高的地壳岩石吸收时，幔源岩浆的化学成分会发生改变。同时，大量的岩浆会发生分异作用（即由母岩浆形成次生岩浆）。换句话说，幔源岩浆上升到陆壳后，可能会从流动的玄武质岩浆变成富硅的安山质或流纹质岩浆。

环太平洋火山带是环太平洋盆地分布的爆裂式火山带。环太平洋火山带之所以存在，是因为大洋岩石圈正在向太平洋周边的大陆下方俯冲。美国西北部的喀斯喀特山脉，包含胡德山、雷尼尔山和沙斯塔山，就是在汇聚板块边界形成的火山实例（见图7.35）。

7.12.2 离散板块边界的火山活动

体量最大的岩浆（约占地球每年形成岩浆总量的60%）是沿与海底扩张有关的洋中脊系统产生的（见图7.34B）。在洋脊轴线的下方，随着岩石圈板块的拉张，固态地幔会不断上移填补裂缝。随着热岩的上升，它会经历减压熔融这一过程。

地幔岩石的部分熔融会在扩张中心产生玄武质岩浆。与地幔岩相比，这种新形成的岩浆密度较低，因此会上升并聚集在洋脊轴线下方的岩浆房中。这一活动会向板块边缘持续增加新的玄武岩，以将板块"焊接"在一起。当板块继续扩张时，板块又重新裂开。沿洋中脊

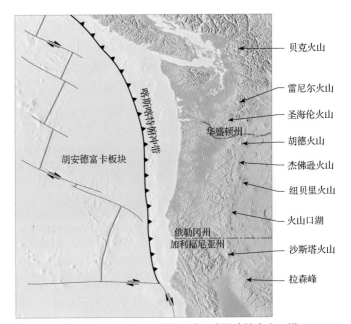

图7.35 胡安德富卡板块俯冲形成了喀斯喀特火山。沿北美太平洋沿岸汇聚板块边界（喀斯喀特俯冲带）形成的喀斯喀特山脉的主要火山结构体

的某些部分，枕状玄武岩的喷涌会形成大量的火山构造，其中最大的火山构造就是冰岛。

尽管大多数扩张中心都沿洋中脊的轴线分布，但有些扩张中心并非如此。例如，东非大裂谷就位于大陆岩石圈正被拉裂的位置（见图7.34F）。在地球上的这一区域，还发现了大量的溢流玄武岩和几座复式活火山。

7.12.3 板内火山活动

我们知道火山活动沿板块边界出现的原因，但为什么板块内部也会出现火山喷发呢？夏威夷基拉韦厄火山是世界上最活跃的火山之一，它位于太平洋板块中间，到板块边界的距离有几千千米（见图7.34C）。板内火山出现的其他位置是大规模溢流玄武岩的喷发区，如哥伦比亚河玄武岩区、俄罗斯的西伯利亚地盾、印度的德干高原和几个较大的海台，包括西太平洋的翁通—爪哇海台。这些大型构造厚10～40千米。人们认为，大多数板内火山活动是由过热的地幔柱上升到地表形成的（见图7.36A）[1]。尽管人们对地幔柱的来源存在争议，但有些地幔柱的源头看起来是地球

---

[1] 近期对地幔柱的研究，使得一些地质学家开始怀疑地幔柱在形成大面积高原玄武岩区中的作用。

内部的核幔边界。这些固态地幔柱将岩石移到地表的方式，类似于熔岩灯内形成液滴的过程（这种灯具内含有两种不相溶的液体，灯具底部加热后，下部密度大的液体会开始上升）。像熔岩灯底部的液滴一样，地幔柱的头部呈球形，因此在上升过程中会拉窄其茎部，在地幔柱的头部接近地表时，减压熔融就会形成玄武质岩浆，进而在地表引发火山活动。

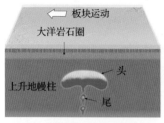

A. 顶部呈球状的上升热地幔柱产生了地球上的大片高原玄武岩区

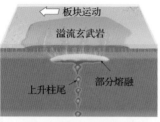

B. 地幔柱头部的快速减压熔融在短时间内产生了广泛的溢流玄武岩

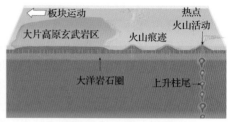

C. 因为板块运动，上升柱尾的火山活动形成了线性的小火山链

图 7.36 热点和地幔柱。热点火山活动的这一模型可以解释大洋台地、陆相高原玄武岩区和火山链（如夏威夷岛链）的形成原因

大型地幔柱称为超地幔柱，人们认为它是形成大型高原玄武岩区的大规模玄武熔岩喷发的原因。地幔柱的头部到达岩石圈的底部时，熔融过程就会加快。这会引发火山活动，喷出大量的熔岩，在几百万年左右的时间内形成面积巨大的高原玄武岩区（见图 7.36B）。由于形成高原玄武岩区的极端喷发特性，有些研究者认为这种喷发形成了地球上的多种生命形式。

时间相对较短的早期喷发阶段之后的几百万年间，喷发量较少，因为地幔柱的尾部上升到地表的速度缓慢。在大面积高原玄武岩区延伸较远的位置，会出现类似于夏威夷链的火山链结构（见图 7.36C）。

概念检查 7.12

1. 环太平洋火山带中的火山通常是宁静式喷发还是爆裂式喷发？请举例说明。
2. 岩浆是如何沿汇聚板块边界产生的？
3. 离散板块边界的火山活动通常与哪种岩石类型有关？在这样背景下，导致岩石熔融的原因是什么？
4. 多数板内火山活动的岩浆来源是什么？
5. 三种板块边界中，哪种产生的岩浆量最大？

概念回顾：火山和其他岩浆活动

7.1 圣海伦火山与基拉韦厄火山

比较 1980 年喷发的圣海伦火山和 1983 年以来一直喷发的基拉韦厄火山。

● 火山喷发的形式有多种，既有 1980 年圣海伦火山的爆裂式喷发，也有基拉韦厄火山的宁静式喷发。

？ 尽管基拉韦厄火山的喷发较为温和，但生活在其附近会遇到什么危险？

7.2 火山喷发的性质

解释有些火山是爆裂式喷发而有些火山是宁静式喷发的原因。

关键术语：岩浆、熔岩、黏度、喷发柱

● 区分不同熔岩的一个重要特性是它们的黏度（抗流动性）。总体上说，熔岩的硅含量越大，黏度越大。硅含量越少，熔岩越容易流动。另一个影响黏度的因素是温度。热熔岩更容易流动，熔岩冷却时黏度更大。

● 硅含量高的低温熔岩的黏度最大，因此喷发中熔岩流动前的压力最大。相反，硅含量低的高温熔岩更容易流动。因为玄武岩的黏度较低，因此其流动会相对安静，而喷出长英质熔岩（流纹岩和安山岩）的火山喷发更可能为爆裂式喷发。

7.3 火山喷发期间挤出的物质

列举和描述火山喷发期间的三类喷出物。

关键术语：块状熔岩流、绳状熔岩流、熔岩管道、挥发物、火山碎屑物、火山渣、浮岩

● 火山给地表带来了液态熔岩、气体和固态块体。

● 因为黏度低，玄武熔岩流可以流得很远，并以块状熔岩流或绳状熔岩流的方式流经地面。有时熔岩流

表面固结后，熔岩仍会在地下的熔岩管道中流动。

- 火山释放的气体通常是水蒸气和二氧化碳。到达地表时，这些气体会迅速扩散，导致爆裂式喷发，形成喷发柱和火山碎屑物。
- 火山碎屑物按尺寸从小到大可分为火山灰、火山砾和火山弹，具体取决于火山遗留物是固态碎屑还是液滴。
- 如果熔岩固结前，其中的气泡不爆裂，那么它们会形成小囊泡。囊泡较多的富硅熔岩冷却后会形成可在水中漂浮的浮岩。玄武岩（镁质）熔岩中有很多气泡，因此冷却后会形成火山渣。

7.4　火山结构

图解典型火山锥的基本特征。

关键术语：火山通道、喷口、火山锥、火山口、寄生火山锥、喷气孔

- 火山在形式上各种各样，但有几个共同的特征。大多数火山都会在中心喷口处形成锥状物。喷口通常位于山顶火山口或破火山口内。火山的翼部可能有一些更小的喷口，它们是小寄生锥、喷气孔。
- ? 将如下术语标在图中相应的位置：火山通道，喷口，火山弹，熔岩，寄生锥，碎屑物。

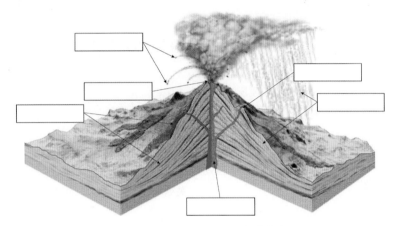

7.5　盾状火山

举例说明盾状火山的特点。

关键术语：盾状火山

- 盾状火山由许多低黏度的玄武质熔岩层组成，它很少有火山碎屑物。熔岩管会将熔岩从主喷口运走，形成低缓的盾状火山剖面。
- 许多大型盾状火山都与火山热点活动相关。夏威夷的基拉韦厄火山、莫纳罗亚火山和莫纳克亚火山是这种火山的典型例子。

7.6　火山锥

描述火山锥的起源、规模和组成。

关键术语：火山锥

- 火山锥是由火山碎屑物组成的陡峭结构，其主要成分是玄武质熔岩。熔岩有时会自火山锥底部流出，但不会溢出火山口。
- 与其他类型的火山相比，火山锥通常要小一些，这反映了它们是单次喷发的结果这一事实。因为结构松散，所以火山锥很容易风化和剥蚀。

7.7　复式火山

解释复式火山的形成、分布和特点。

关键术语：复式火山（成层火山）

- 复式火山得名于其由火山碎屑物和熔岩流复合组成。复式火山喷发的富硅熔岩冷却后，会形成安山岩和流纹岩。复式火山要比火山锥大得多，是由 100 万年或更长时间内多次喷发叠加后形成的。
- 因为复式火山喷发的安山岩和流纹岩的黏度要比玄武岩的黏度大，因此与盾状火山相比它要更陡峭。随着时间流逝，由熔岩和火山渣组成的复式火山会形成高耸的对称结构。
- 美国西北部喀斯特山脉的雷尼尔火山和其他火山是复式火山的典型例子，环太平洋火山带中的其他火山也是复式火山。
- ? 若不得不住在火山附近，那么在盾状火山、火山锥和复式火山中选择哪一种？解释原因。

7.8 火山灾害

讨论与火山有关的主要地质灾害。

关键术语：碎屑流、炽热火山云、火山泥流、气溶胶

- 对人类生命影响最大的火山灾害是火山碎屑流或炽热火山云。这些密度很大的高温气体和碎屑物沿斜坡高速滑下，会焚化途经的所有物质。碎屑流可从火山源头到很远的位置。高温碎屑流沉积后与固态岩石反应，会生成凝灰质熔岩。
- 火山泥流是火山形成的泥流。浮在水上快速流动的火山灰和碎屑形成的泥浆，甚至会在火山休眠时形成。泥流会沿河谷流动，破坏沿途的建筑物，造成大量的人员伤亡。
- 大气中的火山灰对飞机来说非常危险，因为它们会进入飞机的引擎。海面上的火山喷发或火山翼部坍塌到海洋中时会产生海啸。另外，火山喷发所喷出的火山气体如二氧化硫会造成人类呼吸问题。到达同温层的火山气体还会挡住部分太阳辐射，导致地表温度短期内下降。

? 火山泥流和碎屑流有哪些共同之处？避免其影响的最佳策略是什么？

7.9 其他火山地貌

列举和描述除火山锥之外的火山地形。

关键术语：破火山口、裂隙、裂隙喷发、玄武岩高原、溢流玄武岩、火山颈（火颈）、岩管

- 破火山口是最大的火山结构之一。破火山口是岩浆房上方坚硬的低温岩石坍塌形成的碗状洼地。在盾状火山上，火山下方的岩浆房缓慢排出熔岩流时，就形成了破火山口。在复式火山上，破火山口通常由爆裂式喷发形成，因此会造成重大的生命和财产损失。
- 裂隙喷发是指地壳裂隙中喷出大量低黏度的贫硅熔岩。这些溢流玄武岩层之上的岩层可能非常厚，如哥伦比亚高原和德干高原。溢流玄武岩的典型特征是其会覆盖广泛的区域。
- 火山颈的一个典型示例是新墨西哥州的船岩。这座古老火山"喉道"中的熔岩结晶后，形成了一种"塞状"固态岩石，其风化速度要慢于锥状火山。今天，堆积的碎屑物被剥蚀后，抗蚀性强的火山颈就成为了独特的火山地貌。

7.10 侵入岩浆活动

比较侵入岩的结构：岩脉、岩席、岩基、岩株、岩盖。

关键术语：侵入、侵入岩体、板状、块状、不整合、整合、岩墙、岩席、柱状节理、岩基、岩株、岩盖

- 岩浆侵入其他岩石后，可能会在到达地表之前冷却结晶，形成侵入岩体。侵入岩体有多种形状，它们有的会穿切主岩，有的会沿主岩的薄弱区域流动，如沉积岩的水平岩层之间。
- 板状侵入岩体可能是整合的（岩席）或不整合的（岩墙）。块状深成岩体可能是小（岩株）或大（岩基）。还存在似水泡状侵入岩体（岩盖）。固态火成岩冷却时，体积会减小，同时收缩会形成柱状节理。

? 将如下术语标在图中的相应位置：岩基、岩盖、岩席、岩墙。

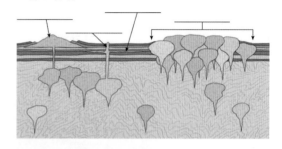

7.11 部分熔融和岩浆的成因

总结由固态岩石产生岩浆的主要过程。

关键术语：部分熔融、地热梯度、减压熔融

- 固态岩石会在三种地质环境下熔融：岩石受热而温度升高时；热岩压力降低时（洋中脊处的减压熔融）；接近熔点的岩石中加入水时（发生在俯冲区）。

? 不同的构造背景产生岩浆的过程也不同。考虑图中A、B和C三种背景，描述每种背景下最可能发生的熔融过程。

7.12 板块构造和火山活动

说明火山活动的分布和板块构造的关联性。

关键术语：环太平洋火山带、火山岛弧、陆相火山弧、板内火山活动、地幔柱

- 火山既出现在离散板块边界和汇聚板块边界处，也出现在板块内部。
- 涉及大洋地壳俯冲的汇聚板块边界是"环太平洋火山带"的火山爆发位置。这里，俯冲板块所释放的水会使上覆地幔部分熔融。岩浆上升过程中和上覆板块的地壳相互作用，在地表形成了火山岛弧。

- 在离散板块边界，减压熔融是产生岩浆的主导作用。高温岩石上升时，会在不加热的情况下熔融。上覆地壳是陆壳时，会形成大裂谷；上覆地壳是洋壳时，会形成洋中脊。
- 在板块内部，岩浆的源头是地幔柱：上升的高温固态地幔岩石柱，它在接近上地幔时会开始熔融。

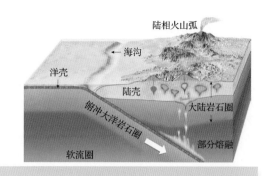

思考题

1. 将下面的火山区域分三类火山活动带对应起来（汇聚板块边界火山活动、离散板块边界火山活动和板内火山活动）：
   a. 火山口湖   b. 夏威夷基拉韦厄火山
   c. 圣海伦火山   d. 东非大裂谷
   e. 黄石公园   f. 维苏威火山
   g. 德干高原   h. 埃特纳火山

2. 根据如下照片完成以下问题：
   a. 照片中的火山是什么类型？你是根据什么特征作答的？
   b. 这种火山的喷发类型是什么？描述可能的岩浆组成和黏度。
   c. 这座火山可能是在哪种火山活动带中形成的？
   d. 说出这类火山下容易受到危害的城市名。

3. 类似于大西洋中脊的离散边界以玄武质熔岩喷发为特征。根据离散边界及与之相关的熔岩回答下列问题：
   a. 这些熔岩的来源是什么？
   b. 是什么导致了源岩的熔融？
   c. 描述除玄武岩外与离散边界有关的熔岩。为何选择它？你认为那里会喷发什么类型的熔岩？

4. 解释火山活动在非板块边界处发生的原因。

5. 确定以下 4 张简图的地质背景（火山活动类型）。哪种背景下最有可能产生爆裂式喷发？哪种背景会产生溢流玄武岩？

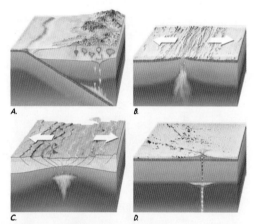

6. 照片所示为缅甸的达贡卡拉特寺，它位于古老火山通道中岩浆固结形成的陡岩上。这座火山已被剥蚀殆尽。

Dreamstime供图

   a. 根据以上信息，你认为该照片表现的是什么火山结构？

b. 这一火山结构是和复式火山相关还是和火山锥相关？解释原因。

7. 假设你是一名地质学家，并选择三个地点来布设火山监测系统。可以选择世界上的任何地方，但预算和雇用的专家数量有限制。你会用什么标准来选择地址？列出一些选择并给出选择它们的原因。

8. 下图显示了犹他州东南部侵入沉积地层的火成结构体（黑色）。

a. 这一侵入结构特征的名称是什么？

b. 上面的亮带和下面的黑色火成岩体是变质岩。这是什么类型的变质作用？它是如何改变岩石的？（提示：需要时可参阅第2章的内容）

9. 为什么雷尼尔火山喷发的破坏性要比圣海伦火山1980年喷发的破坏性更大？

10. 在地质野外实习期间，假设你看到了与下图类似的出露岩层。有名学生认为该玄武岩层是岩席，但你认为他不对，为什么？该玄武岩层的更好解释是什么？

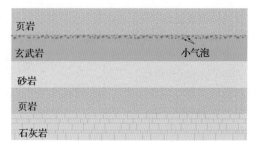

页岩
玄武岩　　　　　　　　　　　　　小气泡
砂岩
页岩
石灰岩

11. 以下摘要说明了侵入岩体是如何遭受剥蚀而出露于地表的。请给这些特征命名。

a. 穹窿形山地结构，翼部是上翘的沉积层。

b. 几米宽、几百米长的似直墙状特征。

c. 由花岗岩形成的几十千米宽的巨大山体。

d. 峡谷边出露沉积岩层间所夹的玄武岩薄层。

12. 美国最高峰惠特尼山（4421米），位于内达华山脉的岩基上。根据其所处的位置，你认为它是由花岗岩组成的，还是由安山岩或玄武岩组成的？

惠特尼山 ——

第8章　地质年代

漂流在马布尔峡谷中的科罗拉多河上，很快将进入科罗拉多大峡谷。
这些岩壁揭示了几百万年的地球历史（Michael Collier 供图）

在 18 世纪，詹姆斯·赫顿意识到地球历史的悠久性和时间的重要性均是地质过程的组成部分。19 世纪，其他地质学者有效地证明了地球经历了多次造山期和剥蚀期，且这些过程需要跨越很长一段地质年代。尽管这些科学先驱明白地球很老，但却无法知道它的确切年龄。是几千万年、几亿年？还是几十亿年？由于不知道如何准确地确定地球的年龄，因此他们根据相对定年原理发明了地质年代表来呈现一系列地质事件。其原理是什么？化石在其中扮演了什么角色？随着放射性元素的发现和放射性测年技术的发展，现在的地质学者已可相对准确地给出地球历史上许多事件的时间。什么是放射性？为什么它是测定过去地质事件年代的准确"时钟"？本章将给出这些问题的答案。

8.1 地质学简史

解释均变论的原理并讨论它与灾变论的不同。

图 8.1 中的徒步旅行者位于科罗拉多大峡谷的边缘。如今我们知道旅行者下面的地层代表了上亿年的地球历史，我们也形成了解读这些岩石中所包含的复杂故事的知识与技术。

地球的性质即其组成和演化过程，是几个世纪以来人们的研究焦点。然而，18 世纪末期才被人们视为近代地质学的起源，因为在此期间詹姆斯·赫顿出版了《地球论》一书。而此前关于地球历史的许多解释则依靠于超自然事件。

8.1.1 灾变论

17 世纪中期，爱尔兰大主教詹姆斯·乌瑟发表了一个具有深远意义的成果。作为一名受人尊敬的学者，乌瑟构建了一个有关人类和地球历史的年代表，他认为年龄仅为几千年的地球是在公元前 4004 年形成的。此后，乌瑟的观点被欧洲的科学家和宗教领袖们广为接受，且其年代表很快就被印到了圣经上。

在 17 世纪和 18 世纪，灾变论强烈地影响着人们对地球的思考。简单地说，灾变论认为大灾难塑造了地球最初的各种地貌。例如，今天我们知道高山和峡谷的形成需要很长的时间，在那时

人们却认为它们是由某个全球范围内的神秘灾难瞬间产生的。这种哲学体系试图迎合当时人们关于地球演化的认识。

图 8.1 关注地质年代。正在科罗拉多大峡谷顶部凯巴布地层上休息的徒步旅行者（Michael Collier 供图）

8.1.2 现代地质学的诞生

现代地质学始于18世纪晚期,当时苏格兰的医生和农夫,詹姆斯·赫顿出版了《地球论》一书。在该书中,赫顿提出了今天地质学核心的基本原理,即均变论。均变论简单地指出,今天起作用的物理、化学和生物定律,同样适用于过去的地质年代。这意味着塑造地球的力量和演化进程已持续了很长时间。因此,要了解古老的岩石,我们首先须了解今天的演化进程及其结果,我们需要"将今论古"。

在赫顿的《地球论》出版之前,没有人能够有效地演示长时间内发生的地质过程。赫顿提出了大跨度时间内令人信服的论点,即弱缓作用过程同样会产生突发灾难事件所能产生的结果。与此前的学者不同的是,赫顿为其论点提出了可实际观察的论据。

例如,当他提出山脉是由风化和流水作用塑造并最终摧毁,且其碎屑物能被可观察到的过程搬运到海洋时,他说"这些事实清楚地表明了山脉的碎屑物已被运移到河中",且"这些过程并不是一蹴而就的,它是缓慢且不能被人们实际感知的。"接着,他通过自问自答的方式做出了如下总结:"时间能证明一切。"

8.1.3 当代地质学

赫顿时代的均变论在今天仍然起作用。我们从未如此深刻地意识到,物理、化学、生物定律并不随时间而改变。但是,我们并不能完全按照字面意义来解释这一点。例如,我们说过去的地质演化过程与今天的相同,并不意味着它们有着相同的相对重要性,或它们有着完全相同的运动

速率。此外,尽管今天我们并不能观察到一些重要的地质演化过程,但它们发生的证据早已存在。例如,我们知道地球经历了大陨石的撞击,但人们并未目击到这些撞击过程。这些事件改变了地壳、气候,并对地球上的生命产生了重大影响。

然而,接受均变论意味着要接受地球具有相当长历史的事实。尽管地球演化进程的强度不同,但这些进程仍然需要花费很长的时间才能塑造或摧毁重要的地貌。例如,地质学家确认美国的明尼苏达州、威斯康星州、密歇根州和加拿大的曼尼托巴省一度存在许多山脉,但今天这些地区却是低山和平原,原因就在于这些地区过去遭受了侵蚀作用。岩石记录表明,地球经历了多期造山运动和山地侵蚀运动。就大跨度地质年代地球不断变化的本质而言,赫顿给出了使其名声远扬的陈述。在1788年发表于《爱丁堡皇家学会学报》的论文中,他总结道:"因此,我们目前的调查结果是,既未发现开始的痕迹,也未发现结束的迹象。"

要记住的是,尽管今天的许多自然景观看起来几十年不变,但几百年、几千年或几百万年后,它们一定会改变。

你知道吗?

早期确定地球年龄的尝试并不可靠。其中的一种方法是,如果知道沉积的速率和地球历史时间内沉积物的总厚度,就可估算出地球的年龄,即地球的年龄等于沉积物的厚度除以沉积速率。无疑,这种方法漏洞百出。你能指出其中的一些漏洞吗?

概念检查 8.1

1. 比较灾变论和均变论。
2. 不同学说是如何看待地球年龄的?

8.2 创建年代表——相对定年原理

区分绝对年代和相对年代,并用相对定年原理确定某段时间内地质事件发生的顺序。

8.2.1 年代表的重要性

类似于历史书中的书页,岩石同样记录了过去的地质事件和生命形式的变化。

解释地球历史是地质学的主要目标。类似于侦探,地质学家必须破译岩石中保留的线索,

研究岩石及其特征,地质学家就可以了解复杂的过去。

地质事件只有从时间角度来考虑才有意义。研究历史时需要有日历,不管是美国的南北战争还是恐龙时代。地质学对人类认识的贡献,就在于发现了地质年代表和超长的地球史。

8.2.2 绝对年代和相对年代

发明地质年代表的地质学家们，彻底改变了人们对时间和地球的认识。人们认识到，地球要比以往想象的都要老，且一直起作用的相同地质过程时刻都在改造着地球的表面和内部。

绝对年代 19世纪晚期和20世纪初，人们为确定地球的年龄做了许多尝试。尽管有些方法在当时看上去很有前景，但事实证明它们并不可靠。这些科学家寻找的是绝对年代，即详细记录过去事件发生的实际年份。今天，我们已能用放射性测年法准确地测定岩石的绝对年龄，以揭示地球遥远过去发生的重要事件。本章后面将学习这些技术。在放射性测年法出现之前，地质学者并没有测定绝对年代的可靠方法，也没有可以依赖的绝对年代。

相对年代 当我们把岩石归入适当的地层层序（如第一层、第二层、第三层等）时，就建立了相对的地质年代。这些数据并不能告诉我们多少年前发生了什么事情，而只能告知我们所有事件发生的相对时间顺序。过去形成的相对测年法很有价值并被人们广泛使用。绝对测年法并不能完全取代相对测年法，二者互为补充。为建立相对年代，需要有一些已发现和应用的基本原理与规则。尽管这些原理和规则今天看来不值一提，但当时它们却是考虑时间顺序时的重要突破，它们的发现是重要的科学成就。

8.2.3 叠加原理

丹麦解剖学家、地质学家和神学家尼古拉斯·斯坦诺（1638—1686）首次发现出露沉积岩层中存在历史事件序列。在意大利西部山区工作期间，斯坦诺应用了一种非常简单的规则，即相对测年的基本原理——叠加原理。该原理认为，在未变形的沉积岩层序中，每层都要比上层老，而比下层年轻。尽管每个岩层下方都有下伏岩层这一事实很明显，但直到1669年斯坦诺才给出了叠加原理。

该原理同样适用于其他地面沉积物，如火山喷发形成的熔岩流和火山灰层。对科罗拉多大峡谷上部出露的部分应用叠加原理，我们可以轻易地按照适当的顺序放置地层。在图8.2所示的地层中，苏派群中的沉积岩最老，其后依次是哈米特页岩、科科尼诺砂岩、托洛维组和凯巴布灰岩。

8.2.4 原始水平原理

斯坦诺还认识到了另一个重要的基本原理，即原始水平原理。简单地说，原始水平原理是指沉积层通常沉积在水平位置。因此，如果我们观察到的岩层是水平的，则意味着其未被扰乱，并且仍然保持原始水平状态。图8.1和图8.2所示的科罗拉多大峡谷地层就符合这一原理。如果地层呈褶皱状或是倾斜的，那么它们一定是因为沉积之后的地壳变动而被移到了这一位置的（见图8.3）。

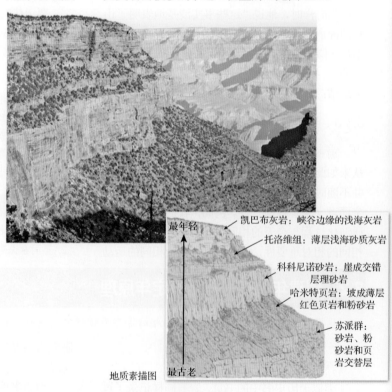

凯巴布灰岩：峡谷边缘的浅海灰岩
托洛维组：薄层浅海砂质灰岩
科科尼诺砂岩：崖成交错层理砂岩
哈米特页岩：坡成薄层红色页岩和粉砂岩
苏派群：砂岩、粉砂岩和页岩交替层

最年轻

最古老

地质素描图

图8.2 地层叠加。根据叠加原理，在科罗拉多大峡谷上部的这些地层中，苏派群最老，凯巴布组最年轻（E. J. Tarbuck 供图）

8.2.5 穿切关系原理

图8.4显示了被断层移位的大量岩石,断层即岩石沿其发生位移的断裂。很明显,岩石一定要老于切断其的断层。穿切关系原理表明,穿切岩石的地质特征形成于其所穿切岩石之后。侵入岩就是这样的一个例子。图 8.5 中的岩墙是板状侵入岩,它穿切了围岩。高温侵入岩通常会因接触变质作用在相邻的岩石上形成狭窄的"烘烤"带,这也表明侵入发生在围岩就位之后。

图 8.3　原始水平原理。大多数沉积层基本上都是在水平位置沉积的。当地层呈褶皱状或倾斜时,我们可以认为它们是受沉积后的地壳变动而移到这一位置的(Marco Simoni/Robert Harding 供图)

8.2.6 包体原理

一些包体有助于相对年代的测定。包体是指包含在一种岩石单元中的另一种岩石单元的碎片。包体原理虽简单但逻辑上成立。提供被包裹岩石碎片的岩体必须首先形成,然后才能被包裹。因此,包含有碎片的岩体是两种岩石中较年轻的岩体。例如,当岩浆侵入围岩时,围岩碎块可能会被捕获到岩浆中。如果这些碎片不熔融,它们就被称为捕虏体。又如,当沉积物沉积在风化的基岩上时,风化的岩石碎片会进入年轻的沉积岩层中(见图8.6)。

岩墙

断层

图 8.4　穿切断层。岩石要老于使其发生位移的断层(Morley Read/Alamy Images 供图)

图 8.5　穿切岩墙。围岩要老于侵入岩(Ken M. Johns/Photo Researchers, Inc.供图)

8.2.7 不整合

无间断沉积的岩层称为整合岩层。出露整合岩层的地点代表了某些跨度的地质年代。然而，地球上不存在完全完整的整合地层。

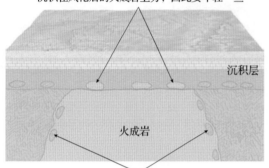

相邻沉积岩层中包含的这些侵入岩表明，沉积物沉积在风化后的火成岩上方，因此要年轻一些

沉积层

火成岩

围岩碎片进入岩浆后，在火成岩中形成的捕掳体

图 8.6　包体。含有包体的岩石要年轻于包体

贯穿地球历史，沉积物的沉积会被一次又一次地打断。岩石记录中的所有这些间断被称为不整合。不整合表示沉积停止的期间内，剥蚀作用消除了先前的沉积，然后又恢复沉积。任何情形下，抬升和剥蚀之后通常是沉降和再次沉积。不整合是重要的地质现象，因为它们代表了地球历史上的重要地质事件，可帮助我们识别地层间断期所导致的地质记录缺失。

不整合有三种基本的类型。

角度不整合　最容易识别的不整合是角度不整合。它由倾斜或褶皱的沉积岩组成，沉积岩上则是更平坦的年轻地层。角度不整合表示在沉积间断时，出现了一段时间的变形（褶皱或倾斜）和剥蚀（见图 8.7）。

200 多年前，当詹姆斯·赫顿在苏格兰研究角度不整合时，就认为角度不整合是主要的地质活动（见图 8.8）。他和其同事还发现这种关系代表了巨大的时间跨度。后来在回忆考察地点时，其同事说道："时间的这种深邃彻底震撼了我们。"

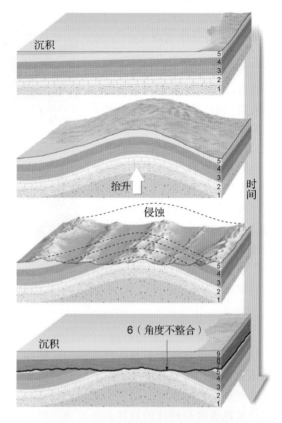

图 8.7　角度不整合的形成。角度不整合表示出现了长时间的变形和剥蚀

图 8.8　苏格兰西卡角。詹姆斯·赫顿在 18 世纪末研究的著名不整合（Marli Miller 供图）

平行不整合　平行不整合指的是一段空白的岩石记录，此时发生的是剥蚀而非沉积。我们可以想象一系列沉积岩在浅海沉积的情形。一段沉积后，海面下降，陆地抬升使得一些沉积岩出露。在这时间跨度内，沉积岩层在海面之上，不会出现新的沉积，而有些岩层会遭受剥蚀。随后，海面上升，陆地下降，地貌被淹没。地面再次位于海面之下，开始一系列新的沉积。分隔这两组沉积的界线就是不整合，即无岩石记录的跨度（见图 8.9）。由于不整合上下的岩层平行，因此这些特征有时很难辨别，除非发现了剥蚀的证据，如被埋藏的古河道、古风化壳等。

平行不整合
岩石记录中的间隙表示一段时间的无沉积和剥蚀

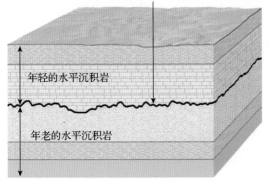

图 8.9　平行不整合。该间隙
两侧的岩石基本平行

非整合（沉积不整合）　不整合的第三种类型是非整合（沉积不整合），此时年轻的地层覆盖在变质岩或侵入火成岩上（见图 8.10）。就像角度不整合和某些平行不整合那样，非整合同样暗示了某些地壳运动。侵入岩体和变质岩源于地表下的深处。因此，非整合的形成一定有上覆岩石的抬升和剥蚀过程。一旦出露地表，火成岩和变质岩在下陷并恢复沉积前，就会遭受风化和剥蚀。

你知道吗？
化石一词最早出现在中世纪作家的作品中，指源于地下的石头、矿石或宝石。事实上，许多早期关于矿物学的书籍中，都将石头、矿石或宝石称为化石。今天化石一词的含义则始于 18 世纪。

科罗拉多大峡谷的不整合　科罗拉多河大峡谷中出露的岩石代表了巨大跨度的地质历史。这里是时间旅行的绝妙圣地。大峡谷中色彩丰富的地层记录了各种环境下的沉积史，包括海进、河流、三角洲、滩涂和沙丘。然而，这些记录是不连续的。不整合代表了峡谷地层中未被记录的大量时间。图 8.11 是大峡谷的地质剖面。在峡谷的断面上，可以看到所有三种类型的不整合。

8.2.8　相对定年原理的应用

若对图 8.12 所示的地质剖面应用相对定年原理，则可按正确的顺序来放置它们所代表的岩石形成顺序和地球历史事件。图的说明解释这一过程。在这一例子中，我们为剖面区域的岩石和事件建立了相对年代表。注意，我们并不知道它代表了多少年的地球史，也不知道如何将这一区域与其他区域进行比较。

概念检查 8.2

1. 区分相对年代和绝对年代。
2. 画图说明叠加原理、原始水平原理、穿切关系原理和包体原理。
3. 不整合的意义是什么？
4. 区分角度不整合、平行不整合和非整合。

非整合
出露于地表的深部岩石的抬升和剥蚀期

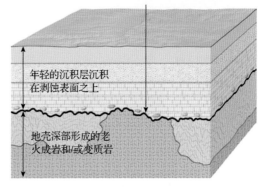

年轻的沉积层沉积
在剥蚀表面之上

地壳深部形成的老
火成岩和/或变质岩

图 8.10　非整合。年轻沉积岩覆于
老变质岩或侵入岩之上

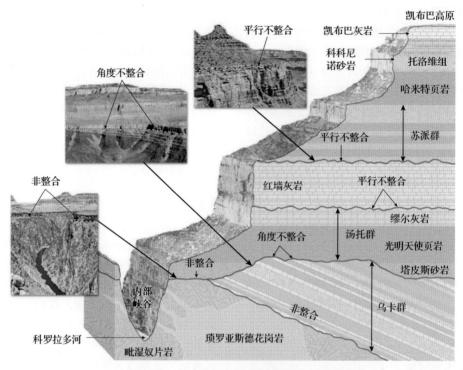

图 8.11　大峡谷剖面。可见到三种类型的不整合（中间照片
由 Marli Miller 提供；其他图片由 E. J. Tarbuck 提供）

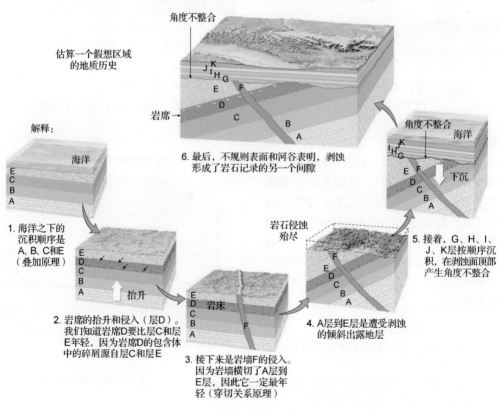

图 8.12　应用相对定年原理。估算一个假想区域的地质历史

8.3 化石：过去生命的证据

定义化石并讨论作为化石保存有机质的有利条件，列出并描述各种化石类型。

化石是史前生命的遗骸或遗迹，是沉积物和沉积岩中重要的包体。它们是解译过去历史的重要工具。科学家对化石的研究称为古生物学，是介于地质学和生物学之间的交叉学科，它试图了解长跨度地质年代中生命持续的各个方面。了解某个特殊时代生命形式的特点，可以帮助研究者了解过去的环境条件。此外，化石是重要的时间指示器，它在关联相同或相近时代不同地区的岩石时，起着重要的作用。

8.3.1 化石类型

化石有多种类型。相对近期的生物遗骸可能未被改变。牙齿、骨骼和硬壳这样的化石很常见。不常见的化石是包括肉体在内的整个生物遗骸，因为这要在特殊的环境下才能保存。例如，西伯利亚和阿拉斯加北极苔原上的冰层中，保存有史前猛犸象的遗骸，内华达州干燥的洞穴中保存有干瘪的树懒。

完全矿化　当富矿地下水渗入骨骼和木材这样的有孔组织时，溶液中析出的矿物就会填满孔隙，这一过程称为完全矿化。木化石的形成涉及硅的完全矿化，而硅通常源于火山喷发的火山灰。木材逐渐转变为燧石，有时会因铁和碳等杂质形成彩带（见图 8.13A）。石化一词的字面意思是转变为石头。有时石化组织的微观细节会得到完整保留。

你知道吗？

人们通常会混淆古生物学和考古学。古生物学家研究化石，关心的是过去地质上的所有生命形式，而考古学家专注于过去人类留下的物质，包括很久之前人类使用的器物、建筑和遗址。

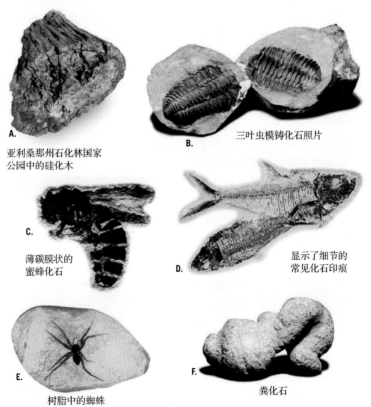

A.
亚利桑那州石化林国家公园中的硅化木

B.
三叶虫模铸化石照片

C.
薄碳膜状的蜜蜂化石

D.
显示了细节的常见化石印痕

E.
树脂中的蜘蛛

F.
粪化石

图 8.13　化石类型。图中的各幅图像仅是许多可能类型中的一种（图 A 由 Bernhard Edmaier/Photo Researchers，Inc.提供；图 B、D 和 F 由 E. J. Tarbuck 提供；图 E 由 Colin Keates/Dorling Kindersley Media Library 提供）

模铸化石 另一种常见的化石类型是模铸化石。生物的外壳或其他结构被沉积物掩埋后，会被地下水溶解，最后形成印模。印模忠实地反映了生物体的形状和表面结构，但未给出关于内部结构的任何信息。空隙随后被矿物质填充，形成铸型（见图 8.13B）。

碳化和印痕 碳化化石能有效地保留树叶和动物的形态，它形成于细粒沉积物对生物体残骸的包围之中。久而久之，压力会挤出液体和气态组分，留下细粒的碳质残渣（见图 8.13C）。在缺氧环境下，黑色页岩通常会沉积为富含有机质的泥岩，而这种泥岩中会保留丰富的碳化物。细粒沉积物中化石的碳膜消失后，称为印痕的表面复制品中会展现丰富的细节（见图 8.13D）。

琥珀 由于类似于昆虫的纤弱生物体难以保留，因此其化石相对而言很少。要保存这种生物体，必须不能腐烂，也不能经受任何较大的压力。保存昆虫的一种方式是琥珀，即古树的硬化树脂。图 8.13E 中蜘蛛得以保存的原因是，它被围困在具有黏性的树脂中。

遗迹化石 除了前面提及的化石，还有大量其他类型的化石，其中的许多是史前生命的遗迹。这种间接证据的例子包括：

- 足迹：软沉积物中留下的并在后来转变为沉积岩的动物脚印。
- 生物潜穴：动物在沉积物、木头或岩石中所挖的管道，这些管道随后因被矿物质充填而得以保留。有些最古老的化石被认为是虫穴。
- 粪化石：粪化石和胃内容物能提供有关生物体大小和习性的有用信息（见图 8.13F）。

- 胃石：高度抛光的胃石被有些已经灭绝的爬行动物用来消化食物。

8.3.2 保留化石的条件

在过去的地质历史中，仅有很少的生物体碎片保存为化石。动物或植物的残骸通常都被毁坏。在什么环境下它们能得以保存呢？这需要两个必要条件：快速掩埋和拥有坚硬部分。

生物体死亡后，其柔软部分通常会被食腐动物迅速吃掉或被细菌分解。残留物偶尔会被沉积物掩埋。此时，残留物会在发生毁灭性灾难的过程中得以保存。因此，快速掩埋是重要的保存条件。

另外，拥有坚硬部分的动物和植物作为化石保存下来的概率会大大增加。而具有柔软躯体的动物如水母、蠕虫和昆虫的化石很少。由于肉体腐烂的速度快于保存的速度，因此硬壳、骨骼和牙齿在过去生命的记录中占主导地位。

由于保存取决于特定的条件，所以过去地质上的生命记录存在偏差。例如，在沉积区会出现大量的硬体生物化石，而在不满足保存条件的区域，只能偶尔见到大量的其他生命形式。

你知道吗？

生物体死亡后，其组织因腐烂而产生的有机化合物（碳氢化合物）仍然会保存于沉积物中，这种化石称为化学化石。这些碳氢化合物会形成石油和天然气，但有些残留物会保存在岩石中，此时可通过分析来确定它们来源于哪类生物体。

概念检查 8.3

1. 描述动物或植物作为化石保留下来的几种方式。
2. 举例说明三种遗迹化石。
3. 生物体保存为化石的条件是什么？

8.4 岩层对比

解释相同时代不同地域的岩石是如何匹配的。

要让地质年代表适用于整个地球，就须匹配相同时代、不同区域的岩石，这一任务称为对比。对比不同地区的岩石可更宏观地审视一个地区的地质历史。图 8.14 显示了美国犹他州南部、亚利桑那州北部、科罗拉多平原三个不同地点的地层对比情况。尽管没有哪个地层完整地显示了完整的层序，但地层对比揭示了更完整的沉积岩记录。

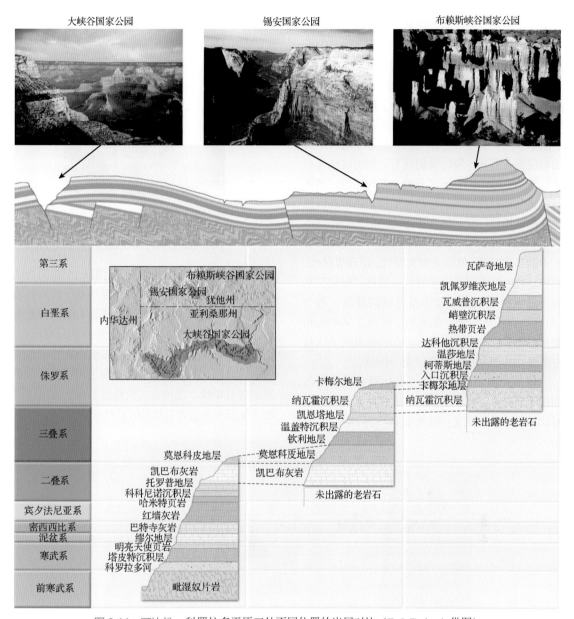

大峡谷国家公园　　　　　锡安国家公园　　　　　布赖斯峡谷国家公园

图 8.14　可比性。科罗拉多平原三处不同位置的岩层对比（E. J. Tarbuck 供图）

8.4.1　有限区域内的对比

在有限的区域内，一个位置和另一个位置的岩石对比，沿出露边缘步行观察就可完成，但在岩石大部分被土壤和植被覆盖时，这种方法就不可行了。短距离的对比通常可通过在层序中标出岩层的位置来实现。如果某个地层的组成不同寻常，就可在其他区域中识别它。

许多地质研究的范围相对较小。尽管小范围的地质研究很重要，但将它们和其他区域进行对比，则会有更高的价值。尽管这种方法足以追踪短距离内的岩层，但它不适合于对比相隔很远的岩石。当研究范围很大甚至在不同的洲之间进行时，地质学家就须依靠化石来进行对比。

8.4.2　化石对比

化石的存在已有几个世纪，但直到 18 世纪末 19 世纪初，它们才作为一种重要的地质工具来使用。18 世纪末 19 世纪初，英国工程师和运河建设商威廉·史密斯发现，在其挖掘的运河的每个岩层中都含有化石，且上下岩层中所含的化石不同。此外，他还注意到，根据所含化石的不同，可以识别不同区域的沉积层。

化石层序律 根据史密斯的经典观察和随后地质学家的发现，人们总结出了地史学上的一个最重要且最基本的原理——化石层序律：相同岩层总以同一叠覆顺序排列，并且每个连续出露的岩层都含有其本身特有的化石，利用这些化石可以把不同时期的岩层区分开。换句话说，当化石根据其年龄排列时，它们并不总是随机或偶然出现的。相反，化石体现了生命随时间的演化。

例如，古生物学家认为三叶虫时代是化石记录中的早期时代，然后是鱼类时代、沼泽煤时代、爬行动物时代和哺乳动物时代。这些"时代"从属于特殊时期段内有着丰富特性的群组。每个"时代"内还可细分，如某类三叶虫、某种鱼和爬行动物等。在每个大陆上，人们都发现了这些主要生物体的相同演替者，无一例外。

标准化石和化石组合 当化石被认为是时间指示器时，它们对于不同地区相同时代的岩石对比而言非常有意义。地质学家特别关注

图 8.15　标准化石。微体化石的丰富性、广布性和灭绝性等使得它成为了理想的标准化石（Biophoto Associates/ Photo Researchers, Inc.供图）

某些被称为标准化石的化石（见图 8.15），因为这类化石地理上分布广泛，且局限于某个较短的地质时期内，因此是对比相同时代岩石的一种重要方式。然而，岩层并不总是包含特殊的标准化石，因此这种情况下就需要使用化石组合来对比地层的形成时代。图 8.16 示例了如何使用化石组合来测定岩石年龄，这种方式的精度要高于使用任何单一化石来测定岩石年龄时的精度。

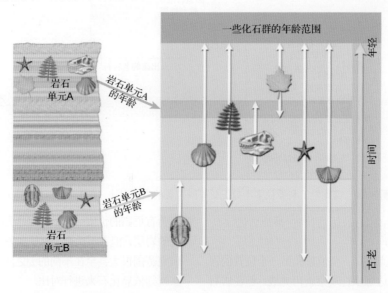

图 8.16　化石组合。与单种化石相比，各种化石的重叠范围有助于更精确地测定岩石的年龄

你知道吗？
化石记录的绝对年代表明，生命起源于约 38 亿年前的海洋。

环境指示器 除作为重要的岩石对比工具外，化石还是重要的环境指示器。尽管人们可通过研究沉积岩的性质和特点来推断过去的环境，但仔细研究今天的化石可提供更多的信息。例如，当地质学家在石灰岩中发现某一蛤壳的遗骸

时，就可以合理地推测这一地区曾被浅海覆盖。此外，通过使用我们已知的生物体，可以得出海岸线附近的厚壳化石动物能够承受重击和汹涌的海浪。

另一方面，薄壳动物可能生活在较深的平静海域。因此，通过仔细观察化石的类型，就可标出古海岸线的大致位置。此外，化石还可以指示从前的水温。例如，今天的某些珊瑚一定生活在温暖的热带浅海中，如佛罗里达或巴拿马群岛周围的浅海。当人们在古老的灰岩中发现类似的珊瑚时，则表明它们当时也生活在浅海环境中。这些例子说明了化石可以帮助人们了解复杂的地球历史。

> **概念检查 8.4**
>
> 1. 地层对比的目的是什么？
> 2. 用自己的话说明化石层序律。
> 3. 比较标准化石和化石组合。
> 4. 除作为时间指示器外，化石在地质学上的其他作用是什么？

8.5 放射性测年

讨论三种放射性衰变，并解释如何应用放射性同位素确定绝对年代。

除了使用前几节中讨论的几个原理得到相对年代，还可通过过去的地质事件得到可靠的绝对年代。我们知道地球有 46 亿年的历史，恐龙约在 6550 万年前灭绝。这种遥远的年代超出了我们的想象，因为人类的日历是以小时、周和年计量的。然而，地质年代的巨大跨度是真实的，且放射性测年允许我们对它进行精确的测量。本节将介绍放射性及其在放射性测年中的应用。

8.5.1 基本的原子结构回顾

回忆第 1 章可知，每个原子都有一个由质子和中子组成的核，电子在绕核轨道上运动。电子带负电，质子带正电。中子是电子和质子的组合，因此是电中性的。

元素的原子序数（识别元素的号码）是核内的电子数。每种元素在其原子核内都有不同的电子数，因此有不同的原子序数，例如氢的原子序数为 1、氧的原子序数为 8、铀的原子序数为 92 等。相同元素的原子总具有相同数量的电子，因此原子序数恒定不变。

事实上，几乎所有（99.9%）原子的质量都集中在原子核内，电子的质量小到可以忽略不计。原子核内的质子数和中子数之和，就是原子的原子量。原子核内的中子数可以不同。这种称为同位素的变异，可有着不同的原子量。

例如，铀原子核有 92 个电子，因此其原子序数为 92。由于铀的中子数会变化，因此有三种同位素，即 U^{234}、U^{235} 和 U^{238}。它们看起来相同，并表现出相同的反学反应。

8.5.2 放射性

原子核中结合质子和中子的力通常很大。但在某些同位素中，结合质子和中子的力并不会大到足以使原子核稳定，因此会导致原子核自发地分裂（衰变），这一过程称为放射性。

放射性衰变的常见示例 不稳定的原子核分裂会发生什么？图 8.17 中总结了三种常见的放射性衰变：

- 原子核发射出 α 粒子。1 个阿尔法粒子由 2 个质子和 2 个中子组成。因此，发射 α 粒子意味着：(a)同位素的原子量减 4；(b)原子序数减 2。
- 原子核发射出 1 个 β 粒子或电子时，原子量不变，因为电子的质量可忽略不计。然而，由于电子源自中子，故原子核就多了 1 个质子，因此原子序数增 1。
- 有时原子核会捕获 1 个电子，该电子和质子结合后会形成另一个中子。就像在最后一个例子中那样，原子量不变，原子核中少了 1 个质子，因此原子序数减 1。

不稳定的（放射性）同位素称为母核。母核衰变形成的同位素是其子产物。图 8.18 给出了放射性衰变的一个例子。当放射性母核如 U^{238}（原子序数为 92、原子量为 238）发生衰变时，会在最终成为稳定的子产物 Pb^{206}（原子序数为82、原子量为206）前，释放 8 个 α 粒子和 6 个 β 粒子。

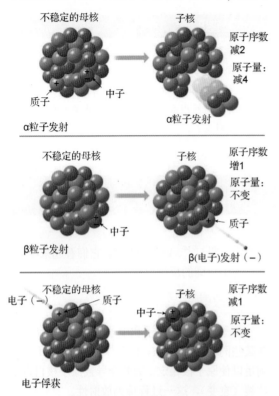

图 8.17　常见的放射性衰变。注意，在每个例子中，原子核中的质子数（原子序数）会变化，因此会产生不同的元素

放射性测年　放射性最重要的特性之一是，它能可靠地计算出包含某种放射性同位素的岩石和矿物的年龄。这一过程称为放射性测年。放射性测年为什么可靠？人们精确地测量过许多同位素的衰变速率，它不会随地球外层的物理条件的变化而改变。因此，用于测年的每种同位素，在包含这种同位素的岩石形成时，就一直以固定的速度发生衰变，且衰变的产物也会以相应的速率累积。例如，在铀进入岩浆结晶的矿物后，在前几次衰变并不会产生铅（稳定的衰变子产物）。放射性"时钟"从这一点开始。在新形成的矿物中，当铀开始衰变时，会捕获子产物的原子，并最终累积出可测量数量的铅。

8.5.3　半衰期

　　样本中原子核衰变到一半的时间称为该同位素的半衰期。半衰期是表示放射性衰变速率的

通用方法。图 8.19 给出了母核直接衰变为其稳定的子产物后，所发生的结果。当母核和子产物的数量相同时（比例为1:1），就发生了一个半衰期。当剩余母核的数量与子产物的数量之比为 1:3 时，就发生了两个半衰期。三个半衰期后，母核数量和子产物数量之比为1:7。

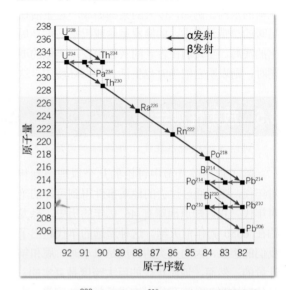

图 8.18　U^{238} 的衰变。U^{238} 是一系列放射性衰变的例子。在形成稳定的最终产物（Pb^{206}）前，中间步骤会产生许多不同的同位素

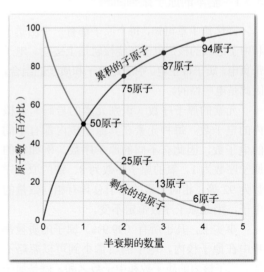

图 8.19　放射性衰变曲线。衰变呈指数下降。1 次衰变后母核只剩一半，2 次衰变后母核剩 1/4，以此类推

　　如果知道放射性同位素的半衰期，就能算出母核数量和子产物数量之比，进而算出样品的年

龄。例如，假设某种不稳定同位素的半衰期是 100 万年，其母核数量和子产物数量之比为 1:15，则表明经过了 4 次半衰期，故样品的年龄一定为 400 万年。

8.5.4 使用不同的同位素

注意，在一个半衰期内，衰变放射性原子的百分数总是相同的：50%。但每个半衰期过后，衰变原子的实际数量是减少的。当放射性母原子的百分数下降时，稳定子原子的百分数则上升，即子原子的增加数正好是母原子的减少数，这是放射性测年的关键。

自然界中存在许多放射性同位素，其中的 5 种对于古老岩石的放射性测年具有重要的意义（见表 8.1）。Rb^{87}、U^{238} 和 U^{235} 用来测定百万年级的岩石年龄，但 K^{40} 更通用。尽管 K^{40} 的半衰期是 13 亿年，但分析技术能检测某些年龄小于 10 万年的岩石中的含量很低的稳定子产物 Ar^{40}。频繁使用 K^{40} 的另一个重要原因是，它在许多常见的矿物如云母和长石中含量非常丰富。

注意，仅在矿物自形成时起就保存于封闭系统中时，才能精确地进行放射性测年。只有在母原子和子产物同位素既不增加也不减少时，才能得到正确的数据。然而，情形并非总是如此。事实上，钾氩测年法的一个重要限制就是氩为气体，因此很容易自矿物中逃逸，导致测年结果不准确。

表 8.1　放射性测年中频繁使用的放射性同位素

放射性母原子	稳定的子产物	当前可接受的半衰期
U^{238}	Pb^{206}	45 亿年
U^{235}	Pb^{207}	7.13 亿年
Th^{232}	Pb^{208}	141 亿年
Rb^{87}	Sr^{87}	470 亿年
K^{40}	Ar^{40}	13 亿年

一个复杂的过程　尽管放射性测年的基本原理很简单，但实际的测量过程非常复杂。确定母原子和子产物数量的分析必须尽可能精确。另外，有些放射性物质不能直接衰变为子产物。如

图 8.18 所示，U^{238} 在生成第 14 种即最后一种稳定的子产物 Pb^{206} 前，会产生 13 种不稳定的中间产物。

地球上最古老的岩石　放射性测年法已确定了地球历史中的几千个重要事件。人们在各个大陆上均发现了超过 35 亿年的岩石。目前，地球上最老岩石的年龄是 42.8 亿年，它是在加拿大魁北克北部的哈得逊湾沿岸发现的，它们有可能是地球上最早的地壳。格陵兰西部岩石的测定年龄为 37~38 亿年，接近在明尼苏达河谷和密歇根州北部、南非及澳大利亚西部发现的岩石年龄（分别为 35~37 亿年、34~35 亿年和 34~36 亿年）。在澳大利亚西部的沉积岩中，人们通过放射性测年法发现了年龄为 44 亿年的小锆晶石。这些微小颗粒的源岩要么已不存在，要么还未被人们发现。

8.5.5 C^{14} 测年

测定近期的地质事件时，人们通常会使用 C^{14}。C^{14} 是碳的放射性同位素。这一过程通常称为放射性测年。因为 C^{14} 的半衰期仅为 5730 年，因此可用来测定近期地质历史上的地质事件。在有些情况下，C^{14} 可用来测定远至 7 万年的事件。

C^{14} 是宇宙射线轰击上层大气持续产生的。宇宙射线是高能粒子流，它会轰击气体原子的原子核，使其释放中子。有些中子会被氮原子（原子序数为 7）吸收，使得原子核释放质子，进而产生了一个不同的元素 C^{14}（见图 8.20A）。碳的同位素很快就会融入二氧化碳中并在大气中循环，进而被动植物吸收。因此，所有生命体均含有少量的 C^{14}。

生物体活着时，衰变的放射性碳会被不断地替换，但 C^{14} 和 C^{12} 的比例保持不变。C^{12} 是碳的最常见的稳定同位素。但在植物或动物死亡后，C^{14} 的数量会因发射 β 粒子衰变为 N^{14} 而逐渐减少（见图 8.20B）。通过比较样本中 C^{14} 和 C^{12} 的比例，就可确定放射性碳的年龄。

尽管 C^{14} 仅用于测定较短地质时间内的事件，但它却已成为人类学家、考古学家、历史学家和研究地球近期历史的地质学家的有用工具（见图 8.21）。事实上，放射性碳的发展如此重要，

以至于发现其应用的化学家威拉得·法兰克·利比获得了诺贝尔奖。

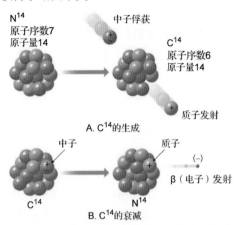

A. C^{14}的生成

B. C^{14}的衰减

图 8.20　C^{14}。放射性碳的产生和衰变。这些草图代表的是每个原子的原子核

你知道吗？

C^{14}测年对于考古学家、历史学家和地质学家都很有用。例如，亚利桑那州大学的研究人员通过 C^{14}测年确定了死海古卷的年代，这被认为是在 20 世纪考古学的伟大发现。古卷羊皮纸的年龄在公元前 150 年和公元前 5 年之间。部分古卷内容中的日期和 C^{14}测得的相吻合。

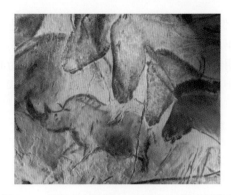

图 8.21　洞穴中的岩画。1994 年于法国南部发现的肖维岩洞中，出现了一些早期文明的岩画。放射性碳测年表明，这些岩画绘制于 30000～32000 年前（Javier Trueba/MSF/Photo Researchers, Inc.供图）

概念检查 8.5

1. 列出三种类型的放射性衰变，并描述每种衰变的原子序数和原子量如何变化。
2. 画图解释什么是半衰期。
3. 为什么放射性测年是确定绝对年代的可靠办法？
4. 放射性碳测年的时间跨度是多少？

8.6　地质年代表

区分组成地质年代表的 4 个基本地质单元，并解释地质年代表是动态工具的原因。

地质学家把整个地质历史分成了各个大小不同的单元，它们共同组成了地球历史的地质年代表（见图 8.22）。地质年代表中的主要地质单元由 19 世纪的西欧和英国科学家描述。因为那时还没有放射性测年法，整个年代表都是使用相对测年法建立的，直到 20 世纪才加上了通过放射性测年法得出的绝对年代。

8.6.1　年代表的结构

地质年代表将具有 46 亿年历史的地球分成了许多不同的单元，为过去的地质事件提供了有意义的时间框架。如图 8.22 显示，宙是最大跨度的时间。宙始于 5.42 亿前的显生宙，显生宙的岩石和沉积物中包含有丰富的化石，这些化石记录了主要的演化趋势。

地质年代表中的宙分为不同的代。显生宙中的 3 个代分别是古生代、中生代和新生代。

显生宙中的代又分为不同的纪。古生代中有

7 个纪，中生代和新生代中各有 3 个纪。

纪又可划分为更小的单元世。如图 8.22 所示，新生代中有 7 个世，其他纪中的世并无特殊的名字，仅用早、中和晚来进行划分。

你知道吗？

尽管电影和动画中描述了生活在一起的人类与恐龙，但情形并非如此。恐龙繁盛于中生代，并于 6500 万年前灭绝。人类的祖先直到恐龙灭绝 6000 万年后的晚新生代才出现。

8.6.2　前寒武纪

注意，详细的地质年代表并非始于 5.42 亿年前，这一日期仅是寒武纪的起始时间。寒武纪之前的约 40 亿年分为两个宙，即太古宙（含 4 个代）和元古宙（含 3 个代）。这一巨大的时间跨度通常称为前寒武纪。尽管它代表了地球 88%的历史，但前寒武纪并未像显生宙那样分为更小的时间单元。

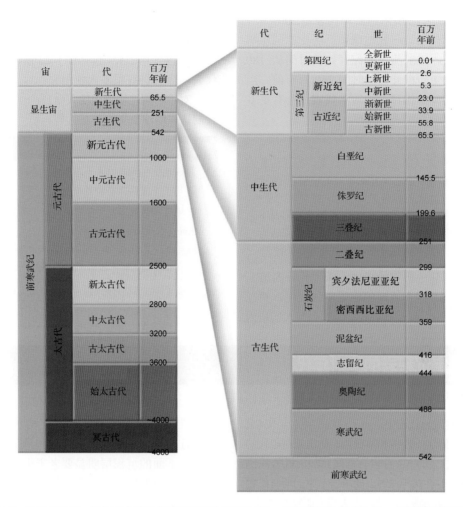

宙	代	百万年前
显生宙	新生代	65.5
	中生代	251
	古生代	542
前寒武纪 元古代	新元古代	1000
	中元古代	1600
	古元古代	2500
太古代	新太古代	2800
	中太古代	3200
	古太古代	3600
	始太古代	4000
	冥古代	4600

代	纪	世	百万年前
新生代	第四纪	全新世	0.01
		更新世	2.6
	第三纪 新近纪	上新世	5.3
		中新世	23.0
	古近纪	渐新世	33.9
		始新世	55.8
		古新世	65.5
中生代	白垩纪		145.5
	侏罗纪		199.6
	三叠纪		251
古生代	二叠纪		299
	石炭纪 宾夕法尼亚亚纪		318
	密西西比亚纪		359
	泥盆纪		416
	志留纪		444
	奥陶纪		488
	寒武纪		542
前寒武纪			

图 8.22　地质年代表。年代表中的数字表示百万年前的时间。相对测年技术建立后，才添加了绝对年代

为什么前寒武纪这么长的时间未分为更多的代、纪和世呢？原因是人们并不了解前寒武纪的历史细节。地质学家会像解译人类的历史那样来解译地球的历史。回溯得越远，知道的就越少。当然，过去十年人们得到的数据和信息要比 20 世纪前十年的多得多，19 世纪的事件记录要比公元 1 世纪的多得多。因此，对于地球的历史来说，因为可观察的记录较多，故越近的历史越清晰。地质学家回溯的年代越早，记录和线索就越零碎。

8.6.3　术语和地质年代表

与地质年代表相关的一些术语未得到官方的承认，其中最著名的一个术语是前寒武纪——显生宙之前的宙的非正式名称。尽管前寒武纪在地质年代表中没有正式的身份，但人们传统上仍使用它。

冥古宙是有些地质年代表中使用的另一个非正式术语，指已知最老岩石之前的地球历史的早期阶段。1972 年出现这一术语时，地球上最老的岩石年龄为 38 亿年，今天对其修正后的结果为稍大于 40 亿年。冥古宙一词形容了地球历史上这段时期"地狱"般的条件。

地球科学的有效沟通，要求地质年代表具有标准的划分和时代。那么，由谁来决定地质年代表的正式名称和日期？维护和更新这一重要文件的主要组织是国际地层委员会（ICS）和国际地质科学联合委会①。地球科学的进展要求年代表须随时更新，以反映地质单元名称和年代界线的变化。

---

① 要查看 ICS 的最新地质年代表，可访问 stratigraphy 网站。地层学是地质学的一个分支，它研究岩层（地层）和成层性（层理），因此其主要研究对象是沉积岩和成层火山岩。

例如，图 8.22 所示地质年代表是 2009 年 7 月更新的年代表。研究地球最近历史的地质学家们协商后，ICS 将第四纪开始的时间从 180 万年前改为更新世开始的时间 260 万年前。当然，随着时间的推移，地质年代表还会有更多的改变。

在几年前地质年代表中，新生代分为第三纪和第四纪。但在近期的地质年代表中，第三纪又细分为古近纪和新近纪。尽管今天人们认为

第三纪具有重要的历史意义，但在 ICS 的官方版本中并无其相应的地位。不过，许多地质年代表中仍然包含第三纪，包括图 8.22 所示的地质年代表，今天仍有很多人使用它。

对于了解地质历史的人而言，地质年代表是我们认识地球历史的动态工具。

8.7 确定沉积岩的绝对年代

解释可靠确定沉积岩的绝对年代的方式。

尽管地质年代表中给出了精确的绝对年代（见图 8.22），但这一任务非常艰巨。给出绝对年代的主要问题是，并非所有岩石都能用放射性方法测年。使用放射性测年法时，要求岩石中的所有矿物须在同一时间形成。因此，当火成岩矿物结晶时，或变质岩因压力和温度改变而形成新矿物时，可使用放射性同位素来测定其年龄。

然而，沉积岩很难使用放射性方法精确测年。沉积岩中可能存在包含放射性同位素的微粒，但可能无法精确地确定岩石的年龄，因为岩石和组成岩石的碎片可能并非同一时代形成的。此外，不同年代岩石组成的沉积物还会遭受风化（见图 8.23）。

对变质岩使用放射性测年法得到的年龄很难解释，因为变质岩中特殊矿物的年龄并不代表岩石最初形成的年龄。相反，测得的年龄可能是随后某一变质相的年龄。

既然放射性测年法得到的沉积岩样品年龄不准确，那么我们是如何对沉积岩指定绝对年龄的呢？通常，地质学家会把沉积岩与已知准确年龄的火山岩关联起来。例如，在图 8.24 中，

放射性测年确定了莫里森群火山灰岩层的年龄，且岩墙切穿了曼科斯页岩和梅萨沃德组。火山灰下面的沉积层明显要老于火山灰，因此火山灰上面的地层一定要年轻于火山灰（根据地层叠加定律）。岩墙要比曼科斯页岩和梅萨沃德组年轻，但要比瓦萨奇岩群老，因为岩墙未侵入古近纪的岩石中（根据穿切关系定律）。

图 8.23 测年的问题。这个砾岩样品的年龄无法测定，因为组成它的砾石源自不同年龄的岩石（E. J. Tarbuck 供图）

通过这种证据，地质学家估算出部分莫里森群沉积于 1.6 亿年前，就如火山灰层所示的那样。此外，地质学家还推断瓦萨奇群是在岩墙侵入后才开始形成的，即形成于 6600 万年前。这是在地质历史的特殊时期内确定岩层年代的例子之一，它表明了测年技术和野外观察相结合的重要性。

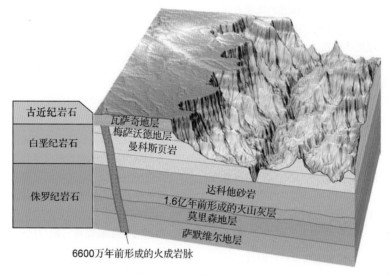

图 8.24　沉积岩测年。通过了解沉积岩与火山岩的关系，可确定沉积岩的绝对年代

概念回顾：地质年代

8.1　地质学简史
解释均变论的原理并讨论它与灾变论的不同。
关键术语：灾变论、均变论
- 早期关于地球本质的想法基于宗教传统和灾变论。
- 18 世纪末，詹姆斯·赫顿提出，长时间跨度的缓慢作用形成了地球上的岩石、山脉和地貌。长时间跨度的这种类似过程最终形成了均变论原理。

8.2　创建年代表——相对定年原理
区分绝对年代和相对年代，并用相对定年原理确定某段时间内地质事件发生的顺序。
关键术语：绝对测年、相对测年、叠加原理、原始水平原理、穿切关系原理、包体原理、整合、不整合、角度不整合、平行不整合、非整合
- 地质学家解译地球历史的两种方法：①相对测年，将事件放到合适的层序中；②绝对测年，确定事件发生的确切年代。
- 相对测年可使用叠加原理、原始水平原理、穿切关系原理和包体原理等实现。不整合是地质记录中的缺失，可通过相对测年过程确定。
- ? 附图是某个假想区域的穿切关系图。请按从老到新的顺序正确地排列给出的特征。在排列中的何处可识别不整合？建立这一排列时用到了哪个原理？

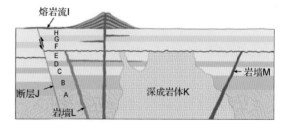

8.3　化石：过去生命的证据
定义化石并讨论作为化石保存有机体的有利条件，列出并描述各种化石类型。
关键术语：化石、古生物学
- 化石是古老生命的遗骸或遗迹。古生物学是研究化石的科学分支。

- 化石可通过很多过程形成。生物体要保存为化石，通常需要快速埋藏。此外，生物体的硬壳部分可能更易于保存，因为柔软部分在多数循环中会分解。

8.4 岩层对比

解释相同时代不同地域的岩石是如何匹配的。

关键术语：对比、化石层序律、标准化石、化石组合

- 相同时代不同地点出露的岩石匹配称为地层对比。通过关联世界上的岩石，地质学家发明了包含地球历史各个方面的地质年代表。
- 通过岩石中的不同化石并应用化石层序律，可对比不同地方的沉积岩。化石层序律称，相同岩层总以同一叠覆顺序排列，并且每个连续出露的岩层都含有其本身特有的化石，利用这些化石可以把不同时期的岩层区分开。
- 标准化石在岩石对比中非常重要，因为它们分布广泛，且与较短的时间跨度相关。化石组合的重叠范围可用于确定包含多种化石的岩层的年代。
- 化石还可用于重建沉积物沉积时的古环境条件。

8.5 放射性测年

讨论三种放射性衰变，并解释如何应用放射性同位素确定绝对年代。

关键术语：放射性、放射性测年、半衰期、放射性碳测年

- 放射性是指某些不稳定的原子核自发的分裂（衰变）。放射性衰变的常见方式是：①原子核释放 α 粒子；②原子核释放 β 粒子；③原子核捕获电子。
- 称为母核的不稳定的放射性同位素衰变后会形成子产物。放射性同位素原子核衰变至一半的时间称为同位素的半衰期。如果知道同位素的半衰期，同时母子比例可测，就可以计算出样品的年龄。

8.6 地质年代表

区分组成地质年代表的 4 个基本地质单元，并解释地质年代表是动态工具的原因。

关键术语：地质年代表、宙、显生宙、代、古生代、中生代、新生代、纪、世、前寒武纪

- 地球历史在地质年代表中分为不同的单元，宙细分为代，每个代包含不同的纪。每个纪又分为不同的世。
- 前寒武纪包含太古宙和元古宙。随后是显生宙，这已被丰富的化石所证明，显生宙还可细分。
- 地质年代表一直在发展中，新信息出现后，它就会更新。

8.7 确定沉积岩的绝对年代

解释可靠确定沉积岩的绝对年代的方式。

- 使用放射性测年法通常无法确定沉积岩的年代，因为组成沉积岩的物质通常是其他砾岩，而砾岩可能来自更老的源岩。采用同位素测定砾岩时，得到的可能是源岩而非沉积岩的年龄。
- 地质学家为沉积岩确定绝对年代的一种方法是，使用相对定年原理将它们与已确定年代的火成岩对比，如岩脉和火山灰层。沉积岩可能比一种火山岩老，而比另一种年轻。

? 尽可能精确地确定图中砂岩的年代。

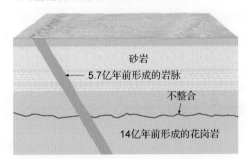

思考题

1. 图中显示了变质片麻岩、玄武岩墙和一个断层。请按发生的先后顺序排列它们，并解释原因。

2. 大量的花岗岩和砂岩层接触。应用本章给出的原理，确定砂岩层是沉积于花岗岩之上，还是花岗岩在砂岩沉积之后侵入，并给出理由。

3. 图中显示了两层沉积岩。下层是晚中生代页岩，它保留了页岩沉积之后的古河床形状。上层是年轻的角砾岩层。这两层是否整合？请解释原因。相对测年法中的哪个术语适用于这两个岩层的分隔线？

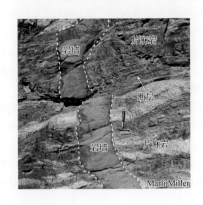

角砾岩

古河床

页岩

Callan Bentley

4. 图 8.8 显示了詹姆斯·赫顿于 18 世纪末研究的苏格兰西卡角的角度不整合。参考照片回答如下问题:

    a. 大致描述是什么导致了这样的地貌。

    b. 提出至少三种地球的四个圈层涉及这种现象的方式。

    c. 地球系统由两种来源的能量驱动。西卡角不整合中是如何体现这两种来源的?

5. 下面这些磨光的石头称为胃石。解释人们认为这些物质是化石的原因。它们属于什么类型的化石?举出其他这类化石的名称。

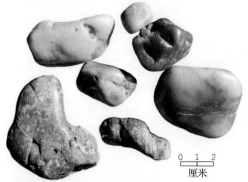

0 1 2
厘米

Francois Gohier/Photo Researchers, Inc.

6. 如果钍(原子序数为 80、原子量为 232)的放射性同位素在放射性衰变过程中释放了 6 个 α 粒子和 4 个 β 粒子,那么其稳定子产物的原子序数和原子量是多少?

7. 假设某个放射性同位素的半衰期是 10000 年。如果放射性母体和稳定子产物的比例是 1:3,问包含该放射性物质的岩石的年龄是多少?

8. 回答下面有关地球历史量级的问题。为使计算简便,假设地球的年龄 50 亿年。

    a. 有记录的历史占地质年代的百分比是多少?(假设有记录的历史为 5000 年。)

    b. 人类的祖先(原始人)大致出现在 500 万年前。人类祖先的出现年代占地质年代的百分比是多少?

    c. 寒武纪开始后(约 5.4 亿年前)才出现了丰富的化石证据。问化石证据出现年代占地质年代的百分比是多少?

9. 在某本地史学教材中,"地球的故事"一篇由 10 章内容组成(共 281 页),其中的两章(49 页)专门介绍前寒武纪。相比之下,最后两章(67 页)则介绍最近的 2300 万年,其中的 25 页描写 1 万年前开始的全新世。

    a. 比较书中描写前寒武纪的页数占总页数的百分比,与前寒武纪这一时间跨度与整个地质年代的百分比。

    b. 全新世的页数与其实际的地质年代百分比相比如何?

    c. 给出书中不公平处理地质历史的几条原因。

10. 蒙大拿州冰川国家公园的这张照片显示了前寒武纪的沉积岩层。沉积层中包含的较黑岩层是火成岩。与火成岩相邻的亮色窄带是熔体烘烤附近的岩石后形成的。

    a. 火成岩层是位于先前沉积岩层表面的熔岩流,还是所有沉积岩沉积后侵入的岩席?解释原因。

    b. 火成岩层可能表现为气孔结构吗?解释原因。

Marli Miller

第 9 章　海洋：最后的净土

"地球"号是最先进的科学钻井船之一，它是综合大洋钻
探计划（IODP）的一部分（AP Photo/Itsuo Inouye 供图）

地球的多少被海洋覆盖？淡水和海水的区别是什么？海底是什么样的？找到这些关于海洋及其所占据盆地问题的答案，有时是很难的。设想海洋中的所有水都已流走，我们会看到什么？平原？山脉？峡谷？高原？海洋隐藏了以上所有甚至更多的地貌。覆盖大部分海底的沉积物是什么？它们来自何处？研究它们我们能够知道什么？本章将给出这些问题的答案。

9.1 浩瀚的海洋世界

讨论地球上海洋和陆地的范围与分布，识别地球上的 4 个主要大洋盆地。

海洋是组成我们星球的主要部分。实际上，地球经常被称为水球或蓝色星球。地球有这些名字的原因是，地球表面约 71%被海洋覆盖（见图 9.1）。本章和第 10 章的重点是海洋学。海洋学是一门综合性科学，它在研究世界大洋的各个方面时，应用到了地质学、化学、物理学和生物学的知识与方法。

9.1.1 海洋地理学

地球的表面积约为 5.1 亿平方千米，其中约 3.6 亿平方千米或 71%是海洋和边缘海（沿大洋边缘的海，如地中海和加勒比海）。大陆和岛屿占剩余的 29%，也就是 1.5 亿平方千米。

通过对地球仪或世界地图的研究，可以很明显看出大陆和大洋并非均分在北半球和南半球（见图 9.1）。通过计算北半球陆地和海洋的百分比，我们发现北半球表面近 61%是水，39%是陆地，而南半球只有 19%是陆地，81%是水。难怪北半球被称为陆地半球，南半球被称为水半球。

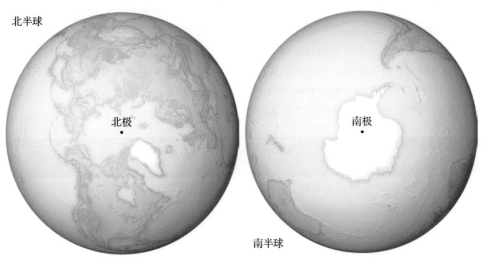

图 9.1 北半球与南半球的对比。通过观察地球，可以看出陆地和海洋在北半球与南半球并不是均分的。南半球约 81%被海洋覆盖，南半球的海洋覆盖率比北半球多 20%

图 9.2A 通过图表的形式给出了北半球和南半球陆地和水域的分布情况。在 45°N 和 70°N 间，陆地比水域多，但在 40°S 和 65°S 间，几乎没有陆地阻断海洋环流和大气环流。世界大洋可划分为 4 个主要的洋盆（见图 9.2B）：

1. 太平洋，它是最大的海洋（地球上最大的单一地理特征），占地球上全部海洋面积的一半以上。实际上，太平洋可包含所有的陆地，甚至还会有空间剩余！太平洋同时也是世界上最深的大洋，平均

深度为 3940 米。

2. 大西洋约为太平洋的一半，但深度没有太平洋那么深。与太平洋相比，它是一个相对较窄的大洋，并且以近乎平行的大陆边缘为边界。

3. 印度洋比大西洋稍小一点。与太平洋和大西洋不同的是，它主要是一个南半球水体。

4. 北冰洋约为太平洋的 7%，且深度仅约为其他大洋的 1/4。

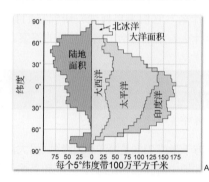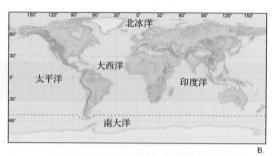

图 9.2 陆地和海洋的分布。A. 该图显示了每个 5°纬度带中陆地和海洋的总量；B. 世界地图给出了我们更为熟悉的视图

你知道吗？

白令海是太平洋最北端的边缘海，它通过白令海峡与北冰洋相连。这个水体通过阿留申群岛有效地将自己与太平洋盆地阻绝，阿留申群岛是由与太平洋板块向北俯冲有关的火山活动产生的。

9.1.2 对比海洋与大陆

大陆与大洋最主要的区别之一是它们的相对水平面。大陆在海平面之上，它相对于海平面的平均海拔是 840 米，而大洋的平均深度约为这一高度的 4.5 倍——3729 米。大洋中的水的体积非常大，如果地球的固体物质是完美的平面和球

面，那么海洋会覆盖地球的整个表面，且水体的深度大于 2000 米。

概念检查 9.1

1. 地表被陆地覆盖的区域与被水体覆盖的区域相比是怎样的？
2. 对比北半球和南半球陆地和海洋的分布。
3. 除南大洋外，请说出 4 个主要大洋盆地的名称，并比较它们的面积和深度。
4. 与陆地的平均海拔相比，大洋的平均深度是怎样的？

9.2 海水的构成

定义盐度并列出对海洋盐度有贡献的主要元素。描述海水中溶解物质的来源及盐度变化的原因。

淡水与海水的区别是什么？最明显的区别之一就是海水包含的溶解物质会使海水有明显的咸味。这些溶解物质不仅包括氯化钠（普通食盐），还包括各种各样的其他盐类、金属甚至溶

解性气体。实际上，每种已知的天然元素都至少以微量元素的形式溶解于海水中。

遗憾的是，海水中的盐类物质使得海水不适合饮用或灌溉农作物，而且也使得海水对许多物

质而言都具有很高的腐蚀性。然而，大部分海洋都充满着生命，这些海洋生物具有极好的适应海洋环境的能力。

世界上盐度最高的海水出现在具有内陆湖泊的干旱地区。例如，犹他州大盐湖的盐度为280‰，以色列和约旦边界的死海的盐度为330‰，因此死海的海水包含33%的溶解固体，是海水盐度的10倍。这些海水的密度很高，浮力很大，人躺在水中会轻松地浮在水面（见图9.7）。

9.2.1 盐度

海水包括约3.5%（按质量计算）的溶解矿物质，它们统称为盐类。虽然溶解物质所占的百分比看起来很小，但它们实际是巨量的，因为海洋非常巨大。

盐度是指溶解在水中的固体物质的总量。更具体地说，盐度是溶解物质的总质量与所采水样质量的比值，它通常用百分数（%）来表示，即百分率。由于海水中溶解物质的含量很小，所以海洋学家有时也用千分率（‰）来表示盐度。因此，海水的平均盐度为3.5%或35‰。

图9.3给出了对海水盐度有贡献的主要元素。可以根据表9.1给出的内容制作出近似海水的人造海水，该表表明海水中含量最大的盐类是普通食盐氯化钠。表中氯化钠及其之下的4种含量较丰富的盐类占据了海水中所有溶解物质的

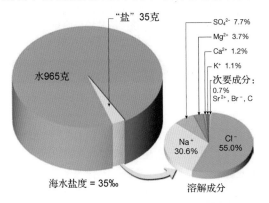

图9.3 海水的组成。海水中水和溶解成分的相对比例。溶解成分按化学分子式给出依次为氯（Cl^-）、钠（Na^+）、硫酸盐（SO_4^{2-}）、镁（Mg^{2+}）、钙（Ca^{2+}）、钾（K^+）、锶（Sr^{2+}）、溴（Br^-）和碳（C）

99%以上。虽然海水中含量最多的这5种盐类只由8种元素组成，但海水中包含了所有地球上其他的自然元素。尽管它们以微小的含量存在，但它们中的很多元素对维持海洋生命生存所必需的化学环境至关重要。

表9.1　人造海水的成分	
成分	量（克）
氯化钠（NaCl）	23.48
氯化镁（$MgCl_2$）	4.98
硫酸钠（Na_2SO_4）	3.92
氯化钙（$CaCl_2$）	1.10
氯化钾（KCl）	0.66
碳酸氢钠（$NaHCO_3$）	0.192
溴化钾（KBr）	0.096
硼酸氢（H_3BO_3）	0.026
氯化锶（$SrCl_2$）	0.024
氟化钠（NaF）	0.003
然后添加	
纯水（H_2O）形成1000克溶液	

9.2.2 海盐的来源

海洋中大量溶解物质的来源是什么？陆地岩石的化学风化就是一个主要来源。这些溶解物质估计以每年大于25亿吨的速度通过河流进入海洋。海水中元素的第二大来源是地球内部。在地质时期，火山喷发会释放出大量的水和溶解气体。这一过程称为释气，它是大洋和大气水的主要来源。某些元素，尤其是氯、溴、硫和硼，它们和水一起通过释气过程放出，且以比仅靠岩石风化形成的这些元素更高的丰度存在于海洋中。

尽管河流和火山活动不断地将盐类运送到海洋中，但是海水的盐度并没有增加。实际上，一些证据表明，数百万年来海水的成分是相对稳定的。为什么海洋没有变咸呢？答案就是物质移出的速度与增加的速度是相等的。例如，一些溶解成分由植物和动物从海水中移出，另一些成分通过化学沉淀而被移出，还有一些成分在洋中脊通过热液活动被交换。因此，海水的总体构成在历史时期保持相对恒定。

9.2.3 影响海水盐度的过程

因为海水是均匀混合的，所以不管在哪里取样，海水中主要成分的相对丰度基本上是恒定的。因此盐

度的变化主要是由溶液中水含量的变化引起的。

各种各样的地表过程改变了海水中水的含量，因此影响了盐度。有些过程，包括降水、地表径流、冰川融化及海冰融化，会将淡水添加到海洋中，进而使盐度降低。有些过程，包括蒸发作用和海冰形成，会从海水中移出大量淡水，因此会使海水盐度增加。例如，蒸发速率高的高盐度区位于干燥的副热带地区（约在南北纬25°到35°之间）。相反，在中间纬度（南北纬35°到60°）和赤道附近的区域，高降水量会稀释海水，使其盐度降低（见图9.4）。

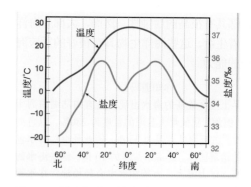

图 9.4　地表温度和盐度随纬度的变化。赤道附近的平均温度最高，向两极方向温度逐渐降低。影响盐度的重要因素是降雨量和蒸发作用。例如，在南回归线和北回归线附近的干燥副热带地区，与很少的降雨量相比，高蒸发率会移出更多的水，因此地表盐度更高。在潮湿的赤道区域，丰富的降水量会降低地表的盐度

两极地表盐度的变化是由海冰的形成与融化引起的。当海水在冬天结冰时，由于海盐不会成为冰的一部分，因此剩余海水的盐度就会增加。夏天海冰融化后，淡水的增加会稀释海水，使其盐度降低（见图9.5）。

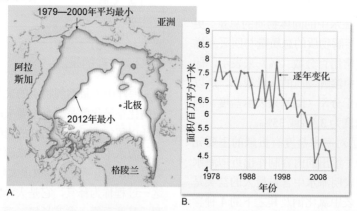

图 9.5　追踪海冰的变化。A. 海冰是冰冻的海水。海冰的形成与融化影响海洋表面的盐度。冬天北冰洋全部被冰覆盖，夏天一部分冰融化。该图比较了1979年至2000年间的海冰范围与2012年9月初的海冰范围。2012年的海冰范围是记录中最小的。B. 该图清楚地说明夏季融化期末北冰洋海冰覆盖区域的趋势。这一趋势很可能与全球气候变化有关（NASA供图）

大洋中水面盐度的变化范围一般是33‰～38‰。但有些边缘海却有着非同一般的极端值，例如中东波斯湾和红海海域，其盐度可达到42‰，因为这里的蒸发量远超降水量。相反，低盐度区出现在因河水和降水提供大量淡水的区域，如北欧的波罗的海，其盐度经常低于10‰。

概念检查9.2

1. 盐度是什么？它一般怎样表示？海洋的平均盐度是多少？
2. 溶解在海水中的丰度最高的6种元素是什么？两种丰度最高的元素化合会形成什么？
3. 组成海水中溶解成分元素的两个主要来源是什么？
4. 列举几个随时间和地点变化引起盐度变化的因素。

9.3　温度和密度随深度的变化

讨论海洋中随着深度的改变，海洋温度、盐度和密度的变化情况。

温度和密度是海水的基本性质，影响这些性质的因素有深海环流及生物的分布与类型。大洋从表面到海底的采样分析表明，这些性质会随着深度而变化，且变化在每个地方都不同。本节主

要介绍温度和密度是怎样随深度变化的，以及变化的原因。

9.3.1　温度变化

如果从海洋表面到海洋深部有一个温度计，那么会呈现什么样的温度模式？太阳使表面海水变得温暖，所以它们通常比深部海水的温度高。同时，表面海水的温度在热带地区更高，而向两极会变得更低。

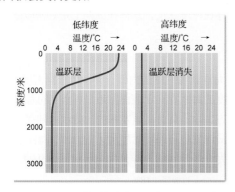

图 9.6　低纬度地区和高纬度地区海水温度随深度的变化。温度快速变化的层称为温跃层，温跃层不存在于高纬度地区

图 9.6 给出了两条温度与深度关系的曲线：一条是高纬度曲线，另一条是低纬度曲线。低纬度曲线以较高的表面温度开始，但由于太阳辐射不能进入海洋的深处，所以随着深度的增加温度迅速降低。在约 1000 米的深度处，温度仅比结冰温度高几度，且从这一深度到海底，温度相对恒定。在 300～1000 米水深范围内，温度随深度急剧变化，因此这一范围称为温跃层。温跃层在海洋中非常重要，因为它为许多类型的海洋生物创造了一个垂直的屏障。

图 9.6 中的高纬度曲线展现了与低纬度曲线完全不同的样式。高纬度地区海水的表面温度要比低纬度区的低很多，所以曲线以较低的表面温度开始。在海洋的更深处，海水温度与表面温度相似（仅比结冰温度高几度），所以曲线保持垂直，并且随着深度的变化，温度并不快速变化。在高纬度地区不存在温跃层，相反水体在纵向上是等温的。

有些高纬度地区的水体在夏天时会历经小幅升温，因此某些高纬度地区会经历极弱的季节性温跃层。另一方面，中间纬度水域会经历更加明显的季节性温跃层，并显示出高纬度地区和低纬度地区之间的中间特征。

9.3.2　密度变化

密度定义为单位体积的质量，但也可用来衡量物体有多重。例如，低密度的物体（如干燥的海绵、泡沫填充物或冲浪板）指物体很轻；相反，高密度的物体（如水泥和很多金属）指物体很重。

密度是海水一个重要性质，因为它决定了海洋中海水的垂直位置。此外，密度差会引起大面积的海水下沉或上浮。例如，当高密度的海水添加到低密度的淡水中时，密度大的海水下沉于淡水之下。

影响海水密度的因素　影响海水密度的因素主要有两个：盐度和温度。盐度的提高会使溶解物质增加，并且导致海水密度的增加（见图 9.7）。另一方面，温度的增加会引起海水扩张，导致海水密度降低。一个变量增加导致另一个变量降低的关系称为负相关，即一个变量与另一个变量呈反比关系。

图 9.7　死海。这里的海水盐度为 330‰（约为海水平均盐度的 10 倍），并具有很高的密度。因此，它具有很大的浮力，可使游泳者轻易漂浮在海面上（Peter Guttman/Corbis/Bettmann 供图）

温度对表层海水密度的影响是最大的，因为表层海水的温度变化比盐度变化大。实际上，仅在海洋的极端极地地区温度很低并且保持相对恒定，盐度显著影响密度。具有高盐度的冷海水是世界上最高密度的海水之一。

密度随深度的变化　通过对海水广泛采样，海洋学家研究发现，温度、盐度和海水的密度会随深度变化。图 9.8 给出了两条密度与深度的关系曲线：一条是高纬度地区的曲线；另一条是低纬度地区的曲线。

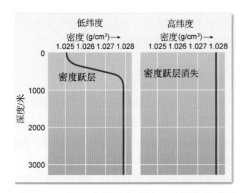

图 9.8 低纬度地区和高纬度地区海水密度随深度的变化。密度快速变化层称为密度跃层，低纬度地区存在密度跃层，但高纬度地区不存在密度跃层

图 9.8 中低纬度地区的密度曲线在海水表层以低密度开始（与海水表层的高温度有关）。然而，由于海水随深度增加温度降低，所以密度随深度增加而快速升高。在约 1000 米的深度处，与海水低温有关的海水密度达到最大值。从这一深度到海底，密度保持这一高数值并恒定。300～1000 米的层区称为密度跃层。密度跃层具有很高的重力稳定性，是防止上部低密度海水与下部高密度海水混合而存在于它们之间的重要屏障。

图 9.8 中高纬度地区的密度曲线也与图 9.6 中的高纬度地区的温度曲线有关。图 9.8 表明，在高纬度地区，表层是高密度（冷）的海水，下层也是高密度（冷）的海水。因此高纬度地区的密度曲线保持垂直，密度随深度没有快速变化。在高纬度地区不存在密度跃层，水体在纵向上是等密度的。

9.3.3 海洋分层

海洋就像地球的内部一样，可根据密度分层。低密度的海水存在于表面附近，高密度的海水存在于下方。除了具有高蒸发率的一些浅内陆海，在海洋的最深处也可发现密度最大的海水。海洋学家一般认为许多开阔的大洋分为三层（见图 9.9）。

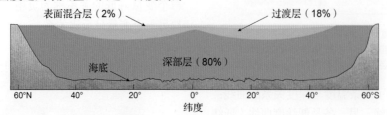

图 9.9 海洋的分层。海洋学家认为，根据海水温度和盐度的不同，可将海水划分三个主要的层：温暖的表面混合层仅占海水的 2%；过渡层包括温跃层和密度跃层，占海水的 18%；深部层包括高密度的冷海水，占海水的 80%

由于海水表面接收太阳能，所以这里的海水温度最高。这些混合的海水会通过波浪、紊流和潮汐散布浅层表面获得的热量，所以表面混合层具有几乎相同的温度。该层的厚度和温度会随纬度和季节变化。表面混合层通常会延伸约 300 米，厚度有时也会达到约 450 米。表面混合层仅占海水的 2%。

在太阳加热的表面混合层之下，温度会随深度增加突然降低（见图 9.6）。这里，在温暖的表面混合层和冰冷的深部层之间，有一个称为过渡层的明显分层。过渡层包括一个明显的温跃层及相关的密度跃层，约占海水的 18%。

过渡层之下是深部层，太阳光无法到达这里，因此海水的温度仅比结冰温度高几度，海水的密度保持高数值并恒定。注意，深部层约占海水的 80%，这表明海洋很深（海水的平均深度是 3700 多米）。

在高纬度地区，这三层结构不存在，因为水体是等温的和等密度的，即海水随着深度的增加，其温度和密度不会快速变化。因此，在高纬度地区，表层的海水能与深部海水垂直混合。在高纬度地区，表层会形成较冷的高密度海水，而高密度的冷海水下沉会导致深海洋流，详细探讨见第 10 章。

> **概念检查 9.3**
>
> 1. 对比高纬度地区和低纬度地区温度随深度的变化。为什么高纬度地区的海水一般不存在温跃层？
> 2. 影响海水密度的两个因素是什么？哪个对表层海水的密度影响较大？
> 3. 对比高纬度地区和低纬度地区密度随深度的变化。为什么高纬度地区的海水一般不存在密度跃层？
> 4. 描述海洋的分层结构。为什么高纬度地区不存在三层结构？

9.4 新兴的海底图像

定义海洋测深学，并总结绘制海底地图的各种技术。

如果将所有的水从大洋盆地中移走，那么我们可以看到各种各样的地貌现象，包括广阔的火山群、深海沟、辽阔的平原、线状的山链及大高原。实际上，海底地貌景观几乎与大陆地貌景观一样丰富。

你知道吗？

海洋的深度一般用英寻来表示。1 英寻等于 1.8 米，约为一个成年人伸开双臂的距离。英寻一词源于将测深线拉回到船上后的计算方式。当测深线被拉上来时，一名工人会用臂长数量来记录测深线，因此知道该人伸开手臂的长度后，就可以计算测深线的长度。1 英寻后来被标准化到 1.8 米。

9.4.1 绘制海底地形图

"挑战者"号历经三年半的历史性航行测量后，复杂的海底地形才得以展现在人们面前（见图 9.10）。从 1872 年 12 月到 1876 年 5 月，"挑战者"号的科学考察首次实现了人类对全球海洋的综合性研究。在 12.75 万千米的航程中，科学家和船员考察了除北冰洋之外的所有海洋。在整个航程中，他们收集了大量与海洋深度及其性质相关的数据，其中海洋深度的测量是通过将一条加重的长线从船上下垂来实现的。挑战者号于 1875 年首次记录到了海洋的最深处，位于西太平洋板块上的这一地点后来被命名为"挑战者深度"。

现代海洋测深学技术　海深测量和海底形状绘制称为海洋测深学。今天，人们主要使用声能来测量海深，采用的基本方法是声呐。

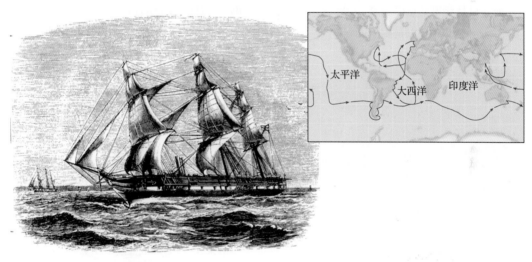

图 9.10　"挑战者"号。第一次系统的水深测量是由"挑战者"号完成的，"挑战者"号于 1872 年 12 月离开英格兰，1876 年 5 月返回（国会图书馆供图）

用来测量水深的首台设备称为回声测深仪，它是由人们于 20 世纪初研制的。回声测深仪向水中发射声波（称为声脉冲），声波遇到物体（如大型海洋生物或海底）发生反射时，会产生回声（见图 9.11）。时间由精确到零点几秒的计时器记录。声波在水中的传播速度约为 1500 米/秒，计算能量脉冲以该速度到达海底并返回的时间，就可计算出深度。由回声连续监测确定的连续深度变化，即可绘制海底剖面图，结合多条剖面图，即可生成海底地形图。

第二次世界大战后，美国海军曾用侧扫声呐寻找大洋航线上的爆炸装置（见图 9.12A）。船只拖行这些鱼雷状设备，这些设备在船只的两侧发出扇形声波。结合大量的侧扫声呐数据，研究人员绘制出了类似于照片的海底图像。虽然侧扫声呐提供了有价值的海底图像，但它并未给出测深（海深）数据。

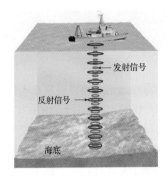

图 9.11 回声测深仪。回声测深仪通过测量声波从船只到达海底并返回的时间来测量水深。声波在水中的传播速度约为 1500 米/秒，因此深度=(1500 米/秒×回波时间)/2

高分辨率多波束测深仪消除了侧扫声呐的缺点（见图 9.12A）。这些系统使用船体上安装的声源发出扇形声波，并通过一组针对不同角度的窄波束接收器来记录海底的回声。因此，这种技术可使测量船绘制出一条数十千米宽的海底地形图，而非只是获得某点的深度。

A. 在同一调查船上操作的侧扫声呐和多波束声呐

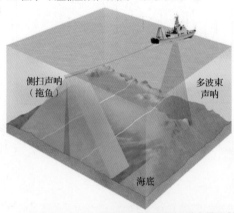

B. 加利福尼亚州洛杉矶地区的海底和海岸地形彩色增强透视图

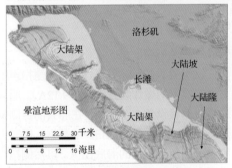

图 9.12　侧扫声呐和多波束声呐

这些系统可以收集分辨深度小于1米的高分辨率水深数据（见图 9.12B）。采用多波束声呐绘制部分海底地形时，调查船将按规则的测线航行，类似于割草机"修剪草坪"。

尽管效率更高且地形细节更丰富，但装备有多波束声呐测深仪的调查船仅能以 10～20 千米/小时的速度航行。要绘制出全部的海底地形图，至少需要 100 艘装备有这些设备的船只花数百年时间才能完成。这就是今天仅详细绘制出 5%的海底地形图的原因，以及大部分海底未应用声呐绘制出地形图的原因。

9.4.2　从太空绘制海底地形图

让我们深入了解海底的另一技术突破，是从太空测量海底地形。对海浪、潮汐、洋流和大气效应进行误差修正后，人们发现海面并不是完美的"平面"。由于重力作用，海底中较高的地物会使得海面的高程升高，而峡谷和海沟会使得海面下陷。

装备有雷达高度计的卫星可通过海面反射的微波来测量这些细微的差异（见图 9.13）。这些设备能够测量小到几厘米的变化。这些数据添加到海底地形学的知识库中后，结合传统的声呐测深数据，就可绘制出详细的海底地图，如图 9.14 所示。

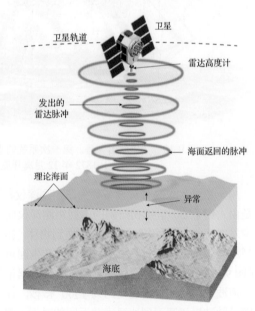

图 9.13　卫星高度计。卫星高度计测量海面高程的变化，这一变化是由重力作用和对应的海底地形引起的。海面异常是海面测量值和理论值之差

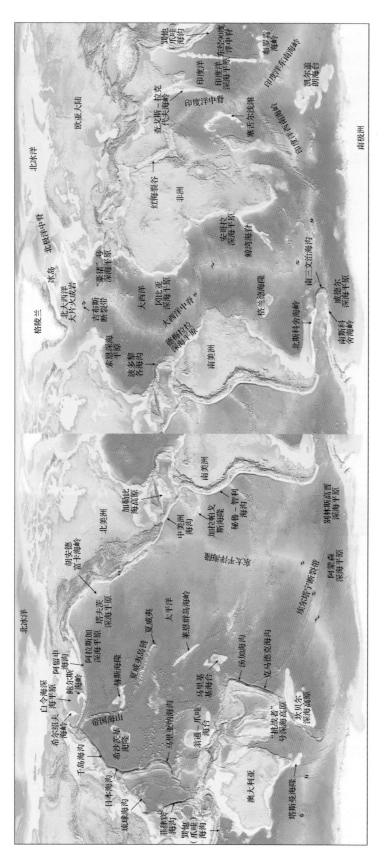

图 9.14 海底的主要特征

9.4.3　海底地貌单元

研究海底地形的海洋学家描绘出了三个主要的地貌单元：大陆边缘、深海盆地和洋中脊。图 9.15 给出北大西洋的这些地貌单元的轮廓，图下方的剖面图显示了各种海底地形。这种剖面图经常会放大垂向距离来突出地形要素，例如这张剖面图的垂向距离就放大了 40 倍。然而，与真实情形相比，放大垂向距离会使斜坡更陡。

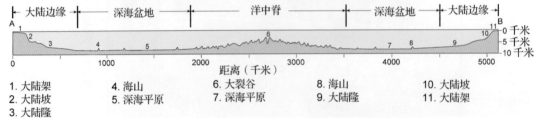

1. 大陆架	4. 海山	6. 大裂谷	8. 海山	10. 大陆坡
2. 大陆坡	5. 深海平原	7. 深海平原	9. 大陆隆	11. 大陆架
3. 大陆隆				

图 9.15　北大西洋的主要地形。地图（上）和相应的剖面图（下）。为使地形要素更明显，剖面图的垂向距离已被放大

9.5　大陆边缘

比较被动大陆边缘和活动大陆边缘，并列出它们的主要特征。

顾名思义，大陆边缘就是陆地的外部边缘，即陆壳过渡为洋壳的位置。大陆边缘有两种类型，即被动大陆边缘和活动大陆边缘。整个大西洋和大部分印度洋都被被动大陆边缘所包围（见图 9.14）。相反，在图 9.16 中，大部分太平洋都以俯冲带表示的活动大陆边缘为界。注意，许多活动俯冲带都位于大陆边缘很远的地方。

9.5.1　被动大陆边缘

被动大陆边缘在地质上是指远离板块边界的不活跃区域，因此它们与强烈的地震和火山活动无关。陆块被裂谷和持续的海底扩张分开时，会形成被动大陆边缘，因此陆块与邻近的洋壳牢牢地连接到一起。大多数被动大陆边缘很宽，并且是大量沉积物沉积的位置。被动大陆边缘的地形要素包括大陆架、大陆坡和大陆隆（见图 9.17）。

大陆架　大陆架是海岸线向深海盆地延伸的倾斜潜面，主要由被沉积岩覆盖的陆壳和邻近地块剥蚀的沉积物组成。

大陆架的宽度变动很大。有些大陆的某些部分几乎不存在大陆架，但大部分大陆架会向海洋延伸达 1500 多千米。大陆架的平均倾角约为 1/10 度，因此看起来像一个水平面。

通常大陆架往往没有什么特征，但某些地区因冰川沉积而显得高低不平。此外，还有一些大陆架会被从海岸线到深海走向的大深谷切割。许多这类大陆架深谷是邻近地块向海洋延伸的河谷。它们在末次冰期（第四纪）被侵蚀，当时大陆上的庞大冰盖存储了大量的水，导致海面至少降低了 100 米。海平面的下降使得河流得以延伸，陆生植物和动物迁移到了大陆上新裸露的区域。北美海岸疏浚后，出露了古老时期留下的大量陆生生物遗迹，如猛犸象、乳齿象和马等，这进一步表明部分大陆架曾经位于海平面之上。

图 9.16　地球上俯冲带的分布。大多数活动俯冲带都沿太平洋盆地分布

尽管大陆架仅占全部海洋面积的 7.5%，但由于具有丰富的石油、天然气，并且是重要的渔场，因此具有重要的经济意义和政治意义。

大陆坡　大陆架向海的边缘是大陆坡，它是区分陆壳与洋壳之间边界的较陡构造。位置不同，大陆坡的倾角也不同，但其平均倾角约为 5°，有些位置的倾角会超过 25°。

大陆隆　大陆坡并入的逐渐倾斜区域称为大陆隆，它可以向海洋方向延伸数百千米。大陆隆由厚厚的沉积物组成，这些沉积物既可被搬运到大陆坡，也可延伸到深海海底。大部分沉积物是由周期性的海底峡谷浊流搬运到海底的（稍后将探讨这一内容）。当泥浆从峡谷口到达相对平坦的海底时，沉积物会形成深海扇。随着邻近海底峡谷不断地形成深海扇，它们在大陆坡上会合并形成连续的楔形沉积物，进而形成大陆隆。

海底峡谷和浊流　切割大陆坡的深陡峡谷称为海底峡谷，它可贯穿整个大陆隆和深海盆地（见图 9.18）。有些峡谷看起是河谷的海向延伸，但其他峡谷并不以这种方式排列。此外，海底峡谷的延伸深度远低于冰期海平面的最大下降值，因此不能将它们的形成归因于河流侵蚀。

这些海底峡谷可能一直被浊流侵蚀。浊流是沿坡向下运动的稠密含沙水。大陆架和/或大陆坡上的泥沙悬移时，会形成浊流。由于浊流的密度大于普通海水的密度，因此在沿坡向下运动时，会侵蚀并积累更多的沉积物。反复搬运泥浆的侵蚀作用是形成大多数海底峡谷的主要因素。

浊流通常沿大陆坡流向大陆隆，切割河道，最后因失去动力而停留于深海盆地的底部。浊流速度降低时，悬浮沉积物开始下沉，首先沉积粗砂，然后沉积细砂，最后沉积黏土。这样的沉积物称为浊积岩，它具有从上到下粒度逐渐增大的特征，即粒级层。浊流是海洋中沉积物运移的重要机制。浊流作用会形成海底峡谷，并将沉积物搬运到深海海底。

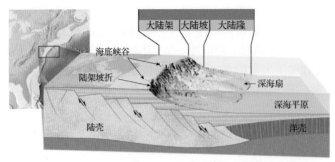

图 9.17　被动大陆边缘。注意，图中大陆架和大陆坡的倾角已被放大。
大陆架的平均倾角为 1/10°，而大陆坡的平均倾角约为 5°

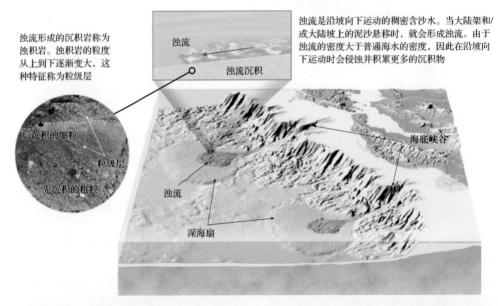

浊流形成的沉积岩称为浊积岩。浊积岩的粒度从上到下逐渐变大，这种特征称为粒级层

浊流是沿坡向下运动的稠密含沙水。当大陆架和/或大陆坡上的泥沙悬移时，就会形成浊流。由于浊流的密度大于普通海水的密度，因此在沿坡向下运动时会侵蚀并积累更多的沉积物

图 9.18　浊流和海底峡谷。浊流是形成海底峡谷的重要因素（Marli Miller 拍摄供图）

9.5.2　活动大陆边缘

活动大陆边缘位于汇聚板块边界，即大洋岩石圈俯冲到大陆前缘下方的位置（见图 9.19）。深海沟是汇聚板块边界的主要地形要素，这些狭窄的深沟沿大部分环太平洋带分布。

沿某些俯冲带，来自海底的沉积物和洋壳残片会因大洋岩石圈的俯冲而被刮落，并粘贴到上冲板块的边缘。无序累积的这些变形沉积物和洋壳碎屑称为增生楔。长时间的板块俯冲，就会沿活动大陆边缘产生大量的沉积物。

与此相反的过程称为俯冲剥蚀，它也是许多活动大陆边缘的特征。与沉积物在上冲板块的前缘累积不同，上冲板块底部的沉积物和岩石会被俯冲的大洋岩石圈刮落，并由俯冲板块带入地幔。俯冲剥蚀常发生于俯冲板块的倾角很大时，俯冲板块的大角度俯冲会使洋壳断裂，形成高低不平的表面，如图 9.19 所示。

概念检查 9.5

1. 列举被动大陆边缘的三个主要特征。这三个特征中哪个是大陆的延伸？哪个的坡度最大？

2. 描述活动大陆边缘和被动大陆边缘的区别。它们分别分布在哪里？

3. 讨论海底峡谷产生的过程。

4. 活动大陆边缘与板块构造有怎样的关系？

5. 简要介绍增生楔是怎样形成的。俯冲剥蚀是什么意思？

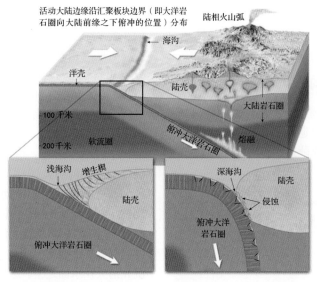

活动大陆边缘沿汇聚板块边界（即大洋岩石圈向大陆前缘之下俯冲的位置）分布

陆相火山弧

海沟

洋壳

100 千米

200 千米

软流圈

陆壳

大陆岩石圈

俯冲大洋岩石圈

熔融

浅海沟　增生楔

陆壳

俯冲大洋岩石圈

深海沟　陆壳

侵蚀

俯冲大洋岩石圈

A. 增生楔沿俯冲带发育。在俯冲带下沉的大洋板块会刮落海底的沉积物，并挤压上冲板块的边缘

B. 俯冲侵蚀发生在上冲板块的底部，此时沉积物和岩石会被刮落并由俯冲板块带入地幔

图 9.19　活动大陆边缘

9.6　深海盆地的特征

列举并描绘深海盆地的主要特征。

深海盆地位于大陆边缘与洋脊之间（见图 9.15），约占地球表面积的 30%，这一数字是海洋表面与陆地相平的假设下所做的粗略估计。该区域包括深海沟（海底很深的线状凹陷）、深海平原（地形平坦的区域）、很高的火山（称为海山和海底平顶山）和面积极广的层叠熔岩流（称为大洋台地）。

你知道吗？

挑战者海渊位于马里亚纳海沟南端，它深约 10994 米，是全球海洋中最深的地方。据 2012 年 3 月的新闻报道，电影（《泰坦尼克号》和《阿凡达》）导演詹姆斯·卡梅隆是 50 多年来首位潜到挑战者深渊底部的人。

9.6.1　深海沟

深海沟是长且窄的海槽，是海洋中最深的区域。大多数海沟都沿太平洋边缘分布，深度可达 10000 米以上（见图 9.14）。其中马里亚纳海沟的挑战者深渊的深度为 11022 米，它是世界大洋中已知最深的地方。大西洋中只有两个海沟——波多黎各海沟和南桑德韦奇海沟。

虽然海沟的面积仅占海底面积的一小部分，但它们是非常重要的地质单元。海沟是板块汇聚的位置，大洋岩石圈在此处向下俯冲到地幔。当一个板块刮擦另一个板块的下方时，除了产生地震，还会伴随火山活动。因此，与海沟平行排列的一系列弧状火山被称为火山岛弧。此外，组成部分安第斯山脉和喀斯喀特山脉的陆相火山弧，则位于与海沟平行的邻近大陆边缘的位置（见图 9.19）。环太平洋带与海沟有关的火山活动，是这一区域成为环太平洋火山带的原因。

9.6.2　深海平原

深海平原是海底深且平的地貌单元。实际上，这些区域很可能是地球上最平的地方。例如，阿根廷海岸下的深海平原在 1300 千米长的距离内，高度仅降低了不到 3 米。平坦海底平原上有时会出现被掩埋的火山（海山）的山峰。

使用信号可穿透海底下方很远距离的海底地层剖面仪，研究人员发现了很厚的沉积物，这些沉积物掩埋了高低不平的海底（见图 9.20）。沉积物的性质表明深海平原主要包括三种类型的沉积物：①被浊流运移到很远位置的细粒沉积物；②海水沉淀的矿物质；③微小海洋生物的外壳和骨骼。

所有的海洋中都存在深海平原，但大西洋海底的深海平原分布最广，因为它几乎没有海沟，从而大陆坡上的沉积物无法运移。

9.6.3 海底火山结构

海底存在大量规模不等的火山结构。有些是单独的火山，有些是绵延数千千米的火山链，还有一些是面积近似得克萨斯州的火山群。

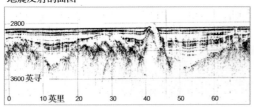

地震反射剖面图

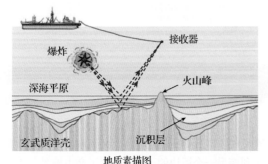

地质素描图

图 9.20 地震剖面。东大西洋马德拉深海平原的地震剖面图和与之对应的素描图，显示了被沉积物掩埋的高低不平的洋壳（Charles Hollister, Woods Hole Oceanographic Institution 供图）

海山和火山岛 海底的火山称为海山，海山要比周围的地形高数百米。据估计，世界上约有 100 万座海山。有些庞大到露出海面形成海岛，但大多数海山由于没有足够长的喷发历史而无法露出海面。虽然所有的海底都存在海山，但它们在太平洋中最常见。

有些海山是在火山热点上方形成的，如从夏威夷群岛延伸到阿留申海沟的帝王海山链（见图 9.14 和图 5.26）。另一些海山形成于洋中脊附近。如果在板块运动的岩浆源消失前，火山已生长得足够大，就会形成火山岛。火山岛的例子包括复活岛、塔希提岛、加拉帕戈斯群岛和加那利群岛。

海底平顶山 不活动的火山岛由于风化和剥蚀，会不可避免地逐渐降低到与海平面相近的高度。当运动板块携带不活动火山岛慢慢地远离洋脊或远离形成它们的热点上方时，就会逐渐下沉并消失在水面之下。这种过程形成的水下平顶山被称为海底平顶山（盖奥特）[①]。

海洋高原 海底包含一些巨大的海洋高原。海洋高原类似于陆地上的熔岩高原。有些海洋高原的形成非常快，例如翁通－爪哇高原的形成时间不到 300 万年，而凯尔盖朗深海高原的形成时间为 450 万年（见图 9.14）。就像陆地上的熔岩高原一样，海洋高原也是由上升地幔柱熔融产生的大量玄武质岩浆形成。

概念检查 9.6

1. 解释深海沟与板块边界是如何关联的。
2. 为什么与太平洋相比，大西洋的深海平原分布更加广阔？
3. 为什么平顶的海山被称为盖奥特？
4. 海底的什么地貌与大陆上的玄武岩高原最为相似？

9.7 洋脊

总结洋脊的基本特征。

沿发育良好的离散板块边界，海底会被抬升并形成较宽的线状隆起，这种线状隆起称为洋脊、隆起或洋中脊。我们对洋中脊系统的认识源于海底探测、深海钻井的岩心取样、深海潜水器及对大陆碰撞时期进入大陆的海底残片的研究。洋脊所在的位置广泛存在断裂作用、地震、高热流和火山活动。

9.7.1 洋脊剖析

海洋中的弯曲洋脊类似于棒球上的接缝。洋脊是地球上最长的地形要素，总长达70000多千米（见图9.21）。洋脊顶部与相邻海盆相比，要高出 2～3千米，是形成新洋壳的离散型板块边界。

[①] 海底平顶山以美国普林斯顿大学第一位地质学教授 Arnold Guyot 的名字命名。

注意，图 9.21 中各大洋盆地的洋脊都是根据它们所在的位置命名的。有些位于大洋盆地中央的洋脊称为洋中脊。如大西洋中脊和印度洋中脊。相反，东太平洋海隆就不能称为洋中脊，因为它位于东太平洋而非海洋中间。

词语"洋脊"有些误导，因为洋脊并不是狭窄且陡峭的，而是宽度为 1000～4000 千米且陡峭程度不一的长条形。此外，洋脊还被分割为长度几十千米到几百千米的小段。相邻段之间以转换断层相接并形成错移。

洋脊的高度和陆地上的一些山脉的高度类似，但仅限于此。大多数陆地山脉都是由大陆碰撞导致厚沉积岩层变形或褶皱形成的，而洋脊则是由地幔产生的新洋壳的岩浆上涌形成的。洋脊由岩层和堆叠的玄武岩组成，而玄武岩则由热地幔岩浆上涌而成的。

沿洋脊系统某些段的轴部，会出现断裂构造，我们称之为裂谷，它与东非大裂谷非常相似（见图 9.22）。大西洋中脊的某些裂谷宽度为 30～50 千米，其两侧的高度要高于谷底 500～2500 米。因此，它们可与最深、最宽的亚利桑那州大峡谷相媲美。

图 9.21 洋脊系统的分布。该图显示了慢速、中速和快速扩张的各段洋脊

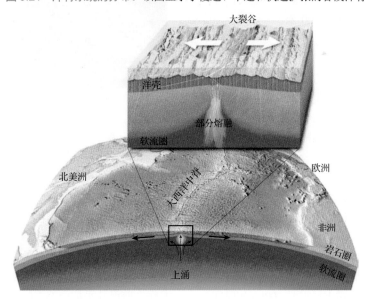

图 9.22 大裂谷。洋脊系统某些段的轴部会出现大裂谷。有些大裂谷的宽度超过 50 千米，深度超过 2000 米

9.7.2 洋脊抬升的原因

洋脊系统位置较高的主要原因是，新形成的大洋岩石圈很热，其密度要比大洋盆地较冷岩石的密度低。新形成的玄武岩壳背离脊顶运动，当海水流进岩石孔隙和裂隙时，就会使其冷却降温。此外，玄武岩冷却的另一个原因是，它离热地幔岩浆上涌的区域越来越远。这样一来，岩石

圈逐渐冷却、收缩，密度也逐渐变大。越远离洋脊，深度越大，热收缩发生的可能性越大。经历了约 8000 万年的冷却和收缩后，位置较高洋脊系统的岩石，就会成为部分深海盆地的岩石。

由于岩石圈背离脊顶移动，在岩石冷却的同时，会导致岩石圈的厚度逐渐增大，因为岩石圈与软流圈的边界是热（高温）边界。岩石圈是地球的冷硬外壳，而软流圈是地球的软热圈层。软流圈最外层的物质冷却后，它会变得坚硬。所以，软流圈的最外层会通过冷却渐渐转换为岩石圈。

大洋岩石圈会持续变厚，直到厚达 80～100 千米。此后，在俯冲前其厚度会保持相对恒定。

9.8 海底沉积物

区分三类海底沉积物，解释某些沉积物可用来研究气候变化的原因。

除了较陡的大陆坡和脊顶附近，海底的其他部分都被沉积物覆盖，其中的部分沉积物为浊流沉积，其他沉积物则是从上部搬运到海底的。沉积物的厚度变化很大。有些海沟处的沉积物源于大陆边缘，厚度约为 10 千米。但在通常情况下，沉积物的厚度都要比海沟处的薄。例如，太平洋未压实的沉积物厚度不大于 600 米，而大西洋洋底沉积物的厚度为 500～1000 米。

9.8.1 海底沉积物的类型

根据沉积物的来源，可将海底沉积物分为三大类：①陆源沉积物；②生物源沉积物；③水成沉积物。虽然我们会分开讨论每种沉积物，但要记住的是，所有海底沉积物均是多种来源沉积物的混合。

陆源沉积物 陆源沉积物主要由风化并运移到海洋的大陆岩石颗粒组成。较大的颗粒（砂和碎石）会运移到海岸线附近，而较小的颗粒需要几年的时间运移到海洋中，它们会被洋流运移数千千米。因此，海洋中的每个区域都会有一些陆源沉积物。深海海底沉积物的累积速度很慢。例如，形成 1 厘米厚的黏土层需要 50000 年时间。相反，在河口附近的大陆边缘，陆源沉积物沉积的速率很快，可形成很厚的沉积物。

生物源沉积物 生物源沉积物由海洋动物和藻类植物的外壳与骨骼组成（见图 9.23）。这些残骸主要是由生活在阳光能照射到的海洋表层的微生物产生的。微生物死亡后，其坚硬的外壳会下落并沉积到海底。

图 9.23 海洋微体化石：生物源沉积物的一个例子。这些很小的单细胞生物对温度的小幅波动非常敏感。含有这类化石的海底沉积物是研究气候变化的可靠数据来源

最常见的生物源沉积物是钙质（$CaCO_3$）软泥，它是厚厚的黏稠泥浆。这类沉积物由生活在温暖表层海水中的生物体产生。钙质的坚硬部分慢慢下降到冷水层时会开始溶解，这是因为深部较冷海水中的二氧化碳含量更多，其酸度更大所导致的。水深大于 4500 米时，钙质外壳在到达海底之前已几乎被全部溶解。因此，钙质软泥不会沉积到更深的区域。

其他的生物源沉积物有硅质（SiO_2）软泥和富磷酸盐的物质。硅质软泥主要由硅藻（单细胞藻类）和放射虫（单细胞动物）组成，而富磷酸盐物质主要源于鱼类的骨骼、牙齿、鳞片和其他海洋生物。

加州湾是在 600 万年前由海底扩张形成的。这个 1200 千米长的盆地位于墨西哥大陆西海岸与巴扎半岛之间。

水成沉积物 水成沉积物由海水因各种化学反应结晶而成的矿物组成。例如，有些石灰岩就是碳酸钙直接在水中沉淀生成的，但大多数石灰岩是由生物源沉积物组成的。

尽管热液喷口附近的富硫环境无法进行光合作用，但仍有许多生物群落存在（见图 9.24B）。这一食物链的底层是类似细菌的生物体，这些生物体通过化能合成作用，把喷口处的热量转换为糖类和其他食物，来保证自身和其他生物在这种极端环境下的生存。

图 9.24 水成沉积物的例子。A. 锰结核（Charles A. Winters/Photo Researchers, Inc.供图）。B. 海底黑烟囱正在喷出富含矿物质的热水。当这种热溶液遇到冰冷的海水时，就会沉淀金属硫化物，并在热液喷口附近形成矿物（Fisheries and Oceans Canada/Uvic-Verena Tunnicliffe/Newscom 供图）

水成沉积物包括如下几种类型：

● 锰结核。锰结核是一种圆形的坚硬物体，它由锰、铁和其他金属围绕中心物体（如火山砾或砂粒）按同心圆的形式沉淀而成。锰结核的直径可达 20 厘米，散布于大面积深海海底中（见图 9.24A）。

● 碳酸钙。碳酸钙是在温暖的海水中直接沉淀而成的。碳酸钙被掩埋并变硬后会形成石灰岩，但大多数石灰岩是由生物源沉积物形成的。

● 硫化物。硫化物通常在大洋中脊脊顶的黑烟囱附近沉淀为岩石的外膜（见图 9.24B）。这些沉积物包括铁、镍、铜、锌、银和其他不同比例的金属。

● 蒸发岩。蒸发岩形成于蒸发率高，且洋流受限的开阔洋盆中。在这种区域，溶解有矿物质的海水饱和后会开始沉淀。由于它们要比水重，因此会沉入海底，或在这些区域边缘形成具有白色外壳的典型蒸发岩。有些蒸发岩是咸的，如有些盐岩（NaCl）；而有些蒸发岩并无咸味，如硫酸盐矿物硬石膏（$CaSO_4$）和石膏（$CaSO_4 \cdot 2H_2O$）。

9.8.2 海底沉积物——气候数据宝库

可靠的气候数据记录仅可追溯到几百年前，科学家是怎样了解之前的气候和气候变化的呢？答案是，他们必须根据间接证据来重建气候数据，即他们须对反映大气条件变化的现象进行分析。分析地球气候变化历史的一种技术是，研究海底的生物源沉积物。

我们知道地球系统的各个部分都是相互关联的，因此某个部分的变化会导致所有其他部分的变化。在这个例子中，我们将了解海洋中的生物是如何反映大气和海洋温度变化的。

大多数海底沉积物都包含曾生活在海洋表层附近的生物的遗骸。这种生物体死亡后，它们的外壳会逐渐到达海底，成为沉积记录的一部分。这些海底沉积物记录了全球范围内的气候变化，因为海洋表层中的生物数量和类型会随气候的改变而变化。

为了解气候变化和其他环境的变化，科研人员正在获取关于海底沉积物的大量数据（见图9.25）。通过钻探船和其他调查船钻探取样得到的岩心，人们得到了深入了解过去气候的大量数据。

海底沉积物对于我们了解气候变化的重要性是，可以解开冰期波动的大气条件。海底沉积物的温度变化记录是我们了解地球历史的关键。

概念检查 9.8

1. 列举并描述海底沉积物三种基本类型，并为每种类型给出一个例子。
2. 为什么海底沉积物可用来研究过去的气候？

图 9.25 从海底获取数据。美国国家科学基金会调查船"纳撒尼尔·布朗·帕尔默"号上的科研人员，正在南大西洋钻取沉积物。沉积岩岩心为我们更完整地了解过去的气候提供了数据

概念回顾：海洋：最后的净土

9.1 浩瀚的海洋世界
讨论地球上海洋和陆地的范围与分布，识别地球上的4个主要大洋盆地。
关键术语：海洋学
- 海洋学是一门综合的科学，它在对世界大洋各个方面的研究中，应用了地质学、化学、物理学和生物学的知识与方法。
- 地球的表面主要是海洋。地球表面积的71%是海洋和边缘海。南半球表面的81%是水。在三大洋中，太平洋最大，它包括了全球海洋一半以上的水，且平均深度为3940米。

9.2 海水的构成
定义盐度并列出对海洋盐度有贡献的主要元素。描述海水中溶解物质的来源及引起盐度变化的原因。
关键术语：盐度
- 盐度是水中溶解的盐类相对于纯水所占的比例，通

常用千分率（‰）表示。开阔大洋的平均盐度为35‰～37‰。对海洋盐度有主要贡献的元素是氯（55%）和钠（31%）。海盐中这些元素的主要来源是大陆岩石的化学风化和海底火山的释气作用。
- 海水盐度的变化主要是水含量的变化引起的。向海水中添加大量淡水使盐度降低的自然过程包括沉淀、地表径流、冰山融化和海冰融化。从海水中移除大量淡水提高盐度的过程包括海冰的形成和蒸发作用。

9.3 温度和密度随深度的变化
讨论海洋中随着深度的改变，海洋温度、盐度和密度的变化情况。
关键术语：温跃层、密度、密度跃层
- 海洋表面温度的变化与太阳能接收量有关，它随纬度的不同而变化。低纬度地区具有相对温暖的表层海水，且随着深度的增加，水温明显降低，形成温

度快速变化的温跃层。高纬度地区不存在温跃层，因为从顶部到底部，温度几乎没有变化，水柱是等温的。

- 对海水密度影响最大的是温度，同时盐度也会影响海水的密度。高盐度冷海水的密度最大。低纬度地区的密度随着深度的增加（海水变冷）明显增大，因此会形成密度快速变化的密度跃层。高纬度地区不存在密度跃层，因为水柱是等密度的。

- 大多数开阔洋盆根据海水密度的不同可分为三层，浅部混合层的温度基本相同，过渡层包括温跃层与之相关的密度跃层。深部层黑暗且寒冷，它占海洋水量的80%。高纬度地区不存在这三层结构。

9.4 新兴的海底图像

定义海洋测深学，并总结绘制海底地图的各种技术。

关键术语：海洋测深学、声呐、回声测深仪

- 海底地形图的绘制是通过安装在船上的声呐完成的，声呐会发出可从海底反射回来的声波脉冲。卫星也可用来绘制海底地形图。卫星上的仪器测量的是海底地貌因引力的不同而导致的细微海面变化，由这些数据可绘制出精确的海底地形图。

- 绘图工作发现了海底的三个主要区域：大陆边缘、深海盆地和洋中脊。

? 回声测深仪的声波脉冲从船上到达挑战者海渊（10994 米）需要多少秒？深度 = (1500 米/秒×回波时间)/2。

9.5 大陆边缘

比较被动大陆边缘和活动大陆边缘，并列出它们的主要特征。

关键术语：大陆边缘、被动大陆边缘、大陆架、大陆坡、大陆隆、深海扇、海底峡谷、浊流、活动大陆边缘、增生楔、俯冲侵蚀

- 大陆边缘是大陆与洋壳的过渡地带。活动大陆边缘出现在板块边界及大陆碰撞边缘，并经常是在板块的前缘。被动大陆边缘位于大陆后缘，离板块边界很远。

- 从被动大陆边缘往下首先是稍稍倾斜的大陆架，然后是倾角较大的大陆坡，它标志着陆壳的结束和洋壳的开始。在大陆坡之下是坡度较缓的大陆隆：它由通过浊流从海底峡谷运走的沉积物和洋壳上堆积的深海扇组成。

- 海底峡谷是起源于大陆坡的深陡山谷，它可延伸到深海盆地中。许多海底峡谷都是由浊流沿坡向下运动侵蚀形成的。

- 在活动大陆边缘，大陆前缘的物质通常会在俯冲角较小的俯冲带积累并形成增生楔，或在俯冲角度较大的俯冲带中被俯冲侵蚀作用刮落。

? 附图是洛杉矶附近帕洛斯弗迪斯半岛西南部大陆边缘的透视图。在图中的数字处标出以下4个地貌要素：大陆架、大陆坡、大陆隆和海底峡谷。根据图中地貌要素确定这是哪种类型的大陆边缘。

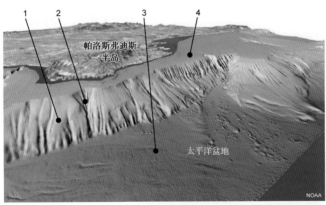

9.6 深海盆地的特征

列举并描绘深海盆地的主要特征。

关键术语：深海盆地、深海沟、火山岛弧、陆相火山弧、深海平原、海山、海底平顶山、海底高原

- 深海盆地占海底面积的一半，其中大部分是深海平原。深海盆地中还会出现俯冲带和深海沟，与海沟平行的是火山岛弧（俯冲出现在大洋岩石圈下）或

陆相火山弧（上冲板块的前缘是大陆岩石圈）。

- 在深海海底有各种各样的火山构造。海山是水下的火山；海山出露于海洋表面时，称为火山岛。海底平顶山是在沉入海面下方之前顶部被侵蚀的火山岛。海洋高原是由水下火山喷发的熔岩所形成的厚洋壳。

? 在深海盆地的剖面图中标注以下地貌：海山、海底平顶山、火山岛、海底高原和深海平原。

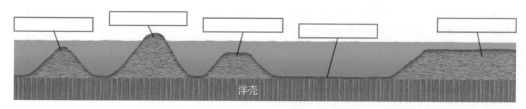

洋壳

9.7 洋脊

总结洋脊的基本特征。

关键术语：洋脊或海隆（洋中脊）、裂谷

- 洋脊系统是地球最长的地貌现象，它出现在世界上的主要海洋盆地中，高几千米，宽几千千米，长几万千米。其顶部是新洋壳形成的部位，通常以大裂谷为标志。

- 洋脊是一种抬升的地貌，因为其温度较高，其密度要比较老的冷大洋岩石圈小。洋壳从洋脊顶部移走后，热量流失导致密度变大并下沉。8000 万年后，曾经为洋脊一部分的洋壳成为深海盆地，从而远离洋脊。

9.8 海底沉积物

区分三类海底沉积物，解释某些沉积物可用来研究气候变化的原因。

关键术语：陆源沉积物、生物源沉积物、水成沉积物

- 海底沉积物主要有三大类别。陆源沉积物主要由大陆岩石风化并运移到海洋中的矿物颗粒组成；生物源沉积物主要由生物外壳和骨骼及一些海生植物组成；水成沉积物由各种化学反应形成的海水结晶物。

- 海底沉积物对于研究世界范围内的气候变化非常有用，因为这类沉积物中经常含有曾经存在于海洋表面附近的生物遗骸。这些生物的数量和类型会随气候的变化而变化，它们在海底沉积的遗骸记录了这些变化。

思考题

1. 根据图 9.2 回答以下问题：
   a. 水占据了地球表面的大部分区域，但并非每个地方均是如此。在北半球的哪个纬度带，陆地比水域多？
   b. 哪个纬度带没有陆地？

2. 假设声波在水中的传播速度为 1500 米/秒。如果调查船上回声探测器的声波从船上发射并从海底返回的时间为 6 秒，试求海洋的深度。

3. 附一张海冰照片。海冰数量随季节的变化是如何影响剩余表层海水的盐度的？海水的密度是在海冰形成之前增加还是形成之后增加？请说明原因。

4. 假设有人为你的实验室带来了一些水样，但这些水样的标签并不完整。目前只知道样品 A 和 B 来自于大西洋，其中的一个取自赤道附近，另一个取自北回归线附近，但不知道哪个样品对应哪个地区。样品 C 和 D 具有同样的问题，即一个取自红海，另一个取自波罗的海。请根据海水盐度的知识，确定每个样品的位置。你是怎样确定的？

Michael Collier

5. 附图给出了赤道附近海水密度和温度随深度的变化。哪条曲线代表温度？哪条曲线代表密度？请解释原因。

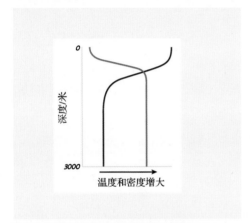

6. 根据美国东海岸的地图回答下列问题：
   a. 每个字母分别对应于如下的哪个地貌：大陆架、大陆坡、陆架坡折？
   b. 与佛罗里达半岛的面积相比，佛罗里达周围大陆架的面积是怎样的？
   c. 为什么这幅地图上没有深海沟？

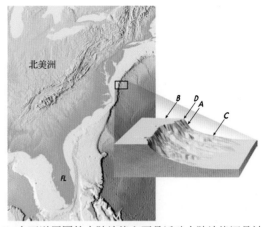

7. 大西洋周围的大陆边缘主要是活动大陆边缘还是被动大陆边缘？太平洋的呢？根据你对上述问题的回答，每个洋盆是在扩大、收缩还是保持不变？请解释原因。

8. 附图显示了海底的三个沉积岩层。这样的沉积层叫什么？你的根据是什么？形成这些岩层的过程是什么？这些岩层更像是深海扇的一部分还是增生楔的一部分？

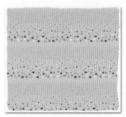

9. 假设你和一名游客在阿拉斯加的阿留申群岛附近深潜时，在海底发现了一条狭长的凹陷。游客问你，这是海底峡谷、大裂谷，还是深海沟。你会怎样回答？请解释原因。

第 10 章　动荡的海洋

北卡罗莱纳外滩。连接博迪岛（前景）和哈特拉斯岛的俄勒冈湾大桥。
这些狭窄的沙滩是广阔堰洲岛的一部分。左侧的海滩和沙丘面向大西洋。
右侧是帕姆利科湾的安静水域（Michael Collier 供图）

本章主要内容

10.1 讨论产生和影响洋流的因素，并说明洋流对气候的影响。

10.2 解释产生海岸上升流和海洋深海环流的过程。

10.3 解释海岸是动态界面的原因。

10.4 列举并讨论影响波浪的波高、波长和周期的因素，并描述波浪中水的运动情况。

10.5 描述波浪沿岸侵蚀和运移沉积物的方式。

10.6 描述由波浪侵蚀形成的地貌特征，以及由沿岸搬运过程沉积的沉积物的成因。

10.7 总结人们应对海岸侵蚀的方法。

10.8 对比美国海岸不同区域的侵蚀情况，并

区别上升海岸和下沉海岸。

10.9 解释潮汐形成的原因、周期和类型，描述潮涨潮落时水的水平流动情况。

海洋中的海水因不同的力的作用，一直在不断地运动。例如，形成表层流的风会影响海岸的气候并为表层海水中的海洋生物和藻类提供养分。风还会形成波浪，将暴风的能量带到遥远的海岸，冲击并侵蚀陆地。在有些区域，海水的密度差会引起深海环流，它对海水混合和养分循环非常重要。此外，月球和太阳会产生潮汐，使海平面周期性地升降。本章介绍海水的这些运动及其对沿海地区产生的影响。

10.1 海洋的表层流

讨论产生和影响洋流的因素，并说明洋流对气候的影响。

墨西哥湾流是大西洋的重要表层流，它沿美国东海岸向北流动（见图 10.1）。这种表层流是由风力形成的。在海水表面，大气和海洋接触，能量通过摩擦力由风传给海水。风力会使表层海水移动。因此，表层海水的主要水平运动与全球盛行风 [①] 的类型密切相关。例如，图 10.2 中的小图表明，在大西洋中，信风和西风带导致了海水的大规模环形运动。同样的风带也影响着其他大洋，因此在太平洋和印度洋中存在相同的运动模式。实际上，海洋表层流模式不仅与全球的风况相符，同时也受主要陆地分布和地球自转的影响。

10.1.1 洋流模式

大规模环形运动的洋流在海洋表面占主要地位。大洋盆地内巨大水流的回旋称为流涡。图 10.2 显示了全球的 5 大流涡：北太平洋流涡、南太平洋流涡、北大西洋流涡、南大西洋流涡和印度洋流涡（主要存在于南半球）。每个流涡的中心刚好位于南北纬约 30°的副热带区域，因此它们也常称副热带流涡。

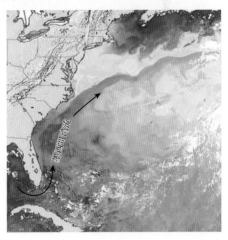

图 10.1 墨西哥湾流。在这幅美国东海岸的卫星图像上，橙色和黄色代表高温海水，蓝色代表低温海水。这一洋流会将热量从副热带带到北大西洋（NOAA 供图）

科里奥利效应 如图 10.2 所示，副热带流涡在北半球为顺时针方向，而在南半球为逆时针方向。为什么流涡在两个半球按不同的方向流动呢？尽管风力是产生表层流的动力，但其他因素也同样影响着海水的运动，其中最重要的因素就是科里奥利效应。

由于地球的自转，水流在北半球会向右偏转，而在南半球会向左偏转。比较图 10.2 的小

---

① 有关风的全球模式将在第 13 章中详细介绍。

图中代表风向的箭头和代表洋流的箭头，可以看出科里奥利效应的影响（科里奥利效应将在13章中详细介绍）。因此，两个不同半球洋流的流动方向是相反的。

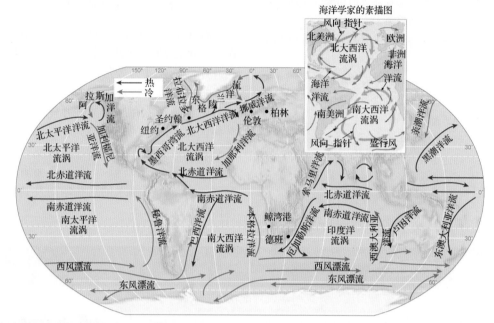

图 10.2　主要的表层流。海洋表层流分为 5 个主要流涡。向两极运动的洋流温度较高，向赤道运动的洋流温度较低。洋流对全球热量的再分配十分重要。注意本章探讨的内容均显示在这幅图中。在上方的小插图中，宽箭头表示大西洋的理想表层流，细箭头表示盛行风。风为大洋的表层流提供能量

北太平洋洋流　4 大主要洋流一般都存在于每个流涡中（见图 10.2）。例如，北太平洋流涡包括北赤道洋流、黑潮洋流、北太平洋洋流和加利福尼亚洋流。对故意或意外释放到海洋中的漂浮物体的追踪表明，漂浮物体走遍整个环形路径需要 6 年的时间。

北大西洋洋流　像北太平洋一样，北大西洋也有 4 个主要洋流（见图 10.2）。从赤道附近开始，北赤道洋流穿过加勒比海向北偏离，在这里它成为墨西哥湾流。由于墨西哥湾流沿美国东海岸运动，盛行西风使它变得更强，因此会向东（向右）偏离北卡罗来纳州海岸到达北大西洋。继续向东北方向移动时，它会渐渐变宽、变慢，直到成为缓慢移动的巨大洋流，就是我们知道的北大西洋洋流，由于移动缓慢，它又称为北大西洋暖流。

当北大西洋洋流接近西欧时，它会分为两部分，其中的一部分向北流动，途径英国、挪威和冰岛，将热量携带到寒冷地区；另一部分向南偏离，成为较冷的加那利洋流。随着加那利洋流向南运动，它最后并入北赤道洋流，进而完成整个流涡。由于北大西洋盆地的面积约为北太平洋盆地的一半，因此漂浮物走完这一环形路径约需 3 年时间。

流涡的环形运动使得中间的区域不存在洋流。在北大西洋，这部分平静的水域称为马尾藻海，这样命名是因为该区域存在大量漂浮的马尾藻。

南半球洋流　南半球大洋盆地与北半球大洋盆地的流动模式相似，即表层环流同样受风带、大陆位置和科里奥利效应的影响。例如，在南大西洋和南太平洋，除了流动方向为逆时针，南半球海洋的表层流与北半球的表层流是对应的（见图 10.2）。

西风漂流是完整环绕地球的唯一洋流（见图 10.2），它围绕被冰覆盖的南极大陆流动，由于这里没有大型陆块，因此较冷的表层海水会在一个连续的环路中循环。它对应于南半球的盛行西风流动，部分洋流进入邻近的南大洋盆地。

印度洋洋流　印度洋大部分位于南半球，

其表层流模式与南半球洋盆中的表层流模式类似（见图10.2）。然而，北半球的小部分印度洋会受到季风的影响，如夏季的季风和冬季的季风。在夏季，风由印度洋吹向亚洲大陆，而冬季则从亚洲吹向印度洋。对比图13.18中1月和7月的风向，可看到风的这种反向。当风向改变时，表层流的方向也随之改变。

你知道吗？

1768年，殖民地邮政局副局长的本杰明·富兰克林和楠塔基特舰舰长一起，绘制了墨西哥湾流的首幅地图。当他意识到邮船从英国到美国要比其他方向多花两周的时间时，他就对这项研究产生了兴趣。

10.1.2 洋流影响气候

表层洋流对气候有重要的影响。我们知道地球是一个整体，其获得的太阳能与其表面向空间辐射的热量相等。当时，人们认为不同纬度的地区也是这样，但事实并非如此。在低纬度地区，获得的能量要大于失去的能量，而在高纬度地区，获得的能量则要小于失去的能量。因为热带地区不会变得更热，而两极地区也不会变得更冷，因此能量过量的地区和能量不足的地区之间一定存在大规模的能量交换。事实的确如此。风和洋流的能量转移补偿了不同纬度地区的能量不平衡，其中海水运动的能量转换约占总能量转移的1/4，风占余下的3/4。

暖流的影响 向两极运动的温暖洋流的调节作用是众所周知的。北大西洋暖流是温暖的墨西哥湾流的延伸，它使得英国和大部分西欧地区的冬天要比它们所在纬度地区的气温高。伦敦比圣约翰和纽芬兰更靠北，但冬天并不那么寒冷（本节提到的城市如图10.2所示）。由于盛行西风，所以调节作用也能影响到内陆。例如，柏林（北纬52°）1月的平均气温与纽约相近，而纽约位于柏林向南12°的位置，伦敦（北纬51°）1月的平均气温比纽约高4.5℃。

寒流冷却大气 像墨西哥湾流这样的暖流一样，暖流的效应一般在冬季较为强烈，而寒流对热带地区或中纬度地区的夏季影响最大。例如，南非西海岸的本格拉寒流减少了该海岸的热量。沃尔维斯港（南纬23°）是一个本格

拉寒流附近的城镇，其夏天的气温要比德班的气温低5℃，而德班位于沃尔维斯港向南极方向移动6°的位置，在南非的东边，离寒流的影响区域很远。南美的东西海岸提供另一个例子，图10.3显示了里约热内卢和巴西每月的平均气温（它们都受巴西暖流的影响），以及阿里卡和智利每月的平均气温（它们与寒冷的秘鲁寒流邻近）。由于寒冷的加利福尼亚寒流的影响，副热带沿海的加利福尼亚州南部的夏季气温，要比东海岸地区的气温低6℃。

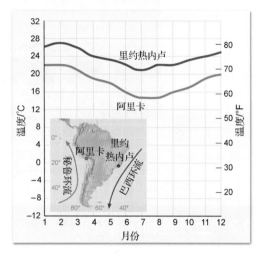

图10.3 寒流的冷却效应。图为里约热内卢、巴西和阿里卡、智利每月的平均气温，这些城市都是接近海平面的沿岸城市。虽然阿里卡离赤道更近，但它的气温却比里约热内卢的气温低。阿里卡受秘鲁寒流的影响，而里约热内卢与巴西暖流邻近

寒流加重干旱 寒流除了影响邻近区域的温度，还会产生其他的气候影响。例如，洋流对大陆西海岸的热带沙漠有着巨大的影响。比如秘鲁和智利的阿塔卡马沙漠等西海岸沙漠，以及非洲南部的纳米布沙漠（见图10.4）。沿岸地区干旱加重的原因是，寒冷的近海水域会使得低空大气变冷，造成大气会变得稳定，不会上升形成云，进而降水减少。此外，寒流的出现会使得温度接近或达到露点（指水蒸气凝结的温度），这些地区会具有相对较高的湿度，造成多雾现象。因此，并非所有热带沙漠都是低湿度和晴朗的，寒流存在的热带沙漠也可以是相对寒冷和潮湿的地区，并经常被雾笼罩。

图10.4　智利的阿塔卡马沙漠。这是地球上最干燥的沙漠。最潮湿地区的平均降雨量每年不超过 3 毫米。阿塔卡马沙漠延伸近 1000 千米,位于太平洋和高耸的安第斯山脉之间。寒冷的秘鲁洋流使得这个狭长的区域更加寒冷和干燥(Jaques Jangoux/Photo Researchers, Inc.供图)

10.2　上升流和深海环流

解释产生海岸上升流和海洋深海环流的过程。

前面讨论的主要是海洋表面海水的水平运动。本节将介绍海洋的垂直运动和深海环流。有些垂直运动与风生表面流有关,而深海环流则受密度差的强烈影响。

10.2.1　海岸上升流

除了产生表层流,风还引起海水的垂直运动。上升流是指深部的冷水上升并替换温暖的表层海水,它是一种常见的风生垂直运动。最具特色的一种上升流称为海岸上升流,它出现在大陆的西海岸,如加利福尼亚州、南美洲西部和西非海岸的上升流。

海岸上升流发生在风吹向赤道并平行于海岸的地区(见图 10.5)。沿海的风与科里奥利效应一起,会使得表层海水从海岸移走。表层海水从海岸移走后,会被来自表层之下的"上升"海水代替。从 50~300 米深处缓慢向上运动的海水,会带来比原来表层海水更冷的海水,使得海岸附近表层海水的温度更低。

你知道吗?

全球约有一半的人口居住在海岸带的 100 千米内。居住在海岸带 75 千米以内的美国人口比例在 2010 年时已经超过了 50%。大量人口集中在离海岸如此近的区域意味着发生飓风和海啸时,数百万人将面临着生命危险。

对于习惯了美国大西洋海岸温暖海水的游泳者来说,在太平洋加利福尼亚中部海岸游泳可能会令人不寒而栗。8 月,当大西洋的温度为 21℃或更高时,加利福尼亚中部沿岸的温度仅约 15℃。

上升流会将更大溶解度的营养物质(如硝酸盐和磷酸盐)带至海洋表层。这些来自下方的富含营养物质的海水会促进微型浮游植物的生长,进而增加鱼类和其他海洋生物的数量。图 10.5 所示的卫星图像为我们展示了非洲西南海岸由于海岸上升流而形成的生物高生产率。

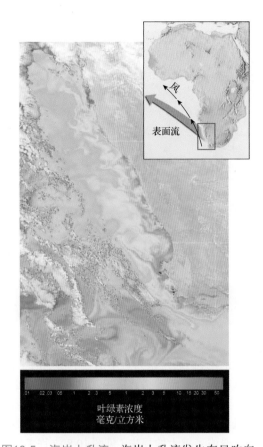

图10.5 海岸上升流。海岸上升流发生在风吹向赤道并平行于海岸的地区。科里奥利效应（南半球向左偏转）导致表层海水从海岸移走，并向表层带来富含营养物质的冷水。这幅卫星图像显示了非洲西南海岸海水的叶绿素浓度（2001年2月21日）。卫星上的仪器显示，由于海水叶绿素浓度的变化，海水在图中的颜色也会变化。海水的高叶绿素浓度表明其具有较高的光合作用，它与上升流中的营养物质有关。红色表示高浓度，蓝色表示低浓度（SeaWiFS Project, NASA/Goddard Space Flight Center and ORBIMAGE 供图）

10.2.2 深海环流

深海环流在垂向上有明显的分层，因此能使深水物质充分混合。深海环流的垂向分层是由水体密度差异导致的，因此密度较大的海水会下沉并慢慢在水下散开。深海环流的密度差是由海水温度和盐度的不同引起的，因此深海环流也称热盐环流。

海水密度增加是由温度降低或盐度增高引起的。在高纬度地区，密度变化主要由盐度变化引起，因为这里的水温很低并保持恒定。

高纬度地区的表层海水首先卷入深海环流（热盐环流）。在这些地区，表层海水很冷，当海冰形成时，其盐度会增大（见图10.6）。当海水冻结成海冰时，海盐不会成为冰的一部分，因此剩余海水的盐度（密度）会增加。当表层海水密度大到足以下沉时，就形成了深海洋流。海水一旦开始下沉，就会移开使其密度增加的位置，因此在持续向深海扩展的过程中，其温度和盐度基本上不会改变。

图10.6 南极洲附近的海冰。海水冻结时，海盐不会成为冰的一部分。因此，剩余表层海水的盐度增大，同时密度增加并更易于下沉（John Higdon/agefotostock 供图）

在南极洲附近，地表条件形成了世界上密度最大的海水。这种冰冷的盐湖卤水会慢慢下沉到海底，并在海底以缓慢的水流形式在整个大洋盆地运动。在长达500～2000年的时间里，深部海水都不会再出现在表层。

海洋环流的简化模型类似于从大西洋穿过印度洋和太平洋再返回的传送带（见图10.7）。在该模型中，海洋上层的温暖海水向两极流动，转换为高密度的海水，然后作为冰冷的深部海水流向赤道，最终完成环流。由于该"传送带"在全球各地移动，因此它会将温水转化成冷水并向大气中释放热量来影响全球气候。

概念检查 10.2

1. 描述海岸上升流形成的过程。为什么丰富的海洋生物与这些区域有关？

2. 为什么深海环流也叫热盐环流？

3. 从北大西洋开始，描述或画出海洋传送带环流的简图。

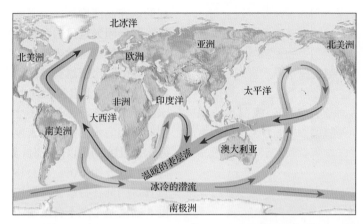

图 10.7　海洋传送带。高密度海水源于高纬度地区，高盐度的海水在此处下沉并流入所有海洋。这些海水最后上升，并作为温暖的表层流返回到起源地区完成整个传送

10.3　海岸：一个动态界面

解释海岸是动态界面的原因。

海岸是动态的环境，不同地方，地形地貌、地质结构和气候差别很大。大陆和大洋沿海岸汇聚的过程会产生快速变化的地貌。出现沉积物的沉积时，沉积区则是海洋和大陆的过渡区。与海岸相比，其他地方的海水可以说非常宁静。海岸是空气、陆地和海洋的动态界面。界面是指系统不同部分相互作用的边界。界面是很适合形容海岸带的名称，在这里我们可以看到潮涨潮落以及波浪翻滚和破碎。有时波浪很低、很温和，有时则会猛烈地拍打海岸。

尽管不明显，但海岸其实一直被波浪不断地改变着。猛烈的波浪会侵蚀陆地，将沉积物搬到和搬离海岸。波浪对海岸的侵蚀，有时会形成狭窄的沙洲和沿海岛屿，而风暴则时刻改变着这些岛屿的大小和形状。

今天的海岸地貌并非只是波浪侵蚀陆地的结果。实际上，海岸会受到多种地质作用。例如，几乎所有海岸地区都受到了末次冰期导致的全球范围内的海平面上升及随之而来的冰川融化的影响（见图 4.20）。

海洋侵蚀陆地时，会导致海岸撤退，进而导致河流侵蚀、冰川作用、火山活动和造山运动等各种地质作用，因此今天的地貌是所有这些地质作用的结果。

人类活动也严重影响了今天的海岸带。遗憾的是，人们通常认为海岸是一个稳定的平台，可以在其上安全地搭建房屋。这样的认识必然会导致人与自然的冲突。2012 年 10 月，"桑迪"飓风袭击了纽约和新泽西州沿海的部分堰洲岛，造成了重大的损失（见图 10.8）。许多沿海地貌，特别是沙滩和堰洲岛，都很脆弱，因此并不适合于开发。

> **概念检查 10.3**
>
> 1. 给出界面的定义。
> 2. 除了波浪，还有哪些因素会影响今天的海岸？

图 10.8　"桑迪"飓风。2012 年 10 月，"桑迪"飓风袭击了新泽西州的部分海岸地区，猛烈的风暴潮导致了图示的破坏。许多沿海地区都是集中开发的地区，让人们搬离这些地区通常很困难。关于飓风及其破坏性的详细内容见第 14 章（美联社 Mike Groll 供图）

10.4 波浪

列举并讨论影响波浪的波高、波长和周期的因素，并描述波浪中水的运动情况。

波浪是沿海洋与大气间的界面传播的能量，这种能量在海面上通常会被风暴传播几千千米的距离，这就是即使是在平静的天气下，海洋表面仍有波浪运动的原因。因此我们在观察波浪时，切记我们正在观察的是通过介质（水）传播的能量。向池塘掷石子，跳入泳池，或向一杯咖啡表面吹气，都会形成水波，此时我们就是在给水赋予能量，所看到的水波就是能量传播的直接证据。风生浪提供了改变海岸形状的大部分能量。在海陆相遇的地方，可能畅通无阻地运移了数百或数千千米的波浪会突然遇到障碍，障碍会阻止波浪继续向前，并会吸收波浪的能量。换句话说，海岸是不可抗拒力量遭遇不可移动物体的地方，两者的冲突从不会停止，有时会相当剧烈。

10.4.1 波浪的特征

大多数波浪都从风中获得能量并运动。风速小于 3 千米/小时，只会出现很小的波浪。风速加大时，会逐渐形成更加稳定的波浪并随风前进。波浪的基本要素如图 10.9 所示，图中显示了一个简单的持续波形，波浪的顶部是波峰，它们由波谷隔开。波峰与波谷中间的平面是静水面，即没有波浪时的海面。波峰与波谷之间的垂直距离称为波高，相邻波峰（或波谷）之间的水平距离称为波长。一个完整的波浪通过某个固定位置的时间称为波浪的周期。

波浪的波高、波长和周期取决于三个因素：①风速；②风力作用的时间；③风浪区，即风穿过开阔水域的距离。由于风给水传递能量，使水的能量增加，所以波浪的高度和倾斜度增加。最后，波浪会到达高到突然倾覆形成碎波（称为白浪）的临界点。对于某个特定的风速而言，它存在一个最大的风浪区和持续时间，超出这一时间后，波浪的大小将不会增加。当某个风速达到最大的风浪区和持续时间时，我们称这时的波浪是"完全成熟的波浪"。波浪不会增大的原因是，接收风的能量和白浪倾覆损失的能量相同。

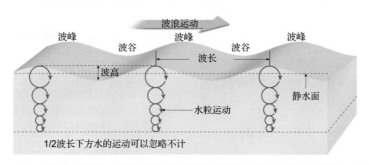

图 10.9 波浪的基本要素。理想的连续波浪展示的基本要素及随深度增加水的运动

当风停止或改变方向，或波浪离开形成自身的风暴区时，波浪会不依赖风继续运动。波浪还会经历逐渐变化到涌浪的过程，这时它们的高度更低，长度更长，能把风暴的能量携至遥远的海岸。由于同时存在许多独立的波浪，导致海面上会形成复杂且不规则的运动模式，有时海面还会形成巨大的波浪。我们在海岸看到的波浪，一般都是遥远风暴形成的涌浪和本地海风形成的波浪的混合体。

你知道吗？

离岸流是垂直于海岸穿过碎波带向海洋流动的表面流或近表面流，它是海水到达岸边并堆积后，返回到海洋的水流，速度可达 7～8 千米/小时。由于离岸流的速度通常要大于多数游泳者的速度，因此对游泳者而言非常危险。

10.4.2 圆周运动

波浪能跨洋盆远距离地传播。人们研究了形成于南极洲的波浪在通过太平洋盆地时的情景。在传播了 1 万多千米后，波浪的能量最终于一周后，在沿阿拉斯加阿留申群岛的海岸耗尽了能量。水体本身并不能移动这么远的距离，但波形可以。波浪行进时，水体是通过圆周运动来传递能量的。

观察波浪上的漂浮物可以发现，在每个连续的波浪中，漂浮物不仅会上下运动，也会略微前后运动。图 10.10 表明，漂浮物在接近波峰时会向上和向后运动，通过波峰时会向上和向前运动，通过波峰后会向下和向前运动，接近波谷时会向下和向后运动，然后在下一个波峰到来时再次向上和向后运动。波浪通过时，玩具船的运动如图 10.10 所示，我们看到玩具船在做圆周运动，最终基本上回到了之前的位置。圆周运动允许波形（波浪的形状）通过水体向前移动，而传播波形的各个水滴作圆周运动。风吹过麦田会引起类似的现象：小麦本身并未穿过麦田移动，而麦浪却可以。

风传给海水的能量不仅沿海面传送，而且向下传送。但在海面之下，圆周运动会迅速减小，到距离静水面 1/2 波长的深度时，水滴的运动就可忽略不计，这一深度称为浪基面。由图 10.9 中水滴运动轨迹的半径随深度迅速降低可以看出，波浪的能量随深度迅速降低。

10.4.3 碎波带的波浪

深水区的波浪不受海水深度的影响（见图 10.11 中的左图），但在波浪接近海岸时，水会变浅并影响波浪的运动。当水深等于浪基面时，波浪开始"触底"。这样的深度会干扰水在波浪底部的运动，并减缓其前行的速度（见图 10.11 中的中图）。

随着波浪继续向海岸推进，运动更快且离海岸更远的波浪将追赶前面的波浪，导致波长减小。随着波速和波长的减小，波浪高度稳定增加。最后，波浪在达到很陡而不能

支撑其自身的临界点时，会向前倒塌或破碎（见图 10.11 中的右图），导致海水继续向岸边推进。

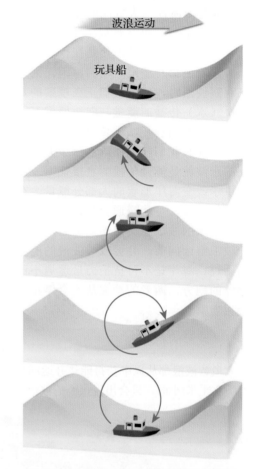

图10.10　波浪的通过。玩具船的运动表明，波形会前进，但海水的前进并不明显。当船（和海水）在假想的圆周中旋转时，波从左向右传播

破碎波浪形成的湍流称为碎波。在大陆边缘的碎波带中，坍塌碎波形成的湍流称为冲流，它会冲向滩坡。冲流的能量耗尽时，从海滩流回碎波带的海水称为回流。

概念检查 10.4

1. 列举决定波浪高度、长度和周期的三个因素。

2. 描述波浪通过时漂浮物的运动。

3. 波浪进入浅水区并破碎时，其速度、波长和高度是怎样变化的？

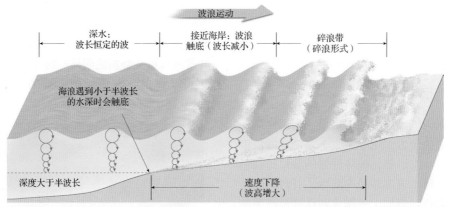

波浪运动

深水：
波长恒定的波　　　　　接近海岸：波浪　　　　　　碎浪带
　　　　　　　　　　　触底（波长减小）　　　　　（碎浪形式）

海浪遇到小于半波长
的水深时会触底

深度大于半波长　　　　　　　　　速度下降
　　　　　　　　　　　　　　　　（波高增大）

图 10.11　接近岸边的波浪。水深小于半个波长时，波浪会触底。因此，波速会降低，离海岸较远且快速运动的波浪开始追赶前面的波浪，导致波距（波长）减小，进而波高增加，波浪向前倾斜并在碎波带破碎

10.5　海滩和海岸的形成过程

描述波浪沿岸侵蚀和运移沉积物的方式。

对许多人而言，海滩就是躺在上面晒太阳和散步的地方。从学术上讲，海滩是海洋或湖泊向陆边缘的泥沙淤积。海滩可沿笔直的海岸延伸几十千米或几百千米。在不规则的海岸带，海滩可能仅出现在水域相对平静的海湾。

海滩由当地丰富的物质组成。有些海滩的沉积物源自邻近的陡崖或附近海岸山脉的侵蚀，有些海滩的沉积物则是由河流向海岸搬运而来的。

尽管很多海滩的主要成分是耐侵蚀的石英颗粒，但有些海滩的主要成分也可以是其他物质。例如，在佛罗里达州的南部，由于附近不存在山脉和岩石，因此大多数海滩的主要成分是贝壳碎片和生活在沿海水域的生物体残骸（见图 10.12A）。开阔海域火山岛上的有些海滩，其主要成分则是风化后的玄武质熔岩颗粒，或岛屿周围珊瑚礁遭侵蚀后形成的粗粒碎屑（见图 10.12B）。

佛罗里达州萨尼贝尔岛的海滩
由贝壳和贝壳碎片组成

夏威夷海滩上的黑砂源
自附近风化的玄武质熔岩

A.　　　　　　　　　　　　　　B.

图10.12　海滩。海滩是大陆边缘一侧海洋或湖泊的泥沙淤积，也是沿海岸运送的物质。海滩由当地丰富的物质组成（图 A 由 David R. Frazier/Photo Library/Alamy Images 提供，图 B 由 E. J. Tarbuck 提供）

不管海滩的成分是什么，它们的位置都会变动，因为波浪会不断地冲刷并移动它们。因此，我们可以认为海滩是沿海岸运送的物质。

10.5.1 波浪侵蚀

在无风天气，波浪的作用最小。但在风暴天气，波浪的侵蚀作用非常大。高能量的巨浪拍击海岸时非常恐怖。破坏性强的波浪每次都会携带几千吨水撞击并冲刷陆地，有时甚至会导致地面颤抖。例如，冬季大西洋波浪产生的压力均值约为10000千克/平方米，风暴天气时的力量更大。

在悬崖、海岸和其他经受巨大冲击的地方，很快会出现裂缝和缝隙（见图10.13）。在波浪的猛烈推力作用下，海水将进入每个内含空气的裂缝，并高度压缩裂缝内的空气。波浪消退时，压缩的空气会迅速膨胀，移出岩屑，进而扩大和延伸裂隙。

除了由波浪冲击和压力引起的侵蚀作用，

磨蚀作用也非常重要，即海水对岩石的切割和磨削作用。实际上，与其他环境相比，碎波带的磨蚀作用更强。沿海岸分布的光滑石头，就是碎波带岩石相互磨损的明显产物（见图10.14A）。岩石碎块也是波浪横切陆地的"工具"（见图10.14B）。

图10.13　风暴潮。巨大的波浪冲击海岸时，海水的力量相当强大，伴随的侵蚀作用也非常巨大。这些风暴潮正冲击着威尔士的海岸（The Photo Library/Alamy Images 供图）

沿海岸分布的圆形光滑石头是磨蚀作用的明显产物，且碎浪带的磨蚀作用更强烈

加拿大卑诗省加比奥拉岛上因海浪底切作用形成的砂岩悬崖

图10.14　磨蚀——切割和磨削作用。携带岩石碎片的碎波会导致强烈的侵蚀（图 A 由 Michael Collier 提供，图 B 由 Fletcher and Baylis/Photo Researchers, Inc.提供）

10.5.2 海滩上的泥沙运动

沙滩有时也称"沙河"，原因是碎波的能量往往会造成大量的泥沙沿沙滩表面大致平行于海岸的碎波带移动。波浪的能量还会导致砂粒

垂直于海岸运动。

垂直于海岸的运动　如果站在沙滩深及脚踝的水中，就会看到冲流和回流使得砂粒朝向和远离海岸运动。波浪活动的大小决定了砂粒是增加还是减少。波浪活动较小时，海滩上大

多是冲流，而回流很少。此时，冲流占主导地位，并导致了砂粒向滩面的净移动。

高能量的波浪袭来时，海滩因此前的波浪饱和，冲流较少，导致强烈的回流会侵蚀沙滩，并导致砂粒向开阔的大洋净移动。

在许多沙滩上，夏季的波浪活动较小，会逐渐形成宽阔的沙滩。而在冬季，风暴更频繁且猛烈，波浪活动会侵蚀沙滩并使其变窄。历经几个月形成的宽阔沙滩，几小时内就会被冬季强烈风暴形成的高能波浪侵蚀殆尽。

波浪折射　波浪的折弯称为波浪折射，它在海岸的演化过程中非常重要（见图 10.15），例如它会影响能量沿海岸的分布，强烈影响侵蚀的位置和侵蚀程度，以及沉积物的运移和沉积。

波浪很少直接趋近海岸。相反，大多数波浪会以较小的角度移向海岸。当波浪到达底部平滑且倾斜的浅水中时，波峰会发生折射（弯曲），并以平行于海岸的方式趋近海岸。波浪发生折射的原因是，最靠近海岸的波浪因为触底而变慢，而深水中的浪仍然全速前进，因此无论波浪的最初方向如何，最后都会以近乎平行于海岸的方向靠近海岸。

波浪折射导致波浪的能量集中于海岬的两侧和末端，进而使波浪在海湾处的冲击力变弱。图 10.15 显示了沿不规则海岸发生的不同波浪冲

击。由于波浪到达海岬前方比到达邻近的海湾要快，因此更加平行于突出的陆地弯曲，并在三个方向上冲击陆地。相反，海湾的波浪折射会使波浪发散并更多地消耗能量。在波浪活动较弱的区域，沉积物会累积形成海滩。长期的海岬侵蚀和海湾沉积会使得不规则的海岸变直。

沿岸搬运　尽管波浪会发生折射，但大多数波浪仍然以小角度到达海岸。因此，每个碎波（冲流）的上冲海水都会以某个倾角到达海岸，而回流则直接沿滩坡向下运动。这种海水运动模式的影响是，波浪会呈锯齿状沿沙滩表面输送沉积物（见图 10.16）。这种移动称为沿滩漂移，它每天会将砂石运移几百米甚至几千米，典型的运移速度是 5～10 米/天。

以小角度靠近海岸的波浪也可在平行于海岸流动的碎波带产生水流，因此与沿滩漂移相比，实际上会运移更多的沉积物（见图 10.16）。由于这里的海水是湍流，因此这些沿岸流的底部可以很容易地搬运悬浮的细砂和较大的滚动砂砾。被沿岸流搬运的沉积物会添加到被沿滩漂移搬运的沉积物之上，因此沉积物的总量非常大。例如，在新泽西州的桑迪岬，48 年间沿海岸搬运的砂石量，平均每年约为 680000 吨；而在加利福尼亚州的奥克斯纳德，10 年间沿海岸搬运沉积物的总量为每年 140 万吨。

这些波浪笔直接近时，波浪折射会导致能量集中于海岬（导致侵蚀作用）并分散于海湾（导致沉积作用）

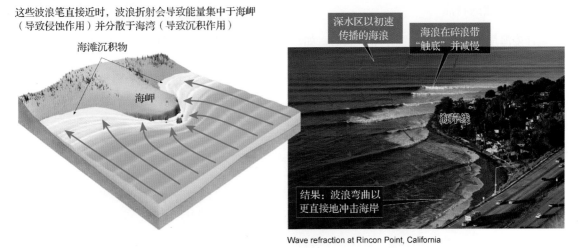

图10.15　波浪折射。不规则海岸浅滩中的波浪首次触底时，速度会变慢，导致波浪发生弯曲（折射），并平行于海岸排列（Rich Reid/National Geographic/Getty Images 供图）

河流和海岸带都可将水和沉积物从一个区域（上游）搬运到另一个区域（下游），因此海滩经常以河沙为主。不同的是，沿滩漂移和沿岸流均按锯齿模式运移沉积物，而河流通常以涡流形式运移沉积物。此外，海岸沿岸流的流向会发生变化，而河流的流向则不变。沿岸流之所以会改变方向，是因为在任何季节波浪都能以不同的方向与沙滩接触。然而，沿岸流一般沿美国的大西洋海岸和太平洋海岸向南流动。

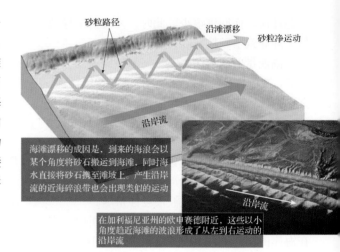

海滩漂移的成因是，到来的海浪会以某个角度将砂石搬运到海滩，同时海水直接将砂石携至滩坡上。产生沿岸流的近海碎浪带也会出现类似的运动

在加利福尼亚州的欧申赛德附近，这些以小角度趋近海滩的波浪形成了从左到右运动的沿岸流

图10.16　沿岸输沙系统。以某个角度趋近海岸的碎波，会形成沉积物搬运系统的两个部分：海滩漂移和沿岸流。这两个过程会在海滩和碎波带搬运大量的物质（John S. Shelton/University of Washington Libraries 供图）

概念检查 10.5

1. 什么是海滩？
2. 为什么接近海岸的波浪经常会弯曲？
3. 沿不规则海岸发生波浪折射的影响是什么？
4. 描述影响沿岸搬运的两个过程。

10.6　海岸的特点

描述由波浪侵蚀形成的典型地貌特点，以及沿岸搬运过程沉积的沉积物特点。

沿海地区的海岸地貌多种多样，具体取决于沿岸出露的岩石类型、波浪的强度、沿岸流的性质，以及海岸是稳定的、下沉的还是上升的。根据海岸地貌的形成原因，我们将由侵蚀作用形成的地貌称为侵蚀地貌，而将由沉积物沉积形成的地貌称为沉积地貌。

10.6.1　侵蚀的特点

许多海岸地貌都是由侵蚀作用形成的，如新英格兰的不规则海岸和美国陡峭的西海岸，它们都是常见的侵蚀地貌。

海蚀崖、海蚀台地和海蚀阶地　顾名思义，海蚀崖是由波浪冲击沿海基岩经切削作用形成的。随着侵蚀作用的进行，凹槽不断向内延伸，导致悬空的岩石崩塌，波浪卷走这些岩麓碎屑物后，悬崖会不断后退。相对平坦且类似于凳子的表面称为海蚀台地，它是由后退的悬崖演变形成的（见图10.17中的左图）。随着波浪的持续冲击，海蚀台地会加宽。碎波导致的有些岩石碎块会作为海滩沉积物沿海岸分布，余下的岩石碎块则向海洋方向长距离运移。构造作用将海蚀台地抬升到海平面之上后，就形成了海蚀阶地（见图10.17中的右图）。海蚀阶地向海微倾，因此易于识别，是沿海开发的理想地点。

图10.17　海蚀台地和海蚀阶地。旧金山博利纳斯角的这个海蚀台地会在加利福尼亚海岸低潮时出露，海蚀台地被抬升后就形成了海蚀阶地（华盛顿大学图书馆 John S. Shelton 供图）

海蚀拱和海蚀柱　由于波浪的折射作用，延伸到海洋中的海岬会被波浪冲击。波浪会选择性地侵蚀岩石，它们会以最快的速度侵蚀那些较软的破裂岩石。最初会形成海蚀洞。岬角两侧的反向海蚀洞被海水蚀穿贯通后，就会形成海蚀拱（见图 10.18）。海蚀拱顶部岩体坍塌后留下的残留岩体，就是海蚀台地上的海蚀柱（见图 10.18）。随着时间的推移，波浪作用下的海蚀柱最终会被侵蚀殆尽。

图10.18　海蚀拱和海蚀柱。墨西哥巴扎半岛顶端的这些地貌是由波浪猛烈冲击海岬形成的（Lew Robertson/Getty Images 供图）

10.6.2　沉积特征

海滩沉积物会沿岸搬运并在波浪能量低的地方沉积。这样的地质过程形成了各种沉积地貌。

沙嘴、沙洲和连岛沙洲　在沿滩漂移和沿岸流活跃的区域，会发育一些与沿岸搬运的沉积物有关的地貌。沙嘴是长脊状的沙滩，它从陆地延伸到邻近海湾的入海口。通常，水中的钩状末端是指向陆地的，这与沿岸流的主要方向对应。图 10.19 显示了两幅沙嘴图像。湾口沙洲是指完全横跨海湾的沙洲，它使得海湾与开阔的大洋隔离开来。这样的地貌易在水流较弱的地方形成，并使得沙嘴向另一侧延伸（见图 10.19A）。连岛沙洲是指连接岛屿与陆地或岛屿与岛屿的长脊状沙滩，它的形成方式与沙嘴的相同。

堰洲岛　大西洋和墨西哥湾的沿海平原相对平坦，并向海微倾，海滨带以堰洲岛为特征。这些低脊状沙洲与海岸平行，距海岸 3～30 千米。从马萨诸塞州科德角到得克萨斯州南帕诸岛的海岸边缘，分布有近 300 个堰洲岛（见图 10.20）。

大多数堰洲岛宽 1～5 千米、长 15～30 千米。最高的地貌是沙丘，其高度通常可达 5～10 米。将这些狭窄的岛屿与海岸隔开的是潟湖，潟湖是相对安静的水域，它可阻挡北大西洋的惊涛骇浪，使小船在纽约和佛罗里达北部航行。

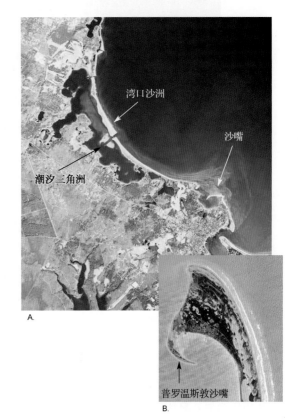

图10.19　一些沉积地貌。A. 马萨诸塞州玛莎葡萄园岛沿岸发育良好的沙嘴和湾口沙洲图像（USDA-ASCS 供图）。B. 自国际空间站拍摄的这张照片展示了科德角顶端的普罗温斯敦沙嘴（NASA 供图）

弗吉尼亚州
北卡罗来纳州
阿尔伯
马尔湾

北卡罗
来纳州

哈特勒斯岛

帕姆利科湾

帕姆利科湾

道路

沙丘

大西洋

瞭望角

大西洋

图10.20　堰洲岛。墨西哥湾和大西洋海岸呈线状分布了近300个堰洲岛。沿北卡罗莱纳州海岸分布的岛屿是非常好的例子（Michael Collier 供图）

堰洲岛的形成方式通常有如下几种。有些堰洲岛由沙嘴形成，沙嘴在波浪侵蚀作用或末次冰川作用后，总体抬升到海平面上，从而与大陆分离。有些堰洲岛是碎波带海水底部冲刷形成的沙堆。其他堰洲岛是末次冰期海平面较低时，沿海岸形成的沙丘。随着冰盖的融化，海平面上升并淹没部分沙丘，此时出露的沙丘部分形成堰洲岛。

10.6.3　不断变化的海岸

不管最初的形态如何，海岸总是会持续变化的。首先，大多数海岸是不规则的，但不规则的程度和原因各不相同。沿海岸会出现各种地质过程，波浪最初会加大海岸的不规则程度，因为与坚硬的岩石相比，波浪更容易侵蚀软弱的岩石。当海岸的构造较稳定时，海洋的侵蚀和沉积作用最终会形成规则的海岸。

图 10.21 演示了最初相对稳定的不规则海岸
的变化，并显示了前节中讨论的许多海岸地貌。
海岬被侵蚀后，会形成浪蚀崖和海蚀台地等地貌，
因此会产生由沿滩漂移和沿岸流携带的沉积物。
有些物质会沉积在海湾，而另外一些岩屑会形成
沉积地貌，如沙嘴和湾口沙洲。同时，河流的沉
积物会填充海湾，最终形成平直的海岸。

概念检查 10.6

1. 解释图 10.17 中的海蚀阶地是怎样形成的。
2. 描述图 10.21 中每个标注地貌的形成原因。
3. 美国的哪些海岸带通常是堰洲岛？这些岛屿
   是如何形成的？

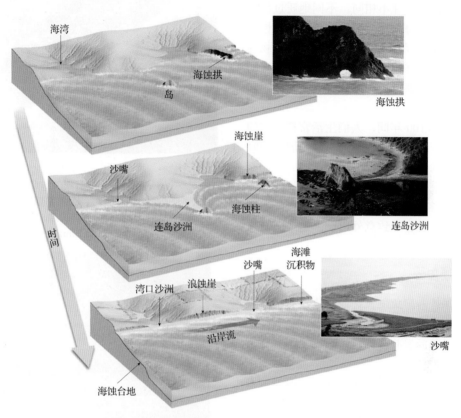

图 10.21　变化的海岸。这些图形演示了相对稳定的不规则海岸随时间的变
化，并给出了"海岸的特点"一节中提及的许多地貌（顶部和底
部的照片由 E. J. Tarbuck 提供，中间的照片由 Michael Collier 提供）

10.7　海岸加固

总结人们应对海岸侵蚀的方法。

　　海岸带总是充满着人类活动。遗憾的是，
人们通常认为海岸是能够安全建造建筑物的稳
定平台。这种做法既危害人类，也危害海岸，
因为很多海岸地貌是相对脆弱的短暂地貌，人
类活动很容易破坏它们。任何经历过强烈海岸
风暴的人都知道，海岸带并不是安全的居所。
回看图 10.8 就会提醒我们这一事实。

　　与其他自然灾害如地震、火山喷发和山体
滑坡相比，海岸侵蚀似乎是更加可持续和可预测
的过程，它会在有限范围内导致相对适度的破
坏。实际上，海岸带是地球上最活跃的地带之一，
它会随自然力量的变化而迅速变化。特殊风暴侵
蚀海滩和陡岸的速率，远远超过了长期侵蚀速率
的平均值。这种侵蚀的加速不仅对海岸的自然演

化具有重要影响，对居住在海岸带的人类也具有深远影响。海岸的侵蚀作用会造成巨大的财产损失。每年，人们都需要投入巨额资金来挽回损失和防止侵蚀。在很多地方，由于人们对海岸带的持续开发，海岸侵蚀已成为人们所面临的大问题，因此必须高度重视这一问题。

相同的地质过程会导致不同海岸的变化，但不同海岸的变化并不相同。不同地质过程之间的相互作用及每个地质过程的相对重要性取决于本地的相关因素：①海岸到携带沉积物的河流间的距离；②构造活动的程度；③陆地的地形和成分；④盛行风和天气模式；⑤海岸和近岸海域的构造。

在过去的 100 年间，人们生活富裕导致的娱乐需求，带动了海岸地带的空前发展，同时也使得建筑物的数量和价值增加，因此人们必须保持海岸带的稳定，以免财产受损。同时，人们也在许多海岸带设法控制泥沙的自然迁移，而这些干扰会导致意外出现，造成应对这些意外花费巨大。

10.7.1 硬加固

建设保护海岸免受侵蚀或防止沙石沿滩搬运的结构称为硬加固。硬加固的方式有多种，包括丁坝、防波堤和海堤，但它们通常会导致可预测的有害结果。

丁坝 为保持或扩大泥沙流失的海滩，人们有时会建造丁坝。丁坝是垂直于海滩的屏障，它能限制泥沙平行于海岸的运移。丁坝通常由大块的岩石组成，有时也可由木材组成。丁坝非常有效，越过丁坝的沿岸流很少携带砂石。因此，水流会侵蚀丁坝下游一侧海滩的砂石。

为抵消这一影响，这种结构下游的业主可以自己建造丁坝。因此丁坝的数量大大增加，形成了丁坝群（见图 10.22）。新泽西州的海岸就是这样的一个例子，这里建成了数百个丁坝，尽管丁坝并不是理想的应对方案，但依然是防止海滩侵蚀的首选方法。

防波堤和海堤 硬加固可平行于海岸建造，其中的一种结构是防波堤，它通过在海岸附近形成平静的水域来保护船只免受大浪的冲击。但这种结构后侧的沿岸波浪活动会减少，

因此会使得砂石累积。此时，船只的停靠地最终会淤积泥沙，且下游的海滩会遭受侵蚀而后退。加利福尼亚州圣莫尼卡建造的防波堤就导致了这样的问题，该城市使用疏浚机将静水区的泥沙移出并在下游沉积，下游的沿岸流则继续沿海岸运移泥沙（见图 10.23）。

图 10.22 丁坝。类似于墙壁的构造可以阻止砂石平行于海岸的运移。这些丁坝位于英格兰萨塞克斯附近的奇切斯特海岸（Sandy Stockwell/London Aerial Photo Library/CORBIS 供图）

图 10.23 防波堤。加利福尼亚州圣莫尼卡的防波堤航空照片。这种结构看起来像水中的直线，其后停靠了许多船只。防波堤阻断了沿岸搬运并导致海滩向海延伸（华盛顿大学图书馆的 John S. Shelton 供图）

平行于海岸建造的另一种硬加固类型是海堤，其作用是保护财产免受碎波的冲击。波浪在开阔的海滩移动时，会释放很多的能量。海堤则通过向海洋反射未耗尽的能量来削弱这一过程。因此，海堤靠海的一侧会经历强烈的侵蚀，有时甚至会被侵蚀殆尽（见图 10.24）。海滩变窄后，海堤会受到波浪的更大冲击。最终，

海堤

图10.24　海堤。新泽西州北部的西布赖特曾有一个大海滩。为保护城镇和运送旅客的铁路，这里建造了高5～6米、长8千米的海堤。海堤建造后，海滩急剧变窄（Rafael Macia/Photo Researchers, Inc.供图）

这种冲击海堤的磨蚀作用会导致海堤坍塌，此时人们必须建造更大的结构体来代替它。

沿海岸建造临时保护结构的想法出现了越来越多的问题。许多海岸科学家和工程师认为，建造保护结构阻止海岸侵蚀的行为好处很少，而对天然海滩的破坏作用巨大。保护结构虽然临时转移了海洋的能量，但却对相邻的海滩造成了巨大的影响。许多这样的结构中断了沿岸流的泥沙搬运作用，剥夺了对海滩来说至关重要的泥沙更替。

10.7.2　硬加固的替代方法

硬加固海岸的缺点很多，如成本巨大、泥沙流失等。因此需要找到其他替代方法，如人工育滩和搬迁重建。

人工育滩　稳定海岸泥沙的非硬加固方法之一是人工育滩，即向海滩输送大量泥沙（见图10.25）。向海扩展海滩不仅可使沿岸建筑物不易受风浪的破坏，而且可以提升海滩的娱乐用途。

人工育滩的过程很简单。挖泥船从近海挖出泥沙并输送到相应的地点，或使用卡车将内陆地区的泥沙运送到相应的地点，即可形成海滩。然而，由于来源于不同的位置，因此"新"海滩与自然形成的海滩并不相同，不同之处主要在于颗粒大小、形状、分选机制和成分，进而导致侵蚀度和生物种类方面的差异。

人工育滩并不能永久性地解决沙滩萎缩问题。将泥沙从其最初位置移走的过程，最终也会移走更换的泥沙。但在最近几年间，人工育滩的数量大增。许多海滩，特别是大西洋沿岸的海滩，已进行了多次泥沙补充，例如弗吉尼亚州的弗吉尼亚海滩已人工育滩50多次。

人工育滩的成本很高。例如，有个项目需要把38225立方米的泥沙平均堆放到近千米长的海岸。大型卡车一次可装运7.5立方米泥沙，因此完成项目需要近5000次运送，而许多项目会延伸几千米，因此装运量更大。同时，人工育滩每千米需要上百万美元的费用。

挖泥船

涌入海滩的近海泥沙

图 10.25　人工育滩。大西洋沿岸的很多海滩都是人工沙滩。图中的挖泥船正向海滩输送泥沙（Michael Weber/imagebroker/Alamy Images 供图）

你知道吗？

严重影响全球气候变化的因素之一是海平面上升。海平面上升时，沿海城市、湿地和地势低洼的岛屿是受威胁最大的地区，此时这些地区的洪水更加频繁，海岸侵蚀加剧，咸水会涌入沿海的河流和含水层中。更多关于全球气候变化的介绍见第 11 章。

搬迁重建　除了使用丁坝和海堤来保持海岸的适当位置，或添加泥沙来补充遭受侵蚀的沙滩，还可利用另一种方法。许多海岸科学家和规划人员正呼吁人们搬出海滩，而任海滩自然发展。例如，密西西比河 1993 年发生毁灭性的洪水后，联邦政府让人们搬出了河滩，并在更安全的高处重建了家园。

当然，这种建议存在争议。海岸的开发商希望开展重建工作，使其免受海洋的侵蚀。但另一些人认为，随着海平面的上升，未来几十年沿海风暴的影响会更加严重，因此人们需要从海岸搬离，以减少损失。这些想法无疑会影响到海岸土地利用政策的评估和修订。

概念检查 10.7

1. 列举硬加固的两个例子并描述其用途，它们如何影响海滩中的泥沙分布？
2. 代替硬加固的两种方法是什么？每种方法的缺陷是什么？

10.8　美国海岸的比较

对比美国海岸不同区域的侵蚀情况，并区别上升海岸和下沉海岸。

美国沿太平洋的海岸与沿大西洋和墨西哥湾的海岸明显不同。这些不同与板块构造有关。西海岸是北美洲板块的前沿，因此会隆起和变形。相比之下，东海岸的构造活动较少，且与任何活跃的板块边缘的距离都很远。地质上的这些差异，导致了美国两侧海岸侵蚀性质上的不同。

10.8.1　大西洋和墨西哥湾海岸

大西洋和墨西哥湾沿岸的开发主要围绕

堰洲岛进行。堰洲岛的海滩通常比较开阔，海滩之后是沙丘，沼泽潟湖则将其与大陆隔开。广阔的沙滩和邻近的开阔海洋使得堰洲岛成为了活跃的开发区。遗憾的是，堰洲岛的开发速度远快于我们对其动态变化的了解。

堰洲岛面对开阔的大洋，因此会接收冲击海岸的大风暴的全部能量。风暴发生时，它们会吸收主要使泥沙移动的波浪的能量。图10.26

所示哈特拉斯角国家海滨的变化说明了这一点，其过程和结果描述如下：

波浪会将泥沙从海滩运移到近海地带，或反向运移到沙丘；波浪会侵蚀沙丘，在海滩上沉积泥沙或将泥沙搬运到海洋中；越堤冲岸浪会将泥沙从海滩或沙丘搬运到堰洲岛后面的沼泽中。常见的因素是运动。就像柔韧的芦苇可在能把橡树推倒的大风中幸存那样，堰洲岛可幸免于飓风和大风暴。

图10.26　哈特拉斯角灯塔的搬迁。尽管人们为使美国最高的21层的这一灯塔免遭破坏做出了巨大的努力，但它最终仍需要移到距海岸更远的位置（USGS和弗吉尼亚飞行员 Drew Wilson 供图，© 1999）

这张图片显示了开发堰洲岛时的海岸变化。此前冲击沙丘之间间隙的无害风浪，现在会遇到建筑物和公路。此外，由于人们仅能在风暴期间观察到堰洲岛的动态变化，就会把损失都归因于风暴而非堰洲岛的基本移动性。家园与投资处于危险中的人们，更愿意寻求稳定海岸泥沙和应对海湾波浪的方法，而不认为这些开发一开始就是不恰当的。

10.8.2　太平洋海岸

与大西洋和墨西哥湾海岸宽阔的微倾海岸平原相比，大多数太平洋海岸的海滩都较为狭窄，这些海滩的后面是陡峭的悬崖和山脉。与美国的东部边缘相比，西部边缘是高低不平的构造活跃区。缓慢的持续抬升使得西部海平面的上升并不明显。然而，如东部堰洲岛所面临的侵蚀问题那样，西海岸的大部分问题同样是由于人类对自然的改造所导致的。

太平洋海岸，特别是南加利福尼亚海岸，面临的一个主要问题是许多海滩显著缩小。许多海滩的泥沙主要由河流从山地运移而来。多年来，这种物质向海岸的自然流动被建造用来灌溉和控制洪水的大坝中断。水库有效地限制了泥沙的运移，因此需要向海滩环境额外补充泥沙。加宽后海滩可保护其后的陡岸免受风浪的袭击。然而，波浪穿过狭窄的海滩移动时，不仅不会损失太多的能量，反而会使得海崖的侵蚀加快。

尽管陡岸的后退会为大坝的后面提供泥沙，但却危及了断壁上所建的房屋和公路。此外，陡岸上开发活动的增加、城市化导致的径流增加，在控制不力时都会引起严重的陡岸侵蚀。草坪和花园的大量浇灌，会使得水向悬崖底部渗透，甚至可能会出现小泉，而这一作用会明显降低斜坡的稳定性。

太平洋海岸侵蚀每年都很不同，主要原因是风暴发生的不确定性。因此，当罕见但严重的侵蚀作用发生时，人们都会认为破坏是由风暴造成的，而不认为是沿海开发或修建大坝造成的。如果多年来全球气候变化使得海平面明显上升，那么可以预测太平洋沿岸许多地方的海岸侵蚀加剧和海崖后退。

10.8.3 海岸分类

种类繁多的海岸表明了其复杂性。要了解任何特定的海岸带，必须考虑许多因素，包括岩石的类型、大小、波浪的方向、风暴出现的频率、潮差和近海的地形。此外，几乎所有沿海地区都受到了全球范围内末次冰期后，冰川融化造成的海平面上升的影响。最后，还要考虑导致陆地上升或下沉、洋盆体积变化的构造事件。影响沿海地区的大量因素使得海岸的分类非常困难。

许多地质学家会根据相对海平面的变化来对海岸进行分类。这种常用的分类方式将海岸分为两大类，即上升海岸和下沉海岸。上升海岸的形成归因于当地的抬升或海平面的下降。

相反，下沉海岸的形成则归因于海平面的上升或邻近陆地的下沉。

上升海岸　有些地区的海岸上升明显，由于上升的陆地和下降的海面会使得浪蚀崖和海蚀阶地出露在海平面之上，包括加利福尼亚的部分海岸，这里的陆地抬升发生在最近的地质时期。图 10.17 所示抬升的海蚀阶地说明了这一情况。加利福尼亚州洛杉矶南部的帕洛斯弗迪斯丘陵地带有 7 个不同的阶地高度，这表明至少出现了 7 次抬升。在悬崖底部，海洋正在切割一个新的台地，若接下来发生抬升，它就会成为一个抬升的海蚀阶地。

上升海岸的其他例子包括那些掩埋于巨大冰盖之下的地区。冰川出现时，其重量会使得地壳下降，而冰川融化时，地壳会逐渐抬升。因此，在高出海平面很多的地方，人们仍会发现海岸地貌，加拿大的哈德逊湾就是这样的地区，它的一部分仍然正以每年 1 厘米以上的速度抬升。

下沉海岸　与前面的例子相比，有些海岸带会出现下沉现象。近期下沉的海岸高度不规则，因为海洋通常会淹没流入其中的河谷的下游。分隔河谷的山脊仍会出露于海平面，成为延伸到海洋的海岬。这些被淹没的河流入海口称为河口，许多海岸均会出现这种河口。大西洋海岸的切萨皮克湾和特拉华湾都是下沉海岸的例子（见图 10.27）。缅因州有许多独特的海岸，特别是阿卡迪亚国家公园附近，冰河期后的海平面上升，淹没了该地区，形成了高度不规则的下沉海岸。

记住，大多数海岸都有非常复杂的地质历史。大多数海岸在不同的地质时期，海平面都会经历上升和下沉。每一次，因此都会保留此前地质事件形成的一些地貌。

概念检查 10.8

1. 简要说明风浪袭击未被开发的围堰岛时会发生什么。
2. 在流入海洋的河流上建造堤坝会对海滩产生怎样的影响？
3. 什么样的海岸地貌可划分为上升海岸？
4. 河口是与海岸上升有关还是与海岸下沉有关？

图 10.27　东海岸河口。第四纪冰期后，许多较低的河谷因海平面上升而被淹没，形成了像切萨皮克湾和特拉华湾这样的大河口

10.9　潮汐

解释潮汐形成的原因、周期和模式，描述潮涨潮落时水的水平流动情况。

潮汐是指海面高度的日变化。自古以来，人们就了解到海面会沿海岸间歇性地涨落。除了波浪，潮汐是人们最容易观察到的海洋运动（见图 10.28）。

虽然人们对潮汐的认识已有几百年，但直到艾萨克·牛顿将万有引力定律用于潮汐的解释后，才得到令人满意的结果。牛顿认为任何两个物体之间都存在相互吸引的力，就像地球与月球之间那样。由于大气和海洋是流体并可自由移动，因此二者间的引力会使得它们变形。海洋的潮汐是由月球和太阳对地球的引力作用产生的。

图 10.28　芬迪湾的潮汐。加拿大新斯科舍省芬迪湾中的米纳斯盆地的高潮和低潮。退潮后潮滩会出露（新斯科舍省旅游局供图）

10.9.1 潮汐的成因

很明显，月球的引力会导致地球的近月侧形成潮隆，而地球的远月侧也会形成同样大小的潮隆（见图 10.29）。

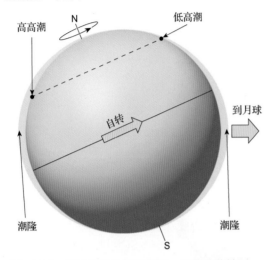

图 10.29　月球导致的理想潮隆。如果地球被同一深度的海水覆盖，就会出现两个潮隆：一个出现在地球面向月球的一侧（右），另一个则出现在相反的一侧（左）。潮隆可能会偏离赤道，具体取决于月球的位置。在这种情况下，地球的自转会使得人们一天内经历两次不等的高潮

如牛顿所发现的那样，两个潮隆都是由引力产生的。引力与两个物体间距离的平方成反比，这表明随着距离的增加，引力会逐渐减小。在这种情况下，这两个物体就如同月球和地球。由于引力与距离的平方成反比，因此近侧的引力要大于远侧的引力，而这种引力差会导致"固态"地球稍微拉长。由于海洋的流动性，这样的引力作用会使其强烈变形，并产生两个相对的潮隆。

由于一天内月球位置的变化很小，因此潮隆的位置不会因地球的自转而改变，也就是说，若在海边站立 24 小时，那么地球的自转会带你交替通过高水位区域和低水位区域。站在任何一个潮隆时，潮水上涨，站在两个潮隆之间时，潮水下落。因此，地球上的大部分地区每天都要经历两次高潮和两次低潮。此外，潮隆每 29.5 天会随月球围绕地球的旋转而移动。因此，潮汐就像

月亮升起的时间一样，每天约推后 50 分钟。29 天后，该循环结束，并开始新的循环。

你知道吗？

潮汐可用于发电。通过潮汐发电的方法是，在具有很大潮差的海湾入口或河口建造堤坝。潮汐涨落会使得海湾与开阔洋盆间通路的水面高度急剧变化，进而导致来回猛烈流动的海水带动涡轮机发电。法国的海岸建造了全球最大的潮汐发电站。

许多地方一天内的两次高潮并不相等。如图 10.29 所示，潮隆可能会偏离赤道，具体取决于月球的位置。该图表明，地球的自转会导致北半球的观察者观察到的第一次高潮要大于半天后的高潮，南半球的观察者观察到的第一次高潮则要小于半天后的高潮。

10.9.2　月潮周期

影响潮汐的主要天体是月球，月球绕地球运动的周期是 29 天。太阳也会影响潮汐，但与月球相比，由于太阳到地球的距离要远得多，因此其对潮汐的影响相对较小。实际上，太阳对潮汐的影响约为月球的 46%。

在朔月和满月时，太阳、地球和月球在一条直线上，因此太阳和月球对潮汐的作用力会叠加（见图 10.30A）。这两个天体间产生潮汐的引力会导致更大的潮涨（较高的高潮）和更大的潮落（较低的低潮），形成更大的潮差。这些潮汐被人们称为大潮，大潮每月出现两次，即地球、月球和太阳在一条直线上时。因此，出现上弦月和下弦月时，月球和太阳作用在地球上的引力呈正交关系，因此部分影响相互抵消（见图 10.30B），使得潮差更小。这些潮汐被人们称为小潮，小潮每月也出现两次。因此，每个月会出现两次大潮和两次小潮，每次潮汐间隔一周。

你知道吗？

世界上最大的潮差出现在加拿大新斯科舍省的芬迪湾北端，那里最大的大潮为 17 米，因此船只在低潮时会搁浅（见图 10.28）。

10.9.3　潮汐类型

前面介绍了引起潮汐的根本原因和类型。

但要记住的是，这些理论解释并不能用于预测特定地点潮汐的准确高度和时间。海岸的形状、大洋盆地的结构和水深等因素，都会对潮汐产生很大的影响。因此，不同位置的潮汐对产生潮汐的引力反应不同。因此，任何海岸位置的潮汐都要通过精确的实际观察来确定。潮汐时间的预测和海图上的潮汐数据就是根据这样的观察得到的。

全球范围内存在 3 种主要的潮汐类型：①全日潮，每个潮汐日只有一次高潮和一次低潮（见图 10.31），这种潮汐出现在墨西哥湾的北部海岸；②半日潮，每个潮汐日出现两次高潮和两次低潮，两次高潮的高度大致相同，两次低潮的高度也大致相同（见图 10.31），这种潮汐通常出现在美国的大西洋海岸；③混合潮，它与半日潮类似，但两次高潮和两次低潮的潮差较大（见图 10.31）。在这种情况下，每天会出现两次高潮和两次低潮，两个高潮的高度不同，两个低潮的高度也不同。这种潮汐出现在美国的太平洋海岸和世界上的许多其他地区。

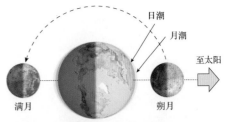

A. 大潮是月球的月相为满月或朔月时，太阳和月球引力叠加产生的潮隆，它具有很大的潮差

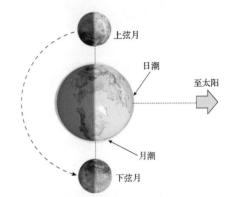

B. 小潮是月球的月相为上弦月或下弦月时，太阳和月球引力正交产生的潮隆，它具有较小的潮差

图 10.30 大潮和小潮。地球－月球－太阳的相对位置会影响潮汐

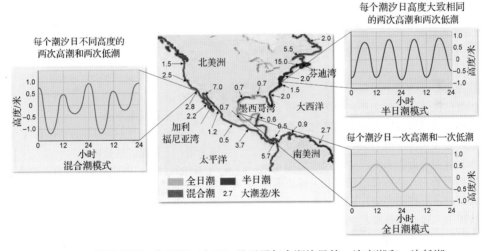

图 10.31 潮汐类型。全日潮（右下）显示了每个潮汐日的一次高潮和一次低潮。半日潮（右上）显示了每个潮汐日高度大致相同的两次高潮和两次低潮。混合潮（左）显示了每个潮汐日高度不等的两次高潮和两次低潮

10.9.4 潮汐流

潮汐流是指伴随潮涨潮落的海水的水平流动。潮汐力引起的海水运动在有些海岸带很重要。涨潮时涌入海岸带的潮汐流称为涨潮流，退潮时向海洋运动的海水形成退潮流。涨潮流和退潮流之间很少出现或不出现潮汐流的时期称为平潮。受这些交替潮流影响的区域称为潮滩（见图 10.28）。取决于海岸带的性质，潮滩可从狭长的向海海滩变化为延伸数千米的地带。

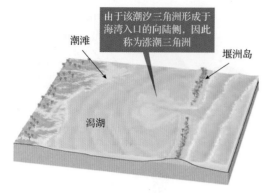

潮滩

由于该潮汐三角洲形成于海湾入口的向陆侧，因此称为涨潮三角洲

堰洲岛

潟湖

图 10.32　潮汐三角洲。当快速运动的潮汐流（涨潮流）通过堰洲岛的入口进入安静的潟湖时，潮汐流的速度变小并开始沉积沉积物，形成潮汐三角洲。由于该潮汐三角洲形成于海湾入口的向陆侧，因此人们将其称为涨潮三角洲。图 10.19A 显示了这样的一个潮汐三角洲

尽管潮汐流在开阔的大洋中并不重要，但它在海湾、河口、海峡和其他狭窄区域的流速很快。例如，在法国布列塔尼半岛的海岸带，伴随 12 米高海潮出现的潮汐流，其速度可达

20 千米/小时。人们通常并不认为潮汐流是侵蚀和沉积物运移的主要因素，但通过狭窄水湾时的潮汐流则是例外，因为潮汐流在此处会冲刷出许多狭窄的海湾入口。

有时，潮汐流产生的沉积物称为潮汐三角洲（见图 10.32）。涨潮流在海湾入口的向陆侧可以形成潮汐三角洲，退潮流在海湾入口的向海侧也可形成潮汐三角洲。由于向陆侧的波浪活动和沿岸流减小，因此更易形成潮汐三角洲，事实上此处的潮汐三角洲更加突出（见图 10.19A）。潮汐三角洲在潮汐流快速通过狭窄的入口时形成。潮流从狭窄的通道进入开阔水域时，其速度会降低，因此会沉积其所携带的沉积物。

概念检查 10.9

1. 解释观察者一天内经历两次高度不同高潮的原因。
2. 区分小潮和退潮。
3. 混合潮和半日潮有何不同？
4. 对比涨潮流和退潮流。

概念回顾：动荡的海洋

10.1　海洋的表层流
讨论产生和影响洋流的因素，并说明洋流对气候的影响。

关键术语：流涡、科里奥利效应

● 海洋的表层流遵循全球主要风带的一般模式。表层流中运动缓慢的巨大环形水流称为流涡，它们以副热带大洋盆地为中心。大陆的位置及科里奥利效应也会影响流涡中的海水运动。由于科里奥利效应，副热带流涡在北半球按顺时针方向流动，而在南半球按逆时针方向流动。一般情况下，每个副热带流涡都包含 4 大主要洋流。

● 洋流会对气候产生重大影响。向两极移动的暖流会使得中纬度地区的冬季气温升高。寒流会对中纬度地区的夏季气温和热带地区全年的气温产生重大影响。除了使气温降低，寒流还会使雾天的频率升高并导致干旱。

? 假设箭头 A 表示北半球海洋中的盛行风。箭头 A、B 和 C 中的哪一个能更好地表示该区域的海洋表层流？请解释原因。

B

A

C

10.2　上升流和深海环流
解释产生海岸上升流和海洋深海环流的过程。

关键术语：上升流、热盐环流

● 上升流是指深层较冷海水的上升，它是由风引起的海水运动，可将富含营养物质的深层海水带到表层。海岸上升流主要沿大陆西海岸分布。

● 与表层流不同的是，深海环流由重力和密度差引起。形成高密度水体最重要的两个因素是温度和盐度，因此深海海水的这种运动也称热盐环流。大部分卷入热盐环流的海水都始于高纬度地区的海水表层，此处由于海冰的存在导致海水的盐度增大。稠密的海水下沉，就形成了深海洋流。

10.3　海岸：一个动态界面
解释海岸是动态界面的原因。

关键术语：界面

- 海岸是海洋环境与大陆环境之间的过渡带。它是一个动态的界面，是陆地、海洋和大气相遇和连接的边界。
- 来自波浪的能量在改造海岸形状方面起着非常重要的作用，但在某些特殊的海岸存在改变海岸形态的其他因素。

10.4　波浪

列举并讨论影响波浪的波高、波长和周期的因素，并描述波浪中水的运动情况。

关键术语： 波高、波长、波浪周期、风浪区、碎波

- 波浪是移动的能量，大部分波浪是由风引起的。影响波高、波长和波浪周期的三个因素是：①风速；②风吹的时间；③风浪区，即风穿过开阔水域的距离。一旦波浪离开风暴区，它们就称为涌浪，涌浪是波长较长的均匀波浪。
- 随着波浪的运移，水粒子通过圆周运动传递能量，它可向下延伸 1/2 波长的深度（浪基面）。当波浪到达浅于浪基面的水域时，速度会减慢，使得离海岸更远的波浪赶上前浪。因此，波浪的波长就会降低，波高增加。最后波浪破碎，在海水冲向波浪处形成动荡的碎波。

10.5　海滩和海岸的形成过程

描述波浪沿岸侵蚀和运移沉积物的方式。

关键术语： 海滩、磨蚀作用、波浪折射、沿滩漂移、沿岸流

- 海滩由沿海岸运移的任何当地物质组成。波浪侵蚀由波浪冲击压力和磨蚀作用产生。波浪的弯曲称为波浪折射，使波浪冲击集中在海岬的两侧和末端，并在海湾处分散。
- 大多数波浪都是以一定角度到达海岸的。每个碎波形成的冲流和回流都会沿海滩呈锯齿状输送沉积物。这种移动方式称为沿岸漂移。斜向波也会在碎波带产生沿岸流，沿岸流平行于海岸流动，与沿岸漂移相比能输送更多的沉积物。

10.6　海岸的特点

描述由波浪侵蚀形成的地貌特征，以及沿岸搬运过程沉积的沉积物的特征。

关键术语： 海蚀崖、海蚀台地、海蚀阶地、海蚀拱、海蚀柱、沙嘴、湾口沙洲、连岛沙洲、堰洲岛

- 侵蚀地貌包括海蚀崖、海蚀台地、海蚀阶地、海蚀拱和海蚀柱。
- 沉积物通过沿滩漂移和沿岸流运移时，所形成一些沉积地貌有沙嘴、湾口沙洲和连岛沙洲。沿大西洋和墨西哥湾的海岸平原、海滨带，主要出现的是堰洲岛，堰洲岛是与海岸平行的低脊状沙滩。

? 识别图中标注的地貌。

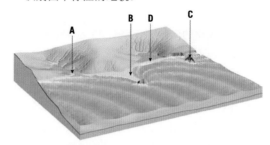

10.7　海岸加固

总结人们应对海岸侵蚀的方法。

关键术语： 硬加固、丁坝、防波堤、海堤、人工育滩

- 影响海岸侵蚀的本地因素包括：①海岸到携带沉积物的河流的距离；②构造活动的程度；③陆地的地形和成分；④盛行风和天气模式；⑤海岸和近岸区的结构。
- 硬加固是指为防止泥沙移动而沿海岸建造的任何构造体。丁坝垂直于海岸方向，目的是减缓沿岸流产生的沙滩侵蚀。防波堤平行于海岸方向，但其所在的位置与海岸有一定距离，目的是降低即将到来的波浪的冲击力，一般用来保护船只。与防波堤类似，海堤也与海岸平行，但它们建造在海岸上。一般情况下，硬加固实际上会加剧侵蚀作用。
- 相比硬加固来说，人工育滩的成本更高，它会从其他区域抽取泥沙来为海滩临时补充沉积物。硬加固和人工育滩的一种替代方法是从危险区域搬离，而让自然过程尽情地改造海滩。

? 根据位置和方向，确定图中三种类型的硬加固。

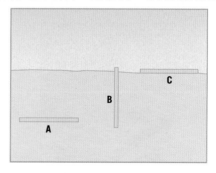

10.8　美国海岸的比较

对比美国海岸不同区域的侵蚀情况，并区别上升海岸和下沉海岸。

关键术语： 上升海岸、下沉海岸、河口

- 美国的大西洋和墨西哥湾海岸与太平洋海岸明显不同。大西洋和墨西哥湾海岸遍布堰洲岛，它们会在风暴期间发生较大的变化。许多这样的岛屿已成为房地产开发的主要区域。

- 太平洋海岸的问题是，沉积物匮乏导致海滩越来越窄。流入海岸（为海岸带来泥沙）的河流被堤坝拦截，导致泥沙无法流向海岸。缺少沉积物而变窄的海岸，其抵抗波浪侵蚀的能力会下降，且经常会在海滩后方形成断崖。

- 海岸可根据其相对于海平面的变化来分类。上升海岸是陆地隆升或海平面下降的区域。海蚀阶地是上升海岸地貌。下沉海岸是陆地沉陷或海平面上升的区域，其中一种下沉海岸地貌是河口。

? 什么术语适用于图中大量岩石出露于水面的现象？它们是怎样形成的？该位置更像是墨西哥湾海岸还是加利福尼亚海岸？请解释原因。

10.9 潮汐

解释潮汐形成的原因、周期和模式，描述潮涨潮落时水的水平流动情况。

关键术语： 潮汐、大潮、小潮、全日潮、半日潮、混合潮、潮流、潮滩、潮汐三角洲

- 潮汐是指海面高度的日变化。潮汐是由月球和太阳对海水的引力产生的。每两周当太阳、地球和月球在一条直线上（满月或朔月）时，潮汐最大。月相为上弦月或下弦月时，月球对地球的引力与太阳对地球的引力呈正交关系，因此这两个力部分抵消，潮汐最小。

- 潮汐受当地条件的强烈影响，包括当地海岸的形状和洋盆深度。潮汐类型包括全日潮、半日潮和混合潮。

- 涨潮流是指在低潮和高潮转换期间，海水的向陆运动。当高潮再次转换为低潮时，海水远离陆地运动，称为退潮流。退潮流会使得潮滩出露。潮汐通过海湾入口时，水流携带的沉积物会形成潮汐三角洲。

思考题

1. 学习本章后，我们了解到全球风是形成表层洋流的动力。如下与之相关的地图却显示出表层流与盛行风的方向并不完全一致。解释原因。

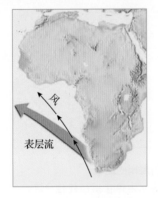

2. 如果北大西洋暖流停止，西欧的气候会有怎样的变化？

3. 假设你去海滩时，和一位朋友坐在橡皮筏中，远离碎波带并进入了深水区。当你感觉到疲惫，会停下来休息。请描述你在休息期间橡皮筏的运动情况。这与你在碎波带停止划桨时橡皮筏的运动有何不同？

4. 参照冲浪者的这张照片，回答如下问题。

a. 形成这一大浪的能量来源是什么？

b. 在拍摄这张照片前，波浪的波长是如何变化的？

c. 波长为什么会改变？

d. 许多波浪会表现出圆周运动。这张照片上的波浪也表现出了圆周运动吗？解释原因。

5. 这张航空照片显示了新泽西的部分海岸。什么术语可用来描述这个像墙一样延伸到海水中的构造体？建造它们的目的是什么？沿滩漂移和沿岸流运移泥沙的方向是什么，是向照片顶部还是向照片底部？

John S. Shelton/University of WashingtonLibraries

6. 假设你和一位朋友在沙滩上撑起了伞和椅子。然后你的朋友进入碎波带和另一个人玩飞盘。几分钟后，你的朋友回头望向海滩，惊奇地发现自己已不在伞和椅子位置的附近。尽管她仍在碎波带，但已距初始位置 10 米远。你怎样向你的朋友解释她为什么沿海岸移动了？

7. 假设一位朋友想在堰洲岛上购买一套度假别墅。如果他咨询你，你会向他提供什么建议？

8. 这张照片展示了美国海岸区的一小部分。这是上升海岸还是下沉海岸？你是如何确定的？该地点更像是北卡罗来纳海岸还是加利福尼亚海岸？解释原因。

Michael Collier

9. 引力在形成海洋潮汐方面起着关键作用。物体的质量越大，其产生的引力越大。解释尽管太阳的质量比月球大得多，但其影响仅为月球一半的原因。

10. 这张照片展示了缅因州海岸的一部分。在近景中，棕色泥泞的区域受潮流影响。什么术语适用于这一泥泞区域？说出几小时后该区域将会经历的潮流类型。

Marli Miller

第11章 大气加热

莫纳罗亚天文台是夏威夷大岛上的一家重要的大气研究机构。自20世纪50年代以来，它一直在收集和监测大气变化数据（Forrest M. Mims III 供图）

地球的大气圈独一无二。据目前所知，太阳系中还没有哪个星球有与地球相似的大气圈，也没有哪个星球有与地球类似的气体组成，更没有维持生命所需要的适宜温度和湿度。组成地球大气圈的气体以及控制这些气体的因素，对于人类的存在起着非常巨大的作用。本章首先介绍我们赖以生存的大气。大气的组成是什么？大气圈在何处消失？外太空从何处开始？是什么形成了四季？大气是如何被加热的？什么因素控制着全球的温度变化？

11.1　关注大气

区分天气和气候，了解天气和气候的一些基本要素。

天气影响着我们每天的生活、工作、健康和舒适度。我们通常很少关注天气，除非觉得天气影响了自己的正常室外娱乐。尽管如此，与其他自然环境的变化相比，天气对我们生活的影响要深远得多。

11.1.1　美国的天气

美国的国土范围从热带地区一直延伸到北极圈，拥有几千英里长的海岸线以及大面积的内陆地区，地貌多为平原和山脉。美国的西海岸受太平洋风暴的影响，东海岸受大西洋和墨西哥湾自然事件的影响。因此，在美国的内陆地区，人们经常会遇到向南移动的加拿大气团的冷空气与向北移动气团相遇时形成的天气。

关于天气的讨论，是我们日常生活中不可或缺的新闻。关于变热、变冷、洪水、干旱、大雾、冰雪和强风等影响的文章到处可见。当然，报纸上的头条新闻通常是各式各样的暴风雪（见图11.1）。除了对个体的直接影响，天气对世界的经济也起着至关重要的作用，它对农业、能源、水资源、运输业和工业都有较大的影响。

你知道吗？

根据美国国家气候数据中心1980—2011年的数据，美国约经历了133次10亿美元以上损失的灾害天气，其中90次的总损失超过8750亿美元（按2012年美元价格计）。

显然，天气对人们生活的影响是巨大的。但与此同时，我们必须意识到人类活动对大气及其行为的影响也很大（见图11.2）。因此，我们必须做出与时俱进的重大政治和科学决策来抑制其影响。其中的一个重要例子是，控制大气污染和人类活动对全球气候的影响，以及保护大气圈的臭氧层。

11.1.2　天气和气候

在地球运动和太阳能量的共同作用下，地球被无形的大气包裹，大气通过产生多种多样的天气来加以呈现，进而形成全球气候的基本格局。尽管不完全一样，但天气和气候有不少共同之处。

天气是不断变化着的，有时变化以小时计，有时变化则以天计。天气是指在给定的时间与地点下，大气的状态。天气变化的持续性使得我们可以大致了解其变化的规律。这样的天气状态称为气候。气候是根据多年观察数据的积累得到的。气候通常简称为"平均天气"，但这一定义明显不充分。要更准确地描述某一地区的气候，需要将变量和极端情况考虑在内，这与准时发车的概率情况类似。例如，对于农民来说，他们不但需要知道农作物生长季的平均降水量，而且还需要了解发生旱灾和涝灾的概率。因此，气候是某个地区所有天气统计数据的总和。

图11.1　暴风雪天气。与其他自然环境变化相比，天气对人们日常生活的影响更大。2011 年 2 月初，美国伊利诺伊州芝加哥市发生了历史罕见的暴风雪（AP Photo/Kiichiro Sato 供图）。在温暖的月份，美国的大部分地区通常会出现大雷雨（Mark Newman/SuperStock 供图）

图 11.2　人类活动对大气的影响。中国上海的一次空气污染（Doable/Amana Images/Glow Images 供图）

假设你计划去某个不熟悉的地方旅行。此时，你可能需要知道天气的预测情况，以及如何挑选衣服或选择何种活动。遗憾的是，越早的天气预报越不可靠。因此，你可能会问熟悉情况的当地人会出现什么样的天气。"那里是不是总有雷阵雨？晚上冷不冷？下午多数情况下是否是晴天？"你想询问的这些信息，都是关于该地特定气候。

你知道吗？

为使用全球的数据来进行准确的天气预报，联合国成立了全球气象组织（WMO），以协调关于天气和气候的科学活动。它由全球的 187 个国家和地区组成，形成了世界天气监测网，监测网可根据成员国的观察系统，提供以分钟为标准单位的实时数据。这个全球系统由 10 颗卫星、10000 个陆地观测站、7000 个船舶观测站、几百个自动浮标和几千个航空器组成。

另一个有效的信息来源是各种气候表和气候图。例如，图 11.3 显示了纽约市的平均最高气温、最低气温和极端气温。

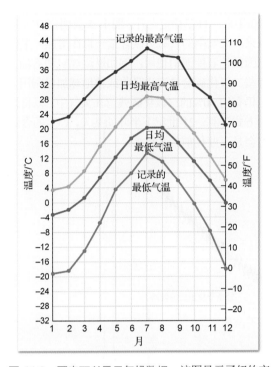

图 11.3 图表可以显示气候数据。该图显示了纽约市的温度数据。除显示每个月的日均最高气温和日均最低气温外，还显示了极端情况。由图可见，这些数据与平均值相比有较大的变化

毫无疑问，这些信息对于你计划旅行是非常有帮助的。但是，我们必须意识到气候数据是不能用来预报天气的，尽管某个地方在你计划旅行的这段时间内是温和、晴朗和干燥的，但遇到冷天、阴天或雨天的概率也很大；换言之，你预测的是气候，而经历的却是天气。

天气和气候的自然特征可用相同的基本要素来描述，即定期测得的数据和属性。最重要的基本要素包括：①气温；②湿度；③云的种类和云量；④降雨类型和降雨量；⑤气压；⑥风速和风向。这些基本要素是控制天气模式和气候类型的主要变量。尽管我们会先分别了解这些不同的基本要素，但要记住它们是紧密相关的，其中某个要素的变化通常会导致其他要素也发生变化。

概念检查 11.1

1. 区分天气和气候。
2. 针对所在位置，分别写出与天气和气候相关的两个事实。
3. 什么是基本要素？
4. 列出天气和气候的基本要素。

11.2 大气的组成

列出组成地球大气的主要气体，并识别哪些成分对理解天气和气候变化最重要。

大气一词有时会被人们视为某种具体的气体成分，但事实并非如此。大气由不同的气体混合形成，每种气体都有其自身的物理性质，同时这些气体中还悬浮有一些细小的固体和液体。

11.2.1 主要成分

大气的组成并非恒定不变，而是会随时间和地点发生变化。若去掉水蒸气、灰尘和其他一些易变成分，那么在全球任何 80 千米高度的位置，大气的组成是非常稳定的。

如图 11.4 所示，氮气和氧气这两种气体约占干燥空气的 99%。尽管这两种气体所占的体积很大，且对地球上的生命起着非常重要的作用，但它们对于天气现象的影响却微乎其微。剩余 1% 的干燥空气，主要由惰性气体氩气（0.93%）和其他一些气体组成。

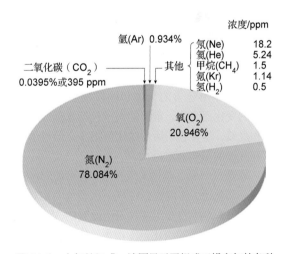

图 11.4 大气的组成。该图显示了组成干燥空气的各种气体的百分比，很明显氮气和氧气为主要成分

11.2.2　二氧化碳（CO₂）

尽管二氧化碳所占的体积很小（0.0395%），但它是大气的一个非常重要的组成部分。气象学家对二氧化碳非常感兴趣的原因是，它能吸收地球所释放的能量，进而影响大气。尽管二氧化碳在整个大气中的含量相对较为稳定，但其比例在近200 年来一直在稳定上升。图 11.5 表明，1958 年以来，大气中的二氧化碳含量一直在增加，主要原因是化石能源的使用，例如燃烧煤炭和石油。有些二氧化碳会被海洋吸收或被地球加以利用，但仍有约 40%的二氧化碳残留在大气中。以目前的方式计算，21 世纪下半叶的某天，CO_2 的含量将会是工业化前的 2 倍多。

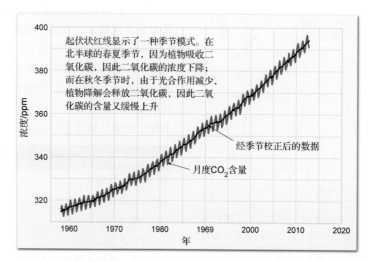

图11.5　CO_2 浓度的月度际变化。夏威夷莫纳罗亚天文台 1958 年以来测得的 CO_2 含量（见章首照片）。自观测以来，CO_2 的含量一直在增加。图中的曲线称为基林曲线，它是为纪念发起 CO_2 含量测量的科学家基林命名的（NOAA 供图）

大多数大气科学家都认同以下观点：大气中二氧化碳的增加导致过去几十年里全球变暖，且这一作用仍在持续。气温变化的幅度并不确定，它主要取决于未来的人类活动。二氧化碳在整个大气中的作用及人对气候的影响，将在本章后面介绍。

11.2.3　变化的成分

大气中所包含的气体和颗粒物会随时间和地点的变化而变化。重要的例子包括水蒸气、尘粒和臭氧。尽管它们所占的比例很小，但对于天气和气候的影响非常巨大。

水蒸气　通过电视天气预报，你可能对湿度一词非常熟悉。湿度是指空气中水蒸气的相对含量。第 12 章中将介绍各种表达湿度的方法。空气中水蒸气含量的变化范围很大，体积百分比可从 0 到 4%。为何体积这么小的水蒸气会对大气造成巨大的影响呢？

事实上，所有的云和降水都是由水蒸气引起的，因此它非常重要。然而，水蒸气还有其他作用。例如，类似于二氧化碳，它也能吸收地球所释放出的能量和太阳能，因此我们需要关注大气变暖问题。

当水从一种状态转换为另一种状态时（见图 12.2），它会吸热或放热，这种热被我们定义为潜热。如后面几章所示，大气中的水蒸气会携带着潜热从一个地区运移到另一个地区，而潜热则是形成暴风雨的动力。

悬浮尘粒　大气运移时，会使得众多微小的固体和液体颗粒悬浮其中。尽管有些可见的尘粒会遮蔽天日，而相对较大的颗粒由于太重而不能长久地滞留在大气中。许多非常小的颗粒，会长时间地悬浮在空气中。这些微粒的来源非常广泛，有自然成因，也有人为成因，包括海浪中的海盐、吹进空气的细粒尘土、烟雾和烟灰、花粉和微生物、火山尘等（见图 11.6A）。所有这些微小的固体和气体颗粒称为悬浮尘粒。

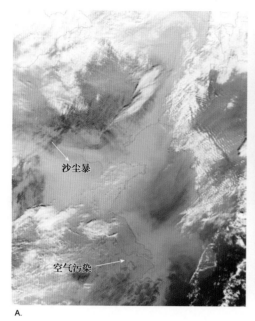

图11.6 悬浮尘粒。A. 2002 年 11 月 11 日拍摄的这幅卫星图像显示了两种悬浮尘粒：一种是从中国华北地区向朝鲜半岛移动的巨大沙尘暴，另一种是向中国南部地区移动的雾霾（NASA 供图）。B. 空气中的尘埃使得落日绚丽多彩（Elwynn/Shutterstock 供图）

气象学家认为，小且看不见的这些微粒非常值得注意。首先，这些微粒会吸附在水蒸气表面，水蒸气浓缩时会形成云和雾。其次，这些悬浮尘粒会吸收或反射太阳辐射。因此，每当发生大气污染事件时，或火山爆发导致火山灰弥漫于大气中时，到达地表的阳光就会明显减少。最终，这些悬浮尘粒会形成我们经常看到的光学现象——黄红相间的日出和日落（见图 11.6B）。

臭氧 大气的另一种非常重要的成分是臭氧。臭氧是氧的一种形式，只是每个分子由三个氧原子组成。臭氧和我们呼吸的氧气不同，氧气由两个氧原子组成。大气中的臭氧含量很少，而且臭氧的分布非常不均匀。它主要集中在距离地面 10～50 千米的平流层内。

在这样的海拔高度内，当氧分子（O_2）受太阳的紫外线照射时，会分解为两个氧原子。臭氧就是其中的一个氧原子和原来的氧分子碰撞结合而形成的。要发生这一反应，必须依靠第三个中性分子，它是这一合成反应的催化剂。臭氧主要集中分布在距离地面 10～50 千米的范围内，在这一高度内会出现化学反应的动态平衡：太阳的紫外线辐射能提供足够的氧原子，同时也有足够的氧分子，因而反应会持续不断地发生。

大气中的臭氧层对地球上的生物至关重要，因为臭氧层能吸收太阳的紫外线辐射。若臭氧无法过滤大部分紫外线辐射，那么太阳的紫外光会直接照射到地球表面，此时的地球将不适宜于多种生物的生存。因此，任何降低大气中臭氧的行为都将影响到生存于地球上的生物。下节中将探讨这一问题。

11.2.4 臭氧减少——一个全球性问题

尽管平流层中臭氧的所在范围距离地表 10～50 千米，但它仍很容易被人类活动所影响。人类活动产生的化学物质会破坏平流层中的臭氧分子，降低紫外光的过滤作用。这种臭氧减少是全球范围内的环境问题。自 20 世纪 70 年代以来，人们已确定这种臭氧减少的问题发生在全球，尤其是地球的两极地区。图 11.7 显示了南极上空的臭氧空洞。

在过去的半个多世纪，人类无意识的破坏活动已将臭氧层置于危险状态。其中，对臭氧破坏最为严重的一种物质是氟氯烃（CFC）。在过去的几十年里，氟氯烃一直被人们用作空调和冰箱的制冷剂、电子元器件的清洁剂、喷雾剂的推进剂，同时也用于生产某些塑料泡沫。

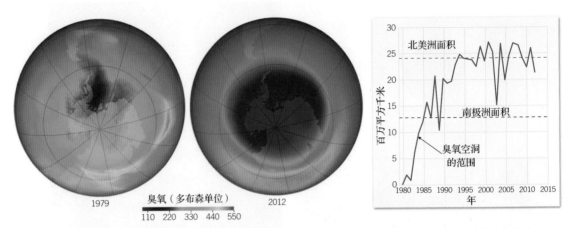

图11.7 南极上空的臭氧空洞。这两幅卫星图像显示了1979年9月和2012年9月南半球的臭氧分布状况。深蓝色的阴影区域对应于稀疏的臭氧分布区域。臭氧空洞严格来说并不是无臭氧存在的一个"洞"，而是指臭氧分布稀疏的区域，它主要出现在春季南极上空的平流层范围内。右图显示了自1980年至2012年以来，臭氧空洞的最大变化范围（NASA供图）

由于氟氯烃在低层的大气中相对具有惰性，因此较易进入平流层的臭氧中。光照会使得这些化学气体分解成原子。氯原子分解后，会破坏臭氧分子，使其发生分解作用。

臭氧过滤了绝大部分太阳的紫外线辐射，因此臭氧减少会导致太阳的长波紫外线辐射加强，而紫外线辐射对人类健康最严重且最直接的威胁就是诱发皮肤癌。紫外线辐射的增加会降低人的免疫能力，增加人类患白内障的风险。

为解决这一问题，联合国发起并推出了"蒙特利尔协议"，以减少氟氯烃的生产。尽管各国都采取了强制性行动，但氟氯烃在大气中的含量并未减少多少。氟氯烃分子需要几年的时间才能到达臭氧层，而一旦到达臭氧层，它会保持几十年的活性。但是，这并不意味着臭氧层的危险就降低了。按目前的观测数据估计，2060—2075年，减少臭氧的其他气体含量会下降到20世纪80年代的状态。

你知道吗？

尽管平流层中的臭氧对地球上的生命至关重要，但在地表上由于它对植物和人类有害，因此被人们当作一种有害气体。由有毒气体和颗粒组成的光化学烟雾，其主要成分是臭氧。光化学烟雾是由太阳和汽车尾气、工业废气发生反应形成的。

概念检查 11.2

1. 大气是指某种具体的气体吗？请解释。
2. 纯净且干燥的大气，其主要的两种成分是什么？每种成分所占的比例是多少？
3. 为何水蒸气和悬浮尘粒是地球大气的重要组成部分？
4. 什么是臭氧？为什么臭氧对地球上的生命这么重要？
5. 什么是CFC？为什么它们与臭氧问题密切相关？

11.3 大气的垂向结构

图解地球表面到大气层顶部的气压变化，标出根据温度划分的大气圈层。

我们都知道大气从地表开始一直向上延伸。然而，大气在何处消失？太空在何处开始？大气和太空并没有一个明确的界限。当我们从地球向外观察太空时，大气会越来越稀疏，一直到检测不到大气分子。

11.3.1 压力变化

为了更好理解垂直向上的大气特征，我们先了解气压随高度的变化。气压其实就是上部大气的重量。在海平面上，平均气压约为1000毫巴，相当于每平方厘米上的重量为 1 千克。随着高度的增加，气压会逐步降低（见图 11.8）。

约 0.00003% 的大气。尽管如此，我们仍可以在很高的高度追踪到大气，直到其在太空中消失。

11.3.2 温度变化

20 世纪初，人们对下部大气已有充分的了解。而人们对上部大气的研究，通过的是间接方法。气象气球和风筝数据表明，近地表大气的温度会随高度的增加而降低。这种现象对于那些爬到覆盖着白雪的山顶的人而言，很容易感受到（见图 11.9）。根据大气的温度，我们将其划分成 4 个圈层（见图 11.10）。

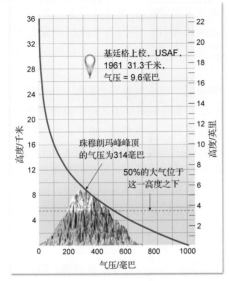

图11.8　气压随高度的变化。气压随高度增加而降低的速率并不恒定。越靠近地表，气压降低得越快，高度越高，气压降低得越慢。换句话说，该图表明离地表越近，组成大气的气体含量越大，而在接近外太空时，这些气体消失

图11.9　在对流层中，温度随高度的增加而降低。白雪皑皑的山顶和无雪的低地表明，在对流层中，气温会随高度的增加而降低（David Wall/Alamy 供图）

在低于 5.6 千米的海拔高度，分布有约一半的大气；在约 16 千米的海拔高度下，分布有超过 90% 的大气。海拔高达 100 千米时，仅存在

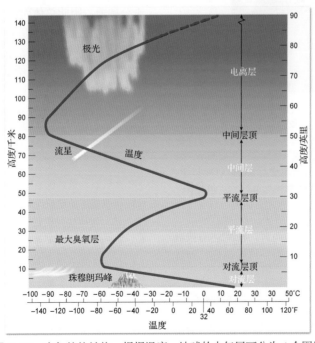

图11.10　大气的热结构。根据温度，地球的大气层可分为 4 个圈层

对流层 对流层位于大气的最下部，即我们所生活的圈层，其温度会随高度的增加而降低。在该圈层内，大气的不断变化会形成各种天气，因此是气象学家主要关注的圈层。

对流层中温度的降低称为环境温度递减率。尽管其平均值为 6.5℃/千米，但正常温度递减率表明，该值是变化的。要准确地测定某处在某个时间的环境温度递减率，需要同时监测其在垂向上的气压、风速和湿度的变化，人们通常会使用无线电探空仪。无线电探空仪是挂在气象气球上的仪器设备，它会在上升过程中通过无线电传输气象数据（见图 11.11）。

跟踪无线电探空仪的雷达设备

气象气球

无线电探空仪（组装式仪表）

图11.11 无线电探空仪。无线电探空仪是质量较轻的设备，可被气象气球带到高空。它会向地面传输对流层的垂向温度、压力和湿度变化。对流层是形成气候现象的主要圈层，因此需要对其频繁地进行测量（David R. Frazier/ DanitaDelimont.com/Newscom 供图）

对流层中的大气浓度并不均匀，它会随纬度和季节的变化而变化。平均而言，在到达海拔高度 12 千米处之前，其温度会一直在降低。对流层的外边界称为对流层顶。

平流层 对流层顶之上的是平流层。在平流层中，高度 20 千米以下的大气温度基本不变，但在 20 千米至 50 千米的平流层顶，温度

会随高度增加而逐渐升高。在对流层顶下方，大气的温度和湿度很容易被湍流扰动，而在对流层顶之上就不会出现这种现象。平流层中的温度之所以增加，是因为平流层中聚集了许多臭氧。臭氧会吸收太阳的紫外线辐射，导致平流层变暖。

中间层 在大气第三个圈层——中间层中，到 80 千米处的中间层顶之前，温度都会随高度的增加而降低，最低值近-90℃。大气圈中的最低温度出现在中间层顶。由于技术条件的限制，人们很难到达这一高度（最高的气象气球无法到达，最低的轨道卫星也无法到达），因此人们对中间层的研究较少。科技发展或许会在近期解决这一难题。

电离层 大气圈的第四个圈层——电离层，从中间层顶开始一直延伸至其顶部，但其顶部没有明确的界限。电离层只占大气层质量的很小一部分。在稀薄的电离层中，氧原子和氮原子会吸收太阳辐射的短波能量，因此会导致大气温度再次升高。

电离层中的大气温度能达到1000℃，但这一温度和地表的温度概念不同。温度定义为分子运动的平均速度。电离层温度很高是由于其中的气体分子高速运动导致的。但是，电离层中的气体十分稀薄，因此总体而言并不是那么热。电离层中地球轨道卫星的温度主要取决于太阳辐射，而非稀薄的大气。例如，人造卫星中有一名宇航员，他将手臂伸到太空电离层中，也不会感到有多热。

概念检查 11.3

1. 随着高度的增加，气压是增加还是降低？这一变化率是一直变化还是保持不变？请解释。
2. 大气层的最外围有没有明确的界限？请解释。
3. 根据温度的变化，大气层在垂向上被分为 4 个圈层。请按从低到高的顺序列出和描述每个圈层。我们常见的天气现象出现在哪个圈层？
4. 什么是环境温度递减率？它是如何确定的？
5. 电离层中温度和近地表的温度为何感觉不同？

解释太阳高度角和白昼时长年度变化的原因，说明这些变化是如何形成四季的。

使得地球的气候和天气发生变化的能量几乎全部来自于太阳，而地球获取的太阳能量很少，不超过太阳发出能量的 20 亿分之一。这一能量看起来很小，但它是美国发电总量的几十万倍。

太阳能在陆地和海洋上的分布并不均匀，它会随纬度、一天中的时间和一年中的不同季节发生变化。冰原上的北极熊和热带地区的棕榈树这两种极端情景会有助于我们理解这种情形。地球上各个地区受热不均，最终形成了各种风和洋流。这种不停歇的运动也是热带地区向两极地区传输热量的一种方式。这种热传输方式形成的各种现象，称为天气。

如果太阳不再发光，那么全球的风就会很快平息。只要太阳源源不断地照射着地球，风就会一直吹着，天气现象就会一直存在。要了解大气这个天气系统的活动机制，必须首先了解不同纬度接收太阳能不同的原因，并了解太阳能接收的不同是如何形成四季的。我们知道，接收太阳能不同的原因，主要是由于地球相对于太阳的运动及地球表面陆地和海洋的差异。

11.4.1 地球运动

地球有两种主要运动方式，即自转和公转。自转是指地球绕自转轴的旋转，自转轴是通过地球两极的假想轴线。地球每 24 小时自转 1 圈，

形成日夜更替。在任何时刻，地球的一半经历白天，另一半经历黑夜。地球上白天和黑夜的分界线称为晨昏线。

公转是指地球绕太阳沿一个近椭圆形的轨道旋转。地球到太阳的平均距离约为 1.5 亿千米。由于地球绕太阳运动的轨道不是正圆，因此一年中地球和太阳的距离总是不断变化的。每年约在 1 月 3 日，地球到太阳的距离为 1.473 亿千米，这一点是地球距离太阳最近的点，称为近日点。6 个月后，约在 7 月 4 日，地球到太阳的距离为 1.52 亿千米，这一点距离太阳最远，称为远日点。尽管 1 月份地球离太阳比在 7 月份近，接收的太阳能也比 7 月份多约 7%，但这对于四季变化的影响微乎其微。我们知道，1 月份离太阳最近时，北半球是冬天。

11.4.2 四季的成因

地球和太阳的距离变化不是形成四季的原因，那究竟是什么导致了四季变化的？我们在冬天和夏天所观察到的白天时间的逐渐变化，就与四季有很大关系。此外，太阳高度角的变化也是一个非常重要的控制因素（见图 11.12）。例如，若我们住在伊利诺伊州的芝加哥市，就能感受到 6 月末正午太阳离地球最远，夏天向秋天过渡时，正午太阳高度好像逐渐降低，日落越来越早。

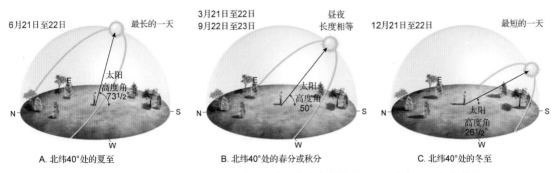

图 11.12 太阳高度角的变化。北纬 40°太阳高度角的变化。A. 夏至。B. 春分或秋分。C. 冬至。从夏季到冬季，正上午的太阳高度角从 73.5°变化到了 26.5°，变化了 47°。还要注意一年中日出（东）和日落（西）位置的变化

季节变化会使得阳光与水平面的夹角发生变化，这种变化会以两种方式直接影响地球接收到的太阳能总量。第一，当阳光与地表的夹角为 90° 时，太阳光照最强，太阳能也最强烈（见图 11.13A）。当阳光与地表的夹角减小时，到达地表的光照减弱，太阳能也减弱（见图 11.13B 和 C）。

第二，太阳高度角决定了太阳光通过大气层的路径，但这种方式的影响不大（见图 11.14）。当太阳在头顶直射时，太阳高度角为 90°，此时太阳光到地球所经历的路程最短。这一距离被定义为 1 个大气层距离，当太阳高度角为 30° 时，太阳到达地面的路程是 90° 时的 2 倍，当太阳高度角为 5° 时，其所走的路程为 11 个大气层距离。太阳光到达地面的路程越长，大气层吸收的太阳光越多，太阳光到达地面的强度越低。

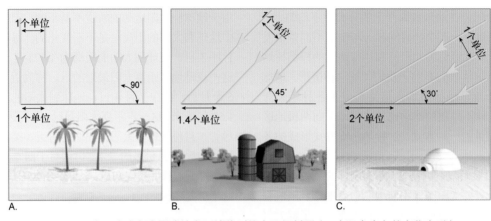

图11.13　太阳高度角会影响地表所接收到的太阳辐射强度。太阳高度角的变化会引起地表接收到的太阳辐射能的变化。太阳高度角越接近 90°，太阳辐射越强

由于地球是球状的，因此在任何一天，太阳光 90° 照射的地点只在某个纬度圈上。向该纬度圈的北边或南边运动时，太阳高度角就会不断减小，因此离太阳越近的地点，其接收到的太阳光越强，太阳高度角越接近 90°（见图 11.14）。

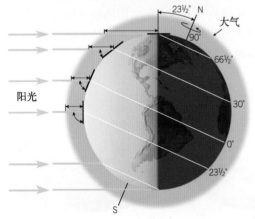

图 11.14　太阳高度角对通过大气的阳光的路径产生影响。低角度（沿两极）照射到地球的阳光，经过的距离更长，而在赤道附近经过的距离则较短，因此在两极地区，反射、散射所消耗的能量较多

11.4.3　地球的方向

导致太阳高度角和地球白昼时间发生变化的原因是什么？答案是，地球在绕日轨道上运动，地球相对于太阳的方向及朝向的改变。地球的自转轴和地球公转轨道面并不垂直，而是约 23.5° 的倾斜（见图 11.14）。这个角度称为地轴倾斜角。如果自转轴不是倾斜的，那么地球就没有四季。因为地轴一直对着一个方向（北极星），所以地轴和阳光的夹角一直在变化（见图 11.15）。

例如，在每年 6 月的某一天，地球在公转轨道上的位置是这样的：朝向太阳，北半球倾斜 23.5°（见图 11.15 左图）。6 个月后，即到 12 月时，地球运动到对面的位置，此时背对太阳，北半球倾斜 23.5°（见图 11.15 的右图）。在此期间的任何一天，地球倾角都小于 23.5°。这种地球相对太阳的位置变化，导致垂直接收太阳光的位置从北纬 23.5° 到赤道再到南纬 23.5°。

这种变化使得在纬度高于 23.5° 的地区，正

午太阳高度角的变化高达 47°。例如，对于中纬度城市纽约（约北纬 40°），在太阳离北半球最远的 6 月，正午时分的太阳高度角为 73.5°，而 12 月的太阳高度角为 26.5°。

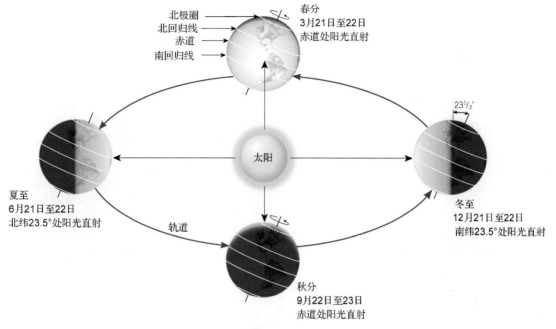

图 11.15　地日关系

11.4.4　夏至/冬至和春分/秋分

纵观地球的运动规律，基于太阳高度角和天气的变化，每年有 4 天非常特殊。6 月 21 日或 22 日，北半球相对太阳的倾角正好为 23.5°（见图 11.16A），此时垂直地面的阳光照射在北纬 23.5° 的位置，这一纬度被称为北回归线。北半球的人们把 6 月 21 或 22 日称为夏至，即夏天正式开始的第一天。

6 个月后，即 12 月 21 日或 22 日，地球运行到了公转轨道的对面位置，此时阳光直射到南纬 23.5° 的位置（见图 11.16B）。这一纬度线称为南回归线。因此，在北半球，12 月 21 或 22 日为冬至日，而此时南半球正好是夏至日。

在夏至和冬至的正中间，则是春分和秋分。在北半球，9 月 22 或 23 日为北半球的秋分，3 月 21 或 22 日为春分。在这两个时刻，地轴不偏向于任何方向，阳光垂直照射赤道（见图 11.16C）。

地球上昼夜的长短还取决于地球在公转轨道上的具体位置。6 月 21 日夏至时，北半球的白天要比黑夜长。从图 11.16A 可以清晰地看出昼夜的长短与纬度的关系。相反，冬至时北半球的黑夜要长于白天。例如，对于纽约来说，6 月 21 日其白天的时长约为 15 小时，而在 12 月 21 日，其白天的时长只有 9 小时（详见图 11.16 和表 11.1）。

你知道吗？

在美国，太阳垂直照射地面的唯一地点是夏威夷州，因为其他州均在北回归线以北。火奴鲁鲁的纬度为北纬 21°，一年中只有两次太阳垂直照射，即 5 月 27 日和 8 月 20 日。

从表 11.1 可以看出，当地处北半球且在 6 月 21 日，距离赤道越远，白天会越长。此时若处在北极圈（北纬 66.5°）内，白天的时长为 24 小时。这一区域称为极昼区域，其持续时长约为 6 个月。

春分或秋分（昼夜平分）时，地球上任何地方白天的时长均为 12 小时，因为此时的晨昏线正好穿过两极（见图 11.16C）。

回顾北半球夏至时的特征，并参照图 11.16A 和表 11.1，可得出如下事实：

- 夏至出现的时间为 6 月 21 日或 22 日。
- 太阳光垂直照射地球的北回归线（北纬 23.5°）。
- 北半球此时白天是一年中最长的（南半球正好相反）。
- 北回归线处正午的太阳高度角最大（南回归线处正好相反）。

- 北半球从赤道往北至北极圈的区域，白天越来越长，北极圈内白天的时长为 24 小时（南半球正好相反）。

冬至日的特征正好与此相反，中纬度地区夏天最温暖，白天时间最长，太阳高度角最大。

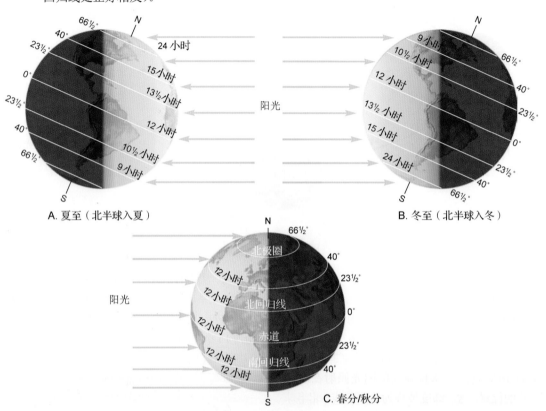

图 11.16　夏至/冬至和春分/秋分的特征

表 11.1　白昼的长短

纬度（度）	夏至	冬至	春分/秋分
0	12 小时	12 小时	12 小时
10	12 小时 35 分	11 小时 25 分	12 小时
20	13 小时 12 分	10 小时 48 分	12 小时
30	13 小时 56 分	10 小时 04 分	12 小时
40	14 小时 52 分	9 小时 08 分	12 小时
50	16 小时 18 分	7 小时 42 分	12 小时
60	18 小时 27 分	5 小时 33 分	12 小时
70	24 小时（2 个月）	0 小时 00 分	12 小时
80	24 小时（4 个月）	0 小时 00 分	12 小时
90	24 小时（6 个月）	0 小时 00 分	12 小时

四季更替导致了除热带地区外气温的月度变化。图 11.17 显示了不同纬度地区、不同城市月平均气温的变化。与离赤道较近的城市相比，城市离两极越近，夏天到冬天的气温变化越大。同时，在南半球时，最低气温出现在 8 月，而北半球的最低气温多出现于 1 月。

相同纬度的所有地区有着相同的太阳高度角和白天时长。如果地日关系仅用气温的变化来描述，那么我们会觉得相同纬度地区的气温也相同。但是，事实并非如此。后面将介绍影响温度的其他因素。

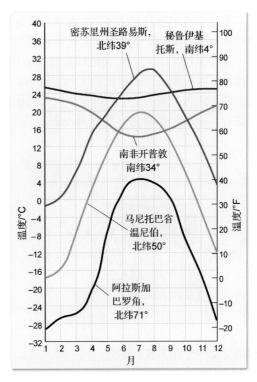

图 11.17　不同纬度、不同城市月平均气温的变化。高纬度城市夏天和冬天的温差较大。注意，南非开普敦的冬季是 6～8 月

11.5　能量、热量和温度

区分热量（热度）和温度，列出三种热传递机制并加以描述。

宇宙由物质和能量组成。物质这一概念很好理解，因为我们能通过望、闻等方式感受到它们的存在。但能量则比较抽象，因而难以描述。为方便对能量的理解，我们将能量定义为做功的能力，而做功则表示物质因运动而改变了位置。我们对一些基本形式的能量较为了解，如热能、化学能、核能、光能和重力势能等。还有一种能量称为动能，因为物质是由分子或原子组成的，分子和原子一直在不停地运动，因而含有动能。

热量用于描述热能，它由物质内部分子或原子的运动速率决定。当某种物质受热时，其原子会运动得越来越快，进而导致其热量增加。温度与物质的分子或原子的平均动能相关。换句话说，热量是指物质所包含的能量，而温度则是一种强度的概念，称为热度。

热量和温度二者紧密相关。只要存在温度差，热量会从高温物体流动到低温物体。因此，当两个不同温度的物体接触时，较高温度的物体会降温，而较低温度的物体则会升温，直到两者间不存在温度差。

热传递的方式有三种，即传导、对流和辐射。这三种方式很难分开，因为在大气层中这三种方式是同时发生的。此外，这些热传递方式也适用于地表（包括陆地和海洋）。

11.5.1　热传递方式：传导

人们很熟悉热传导。例如，当我们拿起热汤中的金属汤勺时，能明显感受到汤勺所发生的热传导现象。传导是通过物质间的分子运动来传递热量的，分子的能量是通过分子间的碰撞来传递的，它仍然遵守从高温部分传递到低温部分这一原则。

不同物质的导热能力不同。金属是较好的导热体，例如我们摸金属勺就能明显地感受到这一点（见图 11.18）。空气是较差的导热体。因此，在地表和离地表很近的大气范围内，主要的热传递方式是传导，但对整个大气层的热传递方式而言，传导的作用是最小的。

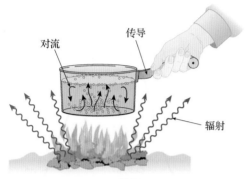

图 11.18　三种热传递机制

11.5.2　热传递方式：对流

大气和海洋的热传递方式主要是对流，对流通过物质的运移和循环来传递热量，它发生在物质分子和原子可以自由运动的流体中（如海洋和大气）。

图 11.18 中的水锅描述了自然界中的简单对流作用。火的热辐射加热平底锅的底部，通过锅加热水。随着水被加热，下部温度较高的水会扩散，密度会降低。密度的变化会导致浮力的变化，较高温度的水会上升，较低温度的水会下沉到锅底，进而再被加热。随着水被不均匀地加热，锅中的水一直上下循环流动，从而形成所谓的对流循环。与此类似，大气层下部获得的热量主要是通过辐射得到的，而热传递则通过对流方式进行。

在全球尺度上，大气层的对流形成了一个全球范围内的大气循环，这一循环对赤道附近热带地区和两极地区不均衡热量的重新分布具有重要意义，具体过程见第 13 章。

11.5.3　热传递方式：热辐射

第三种热传递机制是热辐射。如图 11.18 所示，热辐射在源头以中心球式向外辐射来传递热量。与对流和传导不同的是，它不需要介质就可在真空中传递热量。因此，热辐射是太阳能到达地球的主要热传递方式。

太阳辐射　太阳每天都会发出光、热和导致人们晒黑的紫外线。尽管这些能量包含了太阳发出的大多数能量，但仍只是其中的部分能量，我们将这部分能量称为辐射或电磁辐射。这些电磁辐射的组合或光谱如图 11.19 所示。所有的辐射，包括 X 射线、微波、电磁波，在太空中均以 30 万千米/秒的速度传播，而在大气层中的传播速度要稍小一些。

19 世纪的物理学家对能量在太空中无须媒介就可传输感到非常好奇，因此他们认为太阳和地球之间存在称为以太的传输媒介。这种媒介传输辐射能量的方式与空气传播声音类似。当然，这一观点已被证明是错误的，今天我们知道辐射和引力一样，其传播不需要媒介。

在某些方面，辐射能量的传输与大洋中的涌浪类似。类似于涌浪，电磁波会以不同的尺度传输。电磁波最重要的属性是其波长，即其相邻波峰间的距离。无线电波的波长最长，达几十千米，而伽马射线的波长最小，不到十亿分之一厘米。

可见光是电磁波谱中人们能看见的那部分光。我们通常将可见光称为白光，因为正常情况下可见光是白色的。事实上，白光是由许多彩色光组合而成的，其中的每种彩色光都有各自的波长。使用棱镜可将白光分解为多色光。图 11.19 表明，紫色光的波长最短，为 0.4 微米，红色光的波长最长，为 0.7 微米。

与红色光相邻且波长更长的是红外线，我们看不到红外线，只能感受到其热量。与紫色光相邻且看不见的光称为紫外线，紫外线照射是我们晒黑的主要原因。尽管我们能根据观察将辐射能量分为几组，但所有形式的辐射能量归根结底都是一样的。物体吸收任何形式的辐射能量后，物体内分子的运动均会加速，进而导致温度升高。

辐射定律　要更好地理解太阳辐射是如何影响地球大气层和地表的，就需要了解辐射的基本定律：

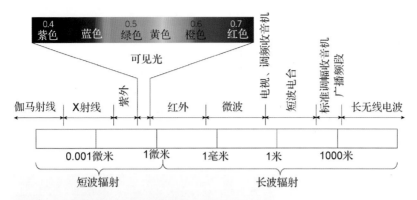

图 11.19　电磁波谱。图中给出了不同的辐射及其波长。可见光由多种彩色光组成，通常被称为"彩虹色"（照片由 Michael Giannechini/Photo researchers, Inc.提供）

1. 任何物质在任何温度下都在进行辐射。因此，不仅是热物体（如太阳），其他物体（如地球，包括地球两极的冰盖）也一直在源源不断地发射热量。

2. 与冷物体相比热物体辐射的能量更多。太阳的表面温度平均约为 6000℃，地球的表面温度平均约为 15℃，相比于地球，太阳的单位辐射热量是地球的160000 倍。

3. 与冷物体相比，热物体会以短波辐射的形式辐射更多的热量。例如，当金属片加热到很高的温度时，便会发出灼热的白光，而当其降温时，则会以较长的波发出更多的热量，进而变成微红色。最终不再发光，但若将手放到金属片边上，仍能感受到红外线辐射。太阳在波长 0.5微米处的辐射能量最大，它在可见光范围

内。地球的最大辐射出现在 10 微米波长处，正好位于红外线范围。因为地球的最大辐射波长是太阳的最大辐射波长的 20多倍，因此地球辐射又称为长波辐射，而太阳辐射则称为短波辐射。

4. 吸热性强的物体同时也是发热性强的物体。地表和太阳是近乎完美的辐射体，因为对于它们各自的温度来说，它们的辐射效率接近 100%。而气体则是选择性吸热体和发热体，因此大气层会选择性地吸收不同波长的光的能量。经验表明，大气层几乎不吸收可见光的能量，因此可见光能到达地表，而地球辐射产生的长波就不是如此。

图 11.18 小结了热传递的几种传输机制。火源的部分辐射能量被平底锅吸收，能量经金属热

传导后，加热锅底部的水，锅底部的水加热后会上升，锅顶部的冷水则会下沉，如此反复循环，形成了热传导这种对流机制。同样，露营者本身也可通过锅与火的辐射取暖。此外，由于金属是良好的导热体，因此当露营者拿起锅时，若不戴防烫手套，就会被烫伤。和这个例子一样，地球的大气也通过传导、对流和辐射来加热自身，且会同时发生这三个过程。

概念检查 11.5

1. 区分热量和温度。
2. 描述三种热传递的方式，哪种方式对于大气而言最不重要？
3. 太阳在电磁波谱中的哪部分会辐射出最多的能量？
4. 描述一个辐射体的温度与其发出的波长的关系。

11.6 大气加热

图解接收太阳辐射的途径，总结温室效应。

本节描述太阳能如何加热地表和大气，并介绍吸收太阳辐射的路径和改变太阳辐射能量的因素。

11.6.1 吸收太阳辐射发生了什么？

当辐射到达物体时，通常有三种结果。第一，部分能量被物体吸收。回忆前文可知，物体吸收能量后会转化为热，进而增加其温度。第二，水和空气等物质不吸收某些波长的辐射，这些物质仅起传输能量的作用，导致这种辐射不会使物体的能量增加。第三，有些辐射可能被物体反射而非传输和吸收。反射和散射作用对于吸收太阳辐射的重新定向和分布起着非常重要的作用。总而言之，辐射可能被吸收、被传输或被重新分布（反射和散射）。

图 11.20 显示了吸收太阳辐射在整个地球上的分布。注意，大气足够透明使太阳辐射能够吸收。平均而言，约有 50%到达大气层上部的太阳能被地表吸收，约有 30%的太阳能被大气层、云层等反射，剩余的 20%则被云层和大气层中的气体吸收。什么因素决定了太阳能传输到地、被散射或被反射，还是被大气层吸收？如我们所知道的那样，很大程度上取决于被传送能量的波长。

11.6.2 反射和散射

反射是指光遇到物体时以相同的角度和强度反弹的物理现象（见图 11.21A），散射是指光遇到物体时会在不同方向形成许多更弱的光。散射有正向散射和反向散射，正向散射所分散的能量更多（见图 11.21B）。

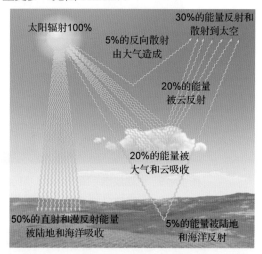

图 11.20　太阳辐射的路径。图中以百分比显示了入射太阳能的平均分布情况，其中地表吸收的能量要比大气多

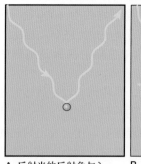

A. 反射光的反射角与入射角相同，光强不变

B. 当一束光被散射时，会在不同方向形成许多更弱的光。与反向散射相比，正向散射所分散的能量更多

图 11.21　反射和散射

反射和地球的反照率 能量主要通过两种方式从地球返回到太空：反射和辐射。反射到太空的部分太阳能与入射到地球的太阳能一样，均为短波形式。入射到大气外层的太阳能，约有30%被反射回太空，图中所示为反向散射回太空的能量。对于地球而言，这些能量是损失的能量，基本不会使大气层变暖。

表面反射能量与总入射能量之比称为反照率（反射率）。地球的总反照率约为30%。反照率的大小随地点和时间的变化而变化，既取决于当地的云层覆盖程度和空气中的微粒数量，也取决于太阳高度角和地表的性质。太阳高度角较低时，阳光穿过大气层的距离增加，太阳辐射的损失增大。图11.22显示了不同表面的反照率。注意，阳光照射到水面的角度也会影响反照率。

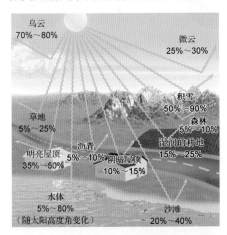

图11.22 不同表面的反照率（反射率）。一般来说，与较暗表面相比，较亮表面的反照率更高

散射 尽管入射的阳光是以直线方式照射的，但大气中的微粒和气体分子会向各个方向散射一些阳光，散射的阳光称为漫射光。漫射光可用于解释阳光照射不到的树荫下和室内明亮的原因。此外，散射对白天天空的亮度和蓝色起决定性作用。相比之下，月球和水星这样的天体由于没有大气，因此其天空是昏暗的，即使在白天也是一团漆黑。总体而言，地表吸收的太阳辐射中，约有50%是以漫射（反射）光的形式到达的。

11.6.3 吸收

正如前文所述，气体是选择性地吸收能量的物体，这意味着气体会强烈吸收某些波段的光波，而基本不吸收其他某些波段的光波。气体分子吸收辐射后，能量由辐射能变成了分子内部的动能，进而使气体分子的温度升高。

大气中含量最多的氮气，对太阳的各种辐射的吸收能力非常低。氧气和臭氧对紫外线吸收能力非常强，氧气会在大气层上部过滤掉大多数波长较短的紫外辐射，而臭氧则在平流层中吸收剩余的紫外辐射。平流层因吸收紫外辐射而导致温度升高。其他吸收太阳辐射的唯一重要物质是水蒸气，它和氧气、臭氧一起承担吸收大气中太阳辐射的任务。

对整个大气层而言，没有哪种气体能良好地吸收可见光辐射。因此，这很好地解释了可见光能到达地表的原因，以及我们所说大气层对太阳辐射透明的原因。所以，大气层所获取的能量并非直接来源太阳，而是来自地表接收太阳辐射后对大气层的辐射。

11.6.4 大气层变暖：温室效应

到达大气层顶部的太阳能，约有50%会被地面吸收，而地面吸收的能量中的大部分，会重新辐射到外太空。由于地表的温度远低于太阳的温度，因此与太阳相比，地球会发出更长波长的辐射。

对地球辐射而言，整个大气层都是良好的吸收体，其中水蒸气和二氧化碳是主要的吸热气体。水蒸气对地球辐射的吸收能力是其他普通气体吸收能力总和的5倍多，因此会使得大气层下部的对流层的温度较高。由于大气层几乎不吸收太阳的短波辐射，而仅吸收对地球的长波辐射，因此大气层从下到上，温度逐渐降低。这就是在对流层中，温度随高度的增加而降低的原因。距离辐射源越远，吸收的热量越少，温度也越低。

大气层中的气体吸收地球辐射后会变热，但它们最终会将吸收的热量辐射出去。有些能量会消散到大气中，而有些能量则会被其他气体分子吸收。另一个导致高度升高而气温降低的原因是，水蒸气的含量随着高度的升高而降低，进而导致吸收的热量降低。其他的残余热量会反射回地表而被地球吸收。因此，地表一直在吸收来自太阳和大气层的能量。若大气层不存在这些易吸收能量的气体，地球可能就不适宜各种生物的生存。由于这种现象类似于温室中加热，因此被称为温室效应（见图11.23）。

诸如月球这样没有大气的天体。所有入射太阳能均会到达地表，其中的部分能量会反射回太空，剩下的能量会被月球表面吸收，并直接辐射回太空。因此，月球表面的平均气温与地球相比低得多

诸如地球这样的温室气体含量中等的星球。大气层吸收部分来自地表的长波辐射，其中的部分能量又被反射回地表，进而使得地球的温度保持为33℃

诸如金星这样的含有大量温室气体的星球。金星的温室气体含量很高，因此其表面温度高达523℃

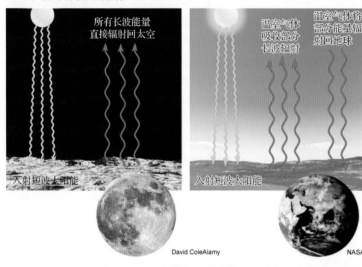

图11.23　温室效应。地球的温室效应与太阳系中其他两个较近天体的比较

大气层中的气体行为类似于温室中的玻璃，尤其是大气层中的水蒸气和二氧化碳。它们都允许较短波长的太阳能进入，并被其中的物体吸收。这些物体本身又会发出波长较长的能量，且这种能量不会被玻璃吸收，因此热量就被温室捕获。但使得温室保持稳定的一个更重要的因素是，温室内部气体的温度要比外部气体的温度高。

概念检查 11.6

1. 入射太阳能的三种路径是什么？
2. 天体反照率随时间和地点发生变化的因素是什么？
3. 为何大气主要由地表辐射而非太阳辐射加热？
4. 画图说明什么是温室效应。

11.7　人类活动对全球气候的影响

总结自 1750 年来大气圈变化的规律与原因，描述大气的响应和一些可能的后果。

气候不仅随地点变化，而且也随时间变化。在地球的漫长历史中，早在人类出现之前，就已经历了从温暖到寒冷、从潮湿到干燥的周期变化。今天，科学家已了解使得气候发生变化的主要因素包括自然因素和人类活动，例如，过多地向大气中排放二氧化碳和其他污染气体会使得气候发生变化。

前一章介绍了二氧化碳是地表辐射的良好吸收体，也是造成温室效应的重要气体成分，因此二氧化碳含量的变化会影响大气的温度。

你知道吗？

如果地球的大气中没有温室气体，那么地表的温度会降低到−18℃，而非现在的 15℃。

11.7.1　二氧化碳含量增加

过去两百年来，地球上的工业化进程一直在以燃烧化石燃料（煤、天然气、石油）的方式推动着（见图 11.24）。这些燃料的燃烧使得大气中的二氧化碳含量一直在增加。图 11.5 显示了自 1958 年以来夏威夷莫纳罗亚天文台观测到的二氧化碳含量的变化（见章首的照片）。

煤炭及其他燃料的使用，是人类使得大气中二氧化碳的含量增加的最主要方式，但并非唯一方式。森林的毁灭造成植物燃烧和腐烂，也能使得二氧化碳的含量增加。森林砍伐主要是发生在热带

地区，这些地区常被用来进行农场改造，或进行低效率的商业采伐工程（见图11.25）。

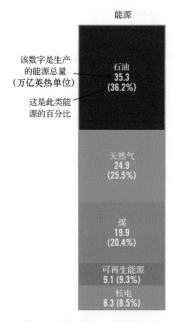

图11.24 美国的能源消耗。该图显示了 2011 年的能源消耗情况。总消耗能量为 97.5 万亿英热单位，其中化石能源的比例超过 83%（数据由美国能源情报署提供）

其中的部分过量二氧化碳会被植物或海洋吸收。估计约有 45%的二氧化碳仍留在大气层中。图 11.26 显示了 40 万年前至今，大气中二氧化碳含量的变化。在这样的时间尺度下，二氧化碳含量的波动范围是 180～300ppm。人类活动对二氧化碳含量的影响，甚至比过去 65 万年以来的最高值高出 30%。自工业化以来，二氧化碳含量的增加非常明显。过去几十年里，大气中二氧化碳含量的年增长率一直在升高。图 11.27 显示了美洲地区"碳排放"的逐年变化情况。

图 11.25 热带森林砍伐。热带雨林的砍伐和焚毁是非常严重的环境问题，它不仅影响到了生物的多样性，也是二氧化碳的主要来源。雨林的清理通常采用大火来进行，上图是巴西亚马孙流域的一景（照片由 Pete Oxford/Nature Picture Library 提供）

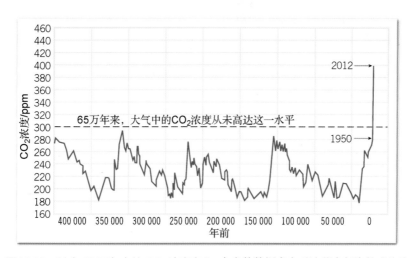

图11.26 过去 40 万年中的 CO_2 浓度变化。大多数数据来对冰芯中气泡的成分分析。1958 年以来的数据是夏威夷莫纳罗亚天文台直接测量得到的。工业革命以来，二氧化碳含量的快速增加趋势非常明显（NOAA 供图）

图11.27 一名普通美国人的二氧化碳年平均排放量。美国人排放的二氧化碳占全球总量的20%，其中一名普通美国人的年平均排放量约为24300千克。图中显示了美国人排放二氧化碳的一些方式。不同人的碳排放量可能不同，具体取决于其生活方式

图中文字：
每月使用1100千瓦电能，排放7711千克CO₂

每月使用178立方米天然气，排放3991千克CO₂

每天产生2千克垃圾，排放453千克CO₂

每周驱车250千米，排放4036千克CO₂

每年飞行3000千米，排放453千克CO₂

11.7.2 大气响应

大气中二氧化碳含量的增加，会使得全球的气温升高吗？答案是必然的。2007年政府间气候变化专门委员会（IPCC）的报告表明："气候无疑已变暖，这一结论已从全球大气与海洋温度的升高、大规模的冰雪融化及海平面上升等现象得出"。大多数全球平均气温变化始于20世纪中期，它们是由人类活动产生的温室气体造成的（据IPCC的研究报告，其概率为90%～99%）。20世纪70年代中期以来，全球气候变暖了约0.6℃，而过去的一个世纪则升高了0.8℃。这种地表温度上升的趋势如图11.28A所示。图11.28B所示的世界地图，显示了2011年的地表温度相对于1951—1980年的平均地表温度的变化。由图可以看出，气候变暖最明显的是北极圈和周围的高纬度地区。下面给出一些相关的事实：

● 在1850年至今的气温记录中，最暖的16年是1995—2011年。

● 今天的全球平均气温至少要比过去500～1000年的平均气温高。

● 全球海洋平均气温升高至少影响到了3000米的深度。

这些气温变化是由人类活动引起的，还是自然发生的？IPCC的科学结论一致认为，人类活动要对1950年以来的气温变化负主要责任。

未来会怎样呢？未来几年的变化预测仍取决于排放的温室气体数量。图11.29显示了预测的全球气温变化曲线。2007年的IPCC报告认为，若二氧化碳的含量是工业化前的两倍，即增加到560ppm，那么气温变化的范围为2℃～4.5℃。气温增加不可能低于1.5℃（概率为1%～10%），甚至高达4.5℃。

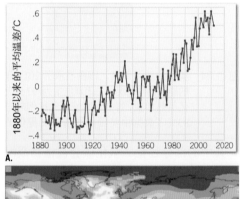

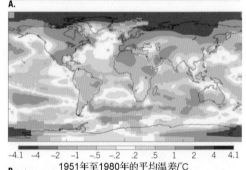

图11.28 全球气温。2011年是近10年中最暖和的一年。A.该图显示了1880年以来全球气温的变化情况，单位为摄氏度。B.这幅世界地图显示了2011年的气温与1951—1980年的平均气温的比较情况。北半球高纬度地区的温差明显（NASA/Goddard Institute for Space Studies 供图）

11.7.3 一些可能的后果

大气中的二氧化碳含量达到20世纪早期的两倍时，会造成什么后果？由于地球的天气系统

非常复杂，因此只能预测局部地区的天气，很难预测天气变化的细节，如何时何地会出现干旱或洪水。虽然如此，我们仍可合理地预测大范围时间和空间尺度的天气。

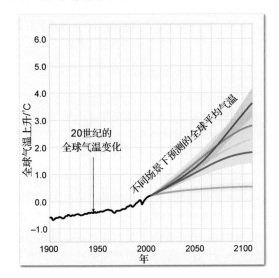

图11.29　1900 年至 2100 年的气温变化趋势。图的右侧是基于不同排放情景的全球变暖预测图。与每根彩色线条相邻的阴影区域显示了每种情景的不确定范围。比较的依据（纵轴上的 0.0）是 1980—1999 年间的全球平均气温。橙色线条表示 2000 年后 CO_2 含量基本不变的情景（NOAA 供图）

人类活动引起的全球变暖的另一个重要影响是全球海平面的上升。潜在的天气变化包括大型风暴路径的变化，可能会造成降水变化和极端

天气的发生。也会诱发其他可能的天气变化，如强热带风暴、热浪和干旱（见表11.2）。

有些气候变化可能会小到大多数人难以察觉。尽管气候的变化是渐进的，但其对经济、社会、政治有着重大的影响。

表 11.2　21 世纪全球气候变化：预计变化和估计概率
更高的最高气温：陆地上出现更多的热天和热浪（基本确定）
更高的最低气温：陆地上的冷天、雾天和寒潮变少（基本确定）
大部分区域强降雨的频率增加（很可能）
干旱面积增加（可能）
强热带气旋活动（可能）
"基本确定"表示其概率大于 99%，"很可能"表示其概率为 90%～99%，"可能"表示其概率为 67%～90%

你知道吗？

二氧化碳不是唯一导致全球变暖的温室气体。科研人员已逐渐认识到，工业和农业活动导致了一些微量气体的增加，包括甲烷（CH_4）和一氧化二氮（N_2O）。这些气体会吸收地球辐射到太空的长波，进而阻止地球热量的流失。总之，这些气体的作用与二氧化碳的作用类似。

概念检查 11.7

1. 为什么在过去的 200 年里，大气中二氧化碳的含量一直在增加？
2. 大气层对二氧化碳含量的增加有何响应？
3. 随着二氧化碳含量的增加，大气圈下部的气温将会如何变化？

11.8　气温数据

计算 5 种常用类型的温度数据，并解释使用等温线来描述温度数据的地图。

与其他天气因素相比，气温的变化更能引起人们的注意。气象站有专门的气温百叶箱定期测量气温（见图 11.30）。百叶箱的作用是保护仪器避免阳光直射，同时允许空气自由地流动。

每日的最高气温和最低气温是由气象学家根据基本的气温数据测算出来的。

1. 最高气温与最低气温之和的平均值，即为日平均气温。
2. 最高气温与最低气温之差，即为气温日较差。

3. 一个月的日平均气温之和，除以该月的天数，即为月平均气温。
4. 一年中 12 个月的平均气温的平均值，即为年平均气温。
5. 最高月平均气温与最低月平均气温之差，即为气温年较差。

在进行日与日、月与月和年与年之间的气温比较时，平均气温非常有用。常常听到天气预报员报告："上个月是有记录以来最暖和的二月"，"今天芝加哥的气温比迈阿密高 10°"。

气温较差由于能够反映气温的极端情况，因此是一个很有用的统计数据，是了解一个地方或一个地区天气和气候的必要组成部分。

图 11.30 测量气温。这个现代百叶箱中含有一个称为热敏电阻的电子温度计。百叶箱的作用是避免设备被阳光直射，并让空气自由流动（Bobbé Christopherson 供图）

等温线常用来表现气温的大范围分布情况，它是图上温度值相同各点的连线，所以同一时间任意一条等温线上的各点气温相等。等温线间隔一般为 5° 或 10°，实际上也可以选择任意数值的间隔。图 11.31 显示了等温线图的绘制，需要注意的是由于观测站点的温度值与等温线的数值不一致，导致大多数的等温线未直接通过站点。只有个别站点的温度值与等温线值完全相等，因此通常需要估计站点之间的适当位置来画等温线。

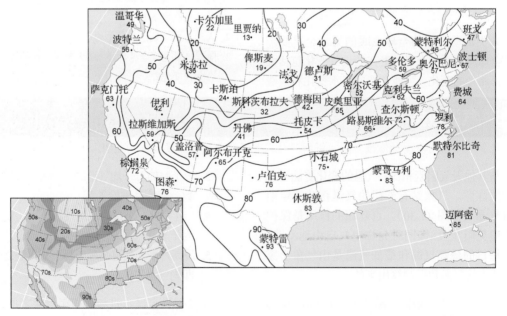

图11.31 等温线。春季某日的高温分布。温度值相同的点的连线为等温线，这种方式让温度一目了然。要注意的是，大多数等温线并未通过观测站点，因此需要估计在站点之间的适当位置画等温线。电视和报纸上的等温线图是彩色的，标记不在等温线上面，而在等温线之间的区域。例如，60℃和70℃等温线之间的区域标记为"60s"

等温线图是很有用的，它使温度分布一目了然，可以方便地判断出低温和高温区域。此外，每单位距离内的温度变化幅度称为温度梯度，在等温线图上也很容易分析温度梯度。密集的等温线表示温度变化快，而稀疏的等温线表示温度变化慢。例如，在图 11.31 中，美国科罗拉多州和犹他州的等温线很密集（更陡的温度梯度），而得克萨斯州的等温线比较稀疏（更平缓的温度梯度）。如果没有等温线，地图就会被成千上万个站点的温度数据填满，这样就很难看出温度的分布状态。

概念检查 11.8

1. 下列天气数据是如何计算的：日平均气温，气温日较差，月平均气温，年平均气温，气温年较差？
2. 什么是等温线？它们的作用是什么？

11.9 影响气温的因素

讨论影响气温的因素并应用实例说明这些因素的影响。

影响温度的各种因素造成了不同地方和不同时间之间的温度变化。前文介绍了接收太阳辐射的不同是导致温度变化最重要的原因。由于太阳高度角和昼长随纬度变化，使得热带地区温度高，极地地区温度低。同时，由于一年内某一纬度上太阳垂直入射角的移动变化导致该纬度温度的季节变化。

但纬度并不是影响温度分布的唯一因子。如果是的话，那么同一纬度上所有地方的温度应该都是相同的。但实际情况并非如此。例如，美国加利福尼亚州的尤里卡和纽约市都是位于同一纬度上的沿海城市，年平均气温均是 11℃。但 7 月份温度纽约要比尤里卡高 9℃，1 月份温度纽约要比尤里卡低 10℃。另一个例子是，厄瓜多尔的两个城市基多和瓜亚基尔相距很近，但两个城市的年平均气温相差 12℃。要解释这些现象，必须认识影响温度变化的其他因素，包括海陆的热力差异、海拔高度、地理位置和洋流[①]。

11.9.1 海陆分布

地表加热会导致大气加热。因此，要了解气温变化的规律，必须了解土壤、水、树木和冰雪等不同地表类型的加热特征。不同类型的地表反射和吸收太阳能的多少不同，从而也影响到地表上面空气的温度。然而，最大的差异并不是陆地表面之间的差异，而是陆地与海洋之间的差异。相对于海洋，陆地更易加热，也更易冷却，因此陆地的温度变化更为明显。

为什么陆地和海洋的加热和冷却率不同呢？可能的原因有：

● 水的比热容（1 克物质升高 1℃所需的能量）比陆地的大。因此，升高相同的温度时，水需要更多的能量。

● 陆地表面不透明，因此热量仅在表面吸收。而水则相对透明，允许热量穿透几米深。

● 加热后的水通常会与底部的水混合，因此会更大规模地分布热量。

● 与陆地表面相比，水体的蒸发量更大。

上述所有因素共同使得水体的升温速度更慢，因此其存储的热量越多，降温就越慢。

对比加拿大两个城市的月平均气温资料可以明显地看出大范围水体对气温的调节作用和陆地的极值情况（见图 11.32）。一个是位于太平洋迎风海岸的温哥华，另一个是远离海岸，地处内陆地区的温尼伯。这两个城市的纬度相同，因此太阳高度角和日照时长都相同。然而，温尼伯 1 月份的平均气温要比温哥华的低 20℃，而 7 月份的平均气温要比温哥华的高 2℃。虽然这两个城市的纬度相同，但由于没有水体的调节作用，温尼伯比温哥华具有更高的温度极值。温哥华全年气候温和的关键原因是太平洋。

比较南半球和北半球的温度变化可以证明在不同尺度上水体调节作用的影响。北半球 61% 的面积是水体，陆地面积只占 39%。而南半球水体所占比例为 81%，陆地仅为 19%。这也是南半球被称为水半球的原因（见图 9.1）。表 11.3

---

① 洋流对温度的影响详见第 10 章。

表明，南半球与北半球相比，其年均气温的变化更小。

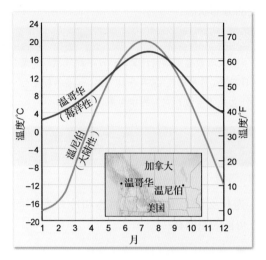

图11.32 加拿大温哥华和温尼伯的月气温曲线。由于太平洋的影响，温哥华的气温年较差较小，而温尼伯由于地处内陆地区，具有更大的温度年变化

表 11.3 年均气温随纬度的变化（℃）

纬度	北半球	南半球
0	0	0
15	3	4
30	13	7
45	23	6
60	30	11
75	32	26
90	40	31

11.9.2 海拔高度

前面提到的厄瓜多尔的两个城市基多和瓜亚基尔，体现了海拔高度对平均气温的影响。这两个相距很近的城市都靠近赤道，而瓜亚基尔的年均气温为 25℃，基多的平均气温为 13℃。注意到这两个城市海拔高度的差异，就会很容易理解它们之间温差这么大的原因。瓜亚基尔的海拔高度仅为 12 米，而基多在安第斯山脉上，海拔高度为 2800 米。图 11.33 给出了另一个例子。

回忆前文可知，对流层中海拔高度每升高 1 千米，气温下降 6.5℃。因此，海拔越高，温度越低。但是，这一温度差不能完全用正常温度递减率来解释。如果完全按这个温度递减率来计

算，基多的温度应比瓜亚基尔的低 18℃，而它们间的实际温差仅为 12℃。在类似于基多这样的高海拔地区，实际温度之所以高于根据正常温度递减率计算得到的温度值，是因为地面对太阳辐射的吸收和多次反射。

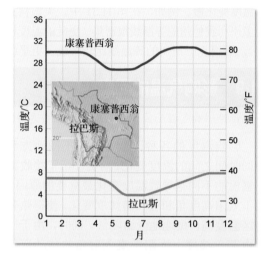

图 11.33 康塞普西翁和玻利维亚拉巴斯的月平均气温曲线。两个城市的纬度相近（南纬16°），但拉巴斯位于安第斯山脉上，海拔高度为 4103 米，因此其温度要比海拔高度为 490 米的康塞普西翁的低

11.9.3 地理位置

在特殊地点，地理环境也可能对温度产生巨大影响。盛行风由海洋吹向陆地的沿海地区（迎风海岸），与盛行风由陆地吹向海洋的沿海地区（背风海岸）相比，二者的温度就有着明显的差异。与同纬度内陆地区相比，迎风海岸将经历夏季凉爽和冬季温暖的海洋适度影响。背风海岸缺乏海洋的调节作用，温度变化特征与内陆地区差别不大。加利福尼亚州的尤里卡和纽约这两个之前提到的城市，就能说明地理位置的这种影响（见图 11.34）。纽约的年气温差是 19℃，比尤里卡的高。

美国华盛顿州的西雅图和斯波坎两个城市，则说明了地理位置的第二个影响：山的屏障作用。虽然斯波坎在西雅图东部，距离只有 360 千米，但两个城市中间隔着高耸的喀斯喀特山脉。因此，西雅图表现为明显的海洋性气候，而斯波坎则是典型的大陆性气候（见图 11.35）。斯波坎 1 月份的平均气温要比西雅图低 7℃，7 月份的平均气温则要比西雅图高 4℃。斯波坎的气温年较差比西雅图的

大 11℃，原因是喀斯喀特山脉有效地阻挡了太平洋对斯波坎的影响。

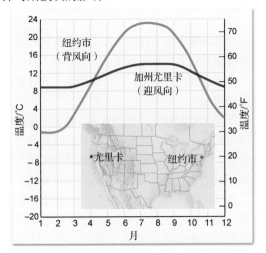

图 11.34 美国加利福尼亚州尤里卡和纽约市的月平均气温曲线。两个城市均是位于相同纬度的沿海城市，由于尤里卡受海洋吹向陆地的盛行风向的影响，因此比完全不受海风影响的纽约市具有更小的气温年较差

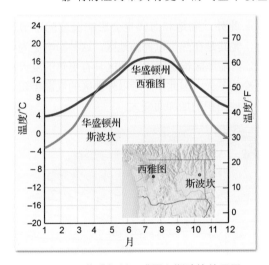

图 11.35 华盛顿州西雅图和斯波坎的月平均气温曲线。由于喀斯喀特山脉阻挡了太平洋的影响，因此斯波坎的气温年较差比西雅图的大

11.9.4 云量和反照率

大家可能注意到，白天，晴天时通常比阴天暖和；而夜晚，晴天则比阴天冷。这表明云量是影响低层大气温度的另一个因素。研究卫星图像可知，在任意时刻，地球将近一半区域是被云覆

盖的。云之所以重要，是因为大部分云具有高反照率，能将相当部分的太阳辐射反射回太空。与无云的晴天相比，阴天时云减少了太阳辐射，使得白天的温度偏低（见图 11.22）。

夜晚，云的作用与白天相反。它们吸收地球向外长波辐射并向地面再辐射一部分，因而云层使得本来要推动的一部分热量被保留在地面附近，这就使得阴天的夜间降温不会像晴朗的夜间降温那么低。云通过降低白天最高温度和升高夜间最低温度使气温日较差减小（见图 11.36）。

云并不是唯一因增加反照率而降低温度的自然现象，冰雪覆盖的表面也具有高反照率，这就是高山冰川夏季不会完全融化的原因之一。此外，冬季当大雪覆盖地面时，晴朗的白天最高气温也会比想象的低，因为本应被地面吸收并用来加热大气的太阳辐射被雪面反射回去了。

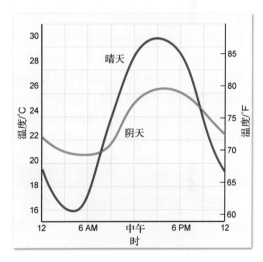

图11.36 伊利诺伊州皮奥里亚 7月某晴天和阴天的温度日循环。晴天时，最高温度更高，最低温度更低。阴天的气温日较差比晴天的更大

概念检查 11.9

1. 列出使得陆地和水域加热与冷却不同的因素。

2. 厄瓜多尔的基多是位于赤道附近的内陆城市，其年平均气温仅为 13℃。导致这一低温的原因是什么？

3. 地理位置影响气温的方式是什么？

4. 云量如何影响阴天的最高温度？云量如何影响夜晚的最低温度？

11.10 气温的全球分布

根据 1 月和 7 月的世界温度图阐释温度机制。

图 11.37 和图 11.38 分别是 1 月份和 7 月份全球等温线分布。从赤道附近地区的暖色到极地地区的冷色的色调变化，表现了最冷月和最暖月的海平面温度特征。从图中可以看出，全球温度分布特征以及对温度分布产生影响的纬度、海陆分布和洋流等因素，和其他大尺度等值线图一样，图中所有温度值已校正到海平面上，以消除海拔高度对温度造成的区域影响。

图中等温线分布呈东西走向且温度由热带地区向两极递减。这些基本特征说明了全球温度分布的一个最基本的事实：入射太阳辐射对地表和大气的加热比纬度的影响更加有效。此外，温度随纬度的变化是由太阳垂直照射的季节性移动造成的，比较两张图的色带变化就可以看出这一特征。

假如纬度是影响温度分布的唯一因素，我们的分析就可以到此为止。但实际上并不是这样。海洋和陆地不同的加热效应对温度分布的影响也在 1 月和 7 月的图中反映出来。温度的最大值和最小值中心都在陆地上。由于海洋区域温度变化不如陆地区域大，因此陆地上等温线的南北移动幅度比海洋上大。此外，几乎全是海洋的南半球的等温线比北半球更规则，而北半球 7 月份陆地上的等温线向北弯曲，1 月份陆地上的等温线则向南弯曲。

等温线也反映了洋流的影响。暖流使得等温线向极地方向偏移，而寒流使得等温线向赤道方向偏移。暖流的水平输送导致所经过的纬度气温升高，反之寒流使得受影响的纬度温度降低。

图 11.37 和图 11.38 显示了温度极值的季节性变化，比较两幅图可以看出每个地方的气温年较差。靠近赤道的地方由于一年中日照时长的变化幅度很小及相对较高的太阳高度角，所以气温年较差很小。位于中纬度地区的站点，由于一年内太阳高度角和日照时长的变化较大，气温年较差就较大。因此可以说，气温年较差是随纬度增高而增大的。

此外，陆地和海洋也会影响温度的季节变化，尤其是在热带以外的地区，这种影响更为明显。内陆地区肯定比沿海地区具有更热的夏天和更冷的冬天。因此，热带以外地区的气温年较差随陆地面积的增加而变大。

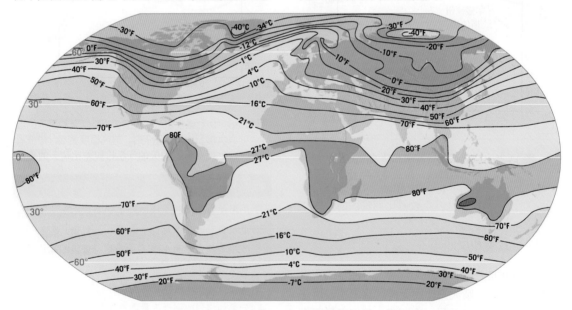

图11.37　全球 1 月平均海平面温度分布［单位：摄氏度（℃）和华氏度（℉）］

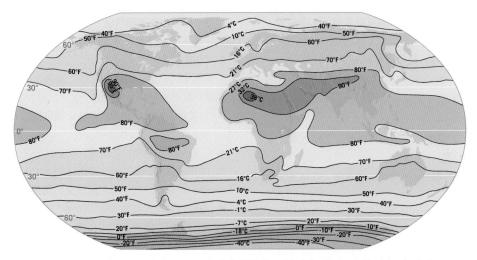

图11.38 全球7月平均海平面温度分布［单位：摄氏度（℃）和华氏度（℉）］

你知道吗？

西伯利亚的雅库茨克是高纬度大陆性气候的一个典型例子。由于所在纬度为60°并远离海洋的影响，因此雅库茨克的气温年较差为62.2℃，是地球上最大的气温年较差。

概念检查 11.10

1. 等温线为何通常呈东西走向？
2. 等温线的南北移动为何随季节变化？
3. 什么地方的等温线变化最大？是海洋还是陆地？请解释。
4. 地球上哪个地方的气温年较差最大？

概念回顾：加热大气

11.1 关注大气

区分天气和气候，了解天气和气候的一些基本要素。

关键术语：天气、气候、因素

● 天气是给定时间与地点的大气状态。气候是某段时间内天气的综合特征。

● 天气最重要的因素——天气和气候的数量或属性包括：①气温；②湿度；③云量和云型；④降水的类型和降水量；⑤气压；⑥风速和风向。

? 附图所示为亚利桑那州南部烛台掌国家保护区4月某天的场景。详细描述图中所示地点分别与天气和气候相关的特征。

11.2 大气组成

列出组成地球大气圈的主要气体，并识别哪些成分对理解天气和气候变化最重要。

关键术语：大气、悬浮尘粒、臭氧

● 大气由多种气体组成，具体成分随时间和地点的变化而变化。去掉水蒸气、灰尘和其他一些易变成分后，干净且干燥的大气主要由氮气和氧气组成。二氧化碳的含量尽管较低，但由于具有吸收太阳辐射的能力，因此非常重要。

Michael Collier

● 在大气的易变成分中，水蒸气是形成云层和降水的重要来源，因此同样非常重要。类似于二氧化碳，水蒸气也会吸收来自地球的热量。当水从一种状态转变到另一种状态时，会吸收或放出热量。大气中的水蒸气会将潜热从一个地方传到另一个地方，进而形成风暴。

● 悬浮尘粒是较小的固态或液态颗粒，水蒸气会在其表面冷凝，同样能吸收和反射入射的太阳辐射。

- 臭氧由三个氧原子组成（O_3），它主要集中在 10～50 千米的高空，能阻挡有害的紫外辐射。

11.3 大气层垂向结构

图解地球表面到大气圈顶部的气压变化，标出根据温度划分的大气圈层。

关键术语：对流层、气温垂直梯度、无线电探空仪、平流层、中间层、电离层

- 随着高度的增加，大气越来越稀薄，且与太空无明确的界限。

- 大气根据温度的变化垂向分成 4 层。对流层位于最下部，其温度随着高度的增加而降低。正常温度递减率为 6.5℃/千米。基本上，所有天气现象均出现在对流层中。

- 对流层的上部为平流层，平流层中的臭氧因会吸收紫外线而使平流层变热。到达中间层后，温度再次降低。中间层的上部为电离层，其大气成分较少，范围不明确。

? 附图中的气象气球最初上升时，其温度为 17℃。气球当前位于 1 千米的高度。气球所携仪器的名称是什么？气球位于大气中的哪个层位？此处的温度是多少？你是如何计算的？

11.4 地日关系

解释太阳高度角和白昼时长年度变化的原因，说明这些变化是如何形成四季的。

关键术语：公转、晨昏线、自转、地轴倾角、北回归线、夏至、南回归线、冬至、秋分、春分

- 地球运动的两种：①自转，即地球绕地轴的每日转动；②公转，即地球绕太阳旋转。

- 太阳高度角和不同纬度白天时长的变化，形成了四季的变化。地轴倾角和公转同样会形成四季变化。

11.5 能量、热量和气温

区分热量（热度）和温度，列出三种热传递的机制并加以描述。

关键术语：热量、温度、传导、辐射、电磁辐射、可见光、红外辐射、紫外辐射

- 热量是指物质中能量的多少，温度指的是强度，即热的程度。

- 三种热传递机制：①传导，即通过分子运动在物质间传递热量；②对流，即通过物质的运动来传递热量；③辐射，即通过电磁波来传递热量。

- 电磁辐射以光和波的形式传递，因此称为电磁波。所有辐射均能在真空中传播。不同电磁波的最大区别在于波长，波长最长的是无线电波，波长最短的是伽马射线。可见光是电磁波谱中人们能用肉眼看到的那部分光。

- 与辐射相关的基本定律：①所有物体均能辐射能量；②热物体比冷物体辐射更多的能量；③物体越热，其辐射的波长越短；④良好的辐射吸收体也是良好的辐射发射体。

11.6 大气加热

图解太阳辐射的途径，总结温室效应。

关键术语：反射、散射、反照率、漫射光、温室效应

- 50% 的太阳辐射直接到达地表。30% 的辐射会反射回太空。表面反射的辐射比称为反照率。剩下 20% 的能量被云和大气中的气体吸收。

- 地表吸收的辐射能最终会向空中辐射。地表温度要比太阳的温度低很多，因此地球的辐射主要以长波红外线的形式进行。大气中的气体（主要是水蒸气和二氧化碳）均为长波辐射的良好吸收体，因此大气能被加热。

- 水蒸气和二氧化碳对地球辐射的选择性吸收，导致地球的平均气温要比理论温度高一些，这一作用称为温室效应。

11.7 人类活动对全球气候的影响

总结自 1750 年来大气层变化的规律与原因，描述大气的响应和一些可能的后果。

- 大气中二氧化碳含量的增加，主要是人们燃烧化石能源和砍伐森林等造成的，因此人类对全球变暖负有不可推卸的责任。

- 全球变暖的后果包括：①温度和降雨模型的变化；②海平面逐渐上升；③风暴路径的改变，热带风暴的频率和强度增加；④热浪和干旱的频率与强度增加。

11.8 气温数据

计算 5 种常用类型的温度数据，并解释使用等温线来描述温度数据的地图。

关键术语： 日平均气温、日较差、月平均气温、年平均气温、气温年较差、等温线，温度梯度

● 日平均气温是日最高气温和最低气温的平均值，日较差是日最高气温和最低气温的差。月平均气温是该月日平均气温的平均值，年平均气温是 12 个月平均气温的平均值，气温年较差是最高月平均气温与最低月平均气温的差。

● 等温线用于描述温度的分布情况，它是沿相同温度位置绘制的线条。温度梯度是相同距离内温度的变化量。等温线的间隔越小，温度变化越快。

11.9 影响气温的因素

讨论影响气温的因素并说明这些因素的影响。

关键术语： 气温因素

● 影响气温的因素会使得气温随地点和时间变化。纬度是因素之一，洋流是因素之二。

● 陆地和海洋加热的不同是影响气温的另一个因素，陆地和海洋加热与冷却的不同，使得陆地的气温年较差大于海洋的气温年较差。

● 海拔高度也是影响气温的因素：海拔高度越高，温度越低；因此山脉地区要比盆地的气温低。

● 地理位置对气温的影响包括对气流的阻碍作用，以及地点是位于迎风面还是位于背风面。

? 附图显示了伊利诺伊州乌尔班纳和加利福尼亚州旧金山两地的各月最高气温曲线。尽管这两个城市的纬度相同，但温差很大。哪条线表示的是乌尔班纳的气温？哪条线表示的是旧金山的气温？你是如何分辨的？

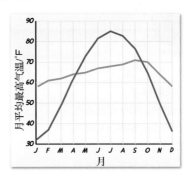

11.10 全球气温分布

根据 1 月和 7 月的世界温度图阐释温度机制。

● 世界地图上显示了 1 月和 7 月的平均气温，等温线呈东西走向，表明了气温从赤道到两极逐步降低。比较两幅地图，发现气温随纬度变化。弯曲的等温线揭示了是洋流的位置。

● 越接近于赤道，气温年较差越小；纬度越大，气温年较差越大。在热带区域之外，海洋的影响逐步消失，年温年较差增大。

思考题

1. 判断如下陈述哪个针对的是天气，哪个针对的是气候（注意：其中一条陈述既针对天气也针对气候）。

   a. 棒球比赛因为下雨取消了。

   b. 1 月是奥马哈市最冷的一个月。

   c. 非洲北部是沙漠地区。

   d. 今天下午的最高气温为 25℃。

   e. 昨晚龙卷风袭击了俄克拉荷马州。

   f. 我们搬迁到了亚利桑那州南部，因为这里阳光高照。

   g. 周四的低温-20℃是有记录来最冷的温度。

   h. 今天局部多云。

2. 参考图 11.3，回答有关纽约气温的如下问题：

   a. 平均最高温度和最低温度是出现在 1 月还是出现在 7 月？

   b. 有记录的最高气温和最低气温约为多少度？

3. 飞机的高度约为 10 千米。参考图 11.8，飞机所在位置的气压是多少？飞机所在位置下方的大气占整个大气的百分比是多少？（假设地表的压力是 1000 毫巴。）

4. 夏至时若你在纽约（北纬 40°）看到正午的太阳正好在头顶上（90°角度），此时地轴倾斜角是多少？如果地球以这种角度倾斜，季节会如何变化？

5. 阳光在北极的照射时间从春分到秋分持续 6 个月，而温度却越来越低。为什么？

6. 附图所示为夏季下午晴朗、温暖的沙滩。

   a. 计算沙滩表面及其下方 30 厘米处的温度。

   b. 站在齐腰深的海水中，然后测量水面温度和水面

下方 30 厘米处的温度。这些温度和沙滩上测量的温度有何不同？

Tequilab/Shutterstock

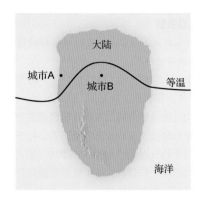

7. 夏季哪一天的气温日较差最大？哪天的气温日较差最小？请解释。

   a. 多云的白天和晴朗的夜晚

   b. 晴朗的白天和多云的夜晚

   c. 晴朗的白天和晴朗的夜晚

   d. 多云的白天和多云的夜晚

8. 附图代表的是北半球的一个假想大陆，其上已画了一条等温线。

   a. 城市 A 和城市 B 中，哪个的温度更高？

   b. 此时是冬季还是夏季？你是如何确定的？

   c. 画出 6 个月后这条等温线的位置。

9. 附图所示为中纬度地区晚冬的某个晴天，地面被冰雪覆盖。假设一周后再次拍照时，除冰雪没有了之外，其他所有条件相同。这两天的气温会如何变化？有差异吗？如果有差异，哪天较为暖和？请解释。

CoolR/Shutterstock

第12章 湿度、云和降水

与雷暴和恶劣天气有关的积雨云（Cusp/SuperStock 供图）

水汽是一种无色、无味的气体，它可以和大气中的其他气体成分自由混合。与大气中含量最多的氧和氮不同，水可以在地球温度环境下从一种物质状态变为另一种物质状态（固体、液体或气体）。由于这一特性，水可以变成气体离开海洋，也可以以液态降水重回海洋。

观察天气变化时，我们可能会问，为何夏天要比冬天湿润？为何云只在某些特定情况下形成？为何有些云层很薄且无害，而乌黑的云层则预示着不详之兆？这些问题的答案涉及大气中的水汽，即本章的主题。

12.1 水的相变

了解水的相变过程，定义潜热并说明其重要性。

水是唯一以固态（冰）、液态和气态（水汽）在地球上存在的物质，它由氢原子和氧原子所形成的水分子（H_2O）组成。在所有三种物质状态下（包括冰），这些分子都是在不断地运动着的；温度越高，分子运动的速度越快。水、冰和水汽最主要的区别在于水分子的排列方式。

12.1.1 冰、液态水和水汽

冰由水分子组成，动能（运动）较低的水分子由其相互作用的引力（氢键）结合在一起。冰的水分子以网络状有序地有紧密地结合在一起（见图 12.2）。这种结构使得水分子彼此之间无法自由移动，只能在固定的位置振动。冰被加热时，水分子的振动会加速；当水分子的运动速率大到一定程度时，就会破坏水分子之间的氢键，冰就开始融化。

水在液态时，水分子仍然紧密地挤在一起，但运动速度会快得足以滑过另一个水分子。因此，液态水就成为流体，因而可以成为任何盛装其容器的形态。

液态水从周围环境获得热量时，某些水分子因获得了足够的能量而破坏氢键，进而逃离液体表面变成水汽。水汽分子之间的空间较大。区分气体和液体的主要因素是其可压缩性（膨胀性）。

例如，我们可以很容易地将空气注入轮胎，且只增加很小的一部分体积，但无法将 10 升汽油装入容量为 5 升的油罐中。

图 12.1 倾盆大雨（AP Photo/Keystone, Marcel Bier 供图）

总之，当水发生相变时，它并不会变成其他物质，只是水分子间的距离和相互作用发生了改变。

12.1.2 潜热

只要水的状态发生变化，就会与周围环境发生热量交换。例如，蒸发水需要热量（见图 12.2）。气象学家将水的状态变化所需的热量单位称为卡，1 卡相当于 1 克水的温度升高 1℃所需的热量。因此，当 1 克水吸收了 10 卡的热量后，水分子的运动加速，温度升高 10℃。

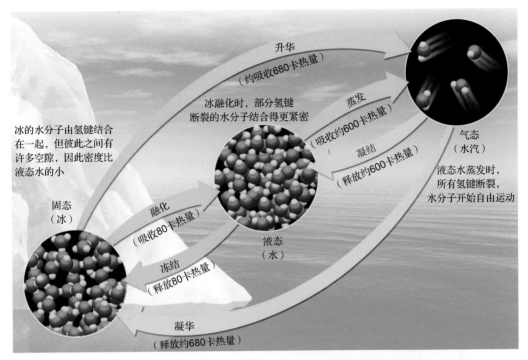

升华
（约吸收680卡热量）

冰融化时，部分氢键
断裂的水分子结合得更紧密

蒸发
（吸收约600卡热量）

凝结
（释放约600卡热量）

冰的水分子由氢键结合
在一起，但彼此之间有
许多空隙，因此密度比
液态水的小

气态
（水汽）

液态水蒸发时，
所有氢键断裂，
水分子开始自由运动

固态
（冰）

融化
（吸收80卡热量）

液态
（水）

冻结
（释放80卡热量）

凝华
（释放约680卡热量）

图 12.2 状态的变化总是伴随着热量交换。图中显示了 1 克水从
一种状态转换为另一种状态时，所需吸收或放出的热量

在一定条件下加热物质时，其温度可能不会升高。例如，冰和融化的冰水在玻璃杯中混合时，其温度保持为 0℃不变，直到冰全部融化。如果增加的能量未使冰水的温度升高，那么能量去哪儿了呢？此时，增加的能量用来打开链接水分子成为冰晶结构的氢键。

用于融化冰但不引起温度变化的热量，称为潜热。这一能量完全存储在液态水中，直到水再次转变为固态时又作为热量释放出来。

每融化 1 克冰约需 80 卡热量，该值称为融化潜热；而在冻结过程中，1 克水会将 80 卡热量作为融解潜热释放出来。

蒸发和凝结 潜热同样存在于水从液体变为气体（水汽）的蒸发过程中。在蒸发过程中，水分子吸收的能量用来产生使其作为气体逃离液态水表面所需的运动。这一能量称为蒸发潜热。在蒸发过程中，温度较高（运动较快）的分子将逃离水面。剩下的水的平均分子运动速率（温度）会降低——因此说"蒸发是一个冷却过程"。潮湿的身体从盛装满水的泳池或浴缸中出来时，会体验到这一冷却效应，此时皮肤

表面的水的蒸发需要能量，因此会感觉到冷。

凝结与蒸发相反，是水汽变回液态的过程。在凝结过程中，水汽分子释放能量（凝结潜热），其值与蒸发时吸收的能量相等。大气中发生凝结时，就会形成雾和云。

潜热在许多大气过程中发挥着重要作用，特别是在水汽凝结成云滴时，会释放出潜热加热周围的大气，使其产生浮力。空气中的湿度较高时，该过程可以形成高大的雷暴云。

升华和凝华 我们可能不太熟悉图 12.2 中的最后两个过程——升华和凝华。升华是不经过液态而由固体直接变为气体的过程。升华的例子包括冰箱中未用过的冰块会慢慢变小、干冰会迅速变成云雾状并消失。

凝华是与升华相反的过程：水汽直接变成

固体。例如，水汽在固体如眼镜或窗户玻璃上堆积时，就属于这种情况（见图 12.3），这些淀积物称为白霜或简称为霜。家中常见的凝华过程是冰箱中形成的"霜"。如图 12.2 所示。凝华所释放的能量等于凝结和冻结所释放的能量之和。

概念检查 12.1

1. 了解水的相变过程，指出能量是被吸收还是被释放。

2. 什么是潜热？

3. 升华的常见例子是什么？

4. 霜是如何形成的？

水汽凝结会形成各种凝结现象，如露、云和雾

窗户玻璃上的白霜是凝华的例子

B.

图 12.3　凝结和凝华示例（上图由 NaturePL/Superstock 提供；下图由 Stockxpert/Thinkstock 提供）

12.2　湿度：空气中的水汽

区分相对湿度和露点温度，小结气温影响相对湿度的方式。

　　水汽只占大气的很小一部分，其体积仅为整个大气的 0.1%～4%，但空气中水汽的存在至关重要。事实上，水汽会参与大气中的各种过程，因此是大气中最重要的气体。

　　湿度常用于表示空气中的水汽含量。气象学家会用不同的方法来表示空气中的水汽含量，如混合比、相对湿度和露点温度。

12.2.1　饱和

　　在深入考虑湿度的观测方法前，首先要了解什么是饱和。假设有一个装有纯净水的封闭烧瓶，水面上是干燥的空气。此时，马上会有水分子离开水面而蒸发到上面的干燥空气中，进入空气的水汽会使得压力小幅增加。压力的增加是水汽分子运动的结果，水汽分子通过蒸发进入空气中。在大气中，这一压力称为水汽压，即整个大气压中来自水汽含量的部分。

　　起初，离开水面（蒸发）的分子多于回到（凝结）水面的分子，但随着越来越多的分子从水面蒸发，空气中的水汽压不断增大，而水汽压的增大又会迫使更多的分子回到液态水中。最终，回到水表面的分子数与离开水表面的分子数达到平衡。这种空气达到平衡的状态称为饱和。当空气达到饱和状态时，由水汽分子运动产生的水汽压称为饱和水汽压。加热烧瓶时，水和空气的温度会升高，因此会蒸发更多的水，直到达到饱和状态。因此，温度越高，饱和所要求的温度越高。饱和时的水汽含量如表 12.1 所示。

表 12.1	不同温度下 1 千克空气达到饱和状态时所需的水汽含量
温度/°C	饱和时的水汽含量/克
−40	0.1
−30	0.3
−20	0.75
−10	2
0	3.5
5	5
10	7
15	10
20	14
25	20
30	26.5
35	35
40	47

12.2.2 混合比

当然，并非所有空气都是饱和的。因此，我们需要一种方式来表示空气的湿度。混合比给出了单位体积空气内的水汽含量。混合比是指在单位体积内的水汽质量与其他干燥空气的质量之比，即

混合比 = 水汽质量（克）/干燥空气质量（千克）

你知道吗？

与人们普遍认为的相反，霜并不是结冰的露。相反，它是在 0°C 及以下温度时出现饱和状态时形成的（这一温度称为霜点）。因此，霜是由水直接从气态变为固态形成的。这一过程称为凝华，它会形成冰晶，常出现在冬天的窗户玻璃上。

表 12.1 中给出了不同温度下水汽饱和时的水汽含量。例如，25°C 时 1 千克饱和空气中含有 20 克的水汽。

因为混合比是用质量单位来表示的（通常为克/千克），因此与温度和气压无关。但直接测试样品的混合比很费时间，因此人们常用其他方法来表示空气的湿度，如相对湿度和露点温度。

12.2.3 相对湿度

在描述空气中水汽含量的术语中，人们最熟悉也最易误解的是相对湿度。相对湿度是指空气中的实际水汽含量与该温度（和压力）下饱和水汽含量的比值。因此，相对湿度表示的是空气接近饱和状况的程度，而不是空气中的实际水汽含量。

表 12.1 说明，在 25°C 时每千克饱和空气中含有水汽 20 克，若某天的温度为 25°C，空气中的水汽含量是 10 克/千克，则相对湿度就表示为 10/20 或 50%；若空气在 25°C 时的水汽含量是 20 克/千克，相对湿度就是 20/20 或 100%。当相对湿度为 100% 时，空气就达到饱和状态。

因为相对湿度是以空气中的实际水汽含量和饱和状态下的水汽含量为基础确定的，因此可以改变两个量中的任何一个来改变相对湿度。首先，当水汽进入或离开空气时，水汽压会发生变化；其次，空气的饱和水汽含量是温度的函数，因此相对湿度随温度变化。

加入或除去水分 注意，在图 12.4 中，当水汽通过蒸发进入空气时，空气的相对湿度将增大，直到达到饱和（相对湿度 100%）为止。若继续向饱和空气中加入水汽会怎么样呢？相对湿度会超过 100% 吗？通常这一情况不会发生，多余的水汽会凝结成液态水。

在自然界中，湿度增大的主要因素是海洋的蒸发作用，但植被、陆地和较小的水体也会增大湿度。

随温度变化 影响相对湿度的第二个因素是空气温度。仔细观察图 12.5A，注意在空气温度为 20°C 时，每千克空气中的水汽是 7 克，因此根据表 12.1 计算得到相对湿度为 50%。

当图 12.5A 中的烧瓶从 20°C 冷却到 10°C 时，如图 12.5B 所示，相对湿度从 50% 增加到 100%。因此可以得出结论：水汽含量不变时，温度降低会使得相对湿度升高。

但我们不能由此假定在达到饱和的那一刻冷却就停止了。那么在达到饱和以后继续降温，会出现什么情况呢？图 12.5C 解释了这种情况。由表 12.1 可知，当烧瓶冷却至 0°C 时，空气处于饱和状态，此时每千克空气中的水汽含量是 3.5

克。因为烧瓶内开始有 7 克水汽，3.5 克水汽形成液态水滴附在烧瓶壁上，同时瓶内空气的相对湿度保持在 100%。这就引出了一个重要概念。

当空气冷却到饱和温度以下时，部分水汽会形成云。因为云是由液态水滴组成的，因此这部分水分就不再属于空气中的水汽。

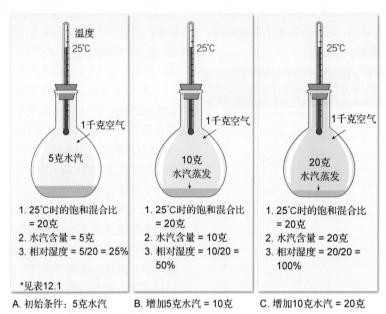

A. 初始条件：5克水汽　　B. 增加5克水汽 = 10克　　C. 增加10克水汽 = 20克

图 12.4　相对湿度和水汽含量的关系。温度恒定时，饱和混合比保持为 20 克/千克，而相对湿度随着水汽含量的增加，从 25% 增加到 100%

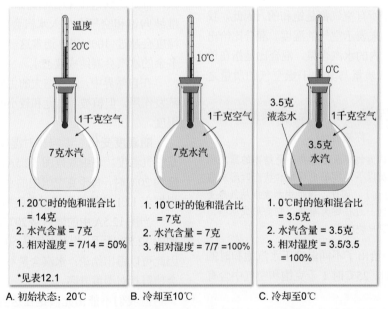

A. 初始状态：20℃　　B. 冷却至10℃　　C. 冷却至0℃

图 12.5　相对湿度随温度的变化。当水汽含量（混合比）保持不变时，相对湿度会随着空气温度的升高或降低而变化。如图中所示，当烧杯中空气的温度从 20℃ 降到 10℃ 时，相对湿度从 50% 增加到 100%；温度继续从 10℃ 降低到 0℃ 时，有一半的水汽凝结。在自然界中，当饱和空气冷却时，会凝结成云、露和雾

温度对相对湿度的作用可归纳如下：当空气中的水汽含量保持不变时，温度降低会使相对湿度升高；相反，温度升高则使相对湿度降低。图 12.6 显示了某天温度和相对湿度的关系。

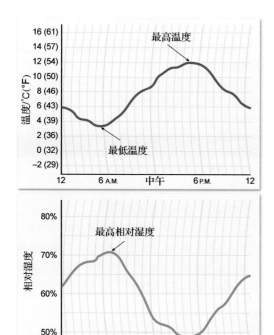

图 12.6　温度和相对湿度的典型日变化关系。图中所示为华盛顿特区春季温度和相对湿度的典型日变化。温度升高，相对湿度降低，反之亦然

12.2.4　露点温度

表示湿度的另一重要术语是露点温度。露点温度或简称露点，是空气因冷却而达到饱和时的温度。例如，在图 12.5 中，烧瓶中未饱和的空气需要冷却到 10℃时才能达到饱和，因此 10℃是该空气的露点温度。在自然界中，温度降低到露点以下会使水汽凝结为露、雾和云。露点一词实际上是夜间常见的现象，因为夜间靠近地面的物体的温度通常会到露点温度以下，导致物体表面会附着露水，露点因此而得名（见图 12.7）。

与相对湿度用来表示饱和程度不同，露点温度表示的是实际的水汽含量。因为露点温度和空气中的水汽含量直接相关，同时其值很容易确定，因此是用来衡量湿度的最有效方式。

饱和水汽压与温度有关，温度每升高 10℃，达到饱和所需的水汽含量就要增加 1 倍（见表 12.1）。因此冷饱和空气（0℃）的水汽含量只有 10℃空气中饱和水汽含量的一半，20℃空气中饱和水汽含量的 1/4。露点温度是空气达到饱

和时的温度，由此可以得出结论：露点温度越高，空气湿度越大；反之，露点温度越低，空气越干燥。更准确地讲，根据已知的水汽压和饱和概念，可以这样描述露点温度：温度每升高 10℃，空气中所含的水汽增加 1 倍。因此，露点温度 25℃时空气中的水汽含量是露点温度 15℃时的 2 倍，是露点温度 5℃时的 4 倍。

图 12.7　一杯冷饮使其周围的空气冷却到露点温度以下时凝结形成的"露"（Amana Images Inc./Alamy 供图）

露点温度是表示空气中水汽含量的有用指标，因此通常会出现在天气图上。当露点温度超过 18℃时，大多数人会感到空气潮湿，而当空气的露点为 24℃或更高时，人们就会感到不舒服。在图 12.8 所示的墨西哥湾区，露点温度超过 21℃，东南地区以潮湿天气为主（露点在 18℃以上），而其他地区则相对干燥。

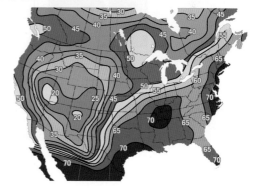

图 12.8　9 月某天的露点温度图。露点温度 60℉以上区域占据了美国的东南部地区，表明该地区被湿空气所覆盖

12.2.5　测量湿度

用来测量空气中水汽含量的仪器称为湿度

计。干湿球湿度计是最简单的一种湿度计，它由两个并排安装的相同温度计组成（见图12.9），其中一个温度计是干的，用于测量空气的温度，另一个底部用布条包裹的温度计称为湿球温度计。

在使用干湿球湿度计时，布条会浸满水，这时要通过晃动装置或电风扇，使空气不停地流过干湿球湿度计（见图12.9）。水从布条上蒸发时，会从湿球温度计上吸收热量而使温度下降，其冷却程度与空气的干燥度成正比。空气越干燥，冷却越明显。因此，干球和湿球温度的差值越大，相对湿度就越低。相反，如果空气已经饱和而没有蒸发，则两个温度计的读数相同。在使用干湿球湿度计时，根据专门的数据表（见附录C中的表C.1）可以方便地确定相对湿度和露点温度。

概念检查12.2

1. 空气温度和饱和度是如何相互影响的？
2. 列出表示湿度的三种方式。
3. 相对湿度和混合比有何区别？
4. 温度不变而水汽含量降低时，相对湿度如何变化？
5. 某个温暖夏日的相对湿度较高时，人们感觉的热度会高于温度计的温度。人们在潮热天气下感到不舒服的原因是什么？

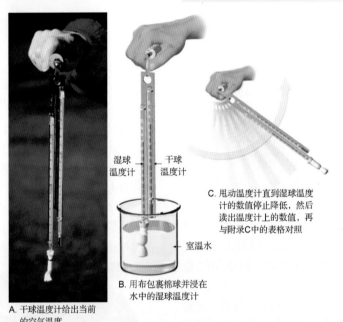

A. 干球温度计给出当前的空气温度

湿球温度计　干球温度计

C. 甩动温度计直到湿球温度计的数值停止降低，然后读出温度计上的数值，再与附录C中的表格对照

室温水

B. 用布包裹棉球并浸在水中的湿球温度计

图12.9　测量相对湿度和露点温度的悬挂式干湿球湿度计（E. J. Tarbuck 供图）

12.3　云的形成基础：绝热冷却

解释绝热冷却成云的方式。

了解水汽的基本属性及其测量方式后，本节介绍水汽在天气中的重要作用，尤其是在形成云方面的作用。

12.3.1　雾、露和云的形成

如前所述，空气中的水汽充足时，或空气冷却到其露点温度时，会发生凝结。水汽凝结会形成露、雾或云。

地面的热量会直接与地面下层和上方的空气进行交换。当地面在晚间失去热量（辐射冷却）时，草地上会凝结出露水，地面上则形成薄雾。因此，日落之后的地面冷却会导致水汽凝结。然而，云的形成往往出现在一天中最热的时间，这表明在高空中存在使空气充分冷却而形成云的另一种机制。

12.3.2 绝热温度变化

如果用气筒为自行车轮胎打过气，并注意到气筒会因此而变热，那么我们就能了解大多数云的形成过程。使用能量来压缩空气时，气体分子的运动会加剧，空气的温度会升高。相反，如果放出自行车轮胎中的空气，空气就会膨胀，气体分子的运动会变慢，进而空气变冷。有些人也许体会到了使用发胶或杀虫剂时气体膨胀所形成的冷却效应。以上介绍的温度变化过程称为绝热温度变化，在此过程中既没有热量的加入也没有热量的输出。总之，空气被压缩时会变暖，而膨胀时则会变冷。

12.3.3 绝热冷却和凝结

为简化绝热冷却过程的讨论，假设一定体积的空气装在像灯泡一样的气球中，气象学家将这一假想的气体称为气块。通常情况下，气块的体积约为几百立方米，同时假设气块内的空气行为与周围的空气无关，且气块内没有热量的出入。虽然这是高度理想化的情况，但在较短的时间段内，气块的行为类似于大气中上下运动的真实气团。

干绝热率　任何时候，气块向上运动时会不断地通过低气压区域，因此上升的空气就会膨胀和绝热冷却。上升的不饱和空气以 10℃/千米的固定速率降温。相反，下沉的空气因气压升高而被压缩，会以 10℃/千米的速率升温。这一加热率或冷却率仅针对于不饱和空气，因此称为干绝热率。

湿绝热率　气块上升到足够的高度时，会完全冷却到露点温度，进而引发凝结过程。气块达到饱和并开始形成云的高度称为抬升凝结高度。在抬升凝结高度处，会发生一个重要的变化：蒸发时被水汽吸收的潜热，此时会以一种我们可用温度计测出的感热形式释放出来。虽然气块会继续绝热冷却，但潜热的释放减缓了冷却速率。换句话说，当气块上升到抬升凝结高度时，其冷却速率会降低，这种较低的冷却率称为湿绝热率。

潜热的释放量取决于当时空气中的水汽含量，水汽含量高时湿绝热率为 5℃/千米，水汽含量低时湿绝热率为 9℃/千米。图 12.10 说明了绝热冷却形成云的过程。总之，从地面上升到抬升凝结高度的空气会以较快的干绝热率冷却。

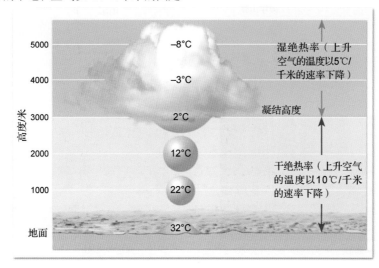

> **概念检查 12.3**
>
> 1. 露和云的形成有何相同点和不同点？
> 2. 空气上升时温度为何会降低？
> 3. 气象学家如何理解气块一词？
> 4. 开始凝结时，绝热冷却率为何会变化？湿绝热率为何不恒定？
> 5. 气雾剂通常保存在高压的气罐内，而气罐喷出气雾时其温度会下降。请解释原因。

图中标注：
- 5000　−8℃
- 4000　−3℃　湿绝热率（上升空气的温度以5℃/千米的速率下降）
- 3000　2℃　凝结高度
- 2000　12℃
- 1000　22℃　干绝热率（上升空气的温度以10℃/千米的速率下降）
- 地面　32℃
- 高度/米

图 12.10　冷却过程中的干绝热率和湿绝热率。上升空气膨胀并按干绝热率 10℃/千米冷却，直到空气达到露点温度并开始凝结成云。空气继续上升时，将释放出凝结潜热而降低冷却率。因此绝热率总是小于干绝热率

12.4 空气上升过程

列出 4 种上升空气的机制。

回忆可知，空气上升时会膨胀并绝热冷却。气块上升到足够的高度时，会完全冷却到露点温度，此时水汽饱和并开始形成云。为什么有时空气上升而有时不上升呢？

通常情况下，空气倾向于阻止垂直运动，因为地面附近的空气"总想"留在地面附近，而高空的空气就停留在高空。当然，也存在例外情况。不存在外部作用力时，大气会为空气提供足够的浮力使其上升。例如，当气块变暖而导致密度变低时，就会出现对流上升现象。但在多数情形下，云的形成都会与一些上升空气的力学现象相关。

导致空气上升的机制有如下 4 种：

1. 地形抬升，这种情况空气被迫上升并越过山体屏障。
2. 锋面楔入，此时较暖的、密度较小的空气被迫越过到较冷的、密度较大的空气之上。
3. 辐合，即空气水平运动导致空气堆积时，所形成的向上运动。
4. 局地对流抬升，即由地面加热不均匀所形成的局地气块在浮力作用下的上升。

12.4.1 地形抬升

高大的地形如山脉，会成为空气流动的屏障（见图 12.11）。当空气沿山坡上升时，绝热冷却经常会产生云和大量的降水。实际上，世界上许多多雨的地方都位于山脉的迎风坡上。

气流到达山脉的背风坡时，会失去大部分水汽。此时气流下沉就会绝热变暖，很难出现凝结和降水，如图 12.11 所示，因此会导致所谓的雨影沙漠。美国西部的大平原沙漠距太平洋仅几百千米，但内华达山脉却有效地切断了来自海洋的水汽（见图 12.11）。蒙古、中国的塔克拉玛干沙漠和阿根廷的巴塔哥尼亚沙漠是同一类沙漠，它们的形成可归因于它们都位于大型山脉的背风面。

你知道吗？

世界上多雨的地方基本上都位于山脉的迎风坡。夏威夷怀厄莱阿莱峰上的观测站所记录的最高年平均降雨量为 1234 厘米。年最大降雨量出现在印度的乞拉朋齐，其降雨量为 2647 厘米。降雨时间多集中于 7 月，单月降雨量达 930 厘米，它是芝加哥年平均降雨量的 10 倍。

内华达山脉

海岸山脉　　　　　　　　雨影

风　迎风（湿）　　　背风（干）　大盆地

A. 地形抬升导致迎风坡发生降水

B. 空气到达背风坡时，多数湿气消失，形成雨影沙漠

图12.11　地形抬升和雨影沙漠（照片 A 由 Dean Pennala/Shutterstock 提供；照片 B 由 Dennis Tasa 提供）

12.4.2 锋面楔入

若地形抬升是强迫空气上升的唯一机制，那么相对平缓的北美中部地区将会成为广阔的沙漠，而不是现在的"国家粮仓"。所幸的是，实际情况并非如此。

在北美的中部地区，暖气团和冷气团相遇时会形成锋面。锋面一侧较冷、密度较大的空气会使得较暖、较轻的暖空气上升。这一过程称为锋面楔入，如图 12.12 所示。

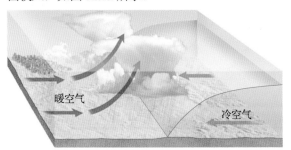

图12.12　锋面楔入。密度较大的冷空气使得密度较小的暖空气上升

注意，与风暴相关的锋面天气称为中纬度气旋，因为这些风暴会给中纬度地区带来大量的降水，详见第 14 章。

12.4.3 辐合

不同的气团相遇时会强迫空气上升。一般而言，无论何时，当对流层低层的气流汇合时，都会使得空气上升，这种现象称为辐合。

障碍使得气流流速降低或水平流受到限制时，也会导致辐合。例如，空气从相对光滑的表面如海洋向不规则陆地表面运动时，陆地表面产生的摩擦力会降低空气的移动速度，造成空气堆积（辐合）。这和音乐会或体育比赛散场时大量观众涌向出口时的情形类似。发生空气辐合时，会形成向上的空气分子流动，而非简单地挤压空气分子。

佛罗里达半岛是辐合作用形成云和降水的较好例子（见图 12.13）。在温暖的日子里，来自海洋的气流会从半岛的两侧向陆地运动，使得沿岸的空气堆积并在半岛上形成辐合。这种类型的空气运动和上升，是陆地被强烈的太阳辐射加热的结果。因此，美国佛罗里达半岛是午后阵雨最

频繁的地方。

辐合作为强迫上升的一种机制，也是中纬度气旋和飓风等灾害性天气的主要来源。后面会详细介绍这些天气的重要成因，但此处要记住的是，地面附近的辐合会形成上升气流。

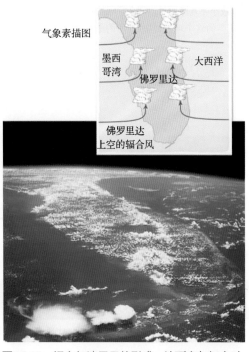

图12.13　辐合加速了云的形成。地面空气辐合时，空气柱的高度增加，所占据的区域减小。佛罗里达半岛是辐合的一个较好例子，在温暖的季节，来自大西洋和墨西哥湾的气流会在佛罗里达半岛汇合，形成午后阵雨（NASA/Media Services 供图）

12.4.4 局地对流抬升

在炎热的夏季，地面的不均匀加热可能会造成某些气团的温度比周围空气的高。例如，裸露耕地上空的空气温度要比相邻的有农作物的土地上空的空气温度高，导致耕地上空的气团比周围的空气更暖和（较轻）而被浮力向上抬升（见图 12.14）。这些上升的暖气团被称为热气流。有些鸟类（如鹰）就是利用热气流飞到高空而不被发现来向下俯瞰捕食的。同时，人们也一直在利用热气流来进行滑翔。

形成上升热气流的现象称为局地对流抬升。当这些热气流上升到抬升凝结高度时，会形成云，并可能导致午后阵雨。以这种方式形成的云

的高度有限，因为单独依靠地面加热不均匀产生的浮力来抬升的高度是有限的，最多也就一两千米。这种云所形成的降雨虽然偶尔较强，但一般来说时间较短，分布也较零散，因此称为太阳雨。

你知道吗？

最小年均降雨量出现在智利的阿里卡，为 0.08 厘米/年。南美的这个地区过去 59 年的降雨总量不超过 5 厘米。

概念检查 12.4

1. 列出 4 种抬升空气的运动机制。
2. 地形抬升和锋面楔入是如何抬升空气的？
3. 美国西部地区大盆地非常干旱的原因是什么？适用于这一现象的术语是什么？
4. 为何佛罗里达半岛是美国最易出现午后阵雨的地方？

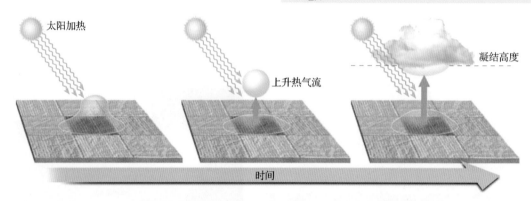

图12.14　局地对流抬升。地面的不均匀加热会使得部分空气比其周围的空气暖和，进而上升形成上升热气流，到达凝结高度后会形成云

12.5　天气的形成：大气稳定度

描述影响大气稳定度的因素，比较绝对不稳定度和条件不稳定度。

为什云的变化范围这么大？为什么形成的降水变化也这么大？答案都与大气的稳定度密切相关。如前所述，当气团被强迫上升时，其温度会因体积增大而降低（绝热冷却）。通过比较气团与周围空气的温度，我们可以确定其稳定度。若气团的温度比周围的大气温度低，则其密度会变大，若一直这样进行下去，气团将下沉到原来的位置。这种类型的大气称为稳定大气，它会阻止气流的垂直运动。

然而，若假设上升气团要比周围的大气暖和且密度小，则气团将继续上升，直到到达其温度与周围温度相等的高度。这种类型的大气称为不稳定大气。不稳定大气就像一个热气球，只要气球内的空气温度高于周围的大气温度，且密度比周围空气的密度低，就会一直上升（见图 12.15）。总之，稳定度是空气的一种特性，它表示的是空气是倾向于停留在原来的位置（稳定）还是上升（不稳定）。

图12.15　只要部分空气比周围空气的温度高，它就会上升。热气球能在大气层中上升就是这个原因（Steve Vidler/SuperStock 供图）

12.5.1 稳定度类型

大气稳定度是通过测量不同高度的空气温度来确定的。从第 11 章可知，这里测量的是环境递减率，与绝热温度变化不同。环境递减率是实际大气温度随高度的变化，可通过不同的探空仪和飞机观测获得。而绝热温度变化是指气团在大气中垂直运动时的温度变化。

图 12.16 解释了环境递减率是如何确定的。图中，1 千米高度处的空气温度比地面温度低 5℃，2 千米高度处的空气温度低 10℃，以此类推。乍一看，好像是地面的空气密度比 1000 米处的空气密度低，因为温度高了 5℃。然而，若地面的空气被迫上升到 1000 米高度，它将按 10℃/千米的干绝热率进行膨胀和冷却，因此在到达 1000 米高度时，上升气团的温度将从 25℃下降到 15℃。由于上升空气的温度比周围环境的温度低 5℃，密度将更大，因此只要可能，气团就会下沉到原来的位置。因此，我们说近地面的空气温度高于高空的空气温度，除非受到强迫作用，否则它是不会上升的（例如，空气经过山地时可能受地形的强迫抬升）。所以刚才描述的空气是稳定的，并会阻碍垂直上升运动。

绝对稳定度 定量地讲，绝对稳定度是指环境递减率小于湿绝热率的情形。图 12.17 使用 5℃/千米的环境递减率和 6℃/千米的湿绝热率说明了这一情况。在 1 千米高度，上升气团的温度比周

围环境的温度低 5℃，密度将增大。即使稳定的空气被迫抬升到凝结高度，它仍会比周围环境的空气温度低、密度大，因此仍会有回到地面的倾向。

当气团的温度随高度升高而不再降低时，就会出现最稳定的情况，出现这种环境递减率时，我们就认为出现了逆温。很多过程都会造成逆温，比如晴天夜间地面的辐射冷却等。这些情况下之所以出现逆温，是因为地面的空气与高空的空气相比，冷却的速度要快。

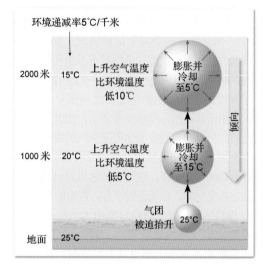

图 12.16　不饱和气团被迫上升时，会因绝热率而发生膨胀（10℃/千米）。因为上升气团的温度低于周围的环境温度，其密度较大，所以按照理想条件它会下降到初始位置。这种空气的特性称为稳定度

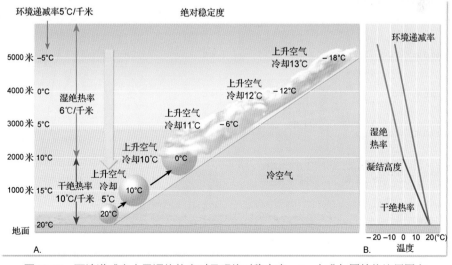

图12.17　环境递减率小于湿绝热率时呈现绝对稳定度。A. 上升气团始终比周围空气冷和重时就达到了稳定状态；B. 图中 A 部分所示为环境的图像表示

绝对不稳定度 在另一种极端情况下，当环境递减率大于干绝热率时，气团会表现为绝对不稳定度。如图 12.18 所示，上升气团的温度总是要比周围空气的温度高，因而会不断地借助浮力上升。绝对不稳度最常发生在最暖月份太阳辐射最强的晴天。在这种条件下，大气底层的空气被加热到比高层大气温度高得多的程度，进而造成巨大的环境温度递减率和非常不稳定的大气。

条件不稳定度 最常见的大气不稳定度是所谓的条件不稳定度。当湿空气的环境递减率介于干绝热率和湿绝热递减率之间（5℃/千米和10℃/千米之间）时会发生这种情况。简单地讲，所谓大气条件不稳定度，是指对于不饱和气团是稳定的，而对饱和气团是不稳定的。在图 12.19 中，3千米高度的上升气团的温度要比周围空气的温度低，但由于其在抬升凝结高度之上，因此会释放潜热而被加热，导致温度要比周围空气的高。从这一高度上起，气团将继续上升而无须外部强迫。"条件"一词的含义是指，空气在到达可以自动上升的不稳定高度层前，必须受到外力的强迫抬升。

概括地讲，空气的稳定度由大气层不同高度的温度决定（环境递减率）。当接近气柱底部的空气温度明显高于上部空气的温度时，就被认为是不稳定的。相反，当温度随高度升高而逐渐降低时，则认为空气是稳定的。大多数稳定条件出现在逆温时，因为这时温度随高度上升，较少出现空气的垂直运动。

12.5.2 稳定度和日常天气

稳定度如何在日常天气中显示其作用？稳定空气被迫抬升时，会形成水平范围较大、垂直厚度较小的云层。此时，即使有降水，也仅是小雨或中雨。相反，不稳定大气所形成的云层很厚，且常常伴随着强降水。因此可以得出结论：下毛毛雨的阴天是由稳定空气强迫抬升形成的，而出现高大云层的天气肯定是由不稳定大气造成的。

如前所述，大多数稳定条件都发生在温度随高度升高的逆温情况下。此时，地面附近的空气要比高层的空气冷一些和重一些，因而很少发生空气层之间的垂直混合。由于污染物一般从下层进入，所以逆温会使得污染物停留在底层，并使其浓度持续增大，直到逆温消失。大范围的雾是稳定度的另一种标志。一般而言，地面附近的空气与高层的空气缺乏混合时，就易形成雾。

总之，稳定度在日常天气中的作用非常重要。稳定度很大程度上决定了所形成的云型和降水类型。

概念检查 12.5

1. 环境递减率和绝热冷却率有何区别。
2. 组织语言描述绝对稳定度。
3. 比较绝对不稳定度和条件不稳定度。
4. 高空形成稳定的空气时，会形成哪种云型和降水？
5. 描述与不稳定大气有关的天气。

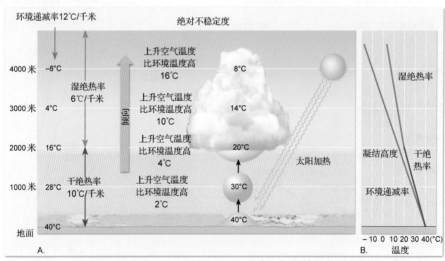

图12.18 导致绝对不稳定度的大气条件。A. 当太阳加热使得底层大气的温度比高层大气的温度高得多时，就会形成绝对不稳定度，此时会出现更强的环境递减率来促使大气不稳定。B. 图 A 的环境的图像表示

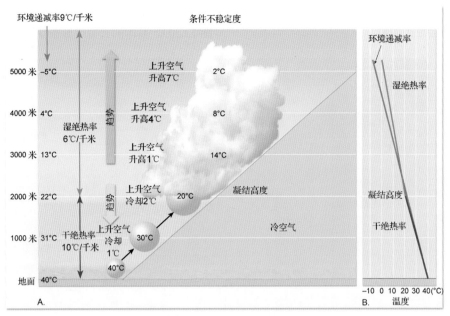

图 12.19　条件不稳定度图示。暖空气被迫沿锋面边界上升时，会出现条件不稳定度。A. 环境递减率是 9℃/千米，它介于干绝热率和湿绝热率之间。在接近 3 千米高度时，气团要比周围的空气冷，因此有下沉到地面的趋势（稳定），但在此高度之上气团的温度要高于周围环境的温度，因此会因浮力作用继续上升（不稳定）。条件不稳定空气被迫上升时，可能会形成塔式积云。B. 图 A 的环境的图像表示

12.6　凝结和云的形成

列出凝结的必要条件，简述对云进行分类的两个标准。

大气中的水汽会因绝热冷却而凝结成云。气团上升时，会经过连续降压的区域，导致膨胀和绝热冷却。气团上升到某一高度时，会冷却到露点温度，此时会开始凝结，这一高度称为抬升凝结高度。发生凝结必须满足两个条件：空气必须达到饱和，必须有一个可供水汽凝结时附着的表面。

在露的形成过程中，地面或接近地面的物体，如草叶可以作为水汽凝结的表面。而当凝结发生在高空时，大气中的微小颗粒物就作为云的凝结核为其提供凝结表面。如果没有凝结核，要形成云滴，相对湿度必须超过 100%（在极低温度的低动能条件下，即使没有凝结核存在，水分子也会"黏在一起"形成微团）。云的凝结核包括微小粉尘、烟雾和盐粒，它们在低层大气中非常丰富，因此对流层中的相对湿度很少超过100%。由于具有吸水性，有些粒子（如海盐）是特别好的凝结核，称为吸湿核。当凝结发生时，云滴的初始生长速度很快。由于大量水蒸气很快被众多相互竞争的颗粒所吸收，云滴数量会迅速

减少，并形成了亿万个微小水滴组成的云。这些水滴都非常微小，仍然悬浮在空气中。当云的形成温度低于冰点时，则会形成微小的冰晶。因此，云可能由水滴、冰晶或二者共同组成。

不断凝结形成并缓慢增长的云滴以及云滴和雨滴之间的大小差异表明，凝结并不是形成降水的唯一条件。下面先介绍什么是云，然后介绍降水是如何形成的。

你知道吗？

冷天呼吸时，我们会看到自己呼出的白雾。呼出的湿润空气在周围的空气中处于饱和状态，因此形成了水滴，此后水滴逐渐蒸发并和周围的不饱和空气混合。

12.6.1　云的分类

云是悬浮在地面之上大气中的一种由微小水滴或冰晶组成的可见聚合物。云是天空中的常见景观，可以直观地表征大气的状态，因此一直是气象学家感兴趣的研究对象。观察云的任何人都希望能够识别出不同类型的云，但却会被天空

中灰白色的云团迷惑。了解了云的基本分类后，这些疑问就会迎刃而解。

云的分类基于两大准则：形态和高度（见图 12.20）。基本的云型或形态有三种：

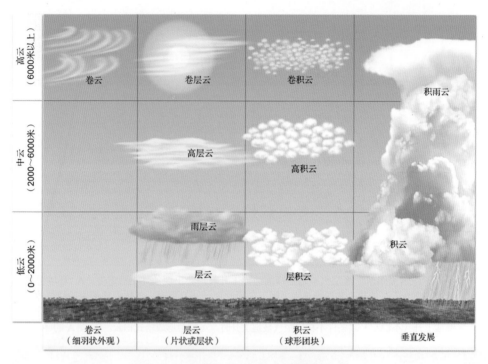

图12.20　根据高度和形态对云进行的分类

- **卷云**　高、白且薄。通常呈薄纱似的块状或柔软的丝线状，有着羽毛般的外形。
- **积云**　由球状云团组成，外形通常呈棉花状。积云的底部通常较平，就像升起的宝塔。
- **层云**　层云可用被单或层状物来形象地描述，它们通常会覆盖大部分天空或整个天空。尽管存在许多小裂隙，但看不出明显的单个云体。

所有的云都是这三种基本云型中的一种，有些则是其中两种云型的组合（如卷积云）。

根据第二个准则即高度，可将云分为三个层次：高、中、低。高云云底的高度通常大于 6000 米；中云的高度通常为 2000～6000 米，低云一般低于 2000 米。这些高度也可能会随季节和纬度变化。例如，在高纬度地区（极地）或冬季，高云通常会出现在更低的高度上。

高云　包括卷云、卷层云、卷积云（高度大于 6000 米）。由于高层大气的温度较低，水汽较少，因此高云通常薄且白，主要由冰晶构成。卷云由纤细的冰线组成。高空风经常会使这些纤维状的冰尾弯曲或卷曲。钩状的卷云常被称为"马尾云"（见图 12.21A）。卷层云是透明、发白的纤维状薄纱云，有时会覆盖大部分天空或整个天空，看上去光滑平整。卷层云在太阳或月球周围产生日晕或月晕时，很容易被人们认出（见图 12.21B）。但卷层云偶尔会透明且薄到难以辨认。卷积云是白色的涟漪状、鳞片状或球状云块（见图 12.21C）。这些云块既可以聚集也可以分散，因此时常排列成鱼鳞状，称为鱼鳞天。尽管高云一般不会形成降水，但卷云有可能会转化为形成暴雨天气的卷积。海员们根据经验总结出了这样的谚语：鱼鳞天，马尾云，大船降帆莫航行。

中云　中云包括高积云和高层云（2000～6000 米）。高积云是呈圆状或球状的大块云，这些云块可能会合并，也可能不合并（见图 12.21D）。高积云一般由水滴而非冰晶构成，单个云体的轮廓通常更明显。高层云是无固定形态、覆盖大部分天空或整个天空的浅灰色云层。一般情况下，透过高层云看到的太阳通常为边缘不清的亮斑。与卷层云不同，高层云不会形成日晕。高层云有时会伴随着小雪或毛毛雨这样的少量降水。

A. 卷云

B. 卷积云

C. 卷层云

D. 高积云

E. 高层云

F. 雨层云

G. 积云

H. 积雨云

图 12.21　这些照片显示了几种不同的云型（照片 A、B、D、E、F 和 G 由 E. J. Tarbuck 提供；照片 C 由 Jung-Pang/Getty Images 提供；照片 H 由 Doug Millar/Science Source/Photo Researchers, Inc.提供）

低云　低云包括层云、层积云和雨层云（高度低于 2000 米）。均匀层状的层云通常会覆盖大部分天空，有时会形成小雨。当层云发展为卷状或破球状，且底部呈圆齿状时，则称为层积云。

雨层云一词引自拉丁语中的"雨云"和"层云"（见图 12.21F）。正如其名，雨层云是降水的主要来源。雨层云是由锋面附近被迫抬升且处于稳定状态的大气形成的。这种稳定大气的被迫抬升会形成水平范围远大于厚度的层状云。与雨层云相伴随的降水一般为小到中雨，其持续时间长、范围广。

直展云　有种云不能按高度来分类，因为其底端位于低云的高度，而顶端却伸展至中云或高云的高度，这种云称为直展云。积云是最常见的直展云，由于晴天的不均匀加热使得气团垂直上升到抬升凝结高度后形成的（见图 12.21G）。大气不稳定时，积云的高度会急剧增加。当这种积云持续发展，顶

部进入中云高度范围后，就称为浓积云。最后，若积云继续发展，开始出现降水时，就称为积雨云（见图 12.21H）。

明确的天气模式通常和特定的云或组合云相关，因此了解各种云的形态和特征非常重要。表 12.2 归纳了国际通用的 10 种云型。

概念检查 12.6

1. 在温暖潮湿的天气下喝冰镇饮料时，为何罐壁上会出现水珠？
2. 在云的形成过程中，凝结核的作用是什么？
3. 对云进行分类的准则是什么？
4. 为什么高空的云较薄？
5. 什么类型的云和以下特征相关：雷阵雨、光晕、降水、冰雹、闪电、马尾状？

表 12.2　云型及其特征

云族和高度	云　型	特　征
高云，高于 6000 米	卷云	薄、柔、纤维状冰晶云。有时像钩状的细丝，称为"马尾云"或钩卷云（见图 12.21A）
	卷层云	使天空看起来呈乳白色的薄层白色冰晶云，有时在太阳或月亮周围形成晕（见图 12.21B）
	卷积云	薄而白的冰晶云。呈波纹状或波状，或按球状排列，可能形成鱼鳞天，是少见的高云（见图 12.21C）
中云，2000～6000 米	高积云	由许多较小球体构成的灰白云；"羊背石"云（见图 12.21D）
	高层云	通常为较薄的层状纱云，会形成微量降水。较薄时，太阳或月球看起来像"亮盘"，但无光晕（见图 12.21E）
低云，低于 2000 米	层云	看起来像雾但不接地的低且均匀的层状云，可能形成毛毛雨
	层积云	球状或卷状的柔软灰云。卷状云可能会连在一起形成连续的云层
	雨层云	无定形的灰黑色云，是形成降水的主要云型之一（见图 12.21F）
垂直发展型云（直展云）	积云	底部平坦但类似于汹涌波浪的云，既可单独出现，也可成群出现（见图 12.21G）
	积雨云	塔状云，有时会伸展至顶部形成"砧状顶"，与强降水、雷暴、闪电、冰雹、龙卷风有关（见图 12.21H）

12.7　雾

给出雾的定义，并解释各种雾的成因。

虽然雾本身并不危险，但常被人们视为一种大气灾害。白天，雾会使得能见度降低到 2～3 千米；雾特别浓时，能见度会陡降到几十米以下，这时任何方式的出行都会变得十分困难且危险。

雾定义为底部在地面或非常接近地面的云。从物理学角度讲，雾和云并无差别，它们的表现形式和结构都一样。两者的本质区别在于形成的

方式和地点。气流上升经绝热冷却形成云，冷却或水汽增加使水汽达到饱和形成雾（蒸发雾）。

12.7.1　冷却雾

与地面相接的空气温度降至露点温度以下时，水汽凝结就会产生雾。根据当时具体情况，因冷却形成的雾包括平流雾、辐射雾、上坡雾等。

平流雾 暖湿空气流经较冷地面时会被冷却，冷却充分时会形成一层雾，这称为平流雾（平流指空气水平流动）。最经典的例子是旧金山金门大桥附近频繁出现的平流雾（见图 12.22）：太平洋的暖湿空气经过寒冷的加利福尼亚洋流时，会在加利福尼亚州的旧金山市及西海岸的其他地区形成雾。平流雾的例子可以在华盛顿的失望

角找到——这是美国雾天最多的地区。这个地名恰如其分，因为该地每年平均会出现 2552 小时的雾，相当于 106 天。平流雾也是美国东南和中西部冬季常见的一种天气现象。墨西哥湾和大西洋的暖湿气流经过寒冷的陆地表面时，会形成大范围的大雾天气。这种类型的平流雾很厚，不利于人们的出行。

气象素描图

图 12.22　卷入旧金山湾的平流雾。海岸地带的平流雾通常是在暖湿气流经过较冷洋流的上空时形成的，形成温度低于露点温度（Ed Pritchard/Getty Images, Inc. –Stone Allstock 供图）

你知道吗？

尽管水牛城、罗切斯特和纽约出现了有记录以来的大暴风雪，但积雪最大的地方却是美国西部的山脉地区。1998—1999 年冬季，华盛顿州西雅图贝克山滑雪场的积雪量达到了 2896 厘米。

辐射雾 辐射雾是由地面和邻近空气辐射冷却形成的，常出现在晴朗和相对湿度较高的夜晚。天气晴朗时，地面和地面附近的大气迅速冷却；因为相对湿度高，程度较小的冷却就会使温度降至露点温度。由于有雾的大气较冷且密度较大，因此会沿山坡下滑，使得辐射雾在山谷中最厚，而在周围的山上却可能仍是晴天（见图 12.23）。

上坡雾 如其名称所示，上坡雾是相对湿润的空气在沿缓坡爬升或偶尔遇到陡峭山坡上升时产生

的。因为是上升运动，因此空气会膨胀并绝热冷却，当冷却达到露点温度时，就会形成延伸的雾层。山区很容易看到上坡雾，美国的大平原地区也会出现上坡雾。当暖湿空气从墨西哥湾流向洛基山脉时，空气会"爬升"到大平原上，其绝热冷却可达 13℃之多，因而在西部平原产生大范围的上坡雾。

12.7.2　蒸发雾

主要由于水汽增加而使空气饱和所形成的雾，称为蒸发雾。蒸发雾分为两类：蒸汽雾和锋面雾（降水雾）。

蒸汽雾 冷空气流经暖水面时，水面蒸发的丰沛水汽会使水面上的空气立即达到饱和状态，而增加的水汽因遇见冷空气后凝结并随着被暖

水面加热的空气上升。上升的雾气就像一杯热茶上面形成的"蒸汽",因此将这种雾称为蒸汽雾(见图12.24)。蒸汽雾常出现在秋季晴朗的早晨,因为此时湖面与河面相对温暖,而空气则相对较冷。蒸汽雾上升时,其水滴会与上层不饱和空气混合,进而被蒸发,因此蒸发雾一般都比较薄。

图12.23 辐射雾。A. 2002 年 11 月 20 日加利福尼亚州圣华金河谷浓雾的卫星照片。晨雾是在寒冷且晴朗的夜晚由辐射冷却形成的。这场浓雾造成了多起交通事故,包括 14 辆车连环相撞。东北部的白色区域为冰雪覆盖的内华达山脉。B. 辐射雾使得早晨的交通相当危险(Tim Gainey/Alamy 供图)

图12.24 亚利桑那州布兰卡的塞拉湖湖面上形成的蒸汽雾(Michael Collier 供图)

锋面雾 当雨滴从锋面上部相对温暖的空气中降落时，会蒸发进入锋面下方较冷的空气并使空气饱和，此时会形成锋面雾或降水雾。锋面雾最常出现在小雨不断的寒冷天气。

蒸汽雾和锋面雾的形成都归因于空气湿度的增加。这种空气通常较冷，并且接近于饱和状态。因为低温下空气承载水汽的能力有限，因此仅在蒸发作用较小时，才能使空气达到饱和状态，进而形成雾。不同地方出现浓雾的概率不同（见图12.25）。

沿海地区出现雾的概率最高，特别是那些冷空气盛行的地区，如太平洋和新英格兰沿岸地区。雾出现概率较大的区域还有五大湖地区和阿巴拉契亚山脉东部地区。相比之下，内陆地区出现雾的概率较小，尤其是干旱和半干旱的西部地区。

概念检查 12.7

1. 给出雾的定义。

2. 给出 5 种主要类型的雾，并说明每种类型的特征。

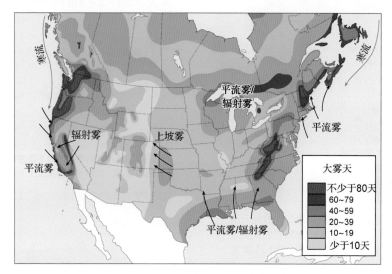

图12.25 美国年平均浓雾天数分布。注意，大雾出现的频率随地点变化。在沿海地区，特别是在寒流盛行的西北太平洋地区和新英格兰，很容易出现大雾

12.8 降水的形成

描述形成降水的两种机制。

如果所有云中都有水，为什么有些云能形成降水，而有些云却能平稳地飘在我们头顶呢？这个看似简单的问题却困扰了气象学家很多年。

云滴非常微小，直径约为 20 微米（0.02 毫米），而人发直径约为 75 微米（见图 12.26）。由于粒径太小，云滴在静止大气中的下落速度非常缓慢。此外，云是由数十亿计的云滴组成的，这些云滴均在争取获得有效的水汽成分，因此它们以凝结方式来增大的速度非常缓慢。那么，是什么促使降水形成的呢？典型雨滴的体积是云滴的 100 万倍。因此，要形成雨滴，云滴需要在体积上增长约 100 万倍。可见，为了形成降水，数以百万计的云滴必须以某种方式聚在一起形成

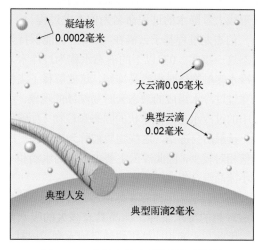

图12.26 凝结和降水过程粒径的比较

大云滴，才能降落到地面形成雨。

因此，降水的形成是由两个过程来完成的：伯杰龙过程（见图12.27）和碰并过程（见图12.28）。

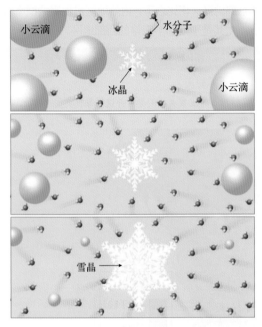

图12.27　伯杰龙过程示意图。冰晶以消耗云滴作为代价不断生长，直到它们大到足以降落。图中的微粒尺寸已放大

12.8.1　冷云降水：伯杰龙过程

大家也许都看过有关登山运动员在暴风雪中勇敢攀登冰峰的电视报道。即使是在闷热的夏季，积雨云的上部也会出现冰雪现象。为纪念瑞典气象学家伯杰龙这位发现者，人们将中纬度地区形成大量降水的过程命名为伯杰龙过程。

伯杰龙过程基于云在-40℃时仍能保持为液态这一事实。0℃以下的液态水称为过冷水，过冷水接触物体时很容易冻结，这就解释了飞机在穿过过冷水组成的液态云时易结冰的现象。大气中的过冷水与类似冰状的固态颗粒物（如碘化银）接触后会冻结，这些物质被称为冻结核。冻结核相对较少，因此冷云主要由冷却的水滴和一些小冰晶混合组成。

同一云层中同时存在冰晶和过冷水时，就会形成理想的降水条件。冰晶具有强大的吸水能力，因此与水滴相比能更快地吸附水汽。同时，水滴不断蒸发来填充被吸附的水汽，进而不断地

为冰晶的形成提供水汽。如图12.27所示，冰晶以水滴收缩作为代价而不断生长。

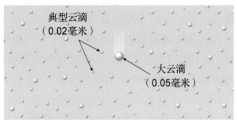

A. 大云滴的下落速度快于小云滴，因此在下降过程中能超越小云滴

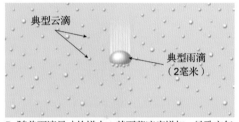

B. 随着雨滴尺寸的增大，其下落速度增加，导致空气阻力增加，进而导致雨滴变平

C. 当雨滴尺寸接近4毫米时，会在底部形成凹陷

D. 最后当直径超过约5毫米时，凹陷向上生长，直至爆裂形成许多更小的雨滴

图12.28　碰并过程示意图。多数云滴都会小到能悬浮于运动的空气中。图中的雨滴未按比例画出；一个标准雨滴的体积约为一个云滴的 100 万倍

冰晶增长到足够大时，就会开始下落，下落过程中云滴会在冰晶表面冻结，使得冰晶进一步增长。当地面温度大于4℃时，雪花通常在接触地面之前就已融化，然后以雨的形式降落。

12.8.2 暖云降水：碰并过程

几十年前，气象学家认为除毛毛雨外的大多数降水都是由伯杰龙过程形成的。后来人们发现，尤其是在热带地区，充沛的降水通常源自远低于冻结高度的云层（称为暖云）。这就引出了形成降水的第二种机制——碰并过程。

研究表明，完全由液态水滴构成的云层通常包含一些直径大于 20 微米（0.02 毫米）的云滴。这些大云滴的形成是由于存在"巨大"的凝结核或吸湿性颗粒（如海盐）。在空气相对湿度低于 100% 时，吸湿性颗粒就会开始从大气中吸收水汽。由于液滴的降落速度取决于其大小，因此"巨大"的液滴降落速度最快。

降落速度较快的较大液滴在降落过程中，会与降落较慢的较小液滴碰并（见图 12.28）。经过多次这样的碰并之后，雨滴就会大到足以直接降落到地面而不发生蒸发。上升气流会促进这一过程，因为它们会使雨滴反复经过云层，进而促使其变大。

雨滴尺寸最大能达到 5 毫米，此时其运动速度为 33 千米/小时。在这种尺寸和速度下，水的表面张力会使得雨滴紧靠在一起，而空气的拉张力则会使其破裂。大雨滴破裂后会形成许多小雨滴，而后这些小雨滴又会开始前述的碰并增大过程。到达地面时直径低于 0.5 毫米的雨滴称为毛毛雨，它在 1 千米的高空下落到地面的时间约为 10 分钟。

概念检查 12.8

1. 降水和凝结有何不同？
2. 用自己的语言描述伯杰龙过程。
3. 碰并过程发生的条件是什么？

12.9 降水类型

列出降水的类型，并解释每种类型的成因。

世界上的多数降水均以雪晶或其他固态形式（如冰雹、霰）出现（见表 12.3）。这些冰粒进入云层下的较暖空气中时，会融化并以雨滴的形式到达地面。在世界上的其他地区，尤其是副热带地区，形成降水的云层温度通常高于 0°C。这些雨水通常出现在海洋上方，因为这里的凝结核不多。此时，云滴通过碰并方式快速变大，进而形成丰富的降水。

大气状态会因地理位置和季节变化很大，因此会形成不同的降水类型。雨和雪是人们最常见且最熟悉的降水形式，但表 12.3 中其他形式的降水也同样重要。雨夹雪、冻雨和冰雹通常会形成灾害性天气。这些降水形式虽然只是偶尔出现在零星地区，但它们有时会造成相当大的危害，尤其是冻雨和冰雹。

表 12.3　降水类型

类型	大约尺寸	水相	说　　明
薄雾	0.005～0.05 毫米	液态	风速为 1 米/秒时，液滴大到脸部足以感受到其存在，它与层云有关
毛毛雨	0.05～0.5 毫米	液态	从层云上降落的均匀小雨滴，通常会持续几小时
雨	0.5～5 毫米	液态	通常由雨层云或积雨云产生。大雨时，雨滴大小的地区差异较大
雨夹雪	0.5～5 毫米	固态	雨滴降落到低于冰点的气层时，冻结形成的球状或块状小冰粒。由于冰粒较小，造成的灾害也较小。雨夹雪不利于人们的出行
冻雨（雨凇）	1 毫米～2 厘米厚	固态	冻雨是过冷水滴与固态物体接触时冻结形成的。冻雨会形成厚厚的、重量足以损坏树木和电线的冰层
雾凇	可变累积量	固态	通常包含指向风向的冰羽状沉积物。过冷云或雾接触物体后，会冻结产生精美的霜积物
雪	1 毫米～2 厘米	固态	雪的晶体特性使得其具有多种形状，包括六面体冰晶、片状和针状。过冷云中的水汽以冰晶形式积累，并在下降过程中保持冻结状态时，就形成了雪
冰雹	5 毫米～10 厘米或更大	固态	坚硬圆粒或不规则的冰状降水，它形成于冻结冰粒和过冷水共存的大型对流性积雨云中
霰	2～5 毫米	固态	"软冰雹"，即在雪晶上结晶形成的不规则状"软"冰。这类颗粒物比冰雹软，在受到撞击时会变平

12.9.1 雨

气象学上的雨特指从云中降落、直径至少为 0.5 毫米的水滴（毛毛雨和薄雾因液滴较小而不能算雨）。大多数雨源自雨层云或常形成大暴雨的塔状积雨云，这些云形成的大雨多为倾盆大雨。雨滴的尺寸通常不超过 5 毫米，原因在于水的表面张力会缩小雨滴。

直径小于 0.5 毫米的均匀水滴称为毛毛雨。毛毛雨和小雨滴通常由层云或雨层云形成，它可能会持续几小时，偶尔会持续数天。

你知道吗？

根据美国国家气象局的数据，纽约州罗切斯特市的年降雪量为 239 厘米，是美国雪量最多的城市，紧随其后的是水牛城。

12.9.2 雪

雪是以冰晶或冰晶集合体形式出现的降水。雪花的大小、形状和密度很大程度上取决于它们形成时的温度。

温度很低时，空气中的水汽含量较低，这时会形成由六边形冰晶构成的蓬松雪花，这是山地滑雪者渴望的"雪粉"。相反，气温高于 25℃时，冰晶会集合成较大的块状冰晶聚合物，由这种复杂雪花形成的降雪通常较重，且水分含量较高，适合于滚雪球。

12.9.3 雨夹雪和冻雨

雨夹雪是出现在冬季的含有透明或半透明冰粒的降水现象。雨夹雪的形成条件如下：贴近地面的冻结层之上，必须覆盖有一层高于冻结温度的气层。雪融化形成的雨滴进入下面较冷的空气时会冻结，然后在到达地面时，变成雨滴大小的小冰粒。

有时，当垂直温度分布类似于层状云时，会形成冻雨或雨夹雪。此时，贴近地面的温度低于冰点的气层没有使得雨滴冻结的足够厚度，雨滴呈过冷状态。遇到地面的突出物时，这些过冷水滴会立即结冰。厚重的冻雨甚至会压断树枝、电线，并使人们的出行极度危险（见图 12.29）。

12.9.4 冰雹

冰雹是坚硬的圆球状或不规则块状固态降

水。冰雹内可能会有介于透明和半透明状的几个冰层（见图 12.30）。尽管有些冰雹可能有橘子那么大，但大多数冰雹的直径为 1～5 厘米。有时冰雹会重达 454 克以上，这样的情况大多是由几个冰雹合并而成的。

图 12.29　冻雨是过冷雨滴与物体接触时形成的。1998 年 1 月，新英格兰和加拿大东南部发生的冰暴，造成了巨大的破坏。冻雨导致数百万人的电力中断了 5 天，有些地区甚至持续了 1 个月（Dick Blume/Syracuse Newspapers/The Image Works 供图）

冰雹仅在高大的积雨云中形成，这类积雨云中的上升气流速度有时可达 160 千米/小时，并有充足的过冷水。图 12.30A 说明了冰雹的形成过程。冰雹起源于小冰核（霰），随后在下降过程中因吸附云层中的过冷水而逐渐增大。遇到强烈的上升气流时，它们会再次上升，然后重新下降。它们每次穿过云层中的过冷水区域后，都会增加一层冰壳。单次上升、下降也能形成冰雹。无论哪种方式，过程都会持续发展，直到冰雹大到上升气流无法支撑或遇到下降气流时，才会落到地面。

美国有记录的最大冰雹出现在 2010 年 7 月 23 日的南达科他州的维安，冰雹直径超过 20 厘米，质量接近 900 克。此前的记录为 766 克，出现在 1970 年堪萨斯州的科菲维尔（见图 12.30B）。出现在南达科他州的冰雹直径也超过了 2003 年内布拉斯加州奥罗拉的 17.8 厘米记录。1987 年出现在孟加拉国的大冰雹造成了

90 多人死亡。据估计，大冰雹降落到地面的速度超过了 160 千米/小时。

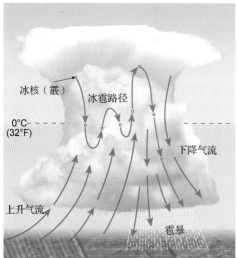

A. 冰雹最初是小冰核，小冰核经过云层时，过冷水滴逐渐使其变大。强烈的上升气流带着小冰雹不断上下运动，每次运动均会增大冰雹。最终，冰雹随着下降气流落到地面，或大到上升气流无法将其维持在空中而落到地面

B. 1970 年落到堪萨斯州科菲维尔的冰雹截面，其质量为 0.75 千克。注意观察其层状结构

图 12.30 冰雹的形成（University Corporation for Atmospheric Research/National Science Foundation/NCAR 供图）

大冰雹的破坏性众所周知，尤其是那些几分钟之内就能摧毁农作物、房屋、汽车的大冰雹（见图 12.31）。美国每年由于冰雹造成的灾害损失达数亿美元。

12.9.5 雾凇

雾凇是由过冷雾滴或云滴在低于冰点的表面上冻结形成的冰晶沉积。当雾凇形成于树上时，树枝会被冰羽装饰得非常壮观（见图 12.32）。此时，诸如松针这样的物体成为了过冷水滴冻结的冻结核。有风时，仅在树的迎风面才能形成雾凇。

概念检查 12.9

1. 列出降水的几种类型及它们的形成条件。
2. 说明雪到达地面有时为雨有时非雨的原因。
3. 雨夹雪和冻雨有何区别？哪种的灾害性更强？

图 12.31　被冰雹损毁的汽车挡风玻璃（Glock/shutterstock 供图）

图 12.32　雾凇。雾凇由美丽的冰晶组成，它是过冷雾或云滴与物体接触时形成的（Siepman/Photolibrary 供图）

12.10　降水的测量

说明如何测量降水。

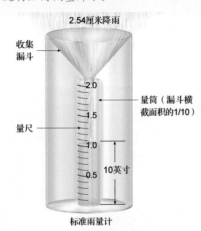

图12.33　使用标准雨量计测量降水。标准雨量计可精确到 0.025 厘米。量筒的横截面积仅为收集器的 1/10，因此最后测得的数据放大了 10 倍

雨量很容易测量。任何横截面积相同的开口容器均可做成雨量计，但通常使用更为复杂和精细的装置来进行测量，因此即使雨量很小，也能准确地测出，并大大降低蒸发量。标准雨量计的顶部直径为 20 厘米。一旦降水进入容器，漏斗就会引导雨水通过狭窄的空间进入横截面积仅为收集器 1/10 的圆柱形量筒中。最后，雨量高度被放大 10 倍，使得测量精度接近 0.025 厘米。雨量小于 0.025 厘米时，则记录为微量降水。

12.10.1　降雪测量

测量降雪时通常测量两项，即雪深和等效降水量。雪深通常用量雪尺来测量。实际测量降雪并不困难，但是需要选择具有代表性的场地。一般来说，最好选择一个远离树木和障碍物的开阔场地进行多次测量，再取这几次测量的平均值。要获得等效降水量，需要将样本融化后称重或按照降雨来测量。

同样体积的雪的水量有时并不相同。不知道雪的详细资料时，通常按 10 单位的雪等价于 1 单位的水来估算，但雪的实际含水量也许与这一比率相差甚远。要产生 1 厘米的降水量，可能需要 30 厘米厚的蓬松雪花，也可能只需要 4 厘米厚的湿雪。

12.10.2　天气雷达测量降水

图 12.34 所示的天气图是美国国家气象局根据天气雷达图像制作的天气图。天气雷达为气象学家提供了跟踪远在几百千米以外的暴雨系统及其所形成降水类型的重要工具。雷达单元有一个发射短脉冲无线电波的发射器，使用者可以根据探测目标来选定发射的波长。

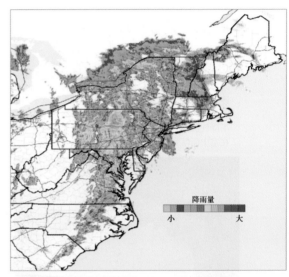

图12.34　美国国家气象局制作的多普勒雷达图。不同颜色代表不同的降水强度，东部沿海出现了强降水带（NOAA 供图）

无线电波虽然可以穿透小云滴，但会被大雨滴、冰晶和冰雹反射回来。这种称为回波的反射信号可被接收器接收并在显示器上显示出来，降水越强，回波越"亮"。现代雷达可以探测出降水区域范围和降水率。图 12.34 是一幅典型的雷达探测图像，其中不同的颜色表示不同的降水强度。气象雷达同样也是一种观测暴风速率和方向的较好工具。

概念检查 12.10

1. 降水较小时，天气预报会说微量降水，此时降雨的概率是多大？
2. 为什么降雨量比降雪量更好观测？

概念回顾：湿度、云和降水

12.1 水的相变
了解水的相变过程，定义潜热并说明其重要性。

关键术语：卡、潜热、蒸发、凝结、升华、凝华

- 水汽是一种无色无味的气体，它在近地面的压力与温度下，能从一种状态（固态、液态、气态）转变成另外一种状态。
- 导致状态发生改变的过程包括蒸发、凝结、融化、冻结、升华和凝华。蒸发、融化和升华需要吸热，而凝结、冻结和凝华会释放水分子的潜热。

? 使用合适的术语在附图中标出水的相变。

12.2 湿度：空气中的水汽
区分相对湿度和露点温度，小结气温影响相对湿度的方式。

关键术语：湿度、饱和度、蒸汽压、含湿量、相对湿度、露点温度、湿度计、干湿球湿度计

- 湿度是描述空气中水汽含量的常用术语。定量表达湿度的方法包括：①含湿量，即单位空气中的水汽质量和剩余干燥气体质量之比；②蒸汽压，即水汽作用下的大气压力值；③相对湿度，即空气中实际水汽含量和饱和状态下水汽含量之比；④露点温度，即气块达到饱和状态时的温度。
- 空气达到饱和状态时，由于水汽的作用，其压力称为饱和蒸汽压。在这种饱和状态下，气体水分子和液体水分子保持动态平衡。在更高的温度下，需要更多的水汽才能达到饱和状态，因为饱和蒸汽压只与温度相关。
- 改变相对湿度的方式有两种：加入或减少水汽，改变空气的温度。例如，空气冷却时相对湿度就会增大。

? 参考附图，在这种特殊的天气下，如何比较屋内和屋外的相对湿度？

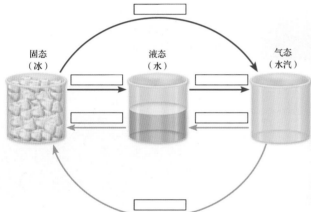

固态（冰）　　液态（水）　　气态（水汽）

(Photo by Clynt Garnham Housing/Alamy)

12.3 云的形成基础：绝热冷却
解释绝热冷却成云的方式。

关键术语：绝热温度变化、气块、干绝热率、湿绝热率

- 空气上升时，由于气压不断变低，因此空气会膨胀并冷却，这是形成云的基本过程。空气压缩或膨胀时的温度变化称为绝热温度变化。
- 不饱和空气因压缩加热和膨胀冷却的速率为10℃/千米，这称为干绝热率。当空气上升的高度大到能有足够的时间冷却时，就会凝结成云。空气在凝结面之上会持续上升，并以5℃~9℃/千米的湿绝热率冷却。干绝热率和湿绝热率不同的原因是，凝结会释放潜热，因此会降低空气的冷却速率。

12.4 空气上升过程
列出4种上升空气的机制。

关键术语：地形抬升、雨影沙漠、锋面楔入、辐合、局部对流抬升

- 空气垂直运动的4种机制如下：①地形抬升，主要发生在地势抬升的地区，如阻碍空气流动的山脉地区；②锋面楔入，即冷暖空气相遇时，密度小的空气上升；③辐合，即气流碰撞导致空气上升；④局部对流抬升，即局部受热不均导致空气密度不同，进而使得密度小的空气上升。

12.5 天气的形成：大气稳定度
描述影响大气稳定度的因素，比较绝对不稳定度和条件不稳定度。

关键术语：稳定空气、不稳定空气、绝对稳定度、绝对不稳定度、条件不稳定度

- 空气的稳定度由环境递减率和干绝热率决定。

- 绝对稳定度出现在环境递减度小于湿绝热率时。此时，被迫抬升气块的密度大于周围空气的密度，形成稳定的空气。
- 绝对不稳定度出现在环境递减率大于干绝热率时。例如，空气柱在地面的温度远高于高空的温度时，就会呈现出绝对不稳定的特征。
- 条件不稳定度出现在环境递减率介于干绝热率和湿绝热率之间时。简而言之，不饱和气块在空气中是稳定的，气块上升到呈饱和状态的高度时，是不稳定的。

? 描述附图中塔状云形成的大气条件。

(Photo by Rolf Nussbaumer Photography/Alamy)

12.6　凝结和云的形成

列出凝结的必要条件，简述对云进行分类的两个标准。

关键术语：凝结核、吸湿核、云、卷云、积云、层云、高云、中云、低云、直展云

- 发生凝结时，空气必须达到饱和状态。饱和时，空气通常要么接近其露点温度，要么有水汽加入空气中。凝结通常需要有一个界面发生凝结反应。在形成云和雾时，凝结核这种小颗粒会扮演凝结界面的角色。
- 云是凝结形成的一种水滴和冰晶混合体。
- 云的种类划分基于云的形态和所处的高度。云的三种基本形态是卷云、积云和层云。根据高度分类的四种云型分别是高云（高于6000米）、中云（2000～6000米）、低云（低于2000米）和直展云。

12.7　雾

给出雾的定义，并解释各种雾的成因。

关键术语：雾、平流雾、辐射雾、上坡雾、蒸汽雾、锋面雾（降水雾）

- 雾是在近地面形成的一种云。空气温度低于露点温度时，或水汽加入空气使得空气达到饱和状态时，就会形成雾。
- 平流雾主要形成于暖湿空气经过较冷物体的表面

时。辐射雾是在寒冷的晴朗夜晚，地面因辐射快速冷却形成的。
- 空气中因加入水汽而达到饱和状态时所形成的雾，称为蒸汽雾。在绵绵细雨中，近地面的空气冷却并接近饱和状态时，会有足够的雨水蒸发成雾。这种方式形成的雾，称为锋面雾或降水雾。

12.8　降水的形成

描述形成降水的两种机制。

关键术语：伯杰龙过程、过冷、冻结核、碰并过程

- 要形成降水，数以百万计的云滴须聚合在一起形成雨滴，直到雨滴大到足以降落到地面。解释这一现象有两种机制，即伯杰龙过程和碰并过程。
- 伯杰龙过程发生在冰晶和过冷雨滴并存的冷云中。对水汽吸附力更强的冰晶在过冷雨滴中会变得越来越大。当冰晶足够大时，在冬季通常以雪花的形式下降，在夏季则在下降过程中形成雨。
- 碰并过程发生在含有诸如海盐颗粒等大吸湿颗粒的暖云中。吸湿颗粒形成大雨滴后，会在下降过程中与较小的水滴碰撞并合并。经过多次碰撞后，雨滴会大到足以形成雨并降落到地面。

? 附图中的雾属哪种类型？

(Photo by Pat and Chuck Blackley/Alamy)

12.9　降水类型

列出降水的类型，并解释每种类型的成因。

关键术语：雨、雪、雨夹雪、冻雨、冰雹、霜

- 降水的类型包括雨、雪、雨夹雪、冻雨、冰雹和霜。雨是从云层中降落到地面的水滴，其直径不小于0.5毫米。雪是以冰晶（雪花）形式出现的一种降水。雨夹雪是冬天出现的一种现象，是下落的透明和半透明状冰晶。雾凇是由过冷却雨滴与固体物质接触形成。冰雹是球状或不规则状的坚硬冰块，其直径为1～5厘米。霜是在物体表面形成的，即雾滴在过冷状态下形成的一种羽状冰晶。

12.10 降水的测量

说明如何测量降水。

- 具有相同横截面积的敞口容器均可作为雨量计。
- 气象雷达系统使用低频无线电波来探测云的组成，它可以穿透小雨滴，但会被大雨滴、冰晶或冰雹反射回来。降水强度越大，回波越明显，因此气象雷达不仅能预测降水范围，而且能预测降水的速率。

思考题

1. 参考图 12.2，回答下列问题：
   - a. 水在什么状态下密度最大？
   - b. 水分子在什么状态下最具活力？
   - c. 水在什么状态下可被压缩？

2. 附图是一杯热咖啡，其烟状蒸汽处于什么状态？请解释。

(Photo by Dmitry Kolmakov/Shutterstock)

3. 人体自我降温的主要方式是流汗。
   - a. 汗水是如何降低皮肤表面温度的？
   - b. 参考表 A 中关于亚利桑那州凤凰城和佛罗里达州坦帕的数据，哪个城市更易通过出汗来降温？请解释。

表A

城市	温度	露点温度
亚利桑那州凤凰城	101°F	47°F
佛罗里达州坦帕	101°F	77°F

4. 在炎热的夏季，许多人会使用棉被包住冷饮来让它不会过快变热。除避免温热的手和容器接触而发生热传导外，是否还有其他的方式来减缓饮料的变热？

5. 参考表 12.1。40℃的热带与−10℃的极地相比，饱和空气中的含水量要高多少？

6. 参考表 B 中关于亚利桑那州凤凰城和北达科他州俾斯麦的数据，回答下列问题：

表B

城市	温度	露点温度
亚利桑那州凤凰城	101°F	47°F
北达科他州俾斯麦	39°F	38°F

   - a. 哪个城市的相对湿度较高？
   - b. 空气中的水汽含量哪个城市更高？
   - c. 哪个城市的空气最接近于水汽饱和状态？
   - d. 哪个城市的空气中有最大的水汽含量？

7. 附图显示了美国中西部地区某个夏日温度和相对湿度的关系。假设露点温度保持不变，每天何时草坪上的露蒸发量最小？

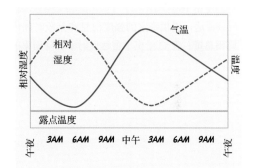

8. 附图显示了来自大洋的空气吹过海岸山脉的过程。假设干燥空气的露点温度保持不变（即相对湿度低于 100%），若气块饱和，露点温度将会随着湿绝热率的上升而降低，但不会随气块的下降而变化。根据这一信息回答下列问题：

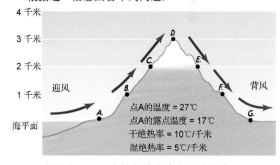

   点A的温度 = 27℃
   点A的露点温度 = 17℃
   干绝热率 = 10℃/千米
   湿绝热率 = 5℃/千米

   - a. 求图中 B～G 点的气块温度和露点温度。
   - b. 在什么高度会形成云（相对湿度为 100%）？
   - c. 比较 A 点和 G 点的空气温度，为什么会有此差别？
   - d. 气流越过山脉时，空气中的水汽含量如何变化？（提示：比较露点温度。）
   - e. 山的哪侧会出现灌木，哪侧会是沙漠？

f. 美国的何处会出现图中所示的情况？

9. 图 12.21H 中的积雨云高约 12 千米高、宽约 8 千米、长约 8 千米。若每立方米云中仅含 0.5 立方厘米的水，问云中的水含量为多少？

10. 水汽在吸湿凝结核表面凝结时，会形成云滴，且云滴会逐渐增大。研究表明，云滴的最大半径约为 0.05 毫米。但标准雨滴的体积却是最大云滴的几千倍。这些云滴是如何变成雨滴的？

11. 辐射雾主要形成于晴朗的夜晚而非多云的夜晚，为什么？

12. 下面的哪个冬季风暴更易形成厚降雪：经过中西部内布拉斯加州、爱荷华州、伊利诺伊州的低压系统（风暴的平均温度是 26°F），经过北达科他州、明尼苏达州和威斯康星州的低压系统（风暴的平均温度是 16°F）。

13. 气象雷达可提供降水的强度信息和某段时间内的降雨总量。表 C 给出了雷达反射率和降雨率的关系。若雷达在 2.5 小时内测得的值为 47dBZ，问这一时间段内的降水量是多少？

14. 雨量计量器与气象雷达相比有哪些优点和缺点？

表 C 雷达反射率与降雨率的关系	
雷达反射率/dBZ	降雨率（英寸/小时）
65	16+
60	8.0
55	4.0
52	2.5
47	1.3
41	0.5
36	0.3
30	0.1
20	微量

第13章 大气运动

加利福尼亚州蒂哈查皮风力发电机（T. J. Florian/Rainbow/Age Fotostock/Robert Harding 供图）

本章主要内容

13.1 定义气压并描述用于测量气压的设备。

13.2 讨论通过影响大气来形成或改变风的三种力。

13.3 比较与低压中心（气旋）和高压中心（反气旋）有关的天气。

13.4 总结理想的全球环流，讨论大陆和季节性温度变化对理想环流的影响。

13.5 列举三种局地风的类型，并探讨其成因。

13.6 描述用于测量风的设备，说明如何使用罗盘来表示风向。

13.7 讨论影响全球降水分布的主要因素。

在各种天气和气候要素中，人们对气压的变化最不敏感，但气压却是影响天气变化非常重要的因素。例如，气压变化能形成风，而风会引起温度和湿度的变化。此外，气压是天气预报中的重要因素，且与其他天气要素（温度、湿度和风）存在着密切的关系。

13.1　了解气压

定义气压并描述用于测量气压的设备。

第11章中介绍的气压仅是由上方空气重量引起的压力。海平面的平均气压约为 1 千克/平方厘米（见图 13.1）。大气作用于地面的压力要比人们认为的大得多。例如，作用于小课桌（50 厘米×100 厘米）顶部的气压超过 5000 千克，约为一辆 50 座校车的重量。桌子在大气的重压下为何不会垮塌呢？答案很简单，因为桌子底部、顶部和所有侧面都受到气压的作用，因此课桌所受的各个方向的气压完全平衡。

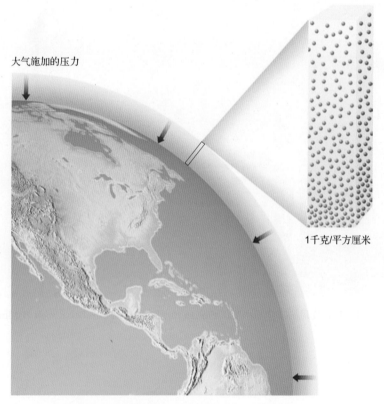

大气施加的压力

1千克/平方厘米

图 13.1　海平面的平均气压值约为 1 千克/平方厘米

13.1.1 气压可视化

假设有一个底部面积与课桌面积相等的水缸，水缸中水的高度为 10 米时，水作用于底部的压力相当于 1 个大气压。若将水缸放在课桌上以使所有的力的方向都向下时，会发生什么？相反，若把课桌放入水缸并使其沉入底部时，桌子会完好无损，因为水压会作用于课桌的各面。人的身体就像例子中的课桌，可以承受 1 个大气压。人类生活在大气层底部，就像海底生物会受到水的压力一样，人类也会受到大气重量形成的压力的作用。尽管我们通常不会注意到周围大气的压力（除非在电梯或飞机上快速上升或下降时），但这种压力事实上确实存在。宇航员所用太空服内的气压与地球上的气压，若没有太空服，宇航员的体液就会沸腾，进而会在几分钟之内死亡。

了解气体分子的行为有助于我们理解气压的概念。与液体分子和固体分子不同的是，气体分子彼此之间并未"绑定"在一起，因此可以自由地移动，进而充满其所在的空间。在正常大气条件下，两个气体分子发生碰撞时，它们会像有弹性的球一样彼此弹开。如果气体被限制在一个容器中，分子运动就会受容器壁的约束，气体分子持续撞击容器壁所形成的向外的力就称为气压。大气的下界是地面，地球的引力有效地阻止了大气的逃逸，实际上大气也有上界。因此，我们将气体分子持续撞击表面所形成的力称为大气压，简称气压。

13.1.2 测量气压

气象学家测量大气压时采用的单位是毫巴。海平面上的标准大气压为 1013.2 毫巴。虽然毫巴已被整个美国用作度量单位，但从 1940 年 6 月起，媒体开始用"英寸汞柱"或"毫米汞柱"来描述大气压。美国国家气象局为方便公众和航空使用，提供了将毫巴转换为英寸汞柱的图表（见图 13.2）。

英寸汞柱很容易理解。这种表达方式可以追溯到 1643 年意大利著名科学家伽利略的学生托里切利发明的汞气压计。托里切利将大气描述为由空气组成的海洋，它对其中的所有物体包括人类都会施加压力。为了测量这个力的大小，他将

一端封闭的玻璃管中灌满汞，然后将其倒插入装有汞的槽中（见图 13.3）。托里切利发现，汞会从玻璃管中流出，直到玻璃管中汞柱的重量与大气作用于汞槽表面的压力平衡时才停止。换句话说，汞柱的重量等于地面至大气顶部的空气柱的重量。

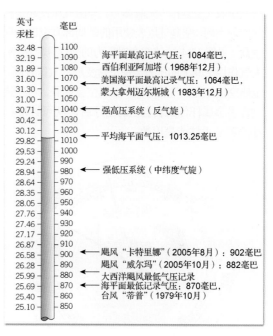

图 13.2　气压值分别用英寸汞柱和毫巴表示时的比较

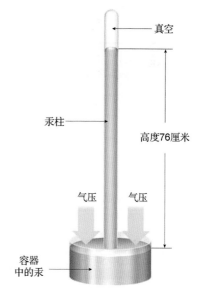

图 13.3　简单的汞气压计。汞柱的重量与施加于汞盘上的气压相等，气压降低，汞柱降低；气压升高，汞柱升高

托里切利指出，气压升高，玻璃管内的汞柱上升；反之，气压降低，汞柱高度下降。经过多次改进，托里切利发明的汞气压计成为了标准的气压测量设备。经测量，海平面上的标准大气压为760毫米汞柱高。

为了使气压测量设备便于携带，人们发明了空盒气压表（空盒指"无液体"）。与由气压托起汞柱的原理不同，空盒气压表使用的是局部真空的金属空盒（见图13.4），该空盒对压力的变化非常敏感，大气作用于其上的压力会使空盒变形，气压升高，金属空盒压缩；气压降低，金属空盒膨胀。气压通过许多金属杆传到表盘上的指针后，就可读取标准的英寸汞柱或毫巴数。

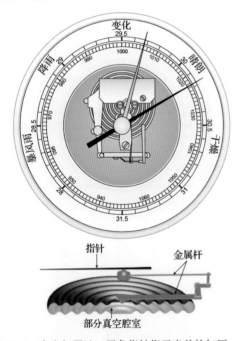

图 13.4　空盒气压计。黑色指针指示当前的气压。读取气压计时，观测者移动另一根指针以与当前的气压保持一致。随后检查气压表时，观测者就可看到气压是上升、下降还是保持不变。下图是一个截面图。空盒气压计有一个能改变形状的真空室，气压增大时它会缩小，气压下降时则增大

如图 13.4 所示，家用空盒气压表的面板上有"晴朗"、"变化"、"降雨"、"暴风雨"和"干燥"等字样，其中，"晴朗"对应于高气压值，而"降雨"对应于低气压值。气压下降通常伴随着云量增加并可能出现降水，而气压升高通常表示天气晴朗。记住，特殊的气压读数或趋势并不总是对应于特定的天气。

空盒气压表的另一个优点是，可以很方便地连接到记录仪，能够自动且连续地记录压力随时间的变化（见图 13.5）。空盒气压表的另一个重要应用是为飞行器、登山者和制图人员指示海拔高度。

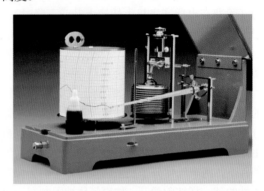

图 13.5　盒式气压记录仪。该设备会连续地记录气压。卷有记录纸的圆柱每天或每周转一圈

你知道吗？

使用任何液体（包括水）均可构建气压计。充水气压计的问题是其尺寸太大。因为水的密度是汞的密度的 1/13.6，因此在标准大气压下，水柱高度将是汞气压计中汞柱高度的 13.6 倍，故充水气压计的高度近10.2 米。

概念检查 13.1

1. 组织语言描述气压。
2. 毫巴、英寸汞柱表示的海平面标准大气压是多少？
3. 描述汞气压计和盒式气压计的工作原理。
4. 列举盒式气压计的两个优点。

13.2　影响风的因素

讨论通过影响大气来形成或改变风的三种因素。

第 12 章介绍了空气的上升运动及其在形成云的过程中的作用。与空气垂直运动同样重要的是空气的水平运动，空气的水平运动现象，我们称为风。风的成因是什么？简单地说，气

压的水平差异形成了风，根本原因是空气会从高压带向低压带流动。例如，打开真空包装时，我们所听到的噪声是空气从袋子外部高压区快速冲进内部低压区形成的。风就是大自然平衡这种气压差异的产物。地面加热不均产生压力差，因此太阳辐射是大多数风的最终能源。

地球不自转且没有摩擦作用时，空气会从高压带直接流向低压带。由于存在自转和摩擦两个因素，因此风会受到许多力的合力的作用，包括气压梯度力、科里奥利效应和摩擦力。

物体在某个方向上受力不平衡时，就会加速（改变原来的速度）运动。形成风的力来自于水平气压差。当空气一侧受到的压力比另一侧大时，压力的不平衡会导致一个从高压带指向低压带的力，这样的气压差就会形成风，并且气压差越大，风速越大。

地面气压的变化由遍布全球的观测站测量，观测的气压值在地面天气图上用等压线来表示（见图13.6）。等压线的间隔表示给定距离内的气压变化，这称为气压梯度。气压梯度力类似于使球滚下山的重力，陡峭的气压梯度就像一个陡峭的山坡，它会使得空气获得更大的加速度，而平缓的气压梯度导致的加速度较小。因此，风速和气压梯度的关系很简单：密集的等压线表示强气压梯度和强风，稀疏的等压线表示弱气压梯度和

弱风。图13.6给出了等压线间隔和风速的关系。注意，气压梯度力总与等压线垂直。

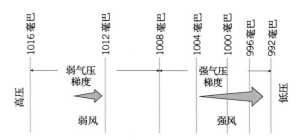

图 13.6 等压线是气压值相同点的连线。等压线的间隔表示给定距离内的气压变化值，这称为气压梯度。密集的等压线表示强气压梯度和强风，而稀疏的等压线表示弱气压梯度和弱风

要在地面天气图上绘制表示气压分布的等压线，气象学家必须对不同海拔高度的观测站进行气压修正。否则，类似于美国科罗拉多州丹佛市这样的高海拔地区，总是会被标记为低压区。具体的方法是将所有的气压实际观测值换算为海平面上的气压值。

图13.7是包含等压线和风向的地面天气图。图中风向用风矢表示，风速用风羽表示。用来描述气压分布的等压线在天气图上很少是平直的或均匀分布的，因为气压梯度力形成的风在运动时会改变速度和方向。

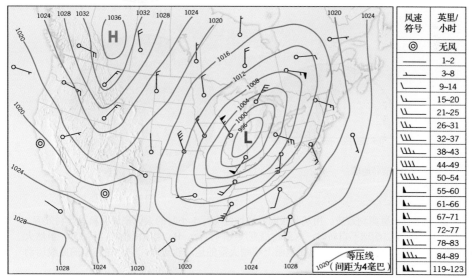

风速符号	英里/小时
◎	无风
——	1~2
—⌐	3~8
∟	9~14
∟—	15~20
∟⌐	21~25
∟∟	26~31
∟∟—	32~37
∟∟⌐	38~43
∟∟∟	44~49
∟∟∟∟	50~54
◣	55~60
◣—	61~66
◣⌐	67~71
◣∟	72~77
◣∟—	78~83
◣∟⌐	84~89
◣◣⌐	119~123

图 13.7 天气图上的等压线。等压线在天气图上用于表示气压分布。等压线很少是直线，一般为曲线。闭合的等压线表示高压和低压中心，"风向旗"表示环绕气压中心的风，它通常被绘制成"飞行"状（风吹向圆圈点）。注意，低压中心的等压线更密集，风速更大

在北美洲东部，用红色字母 L 表示的环形闭合区域为低压系统，而在加拿大西部，用蓝色字母 H 表示的环形闭合区域为高压系统。下节将讨论高压和低压。

总之，水平气压梯度是风的驱动力，气压梯度力的大小由间隔的等压线表示，力的方向总是由高压带指向低压带，并与等压线垂直。

你知道吗？

约有 0.25%的太阳能在到达低层大气后会转化为风。虽然这个比例很小，但其绝对能量很大。据估计，北达科他州理论上的风力发电量就可满足美国 1/3 的电力需求。

13.2.1 科里奥利效应

图 13.8 显示了与地面高压和低压系统相对应的气流情况。如前所述，空气会从高压带流向低压带，但风并不沿气压梯度力的方向垂直穿过等压线。这种偏差是由地球自转造成的。法国科学家科里奥利首先对这一偏差进行了定量描述，因此将导致这一偏差的假想力命名为科里奥利效应。注意，科里奥利效应并不能形成风，而只能改变气流的方向。

在北半球，科里奥利效应会使得包括空气在内的所有自由运动物体沿运动路径右偏，而在南半球则左偏。产生偏转的原因可通过从北极向赤道发射的火箭的飞行路径（见图 13.8）来验证。假设地球在火箭飞行的 1 小时期间向东旋转了 15°，站在火箭预定的目标位置看火箭的路径时，火箭会西偏原定目标位置 15°；而从太空看向地球时，火箭的真实路径却是直线。因此，地球的自转使得火箭发生了明显的偏移。

注意，北半球的逆时针旋转会使火箭的运行轨迹右偏，因此无法命中目标；而南半球的顺时针旋转会使火箭的运动轨迹左偏，同样无法命中目标。

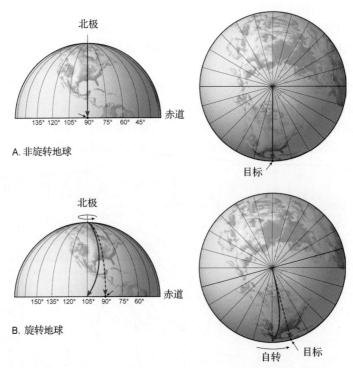

图 13.8　科里奥利效应。用从北极向赤道地区飞行 1 小时的火箭来说明科里奥利效应。A. 地球不自转时，火箭将沿直线飞向目标。B. 地球每小时自转 15°，虽然火箭沿直线运动，但在地面上绘制火箭的运动轨迹时，它会做右偏的曲线运动

综上所述，科里奥利效应作用于运动的物体时，在北半球会使其运动路径右偏，而在南半球会使其运动路径左偏。我们把风向的明显偏转归因于科里奥利效应。科里奥利效应具有以下特点：①总是垂直于气流的运动方向；②只影响风向，而不影响风速；③受风速影响（风速越大，

科里奥利效应越大）；④极地最强，从两极向赤道逐渐减弱，赤道上的科里奥利效应为零。

所有"自由移动"的物体都会受到科里奥利效应的影响，第二次世界大战之初美国海军就戏剧般地发现了这一现象。在远程射击训练时，炮弹连续偏离了射击目标上百米远，直到对看似静止的目标进行弹道修正后才命中目标。值得注意的是，在较短的距离内，科里奥利效应相对较小。

13.2.2 地面摩擦力

在地面以上的几千米内，摩擦作用对风的影响非常大。摩擦作用会减慢空气的流动，进而改变风向。为了说明摩擦作用对风向的影响，我们先来了解无摩擦作用时的情况。在摩擦层以上，空气的流动是由气压梯度力和科里奥利效应共同作用形成的。此时，气压梯度力会使得空气穿越等压线移动。空气开始移动时，科里奥利效应会垂直影响其运动。风速越大，偏差越大。

在理想条件下，科里奥利效应与气压梯度力大小相等、方向相反，气流处于地转平衡状态（见图 13.9）。地转平衡时所形成的风称为地转风。与地面风相比，地面无摩擦时地转风的风速更快，图 13.10 中风速达 50～100 英里/小时的风向旗说明了这一点。

上层气流最明显的特征是急流。第二次世界大战期间，高空飞行的轰炸机首次遇到了以 120～240/千米的速度从西向东的气流。这种气流通常位于分隔极地冷空气与副热带热空气的极锋上方。

高度低于 600 米时，摩擦作用使得前述气流复杂化。如前所述，科里奥利效应与风速成正比，摩擦作用会降低风速，从而弱化科里奥利效应。由于气压梯度力不受风速的影响，此时这种力会占上风（见图 13.11），进而使得气流以某个角度斜穿等压线，从高压带向低压带运动。

地面的粗糙度决定了空气斜穿等压线的角度及运动的速度。在光滑的海平面上，摩擦作用弱，角度小；而在崎岖的山区，摩擦作用强，空气穿过等压线的角度甚至会大到 45°。总之，高空气流几乎与等压线平行，摩擦作用影响很小，但摩擦作用会使得地面风的风速很低，并使得气流以某个角度穿越等压线。

你知道吗？

科里奥利效应甚至会影响到棒球比赛的结果。棒球在 4 秒内飞越 100 米水平距离的过程中，会右偏 1.5 厘米。

概念检查 13.2

1. 列出三个共同影响水平气流的因素。
2. 形成风的力是什么力？
3. 解释等压线与风速的关系。
4. 简述科里奥利效应影响气流的方式。
5. 与平行于等压线流动的高空风不同的是，地面风通常会斜穿等压线。解释其成因。

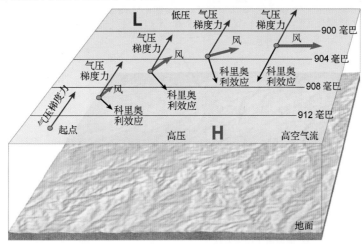

图13.9 地转风。静止的气团只受气压梯度力的作用。空气开始加速运动时，科里奥利效应会使得北半球的运动物体右偏，风速越大，科里奥利效应（偏转）越强，直至气流与等压线平行，此时气压梯度力和科里奥利效应平衡，所形成的风被称为地转风。注意，真实大气中的气流会不停地调整以适应随时发生变化的气压场，因此地转平衡的调整过程更复杂

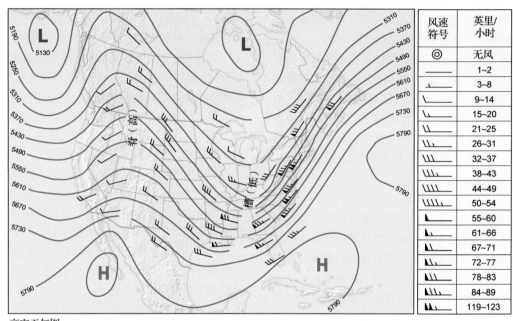

风速符号	英里/小时
◎	无风
⎯	1~2
⌐	3~8
⌐	9~14
⌐	15~20
⌐	21~25
⌐	26~31
⌐	32~37
⌐	38~43
⌐	44~49
⌐	50~54
⌐	55~60
⌐	61~66
⌐	67~71
⌐	72~77
⌐	78~83
⌐	84~89
⌐	119~123

高空天气图

高空天气图的表示

图 13.10　高空气象图。这种简化的天气图表显示了高空风的风向和风速，其气流几乎平行于等压线。与大多数高空天气图相同，图中表示的是在某个气压（500 毫巴）上的高度变化（米），而非地面天气图表示的某一高度上的气压变化。等高线和等压线的关系很简单，例如，同一等高线上高海拔处的气压高于低海拔处的气压。因此，高度较高的等值线表示较高的气压，而高度较低的等值线表示较低的气压

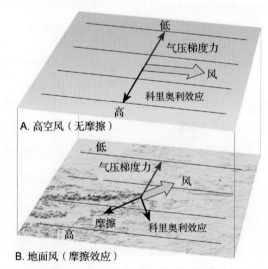

图 13.11　摩擦作用对风的影响。摩擦作用对高空风的影响很小，此时气流平行于等压线。相比之下，摩擦作用会减缓地面风速，削弱科里奥利效应，导致风斜穿等压线运动

13.3 高压与低压

比较与低压中心（气旋）和高压中心（反气旋）有关的天气。

你知道吗？

所有的最低气压记录都与飓风有关。美国的 882 毫巴记录是在 2005 年 10 月的"威尔玛"飓风期间测量得到的。全球的 870 毫巴记录是在 1979 年 10 月的太平洋飓风期间测得到的。

天气图上最常见的特征是气压中心。气旋或低值是低压中心，反气旋或高值是高压中心。如图 13.12 所示，在气旋中，从外部等压线到飓风中心，气压降低；而在反气旋中情形完全相反，即气压从外部到中心逐渐增加。了解高压和低压的一些基本知识，有助于我们对当前和未来天气的理解。

13.3.1 气旋风和反气旋风

前几节介绍了影响风的两个重要因素，即气压梯度力和科里奥利效应。风会从高压带吹向低压带，并会因地球的自转左偏或右偏。在北半球，这些因素对气压中心的影响是风逆时针方向内旋（见图 13.13A），对高压中心的影响是风顺时针方向外旋（见图 13.12）。在南半球，科里奥利效应会使得风左旋。因此，风会围绕低压中心顺时针方向旋转，而围绕高压中心逆时针方向旋转（见图 13.13B）。不管是在北半球还是在南半球，摩擦作用都会在气旋周围导致净流入（辐合），而在反气旋周围导致净流出（辐散）。

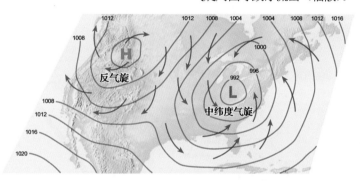

图 13.12 北半球的气旋风和反气旋风。箭头表示风在低压带逆时针方向向内运动，在高压带顺时针方向向外运动

A. 这幅卫星图像显示了阿拉斯加湾上空的一个大型低压中心。云图清晰地显示了逆时针方向的内旋环流

B. 这幅卫星图像显示了南大西洋巴西海岸附近上空的一个强气旋风暴。云图显示了顺时针方向的内旋环流

图 13.13 北半球和南半球的气旋。两幅云图可让我们了解低层大气的环流模式（NASA images 供图）

13.3.2 与高压和低压相关的天气

空气上升会形成云与降水，空气下降则会形成晴朗的天气。本节先讨论空气运动形成压力变化和风的方式，然后研究水平流动和垂直流动之间的关系，以及它们影响气候的方式。

首先介绍地面低压系统（气旋）的情况。空气向气旋中心螺旋运动时，净流入导致空气积聚，这个过程称为水平辐合。水平辐合会造成空气堆积，即高度增加，同时单个气体分子所占的空间变小，进而使得气柱的密度增大。此时，我们似乎遇到了一个悖论：空气的堆积既然会使低压中心的气压增大，那么就像打开一个真空罐那样，地面气旋将很快因填满空气而消失。

要维持地面的低压，必须有来自高空大气的补偿。例如，高空辐散的速度等于其下方流入的速度时，可维持地面辐合。图 13.14 显示了一个地面低压中心得以维持时，地面辐合（流入）与高空辐散（流出）的关系。

高空辐散大于地面辐合时，地面流入增强，垂直运动加速。另一方面，高空辐散不足时，表面流"充满"，气旋"削弱"。

气旋的地面辐合会使得气流净上升。垂直运动的速率很慢，通常小于 1 千米/天。上升气流通常会形成云和降水，因此低压中心通常与不稳定的环境和暴风雨天气相关（见图 13.15A）。

高空辐散通常会在地面形成低气压，进而导致上升的气流直接下沉，最终下降到地面。

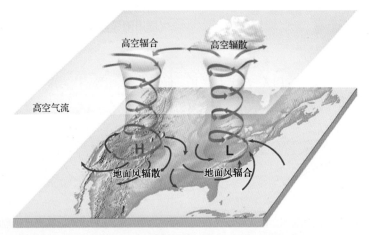

图 13.14　与地面气旋（L）和反气旋（H）相关的气流。低压或气旋会辐合地面风并使气流抬升，形成多云的天气；高压或反气旋则会辐散地面风并使气流下沉，形成晴朗的天气

图13.15　天气与气压中心的关系。A. 伦敦的雨天。低压系统通常与阴天和降水有关（图片由 Lourens Smak/Alamy 提供）B. 高压控制下的地区为晴气（Prisma Bildagentur/Alamy 供图）

与气旋类似，地面反气旋的维持也须依靠高空大气：低空辐散，高空辐合，反气旋中心的气流下沉（见图13.14）。空气下沉时会增温，因此在反气旋中很少形成云和降水，故而高压系统的到来常常预示着好天气（见图13.15B）。

正是由于这一原因，我们常常会在家用气压表的底部和顶端分别看到"暴风雨"和"晴朗"这样的标注。因此，通过记录气压的变化趋势（上升、下降或稳定），我们就有了一个可以预测未来天气状况的较好指标。这种气压预测有助于短期天气预报。

所以，电视台的天气预报会强调气旋和反气旋的位置并预报它们的路径。在气象节目中，低压系统总是制造"糟糕"天气的"坏人"，因为不管在什么时候它都会带来坏天气。在美国，低压系统基本上是从西向东移动，横穿美国一般需要几天到一周。气旋的路径并不固定，很难预测其运动路径，但这却是短期天气预报的基本任务。

由于高空气流的作用，气象学家在分析天气时，还须确定高空气流是否会增强或抑制风暴的发展。地面条件与空中条件间的紧密关系，导致人们的关注重点是大气环流，特别是中纬度地区的大气环流。我们将在了解地球大气环流的运行方式后，综合考虑气旋的结构。

概念检查 13.3

1. 找到一幅标有等压线和风向标的气象图，了解北半球和南半球风与地面气旋和反气旋间的关系。
2. 若要使地面低压中心长时间存在，高空需要存在什么条件？
3. 气压升高时的天气和气压下降时的天气，哪个更易预测？

13.4 大气环流

总结理想的全球环流，讨论大陆和季节性温度变化对理想环流的影响。

风是由地表加热不均导致的气压差形成的。热带地区吸收的太阳能要大于其反射的太阳能，两极地区吸收的太阳能则要小于其反射的太阳能。大气这一传热系统会试图平衡这一差异，将暖气流输运到极地，将冷气流输运到赤道附近。即使是对于局地，洋流也有助于全球的热传输。大气环流很复杂，许多因素到目前为止还未得到解释。这里先介绍根据大范围全球平均气压分布得出的全球环流经典模型，然后根据大气复杂运动的某些最新发现来修改这一理想化的模型。

13.4.1 地球不自转时的环流

在陆地或海洋表面光滑且不自转的地球上，形成了两个大型的热对流单元（见图13.16）。赤道上方的热空气将上升到对流层，此时的对流层就像一个盖子，使得空气向两极偏转。最终，上层的气流到达两极，然后下降并向地面的各个方向扩散，进而返回赤道。之后，它会被再次加热并开始新一轮的循环。这个假设的环流系统有着向两极运动的上层空气，以及向赤道运动的地面空气。

考虑地球自转时，这个简单的对流系统可分解成许多更小的环流。图13.17显示了地球自转时，三圈环流系统对热量的重新分配。如前所述，极地和热带环流仍然会形成热对流。中纬度地区的环流较复杂，将在后面探讨。

你知道吗？

全球范围内的风力发电机的装机容量已超过237000兆瓦，比2010年增加了20%。1兆瓦电能可供250～300个普通美国家庭使用。中国的风力发电机的装机容量最大（近63000兆瓦，2011年），其次是美国（47000兆瓦，2011年）。世界风能协会2012年初的统计数据表明，风力发电能够提供全球电力需求的3%。

13.4.2 理想的全球环流

赤道附近与气压带有关的上升气流称为赤道低气压。这个地区温暖潮湿的上升气流会形成丰沛的降水。这个低压带是南、北半球的信风交汇区，因此也称为赤道辐合带（ITCZ）。当上层气流从赤道流动到南北纬20°～30°时，会下降到地面。这一下降和相关的绝热升温会导致炎热和干燥的气候。干燥空气下降带的中心是副热带高压，它位于北纬和南纬30°附近（见图13.17）。澳大利亚、阿拉伯和非洲的大沙漠，就是由副热带高压引起的。

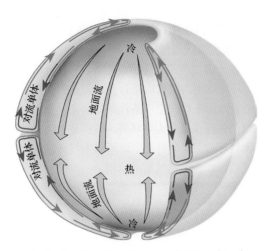

图 13.16 地球不自转时的全球环流分布。大气受热不均形成的简单对流系统

地面气流会从副热带高压中心向外流动。向赤道方向移动的有些气流因科里奥利效应的影响，会发生偏转，形成季风。向极地运动的其他气流会形成中纬度地区的盛行西风带。西风向两极移动时，会遇到极地低压带中的极地东风。热气流和冷气流对流形成的风暴带称为极锋。变化极地东风带的来源是极地高压。因此，寒冷的极地空气会向下流动并向赤道方向传播。

总之，简化的全球环流模型由 4 个气压带组成：副热带高压带和极地高压带，它们会使干燥的空气流向地表，进而形成盛行风；赤道低压带与副极地低压带，它们会使气流上下运动，形成云和降水。

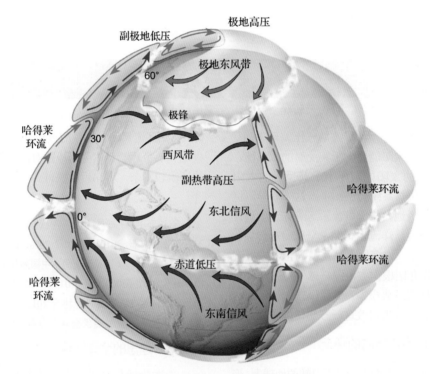

图 13.17　地球自转时的三圈环流模型

13.4.3　大陆的影响

如前所述，地面气压和相应的风在地球上呈连续的带状分布，但唯一真正的连续气压带是南半球海洋上方未被陆地截断的极地低压带。特别是在北半球陆地分隔海洋的其他纬度处，较大的季节性温度变化破坏了这一模式。图 13.18 显示了 1 月和 7 月的气压模式和风模式。海洋上的环流主要由副热带高压和副极地低压控制。如前所述，信风带和西风带是由副热带高压控制的。

另一方面，大陆尤其是亚洲的冬天会变得寒冷，并形成一个由大陆流出的季节性高压系统（见图 13.18）。夏天的情形正好相反：大陆被加热，形成一个低压系统，使空气流入大陆。这些风向的季节性变化称为季风。在天气温暖的几个月里，印度等地会经历一股暖流，就是从印度洋流入的潮湿空气，形成多雨的夏季季风。冬季季风是由干燥的大陆气流控制。在北美洲，一定程度上也存在类似的情况。

总之，大气环流由海洋上的高压、低压系统生成，并受大陆季节性气压变化的影响。

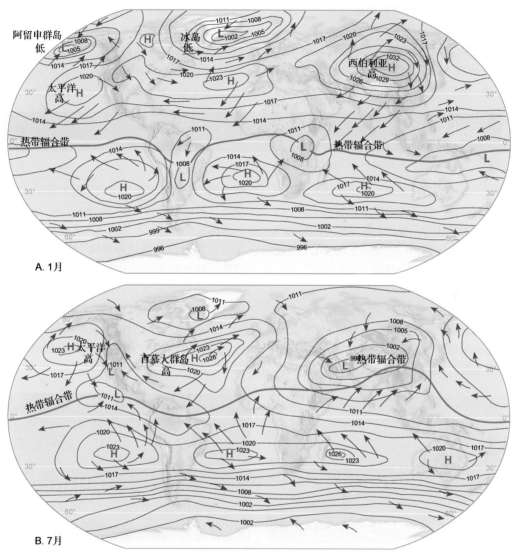

图 13.18　地面平均气压图。图中显示了用毫巴表示的与风有关的地面平均气压。A. 1 月；B. 7 月

13.4.4　西风带

中纬度地区即西风带的环流很复杂，它与热带地区的对流模式并不相符。纬度 30°～60° 之间自西向东的气流会被移动的气旋和反气旋打断。在北半球，这些环流在全球范围内自西向东移动，并在受其影响的区域内形成反气旋（顺时针）或气旋（逆时针）。地面气压系统路径和上层气流位置之间的密切关系表明，上层空气主导了气旋系统和反气旋系统的移动。

高空气流最明显的特征是其会季节性变化。中纬度地区冬季急剧升降的温度梯度与高空中的强气流有关。此外，极地急流会季节性地波动，在冬季来临时，其平均位置会向南移动，而在夏季来临时会向北移动。冬至时，急流中心甚至会向南移动到佛罗里达州的中部。

由于高空气流的路径是由低压中心引导的，因此冬季美国南方各州会出现更多的暴风雨天气。在炎热的夏季，风暴的路径会穿过北部各州，而有些气旋则从来不会离开加拿大。与夏季相关的北方风暴的路径也适用于太平洋风暴，温暖季节它将向阿拉斯加移动，导致西海岸地区进入旱季。当然，形成的气旋数量也受季节的影响，温度梯度最大时，冬天形成的气旋数量最多，这一事实与中纬度地区气旋风暴的作用一致。

概念检查 13.4

1. 参考大气环流的理想化模型，美国哪个带的盛行风最多？
2. 信风会偏离哪个气压带？
3. 在称为极锋的风暴区，哪些盛行风带会辐合？
4. 哪个气压带与赤道相关？
5. 解释印度地区风的季节性变化，什么术语适用于这种季节性的风移？

13.5 局地风

列举三种局地风，并探讨其成因。

探讨地球的大气环流后，现在介绍影响区域较小的风。记住，所有的风都是因地表受热不均导致的温差和气压差形成的。局地风是由局部气压梯度导致的小规模风，由地形变化或地表状况差异导致的温差和气压差形成的。

13.5.1 陆风和海风

在沿海地区温暖的夏季，白天陆地的升温要大于相邻的海域，因此地面上方的空气加热后，会扩张并上升，进而形成一个低压区域。此时，

海上的冷空气（高压）会向温暖的陆地（低压）移动，形成海风（见图 13.19A）。正午前，海风的形成很快，并在下午时风力达到最大。在沿海地区，相对凉爽的这种海风会明显降低下午的温度。较大湖泊的沿岸地区也会形成小规模的湖风，特别是在夏天，北美五大湖地区的居民对此有深刻的体会。因此，湖泊附近的温度要低于偏远山区。晚上则出现相反的过程，即陆地的降温过程要快于海洋，因此会形成陆风（见图 13.19B）。

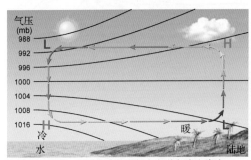
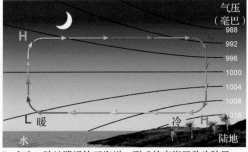

A. 白天，凉爽、密度较大的空气由海洋向陆地移动，形成海风

B. 夜晚，陆地降温快于海洋，形成的离岸风称为陆风

图 13.19 海风和陆风

13.5.2 山风和谷风

在山区，每天也会出现类似于海风和陆风变化。白天，山坡上的空气受热，其升温大于相同高度山谷上空的空气，因此暖空气沿山坡爬升，形成谷风（见图 13.20A）。白天山坡上的微风通常可根据相邻山峰间的云来识别。

日落后的情形正好相反，山坡上的空气降温后向山谷流动，形成山风（见图 13.20B）。类似的现象也发生在有一定坡度的丘陵地区，这时会在谷底堆积冷空气。

与其他类型的风类似，山谷风也有季节性。谷风常见于太阳辐射较强的暖季，而山风常见于寒冷季节。

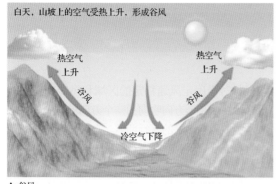

白天，山坡上的空气受热上升，形成谷风

热空气
上升

热空气
上升

谷风

谷风

谷风

冷空气下降

A. 谷风

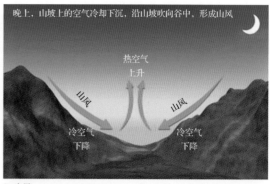

晚上，山坡上的空气冷却下沉，沿山坡吹向谷中，形成山风

热空气
上升

山风

山风

冷空气
下降

冷空气
下降

B. 山风

图13.20　谷风和山风。A. 白天，山坡上的空气受热上升，形成谷风；
B. 晚上，山坡上的空气冷却下沉，沿山坡吹向谷中，形成山风

13.5.3　钦诺克风和圣塔安娜风

　　钦诺克风是美国山区沿山坡下沉的干热风，类似的风在阿尔卑斯山区称为焚风。当山区出现很强的气压梯度时，往往会形成焚风。空气沿背风坡下降时，会因压缩而形成绝热升温。由于空气在迎风坡爬升时可能会因发生凝结而释放潜热，导致空气在背风坡下降时，就会变得比迎风坡同一高度上的空气更热、更干燥。虽然这些风的温度通常低于10℃，算不上特别温暖，但是风主要发生在冬季和春季，受影响地区的气温可能低于冰点，所以这种相对干燥温暖的风往往会带来剧烈的变化。当地面积雪时，这些风会在短时间内将雪融化。

　　在美国，另一种类似于钦诺克风的风称为"圣塔安娜风"干热风，它主要出现在加利福尼亚州南部。这种干热的圣塔安娜风会让这个已经非常干燥的地区的火灾风险大增（见图13.21）。

你知道吗？

　　沿洛基山脉东部斜坡下降的干燥热风，即钦诺克风，被当地人称为"融雪风"。一天之内，这种风就可以融化1英尺厚的积雪。1918年2月21日，穿越北达科他州格兰维尔的钦诺克风使得温度从−33℉升高到了50℉。

概念检查 13.5

1. 什么是局地风？
2. 描述海风的形成过程。
3. 陆风是吹向岸边还是吹离岸边？

4. 何时可以感受到谷风？是中午、上午还是下午？

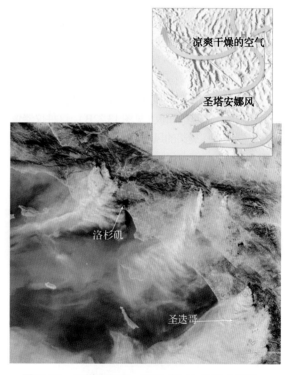

凉爽干燥的空气

圣塔安娜风

洛杉矶

圣迭哥

图13.21　圣塔安娜风。2003年10月肆虐于南加州的野火由圣塔安娜风引起。这场大火烧毁了740000英亩土地，摧毁了超过3000个家庭。插图显示了由圣塔安娜风驱动的凉爽干燥空气所形成的理想高压中心。绝热升温使得空气的温度升高，湿度降低（NASA 供图）

13.6 风的观测

描述用于测量风的设备，说明如何使用罗盘来表示风向。

风向和风速是气象观测的两个重要要素。测量这两个要素的简单装置是风向袋，它是机场跑道上的常见装置（见图 13.22A）。这个锥形袋的两端开口，因此会随风的变化而自由改变位置。袋子的膨胀程度则表示风速的大小。

风向定义为风的来向：北风表示风自北向南吹，东风表示风自东向西吹。用来确定风向的仪器是风向标，它常见于建筑物的顶部（见图 13.22B）。有时风向标上会用罗盘上的刻度来表示风向的方位，即北（N）、东北（NE）、东（E）和东南（SE）等风向；或用 0～360°的数字来表示，0°（或 360°）为北，90°为东，180°为南，270°为西。

你知道吗？

1934 年 4 月 12 日，美国新罕布什尔州华盛顿山上的地面站，测得最高风速记录为 372 千米/小时，而海拔 1886 米的华盛顿山天文台的平均风速为 56 千米/小时。一定还有仪器记录了更快的风速。

风速通常用风杯风速仪测量。风速仪有一个类似于汽车仪表盘的面板（见图 13.22B）。这种仪器像是一端带有螺旋桨的风向标，叶片始终对准风的来向，叶片的转速与风速成正比。这种仪器通常连接到记录仪上，能够对风速和风向进行连续记录，这些资料对于确定风速稳定的区域和风能开发很有用。始终从某个方向吹向另一个方向的风称为盛行风，例如我们熟悉的盛行西风。在美国，这种风始终将"天气"从西吹向东。高压中心和低压中心向东流动的风分别具有顺时针特征和逆时针特征。因此，与西风带有关的地面测量，在不同地点不同时间的测量值往往相差很大。相比之下，如图 13.23 所示，气流的方向与信风带的方向一致。

了解飓风和气旋位置与我们所处位置间的关系后，就可预测气压中心移过时的风向变化。风向的变化往往会带来温度和湿度的变化，这会有助于对风的预测。例如，在美国的中西部地区，北风会带来加拿大凉爽、干燥的空气，南风则会带来墨西哥湾温暖、潮湿的空气。弗朗西斯·培根爵士总结道："不同的风会带来不同的天气"。

概念检查 13.6

1. 观测风的两个基本要素是什么？哪种设备可用于测量风速？
2. 东北风是从哪个方向吹过来的？南风是从哪个方向吹过来的？

A.

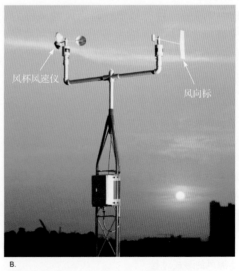

B.

图13.22 风的观测。观测风的两个基本要素是风速和风向（图 A 由 Lourens Smak/Alamy 提供；图 B 由 Belfort Instrument Company, Baltimore, MD 提供）

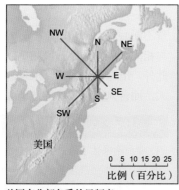

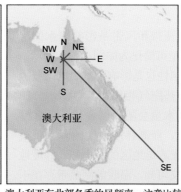

美国东北部冬季的风频率

澳大利亚东北部冬季的风频率。注意比较澳大利亚东南信风与美国东北部的西风带的稳定性

图 13.23　风向玫瑰图。这些图形显示了来自不同方向的风的百分比

13.7　全球降水分布

讨论影响全球降水分布的主要因素。

图 13.24 显示了全球的年均降水分布。虽然这幅图看起来很复杂，但其降水分布特征可以用全球的风场和气压系统知识来解释。一般来说，受高压影响的区域，通常伴随着气流下沉和辐散，易形成干旱的天气现象；反之，受低压影响的区域，上升气流和辐合易产生充足的降水。这一模型所要阐述的是：受赤道低气压控制的热带地区是地球上雨水最多的地方，如南美洲亚马孙河流域的热带雨林和非洲刚果盆地的热带雨林。全年，温暖、潮湿的信风辐合会形成丰富的降雨。相反，受副热带高压系统控制的区域降水很少。这些地区广布副热带沙漠，例如北半球最大的沙漠撒哈拉大沙漠、南半球南部非洲的卡拉哈里沙漠和澳大利亚的干燥地区。

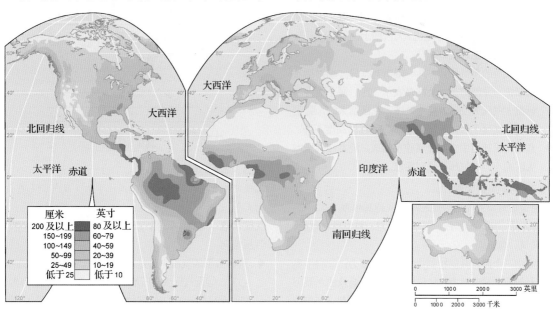

图 13.24　全球年均降水分布图

若地球上的气压带和风带是影响降水的唯一因素，则降水模型可简化为如图 13.24 所示。但是，空气的固有属性也是影响降水量的重要因素，因为冷空气与热空气相比，其存储水分的能力更低，因此降水量会随纬度变化，低纬度地区的降水量最大，而高纬度地区的降水量很小。图 13.24 显示了赤道地区的暴雨和高纬度地区的微雨。回忆前文可知，温暖的副热带存在干旱地区的原因是其受到了副热带高压的影响。

陆地和水资源的分布也会影响降水量。随着中纬度地区大型陆地向内陆方向不断延伸，降水量不断减少。例如，北美洲中部和欧亚大陆中部与相同纬度的沿海地区相比，降水量要少得多。此外，山脉也会影响降水量，迎风坡的降水量很大，而背风坡和邻近的洼地降水量很少。

概念检查 13.7

1. 非洲刚果盆地的热带雨林与全球的哪个气压带有关？哪个气压系统与撒哈拉沙漠有关？

2. 除了风和气压，全球降水分布还与哪些因素有关？

概念回顾：大气运动

13.1 了解气压
定义气压并描述用于测量气压的设备。

关键术语：气压、汞气压计、盒式气压计、自动记录式气压计

- 空气具有重量：在海平面上，空气会对其施加 1 千克/平方厘米的压力。

- 气压是上方空气重量产生的力。随着高度的增加，施加力的空气减少，因此气压随高度的增加而减小。

- 气象学家用于表示气压的单位是毫巴。海平面上的标准大气压为 1013.2 毫巴。天气图上的等压线是气压相等的点的连线。

- 测量气压的汞气压计，其一端密封，另一端则插入器皿中，并使用英寸汞柱来表示气压。海平面上的标准大气压为 29.92 英寸汞柱。气压增大时，管中汞柱的高度上升，气压减小时，汞柱的高度下降。

- 盒式气压计由中空的金属腔室构成，腔室在气压增大时缩小，在气压降低时膨胀。

13.2 影响风的因素
讨论通过影响大气来形成或改变风的三种力。

关键术语：风、等压线、气压梯度力、科里奥利效应、地转风、急流

- 风由三个因素共同控制：①气压梯度力；②科里奥利效应；③摩擦力。气压梯度力是影响风的主要因素，它由气象图上等压线间的气压差引起。密集的等压线表示强气压梯度和强风，稀松的等压线表示弱气压梯度力和微风。

- 地球自转形成的科里奥利效应会使风偏转（北半球右偏，南半球左偏）。摩擦力会明显影响地表附近的气流，而在几千米高空摩擦力的影响可忽略不计。

- 在几千米以上的高空，科里奥利效应与气压梯度力的大小相等、方向相反，因此会形成地转风。地转风几乎以直线流动，其速度与气压梯度力成正比。

? 附图显示了两个地点的地面风。除了一处是陆地、另一处是水体外，其他因素均相同。哪幅图的地面是陆地？请解释。

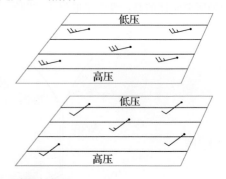

13.3 高压与低压
比较与低压中心（气旋）和高压中心（反气旋）有关的天气。

关键术语：气旋、低压，反气旋、高压、辐合、辐散、气压倾向

- 两种类型的气压中心是：①气旋或低压带（低压中心）；②反气旋或高压带（高压中心）。在北半球，低压带（气旋）的风逆时针向内流动，高压带（反气旋）的风则顺时针向外流动。在南半球，低压带的风顺时针流动，高压带的风逆时针流动。

- 低压中心的气流上升并绝热降温，因此通常伴随着

多云和降雨的天气。高压中心的空气压缩并升温，所以反气旋不可能形成多云和降水的天气。

? 参见图 13.4 假设你是最后几小时内检查这一盒式气压计的观测员。气压倾向是什么？你是如何计算出来的？这一倾向预示着什么天气？

13.4 大气环流

总结理想的全球环流，讨论大陆和季节性温度变化对理想环流的影响。

关键术语： 赤道低压、赤道辐合带（ITCZ）、副热带高压、信风、西风带、极地东风带、副极地低压、极锋、极地高压、季风

- 若地球表面均匀，则在每个半球上从东向西存在 4 个气压带。从赤道开始，4 个气压带是：①赤道低压带，也称赤道辐合带（ITZC），②赤道两侧 25°～35°的副热带高压；③纬度 50°～60°的近极地低压带，④接近两极的极地高压带。
- 大陆上较大的季节性温差会扰乱气压和风的理想化

带状模式。冬天，寒冷的陆地会形成季节性的高压。

- 在纬度 30°～60°间的中纬度地区，自西向东流动的西风带通常会被移动的气旋和反气旋打断。这些气旋和反气旋的路径与高空气流和极地急流密切相关。随着夏天的临近，陆地升温形成的气压系统会向北移动。风向的季节性变化称为季风。

13.5 局地风

列举三种局地风，并探讨其成因。

关键术语： 局地风、海风、陆风、谷风、山风、钦诺克风、圣塔安娜风

- 局地风是局地气压梯度形成的小规模风。海风和陆风使得陆地和海洋的温度形成了强烈的对比。谷风和山风发生在山区，因为在这里，相同海拔高度的空气在谷底和斜坡的升温不同。钦诺克风和圣塔安娜风是温暖、干燥的风，是空气在背风坡下降、升温并压缩形成的。

? 附图中的哪种局地风与云最可能相关？请解释。

Herbert Koeppel/Alamy

13.6 风的观测

描述用于测量风的设备，说明如何使用罗盘来表示风向。

关键术语： 风向、风杯风速仪、盛行风

- 测量风的两个基本要素是风向和风速。风向由其流动的方向标记。风向由风向标测量，风速由风杯风速仪测量。

? 设计机场时，需要考虑飞机在有风状态下的起飞情况。参照附图，描述跑道方向和飞机起飞的方向。在何处能找到这样的风向玫瑰图？

13.7 全球降水分布

讨论影响全球降水分布的主要因素。

- 全球的风与气压系统可解释全球降水分布的总

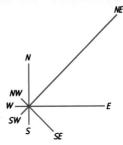

体特征。一般来说，受高压影响的区域会出现干旱天气，而受低压影响的区域则会出现充足的降水。

- 空气温度、大陆和海洋的分布、山脉的位置也会影响降水的分布。

思考题

1. 汞的密度是水的 13.5 倍。若使用水而非汞气压计，则其记录海平面上的标准大气压需要多高的水柱？

2. 地面低压中心上方的急流辐散超过地面辐合时，地面风是变强还是变弱？请解释。

3. 附图是 2011 年 4 月 2 日的简化地面天气图，其上有三个气压中心。

   a. 哪些气压系统是反气旋（高压），哪些是气旋（低压）？

   b. 哪个气压中心有最大的气压梯度？因此这是最强的风吗？

   c. 参见图 13.2，问气压中心 3 是强气压还是弱气压？

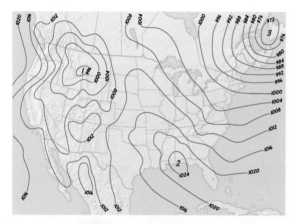

4. 某个雨天你和朋友正在看电视，当天的天气预报称大气压为 28.8 英寸，并且还在上升。听到这，你会说"看来天马上要晴了。"朋友回应道："我认为气压与空气的重量有关。英寸与重量有何关系？为什么你会认为天气会变晴？"此时，你会如何回答？

5. 如果你住在北半球，并且正好位于气旋中心的西面，那么你所处位置的风向是什么？如果处在反气旋的西面，风向又是什么？

6. 假设地球不自转，且表面完全被水覆盖。此时，在北半球的中纬度地区，小船会朝什么方向漂移？（提示：地球不自转时，全球环流模式是什么样的？）

7. 附图是北半球的理想环流截面。请在图上找出与以下特征匹配的点：

   a. 赤道低压

   b. 极锋

   c. 副热带高压

   d. 极地高压

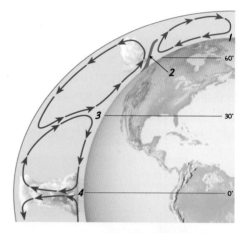

8. 温暖的夏日午后，你正在海滩上享受阳光。一到两个小时后，风平浪静。此后，出现了一阵微风。这阵微风是来自陆地还是来自海洋？请解释。

9. 附图显示了非洲 7 月和 1 月的降水分布。哪幅图代表的是 7 月？哪幅图代表的是 1 月？请解释。

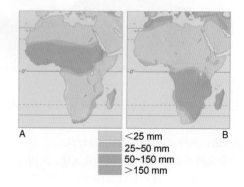

	<25 mm
	25~50 mm
	50~150 mm
	>150 mm

第14章 天气模式与恶劣天气

卫星图像显示了2012年10月30日席卷美国东海岸的飓风"桑迪"。风暴拍摄的角度是从加拿大向南，佛罗里达州靠近图像的顶部（NASA供图）

龙卷风和飓风是自然界中最具破坏性的力量。每年春天，报纸都会报道龙卷风过后的破坏情况；夏末秋初，人们偶尔也会听到关于飓风的新闻报道。通常，占据新闻版头条位置的飓风名称有"卡特里娜"、"丽塔"、"桑迪"和"艾克"等。尽管与龙卷风和飓风相比，雷暴不那么强烈，但它也是本章探讨的内容之一。要了解恶劣天气，需要先了解影响日常天气的大气现象，如气团、锋面和中纬度气旋的运动等。第11章至第13章已探讨了影响天气各要素的相互作用。

14.1　气团

讨论气团、气团的分类及相关的天气。

生活在中纬度地区的人们，包括美国人，已习惯于夏季的暖流和冬季的寒流。夏季的暖流或雷暴过后，高温、高压、高湿的天气通常很快就会结束，而随后的几天会相对凉爽。冬季出现寒流时，低温的晴天可能会被厚厚的乌云取代，此时气温可能会上升并形成降雪。不管是暖流还是寒流，在经历相对稳定的天气后，天气都会有短期的变化，然后在几天内形成新的天气条件，再次改变天气。

14.1.1　气团是什么？

天气模式由运动的气团决定。顾名思义，气团就是一个巨大的空气团，长达1600千米以上，高达数千米。在任何高度上，气团的物理性质（尤其是温度和湿度）在水平方向都是均匀的。气团自发源地出发后，就会以其自身的温度和湿度影响途经地区的天气（见图14.1）。

图14.2给出了气团影响天气的一个较好例子。干冷气团从加拿大北部向南移动，其初始温度为−46℃，到达中南部的温尼伯时，温度上升13℃，气团温度变为−33℃。此后，气团继续南移穿越大平原，进入墨西哥。在由北向南的移动过程中，气团本身的温度逐渐升高，同时给途经地区带来寒冷的天气。因此，气团本身的物理性质发生改变的同时，也会改变途经地区的天气。

图14.1　湖泊效应形成的雪暴。卫星图像显示了从加拿大出发途经苏必利尔湖的干冷气团，演示了湖泊效应形成雪暴的过程（NASA供图）

气团在水平方向上并不是完全均匀的，同一高度上的不同地点之间存在温度差和湿度差。但是，气团内部的这种差异，要比穿越气团边界时的变化小得多。

气团经过某个地区时，可能需要几天，因此在气团的影响下，该地区的天气会相对稳定，即所谓的气团天气。当然，每天的天气仍会发生一些变化，但这些变化与相邻气团中的天气变化不同。气团这一概念很重要，因为它与大气扰动密切相关，而且许多重要的中纬度大气扰动都形成于不同性质气团的边界。

14.1.2　气团的发源地

低层的部分大气缓慢移动或停留在相对均

匀的表面时，当地的空气就会具有明显区别于其他区域空气的特征，尤其是温度和湿度。

图14.2 冷空气入侵。从加拿大南移的冷气团给途经地区带来了寒潮。气团进入美国后会慢慢变暖，因此在改变途经地区天气的同时，自身也会逐步变化（摘自 *Physical Geography*: A Landscape *Appreciation,* 9th edition, by Tom L. McKnight and Darrell Hess, ©2008. 经培生教育公司允许后复印并重绘）

气团获得其温度和湿度的地区称为气团的发源地。影响北美地区的气团发源地如图14.3所示。

气团可根据其发源地进行分类。极地（P）气团和北极（A）气团发源于高纬度地区和地球两极地区，形成于低纬度地区的气团称为热带（T）气团，其中的"极地"、"北极"或"热带"表明了气团的温度特征。"极地"和"北极"表明寒冷，"热带"表明温暖。

另外，还可根据发源地地表的性质来对气团分类。大陆（c）气团在陆地上方形成，海洋（m）气团在海面上方形成。"大陆"或"海洋"表明了气团的湿度特征。大陆空气比较干燥，海洋空气比较潮湿。

根据这些分类方案划分的几种基本气团是极地大陆（cP）气团、北极大陆（cA）气团、热带大陆（cT）气团、极地海洋（mP）气团和热带海洋（mT）气团。

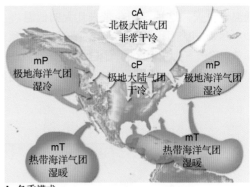

A. 冬季模式

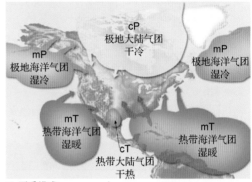

B. 夏季模式

图 14.3 影响北美地区的气团发源地。发源地主要分布在副热带和副极地地区，中纬度地区是冷、暖气团交汇的地区。中纬度气旋的辐合风会将不同属性的气团融合在一起，因此这一地区缺少成为气团发源地的条件。极地气团和北极气团的差异很小，区别仅在于气团的寒冷程度不同。比较冬季气团（A）和夏季气团（B）可见，气团发源地的范围和温度会随季节发生变化

你知道吗？

1916 年 1 月 23 日至 24 日，寒冷的气团从加拿大的北极圈向美国的北部大平原快速移动时，蒙大拿州的温度在短短几小时内从20℃攀升到了30℃，布朗宁的温度降低了 55℃，即 24 小时内从 6.7℃降到了−48.8℃。

14.1.3 与气团相关的天气

极地大陆气团和热带海洋气团会影响北美大部分地区的天气，尤其是洛基山山脉以东的地区。极地大陆气团发源于加拿大、阿拉斯加内陆和北极圈，这些地区冬季寒冷干燥，夏季凉爽干燥。冬天，入侵的极地大陆气团会带来晴空，因为它从加拿大南移到美国时，会带来寒潮与

低温。夏天，这种气团会带来几天的低温。

尽管 cP 气团通常不会带来暴雨，但在秋冬季节，途经五大湖地区的气团有时会在背风的海岸形成降雪。当地面天气图未给出暴风雪的明显成因时，那么它们通常是在局地形成的暴风雪，这种暴风雪被人们称为"湖泊效应降雪"，它使得布法罗、罗切斯特和纽约成为了美国降雪量最大的几个城市（见图 14.4）。

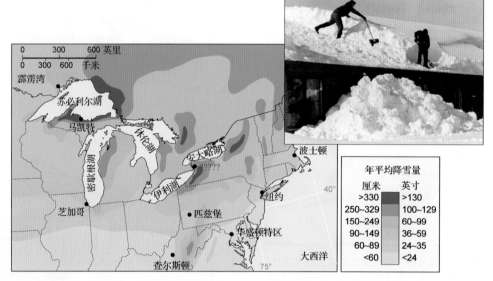

图 14.4　降雪图。图中可轻易看出五大湖的降雪带（数据来自 NOAA）。照片 1996 年 11 月摄于俄亥俄州的沙登，该地因湖泊效应降雪，降雪量达 175 厘米（Tony Dejak/AP/Wide World Photos 供图）

湖泊效应降雪的成因是什么？秋末冬初，湖泊与相邻陆地区域的温差很大 ①。寒冷的cP气团穿越湖泊向南移动时，会使得温差进一步加大。此时，气团会从相对温暖的湖面空气中获得大量的热量和水分。气团到达对岸时，会因潮湿而变得很不稳定，因此可能会形成降雪。图 14.1 演示了这一过程，图中寒冷的cP气团正从加拿大向南移动。注意，cP气团在移过苏必利尔湖和密歇根湖前，一直是自由移动的云层。

影响北美地区的热带海洋气团的发源地通常是墨西哥湾、加勒比海或温暖的大西洋海域。热带海洋气团温暖、潮湿，且通常不稳定。美国东部大部分地区的降水均来源于海洋热带气团。夏季，当 mT 气团侵入美国中部和东部及加拿大南部时，会带来与其发源地相关的高温和高湿。

极地海洋气团和热带大陆气团中，后者对北美地区天气的影响较小。夏季发源于西南地区和墨西哥的热带大陆干热气团，仅会偶尔影响发源地之外地区的天气。

冬季，北太平洋极地海洋气团与西伯利亚极地大陆气团通常有着相同的发源地。在穿越北太平洋的漫长旅途中，干冷的 cP 气团会转变为相对温和、潮湿且不稳定的 mP 气团（见图 14.5）。mP 气团到达北美西海岸时，通常会形成低云和阵雨。该气团从西部进入内陆后，会在山脉的迎风坡形成大雨或大雪。极地海洋

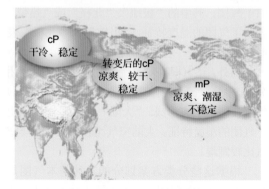

图 14.5　气团的变化。北太平洋极地海洋（mP）气团最初为西伯利亚极地大陆（cP）气团。cP 气团缓慢经过海洋时，就转变为 mP 气团

---

① 回忆可知，陆地的冷却速度要比水体快，且会冷却到更低的温度。详见第 11 章中的讨论。

气团也发源于远离加拿大海岸的北大西洋，它偶尔会影响美国东北部的天气。冬季，当新英格兰北部或西北部位于低压带时，极地海洋气团会形成逆时针旋转的气旋风，因此会形成以降雪和低温为特征的风暴，当地人称之为东北风。

你知道吗？

伊利湖东岸的布法罗和纽约因湖泊效应降雪而著称（见图 14.4）。2001 年 12 月 24 日到 2002 年 1 月 1 日，是有记录以来持续时间最长的湖泊效应降雪，使得布法罗的积雪厚达 207.3 厘米，而风暴前整个 12 月的积雪厚度才为 173.7 厘米。

14.2 锋面

比较与暖锋和冷锋相关的典型天气，描述锢囚锋与静止锋。

锋面是不同类型的两个气团的边界，两个气团中，其中一个的温度和湿度都较高。锋面可由任意两个完全不同的气团形成。气团的规模通常非常巨大，而锋面则相对较窄，呈 15～200 千米宽的断续条带状。在气象图上，锋面通常很窄，窄到可用一条较宽的线条来表示。

在地表上方，锋面微倾，使得暖空气覆盖在冷空气上方（见图 14.6）。理想情形下，锋面两侧的气团以同一速度相向移动。此时，锋面是在两个相差很大的气团间移动的屏障。但一般来说，锋面一侧气团的移动速度要快于另一侧气团的移动速度。因此，一个气团积极向另一个气团推进时就会产生"冲突"。事实上，在第一次世界大战之间，挪威的气象学家就认为这种锋面类似于两军之间的战线。沿着这些"战场"，低压中心会在中纬度地区形成和出现许多降水和灾害性天气。

当一个气团移到另一个气团控制的区域时，虽然会沿锋面发生程度较小的融合，但当一个气团爬升到另一气团之上时，仍会保持其原来的特性。不管哪个气团向前运动，密度较低的暖气团总是会被迫抬升，而密度较大的冷气团则是形成抬升运动的"楔子"。下面将探讨不同类型的锋面。

14.2.1 暖锋

暖空气侵入冷空气所占区域时的锋面称为暖锋（见图 14.6）。在天气图上，暖锋用指向冷气团的红色半圆线表示。

在洛基山山脉以东，温暖的热带空气通常会从墨西哥湾进入美国，并覆盖在逐渐后退的冷空气上方。冷空气后退时会与地面摩擦，因此会使得高空锋面的位置前移。换句话说，密度较低的暖空气替代密度较高的冷空气的时间会很长。因此，分隔这些气团的边界的坡度非常平缓。平均坡度约为 1:200，即在暖锋向上行进 200 千米，锋面抬升的高度为 1 千米。

暖空气沿冷空气的后退楔上升时，会膨胀并绝热降温，形成云和降水。图 14.6 中的云层是暖锋逼近时的典型现象。暖风临近的首个信号，是在锋面前方 1000 千米或更远处形成高云。

随着锋面的逼近，卷云会变为卷层云，并逐渐与浓密的高层云融合。在锋面前方约 300 千米的位置，会出现较厚的层云和雨层云，并可能形成降水。因为暖锋的坡度较缓，所以锋面抬升作用所形成的云层覆盖区域很大，并可能形成持续不断的小到中雨（见图 14.7）。但是，暖锋有时会形成积雨云和雷暴。当暖空气不稳定且锋面另一侧的温度变化强烈时，就会出现这种天气。有时，与暖锋相关的干燥气团会无声无息地通过地表。

暖锋过境时，温度一般会逐渐升高。因为两个邻近气团之间的温差很大，导致温度的升高非常明显。逐渐侵入的暖气团的湿度和稳定性，很大程度上决定了天气转晴所需的时间。夏季，锋面后面的不稳定暖气团中会有积云出现，偶尔会有积雨云出现，这些云型都可能形成强降水，但这种降水较为分散，且持续时间较短。

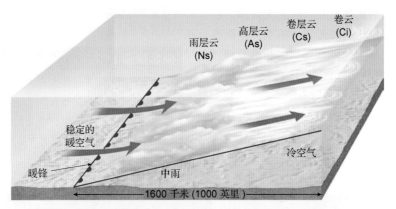

图 14.6 暖锋。图中显示了与暖锋相关的理想云层和天气。在一年的大部分时间里，暖锋会在广阔的区域形成小到中雨

图 14.7 与暖锋相关的降雨。暖锋的表面位置逼近时，雨层云通常会形成小到中雨（David Grossman/Alamy Images 供图）

14.2.2 冷锋

活跃的冷气团进入暖气团控制的区域时，冷暖气团之间的不连续地带称为冷锋（见图 14.8）。如同暖锋那样，因为摩擦力的作用，接近地面的冷锋空气要比其上方的空气移动得慢，因此冷锋的坡度在移动过程中会逐渐变得陡峭。平均而言，冷锋坡度约为暖锋坡度的 2 倍，大致为 1:100。此外，冷锋前进的速率约为 35～50 千米/小时，而暖锋前进的速率为 25～35 千米/小时。与暖锋相比，锋面坡度和移动速度的差异，使得冷锋形成的天气更为剧烈。

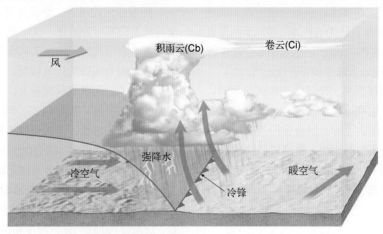

图 14.8 冷锋。快速移动的冷锋和积雨云。暖空气不稳定时可能会形成雷暴

随着冷锋的临近，西或西北方向通常会出现塔状的云型。在锋面附近，乌云带通常预示着将会出现恶劣天气。沿冷锋分布的暖湿空气通常会被迅速抬升，释放出大量的潜热，增大空气的浮力，使得空气不稳定，因此会形成积雨云，形成大雨和大风天气。冷锋在较短空间距离上的抬升

量与暖锋大致相同，但其形成的降水更强，持续时间较短。冷锋经过时，温度会明显下降，风向会由西南转为西北。有时在极端天气和气温急剧变化的对比中，反应在天气图上时，冷锋使用蓝色线条表示（见图14.8），并使用蓝色三角箭头表示冷锋前进方向。

图 14.9　飞溅的冰雹。沿冷锋分布的积雨云，在堪萨斯州威奇托棒球场形成了冰雹和暴雨，停车场的数十辆汽车被毁坏（AP Photo/The Wichita Eagle, Fernando Salazar 供图）

冷锋后面的天气主要由下沉冷气团控制，因此冷锋过后天气会很快放晴。尽管空气下沉压缩会导致绝热升温，但其对地表温度的影响微乎其微。冬天，冷锋经过时，通常会出现长时间的晴朗夜空，因此地面温度会因辐射冷却而降低。冷锋移到相对温暖地区的上方时，表面加热会形成浅层对流，进而在锋面后方形成低积云或层积云。

14.2.3　静止锋和锢囚锋

有时锋面两侧的气流既不向冷气团方向运动，也不向暖气团方向运动，而是几乎平行于锋线运动，导致锋面的位置不再移动或移动非常缓慢，这种情况下的锋面称为静止锋。在天气图上，静止锋使用指向暖气流的蓝色三角形及指向冷气流的红色半圆形线条表示。气流有时会沿静止锋爬升，形成小到中雨。

第四种类型的锋面是锢囚锋，此时快速移动的冷锋会超过暖锋，如图14.10所示。随着冷气团的楔入，暖锋抬升，推进的冷气团和沿其滑行

的暖锋的下部空气之间，会形成一个新的锋面，这一过程就是所谓的锢囚。锢囚锋形成的天气通常很复杂。大多数降水是由被迫抬升的暖气流形成的，但在条件合适时，这种新的锋面也能形成自己的降水模式。

尽管上面的介绍可帮助我们了解与锋面相关的天气，但它只是关于锋面的概述。类似于其他自然现象，锋面的分类也非常复杂。

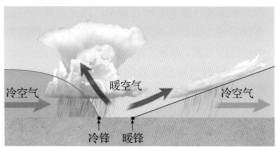

在该例中，冷锋后面的气流与暖锋前面的气流相比，温度更低，密度更大

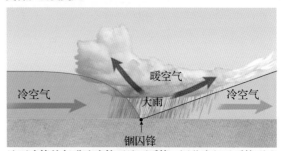

地面冷锋的行进速度快于地面暖锋，因此会超过暖锋形成锢囚锋

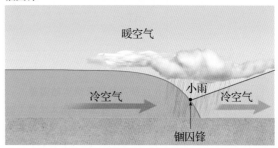

密度更大的冷空气会抬升暖空气，进而取代冷空气

图 14.10　形成锢囚锋的各个阶段

概念检查 14.2

1. 比较与典型暖锋和典型冷锋相关的天气。
2. 冷锋天气为何通常要比暖锋天气恶劣？
3. 描述静止锋和锢囚锋。

总结与成熟中纬度气旋相关的天气，描述高空气流与地面气旋和反气旋的关系。

前面介绍了天气的基本元素和大气运动的动力学。现在，我们可用所学的知识来了解中纬度地区的天气模式。这里所说的中纬度地区，是指佛罗里达州南部和阿拉斯加州之间的地区，影响此处天气的因素主要是中纬度气旋。在天气图上，中纬度气旋主要用 L 表示，以表明其为低压系统。图 14.11 从不同视角给出了一个理想的大型中纬度气旋，以及可能的气团、锋面和地面风。

中纬度气旋是从西向东运动的巨大低压中心，这种天气系统通常会持续几天到一周，是气流向内运动的逆时针环流。大多数中纬度气旋具有从低压中心区域延伸出来的一个冷锋和一个暖锋。辐合和气流抬升会形成云和丰沛的降水。

早在 19 世纪初，人们就认为气旋会带来降水和灾害性天气。但直到 20 世纪初，人们才开发出了一个解释气旋成因的模型。1918 年，挪威的几位科学家发布了这一模型，它是根据近地表的观测数据开发的。

多年后，人们根据对流层上层的数据和卫星图像对该模型进行了修正，直到今天，该模型仍是解释天气成因的有用工具。如果了解这一模型，那么在观察到天气的变化时就不会感到奇怪。掌握了这一模型，就可在失序中找到秩序，甚至预测未来的天气。

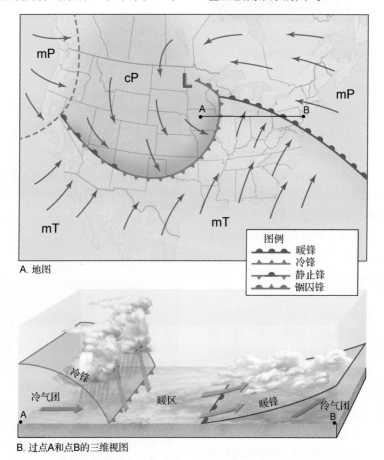

图 14.11　大型成熟中纬度气旋的理想结构。A. 该图显示了锋面、气团和地面风；B. 这幅三维图是从 A 点到 B 点穿过暖锋和冷锋的剖面

14.3.1 理想的中纬度气旋天气

中纬度气旋模型是了解中纬度地区天气变化的有用工具。图 14.12 演示了云的分布和与一个成熟气旋系统相关的降水区域。比较图 14.12 和图 14.13 所示的气旋卫星图像，很容易就能明白人们称气旋的云型为"逗号"状的原因。

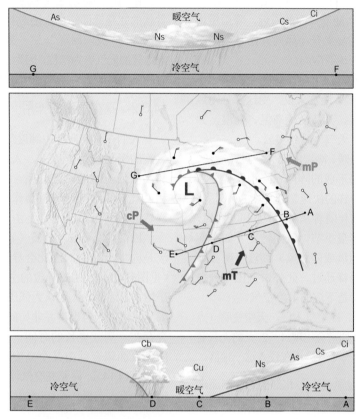

图 14.12　与成熟中纬度气旋相关的典型云型。中图为总图，上图为过线段 FG 的剖面图，下图为过线段 AE 的剖面图。云型的缩写参见图 14.6 和图 14.8

图14.13　成熟中纬度气旋的卫星图。这场风暴席卷了美国中部并形成了强风（高达 125 千米/小时）、降雨、冰雹和降雪。2010 年它导致了 61 起龙卷风。这一气旋形成了美国大陆有史以来最低气压（28.21 英寸汞柱）的飓风（NASA 供图）

受高空西风带的影响，气旋通常会向东移动穿越美国。因此，我们判定气旋到达的第一个信号应出现在西边的天空。然而，当气旋移动到密西西比河流域时，通常会改变路径而向东北方向移动，甚至偶尔会直接向北移动。例如，中纬度气旋完全通过某个区域需要 2～4 天，在此期间可能会发生大气状态的突变，冬末春初的中纬度地区尤其会出现较大的温差。

参考图 14.12，我们现在介绍影响天气的这些因素，并考虑它们经过某个地区时的天气变化。为便于讨论，图 14.12 中引入了 AE 和 FG 两个剖面：

● 想象沿剖面 AE 移动时的天气变化。在点 A 处，高卷云的出现是飓风即将到来的第一个信号。这些高云要超前于锋面1000 千米以上，高卷云通常伴随着气压降低。暖锋推进时，会出现高度降低、厚度增加的云层。

- 出现卷云后的 12～24 小时，会开始下小雨（点 B）。随着锋面的逼近，降雨量增大，温度明显上升，风向开始从东或东南向变为南或西南向。
- 暖锋通过时，热带海洋气团会影响一个地区（点 C）。通常来说，受这部分飓风影响的地区，其特征是高温、高湿，并刮西南风，天气为晴到多云。
- 暖区相对温暖、潮湿的天气穿过速度快，易被沿冷锋形成的阵风和降水取代。乌云标志着冷锋的快速靠近（点 D）。恶劣的天气通常伴随着暴雨、冰雹和龙卷风，尤其是在春夏季节。风向转变（如东南风转变为西风或西北风）和温度明显下降表明有冷锋通过。此外，气压上升表明锋面之后是下沉的干冷空气。
- 锋面经过后，冷空气入侵，天空变晴（点 E）。此时，通常会出现 1～2 天的无云蓝天，除非另一个气旋正在侵入这一地区。

图 14.12 中穿过风暴中心北部的 FG 剖面地区的天气情况完全不同。在该地区风暴中，气温保持为凉爽状态。低压中心逼近的第一个信号是，气压连续下降，且降水量不同的阴天明显增多。这部分气旋冬季通常会形成降雪。

锢囚过程开始后，气旋的性质就会发生变化。锢囚锋的移动速度要慢于其他锋面，所以叉骨状的完整锋面结构会逆时针方向旋转，进而导致锢囚锋"反向回弯"。这一效应使得受锢囚锋影响地区的天气更为糟糕，因为它在这些地区持续的时间要比其他锋面持续的时间更长。

14.3.2 高空气流的作用

人们在早期研究中纬度气旋时，关于中高层气流的资料很少。后来，人们发现了地面扰动和高空气流间的紧密联系。高空气流对于气旋和反气旋的维持起着重要作用。事实上，这些旋转的地面风系统通常是由上层气流产生的。

回忆前文可知，气旋（低压系统）周围的气流是向内运动的，因此会导致气团辐合或融合（见图 14.14）。由此导致的空气累积必定导致气压增大。因此，人们认为低压系统很快就会"填满"并消失，但事实并非如此。相反，气旋通常会存在一周或更长的时间。要维持这么长的时间，表面辐合须由某个高度层的流出气团抵消（见图 14.14）。只要高空气流的辐散大于或等于地面的流入，低压及伴随的辐合就可持续。

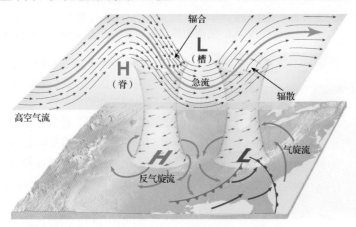

图 14.14 高空气流影响地面风和气压。理想化的描述表明，高空辐散和辐合导致了地面上的气旋和反气旋。高空辐散使空气向上运动，进而降低地面的气压，形成气旋流。另一方面，沿急流出现的辐合通常会使得空气柱的高度下降，增大气压，进而形成地表反气旋风

由于气旋是风暴天气的载体，与反气旋相比，它得到了人们的更多关注。但由于两者之间存在紧密的联系，因此很难分开探讨这两种类型的气压系统。例如，流入气旋的地表空气来源于

反气旋。气旋和反气旋彼此密切相关。类似于气旋，反气旋依赖于高空的气流来维持其环流。表面辐散通常由高空辐合和空气柱的下降来平衡（见图 14.14）。

你知道吗？

中纬度气旋的另一称呼是温带气旋。温带即"热带以外的地区"。相反，形成于低纬度地区的飓风和热带风暴则是热带气旋。

概念检查 14.3

1. 当低压中心位于你所在位置的北部 200~300 千米时，简要描述与成熟气旋相关的天气。

2. 若上题中的中纬度气旋经过你所在的位置需要 3 天，哪一天的温度最高？哪一天的温度最低？

3. 当低压中心位于你所在位置的南部 100~200 千米时，成熟中纬度气旋经过会在冬季形成什么天气？

4. 简述高空气流在地表气旋形成中的作用。

14.4 雷暴

列举形成雷暴的基本要素，并在地图上找出雷暴活动频繁的位置，描述雷暴形成的各个阶段。

雷暴是本章要介绍的三种恶劣天气之一，后几节会介绍龙卷风和飓风。所有这些现象都与低压系统（气旋）相关。

与平常的天气现象相比，恶劣天气更为迷人。雷暴形成的闪电和雷声是令人敬畏的壮观景象（见图 14.15）。当然，飓风和龙卷风也更吸引人们的关注，因为它们会导致巨大的人员伤亡和财产损失。一年内，美国会遭受数千次雷暴、数百次龙卷风和几次飓风。

14.4.1 名称的含义

前面介绍了对日常天气变化有重要影响的中纬度气旋，但气旋一词的使用常常会让人产生困惑。对许多人而言，气旋一词指的仅是强风暴，如龙卷风或飓风。例如，当某个飓风肆虐印度、孟加拉或缅甸时，媒体通常会使用气旋一词（该词在这一地区表示飓风）。

同样，有些地方也将龙卷风视为气旋。在电影《绿野仙踪》中，多萝茜的房子被气旋从堪萨斯的农场带到了奥兹国。事实上，艾奥瓦州立大学运动队的昵称就叫"气旋"（见图 14.16）。虽然飓风和龙卷风都是气旋，但绝大多数的气旋并非飓风或龙卷风。术语"气旋"一般指环绕任何一个低压中心的环流，无论这个低压中心的大小和强度怎样。

与中纬度气旋相比，龙卷风和飓风要小且猛烈得多。中纬度气旋的直径约为 1600 千米，飓风的平均直径约为 600 千米，龙卷风平均直径仅约 0.25 千米，小到无法在天气图上表示。

与龙卷风、飓风和中纬度气旋同样很难区分的另一种天气是雷暴，雷暴的环流特征是使其垂直运动非常强烈。虽然雷暴附近的风不像气旋那样向内螺旋状运动，但却具有易变性和突发性。

图 14.15　夏季的闪电。仅在听到雷声后，风暴才归类为雷暴。雷声由闪电引起，因此闪电也必会出现（AGE Fotostock/SuperStock 供图）

在美国大平原的部分地区，气旋等同于龙卷风。艾奥瓦州立大学运动队的昵称就是"气旋"

在南亚和澳大利亚，气旋一词适用于在美国称为飓风的风暴。图中显示了2011年2月袭卷澳大利亚东部的气旋"亚斯"

图14.16　术语"气旋"。有时使用术语气旋会引起混淆（卫星图像由 NASA 提供，卡通图像由艾奥瓦州立大学提供）

雷暴远离气旋性风暴，其形成完全依靠自身，它与气旋有些关联。例如，雷暴通常沿中纬度气旋的冷锋形成，即偶尔从雷暴的塔式积雨云下方形成龙卷风的位置。飓风也能造成大范围的雷暴活动。因此，雷暴以某种方式与前述三种气旋相关联。

14.4.2　雷暴的形成

每个人都见过不稳定暖空气垂直运动形成的局地天气现象，如将尘土带至高空的尘卷风，将小鸟带至高空的上升热气流。这些例子表明了雷暴形成过程中的动态热不稳定性。

雷暴是形成闪电和雷的风暴，它会频繁地形成阵风、大雨和冰雹。单个积雨云可形成影响区域很小的雷暴，而积雨云群则会形成影响区域很大的雷暴。

暖湿空气在不稳定环境中上升时会形成雷暴。使得空气上升形成雷暴所需积雨云的触发机制有多种，例如地表加热不均会形成气团雷暴。这些风暴通常与分散的蓬松积雨云有关，而积雨云则形成于热带海洋气团内，它在夏天会形成零散的雷暴。这类雷暴的持续时间很短，很少形成大风和降水。

你知道吗？

自 20 世纪 80 年代末开始，美国就可实时查询云地闪电的情况。1989 年以来，美国国家雷电探测网每年平均会记录到 48 个州出现的约 2500 万次云地闪电。此外，约有一半的云地闪电会在地面上形成多个雷击点，平均每年的雷击点超过 4000 万个。除了云地闪电，云层中的闪电数量约为云地闪电的 5 ~ 10 倍。

另一种雷暴不仅受地表加热不均的影响，而且与沿锋面或地形抬升的暖空气有关。此外，扩散的高空风也有利于这些雷暴的形成，因为它会向上抽吸底层的空气。这种雷暴有可能形成大风、冰雹、洪水和龙卷风等，表现十分猛烈。

世界上每时每刻估计约有 2000 个雷暴形成，其中很大一部分出现在暖湿、水气充沛且始终具有不稳定性的热带地区。每天大约出现 4.5 万个雷暴，全球每年出现的雷暴数超过 1600 万，这些雷暴每秒会释放出 100 次云地闪电（见图 14.17A）。

美国全年大约出现 10 万次雷暴和数百万次

闪电。从图 14.17B 可以看出，佛罗里达和墨西哥湾海岸东部地区的雷暴最为频繁，每年雷暴活跃的天数约为 70～100 天。洛基山山脉以东的科罗拉多和新墨西哥州其次，每年的雷暴天数为 30～50 天。显然，美国西海岸很少有雷暴活动，北部各州和加拿大同样如此，因为暖湿和不稳定的热带气团很少能够到达那里。

你知道吗？

闪电和雷声同时发生，因此可算出到形成雷电的位置的距离。闪电瞬间发生，但声音的传播速度要慢，因此人们先看到闪电，然后听到雷声。若在看到闪电 5 秒后听到了雷声，那么形成雷电的位置约在 1500 米外。

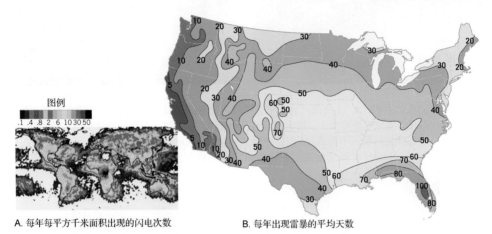

A. 每年每平方千米面积出现的闪电次数

B. 每年出现雷暴的平均天数

图 14.17　闪电和雷暴的出现情况。A. 太空光学传感器的数据表明了全球闪电的分布情况，不同的颜色表示平均每年每平方千米面积的闪电次数。该图包含了 1995 年 4 月到 1995 年 3 月美国宇航局光学瞬时探测器获得的数据，还包含了 1997 年 12 月到 2000 年 11 月美国宇航局闪电成像传感器获得的数据。这两种卫星传感器均使用了高速摄像机，即使是在白天也能检测到快速消失的闪电（NASA 供图）。B. 每年与雷暴相关的平均天数。控制美国东南部地区的副热带气候以雷暴的形式形成了大量降水。东南部的大部分地区平均每年有 50 天的雷暴天气（Environmental Data Service, NOAA 供图）

14.4.3　雷暴发展的各个阶段

所有雷暴的形成都需要温暖、潮湿的气流，这些气流上升时会释放出足够的潜热，进而为其抬升提供浮力。这种不稳定性和相关的浮力，是由许多不同的过程引发的，然而大多数雷暴都具有类似的发展背景。

较高的地面温度会增大这种不稳定性和浮力，因此下午和傍晚最常出现雷暴（见图 14.18A）。但地表加热本身并不足以形成积雨云。地表加热产生的上升气流会形成较小的积雨云，这种积雨云会在 10～15 分钟内蒸发掉。

要在 1200 米高度处形成积雨云，需要有持续的潮湿空气供应（见图 14.18B）。新增的热气流不断上涌，增大了云的高度（见图 14.19）。根据其向上携带的冰雹大小，这些上升气流的速度有时会超过 100 千米/小时。通常而言，1 小时内积雨云累积的降水量和规模会非常大，因此需要

有许多上升气流的支撑，进而在部分云层中形成下降气流，形成大量的降水。这种现象代表了雷暴最活跃的阶段，会形成阵风、雷电、暴雨，有时还会出现冰雹。

最终，下降气流在整个云层中处于支配地位，上升气流导致的湿暖空气停止供应。降水冷却效应和高空更冷空气的流入共同标志着雷暴活动的结束。在多变的雷暴环境中，典型积雨云的持续时间通常只有 1 小时，随着风暴的移动，新流入的暖湿空气会形成新的积雨云，并形成降水。

概念检查 14.4

1. 简要比较中纬度气旋、飓风和龙卷风。雷暴与它们分别有何关系？
2. 形成雷暴的基本要素是什么？
3. 雷暴在地球上的何处最为常见？在美国的何处最为常见？
4. 总结雷暴发展的各个阶段。

图 14.18 积云的发展。A. 上升暖气流通常会形成天气晴好的积云，积云很快会蒸发到周围的空气中，使空气湿度变大。随着积云的发展和蒸发的持续，空气最终会变得非常湿润，此时新形成的积云不再蒸发，但会继续上升（Henry Lansford/Photo Researchers, Inc.供图）。
B. 8 月这种积雨云会在伊利诺伊州中部形成强烈的雷暴（E. J. Tarbuck 供图）

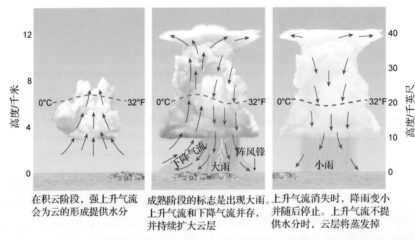

在积云阶段，强上升气流会为云的形成提供水分

成熟阶段的标志是出现大雨。上升气流和下降气流并存，并持续扩大云层

上升气流消失时，降雨变小并随后停止。上升气流不提供水分时，云层将蒸发掉

图 14.19 雷暴的发展。云层超过冻结高度后，伯杰龙过程开始形成降水。最终，云层中雨水的累积会大到无法支撑气流的上升。降雨会拉拽空气并使气流下降。下降气流处于支配地位时，降水和云层开始消失

14.5 龙卷风

总结利于形成龙卷风的大气条件和位置，讨论龙卷风的破坏性和龙卷风的预报。

龙卷风是一种持续时间很短的局地风暴，是最具破坏力的自然灾害之一（见图 14.20）。由于龙卷风出现的地点无法预测，且其风力猛烈，因此每年都会造成大量的人员死亡。有些遭遇龙卷风袭击的地区会被完全摧毁，龙卷风途经的地带就像被炸弹轰炸过一样。

在 2011 年的风暴季，4 月形成了 753 个龙卷风，创下了单月龙卷风数量的记录。4 月 25 日至 28 日是最致命和最具毁灭性的爆发期，期间美国南部遭受到了 326 个龙卷风的袭击，造成了惊人生命和财产损失。据估计，死亡人数为 350～400，财产损失达数十亿美元，袭击阿拉巴马州塔斯卡卢萨的龙卷风的破坏性更大。几个星期之后，5 月 22 日又有一个龙卷风袭击了中西部。在密苏里州的乔普林，龙卷风夺去了 150 多人的性命（见图 14.21）。

龙卷风有时也称螺旋风或旋风，它是从积雨云中以旋转空气柱或涡旋形式伸向地面的猛烈

风暴。有些龙卷风内的气压要比风暴外的气压低10%。在涡旋中心特别低的气压会形成抽吸作用，地面的空气会从各个方向流入龙卷风内。随着气流的流入，空气围绕中心螺旋式上升，最终与塔式积雨云深处的主气流合并。与强龙卷风相关的巨大气压梯度，会使得最大风速有时可达480千米/小时。

图 14.20　南达科他州曼切斯特附近的狂暴龙卷风。龙卷风是接地的高速旋转空气柱，当空气柱中有凝结物或含有尘埃和杂物时，会清晰可见。位于高空的空气柱不造成地面破坏时，其可见部分称为漏斗云（Carsten Peter/ National Geographic Stock 供图）

图 14.21　龙卷风经过密苏里州乔普林后的破坏情况。2011 年 5 月 22 日，EF-5 级多涡旋龙卷风袭击了密苏里州的乔普林，造成150 多人死亡，近 1000 人受伤（c51/ZUMA Press/Newscom 供图）

你知道吗？

根据美国国家气象局提供的数据，约有 10%的受害者会因雷电电击而死亡，90%的受害者会受伤，幸存者所受的影响很大，有的甚至会终身残疾。

龙卷风既可由单个旋涡组成，也可由许多绕中心运动的抽吸性小旋涡组成（见图 14.22）。由抽吸性小旋涡组成的强龙卷风称为多旋涡龙卷风。抽吸性旋涡的直径仅为 10 米，但旋转速度很快。这种结构的龙卷风偶尔会毁坏建筑物，而10 米之外的物体几乎不受伤害。

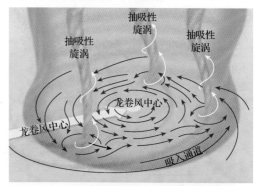

图 14.22　多旋涡龙卷风。有的龙卷风具有多个抽吸性旋涡，这些小旋涡的直径约为10 米，并绕龙卷风的中心逆时针运动。这种结构的龙卷风偶尔会毁坏建筑物，而 10 米之外的物体几乎不受伤害

14.5.1　龙卷风的形成和发展

龙卷风的形成与产生大风、强降雨（有时是倾盆大雨）并常有灾害性冰雹的强雷暴有关。所幸的是，只有约 1%的雷暴会产生龙卷风。龙卷风是雷暴内的上升气流与对流层内的风相互作用的结果。

龙卷风可在任何恶劣天气条件下形成，如冷锋和热带气旋（飓风）等。通常，最强龙卷风的形成与单个超大气旋有关。在强雷暴中形成龙卷风的一个必要条件是，已形成了一个中型气旋。中型气旋是在强雷暴中形成的垂直空气柱，通常其直径为 3～10 千米（见图 14.23）。这种大旋涡通常会在龙卷风生成前 30 分钟形成。中型气旋的形成并不意味着龙卷风的形成，因为预测者无法确定哪个中型气旋会形成龙卷风。

一般的大气条件　强雷暴后的龙卷风通常沿中纬度气旋的冷锋形成，或由单个超大雷暴形成，如图 14.23D 所示。春天，与中纬度气旋相关的各个气团会形成强烈的对比条件。加拿大极地大陆气团一直是干冷的，而来自墨西哥湾的热带海洋气团则是暖湿且不稳定的。这些

气团相遇时，对比越大，风暴越强烈。这两种截然不同的气团最可能在美国的中部地区相遇，因为美国中部地区没有明显的天然屏障分隔这两种气团。因此，这一地区与其他国家或地区相比，更易形成龙卷风。图 14.24 给出了过去 27 年来美国龙卷风的发生率。

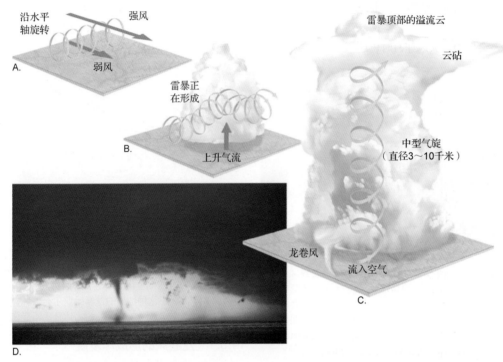

图 14.23 龙卷风出现之前通常会有中型气旋形成。A. 高空风强于地面风（称为风切变）时产生绕水平轴的滚动；B. 强雷暴上升气流使水平旋转的空气向近乎垂直的方向倾斜；C. 具有垂直旋转空气柱的中型气旋形成；D. 形成的龙卷风会在中型气旋的下部沿云墙缓慢下降（Corbis Premium RF/Alamy 供图）

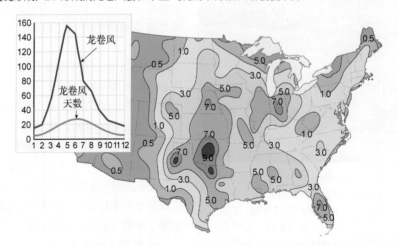

图 14.24 龙卷风的出现地点。图中给出了 27 年间每 26000 平方千米面积上的龙卷风发生率，曲线图显示了同一时期美国每月的龙卷风次数和龙卷风天数

龙卷风气候学 2003 年至 2012 年，美国平均每年会报道 1352 次龙卷风，但不同年份的龙卷风出现次数不同，有时差别会很大。例如，在这 10 年间，2012 年龙卷风出现的次数最少，为 1043 次，而 2004 年龙卷风出现的次数最多，达 1820 次。

每月都会出现龙卷风。美国龙卷风出现最频繁的时间是4～6月，而12月和1月很少出现。1950年到1999年的50年间，美国48个州有确切龙卷风的报道有40522次，5月份平均每天会出现6次。而在龙卷风很少出现的时期，12月和1月隔1天才会有关于龙卷风的报道。

你知道吗？

根据美国国家气象局2003年到2012年的观测，每年龙卷风平均会使109人丧命。每年死亡的人数差异很大，2009年为21人，而2011年为533人。

龙卷风的特征　龙卷风的平均直径为150～600米，它以约45千米/小时的速度掠过地面，其扫过的路径平均约10千米长[①]。因为大多数龙卷风都发生在冷锋稍前一点的西南风区域中，所以大多数向东北方向运动。

美国每年报告的龙卷风成百上千，但其中一半以上都是相对较弱或生命期较短的龙卷风。大多数这种小龙卷风的寿命不超过3分钟，路径长度很少超过1千米，宽度不到100米。龙卷风的典型风速是150千米/小时左右。另一些则是持续时间较长的猛烈龙卷风。虽然大型龙卷风在所有报道的龙卷风中比例很小，但它们的影响往往是毁灭性的。这类龙卷风有时可持续3小时以上，会在长达150千米、宽约1千米的路径上造成严重的破坏，最大风速超过500千米/小时。

14.5.2　龙卷风的破坏性

龙卷风的破坏性很大程度上取决于形成其的风暴的强度。因为龙卷风会在自然界中形成强风，所以破坏性很强，例如会将大树连根拔起。尽管龙卷风的破坏性看起来不大，但工程测试表明，速度超过320千米/小时的大风具有令人难以置信的破坏力（见图14.25）。

大多数龙卷风造成的损失与极少数袭击城市或毁灭整个小型社区的风暴有关。这类风暴造成的损失大小主要取决于风的有效强度等级。人们已观测到了关于龙卷风强度、大小和寿命的大量数据。通常用来表示龙卷风强度的是改良藤田级数，或简称EF级数（见表14.1）。因为龙卷风的风速无法直接测量，因此EF级数是通过评估风暴造成的破坏程度来确定的。虽然EF级数被广泛使用，但其并不完善，因为它仅从破坏程度来估计龙卷风的强度，而未考虑被龙卷风袭击的目标的结构。结构坚固的建筑可承受非常强的风力，而较差建筑物遭受同样强度甚至更弱的风时，会完全毁坏。

图14.25　龙卷风。A. 1991年4月堪萨斯州威奇托出现的龙卷风将金属块插入到了电线杆中（John Sokich/NOAA供图）。B. 1999年5月4日俄克拉荷马州桥溪出现的龙卷风使得卡车缠到了树上（AP Photo/L. M. Otero供图）

---

① 10千米长适用于有记录的龙卷风。许多小型龙卷风因无法记录到，因此无法知道其真实的平均路径长度，但肯定小于10千米。

表 14.1 改良藤田级数*

级别	风速 千米/小时	破坏性
EF-0	105～137	轻微。沿途有些破坏
EF-1	138～177	中等。掀翻屋顶，强风会将树连根拔起，吹倒简易房屋，吹弯旗杆
EF-2	178～217	很重。大部分简易房屋倒塌，坚固房屋地基移位，旗杆倒塌，针叶树脱皮
EF-3	218～265	严重。坚固房屋倒塌，大部分房屋毁坏
EF-4	266～322	灾难性。坚固房屋和大部分学校完全毁坏
EF-5	>322	毁灭性。中层和高层建筑出现严重的结构变形

* 最初的藤田级数由藤田于 1971 年提出，并于 1973 年应用。改良藤田级数于 2007 年 2 月开始应用。风速是根据破坏情况估计的，表示破坏位置持续 3 秒的强风。

虽然龙卷风造成的大部分破坏由强风导致，但多数龙卷风造成人员伤亡的原因则是来自于空中飞舞的杂物。龙卷风直接造成的生命损失很小。在大多数年份美国报道的全部龙卷风中，有 2%被称为"杀手"。尽管由龙卷风导致的死亡比例很小，但每个龙卷风都可能是致命的。比较龙卷风和风暴强度造成的伤亡情况后，人们发现了十分有趣的结果：大部分（63%）龙卷风很弱（EF-0 和 EF-1），龙卷风的强度增大，风暴的数量减少。龙卷风造成的伤亡情况与风暴的情况完全相反。尽管仅有 2%的龙卷风被归为毁灭性的（EF-4 和 EF-5），但它们造成的死亡人数却占总死亡人数的 70%。

14.5.3 龙卷风预报

强雷暴和龙卷风是一种持续时间很短的局地天气现象，因此难以准确预报，但这种风暴的预测、探测和监视却是专业气象人员必须为公众提供的重要服务，因为监视和及时发出警报对于保护民众的生命和财产至关重要。

位于俄克拉荷马州诺曼的风暴预测中心（SPC）由美国国家气象局和国家环境预测中心联合组建，其任务就是提供及时、准确的强雷暴和龙卷风的预报与监视报告。

每天都要发布几次强雷暴天气展望。1 号展望确定未来 6～30 小时可能会受到强雷暴影响的地区；2 号展望确定随后几天的情况。这两个展望报告都描述了预计的剧烈天气类型、覆盖范围和强度。许多地方气象部门（NWS）也会在当地发布剧烈天气展望，以便给出未来 12～24 小时剧烈天气的局地描述。

龙卷风的监视与警报 龙卷风监视用于警告公众某地某时龙卷风发生的概率，它服务于天气展望中相关地区的详细预报。通常，监视所覆盖的区域约为 6.5 万平方千米，时长为 4～6 小时。龙卷风监视是龙卷风警报系统的重要组成部分，警报系统则是全面探测、跟踪、警报和响应所需的动态过程。极端天气事件集中的地区，通常要持续不断地进行监视，因为在这些地区，龙卷风的威胁可能会影响到至少 26000 平方千米的区域，并持续至少 3 小时。当人们认为龙卷风的威胁范围很小，且持续时间很短时，就不会发布监视消息。

因此，龙卷风监视的目的是向公众提醒出现龙卷风的可能性，而龙卷风警报则是在龙卷风实际上已经可见或已被天气雷达发现时，由当地气象局正式发布的，它警示人们概率高的危险事件即将发生。龙卷风警报发布的区域要比监视发布的区域小得多，通常仅覆盖一个或几个县。此外，警报的有效时间也比较短，通常为 30～60 分钟。龙卷风警报是根据实际观测数据发出的，因此警报发布时龙卷风可能已经形成。但大多数警报是在龙卷风形成前发布的，有时会提前几十分钟，具体要根据多普勒雷达数据和有关漏斗云的观测报告来决定。

风暴的方向和大致速度已知时，可以算出其最可能的路径。龙卷风的运动通常并无规律，因此警报区域一般是从龙卷风的发现地点向下风方向呈扇状分布。过去 50 年来，随着预报的改进和技术的发展，龙卷风造成的死亡人数已显著下降。

你知道吗？

龙卷风可根据其危险性和破坏性排名。1925 年 3 月 18 日发生了著名的"三态龙卷风"，它始于密苏里州的东南部，终于印第安纳州，在地面上留下了 352 千米长的痕迹，造成 695 人死亡，2027 人受伤，财产损失不计其数，并毁坏了沿途的几个小镇。

多普勒雷达 许多因素限制了龙卷风预警的准确性，但多普勒雷达技术的进步减少或消除了这些限制。多普勒雷达不仅能够完成常规雷达的任务，而且还具有直接探测运动的能力（见图 14.26）。多普勒雷达能探测强雷暴内中型气旋的初始形成和发展过程。几乎所有中型气旋都会形成具有破坏性的冰雹、强风或龙卷风天气。形成龙卷风的那些中型气旋（约 50%），有时具有非常高的风速和陡峭的风速梯度。

还应指出的是，并非所有携带龙卷风的风暴都具有清晰的雷达信号，并且其他风暴也会给出虚假的信息。因此，有时龙卷风的探测是一个主观过程，需要对显示的图像使用多种方法来解译，未来也需要更多训练有素的观测人员。

虽然存在某些操作问题，但多普勒雷达的优点很多。作为一种研究工具，它不仅可以提供龙卷风形成的有关资料，还可以帮助气象学家获得有关雷暴发展、飓风结构和空气扰流等信息。探测龙卷风时，多普勒雷达与常规雷达相比优势明显。

概念检查 14.5

1. 龙卷风的风速为何非常高？
2. 什么样的普通大气条件最易形成龙卷风？
3. 美国的哪个月是龙卷风频发的月份？
4. 说出龙卷风强度的常见分级名称。龙卷风的级别如何确定？
5. 区分龙卷风的监视与警报。

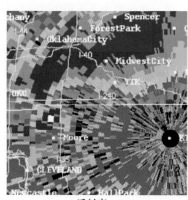
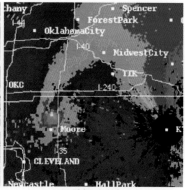

反射率　　　　　　　　　风暴相对速度

图 14.26　多普勒雷达图。这是 1999 年 5 月 3 日发生在俄克拉荷马州摩尔附近的龙卷风的双多普勒雷达图。左图（反射率）显示了单个超大雷暴的降水情况；右图显示了降水沿雷达波束的移动情况，即降水或冰雹移近或远离雷达的速度。在该例中，雷达离龙卷风特别近，因此可清楚地看到龙卷风（多数时间仅能探讨到较弱的中型气旋）（NOAA 供图）

14.6　飓风

在世界地图上标出形成飓风的区域，讨论飓风形成的条件，列举三种类型的飓风破坏。

毫无疑问，热带地区的天气是很宜人的。例如，南太平洋和加勒比海的岛屿因其天气没有明显的日变化而闻名于世。和煦的微风、适宜的温度以及突如其来但短暂的阵雨正是人们期望的舒适天气。然而，让人意想不到的是，这些看似平静的海岛地区偶尔也会出现地球上最猛烈的风暴。

飓风是形成于热带或副热带海洋的强低压中心，具有强对流（暴雨）活动和强气旋性环流（见图 14.27）。维持这一系统所需的风速必须达到 119 千米/小时以上。与中纬度气旋不同，飓风没有不同的气团和锋面相伴，其产生、维持飓风强大风速的能量来源于高大积雨云形成过程中所释放的巨大潜热。

风眼周围是风墙，而风墙是风暴中最坚固部分

发育良好的风眼

图 14.27　超级台风"蔷薇"。在西太平洋，飓风被称为台风。2008 年 9 月下旬，这场风暴袭击了中国和日本的部分地区。它是全球最大的风暴，持续风速达到了 270 千米/小时。逆时针方向的螺旋云表明它是北半球风暴（NASA 供图）

大多数造成人员伤亡和财产损失的飓风都与数量较少的猛烈风暴有关。本章章首的照片显示了 2012 年 10 月的"桑迪"飓风，它给新泽西州、纽约州和康涅狄格州的沿海地区造成了数十亿美元的损失。1900 年得克萨斯州加尔维斯敦毫无征兆地出现的风暴，不仅是美国最致命的飓风，也是对美国造成致命影响的一次自然灾害。近年来最致命、带来损失最大的风暴是发生于 2005 年 8 月的"卡特里娜"飓风，它席卷路易斯安那州、密西西比州、阿拉巴马州和墨西哥的沿岸地区，造成 1800 多人丧生。尽管在飓风登陆前，几十万人已撤离这些地区，但仍有几千人未躲过这场风暴。"卡特里娜"飓风除造成人员伤亡外，还造成了巨大的经济损失。

14.6.1　飓风概况

大多数飓风形成于纬度 5°～20°的热带海洋，但南大西洋和南太平洋很少有飓风形成（见图 14.28）。西北太平洋形成的风暴最多，平均每年约有 20 个。所幸的是，生成于美国东部和南部沿海地区的飓风，平均每年大约仅有 5 个可以在北大西洋的暖水区发展起来。

形成于世界各地的强热带风暴在不同地区会冠以不同的名称。例如，在西北太平洋称为台风，在西南太平洋和印度洋称为气旋。在后面的讨论中，这些风暴都被视为飓风。

虽然每年有许多热带扰动发展，但只有很少几个可以达到飓风的程度。根据国际协议，飓风的持续风速必须达到 119 千米/小时，成熟飓风的直径平均为 600 千米，变化范围是 100～1500 千米。从飓风边缘到飓风中心，气压下降有时可达 60 毫巴，即从 1010 毫巴降到 950 毫巴。

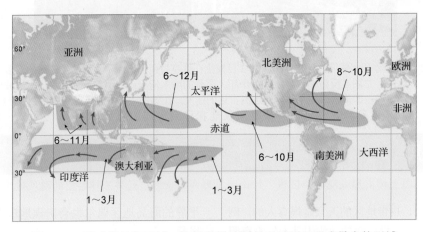

图 14.28　形成飓风的区域。这幅世界地图显示了飓风形成最多的区域（红色）、主要发生的月份及最常见的路径。在赤道南北纬 5°范围内的区域，因为科里奥利效应太弱，所以不会形成飓风。较高的海洋温度是飓风形成的必要条件，因此飓风也很少形成于纬度 20°以外的区域、南大西洋和太平洋东南的冷水区域

陡峭的气压梯度会形成快速旋转的飓风（见图14.29）。气流快速进入风暴中心时，其速度会增大。滑冰选手缩回手臂增大转速的原理与之相似。

地面暖湿空气开始向风暴中心推进时，气流开始向上抬升形成积雨云，这种包围风暴中心并呈环形分布的强对流活动墙，称为风墙，飓风的最大风速和最大降雨就出现在此处。风墙周围是弯曲的云带，其尾部呈螺旋状向外伸出。飓风顶部的空气向外流出，使上升空气离

开风暴中心，这样就给更多从地面进入的气流腾出了上升空间。

风暴的正中心是风眼，即直径为20千米的区域，这里既没有降水也没有风。风眼区域是被风墙包围的世外桃源。风眼区域内的空气会缓慢下沉、压缩和加热，形成风暴中最热的区域。虽然很多人认为风眼区域是晴朗的蓝天，但通常情况并非如此，因为风眼区域的空气下沉很少强烈到足以形成无云的情况。

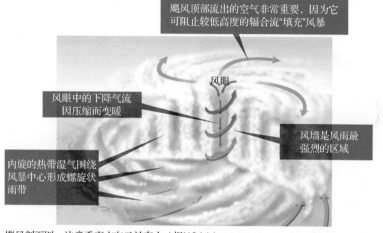

飓风剖面图。注意垂直方向已被夸大（据NOAA）

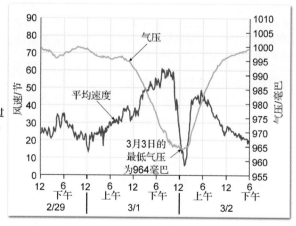

台风"茉莉"2004年2月29日至3月2日经过西澳大利亚马迪站时，所测量的地面气压和风速（这里飓风为"台风"）

图14.29　飓风剖面图

14.6.2　飓风的形成与消亡

飓风是由大量水汽凝结所释放的潜热驱动的，典型的飓风一天内产生的能量十分巨大。潜热的释放会加热空气，使空气浮升，空气上升会导致地面气压降低，进而流入更多的地面空气。

发动飓风这台引擎并使其持续运动，需要大量的暖湿空气。

飓风的形成 飓风通常形成于夏季，因此夏季的海水温度达到27℃或更高时，就可为空气提供必要的热量和水分，进而促进飓风的形成（见图14.30）。形成飓风对海水的温度要求表明，飓风不会在南大西洋和东南太平洋相对较冷的海域形成。同样，南北纬20°以上的区域也不会形成飓风。在赤道南北5°的范围内，科里奥利效应很弱，气流达不到旋转的条件，因此尽管海水的温度很高，也不会形成飓风。

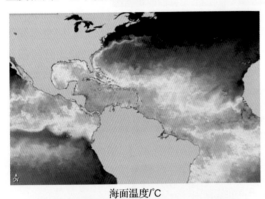

海面温度/℃

-2　　　　16.5　　　27.8　　　　35

图14.30 海面温度。形成飓风的要素之一是海水温度要高于27℃。这张2010年6月1日的卫星照片用不同颜色标出了飓风形成季节的海面温度（NASA供图）

许多热带风暴最初是杂乱无章的云层和雷暴，此时气压梯度很小，基本上不会出现气旋。这种高度较低的辐合和抬升区域称为热带扰动。多数时候这些区域中的对流活动会消失。然而，热带扰动偶尔会变得越来越大，并发展成为强大的气旋。

具有形成飓风的条件时，会发生什么？当潜热从雷暴群释放出来时，会形成热带扰动，进而使这一区域变暖。当空气密度降低，地面气压下降时，会形成一个较弱的低压区和气旋性环流。随着风暴中心气压的下降，气压梯度变大，与此相对应，地面风速增大并带来更多的水汽使风暴增长；水汽凝结释放潜热，加热的空气就会上升；上升空气的绝热冷却作用会导致水汽凝结，进而释放更多的潜热，进一步增大浮力，如此循环不断。

与此同时，热带低压顶部，高压也在发展，

导致空气会从风暴顶部向外流出（辐散）。当顶部无空气流出时，低层空气的流入很快会使地面的气压升高，就会阻碍风暴的进一步发展。

其他热带风暴 虽然每年有很多热带扰动出现，但只有极少几个能真正成为完全成熟的飓风。前面说过，只有风速达到119千米/小时的热带气旋才称为飓风。根据国际协议，按照风的强度不同，人们会给少数热带气旋命名。最大风速小于61千米/小时的飓风称为热带低压，风速持续在61～119千米/小时的气旋称为热带风暴，通常人们会对这种热带风暴命名，如"卡特里娜"、"安德鲁"和"桑迪"等。热带风暴发展成为飓风后，则继续保留相同的名称。每年，全球约有80～100个热带风暴发生，其中约一半以上会达到飓风的程度。

飓风的消亡 只要有下面任何一种情况发生，飓风的强度就会减弱：①移动到了不再能够提供湿热热带空气的海面上；②登陆；③到达大规模气流不适合的高空地区。飓风登陆后，很快就会失去其冲击力。这种快速消亡最重要的原因是，风暴失去了水汽和热量供应。当所需的水汽和热量供给不再存在时，凝结和潜热释放必然消失。此外，陆地表面粗糙度的增加也造成地面风速降低。这一因素会造成风向更直接地指向低压中心，从而帮助消除较大的气压差。

14.6.3 飓风的破坏性

远离飓风几百千米位置的天气，通常晴朗且无风。在气象卫星出现之前，警告人们飓风即将到来非常困难。

虽然飓风造成的经济损失由多个因素决定，如受影响地区的人口数量、人口密度和海岸地形等，但其中最重要的因素是风暴的强度。人们通过研究已出现的风暴，对飓风的相对强度进行了排名，如表14.2所示，其中5级风暴最重，而1级风暴最轻。

在飓风季节，我们通常会听到科学家和记者谈论萨菲尔-辛普森飓风等级。"卡特里娜"飓风登陆时，其持续风速为225千米/小时，因此是4级风暴。5级风暴很罕见。飓风造成的破坏分为三类：①风暴潮，②风灾，③内陆洪涝。

等级（类别）	中心气压（毫巴）	风速（千米/小时）	风暴潮（米）	破坏程度
1	≥980	119～153	1.2～1.5	小
2	965～979	154～177	1.6～2.4	中
3	945～964	178～209	2.5～3.6	大
4	920～944	210～250	3.7～5.4	极大
5	<920	>250	>5.4	灾难性

表 14.2　萨菲尔—辛普森飓风等级

你知道吗？

确定了热带风暴的状态（61~119 千米/小时），也就确定了其名称。合适的热带风暴名称便于预测者和公众沟通。热带风暴和飓风会持续一周或更长的时间，同一地区同一时间可能形成两个或两个以上的风暴，因此对其命名会使人们记忆深刻。世界气象组织建立了风暴名称列表。大西洋风暴这一名称使用 6 年后，若无特殊情况出现，会继续使用。大型风暴的名称在其过后会停止使用，以免未来说到它时引起混淆。

风暴潮　毫无疑问，沿海地区最具毁灭性的破坏是由风暴潮造成的（见图 14.31）。它不仅造成了沿海地区的大部分财产损失，而且所有因飓风造成的大部分死亡人数都是由风暴潮造成的。风暴潮就像一个宽 65～80 千米的圆顶水浪，在登陆地点附近横扫海岸线。若平滑所有的海浪活动，则风暴潮的高度会超过正常潮汐的高度。此外，大量的海浪活动会叠加到风暴潮上。最严重的风暴潮发生在类似于墨西哥湾这样的地方，因为这种地区的大陆架很浅，坡度较缓。另外，局地特征如海湾、河流等会使得风暴潮的高度加倍，速度增大。

随着飓风向北半球的海岸移动，风暴潮总是在风眼的右侧最为强烈，且风吹向岸边。此外，在风暴的这一侧，飓风向前移动导致了风暴潮。在图 14.32 中，假设飓风的最快时速为 175 千米，且正以 50 千米/小时的速度向岸边移动。此时，风暴右侧的净速度为 225 千米/小时。而在左侧，飓风的风向与风暴的运动方向相反，因此风以 125 千米/小时的净速度远离海岸。飓风即将到达的沿岸地带左侧，风暴登陆时的水位实际上会下降。

风灾　在飓风造成的一系列损害中，大风造成的破坏也许最为明显，标志物、楼顶的碎片和室外的小物体在飓风经过时都会成为危险的物体。此外，飓风的风力足以完全摧毁某些结构的

建筑物。移动房屋（房车）是最危险的，高大建筑物也极易受到大风的影响。风速一般随高度的增加而增大，因此高层楼房最为脆弱。最近的研究建议，除非发生洪水，否则人们最好留在 10 层以下的楼层中。在建筑较为规范的地区，风的破坏力通常不如风暴潮的破坏力大，但大风影响的区域要比风暴潮的大，因此可能会造成更大的经济损失。例如，1992 年，飓风"安德鲁"在佛罗里达南部和路易斯安那州造成了约 250 亿美元的经济损失。

图 14.31　风暴潮的破坏力。2008 年 9 月 16 日，飓风"艾克"登陆三天后的得克萨斯水晶沙滩。风暴登陆时，持续风速达 165 千米/小时，异常的风暴潮使得图中的多数区域被摧毁（Earl Nottingham/Associated Press 供图）

飓风可能会产生龙卷风，进而增加风暴的破坏力。研究表明，一半以上的登陆飓风至少会生成一个龙卷风。2004 年，由热带风暴和飓风产生的龙卷风数量特别多。热带风暴"邦妮"和 5 个登陆飓风"查理"、"弗朗西斯"、"加斯顿"、"伊万"和"珍妮"生成了近 300 个龙卷风，影响波及美国整个东南部和中部大西洋地区的各州。

北卡罗来纳州

南卡罗来纳州

飓风的速度和方向移动速度 50千米/小时

佐治亚州

飓风速度 50千米/小时

西北风 = 净速度 135千米/小时

左侧风速 175千米/小时

佛罗里达州

飓风速度 50千米/小时

西南风 净速度 225千米/小时 =

右侧风速 175千米/小时

图14.32　即将来临的飓风。与北半球飓风相关的风正向海岸推进。假设风暴的最大风速是 175 千米/小时，且正以 50 千米/小时的速度向海岸移动。在风暴前进方向的右侧，速度为 175 千米/小时的风与速度为 50 千米/小时的风暴同向前进，因此风暴右侧的净风速为 225 千米/小时；而在风暴的左侧，飓风的风向与风暴的前进方向相反，因此净风速为 125 千米/小时。风暴前进方向右侧受到袭击的海岸地区，风暴潮最大

暴雨和内陆洪涝　伴随大部分飓风而来的暴雨，代表着第三个威胁——洪水。沿海地区的重大破坏和生命损失主要是由风暴潮、大风和灾害性降雨造成的。风暴潮和强风的主要影响集中在沿海地区，在暴风雨失去飓风的力量后，它可能影响数百千米海岸线长达数天。

1999 年 9 月，飓风"弗洛伊德"为大西洋沿岸地区带来了暴雨、大风和汹涌的海浪，导致从佛罗里达北部到南北卡莱纳州的 250 多万人紧急撤离。这是美国历史上和平时期的最大撤离行动。暴雨导致了内陆洪涝，北卡罗来纳州威尔明顿的降水量达 48 厘米，水位在 24 小时内上涨了 33.98 厘米。

14.6.4　飓风跟踪

今天用于跟踪热带风暴和飓风的观测手段有很多。把卫星、飞机、沿海雷达得到的数据远程输入计算机，经过复杂的计算机模型计算后，气象学家可监视和预测风暴的运动状态和强度，进而及时向民众发出警告。

这一处理的主要目的是预测风暴的路径。路径预测是最基本的预测，但风暴的走向有很大的不确定性。预测风暴的其他特征（风和降雨量）并无多大价值。准确地预测风暴的路径之所以重要，是因为可及时疏散沿途的民众。所幸的是，路径预测的准确率一直在上升。2001

年至 2005 年，预测错误率约为 1990 年的一半。在 2004 年和 2005 年大西洋飓风最活跃的季节，12 小时至 72 小时的跟踪预测精度达到或接近了历史最高水平。正式的跟踪预测结果由美国国家飓风中心发布，预测时长由此前的 3 天延长到了 5 天（见图 14.33）。今天，5 天预测结果和 15 年前的 3 天预测结果同样准确。

尽管路径预报的准确性有所改善，但预报仍存在不确定性，因此还需要对相对较大的海岸地区发布飓风警报。2000—2005 年，美国飓风警报覆盖的海岸线平均长度是 510 千米，这比过去 10 年的平均长度 730 千米有了显著改善，尽管如此，也只有平均约 1/4 的警报区域有飓风经过。

概念检查 14.6

1. 给出飓风的定义。飓风的其他名称是什么？
2. 飓风发生在什么纬度范围？
3. 区分飓风的风眼和风墙。这些区域的条件有何不同？
4. 形成飓风的能量来自何处？
5. 赤道附近为何不能形成飓风？南大西洋和南太平洋东部很少出现飓风的原因是什么？
6. 什么时间北大西洋和加勒比海会出现飓风？飓风主要在这几个月出现的原因是什么？
7. 飓风在陆地上移动时，为何强度会迅速降低？
8. 飓风造成的破坏有哪三类？

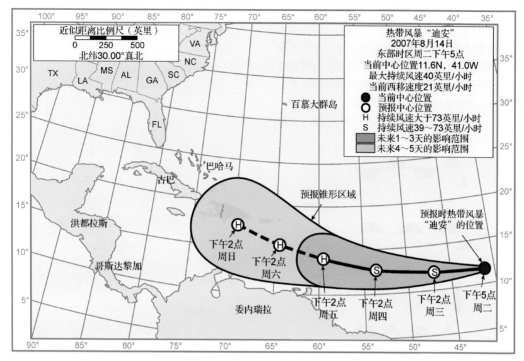

图 14.33 2007 年 8 月 14 日下午 5 点发布的对热带风暴"迪安"未来 5 天路径的预报。由国家飓风中心发布的飓风路径预报称为预测锥,它表示风暴中心的可能路径,由沿预报路径出现的一系列圆形区域(12 小时、24 小时、36 小时等)组成,每个圆形区域都会随着时间变大。根据 2003—2007 年的统计数据,大西洋热带气旋的全部路径在 60%～70%的时间内完全落在圆锥内(National Weather Service/National Hurricane Center 供图)

概念回顾:天气模式和恶劣天气

14.1 气团
讨论气团、气团的分类及相关的天气。

关键术语:气团、气团天气、发源地、极地(P)气团、北极(A)气团、热带(T)气团、大陆(c)气团、海洋(m)气团、湖泊效应降雪

● 气团是由大量空气组成的集合体,长达 1600 千米或更长,其特点是,在任何高度处都具有相同的温度和湿度。离开发源地的气流称为发源地气流,在其他地方它会保持这样的温度和湿度条件,最终影响大片陆地。

● 气团可根据其发源地的地表性质和纬度范围进行分类。大陆气团(c)是发源于大陆的干燥气团,海洋气团(m)是发源于海洋的潮湿气团,极地气团(P)和北极气团(A)是发源于高纬度地区的寒冷气团,热带气团(T)是发源于低纬度地区的温暖气团。按这种方法分类的 4 种基本气旋分别是极

地大陆气团(cP)、热带大陆气团(cT)、极地海洋气团(mP)和热带海洋气团(mT)。

● 极地大陆气团(cP)和热带海洋气团(mT)会影响北美大部分地区的天气,尤其是洛基山山脉以东的地区。热带海洋气团会影响到美国东部的大部分地区。

14.2 锋面
比较与暖锋和冷锋相关的典型天气,描述锢囚锋与静止锋。

关键术语:锋面、暖锋、冷锋、静止锋、锢囚锋

● 锋面是不同密度气团的边界面,边界面一侧的气团通常要比另一侧的气团温暖和潮湿。一个气团向另一股气团移动时,密度较低的暖气团会在这一过程中上升,这一过程称为超曳现象。

● 暖气团沿暖锋覆盖在大规模退却的凉爽空气上方。

暖气团上升时，因绝热降温会形成云层，且通常会形成大面积的小雨到中雨。

- 冷气团推进到被暖气团占据的地区时，会形成冷锋。冷锋面的陡峭程度是暖锋面的 2 倍，且移动速度比暖锋面更快。这一差别导致沿冷锋的降水要比沿暖锋的降水强烈，且持续时间更短。

? 识别附图中表示锋面的每种符号，符号的哪一侧是暖锋或冷锋？

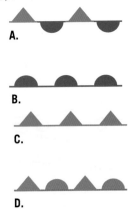

A.

B.

C.

D.

14.3 中纬度气旋

总结与成熟中纬度气旋相关的天气，描述高空气流与地面气旋和反气旋的关系。

关键术语：中纬度气旋

- 形成于中纬度地区并自西向东运动的大型低压中心，称为中纬度气旋。这种风暴的移运会持续几天到一周，并具有北半球的逆时针向内运动的环流模式。

- 大多数中纬度气旋都会有一个冷锋面，以及从低压中心伸出的一个暖锋面。沿锋面的气流辐合和抬升，会形成云层和降水。某个地区的特定天气通常取决于热带气旋的路径。

- 在从西向东运动的急流引导下，气旋通常会向东穿越整个美国。高空气流（辐合和辐散）对于维持气旋和反气旋环流有着重要的作用。在气旋中，高空辐散会使得地表气流流入气团。

14.4 雷暴

列举形成雷暴的基本需求，并在地图上找出雷暴活动频繁的位置，描述雷暴形成的各个阶段。

关键术语：雷暴

- 雷暴是由温暖、潮湿、不稳定的空气向上运动形成的。雷暴通常与积雨云有关，会形成大雨、闪电、雷声，偶尔会出现冰雹和龙卷风。

- 在中纬度地区的春季和夏季，热带海洋气团中会频繁出现雷暴。一般来说，形成这些风暴的三个阶段

是积云阶段、成熟阶段和消散阶段。

? 附图显示了形成雷暴的哪个阶段？请描述此时出现的情况。

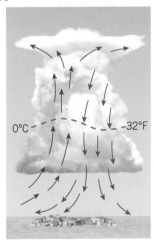

0℃   32°F

14.5 龙卷风

总结利于形成龙卷风的大气条件和位置，讨论龙卷风的破坏性和龙卷风的预报。

关键术语：龙卷风、改良藤田级数（EF 级数）、龙卷风监视、龙卷风警报、多普勒雷达

- 龙卷风是猛烈的暴风雨，它是从积雨云向下延伸的涡流。许多强龙卷风中存在多个涡流。强龙卷风与极大的气压梯度相关，其最大风速可达 480 千米/小时。

- 龙卷风通常形成于中纬度气旋的冷锋面，或由大型单体雷暴形成。龙卷风的形成还与热带气旋（飓风）有关。在美国，4～6 月龙卷风的活动最为频繁，但龙卷风也可在一年中的任何一个月出现。

- 大多数龙卷风造成的破坏都是由强风引起的。龙卷风强度的常用指标是改良藤田级数（EF 级数）。EF 级数的判定取决于对风暴形成的破坏性的评估。

- 强雷暴和龙卷风都是持续时间较短的小型天气现象，因此人们难以预测它们的天气特征。当天气条件有利于龙卷风形成时，人们就会发布龙卷风的警报。某个地区发现龙卷风时，或多普勒雷达显示有龙卷风时，美国国家气象局就会发布龙卷风预警。

14.6 飓风

在世界地图上标出形成飓风的区域，讨论飓风形成的条件，列举三种类型的飓风破坏。

关键术语：飓风、风墙、风眼、热带低气压、热带风暴、萨菲尔-辛普森飓风等级、风暴潮

- 地球上最大的风暴即飓风，它是风速超过 119 千米/小时的热带气旋。这些复杂的热带扰动形成于热带海

域，其能量是由大量水蒸气凝结释放的潜热提供。

- 飓风通常形成于夏末，此时海面温度达到 27℃ 或更高，因而能为飓风的形成提供足够的热量和水分。飓风经过寒冷的海水、陆地时，或无法得到足够的热量和水分而不适宜于大规模流动时，其强度就会降低。
- 萨菲尔-辛普森飓风级别按飓风的相对强度进行了排名。5 级飓风代表了最强的风暴，1 级代表了最弱的风暴。飓风造成的破坏主要分为三类：①风暴潮；②风灾；③暴雨和内陆洪涝。
? 附图显示了几千个飓风和其他热带气旋的轨迹和强度，它由美国国家飓风中心和联合台风预警中心共同绘制：①哪些地区会出现最大数量的 4 级和 5 级风暴？②为何横跨赤道的热带地区未形成飓风？③南大西洋和东南太平洋未出现风暴的原因是什么？

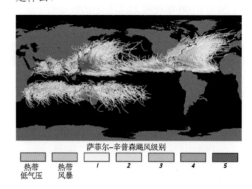

萨菲尔-辛普森飓风级别

热带低气压　热带风暴　1　2　3　4　5

思考题

1. 冬季的极地（P）气团都很寒冷。冬季 mP 气团和冬季 cP 气团哪个更寒冷？热带气团（T）都很温暖，夏季 cT 气团和夏季 mT 气团哪个更温暖？具体是如何体现的？

2. 参考图 14.4 回答以下问题：
   a. 苏必利尔湖沿岸城市雷湾和马奎特中，前者与后者相比降雪量要少，原因是什么？
   b. 匹兹堡和查尔斯顿东部南北向狭长地带的降雪量相对较大。这一区域不受五大湖的影响，请说明降雪量大的原因。你的答案能解释这一降雪区域的形状否？

3. 听到飓风即将来临时，是否应立即寻找躲避位置？为什么？

4. 参考气象附图回答下列问题：
   a. 每个城市分别是什么风向？
   b. 标出正影响每个城市的气团。
   c. 标出冷锋、暖锋和锢囚锋。
   d. 城市 A 和 C 的气压趋势是什么？

   e. 三个城市中，哪个最冷？哪个最暖？

5. 附图显示了 2008 年 1 月 29 日中午和下午 6 点的地表温度等温线（华氏度）。在这一天，一个强大的锋面穿过了密苏里州和伊利诺伊州。
   a. 穿过中西部的锋面是什么类型的？
   b. 描述密苏里州圣路易斯 6 小时内的温度变化。
   c. 描述锋面移过圣路易斯的时间段内，风向的变化情况。

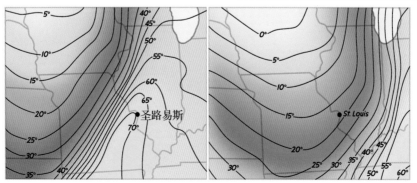

6. 附表列出了美国每十年期的龙卷风的报道数量。为何 20 世纪 90 年代和 21 世纪初的数量要远高于 20 世纪六十年代？

美国每十年的龙卷风数量	
十年期	龙卷风数量
1950—1959	4796
1960—1969	6613
1970—1979	8579
1980—1989	8196
1990—1999	12138
2000—2009	12914

7. 尽管人口显著增加，但在美国 21 世纪初龙卷风造成的人员死亡数量不到 20 世纪 50 年代数量的 40%。请说明死亡人数下降的可能原因。

8. 电视中的气象预报员可告知公众即将来临飓风的强度，而气象学家却只能在飓风过后给出飓风的强度，为什么？

9. 参考图 14.29，解释气压曲线斜率越大，风速也越大的原因。

10. 假设 5 级飓风"加斯顿"将于 2016 年 9 月底在得克萨斯州登陆，其风眼的路径如附图所示。回答以下问题：

   a. 命名"加斯顿"变成飓风所需经历的各个阶段。在哪个阶段该风暴会得到其名称？

   b. 若风暴遵循预测路径，休斯敦会经历"加斯顿"的最快风和最大风暴潮吗？

   c. 若风暴接近达拉斯-沃斯堡地区，则对生命和财产的最大威胁是什么？

第 15 章　太阳系的特点[①]

美国航空航天局"好奇号"漫游车拍摄的风成火星表面照片。黑色岩石是
火成岩，其成分和夏威夷群岛上发现的玄武岩成分相似（NASA 供图）

① 本章是在 Mark Watry 和 Teresa Tarbuck 教授的帮助下修订完成的。

天文学使用理性的方法来认识和了解地球、太阳系和宇宙的起源。地球曾被人们认为是独一无二的,它在各方面都不同于宇宙中的其他天体。但天文学的发现表明,地球和太阳都类似于宇宙中的其他天体,且在地球上适用的物理定律看起来在宇宙中的其他地方也适用。

人们对宇宙的认知是如何彻底改变的呢?本章将探讨人类的旧宇宙观和新宇宙观,其中前者侧重于天体的位置和运动,后者侧重于天体及其运动方式的成因。

15.1 古代天文学

解释太阳系的地心说,说明其与日心说的不同点。

在有明确的历史记录之前,人们就认识到地球上的事件与天体的位置有着密切的联系:在季节变换和大型河流(如埃及的尼罗河)洪水泛滥时,某些天体如太阳、月球、行星和恒星等会出现在天空中的特定位置。在早期的农耕文化时期,人类的生存取决于季节的变化,他们认为如果这些天体能控制季节,那么它们也能强烈地影响地球上的一切活动。这些信念无疑鼓励了早期文明开始记录天体的位置。

古代中国人、埃及人和巴比伦人都有关于天体位置变化的记录,例如关于太阳、月球和肉眼可见的五大行星位置的信息,因为与那些不移动的星星相比,它们会缓慢地移动。最终,他们不再满足于只记录天体的运动路线,而开始预测天体的未来移动位置。

中国的档案研究表明,文献中记录了 10 个世纪中哈雷彗星每次的出现时间。但由于哈雷彗星 76 年才出现一次,因此他们无法关联这些现象来证明多次看见的是同一彗星。像其他大多数古人那样,中国人也认为彗星很神秘,并且彗星的出现是某种恶兆,会导致战争和瘟疫等灾难(见图 15.1)。此外,中国还保留有关于"客星"的准确记录。今天,我们知道"客星"是暗淡得无法观察的正常恒星,但其表面喷出气体时亮度会增加。我们称这种恒星为新星或超新星(见图 15.2)。

图 15.1 巴约挂毯。法国巴约的这幅挂毯展示了公元 1066 年哈雷彗星出现时给人们带来的忧虑。这一事件发生在征服者威廉打败哈罗德王之前("Sighting of a comet." Detail from Bayeux Tapestry. Musee de la Tapisserie, Bayeux. With special authorization of the City of Bayeux. Bridgeman-Giraudon/Art Resource, NY)

15.1.1 天文学的黄金时代

早期天文学"黄金时代"(公元前 600 年—公元 150 年)的中心是希腊。尽管人们批评希腊人使用纯哲学观点来解释自然现象,但早期的希腊人也采用了观察数据，例如他们用几何学和三角学来测量太阳和月球的大小及它们间的最大距离。

图 15.2　公元 1054 年中国记录了突然出现的"客星"。这颗超新星的散落残骸是金牛座中的蟹状星云。这幅图像来自哈勃太空望远镜（NASA, ESA, J. Hester and A. Loll/Arizona State University 供图）

　　早期的希腊人坚持地心说这一错误观点，即地球是宇宙的中心，是一个不动的球体。希腊人认为有 7 颗恒星围绕地球旋转，分别是太阳、月球、水星、金星、火星、木星和土星，而其他天体则附在一个空心的透明球体上，且相对位置保持不变。这些天体每天轮流绕地球运动。有些早期的希腊人认为旋转的地球更能解释星星的运动，但他们自己却否定了这种想法，因为地球并未表现出运动，且看起来太大而无法移动。事实上，直到 1851 年人们才证明了地球的自转。

你知道吗？

　　伽利略通过实验发现物体下落的加速度与它们的重量无关。有些报道认为，伽利略是在比萨斜塔上同时丢下铁球和木球时发现它们是一起下落并同时到达地面的，但伽利略也许未做过这一实验。事实上，空气阻力会影响这一实验结论的正确性。直到近 4 个世纪后，"阿波罗 15 号"的宇航员大卫·斯柯特才在真空的月球上做了这一实验，实验证明羽毛和锤子确实会以同样的速度到达地面。

　　阿里斯塔克（公元前 312—公元前 230 年）是首位宣称太阳为宇宙中心的人，他利用简单的几何关系计算了地球到太阳和地球到月球的距离，并用得到的数据计算了地球、月球和太阳的大小。由于观测误差不可控，他得到的结果远小于实际尺寸，但还是发现了日地距离远大于地月距离及太阳远大于地球的事实，其中后者让他提出了太阳中心说。

15.1.2　托勒密模型

　　关于希腊天文学的许多知识均来自公元 141 年托勒密编撰的 13 卷本《天文学大成》。除了总结了希腊的天文知识，托勒密还提出了一个名为"托勒密体系"的宇宙模型（见图 15.3）。

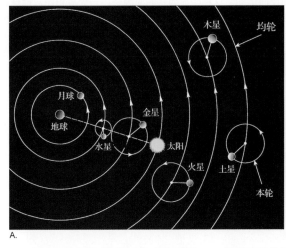

图 15.3　公元 2 世纪的"托勒密"宇宙模型。A. 托勒密认为天体每天都在围绕静止不动地球的轨道上重复运动，并且太阳、月球和其他行星都沿着各自的轨道做长度不一的旋转；B. 以地球为中心的三维模型。托勒密很可能利用了类似的模型来计算天体的运动（照片由 Science Museum, London, UK/The Bridgeman Art Library 提供）

希腊人认为，托勒密模型中的行星一直在绕不动地球做着完美的轨道运动（希腊人认为圆是一种纯粹和完美的图形）。然而，在恒星运动的背景下，行星的运动看起来并不那么简单。长时间的观察表明，每颗行星都会向东轻微运动，并会周期性地暂停，一段时间后则反向运动，然后重新向东运动。这种明显的西移称为逆行运动，它是地球自转和公转共同造成的。

火星的逆行运动如图15.4所示，因为地球公转的速度快于火星，因此会超越火星。这时火星会表现为向后的逆行运动。这种情况类似于超过较慢的汽车时，司机向车外看到的情况。速度较慢的行星就像速度较慢的汽车那样，看上去在向后运动，但其实际运动方向和较快天体的运动方向完全一致。

使用错误的地心说模型很难准确地表现逆行运动，但托勒密却实现了这一点（见图 15.5）。与行星的运行转道是单个圆不同，托勒密认为，行星在沿大轨道（均轮）运动的同时，会做小轨道（本轮）运动。通过反复验证，他发现了正确的圆形的组合可解释每颗行星的逆行运动（有趣的是，几乎所有的封闭曲线都可由两个圆形运动组成，玩过陀螺的人对此会有深刻的认知）。

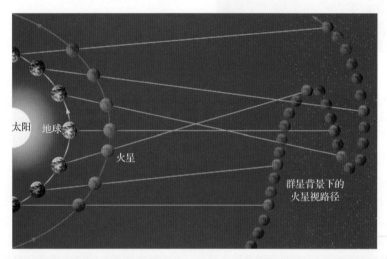

图15.4　深空恒星背景下火星的逆行运动。从地球上看，群星中的火星每天都向东运动，然后周期性地出现停止和反向运动。这种明显西移的原因是，与火星相比，地球运动的速度更快，因此超过了火星。因此火星有时会表现为向后运动，即逆行运动

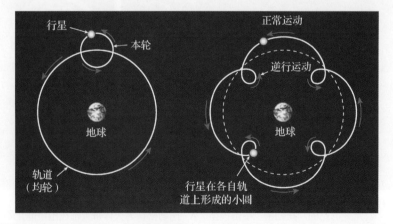

图 15.5　托勒密对逆行运动的解释。在托勒密模型中，行星在做小轨道（本轮）运动的同时，会绕地球做大轨道（均轮）旋转。通过反复验证，他发现了正确组合的圆形可解释每颗行星的逆行运动

尽管托勒密的模型并不正确，但其计算行星运动的天分仍值得我们尊敬。17世纪以前，若不太注重细节的话，托勒密根据其模型预测的行星运动轨迹与真实情况基本相符。当托勒密预测的行星位置与所观察到的位置不同时（历时100年或更多），其模型只需以新观测位置为起点重新校准即可。

公元4世纪，随着罗马帝国的衰落，很多积累的知识随着图书馆的毁灭消失了。希腊文明和罗马文明衰落后，天文学的研究中心东移到了巴格达，托勒密的研究成果被翻译成了阿拉伯语。直到10世纪后，古希腊人对天文学的贡献才被重新引入欧洲。托勒密模型作为天体模型的正确代表，很快就在欧洲站稳了脚跟，并给发现模型不足的人制造了不少难题。

15.2　现代天文学的诞生

列出哥白尼、第谷、开普勒、伽利略和牛顿对现代天文学的贡献。

托勒密的地心说未被人们很快抛弃。现代天文学的发展不仅需要科学的努力，而且需要打破千百年来西方社会的桎梏，即根深蒂固的哲学观和宗教观。天文学的发展需要得到新发现和能掌控更大宇宙运行法则的共同认可。

下面主要介绍哥白尼、第谷、开普勒、伽利略和牛顿这五位著名学者的成果，因为他们不仅通过观察发现并解释了天文现象，而且给出了宇宙按其自身方式进行运动的成因。

你知道吗？

尽管人们长久以来一直怀疑太阳系外存在行星，但直到最近才得到验证。当行星经过恒星的前方时，天文学家通过测量附近恒星的摆动或微弱的亮度变化，可发现这些行星。1995年，天文学家发现了太阳系外的第一颗行星，它绕飞马座51公转，距地球42光年。此后，人们相继发现了许多类似木星的天体，其中的很多天体非常靠近其环绕的恒星。此外，开普勒飞船也发现了许多远距离绕恒星公转的类地行星。

15.2.1　哥白尼

在托勒密之后的13个世纪中，欧洲的天文学不仅没有进步，甚至出现了退步，即使是在地球的运动方面。中世纪后出现的第一位伟大的天文学家是波兰的哥白尼（见图15.6）。在发现阿里斯塔克的著作后，哥白尼认为与其他人们熟悉的5颗行星一样，地球也是一颗行星。他认为天空的日常运动可通过旋转的地球来简单地解释。

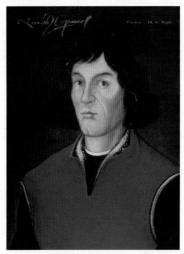

图 15.6　波兰天文学家尼古拉斯·哥白尼（1473—1543）。哥白尼通过提供令人信服的证据，表明地球只是绕太阳旋转的一颗行星（Detlev van Ravenswaay/Photo Researchers, Inc.供图）

在得出地球是一颗行星的结论后，哥白尼为太阳系建立了一个日心模型，该模型以太阳为中心，水星、金星、地球、火星、木星和土星等行星则围绕太阳运动。与静止地球是宇宙中所有天体运动中心的观点相比，这是一个重大突破。但哥白尼保持了过去的一个观点，即用圆来表示行星的运行轨道。因此，哥白尼不能准确地预测出行星的未来位置。他发现必须像托勒密那样，需要加上（本轮）旋转来解释日心学。一个世纪后，开普勒发现行星的运行轨道事实上是椭圆。

与前人一样，哥白尼也使用哲学理由来支持自己的观点："太阳位于所有天体的最中间，即教堂中能照亮整个空间的灯所处的位置。"

哥白尼临死前，出版了伟大著作《天体运行论》，它奠定了日心学的理论基础。因此，他未像许多追随者那样遭受批判的痛苦。与托勒密模型相比，尽管哥白尼的模型进步巨大，但它并未正确解释行星的运动方式及其成因。哥白尼体系对于现代天文学的伟大贡献是，它挑战了地心学的主导地位。导致在当时，许多欧洲人认为这是一种异端邪说。

15.2.2　第谷

哥白尼去世 3 年后，第谷在丹麦的贵族家庭出生。据说，第谷是在看到天文学家预测的日食现象后，才对天文学感兴趣的。此后，他说服国王弗雷德里克二世在哥本哈根附近建立了一个由他负责的天文台。为了反驳哥白尼的观点，他设计和建造了多种指向设备（几十年后望远镜才被人们发明）（见图 15.7），并用它们对天体的位置进行了 20 年的系统观察。他的观察，特别是关于火星的观察，要比之前的观察更精确，而这也是他对于天文学的主要贡献。

第谷不相信哥白尼的模型，因为他无法观察到恒星位置的视觉偏移，而当地球确实围绕太阳旋转时，应该会出现这种现象。他的论点如下：如果地球绕太阳旋转，那么间隔 6 个月从地球的不同轨道位置观察时，较近恒星应与较远恒星交换位置。第谷的论点是正确的，但其观测结果不能精确地显示出位置偏移。星星的这种明显视觉偏移，称为恒星视差，现今人们用它来测量到最近恒星的距离（恒星视差在附录 D 中讨论）。

视差原理很容易想象：先闭上一只眼睛，同时竖直食指，使眼睛、手指和远距离的物体呈一条直线。然后，保持手指不动，用另一只眼睛观察物体，同时注意物体位置的改变。手指离眼睛越远，物体视觉偏移越小。第谷的问题就在这里。他的观察是对的，但前提要明确最近恒星的距离要远大于地球轨道的宽度。因此，若没有望远镜（那时还未发明）的帮助，无法观测到第谷想要的偏移。

图 15.7　正在乌兰尼堡的丹麦赫文岛天文台观测天体的第谷·布拉赫（1546—1601）。天文台墙壁上仪器的一个象限内画出了第谷（中心人物）和背景。在图中的右侧，第谷通过墙上的小洞可以观察到天体的运动，第谷对火星运动的精确测量是开普勒天体运动三定律的基础（Royal Geographical Society, London, UK/The Bridgeman Art Library 授权使用）

国王去世后，第谷被迫离开了天文台。第谷的傲慢和奢侈，使得他无法在丹麦新统治者的手下继续工作。因此，第谷搬到了今天捷克共和国的布拉格。在布拉格，第谷在其生命的最后一年里，找到了一位名叫开普勒的能干助手。开普勒保留了第谷的大部分观测资料，并给予了这些资料以特殊用途。讽刺的是，第谷用于反驳哥白尼日心说的数据，后来被开普勒用来支持日心说。

15.2.3　开普勒

如果说哥白尼带头抛弃了古老天文学，那么开普勒（1571—1630）则引领并开辟了新的天文学（见图 15.8）。在第谷观测数据的帮助下，开普勒提出了行星运动的三个基本定律。前两个定律起因于他无法将第谷观测的火星轨道总结为圆形。由于不愿意承认差异由观测误差导致，开普勒开始寻求其他的解决办法。最终，他发现火星的轨道不是完美的圆形，而是略呈椭圆形（见图 15.9）。同时，他意识到火星在其运行轨道中的速度变化可以预测。当火星接近太阳时，速度加快；而当远离太阳时，速度减慢。

图 15.8　德国天文学家约翰尼斯·开普勒（1571—1630）。数学家开普勒提出的天体运动三定律开启了近代天文学的新纪元（Imagno/Getty Images 供图）

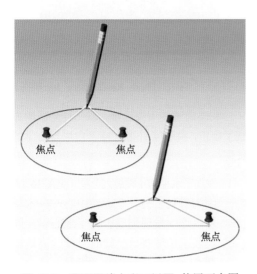

图 15.9　用不同偏心率画椭圆。使用两个图钉作为焦点，并使用铅笔绷紧环形线画弧，就可得到一个椭圆。两个焦点间的距离越大，椭圆越扁

经过近 10 年的工作，开普勒于 1609 年提出了前两个行星运动定律：

1. 所有行星绕太阳的轨道都是椭圆，太阳在椭圆的一个焦点上（见图 15.9）。
2. 行星和太阳的连线在相等的时间间隔内扫过相等的面积（见图 15.10）。这种几何面积相等解释了天体运动速度的变化。

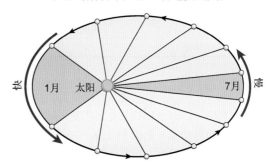

图 15.10　开普勒的等面积定律。连接天体和太阳的直线在同一时间内扫过相同的面积。这一定律表明：地球离太阳越远，运动越慢；离太阳越近，运动越快。图中放大了地球运行轨道的偏心率

图 15.10 演示了第二条定律。要在同样的时间内扫过相同的面积，天体在靠近太阳时的运行速度必须更快，而在远离太阳时运行速度必须更慢。

开普勒相信造物者创造了一个有序的宇宙，且这种有序会通过天体的位置和运动来表现。1619 年，开普勒在《和谐世界》杂志上发表了第三条定律：

3. 所有行星绕太阳一周的时间的平方与它们的轨道长半轴的立方成比例。

简单地说，轨道的周期是通过地球年来测量的，天体到太阳的距离远近则通过地球与太阳的平均距离来测度。地球与太阳的平均距离称为天文单位（AU），它约等于 1.5 亿千米。开普勒第三定律表明，行星轨道周期的平方等于其与太阳平均距离的立方。因此，行星的太阳距离能通过其轨道周期计算出来。例如，火星的轨道周期是 1.88 年，其平方是 3.54，而 3.54 的立方根 1.52 天文单位就是火星到太阳的平均距离（见表 15.1）。

开普勒的定律证明行星是围绕太阳旋转的，因而支持了哥白尼的理论。但开普勒未给出天体这样运动的成因，他将这一任务留给了伽利略和牛顿。

表 15.1	行星的轨道周期和太阳距离		
行星	太阳距离（AU）*	周期（年）	椭圆率，0 = 圆
水星	0.39	0.24	0.205
金星	0.72	0.62	0.007
地球	1.00	1.00	0.017
火星	1.52	1.88	0.094
木星	5.20	11.86	0.049
土星	9.54	29.46	0.057
天王星	19.18	84.01	0.046
海王星	30.06	164.80	0.011

*AU = 天文单位。

15.2.4　伽利略

伽利略（1564—1642）是文艺复兴时期意大利最伟大的科学家（见图 15.11）。与同时代的开普勒一样，他也强烈支持哥白尼的日心说。伽利略最大的科学成就是通过实验描述了运动物体的行为。事实上，这种通过实验来确定自然定律的方法自希腊早期就已消失。

图 15.11　意大利科学家伽利略·伽利莱（1564—1642）。相比于此前的观测，伽利略通过新发明的望远镜细致地观察了太阳、月球和其他行星（Nimatallah/Art Resource N.Y.供图）

在伽利略时代之前，所有天文学的发现都是在没有望远镜帮助的情况下完成的。1609 年，伽利略在听说荷兰的一家制造商能设计出许多放大物体的镜片后，在未见过望远镜的情况下，自己制造了一个能将物体放大 3 倍的望远镜。此后，他又制造了其他的望远镜，其中最好的能放大 30倍（见图 15.12）。

图 15.12　伽利略的一种望远镜。尽管伽利略未发明望远镜，但他制造了几台，其中放大率最大的为 30 倍（Gianni Tortoli/Photo Researchers, Inc.供图）

伽利略通过使用望远镜，以一种全新的方式观察了宇宙，并有了许多支持哥白尼日心学的重大发现：

1. 发现了木星的 4 颗最大卫星（见图 15.13）。因为看到了另一个运动中心——木星，所以这一发现彻底否定了地心学，同时反驳了地球绕日公转时月球远离地球的观点。

2. 发现行星呈圆盘状而非点状。这一发现表明行星类似于地球而非恒星。

3. 发现金星能像月球那样出现形状变化，

即金星最小时呈圆盘状，此时离地球最远（见图 15.14B 和 C）。这一观测结果表明金星围绕太阳旋转。在图 15.14A 所示的托勒密体系中，金星的轨道在地球和太阳之间，因此在地球上只能看到新月状的金星。

现了具有"表面瑕疵"并自转的另一个重要天体。

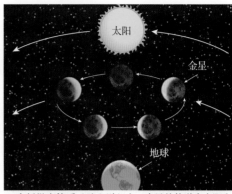

A. 在托勒密体系（地心说）中，金星的轨道在太阳和地球之间，因此在地心说中，从地球上只能看到金星的新月形状

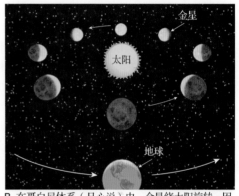

B. 在哥白尼体系（日心说）中，金星绕太阳旋转，因此从地球上能看到金星所有的形状

C. 如伽利略所观测的那样，金星也会经历一系列类似于月相的形状变化。当金星离地球最远时，会呈圆盘状，而离地球最近时，会呈新月状。这种发现使得伽利略得出了太阳是太阳系中心的结论

图 15.14　伽利略使用望远镜发现金星会像月球那样发生形状变化（Lowell Observatory 供图）

图 15.13　伽利略的手稿表明了其通过望远镜看到木星及其 4 个最大卫星的方式。晚上，木星的 4 个最大卫星（星号）的位置发生改变。我们可使用双筒望远镜观测到同样的变化（Yerkes Observatory Photograph/University of Chicago 供图）

4. 发现月球表面并不像古人宣称的那样光滑。相反，伽利略看到了山脉、火山和平原，这表明月球类似于地球。他认为平原是水体，同时这一想法也受到其他人的强烈推崇，我们能通过这些特征的名称证实这一点（如宁静海、风暴海等）。

5. 发现了太阳黑子，即低温的黑色区域。他记录了太阳黑子的运动情况，并估计太阳的自转周期不到 1 个月。因此，发

这些观测发现都违背了当时人们对宇宙的流行认识。

1616年，罗马的天主教会批判哥白尼的理论违背了《圣经》的教义，因为这一理论未坚持以人为中心的观点，同时告知伽利略必须放弃这一理论。但伽利略并未被吓住，而是开始撰写其最伟大的作品《关于托勒密和哥白尼两大世界体系的对话》。尽管身体状况很差，但伽利略仍完成了此书并于1630年去了罗马，拜会教皇乌尔邦八世寻求出版的许可。该书以对话的形式详细阐述了托勒密和哥白尼的理论，因此轻松获得了出版许可。伽利略的反对者很快意识到，他是以损害托勒密理论为代价来宣扬哥白尼理论的。于是，书的销售很快被叫停，同时伽利略被宗教法庭逮捕，并因其宣扬违背宗教教义的思想而被判处永久软禁，伽利略就这样度过了他生命的最后十年。

尽管失去了人身自由和大女儿，但伽利略仍继续着他的工作。1637年，伽利略彻底失明，但依然在后续的几年内完成了其最伟大的科学成果，即一本关于运动的书籍，书中他说明了运动物体的自然趋势是保持运动。此后，随着越来越多支持哥白尼理论的科学证据的发现，教会才允许出版伽利略的作品。

15.2.5 牛顿

牛顿（1642—1727）出生于伽利略去世的那一年（见图15.15）。牛顿在数学和物理领域取得的辉煌成就，使得后人认为"牛顿是过去最伟大的天才"。

尽管开普勒及其追随者尝试解释过有关行星运动的力量，但他们的解释并不令人满意。开普勒认为一定有某种力推动着行星沿其轨道运动。然而，伽利略正确地推断出了保持物体的运动不需要任何力。相反，他认为在没有外力的影响下，运动物体的自然趋势是持续作匀速直线运动。后来，牛顿在其第一运动定律中正式命名了这一概念：惯性。

此后，问题不再是解释保持行星运动的力，而是确定哪种力不会使行星作直线运动而飞入太空。牛顿提供重力这一概念后，这个问题很快就得到了解决。在他23岁时，牛顿设想了一个从地球到太空的力，它使得月球围绕地球作轨道运动。尽管其他人也想到了存在这样的力，但牛顿是第一个用公式表示和测试万有引力定律的人。万有引力的表述如下：

任意两个质点由通过连心线方向上的力相互吸引。该引力的大小与它们的质量乘积成正比，而与它们的距离的平方成反比。

图15.15　英国科学家艾萨克·牛顿（1642—1727）。牛顿是解释重力使得行星围绕着太阳做轨道运动的第一人（The Granger Collection, NYC 供图）

因此，引力随着距离的增大而减小，例如两个相距3千米的物体之间的引力是相距1千米的同样物体之间引力的1/9。

万有引力定律还表明，物体的质量越大，引力越大。例如，月球质量产生的引力足以在地球上引起潮汐，质量很小的通信卫星对地球的引力非常小。

基于运动定律并结合行星保持直线运动的趋势，牛顿证明了重力的作用，即行星最终将像开普勒证明的那样沿椭圆轨道运动。例如，地球在其轨道上的运行速度是30千米/秒，同时引力会拉着地球向太阳前进约0.5厘米。因此，如牛顿推断的那样，地球的向前运动和"下落"运动共同决定了其轨道（见图15.16）。如果地心引力消失，地球将会向太空作直线运动。相反，如果地球的直线运动消失，引力将会把它拉向太阳。

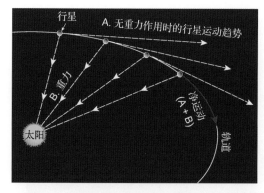

图15.16 地球和其他行星的轨道运动。图形表明沿轨道运动的行星因为惯性，会继续作直线运动，而太阳的引力会使得行星的路径弯曲，进而形成椭圆轨道

概念检查 15.2

1. 哥白尼对托勒密体系所做的最大改变是什么？这种改变在哲学上有何不同？

2. 第谷收集的哪些数据有利于开普勒描述行星运动？

3. 谁发现了行星轨道是椭圆而非圆？

4. 地球是在近日点（1 月）还是在远日点（7 月）的速度更快？

5. 伽利略发现太阳自转支持了哥白尼的日心说的原因是什么？

6. 牛顿发现行星的运动轨迹是几个力相互作用的结果，请简单解释这些力。

15.3 太阳系概述

根据星云说描述太阳系的形成，比较类地行星和类木行星。

太阳位于宽达万亿千米的旋转系统的中心，该系统由 8 大行星、行星的卫星、大量小行星、彗星和流星组成。太阳约占太阳系质量的99.85%，全部行星占余下的 0.15%。从太阳向外的行星依次为水星、金星、地球、火星、木星、土星、天王星和海王星（见图 15.17）。冥王星最近被天文学家重新归类为一种矮行星。

在太阳的引力作用下，所有行星都同方向作椭圆轨道运动。引力使得靠近太阳的天体运动得更快。因此，水星的轨道速度最快，达 48 千米/秒，轨道周期最短，为 88 地球日。相比之下，冥王星的轨道速度仅为 5 千米/秒，公转周期为 248 地球年。多数大型天体都在同一平面内绕太阳旋转。这些行星的轨道面与地球公转的轨道面（黄道）之间的夹角，如表 15.2 所示。

15.3.1 星云说：太阳系的形成

解释太阳系形成的星云说认为，太阳和行星由旋转的星际气体（主要是氢气和氦气）和太阳星云尘埃演化而成。引力作用导致太阳星云收缩，大部分物质聚集在中心形成了高温的原太阳。剩下的物质则形成了一个厚且扁平的旋盘，里面的物质逐渐冷却后凝结成颗粒、冰块和坚硬的物质。反复碰撞导致大部分物质聚集，形成越来越大的厚块，最后形成了称为星子的小行星。

星子的成分主要取决于它们到太阳的距离。在太阳系，越靠近太阳温度越高，而越远离太阳温度越低。因此，今天在水星和火星轨道内的星子，由具有较高熔融温度的金属和坚硬物质组成。经过多次碰撞和聚集后，小行星大小的坚硬天体结合形成了 4 个原行星：水星、金星、地球和火星。

火星轨道之外的星子是在低温下形成的，其成分包括水、二氧化碳、氨和甲烷等冰状物，还包括少量含有金属的坚硬碎片。后 4 个外围行星主要由这些星子形成。冰状物聚集是导致外围行星具有大尺寸和低密度特征的因素之一。最大的木星和土星因表面引力作用，吸引和保持了大量的氢和氦元素。

你知道吗？

美国航空航天局的广域红外巡天探测器一年内扫描了整个太空，并记录了大量的图像。基于收集的数据，美国航空航天局的研究人员估计，约有 980 颗近地小行星的直径大于 1000 米，其中 911 颗已被确定位置。在如小山般大小的这些天体中，任何一颗撞击地球，都会带来全球性的灾难。宇宙中这些小而致命的天体非常危险。例如，1989 年一颗直径约为 1 千米的小型天体穿过地球轨道后才引起了人们的注意。所幸的是，它提前6 小时穿过了地球路过的轨道。这个小型天体的速度为71000 千米/小时，若撞击地球，则会形成直径 8 千米、深 2 千米的陨坑。一名观察者认为"它迟早还会回来"。统计表明，这种巨大的碰撞几百万年就会出现一次，因此会对地球上的生命造成灾难性的后果。

图 15.17 行星轨道。A. 太阳系简图，其中的行星不是实际比例。B. 用天文单位表示行星的距离，1天文单位等于从地球到太阳的平均距离，约为1.5亿千米

表 15.2	行星数据							
行星	符号	AU*	到太阳的平均距离		公转周期	轨道倾角	轨道速度	
			百万英里	百万千米			英里/秒	千米/秒
水星	☿	0.39	36	58	88 日	7°00′	29.5	47.5
金星	♀	0.72	67	108	225 日	3°24′	21.8	35.0
地球	⊕	1.00	93	150	365.25 日	0°00′	18.5	29.8
火星	♂	1.52	142	228	687 日	1°51′	14.9	24.1
木星	♃	5.20	483	778	12 年	1°18′	8.1	13.1
土星	♄	9.54	886	1427	30 年	2°29′	6.0	9.6
天王星	♅	19.18	1783	2870	84 年	0°46′	4.2	6.8
海王星	♆	30.06	2794	4497	165 年	1°46′	3.3	5.3

行星	自转周期	直径		相对质量 （地球=1）	平均密度 （克/立方厘米）	极向扁率（%）	偏心率†	已知 卫星数††
		英里	千米					
水星	59 日	3015	4878	0.06	5.4	0.0	0.206	0
金星	243 日	7526	12104	0.82	5.2	0.0	0.007	0
地球	23 时 56 分 04 秒	7920	12756	1.00	5.5	0.3	0.017	1
火星	24 时 37 分 23 秒	4216	6794	0.11	3.9	0.5	0.093	2
木星	9 时 56 分	88700	143884	317.87	1.3	6.7	0.048	67
土星	10 时 30 分	75000	120536	95.14	0.7	10.4	0.056	62
天王星	17 时 14 分	29000	51118	14.56	1.2	2.3	0.047	27
海王星	16 时 07 分	28900	50530	17.21	1.7	1.8	0.009	13

*AU = 天文单位，即地球到太阳的平均距离。

†偏心率是指轨道偏离圆形的测度。该数越大，轨道越不圆。

††包含截至 2012 年 12 月发现的所有卫星。

在之后近 10 亿年时间里，原行星在引力的作用下，会积累大部分星际碎片，进而形成行星。这是行星在其轨道上与其他物质聚集与强烈碰撞的时期。这一时期的碰撞"痕迹"在月球表面上十分明显。行星的万有引力作用，特别是木星，会导致有些小型天体会被吸入行星的交叉轨道或抛入星际空间。少部分星际物质在这一暴力时期逃脱后，会成为小行星或彗星。相比之下，今天的太阳系要相对平静，但许多这样的过程仍在缓慢进行着。

15.3.2 行星：内部结构和大气层

根据位置、大小和密度的不同，可将行星分为两组：类地行星（水星、金星、地球和火星）和类木行星（木星、土星、天王星和海王星）。因为离太阳系中心较近，4 个类地行星也称内行星，4 个类木行星也称外行星。行星位置和大小之间存在相关性：内行星远小于外行星（因此后者也称气体巨星）。例如，海王星（最小的类木行星）的直径几乎是地球的 4 倍。此外，海王星的质量是地球或金星的 17 倍。

行星的不同性质还包括密度、化学组成、轨道周期和卫星数量。行星化学成分的多变很大程度上是因为它们的密度不同。具体地说，类地行星的平均密度约为水的 5 倍，而类木行星的平均密度仅为水的 1.5 倍。实际上，土星的密度是水的 0.7 倍，意思是把它放到一个够大的水箱中时它能浮在水面上。外行星的特征还包括长轨道周期和数量较多的卫星。

内部结构 地球形成后不久，分散的物质因化学成分的不同最后分为三个主要的圈层，即地壳、地幔和地核。这种化学分离现象也出现在其他行星中。但是，由于类地行星和类木行星的成分不同，导致它们的圈层本质上也不同（见图 15.18）。

类地行星很致密，具有相对较大的铁镍地核。地球和水星的外地核呈液态，金星和火星的内核则为部分熔融态。这种不同的原因是，与地球和水星相比，金星和火星的内部温度更低。类地行星的地幔由碳酸盐矿物和其他较轻的化合物组成，其碳酸盐地壳要薄于其地幔。

最大的两个类木行星——木星和土星，与类地行星一样具有地核，但其固态地核较小，主要由坚硬的铁质组成。包裹地核的是高温高压下呈液态的氢层。有证据表明，在这种条件下氢具有金属的特性，即其电子能自由移动，是热导体和电导体。木星的强磁场是电子绕液态氢旋转时形成的。土星的磁场要比木星的弱。在这一金属层之外，是混合有氦的液态氢。最外层是氧和氦，以及冰状水、氨和甲烷，总体会在很大程度上降低它们的密度。

天王星和海王星也具有富铁的坚硬内核，但是它们的地幔则是高温且浓缩的水和氨。地幔之外，氧和氦增加，但这些气体的浓度与木星和土星相比要低。

行星的大气层 类木行星具有非常厚的大

气层，它主要由氢和氦组成，还包括少量的水、甲烷、氨和碳氢化合物。相比之下，类地行星（包括地球）的大气层较少，主要由二氧化碳、氮和氧组成。太阳的加热（温度）和引力是解释这种不同的两个因素（见图 15.19），它们决定了太阳系形成时行星捕获并保留的气体量。

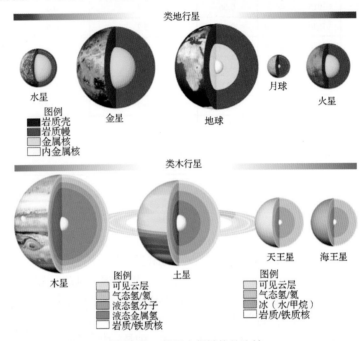

图 15.18　行星内部结构的比较

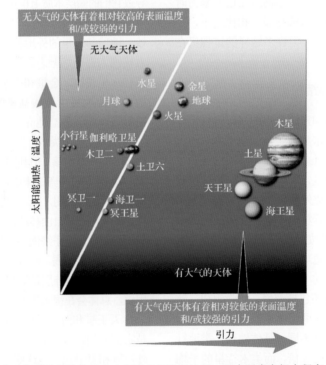

图 15.19　有大气层的天体和没有大气层的天体的比较。两个因素在很大程度上解释了太阳系中的天体有无大气的原因。无大气层的天体具有相对较高的表面温度和/或较弱的引力，而有大气层的天体则具有较低的表面温度和/或较强的引力

在行星形成期间，太阳系内部区域的温度会高到气体和冰状物无法凝结。相比之下，类木行星则由星子在温度较低、日照较少的条件下形成，水蒸气、氨和甲烷会凝结成冰状物，因此包含了大量的挥发性气体。在行星的演化过程中，巨大的类木行星（木星和土星）还会吸引并聚集大量的氢气和氦气。

地球是如何获得水和其他挥发性物质的？在太阳系形成的早期，原行星的引力会使得星子做离心轨道运动，此时地球会碰到从原火星轨道逃离的冰状物。有机体在地球上长期生存完全是一个偶然事件。尽管水星、月球和其他大量的小型天体在形成的早期也会与冰状物碰撞，但它们缺少保留这些物质的大气。

无大气层天体形成于太阳能加热强烈和/或引力较弱的地方。简单地说，较小较热的天体更易失去大气层，因为气体分子更活跃，其克服较弱引力所需的逃逸速度也较小。例如，表面引力较小的高温天体，如月球就无法保留二氧化碳、氮等较重的气体，而水星的引力足以吸引氢、氦和氧等轻气体。

稍大一些的类地行星如地球、金星和火星，能保留水蒸气、氮和二氧化碳等重气体，但与其体积相比，它们所保留的大气很少。在类地行星的演化早期，它们可能会有更厚的大气层，但随着时间的推移，这些原始的大气层慢慢地变成轻气体而逃逸到了太空中。例如，地球的大气层一直在向太空泄漏氢气和氦气（两种最轻的气体）。这种现象发生在地球大气层的顶部，因此这里没有东西能阻止快速运动的粒子逃逸到太空中。克服行星引力的这个逃离速度称为逃逸速度。氢气是最轻的气体，因此也最易达到克服地球引力的逃逸速度。

15.3.3 行星碰撞

在太阳系演化的漫长历史中，系内行星会出现碰撞。大气层较少或无大气层的天体（月球），由于没有气体的阻止，即使是最小的星际碎片（如陨石）也能到达天体的表面。高速碎片甚至会在矿物颗粒中形成细小的弧线，而大撞击坑则由大质量的天体造成，如小行星和彗星。

与今天相比，太阳系演化早期的行星碰撞更普遍。早期碰撞之后，陨坑很快逐步消失，直到变成今天的模样。月球和水星上由于几乎不存在风化和剥蚀作用，导致过去留下的陨坑仍十分明显。

大天体厚厚的大气层会使得碰撞物消失或减速，例如流星穿越大气层时，地球大气层能使10千克以下的流星减速90%。因此，质量较小的天体与地球碰撞后仅能留下很小的陨坑。但大气层对大质量天体的阻碍作用很小，所幸的是大质量天体极少与地球发生碰撞。

图 15.20 解释了大碰撞形成陨坑的过程。高速流星体撞击并挤压被撞物时，瞬间的反弹导致表面物质喷出。在地球上，撞击速度会达 50 千米/秒以上。这种速度产生的冲击波会挤压撞击物和被撞物。过度挤压物会瞬间反弹并在陨坑中形成喷溅物。这一过程类似于地下爆炸装置发生爆炸时那样。在天体撞击形成的宽达几千米的陨坑中，通常会出现中央峰，如图 15.21中所示。被挤出的大量物质称为喷出物，它们分散在陨坑内或其周围，并聚集起来形成坑缘。大流星体撞击产生的高温甚至会熔化岩石并形成玻璃珠。在地球和月球上收集这种玻璃珠和熔融角砾岩的标本，可帮助地质学家更好地了解这些天体事件。

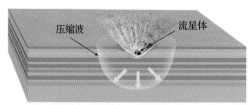

A. 快速运动物体的动能转换为热能和冲击波

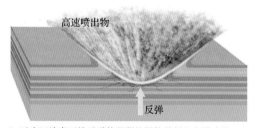

B. 过度压缩岩石的反弹使得陨坑爆炸并射出大量碎片

图 15.20　陨坑的形成

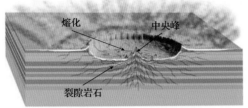

C. 陨坑经高温熔化的某些物质会作为玻璃珠喷出

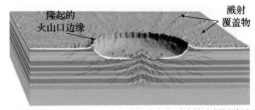

D. 较小的次生陨坑通常是由碰撞喷出物再次撞击周围陆地形成的

图 15.20（续）　陨坑的形成

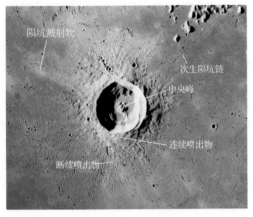

图 15.21　月球陨坑"欧拉"。这个宽达 21 千米的陨坑位于月海的西南部，我们可清楚地看到火山雷、中央峰、次生陨坑链及陨坑边缘附近的大量喷出物（NASA 供图）

概念检查 15.3

1. 根据星云说，简单列举太阳系形成的步骤。
2. 将行星划分为类地行星和类木行星的依据是什么？
3. 什么成分造成了类地行星和类木行星的密度差异？
4. 解释类地行星与类木行星相比大气层较少的原因。
5. 月球较小且引力场较弱，为何月球表面的陨坑要比地球上的多？

15.4　地球的卫星——月球：古老地体的碎片

描述月球的主要特征，并解释月海盆地的成因。

地月系统是独一无二的，相对于地球而言，月球是其最大的卫星。火星是另一个拥有卫星的类地行星，但其卫星较小，更像是捕获的小行星。150 颗卫星中的大多数或类木行星的卫星，都由低密度的坚冰结构组成，这与月球也不同。后面会介绍地月系统及其成因间的紧密关系。

月球的直径是 3475 千米，约为地球直径 12756 千米的 1/4。月球表面白天的平均气温为 107℃，晚上则为-153℃。由于月球的自转周期等于其绕地球的公转周期，因此月球的一面始终朝向地球。"阿波罗"飞船的着陆地点也在面向地球的一面。

月球的密度是水的 3.3 倍，与地球地幔中的岩石密度相当，但小于地球的平均密度（后者约为水的 5.5 倍）。月球相对较小的铁核是这一不同的主要原因。

月球质量远小于地球的质量，所以其引力约为地球的 1/6。地球上质量为 90 千克的人，在月球上质量仅为 15 千克。这种不同能让航天员轻松地携带很重的生命维系系统。若不携带生命维系系统，那么航天员在月球上的跳跃高度会是地球上的 6 倍。月球的小质量（低引力）是其不能保留大气层的主要原因。

15.4.1　月球的成因

直到今天，月球的成因依然争议不断。模拟表明地球太小，不可能形成卫星，特别是月球这么大的卫星。此外，若月球是地球捕获的卫星，那么其轨道也应像类木行星的卫星那样是偏心的。

今天人们认为，月球是 45 亿年前火星大小的天体和半熔融的地球相撞形成的。在碰撞过程中，有些喷出的碎片绕地球做轨道运动，最后慢慢冷凝形成了月球。电脑模拟表明，大多数喷出物都来自于天体的坚硬地幔，而天体的内核则被地球吸收与融合。这个碰撞模型与月球的内核和密度都小于地球的事实相符。

月球表面　当伽利略首次用望远镜观察月球时，发现了两种地貌：黑色的低洼地带和稍亮的陨坑高地（见图 15.22）。因为黑色区域看上去光滑得像地球上的海洋那样，因此我们称它为月海。"阿波罗 11 号"探测器证明月海是由玄武质熔岩组成的平原。这些大平原主要集中在面向地球的一面，约占月球表面积的 16%。这些表面上缺少大火山锥，说明高速喷发的玄武质熔岩流类似于地球上哥伦比亚高原上的成片玄武岩。

相比之下，月球上较亮的区域类似于地球上的大陆，因此首名观察者称其为月陆。今天我们称这些地方为月球高地，因为它们要高出月海几千米。月球高地的岩石主要是在月球早期形成的角砾岩。月陆和月海形成了月球表面的主要轮廓。

月球最明显的特征是碰撞形成的陨坑。直径为 3 米的流星体能撞出直径约为 150 米的大陨坑，如图 15.22 所示。例如，开普勒坑和哥白尼坑（直径分别为 32 千米和 93 千米）是由直径为 1 千米或更大的天体撞击形成的。这两个陨坑相对年轻，因为它们溅射出数百千米长的明亮喷出物。

图 15.22　望远镜下的月球表面。主要特征是黑色月海和明亮的陨坑高地（UCO/Lick Observatory Image 供图）

月面的历史　探索月面的历史证据来自于对"阿波罗"任务所取回岩石样本的放射性测年，以及陨坑密度的研究——单位面积内的陨坑数量。陨坑的密度越大，其形成的时间越早。这些证据表明，月球冷凝后经历了以下 4 个阶段：①原始月壳的形成阶段；②大量碰撞盆地的形成阶段；③月海盆地的填充阶段；以及④放射状陨坑的形成阶段。

在月球成长阶段的晚期，其最外层可能完全是呈熔融状态的岩浆海洋。然后在 44 亿年前，岩浆海洋开始冷却并出现岩浆分异作用（见第 3 章）。大多数致密的矿物如橄榄石、辉石开始沉淀，而非致密硅酸盐矿物开始上浮，形成月壳。高地就是由结晶岩浆上浮后形成的火成岩组成的。最常见的高地岩石类型主要是富钙的斜长岩。

月球形成后，星云碎屑继续碰撞月壳。这一

时期形成了几个大的碰撞盆地。然后约在 38 亿年前，月球和太阳系的其他天体共同经历了陨石碰撞率的突然下降。

月球接下来的任务是填充 30 亿年前形成的大型碰撞盆地（见图 15.23）。月海玄武岩的放射性测年结果表明，它们的形成时间是 30～35 亿年前，因此要晚于月球高地的形成。

月海的玄武岩源于 200～400 千米的月球深处。它们可能是放射性元素裂变使温度缓慢上升造成的。阿波罗任务期间所取回岩石的不同化学成分表明，部分熔融可能发生在几个孤立区域。

今天的证据表明，形成月海的一些火山喷发出现在最近的 10 亿年间。

与这一时期火山活动有关的其他月球表面特征包括小盾形火山（直径为 8～12 千米）、火山喷发碎屑、月溪（山谷中的熔岩通道）和地堑。

月球表面的最后一个突出特征是放射状陨坑，例如图 15.23 中直径达 90 千米的哥白尼坑。喷发物来自于月海表面陨坑的表层和一些较老的陨坑。较年轻的哥白尼坑在 10 亿年前形成。若它在地球上形成，则风化和剥蚀作用会使它消失殆尽。

小行星大小的天体碰撞形成的直径达几百千米的陨坑，它对月壳的破坏远超陨坑本身

来自月幔深处的部分熔融玄武岩流填充碰撞形成的陨坑

今天这些盆地形成了月海和水星上的一些类似的大型构造

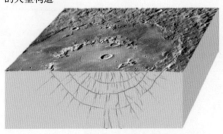

图 15.23　大型碰撞盆地的形成和填充

今天的月面　小质量和弱引力使得月球缺少大气层和水。因此，在地球上改变地表的风化和剥蚀作用在月球上并不存在。此外，月球上的构造作用很弱，因此月震很弱，且基本没有火山喷发。由于没有大气层的保护，剥蚀作用主要是太空的微粒持续碰撞月面，由此慢慢地形成了平坦的地形。

月海和月陆都覆盖着一层碎屑，即几十亿年前陨石爆炸形成的轻散灰色物质（见图 15.24）。由火成岩、角砾岩、玻璃珠和尘埃组成的土壤层称为月壤。月壤厚 2～20 米，具体厚度取决于地表的年龄。

概念检查 15.4

1. 简单描述月球的起源。
2. 比较月球上的月海和高地。
3. 月球上的月海和太平洋西北的哥伦比亚高原有何相同点？
4. 如何用陨坑的密度来测定月球表面特征的相对年龄？
5. 列出形成今天的月面的各个主要阶段。
6. 比较地球和月球上的风化作用与剥蚀作用。

图 15.24　正在取月面标本的宇航员哈里森·施密特。注意月壤（浮土）中的脚印，月壤缺少有机质，因此不是真正的土壤（NASA 供图）

15.5　类地行星

概括水星、金星和火星的主要特点，描述它们与地球的异同点。

类地行星自太阳向外依次是水星、金星、地球和火星。由于多数图书介绍的重点是地球，因此这里重点介绍其他三颗类地行星。

15.5.1　水星：最靠内的行星

水星是最靠内和最小的行星，其公转周期较快（88 天），但自转周期较长。与地球自转的周期 24 小时相比，水星的自转周期为 176 天，即水星上的每个 "夜晚" 约等于地球上的 3 个月。水星表面的温差极大，深夜温度达–173℃，中午温度达 427℃，因此水星上不存在目前我们所认知的生物。

水星具有类地行星的特点，即大气层较少或无大气层，其吸收的大部分太阳能用于照亮自身，仅向太空反射约 6% 的能量。水星上少量气体的来源可能如下：太阳的电离气体、最近彗星碰撞产生的水蒸气和行星内部的脱气作用。

尽管水星很小，且科学家认为其内部已冷却，但 2012 年测量得到的水星磁场表明，水星的磁场值要比地球的小 100 倍，说明水星的内核依然是能产生磁场的高温流体核。

水星与月球相似，拥有较低的反射率、断续的大气层、大量的火山特征和陨坑地貌（见图 15.25）。卡洛里斯盆地（直径 1300 千米）是

图 15.25　水星的两张照片。左侧是黑白图像，右边是彩色增强图像，它们均是根据 "信使号" 探测器得到的数据生成的高分辨率图像（NASA 供图）

水星上已知的最大陨坑。"水手 10 号" 探测器拍摄的照片和其他数据表明，卡洛里斯盆地和一些小盆地的内部与外部都存在火山活动。"水手 10 号" 拍摄的照片表明，水星上近 40% 的表面积是平坦的平原。大多数的平坦地区均与大型碰撞盆地相关，包括卡洛里斯盆地，大部分盆地及周边低地覆盖着熔岩。因此，平坦平原与月海的形成类似。最近，人们通过对比 "信使号" 发现的出露厚层火山沉积和地球上的哥伦比亚盆地间的相似性，找到了火山活动

的证据。此外，研究人员最近还在水星上发现了冰盖。

15.5.2　金星：神秘的行星

金星在夜空中的明亮程度仅次于月球，其公转周期为 225 个地球日，运行轨道近乎圆形。但金星的自转方向与其他行星的方向相反，且运行速度要慢得多，金星上的 1 天约为地球上的 244 天。在类地行星中，金星具有最致密的大气层，大气层主要由二氧化碳（97%）组成，可视为一个形成温室效应的极端模型。因此，金星表面上白天和晚上的平均温度约为 450℃。金星表面的气温变化很小。极端和均匀地表温度条件下的研究，有助于科研人员了解地球上的温室效应。

金星内部成分类似于地球。但金星的较弱磁场表明，其内部动力学特征与地球不同。金星上同样存在地幔对流，但不存在重塑地形的板块构造和板块运动。

金星的表面完全被硫酸微粒组成的厚厚云层覆盖。20 世纪 70 年代，4 台俄罗斯的探测器在极大的压力和温度条件下，成功登陆金星并获得了其表面图像。不到 1 小时，所有探测器均被 90 倍于地球的大气压压碎。"麦哲伦"金星探测器通过雷达信号绘制了详细的金星地表图（见图 15.26）。

金星上有几千个陨坑，这一数量远少于水星和火星，但多于地球。专家原本希望在金星找到大爆炸时期分布广泛的陨坑，但却发现火山活动重塑了金星的地表。金星厚厚的大气层烧毁了大多数小碎片，降低了大型流星体碰撞金星的数量。

约 80% 的金星表面由覆盖着熔岩流的低矮平原组成，有些熔岩通道的长度达几百千米。金星上的巴尔提斯峡谷是太阳系中已知最长的熔岩通道，其长度达 6800 千米。

金星上 20 千米宽的火山约有 1000 座以上。但很高的表面压力阻止了气体的逃离，进而减少了使得火山锥变得陡峭的火山碎屑物和熔岩喷发物。此外，高温保持了熔岩的活性，因此流得离火山口更远。这些因素共同使得金星上的火山比地球和火星上的火山更矮、更宽（见图 15.27）。马特山是金星上的最大火山，其高约 8.5 千米、宽约 400 千米。相比之下，地球上最大的火山莫纳罗亚山仅高约 9 千米、宽约 120 千米。

图 15.26　金星地表的球面图。这幅由计算机生成的金星图像是根据"麦哲伦"探测器发回的数据重建的。横穿球体的亮色弯带是破碎的山脊和阿芙罗狄蒂高地东部的峡谷（NASA/JPL 供图）

金星上也有大量的高地，包括高原、山脊和平原上的高地。这些高地是热地幔上涌使得行星外壳底部隆起形成的。与地球的地幔上涌一样，金星上的大量火山活动也与地幔上升有关。欧洲航天局的"金星快车"探测器收集的最新资料表明，金星上的高地由富硅花岗岩组成。尽管规模较小，但这些抬升的陆地与地球上的大陆类似。

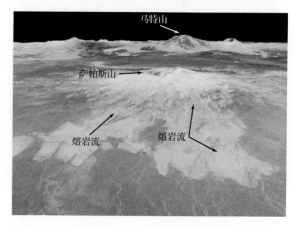

图 15.27　金星上的火山。萨帕斯山是宽约 400 千米的火山，前面的较亮部分是熔岩流，后面是另一座较大的火山（NASA/JPL）

15.5.3 火星：红色的行星

火星是离太阳第四近的行星，其直径约为地球的一半，公转周期为 687 个地球日。平均表面温度冬天的两极为–140℃，夏天的赤道为 20℃。尽管温度的季节变化和地球类似，但由于大气非常稀薄（仅相当于地球上大气浓度的 1%），因此每天的气温变化很大。薄薄的火星大气层主要由二氧化碳（95%）及少量的氮气、氧气和水蒸气组成。

地貌 火星的表面和月球一样，到处是陨坑。小陨坑通常堆积风积物，这表明火星是一个干燥的荒芜世界。火星表面呈红色，主要原因是铁氧化物的存在。火星表面上密布的陨坑揭示了火星的本质。例如，人们认为火星的地表是干燥尘埃、坚硬碎块和陨坑周围的喷发物组成，但发现表明火星陨坑周围的喷发物并不相同——它

由陨坑喷出的泥浆组成。行星地质学家推断，在火星的部分表层之下存在一个永冻层，碰撞加热和冰融化后就形成了泥状喷出物。

火星表面的 2/3 主要由南半球的大量陨坑高地组成（见图 15.28）。多数陨坑的出现时间是在火星形成的早期，并于 38 亿年前结束，这与太阳系其他行星的演化一致。因此，火星上的高地年龄和月球高地的年龄一致。

陨坑数较少的北部平原占火星剩余 1/3 的表面，与高地相比，该平原要年轻得多。若火星上曾有大量水的话，那么这些水将会流向地势更低的北部，形成宽广的海洋（见图 15.28 中的蓝色部分）。北部平原相对平坦的地貌可能是太阳系中最平坦的地表，它与大量溢出的玄武质熔岩流一致。在这些平原上能看到火山锥、陨坑和边缘褶皱的熔岩流。

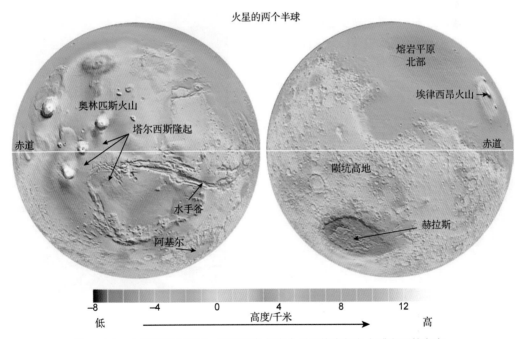

火星的两个半球

图 15.28　**火星的两个半球**。不同颜色代表火星平均半径之上或之下的高度：
白色约比平均值高 12 千米，深蓝约比平均值低 8 千米（NASA/JP）

沿火星赤道周围分布的大量隆起区域称为塔尔西斯隆起，其面积与北美洲相当。该隆起高约 10 千米，是由大量累积的火山岩上抬形成的，其中包括太阳系中的最大火山。

构造应力使得塔尔西斯隆起区形成了向外辐射的裂缝。隆起东缘发育了一系列称为水手谷

的巨大峡谷，如图 15.28 中所示。如同亚利桑那州的大峡谷，这些峡谷多数是由断层下降而非河水侵蚀造成的，但它组成了与东非大裂谷类似的地堑式峡谷。水手谷形成后，雨水冲刷和撞击改变了谷壁。主要裂谷长 5000 多千米、深 7 千米、宽 100 千米。

火星地形的另一特点是大型的碰撞盆地。火星上海拔最低、规模最大的碰撞构造赫拉斯，其直径达 2300 千米（见图 15.28）。喷出的碎屑堆高了邻近的高地。当然，火星表面之下可能还藏有比赫拉斯更大的碰撞盆地。

火星上的火山活动　在火星的演化史中，火山活动一直处于支配地位。有些火山地表上缺少陨坑，表明火星上的火山活动依然活跃。火星上有几个太阳系中最大的已知火山，包括最大的奥林匹斯火山，其面积与亚利桑那州相当，高约为珠穆朗玛峰的 3 倍。奥林匹斯火山的最后一次活动约在 1 亿年前，与地球上的夏威夷地盾火山类似（见图 15.29）。

与地球上的火山相比，火星上的火山规模为何如此大？类地行星上的最大火山可能由深部的热岩上涌形成。地球上的板块运动会使地壳匀速运动，因此岩浆上涌时会形成夏威夷岛这样的火山岛链结构。相比之下，火星上缺少这种板块构造，因此相继的火山喷发多集中在同一位置，进而形成了大型的火山，如奥林匹斯火山。

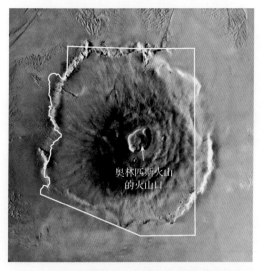

图 15.29　奥林匹斯火山。这个巨大的盾状休眠火山的面积与亚利桑那州的面积相当（NASA/JPL）

火星的风蚀作用　今天，重塑火星表面的主要作用是风蚀作用。庞大沙尘暴会以 270 千米/小时的速度持续几周。人们甚至拍摄到了沙尘暴的破坏作用。与地球上的坚硬沙漠一样，火星上的大多数地形都有大量的沙丘，较低的地方甚至会被沙尘淹没。

火星的水冰作用　火星表面不存在液态水。在南北纬 30°之外（向极），地表 1 米以下存在冰，极地存在小规模的永久性冰盖。火星极地冰盖的冰量约为格陵兰岛的 1.5 倍。

大量证据表明，在火星演化的前 10 亿年，液态水在表面的流动形成了溪谷和相应的地貌特征（见图 15.30）。在火星勘测轨道图像（见图 15.31）上，我们能看到水流刻蚀河谷的痕迹。其中包含有大量小岛的溪状河岸。这些河谷由比密西西比河流量大 1000 倍的灾难性洪水冲蚀而成。大部分此类洪水河道出现在表面发生碰撞的位置。冲蚀河谷中的冲积物主要是融化的地表冰水。水融化后会被下方的永冻层吸收，永冻层压力增大时则会出现崩塌，形成杂乱的地形。

这幅图像由美国航空航天局的"好奇号"探测器拍摄，它表明岩石露头中的圆形砾石碎片与沉积岩砾岩一致。下方为风化的岩石碎片

地球河床上沉积的典型沉积岩碎片标本，其中包含了圆形砾石碎片

图 15.30　火星和地球上的类似岩石露头。上图是火星上的岩石露头，下图为地球上的岩石露头，火星上河床岩石的形成环境类似于地球。基于这一发现，首席科学家约翰·格洛岑科得出了火星地表曾经具有强烈水流运动的结论（NASA/JPL 供图）

火星上的峡谷并非都是由水流冲刷形成的。有些水系类似于地球上的树状水系。此外，其他几种地貌也与地球上的水流所形成的地貌相似，包括层状的沉积岩、干盐湖和湖床。人们还发现了仅能由水形成的矿物，如含水的硫酸盐矿物，

以及湖相沉积形成的小型环状赤铁矿。但除了极地，在近十亿年的时期内，水流对火星地貌的改变并不明显。

2012 年 8 月 6 号，"好奇号"火星探测器在靠近夏普山的盖尔陨坑登陆。但是，我们只能想象"好奇号"所看到的火星环境。

图 15.31 类似于地球上的河道证明火星上曾出现过流水。插图是河道中流水相遇时所形成流线型岛屿的放大图（NASA/JPL 供图）

概念检查 15.5

1. 太阳系中的哪个天体最像水星？
2. 为何金星的地表温度远高于地球的地表温度？
3. 金星一度被人们认为是"地球的兄弟"。这两颗行星有何相同点？它们与其他行星有何不同？
4. 火星和地球有什么相同的地貌？
5. 地球上的最大火山远小于火星上的最大火山，原因是什么？
6. 什么证据能表明火星过去曾有水流出现？

15.6 类木行星

比较 4 颗类木行星。

4 颗类木行星从太阳向外依次是木星、土星、天王星和海王星。因为它们在太阳系中的位置、大小和组成，人们常称它们为外行星或气态巨型星。

15.6.1 木星：天体的主宰

木星是太阳系中最大的行星，其质量是太阳系中其他所有行星、卫星和小行星总质量的 2.5 倍，但仅为太阳质量的 1/800。

木星的公转周期是 12 地球年，自转周期不到 10 小时，因此是自转最快的行星。通过望远镜可看到木星的快速转动。木星的赤道部分膨胀，两极略扁（见表 15.2 中的极向扁率）。

木星的外观主要由其三个主云层反射的颜色决定（见图 15.32）。温度最高、密度最低的层主要由水和冰组成，呈灰蓝色，在可见光图像上一般不可见。中间层的温度较低，主要由棕色或橙棕色的液态硫化铵组成。这些颜色是木星大气层中的化学反应形成的。靠近大气层顶部的位置，主要是氨冰形成的白色云层。

木星的引力巨大，因此其自身每年都会收缩

几厘米。这种收缩为其大气环流提供了大部分热量。在地球上，太阳能会形成风，但木星大气层对流的能量则来自于木星的内部。

木星大气的对流形成了交替出现的暗带和亮区（见图 15.32）。明亮的云层（区）是热物质上升并冷却的区域，暗色云层（带）是冷物质下降并升温的区域。这种对流和木星的快速自转，共同在亮区和暗带之间形成了一条可见的东西向高速风带。

木星上最大的风暴是大红斑，300 多年前即被人们了解的这个巨大的高气压风暴是地球大小的两倍。除了大红斑，还有许多白色和棕色的椭圆形风暴（见图 15.32）。白色椭圆是比地球上飓风大几倍的大风暴顶部的冷云层。棕色风暴位于大气层的低层。白色椭圆风暴中的闪电由"卡西尼"飞船拍摄，但其出现的频率远低于地球。

木星的卫星 木星的卫星系统类似于小型的太阳系，目前人们发现它由 67 颗卫星组成。伽利略在 1610 年发现了 4 颗最大的卫星，后来被人们称为伽利略卫星（见图 15.33）。木卫三和木卫四是最大的两颗卫星，体积和水星相当，另两颗小卫星的体积则和月球相当。太阳系冷凝时，在木星周围形成了 8 颗最大的卫星。

　　木星周围还有许多小卫星（直径约为 20 千米），它们的旋转方向与最大卫星的相反（逆向运动），运行轨道是向木星赤道面倾斜的偏心（拉长）轨道。人们认为，这些卫星是通过木星周围时，被木星引力捕获的小行星或彗星，或是更大星体的撞击残余体。

带（暗云）
强风
区（亮云）
强风
带（暗云）

图 15.32　木星的大气层结构。亮云（区）是气体上升并冷却的区域，暗云（带）主要是下沉气流。气体的这种对流和木星的快速自转，在区和带之间形成了强风（NASA/JPL/Space Science Institute）

A. 木卫一是太阳系中除地球外的3颗有火山活动的天体之一

B. 木卫二是伽利略卫星中最小的天体，其表面为冰面，线性结构纵横交错

C. 木卫三是最大的卫星，表面布满了陨坑、平坦区域和平行的沟槽

D. 木卫四是伽利略卫星中最远的一个，它与地球的卫星月球一样陨坑密布

图 15.33　木星的 4 颗卫星。这些卫星常称为伽利略卫星，因为它们是由伽利略发现的（NASA/NGS Image Collection）

　　使用双筒望远镜或小型望远镜，可观察到伽利略卫星在其轨道上的运动。"旅行者 1 号"和"旅行者 2 号"探测器发回的数据表明，每颗伽利略卫星都是单独的天体（见图 15.33）。伽利略还意外地发现每颗卫星的组成明显不同，这表明它们的演化进程不同。例如，木卫

三的周围存在强大的磁场，而其他卫星则无磁场。

木卫一是伽利略卫星中最靠近木星的卫星，它可能是太阳系中火山活动最为猛烈的天体。目前，人们在木卫一上共发现了 80 多座活火山，并观察到了高达 200 千米的伞状喷发柱（见图 15.34A）。火山活动的热源来源于木星和其他卫星对木卫一的引力。木星和附近其他卫星的引力，使得木卫一围绕木星做偏心运动。木卫一的这种引力弯曲会转换为热能，导致了大量的硫磺火山喷

发。此外，木卫一表面上的喷发物主要是由硅酸盐矿物组成的熔岩（见图 15.34B）。

木星环 木星环系统是"旅行者 1 号"探测器令人吃惊的发现之一。近年来，人们主要通过"伽利略"任务来研究木星环。通过分析这些环散射光的方式，研究人员发现它们由黑色微粒组成。此外，环的模糊性质表明这些微粒分布广泛。人们认为，组成主环的微粒来自木卫十六和木卫十五表面爆炸的碎片，而木卫五和木卫十四的碰撞碎片则是外环的来源。

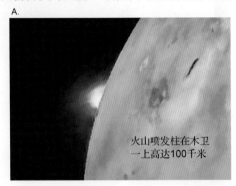
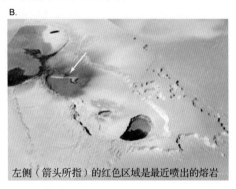

图 15.34　木卫一上的火山喷发（NASA 供图）

15.6.2　土星：优雅的行星

土星的公转周期是 28 地球年，它到太阳的距离几乎是木星到太阳的距离的两倍，但它们的大气层、组成和内部结构十分相似。土星最明显特征是土星环系统（图 15.35）。伽利略首次观察到了土星环，他在望远镜中看到的这个环就像两个相邻的小型天体。环的性质则在 50 年后由荷

兰的克里斯蒂安·惠更斯（1629—1695）发现。

和木星一样，土星的大气层也是动态的。尽管土星上的云带很微弱，且越靠近赤道云带越宽，但土星大气层出现的旋转风暴与木星的大红斑相似，都伴随有强烈的闪电。尽管大气层由 75% 的氢和 25% 的氦组成，但云层（或冷凝的气体）由温差明显的氨、硫氢化铵和水组成。和木星上一样，土星大气层的动力也由引力所致压缩释放的热能提供。

图 15.35　土星动力环系统。两个最大的亮环是 A 环（外环）和 B 环（内环），两者之间是卡西尼缝，A 环外侧的恩格缝清晰可见（NASA 供图）

土星的卫星　土星的卫星系统由已知的 62 颗卫星组成，其中 53 颗已命名。这些行星的大小、形状、表面年龄和起源均不相同，其中的 23 颗卫星是原始卫星，它们与土星同时形成。至少在 3 颗卫星（土卫五、土卫四和土卫三）上存在构造活动。其他卫星如土卫七因被撞击，形成了多孔状的表面。许多小卫星都具有不规则的形状，且直径约为 10 千米。

土卫六是土星的最大卫星，其体积大于水星，是太阳系中的第二大卫星。土卫六和海王星的海卫一是太阳系中已知具有实质大气层的卫星。2005 年"惠更斯"探测器登陆土卫六并获得了其照片。土卫六表面的大气压是地球上的 1.5 倍，大气主要由 98% 的氮气、2% 的甲烷和少量有机质组成。土卫六的地貌和地质过程均与地球相似，如沙丘及由甲烷雨造成的河流侵蚀。另外，北部地区存在液态的甲烷湖泊。

在土星的所有卫星中，土卫二是人们已观测到存在火山活动的卫星（见图 15.36），主要由水组成的外逸气体充满了土星的 E 环。发生火山活动的地区称为"虎纹"，它主要由 4 大断裂两侧的山脊组成。

土星环系统　20 世纪 80 年代初，核动力探测器"旅行者 1 号"和"旅行者 2 号"扫描了土星表面长达 16 万千米的区域。与 17 世纪伽利略观察土星相比，在很短的时间内人们就收集了大量的数据。近年来，地面望远镜、哈勃望远镜和"卡西尼－惠更斯"探测器的观察，进一步加深了我们对土星环系统的了解。1995 年和 1996 年，地球和土星的相对位置，使我们观察到了土星环的边缘（2009 年再次观察到了土星环的边缘）。

土星环系统更像是密度变化的大型明亮旋转圆盘，而非一系列独立的圆环。每个环均由环绕行星运动的大量微粒组成，微粒的成分通常是水和少量的岩石。环与环之间存在一些缝隙，这些缝隙则由不能反射光线的微尘或冰粒组成。

根据密度的不同，土星环可分为两类。土星的主（亮）环是高密度的 A 环和 B 环，组成其的微粒大小从几厘米（卵石大小）到几十米（房子大小）不等，但主要颗粒呈雪球大小（见图 15.35）。高密度环中的微粒在绕土星旋转的过程中，通常会相互碰撞。尽管土星的主环（A 环

和 B 环）宽达 40000 千米，但厚度仅为 10～30 米。

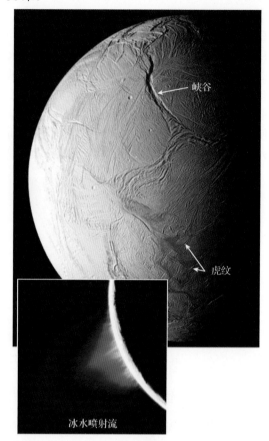

图 15.36　土卫二的构造活动。北半球上有一条深达千米的峡谷和许多称为"虎纹"的线性特征，如右下方所示。插图显示了"虎纹"区域的喷射流、水蒸气和有机组分（NASA/JPL 供图）

土星环的另一端是图 15.35 中看不到的黑色外层环（E 环），它由分散的微粒组成。E 环的物质来源于土卫二上的火山活动。研究表明，附近卫星的引力会改变环中微粒的运动轨道（见图 15.37）。例如，F 环十分狭窄，但该环两侧的卫星会把试图逃脱的微粒限制在其运行轨道上。另外，图 15.35 中的卡西尼环缝非常清晰，它是由土卫一的引力造成的。

有些土星环中的微粒来自于卫星的碎片，这些物质会在环和环中的卫星间持续再生。环中的卫星会逐渐清除环中大型物体或其他卫星碰撞形成的碎片。与我们想象的不同，土星环并非永恒不变，而是会不断再生的。

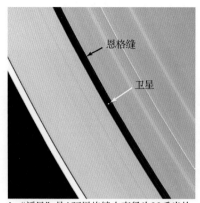

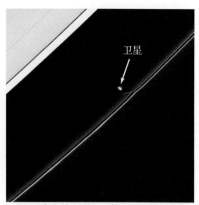

A. "泛星"是A环恩格缝中直径为30千米的小卫星，它会清除任何进入恩格缝的物质

B. 土卫十六是一颗土豆状卫星，其引力可确保它在土星狭窄的F环运动

图 15.37　两颗土星环卫星（NASA/JPL）

土星环的起源依然争论不断。土星环可能是在尘埃和气体冷凝为土星及其卫星的同时形成的，也可能是在后期卫星或小行星靠近土星时，由于土星的推力而形成的。另一种假设是，外来的天体和土星的一颗卫星发生碰撞，碰撞形成的碎片聚在一起形成了土星环。研究人员希望"卡西尼"探测器的土星之旅能收集到更多关于土星环起源的数据。

15.6.3　天王星和海王星：双胞胎

尽管地球和金星的相同点很多，但天王星和海王星更像是"双胞胎"。它们的直径几乎相同（均为地球直径的 4 倍），大气层中的甲烷均使得它们呈蓝色。它们的自转周期几乎相同，内核均由硅酸岩和铁组成。它们的地幔不同于木星和土星，主要成分是水、氨和甲烷。它们间的唯一不同是公转周期不同，天王星的公转周期是 84 地球年，而海王星的公转周期是 165 地球年。

天王星：倾斜的行星　天王星自转轴的方向独一无二。其他行星的自转轴相对于太阳系的轨道平面都是朝上的，而天王星的自转轴则是横躺着的（见图 15.38），这可能是天王星在早期形成过程中受到撞击造成的。

天王星的风暴系统很大，几乎和美国的国土面积相当。哈勃望远镜最近拍摄的照片表明，天王星的带状云与其他气体行星的相同，主要由氨和甲烷冰组成。

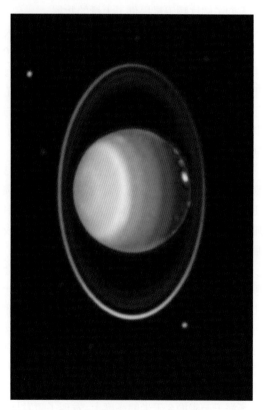

图15.38　被主环和一些已知卫星包围的天王星。图中可见云层和几个椭圆形风暴。这幅假彩色图像由哈勃太空望远镜中的近红外相机获取的数据生成（图像哈勃太空望远镜获取，NASA 授权）

天王星的卫星　"旅行者 2 号"拍摄的照片表明，天王星的最大五颗卫星地形多样，既有长且深的峡谷、线性峭壁，又有一些平坦的较大陨坑区域。

加利福尼亚喷气推进实验室的研究表明，五颗最大的卫星中，最靠里的天卫五最近发生了强烈的地质活动，其形成机理类似于木卫一上的引力加热。

天王星环　1977 年，人们发现天王星也具有行星环系统。这一发现表明天王星并非遥远的恒星，而是一颗"掩星"。观测人员看到这颗行星后，又看到了该行星"眨了 5 次眼"（即有五个环）（见图 15.38）。近期的地面和空间观测表明，天王星的赤道附近至少有 10 个清晰的卫星环，而不同卫星环间则散布着许多尘埃。

海王星：多风的行星　海王星是距离地球最远的行星，在 1989 年之前人们对其了解甚少。飞越 12 年近 48 亿千米的距离后，"旅行者 2 号"为人们了解这颗卫星提供了大量的数据。

与其他类木行星一样，海王星也有活跃的大气层（见图 15.39）。海王星上的风速高达 2400 千米/小时，是太阳系中风最多的行星。另外，海王星上的大黑斑与木星上的大红斑类似，但海王星的风暴持续时间相对较短，通常只有几年。与其他类木行星相似，海王星的主要云层上覆盖了 50 千米厚的白色卷云层（甲烷冰）。

海王星的卫星　目前人们已知海王星有 13 颗卫星，其中最大的卫星为海卫一，其余 12 颗卫星则是不规则的小型天体。海卫一是太阳系中唯一逆行的大型卫星，这表明它可能是独立形成后，才被海王星的引力捕获的。

海卫一和有些冰冷卫星上存在火山活动，会喷发出液态冰，原因是融冰代替了熔岩。海卫一上的冰熔岩是水、甲烷和氨的混合物，当它们部分熔融时，就会出现地球上熔岩的特征。实际上，这些岩浆在到达地表时，会安静地形成冰岩，只是偶尔会形成爆炸式喷发。爆炸式喷发会形成大量的火山冰灰。1989 年，"旅行者 2 号"探测器在离海卫一表面 8 千米的高度上，发现了喷发柱，喷发物在风的作用下甚至漂到了 100 千米开外。

与夏威夷火山的玄武岩流一样，冰岩流也会流到距熔岩源很远的地方。

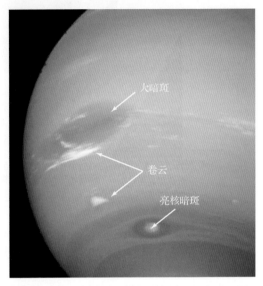

图 15.39　海王星的活跃大气层（NASA/JPL 供图）

海王星环　人们目前已命名了海王星的 5 个行星环，其中 2 个较宽，3 个较窄，可能不超过 100 千米。最外面的环受海卫六控制。海王星的行星环与木星的行星环相似，都由微粒组成。海王星的行星环呈红色，这表明微粒可能由有机质组成。

概念检查 15.6

1. 木星上大红斑的本质是什么？
2. 为什么木星的伽利略卫星要这么命名？
3. 木卫一与木星的其他卫星相比，有何明显的不同？
4. 木星的许多小卫星为何被认为是木星捕获的？
5. 木星和土星有何相同点？
6. 环中卫星的两个主要作用是什么？
7. 土星的土卫六和木星的海卫一有何相同点？
8. 说出太阳系中除地球外，存在火山活动的三个天体。

15.7　太阳系中的小型天体

描述太阳系内其他小型天体的主要特点。

在 8 颗行星之间的广阔空间和太阳系的外围，分布有无数的碎片。有些碎片形成于年轻的太阳星云时期，且基本上未发生变化。2006 年，

国际天文学联合会将未分类的行星和卫星分为了两类：①太阳系中的小型天体，包括小行星、彗星和流星；②矮行星，最新分类的矮行星包括

小行星带中的最大已知天体谷神星，以及原来被人们认为是行星的冥王星。

小行星和流星的物质组成与类地行星相似，由岩石或金属物质组成，并根据直径是否大于100米来区分它们的大小。相反，彗星主要由冰、少量的尘埃和小岩石颗粒组成，它们主要形成于太阳系的外围。

15.7.1 小行星：剩下的星子

小行星是太阳系形成时剩下的小型天体（星子），这表明它们在46亿年前就已形成。大多数

绕太阳旋转的小行星轨道都位于火星和木星之间，因此称为小行星带（见图15.40）。仅有5颗小行星的直径超过400千米，但太阳系中估计有100～200万颗小行星的直径超过1千米，其他几百万颗小行星的直径更小。有些靠近太阳的小行星会做离心运动，而有些则常在地球和月球之间通过（越地小行星）。最近在月球和地球形成的大型撞击陨坑可能是小行星撞击的结果。越地小行星有1000～2000颗，它们的直径都大于0.6千米。因此，地球不可避免地会再次遭受小行星的撞击。

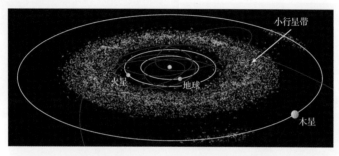

图15.40 小行星带。大部分小行星的轨道都位于火星和木星之间。红线所示轨道是一些近地小行星的轨道

小行星是太阳系形成时的岩石和金属剩余物。它们并非球形，有着不同的成分和演化史。有些这样的小行星密度较低，类似于多孔的砾石（见图15.41）。有些小行星是大型天体与其他小行星碰撞形成的。

2001年2月，美国的太空探测器首次登上了小行星"爱洛斯"。虽然这次登陆是一次意外，但"舒梅克号"探测器在登陆后所收集的资料引起了行星地质学家的好奇和困惑。探测器在"爱洛斯"表面获得的照片表明，荒芜的岩石表面由大小不等的细尘和高达10米的巨石组成。研究人员意外地发现，类似于池塘内的平坦沉积，这些细粒碎片主要集中在较低的地区，而在这些较低地区的周围，则存在许多巨石。

研究人员认为，巨石散落地貌的成因是地震时，晃动导致细粒物质下沉的同时巨石抬升，它类似于摇晃罐中的沙子和鹅卵石：大粒鹅卵石会上升到顶部，而沙子则下沉降到底部（有时称为巴西果效应）。

来自陨石的间接证据表明，有些小行星会因较大的撞击事件而加热。有些大型小行星可

能会完全熔化，进而形成致密的铁质内核和石质幔。2005年11月，日本的"隼鸟"探测器成功登陆到了称为25143"丝川"的近地小行星，并于2010年6月返回地球。样品分析表明，"丝川"小行星可能是一颗较大小行星分解后的内部碎片。

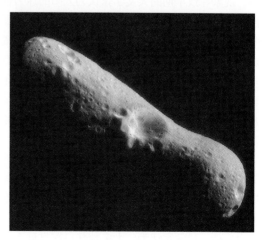

图15.41 小行星25143"丝川"。小行星"丝川"的贫瘠表面在弱引力作用下呈砾状（JAXA供图）

15.7.2 彗星："脏雪球"

彗星和小行星一样，是太阳系形成时的剩余物质，是岩石、灰尘、水冰物和冷气（氨、甲烷、二氧化碳）的松散集合物，因此绰号为"脏雪球"。近期的彗星空间任务表明，彗星的地表干燥且尘土飞扬，其冰状物埋在岩石表层之下。

大多数彗星都位于太阳系的外围，绕太阳公转的周期为几百年或上千年，但少量公转周期较短（小于200年）的彗星，如著名的哈雷彗星，会定期在太阳系内出现（见图15.42）。公转周期最短的彗星（恩克），其公转周期为3年。

彗星的结构和组成　与彗星相关的现象都源于彗核。彗核的直径为1～10千米，但也观察到了直径达40千米的彗星。彗星到达太阳系内时，太阳辐射（太阳光）会使得固态冰蒸发。逸出的气体携带彗星表面的灰尘，会形成反射强烈的光环，这种光环称为彗发（见图15.43）。彗发使得观测人员有时能发现有着更小彗核的彗星。

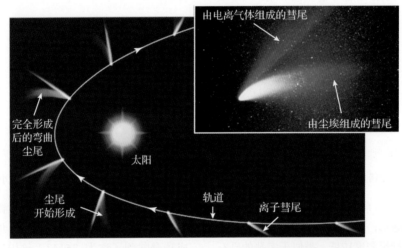

图 15.42　彗星绕太阳公转时彗尾方向的改变

彗星接近太阳时，最发育的彗尾会延伸数百万千米。彗尾远离太阳时会稍弯（见图15.42），这一现象导致早期的天文学家认为太阳的斥力使得彗发中的颗粒形成了彗尾。目前，科学家已发现两种太阳力会影响到彗尾的形成：一是太阳光的辐射能；二是太阳风，即太阳喷出的带电粒子流。有时，在由尘埃和电离气体形成的彗尾中能看到两条彗尾。较重的灰尘会形成稍弯的彗尾，而电离气体则直接远离太阳，形成了一条垂直的彗尾。图15.42中的插图清楚地显示了两个方向的彗尾。

彗星远离太阳时，形成彗发的气体会重新冷凝，直到彗尾消失。而彗尾中的尘埃则不再冷凝形成彗星。排出所有气体后，不活跃的彗星将不再具有彗发或彗尾，因此会像小行星一样在其轨道内运动。科学家认为，大多数彗星在靠近太阳的轨道上会活跃几百年，但这种变化具体取决于彗核的大小及其到太阳的平均距离。

图 15.43　彗星"霍姆斯"的彗发与彗核。彗星"霍姆斯"的公转周期为6年，最近它一反常态主动进入了太阳系内，橙红色小亮点即为其彗核（照片经NASA允许由Spitzer Space Telescope提供）

2006年1月，美国国家航空航天局的"星尘"探测器首次采集到了"怀尔德二号"彗星的彗发样品（见图15.44）。来自"星尘"探测器的照片表明，尽管存在10种活跃的喷射气体，但该彗星的表面布满了平缓的干燥洼地。实验室研究表明，彗发中包含了大量的有机化合物和硅酸盐晶体。

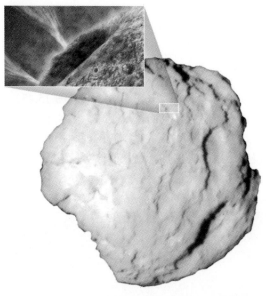

图15.44 美国国家航空航天局"星尘"探测器发现的"怀尔德二号"彗星。插图显示了该彗星喷发的气体和尘埃（NASA 供图）

15.7.3 彗星的范围：柯伊伯带和奥尔特云带

大多数彗星都分布在两个区域中，即柯伊伯带和奥尔特云带。柯伊伯带的命名是为了纪念天文学家杰拉尔德·柯伊伯，他预测在海王星之外的太阳系最外层，存在一个彗星轨道带（见图15.17）。这种环状结构类似但要远大于小行星带，其中包含了10亿颗直径超过1千米的天体。但大多数彗星都太小和太远，即使使用哈勃太空望远镜，也看不到这些彗星。

类似于太阳系内的小行星系统，柯伊伯带中彗星的轨道面几乎和行星的轨道面重合，并做偏心率较小的椭圆运动。但有些彗星轨道的偏心率很高，其最远点离太阳100AU，最近点则为海王星的轨道。大多数进入太阳系内部的彗星都属于这种彗星。两颗彗星相撞或在类木行星引力的影响下，偶然会改变彗星的运动轨道，进而可让我们观察到它们。

以荷兰天文学家简·奥尔特的名字命名的奥尔特云带由来自各方向的彗星组成，这些彗星在太阳系周围形成了一个球状壳。奥尔特云带中的多数彗星轨道到太阳的距离是地日距离的5000～10000倍。太阳的引力偶尔会使得奥尔特云带中的彗星轨道偏心率非常大，并向太阳运动，但奥尔特云带中只有很少的彗星会进入太阳系内部。

15.7.4 流星：地球的造访者

所有人都见过流星。这种现象出现在小型固态流星从星际空间进入地球大气层时。流星体和空气摩擦产生的热量，形成了我们在天空中看到的光。多数流星的来源如下：①太阳系形成过程中未被行星引力捕获的星际碎片；②小行星带不断喷射的物质；③越地彗星形成的岩石或金属残留物。有些流星可能是小行星撞击月球、火星、水星时产生的碎片。在"阿波罗"宇宙飞船的登月宇航员将月球的岩石标本带回地球前，陨石是实验室中可以研究外来天体的唯一物质。

在到达地球表面之前，流星的直径一般会气化到不足1米。有些流星被人们称为微陨石，它们非常小，同时速度会减慢到像空中的尘埃向地球运动那样。研究人员估计每天都有成百上千的流星进入地球的大气层。在晴朗的黄昏或夜晚，许多流星的亮度足以让人们用肉眼看到它们。

流星雨 有时一小时内会出现60颗或以上的流星，这种现象称为流星雨，这些流星的方向和速度基本相同。有些流星雨与一些公转周期较短的彗星关系密切，这充分证明它们是从彗星分离出的碎片（见表15.3）。有些与已知彗星轨道不相关的流星雨，可能是死亡彗核的残留碎片。每年8月12日出现的著名英仙座流星雨，就是由斯威夫特－塔特尔彗星靠近太阳时喷射出的物质。

大多数能够穿过大气层并到达地球的流星，可能来源于小行星，这些小行星的偶然碰撞或在木星引力的作用下，会改变其运行轨道而到达地球，进而在地球引力的作用下到达地球。

表 15.3 主要的流星雨		
流星雨	近似日期	相关的彗星
象限仪座流星雨	1月4日至6日	未知
天琴座流星雨	4月20日至23日	1861 I 彗星
宝瓶座 η 流星雨	5月3日至5日	哈雷彗星
宝瓶座流星雨	7月30日	未知
英仙（座）流星雨	8月12日	1862 III 彗星
天龙座流星雨	10月7日至10日	贾可比尼－秦诺彗星
猎户座流星雨	10月20日	哈雷彗星
金牛座流星雨	11月3日至13日	恩格彗星
仙女座流星雨	11月14日	比拉彗星
狮子座流星雨	11月18日	1866 I 彗星
双子座流星雨	12月4日至16日	未知

地球表面上也存在一些类似于月球上的陨坑的大陨坑。小行星或彗核的碰撞会产生相当于至少 40 座火山喷发所需的能量。地球上的 250 多个陨坑就是这样形成的，其中著名的有亚利桑那州的陨坑，其宽 1.2 千米、深 170 米，且陨坑周边形成了上翘的边缘（见图 15.45）。在该陨坑附近，人们发现了 30 多吨的钢铁碎片，但未找到残骸主体。通过观测陨坑边缘的侵蚀作用，人们推断这次碰撞可能发生在近 5 万年期间。

图 15.45 亚利桑那州温斯洛附近的陨坑。该陨坑宽 1.2 千米、深 170 米。太阳系中混乱的小行星和彗星都会撞击地球形成巨大的爆炸力（Michael Collier 供图）

陨石的类型 在地球上发现的流星残骸称为陨石。根据其成分，陨石可做如下分类：①铁陨石，以铁质为主含有 5%～20%的镍（见图 15.46）；②石陨石（又称球粒陨石），指含有其他包裹体的硅酸盐矿物；③石铁陨石。虽然石陨石最为常见，但也存在大量的铁陨石，因为金属陨石更能承受碰撞和剥蚀，更易于与周围的岩石区分。铁陨石可能是较小行星内核的熔融碎片。

一类石陨石称为碳质球粒陨石，其内包含了有机化合物，偶尔会出现少量能形成生命体的氨基酸。这一发现证实了类似的天文学观察结果，即星空中存在大量的有机化合物。

陨石数据可用来确定地球的内部结构和太阳系的年龄。有些行星地质学家认为，若陨石代表了类地行星的组成，那么从地表的岩石来看，地球所含铁质成分的比例应更高。这也是地质学家认为地球的内核主要由铁和镍组成的原因之一。此外，陨石的放射性测年数据表明，太阳系已存在 46 亿年，这同样被月球上的标本数据所证实。

图 15.46　亚利桑那州陨坑附近发现的陨铁
（M2 Photography/Alamy 供图）

15.7.5　矮行星

自 1930 年发现冥王星以来，天文学家一直认为它是使海王星轨道不对称的另一神秘行星。发现冥王星时，人们认为它和地球一样大，因此不足以改变海王星的轨道。后来的卫星照片表明，冥王星的直径比地球直径的一半还小。此后，在 1978 年，因为新发现的冥卫一的亮度，天文学家发现所看到的冥王星似乎远比真实的大。最近由哈勃太空望远镜获得的图片计算表明，冥王星的直径为 2300 千米，约为地球的 1/5，不到水星（长期被人们认为是太阳系中最小的行星）直径的一半。实际上，太阳系中有 7 颗卫星（包括月球）都要比冥王星大。

当天文学家在海王星轨道之外发现另一颗冰冷的大天体时，冥王星的性质引起了人们更多的争议。不久后，人们在柯伊伯带中发现了 1000 多颗天体，它们主要位于太阳系的边缘，形成了第二个小行星带。柯伊伯带中的天体富含冰状物，性质类似于彗星。人们认为海王星

轨道之外的柯伊伯带中存在许多其他的行星，有的甚至比冥王星还大。研究人员很快发现冥王星是行星中独一无二的，它既不同于 4 颗靠内的多岩行星，也不同于 4 颗靠外的气体行星。

2006 年，负责对天体命名与分类的国际天文联合会通过投票，决定将太阳系中的这类新天体统一命名为"矮行星"。由于自身的引力作用，这些天体绕太阳的公转轨道基本上呈球形，但不足以清除轨道上的其他天体碎片。根据这一定义，冥王星被人们认为是矮行星，并且是这类行星天体的原型。其他矮行星包括阋神星、一个柯伊伯带天体和谷神星（见图 15.47）。

图 15.47　地球、月球和已知矮行星大小的比较。阋神星是已知最大的矮行星，其偏心轨道最远点离太阳 100AU。阋神星和冥王星都主要由水、甲烷和氨等冰状物组成。谷神星是小行星带中确定的唯一矮行星，它位于火星或木星的轨道之间（NASA 供图）

冥王星不是因为重新分类而降级的唯一天体。19 世纪中叶的天文学教材中，就认为太阳系

中有 11 颗行星，其中包括灶神星、婚神星、谷神星和小惑星。此后，天文学家陆续发现了与行星不同的一系列"矮星"。

根据新的分类方案，天文学家认为太阳系中至少存在几百颗矮星。2006 年 1 月，探索太阳系最外层的"新视野"探测器升空，其任务是了解冥王星和柯伊伯带，以帮助人们进一步了解太阳系。

概念回顾：太阳系的性质

15.1 古代天文学
解释太阳系的地心说，说明其与日心说的不同点。

关键术语：地心说、天体、日心说、托勒密体系、反向运动

- 在早期的农耕时代，人们的生存主要取决于季节的变化。人们认为天体若能控制季节，那么它们也可影响地球上的其他变化。
- 早期希腊人关于宇宙的观点是地心观，他们认为地球是宇宙的中心，是一个静止的球体，月球、太阳和水星、金星、火星、木星、土星等绕地球转动。
- 早期的希腊人认为，星星在透明的空心天球中绕地球往复运动。公元 141 年，托勒密记录了这一地心说（称为托勒密体系），并成为后来 15 个世纪人们关于太阳系的主流观点。

15.2 现代天文学的诞生
列出哥白尼、第谷、开普勒、伽利略和牛顿对现代天文学的贡献

关键术语：天文单位（AU）、惯性、万有引力定律

- 现代天文学在 16 世纪和 17 世纪得到了快速发展。在此期间，许多科学家从最初的天文学描述，过渡到了对所观察现象的解释上，代表性人物有哥白尼、第谷、开普勒、伽利略、牛顿等。
- 哥白尼认为太阳系以太阳为中心，且行星绕其运动，但他错误地认为行星轨道呈圆形。其日心学建立之初就遭到了当时人们的反对。
- 第谷更加精确地观察了行星，给后人留下了宝贵的遗产。
- 开普勒根据第谷的观测结果，提出了三大行星运动定律。
- 伽利略找到了支持哥白尼日心学的大量证据，其中包括木星 4 颗最大卫星的运动，这也证明了地球不

是所有行星的中心。
- 牛顿证明了行星的轨道是行星的惯性力和太阳引力共同作用的结果。

15.3 太阳系概述
根据星云说描述太阳系的形成，比较类地行星和类木行星。

关键术语：星云说、太阳星云、星子、原行星、类地行星、木星的行星、逃逸速度、撞击陨坑

- 太阳系中包括太阳、行星、矮行星、卫星及其他小型天体，其中太阳是最大的天体。所有行星都绕太阳以同一方向运动，运动速度与其到太阳的距离成反比，即内行星的移动速度快，而外行星的移动速度慢。
- 星云说可用来解释太阳的形成，它认为太阳系最初是一个太阳星云，后期在引力的作用下出现了冷凝。大多数物质都被太阳吞噬，有些物质则环绕年轻的太阳作圆周运动，运动后期的碰撞形成了更大的天体。星子相撞形成原行星，原行星继续发育则形成行星。
- 类地行星主要由岩石物质组成，而类木行星则具有更高比例的冰状物和气体。类地行星的大气层相对密集且较薄，木星的大气层最厚并且最稀疏。
- 较小的行星没有足够的引力来捕获气体形成大气层。相对较轻的气体（如氢气和氦气）很容易逃逸，造成类地行星的大气层富含较重的气体，如水蒸气、二氧化碳和氮气。

15.4 地球的卫星——月球：古老地体的碎片
描述月球的主要特征，并解释月海盆地的成因。

关键术语：月海、月球高地（月陆）、月壤

- 相对于母行星而言，月球是最大的卫星，其类似于地幔的组成在太阳系中也是独一无二的。月球可能是火星大小的原行星与早期的地球发生碰撞形成

的。这一原行星的铁质内核与地球合并，而其岩石地幔则分离形成了月球。

- 月球表面主要有两种地貌：①浅色的月球高地，它由较老角砾岩大规模爆炸的粉末形成；②被年轻玄武岩覆盖的深色月壤。两者都被因陨石撞击形成的细粒风化层覆盖。

? 简单描述月球的成因及其成分的密度小于地球的原因。

15.5 类地行星

概括水星、金星和火星的主要特点，描述它们与地球的异同点。

- 水星是最靠近太阳的行星，其大气层很薄，自转速度很慢，晚上的表面温度低于−173℃，白天则达427℃。

- 金星是第二靠近太阳的行星，其大气层相对稠密，成分主要为二氧化碳。因此形成的极端温室效应使得其表面温度高达450℃。活跃的火山活动重塑了金星的地形。

- 火星是第四靠近太阳的行星，其大气层约为地球的1%，表面温度为−140℃～20℃。火星是最接近地球的行星，表面上存在裂谷、火山活动和水蚀地貌。火星上由于不存在板块运动，因此火山活动形成的火山（如奥林匹斯火山）规模更大：熔岩聚集形成单个火山锥，而非夏威夷火山那样形成一系列火山锥。

? 如附图所示，白天到晚上水星的温度变化很大，但金星全天的温度相对要恒定得多。造成这种不同的原因是什么？

金星和水星的日温度变化曲线

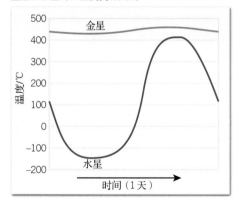

15.6 类木行星

比较4颗类木行星。

关键术语：冰火山

- 木星是第五靠近太阳的行星，其体型巨大，是太阳系中除太阳外的其他所有天体质量总和的几倍。三个云层之间的对流，形成了环带的外观。环带之间存在巨大的风暴。木星的许多卫星（包括木卫一）上火山活动活跃，木卫二则具有冰冷的外壳。

- 土星是离太阳第六近的行星。和木星类似，它也是一个很大的气体行星，并有几十颗卫星。有些卫星上存在构造运动，且土卫六具有自己的大气层。木星发育良好的行星环主要由大量的水冰状微粒和岩石碎片组成。

- 天王星是离太阳第七近的行星。类似于海王星，它具有由甲烷组成的蓝色大气层，其直径是地球直径的4倍。天王星相对于太阳系平面作侧面旋转运动，行星环系统相对较薄，且至少有5颗卫星。

- 海王星是离太阳第八近的行星，其大气层活跃，会形成狂风和巨大的风暴。其卫星海卫一的体积庞大，其上存在冰火山，并具有许多卫星和卫星环系统。

? 画出类地行星和类木行星的典型特征对比图。

15.7 太阳系中的小型天体

描述太阳系内其他小型天体的主要特点。

关键术语：矮行星、小行星、小行星带、彗星、彗核、彗发、柯伊伯带、奥尔特云带、陨星、流星体、流星雨、陨石

- 太阳系中的小型天体包括由岩石组成的小行星和冰冷的彗星，它们都是在太阳系的中后期形成过程中，因碰撞形成的碎片残骸。

- 大多数小行星在火星和木星的轨道间聚集形成了一个宽带，有些是石质小行星，有些是金属质小行星，还有一些因为弱引力作用呈松散的瓦砾状。

- 彗星主要由冰状物和看上去很脏的岩石和灰尘组成，它们来源于海王星外的柯伊伯带或奥尔特云带。当彗星进入太阳系内时，太阳辐射会使得彗星的冰状物蒸发，形成彗发和彗尾。

- 流星是进入大气层的碎片，它在燃烧或撞击地球形成陨石前会发出短暂的耀眼光芒。小行星和彗星穿过太阳系时，其脱离物是流星体的主要来源。

- 矮行星包括位于小行星带中的谷神星、冥王星和位于柯伊伯带中的阋神星，它们都是绕太阳公转的球体，因质量都不足以清理运动轨道上的碎片。

? 附图中显示了太阳系中的4种星体，识别它们并解释它们间的不同点。

Muellek Josef/Shutterstock

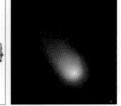

National Science Foundation

Jerry Schad/Science Source/
Photo Researchers, Inc.

NASA/JPL

思考题

1. 根据开普勒第三定律回答以下问题：

   a. 若一颗行星距太阳 10AU，计算其公转周期。

   b. 一颗行星的公转周期为 5 地球年，计算其与太阳间的距离。

   c. 两个天体在离太阳相同距离的轨道上运动，其中一个天体是另一个天体的 2 倍大。哪个天体的公转周期更短？请解释。

2. 伽利略使用望远镜观察了太阳系中的行星和卫星，观察结果可确定太阳系中太阳、地球和其他行星的位置及相对运动。参考以地球为中心的图 15.14A 和以太阳为中心的图 15.14B，回答如下问题：

   a. 根据地心模型，描述观察者在地球上观察金星时所看到的相位。

   b. 根据日心模型，描述观察者在地球上观察金星时所看到的相位。

   c. 伽利略看到的金星相位（见图 15.14C）可以证明日心模型的正确性，请解释。

3. 参考附图中所示的三对均由相同物质组成的小行星（A、B 和 C），根据牛顿的万有引力定律回答以下问题：

   a. 哪对小行星间的引力最大？

   b. 哪对小行星间的引力最小？

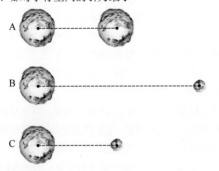

4. 假设在银河系附近的区域发现了另一个太阳系，且附表给出了绕中心天体运动的 3 颗行星的相关数据。根据表 15.2，对附表中的行星进行分类，即分类为类木行星或者类地行星，并解释理由。

	行星 1	行星 2	行星 3
相对质量（地球 =1）	1.2	15	0.1
直径（千米）	15000	52000	5000
到恒星的平均距离（AU）	1.4	17	35
密度（克/立方厘米）	4.8	1.22	5.3
轨道偏心率	0.01	0.05	0.23

5. 为了解地球、月球在太阳系中的大小和规模，回答如下问题：

   a. 多少个月球（直径 3475 千米）紧密排列后的直径之和等于地球的直径（12756 千米）？

   b. 月球的轨道半径为 384798 千米，地球和月球之间约可并排多少个月球？

   c. 多少个地球并排后的直径之和等于太阳（直径为 139 万千米）的直径？

   d. 地日距离为 1.5 亿千米，太阳和地球之间约可并排多少个地球？

6. 比较对比月球高地的最老岩石（约 44 亿年）和地球上的最老岩石（约 40 亿年）。两者分别经历了什么样的形成、改变和剥蚀过程？

7. 附图显示了在太阳系的形成过程中，温度随至太阳距离的变化。回答如下问题：

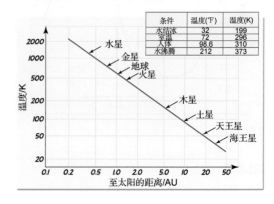

a. 太阳系中哪些位置的行星形成时，其温度要比水的沸点高？

b. 太阳系中哪些位置的行星形成时，其温度要比水的冰点低？

8. 附图显示了 4 个原始的陨坑（A、B、C 和 D）。形成陨坑 A 的碰撞同时形成了两个次级陨坑（a）和 3 条射线。陨坑 D 有一个次级陨坑（d）。按从老到新的顺序重排这 4 个陨坑，并解释这样排列的原因。

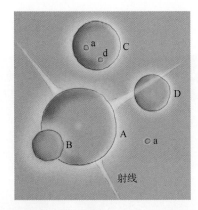

9. 附图显示了天王星的两颗卫星，即天卫六和天卫七，它们是ε环的护星。若一颗小行星撞击天卫七并把它推出了天王星系统，ε环将会发生什么变化？

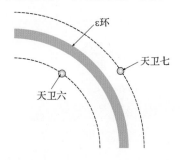

10. 哈雷彗星的公转周期为76年，其重量约为1000亿吨；它在向太阳靠近和远离的过程中，会损失约 1 亿吨的物质。计算哈雷彗星的最大剩余寿命。

11. 附图显示了一颗彗星靠近和远离地球的情形，在初始位置它出现了铁质彗尾和微尘彗尾。根据该图回答以下问题：

a. 图中彗星所处的几个位置，是出现两个彗尾、一个彗尾，还是不出现彗尾？若有一个或两个彗尾，请标出彗尾的方向。

b. 若太阳输出的能量明显增加，上问的答案是否有变化？若有变化，它会如何变化？

c. 若太阳风突然停止，问这对彗星及其彗尾有何影响？

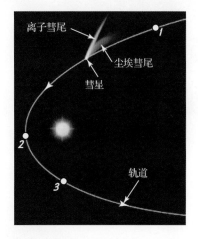

12. 假设存在比月球小的三颗不规则类行星，它们绕太阳旋转的轨道半径为 35AU。一位朋友称这些天体应归类为行星，因为它们的体积巨大并绕太阳运动；另一个朋友则称这些天体应像冥王星那样归类为矮行星。你的意见是什么？给出理由。

第16章 系外宇宙

由大量灼热星际气体和尘埃组成的猎户座星云
（Anglo-Australian Observatory/Royal Observatory, David Malin 供图）

天文学家和宇宙学家研究宇宙的目的是试图解答如下问题：太阳是一颗典型的恒星吗？宇宙中是否存在类似于太阳系中与地球环境相似的其他行星？星系的分布是随机的还是成群的？恒星的成因是什么？恒星消亡时会发生什么？若早期的宇宙由氢和氦组成，其他元素是如何出现的？宇宙有多大？它有始有终吗？本章将介绍这些内容。

16.1 宇宙

定义宇宙学并描述哈勃关于宇宙的重大发现。

宇宙不仅是尘埃、恒星、星云残骸和星系的集合体（见图 16.1），还是拥有自身特点的一个整体。

宇宙学的研究对象是宇宙，包括宇宙的性质、结构和演化。多年来，宇宙学家已形成了描述宇宙结构和演化的一套综合理论，并使用这套理论来回答如下问题：宇宙是如何进化到现阶段的？宇宙已经存在了多长时间？宇宙何时会消亡？当代宇宙学研究的这些重要问题有助于我们了解宇宙。

图 16.1 人马座中的三叶星云。三叶星云主要由氢和氦组成，这些气体由星云内恒星发出的光激发，并形成了红色的辉光（National Optical Astronomy Observatories 供图）

16.1.1 宇宙有多大？

最初多数人认为宇宙以地球为中心，且只包含太阳、月球、5 颗游星和 6000 颗静止不动的星星。当人们广泛接受哥白尼的日心学后，又认为整个宇宙仅由银河系这个单一的星系组成，而银河系则由无数的星星组成，星星则由尘埃和气云组成。

18 世纪中叶，德国哲学家伊曼纽尔·康德指出，星星周围散落的"模糊小点"，实际上是类似于银河系的遥远星系。康德将它们描述为"岛宇宙"。他认为每个星系中都包含有数以十亿计的星星，并且自身就是一个宇宙。但在康德时代，舆论更支持这些微弱的光斑来自于我们这个星系的假说。因为若认可其他假说，则意味着存在一个更大的宇宙，进而削弱地球和人类的地位。

1919 年，埃德温·哈勃在加利福尼亚州的威尔逊山天文台，用当时最大且最先进的天文仪器——直径 2.5 米的望远镜开始了他的研究工作。在这台现代望远镜的帮助下，哈勃开始着手研究神秘的"模糊小点"。当时，"模糊小点"到底是 150 年前康德提出的"岛宇宙"还是尘埃和气云（星云），人们的争论仍然十分激烈。为了完成这一工作，哈勃研究了一组称为"造父变星"的脉动星，这些非常明亮的变星会周期性地改变其亮度。这组脉动星的真实亮度即绝对星等，可由已知的脉动速率确定（见附录 D）。比较星体的绝对星等和其观察亮度，就可确定其近似距离（类似于夜晚开车时判断对面车辆的距离）。因此，造父变星十分重要，因为它们能够用于测量很大的天文距离。

　　哈勃使用威尔逊山天文台的望远镜，在模糊小点中找到了几颗造父变星。但由于这些本质很明亮的星星看上去很微弱，因此哈勃认为它们一定位于银河系之外。事实上，其中的一个星体距地球 200 多万光年，这个星体就是著名的仙女座（见图 16.2）。

图 16.2　仙女座：银河系附近一个比银河系还要巨大的星系。A. 由星系演化探测器的光学望远镜拍摄的仙女座照片（NASA 供图）；B. 低放大率下的仙女座。肉眼观察到的仙女座是由许多星星包围的模糊小点组成（European Southern Observatory/ESO 供图）

　　根据观察结果，哈勃认为宇宙的范围远远超出了我们的想象。今天，我们知道宇宙中有数以千亿的星系，每个星系中同样含有数以千亿的星体。例如，研究人员估计北斗七星范围内存在 100 多万个星系。天上确实有很多星星，其数量比所有海滩上的砂粒数还多。

16.1.2　宇宙简史

　　大型望远镜能够做到"时光回溯"，它记录了天文学家所知的许多关于宇宙历史的知识。遥远天体发出的光有时需要几百万年或几十亿年才能到达地球。光传播 1 年的距离称为 1 光年（约 10 万亿千米）。因此，在能"观察"得更远的望远镜的帮助下，天文学家就可从事更远年代的研究。最近的仙女座到地球的距离为 250 万光年，即仙女座发出的光需要 250 万年才能到达地球，因此科学家就可观察到 250 万年前的仙女座。当来自目前已知最远星体（约 130 亿光年）的光抵达地球时，该星体早已经消亡了。

　　图 16.3 给出了宇宙演化年表，突出了重要的物质和能量演化事件。大爆炸理论是最准确描述宇宙从诞生到当前状态的模型。根据这一理论，宇宙中的所有能量和物质都处于炽热与致密的状态。宇宙始于 137 亿年前的一次灾难性爆炸，此后持续膨胀并冷却，直到演化到今天的状态。

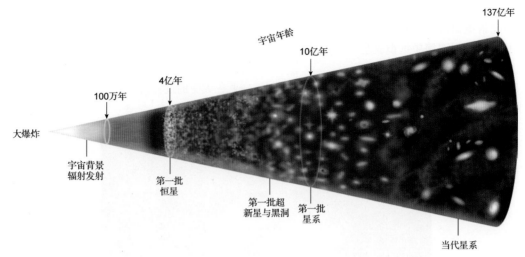

图 16.3 宇宙演化年表。根据大爆炸理论，宇宙始于 137 亿年前，此后一直在膨胀

在膨胀初期，仅存在能量和夸克（形成中子和质子的亚原子粒子）。膨胀 38 万年后，宇宙才充分冷却，并由电子和质子结合形成了宇宙中的最轻元素——氢原子与氦原子。光首次穿越了太空。随着温度的下降，大量物质凝聚成块，形成了大量的云状尘埃和气体（星云），进而很快进化为第一批恒星和星系。太阳系约在 50 亿年前（大爆炸之后的 90 亿年）形成，因此是宇宙中的后来者。

概念检查 16.1

1. 什么是宇宙学？
2. 哈勃如何用造父变星改变人们对宇宙结构的看法？
3. 宇宙学家认为宇宙是何时开始形成的？
4. 哪两种元素最先形成？

16.2 星际物质：星星的温床

解释星际物质是星球来源的原因，比较亮星云和暗星云。

宇宙膨胀时，引力会使得物质凝聚成块状或串状，即我们所称的星云。此外，曾位于恒星内部的大量星际物质回到了太空中。在其生命周期内，有些恒星会喷出物质，有些恒星消亡时会爆炸，有些恒星则形成黑洞。

星际物质存在于星系中的各恒星之间，且基本上由 90% 的氢和 9% 的氦组成。其他星际尘埃是由原子、分子和较重元素组成的较大尘埃颗粒。这些稠密的星际尘埃和气体像雾一样扩散，并没有明确的边界。庞大星云的质量甚至是太阳质量的许多倍。星云足够密集时，会因引力作用浓缩，进而形成恒星和行星。

星云浓缩为很热（蓝色）的恒星时，会发光，因此称为亮星云。相比之下，星云与明亮恒星相距太远而无法被照亮时，则称为暗星云。

16.2.1 亮星云

亮星云主要分为三类，即辐射星云、反射星云和行星状星云。组成辐射星云和反射星云的物质源于星球滋生地，即形成新恒星的位置。而行星状星云则由恒星消亡时流入太空的物质组成。因此，所有恒星都是由星云和消亡时最终回到星云的物质形成的。

辐射星云 炽热的氢云称为辐射星云，它由星系中活跃的造星带形成。星云中炽热年轻恒星中的氢原子电离时，会发出高能量的紫外光。由于在极低的压力下存在，这些气体以能量较低的可见光形式辐射或发射能量。紫外光向可见光的转换称为荧光，这与霓虹灯发光的现象相同。氢在光谱的红色部分释放出大部分能量，这是辐射星云发出红光的原因（见图 16.4）。除氢元素外的其他元素电离时，炽热的星云会呈现范围更宽的颜色。使用双筒望远镜就能轻易地看到猎户座的辐射星云。

反射星云　反射星云仅反射附近恒星的光（见图 16.5）。反射星云可能由大量的较大碎片组成，其中包含碳化物颗粒。这个观点已被低密度的原子气体不足以反射红光这一事实证明。反射星云通常呈蓝色，因为蓝光（波长较短）与红光（波长较长）相比，其散射效率更高，这也是形成蓝色天空的过程。图 16.5 中所示的蓝色昴宿星团就是反射星云。

图16.4　辐射星云。礁湖星云是主要由氢组成的大型辐射星云，其红色外观由星云中炽热恒星发射的离子气体造成（National Optical Astronomy Observatories 供图）

图16.5　反射星云。昴宿星团中的蓝色反射星云，是由相对较大的分子和星际尘埃散射光形成的。肉眼无法观察到金牛座中的昴宿星团，但使用双筒望远镜和小型望远镜可观察到它（Palomar Observatories/California Institute of Technology 供图）

行星状星云　不像其他星云那样发散的行星状星云，来自于类日恒星消亡时的残骸（见图 16.6）。行星状星云是由附近的恒星消亡时，释放出的发光尘埃和炽热气体组成。首次通过光学望远镜观察到行星状星云时，因它类似于巨型行星（如木星）而得名为行星状星云。行星状星云的一个较好例子是宝瓶座中的螺旋星云（见图 16.6）。

图 16.6　行星状星云。螺旋星云是离太阳系最近的行星状星云。行星状星云是类日恒星喷出的外壳，它是在红巨星塌陷为白矮星的过程中形成的（© Anglo-Australian Observatory，照片由 David Malin 提供）

16.2.2　暗星云

距离明亮恒星太远而无法照亮的星云，称为暗星云。例如，猎户座中的马头星云就是暗星云，它在明亮的背景中呈不透明状（见图 16.7）。此外，在我们观察银河系时，暗星云也可视为没有星星的区域——"天空中的洞"（见图 16.14）。尽管暗星云通常呈致密状，但它们和亮星云一样，都由稀疏且分散的物质组成。

概念检查 16.2

1. 为何"星星的温床"一词适合于描述星际物质（星云）？
2. 比较亮星云与暗星云。
3. 反射星云通常为何呈蓝色？
4. 行星状星云与其他类型的亮星云有何不同？

图 16.7　暗星云。马头星云是猎户座中的暗星云（Courtesy of the European Southern Observatory 供图）

16.3　恒星分类：赫罗图

定义主序星，描述巨星的分类标准。

20 世纪初，依纳尔·赫茨普龙和亨利·罗塞尔独立研究了恒星的真正亮度（绝对星等）与其自身温度的关系。他们的工作成果就是后来的赫罗图（H-R 图）。研究赫罗图，我们可得到恒星的大量信息，如大小、颜色与温度间关系（见附录 D）。例如，我们已知最热的恒星呈蓝色，而最冷的恒星呈红色。

要绘制赫罗图，天文学家需要调查一部分天空，然后绘出每颗星的绝对星等（恒星亮度）和温度关系图（见图 16.8）。图 16.8 中恒星的分布并不均匀，相反，90%的恒星分布在从左上到右下的直线上。这些"普通的"恒星称为主序星。例如，在图16.8中，最热的主序星最亮，最冷的主序星最暗。

主序星的"绝对星等"还与其质量相关。

最热（蓝色）恒星的质量约为太阳的50倍，最冷（红色）恒星的质量约为太阳质量的1/10。因此在赫罗图上，从最热的蓝色大质量恒星到最冷的红色小质量恒星，主序星的数量逐渐增多。

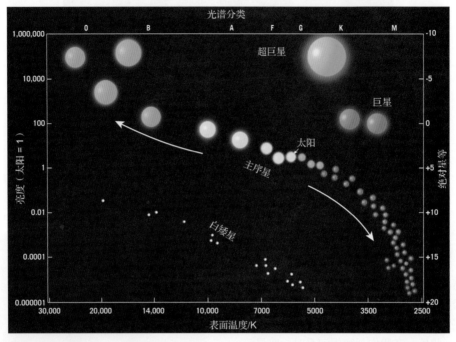

图16.8　赫罗图。天文学家通过温度和亮度（绝对星等）间的关系来了解恒星的演化

注意太阳在图16.8中的位置。太阳是一颗黄色的主序星，其绝对星等约为5（见附录D）。大多数主序星的绝对星等范围是−10~20，太阳的绝对星等在这一范围的中间，因此归为"平均恒星"（注意，这样表示的星等，数字越小，亮度越高）。

就像并非所有人的身高都在标准的身高范围内那样，有些恒星明显不同于主序星。上述主序星右侧的一组非常明亮的恒星称为巨星，或根据其颜色称为红巨星（见图16.8）。与具有相同表面温度的已知恒星相比较，研究人员可估计出巨星的大小。科学家发现具有相同表面温度的天体，单位面积会辐射出相同数量的能量。表面温度相同时，两颗恒星的亮度差异取决于恒星的大小。例如，若一颗红巨星比另一颗亮100倍，则其表面积是另一颗的100倍。赫罗图右上角的巨星有着巨大的辐射表面，因此称为巨星是合适的。

有些超大的恒星称为超巨星。例如，猎户星座中的参宿四就是一颗明亮的红色超巨星，其半径约为太阳的800倍。若这颗恒星是太阳系的中心，则其大小会超过火星的运行轨道，地球则位于这颗超巨星之内。

赫罗图底部的情形正好相反。底部的恒星与同等表面温度的主序星相比，要更暗更小。有些恒星的大小与地球相当，这些恒星称为白矮星。

业已证明，赫罗图是解释恒星演化的重要方法。类似于生命体，恒星的演化也具有诞生、成长和死亡的过程。考虑到90%的恒星都位于主序上，因此可以相对确定它们的大部分有生之年是作为主序星度过的。巨星仅占百分之几，白矮星可能占10%。

概念检查 16.3

1. 赫罗图中恒星的大部分有生之年待在何处？

2. 如何比较太阳和其他主序星的大小与亮度？

3. 如何使用赫罗图来判断恒星是"巨星"？

16.4 恒星演化

描述类日恒星的各个演化阶段。

描述恒星诞生、成长和死亡的想法看起来有点冒失，因为大多数恒星的寿命都超过了数十亿年。然而，通过研究处于不同年龄和生命周期内不同阶段的恒星，天文学家就能提出一个关于恒星演化的模型。

用于创造这一模型的方法，类似于外星人到达地球后确定人类生命的发展阶段。通过观察大量的人类，外星人将见证生命的诞生、成长和死亡。根据这一信息，外星人可把人类的发展阶段放入他们的自然序列中。基于人类发展的每个阶段，可得出成人期大于儿童期的结论。类似地，天文学家研究恒星演化时利用了这一结论。

首颗恒星可能形成于大爆炸后的 3 亿年。巨大的星云是首颗恒星的诞生地，因此巨大的引力会使它们迅速瓦解。因此，宇宙历史早期形成的恒星都非常大，并称为第一代恒星。第一代恒星主要由大量的氢和少量的氦组成，它们是大爆炸期间形成的最早的元素。巨星的寿命较短，因此很快会爆炸并消亡。这种爆炸在太空中生成了更重的元素。这种物质凝聚后就形成了后续各代的恒星，如太阳。

每颗恒星的演化阶段都与其引力相关。较薄气体星云中的粒子引力使得星云坍塌。云状物在

高压下升温，最终导致内核爆炸，进而诞生一颗新恒星。恒星是由炽热气体组成的球体，它受凝聚的引力和膨胀的热核能的双重控制。最终，恒星耗尽所有核燃料后，处于支配地位的重力将使得星际残骸碰撞，形成一颗更为致密的小天体。

16.4.1 恒星的诞生

恒星诞生于富含尘埃和气体的星际云团（见图 16.4）。在银河系中，这些云团由 92% 的氢、7% 的氦和不到 1% 的其他重元素组成。

较薄的气态云状物质变得足够致密后，就会在引力作用下浓缩（见图 16.9）。触发恒星形成的机理可能是恒星附近灾难性爆炸（超新星）形成的振动波。热能的缓慢消失也是导致星云崩裂的原因。不管这一过程如何开始，一旦开始，颗粒间的引力作用就会使得星云中的微粒汇聚。

云状物崩裂时，引力的能量会转换为动能或热能，导致浓缩气体的温度逐渐升高。气态物的温度足够高时，就会以波长较长的红光辐射能量。此时，这种红色巨大物体还没有使内核熔融的足够热量，因此还不是恒星，而称为原恒星（见图 16.9）。

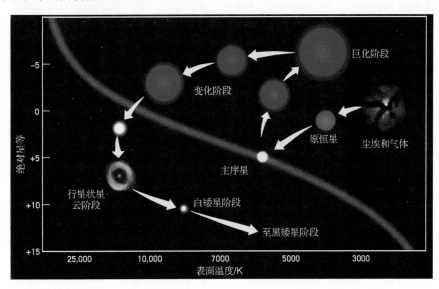

图 16.9 显示巨大恒星（如太阳）各个演化阶段的赫罗图

16.4.2 原恒星阶段

在原恒星阶段，引力作用会使得原恒星持续浓缩，开始时速度较慢，但此后速度明显加快。原恒星内核的升温速度要明显快于外壳的升温速度［恒星的温度单位为开尔文（K），详见附录A］。当内核温度达到 1000 万开尔文时，巨大的压力会使得 4 个氢原子核聚变为一个氦原子核。天文学家将氢原子核聚变为氦原子核的反应称为氢聚变。

氢聚变释放的大量热能会增大恒星内的气体活性，因此会进一步提高内部的气压，直到原子运动产生的动能（向外的力）与引力平衡。向外的力与引力平衡时，恒星就变成稳定的主序星（见图 16.9）。

16.4.3 主序星阶段

在主序星阶段，恒星的大小和输出能量变化最小，氢元素会持续转化为氦元素，释放的能量会维持足够高的气压，以阻止引力作用引起的坍塌。

恒星的这一平衡能够维持多长时间呢？质量巨大且炽热的蓝色恒星，在几百万年内会以很高的辐射速率持续消耗它们的氢燃料，并迅速结束其主序星阶段；而最小的（红色）主序星消耗完氢燃料需要几千亿年，因此几乎永远停留在主序星阶段。太阳这样的黄色恒星是能持续约 100 亿年的典型主序星。太阳系已存在 50 亿年，因此它的主序星阶段还有 50 亿年。

平均 90% 的恒星的生命周期都处于燃烧氢元素的主序星阶段。恒星内核的氢燃烧殆尽后，就会快速演化并消亡。然而，除质量最小的恒星外，当另一种类型的核反应被触发时，恒星就会变成红巨星，其消亡的时间会被延迟（见图 16.9）。

16.4.4 红巨星阶段

当恒星内部的可用氢元素消耗殆尽而只留下富氦的内核时，红巨星的演化才开始。虽然恒星的外壳中仍存在氢聚变，但内核已不存在氢聚变。此时，内核由于没有能量来源，不再有抵抗引力的气体压力存在，因此内核会开始浓缩。

引力转化为热能时，恒星内部的坍塌会使其温度快速上升。这种能量的一部分会向外辐射，使恒星内核周围的氢聚变更为活跃。快速氢聚变产生的额外热量会使恒星的气态外壳变大。此时，类日恒星会变成庞大的红巨星，而最大质量的恒星则变为体积为主序星几千倍的超巨星。

当恒星膨胀时，其表面会冷却，这可以解释恒星的颜色：相对较冷的天体会以长波辐射（靠近可见光光谱的红端）的形式辐射更多的能量。最后，恒星的引力会阻止其膨胀，使得引力和气体压力再次取得平衡，于是恒星就具有了更大的稳定尺寸。有些红巨星会打破这种平衡，即会出现有时膨胀有时浓缩的现象。这种交替膨胀和浓缩的恒星就是我们熟知的"变星"。

红巨星的外壳膨胀时，内核会持续崩裂，内部温度最终会达到 1 亿开尔文。这种高得惊人的温度会触发另一种原子核反应，使内部的氢元素转化为碳元素。此时，红巨星会同时消耗氢和氦产生的能量。在质量大于太阳的众多恒星中，会发生高热核反应，形成原子序数为 26（铁）及以上的元素。

16.4.5 燃尽和消亡阶段

经历红巨星阶段后，恒星会发生什么？不管大小如何，恒星最终都会耗尽核燃料，并在极大的引力作用下坍塌。恒星的引力场与其质量相关，因此不同质量的恒星有着不同的宿命。

小质量恒星的消亡 质量不到太阳一半的恒星会以较低的速率消耗燃料（见图 16.10A）。因此，许多较小、较冷的红色恒星会在长达千亿年的时间内保持稳定状态。小质量恒星内部的温度和压力不足以触发氦聚变，其唯一的能源是氢聚变。因此，小质量恒星不可能变成红巨星。相反，它会保持为稳定的主序星，直到耗尽氢燃料后，坍塌为白矮星。

中等质量恒星（类日）的消亡 质量 1/2～8 倍于太阳的恒星具有相似的演化史（见图 16.10B）。在红巨星阶段，类日恒星会加速燃烧氢和氦燃料。燃料耗尽后，这些恒星会像小质量恒星那样坍塌，形成地球大小的致密天体——白矮星。没有了核能的来源，白矮星会持续向太空辐射热能，变得又冷又暗。

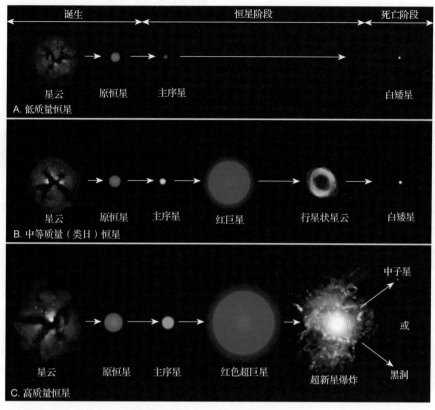

图 16.10　不同质量恒星的演化阶段

在红巨星崩塌为白矮星期间，中等质量的恒星会摆脱臃肿的气体外壳，形成外扩的球状气体云。白矮星中心剩余的热量会加热气体使其发光。前面介绍过，这种美丽的球状星云称为行星状星云（见图 16.6）。

大质量恒星的消亡　与类日行星的平静消亡相比，8 倍及以上太阳质量的恒星，其寿命较短，且最终会以称为超新星的猛烈爆炸方式结束自己的生命（见图 16.10C）。在超新星事件期间，恒星的亮度会比爆炸前高数百万倍。例如，若地球附近的一颗恒星发生爆炸，那么其亮度将会超过太阳。所幸的是，这种超新星事件相对罕见；在发明望远镜之前，我们还从未观察到超新星，仅有第谷和开普勒在 16 世纪晚期相隔 30 年各自记录了一颗超新星。公元 1054 年，中国天文学家记录了一颗更加明亮的超新星，这次大爆炸的残骸就是今天的蟹状星云，如图 16.11 所示。

大质量恒星消耗完其大部分核燃料后，就会出现超新星事件。此时，恒星的气体压力无法克服其引力，因此会出现坍塌。这种内爆非常巨大，会导致恒星内部出现反弹的振动波。这种高能量的振动波会冲毁恒星的外壳，使其进入太空，进而导致超新星事件的发生。

图 16.11　金牛座中的蟹状星云。这一壮观的星云是公元 1054 年记录的超新星残骸（NASA 供图）

理论研究表明，在超新星事件期间，恒星的内部会浓缩成令人难以置信的炽热内核，其直径不超过 20 千米。这些不可思议的致密天体称为中子星。有些超新星事件甚至会形成更小、更致密的黑洞。后述章节将介绍中子星和黑洞的本质。

16.5　恒星残骸

比较类日恒星的最后状态和多数巨星的残骸。

所有恒星最终都会耗尽核燃料并崩塌为如下三种天体之一：白矮星、中子星或黑洞。恒星的生命如何结束，最终形成了什么，很大程度上取决于其在主序星阶段的质量（见表 16.1）。

表 16.1　不同质量恒星的演化小结

主序星的最初质量（太阳 = 1）*	主序阶段	巨化阶段	巨化阶段后的演化	最终状态（最终质量）
0.001	无（行星）	无	不适用	行星（0.001）
0.1	红	无	不适用	白矮星（0.1）
1～3	黄	有	行星状星云	白矮星（<1.4）
8	白	有	超新星	中子星（1.4～3）
25	蓝	有（超巨星）	超新星	黑洞（>3）

*这些质量数是估计值。

16.5.1　白矮星

小质量和中等质量的恒星耗尽剩余的燃料后，在引力作用下会坍塌形成白矮星。这些地球大小天体的质量相当于太阳的质量，密度约为水的 100 万倍。一勺这种物质的重量是地球上的几吨。仅当电子在围绕原子核的正常轨道上向内跃迁时，才能出现这种量级的密度。这种状态的物质称为简并物质。

简并物质中的原子紧密地挤在一起，且电子非常靠近原子核。这样，负电子之间的斥力就会抵抗引力导致的坍塌。

主序星浓缩成白矮星时，其表面会变得极度炽热，有时甚至会超过 25000K。没有能量来源的主序星会慢慢冷却，最终变小变冷，而成为黑矮星。目前，银河系还未老到有黑矮星出现。

16.5.2　中子星

关于白矮星的一项研究得出了令人吃惊的结论：白矮星越小，其质量越大，反之亦然。研究人员发现，恒星的质量越大，其引力场也越大，因此其会挤压得更小而成为更为致密的天体。因此，较小的白矮星是由较大、较重的主序星坍塌形成的。

根据这一结论，人们预测一定存在比白矮星体积更小、质量更大的恒星残骸存在，并将其命名为中子星，它是超新星事件爆发的残骸。在白矮星内，电子非常靠近原子核，而在中子星内，电子被迫与原子核内的质子结合形成中子（因此命名为中子星）。豌豆般大小的这种物质将重达 1 亿吨，与原子核的密度近似；因此，中子星可视为全部由中子形成的大原核。

在超新星内爆期间，恒星的外壳层会被喷出，内核则崩裂为直径为 20～30 千米的炽热天体。虽然中子星的表面温度很高，但其较小的体积限制了其亮度，因此人们几乎很难找到它。

理论模型预测表明，中子星的磁场非常强大，且旋转速度很快。恒星坍塌时，它们会旋转得更快。中子星旋转磁场产生的无线电波集中在恒星的两个狭窄磁极区域。因此，这些恒星会像高速旋转的灯塔那样发出强大的无线电波。若地球出现在这种灯塔的路径上，当电波扫过时，该恒星就会一闪一闪地跳动。

20 世纪 70 年代初，人们在蟹状星云中发现了一颗脉冲星（脉冲射线源），它会以无线电脉冲的形式辐射能源（见图 16.12）。观察表明，无线电脉冲来自星云中心的一颗小恒星。蟹状星云中发现的这颗脉冲星很可能是公元 1054 年超新星的残骸（见图 16.11）。

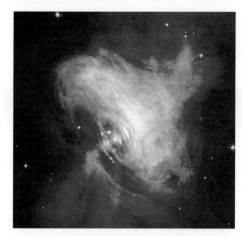

图 16.12　蟹状星云脉冲星：蟹状星云中心的一颗年轻中子星。这是首颗与超新星有关的脉冲星。这颗恒星发出的能量照亮了蟹状星云（NASA 供图）

16.5.3　黑洞

虽然中子星非常致密，但还不是宇宙中最致密的天体。恒星演化理论预测中子星的质量不超过太阳质量的 3 倍。若大于这一质量，未被紧密包裹的中子就会突破恒星的引力而爆炸。超新星爆炸时，若残余恒星的内核质量超过太阳质量的 3 倍，引力就会处于支配地位，恒星残骸就会碰撞形成比中子星更加致密的天体（形成超新星前的这种恒星的质量可能是太阳的 25 倍）。这种经过碰撞形成的致密天体或天象称为"黑洞"。

爱因斯坦广义相对论的预测表明，黑洞非常炽热，其表面的巨大引力会使得光无法逃脱。因此，人们无法看到它。任何移动的物体过于靠近黑洞时，都会由于黑洞的巨大引力而被其吞噬。

天文学家是如何发现黑洞引力会阻止物质和能量逃脱的呢？相对论预测表明，物体进入黑洞后，会变得非常炽热，并在被吞噬前发出大量的 X 射线。孤立的黑洞并没有可供吞噬的物质来源，于是天文学家只能通过观察双星系统，并找到了物质被快速吸入一个虚无表面区域时发射的 X 射线。

首个被人们发现的黑洞是天鹅座 X-1，它以 5.6 天的周期绕其伴星（一颗超巨星）旋转。这颗伴星喷出的气体形成了黑洞的吸积盘，并稳定地发射出 X 射线（见图 16.13）。近期研究表明，吸积盘向外延伸的喷流会使得这种物质重回太空。

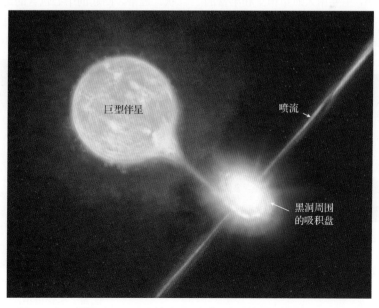

图16.13　黑洞和一颗巨大的伴星。注意黑洞周围的吸积盘（European Southern Observatory/L. Calcada/M. Kornmesser 供图）

天鹅座 X-1 的质量约为太阳质量的 8～9 倍，它可能由一颗质量约为太阳 40 倍的恒星形成。发现天鹅座 X-1 后，科学家相继发现了许多其他的 X 射线源，并认为这些 X 射线源就是黑洞。

天文学家认为宇宙普遍存在黑洞，但其大小变化明显。小黑洞的质量约为太阳质量的 10 倍，但直径仅约 32 千米。中等黑洞的质量约为太阳的 1000 倍，而人们在星系中发现的最大黑洞的质量，约为太阳的数百万倍。人们认为早期的恒星质量很大，它们在星系中消亡时可能会形成黑洞。

16.6 星系和星团

列出三种主要的星系，解释大椭圆形星系的形成。

在乡村的晴朗夜晚，我们会看到不可思议的景象：一条从地平线一端延伸到另一端的光带。伽利略使用望远镜发现，这条光带由无数的星星组成。现在，我们认识到太阳系实际上仅为银河系的一部分（见图 16.14）。

银河系是引力作用下星际物质、恒星和星际残骸的集合体（见图 16.14）。近代观测数据表明，大部分星系的中心可能存在超大质量的黑洞。此外，许多大星系的周围会出现大量非常稀薄的气晕和星团（球状星团）。

星系最初很小，主要由大质量恒星和丰富的星际物质组成。星系通过碰撞、吸收附近的星际物质、合并其他星系快速成长。实际上，今天的银河系至少吸收了两个小型的星系。

型，即螺旋形星系、椭圆形星系和不规则星系。每种星系内部也存在许多变化，但这种多样性的成因仍是一个谜团。

螺旋形星系 银河系是一个较大的螺旋形星系（见图 16.15）。螺旋形星系呈扁平状，其直径为 20000～125000 万光年。螺旋形星系的中心通常分布有密集的恒星，但变化较大。图 16.16 所示的螺旋形星系有从中心向外侧延伸的"旋臂"（通常有两条）。螺旋形星系中心的转速很快，而远离中心的恒星转速则较慢，因此星系呈风车状。通常，凸起的中心包含的是较老的恒星，因此呈微黄色，而年轻的炽热恒星则位于外侧的旋臂处，呈亮蓝色或紫色，如图 16.16 所示。

图 16.14 日落时的银河系。"银河"光带中的黑色碎片由暗星云导致（European Southern Observatory 供图）

16.6.1 星系分类

人们把数以千亿的星系分为三种基本的类

图 16.15 螺旋形星系"南风车 83"的生动图片。尽管很小，但人们认为"南风车 83"与银河系十分相似（European Space Observatory 供图）

A. 俯视图　　　　　　　　　　B. 侧视图

C. 球状星团

图 16.16　螺旋形星系。A. 螺旋形星系的中心存在非常密集的较老恒星，因此呈微黄色的凸起状。相比之下，螺旋形星系的外侧旋臂中含有数量庞大的年轻恒星，因此呈蓝色。B. 侧视图显示了星系的中心凸起。C. 多数大星系的周围都具有稀薄的球状气晕和大量星团。图中的巨大球状星团中含有约 1000 万颗的恒星（图 A 由 NASA 供图，图 B 和图 C 由 European Southern Observatory 供图）

许多螺旋形星系都有一条从中心凸起向外延伸并与旋臂融合的星带，它就是人们熟知的"棒旋星系"（见图 16.17）。近来的研究发现，银河系中存在棒状结构的证据，但这种棒状结构的成因人们正在研究。

图 16.17　棒旋星系（NASA 供图）

椭圆形星系　椭圆形星系呈椭球状，其外侧不存在旋臂（见图 16.18）。有些最大的星系和最小的星系是椭圆形星系，最小的星系有我们熟知的矮星系，图 16.2 所示仙女座中的两个"小伴星"就是矮星系。

大家熟悉的大型星系（直径达 100 万光年）也是椭圆形星系。相比之下，银河系则是一个大

型的螺旋形星系，其直径约为大型椭圆形星系的一半。人们认为多数大型椭圆形星系由两个或多个小星系合并而成。

图 16.18　天炉座中的大椭圆形星系。星系中心的黑色云状星际物质清晰可见。星系中类似于恒星的天体为球形星团（European Southern Observatory 供图）

大型椭圆形星系主要由年龄大、质量小的恒星（红色）和少量的星际物质组成。因此，与具有旋臂的螺旋形星系相比，椭圆形星系中形成恒

星的速度较慢。螺旋形星系外侧旋臂中年轻且炽热的恒星呈蓝色，椭圆形星系中的恒星则呈黄色和红色。

不规则星系　约25%的星系都呈不对称状，因此被归类为不规则星系。有些曾为螺旋形或椭圆形的星系，在较大邻近星系的引力作用下会扭曲变形。两个知名的不规则星系是大麦哲伦星云和小麦哲伦星云，它们位于最靠近银河系的两个相邻星系之间。在大麦哲伦星云的最新照片中，其中心呈棒状。大麦哲伦星云最初是一个棒旋星系，只是后来在附近星系的引力作用下发生了扭曲变形。

16.6.2　星团

天文学家发现恒星成团出现这一现象后，就开始着手研究星系是成团出现还是随机分布的。研究发现，星系是在引力束缚下成群分布的（见图16.19）。有些较大的星团中含有几千个星系。称为本星系群的银河星团，就是由40多个星系组成的，并含有许多未被人们发现的矮星系。本星系群中有三个最大的螺旋形星系，包括银河系和仙女座。聚在一起的大规模星团称为超星系团，数量约有1000万个，而本星系群则位于室女超星系团中。光学观察发现超星系团是宇宙中的最大实体。

图 16.19　离银河系最近的天炉座星团。尽管许多星系呈椭圆状，但在图中的右下方可看到一个棒状的螺旋形星系（European Southern Observatory/J. Emerson/VISTA 供图）

16.6.3　星团碰撞

在星团内，星系间因引力作用会经常出现碰撞现象。例如，较大的星系会吞噬矮卫星星系，此时大星系会保持原状，小星系会被撕成碎片并被大星系吸收。如前文所述，两个矮卫星星系今天正在与银河系合并。

两个大小差不多的星系相互作用时，其中的一个星系可能会穿过另一个星系而不出现合并现象，可能的原因是这两个星系中的恒星过于分散而不可能发生碰撞。但星际物质的相互作用可能会引发更强烈的恒星形成期。

有时，两个大星系碰撞后会形成一个单独的星系（见图16.20）。人们认为，许多大椭圆形星系就是由两个大螺旋形星系合并形成的。有些研究人员曾预测未来的20亿～40亿年内，银河系和仙女座碰撞并合并的概率为50%。

图 16.20　触须星系的碰撞。两个星系碰撞时，恒星通常不会碰撞，但云状尘埃和气体间的碰撞很普遍。星系碰撞时，会快速形成数百万颗恒星，如图中的明亮区域所示（NASA, ESA, and the Hubble Heritage Team (STScI/AURA)-ESA/Hubble Collaboration 供图）

概念检查 16.6

1. 对比三种主要类型的星系。
2. 银河系属于何种类型的星系？
3. 说明大椭圆形星系形成时发生的情况。

16.7 大爆炸理论

描述大爆炸理论及其对宇宙的解释。

大爆炸理论描述了宇宙的形成、演化和消亡。按照大爆炸理论，宇宙最初处于非常炽热且质量超大的状态，随后四面八方快速扩张。天文学家估计这一扩张大概始于137亿年前。那么，支持这一理论的科学证据是什么？

16.7.1 宇宙扩张的证据

1912年，维斯托·斯里弗在亚利桑那州弗拉格斯塔夫的洛厄尔天文台，首次发现了星系所展示的运动。他发现星系的运动分为两部分，即星系的旋转和星系彼此间的相对移动。斯里弗的研究集中于星系发出的光的光谱变化（见附录D中的多普勒效应）。当光源远离观察者时，光谱线会向光谱的红端（长波长）移动。因此，当天体靠近观察者时，光谱线会向光谱的蓝端（短波长）移动。

1929年，哈勃在斯里弗的工作基础上进行了更为深入的研究。哈勃注意到，当发光的天体远离观察者时，大部分的星系光谱线会移向光谱的红端（见图16.21）。因此，除本星系群外的所有星系，都在远离银河系。星系展示的这种运动是宇宙膨胀造成的，后来人们称这一现象为宇宙学红移。

哈勃曾找到一种测量星系间距离的方法。比较到星系的距离和斯里弗的红移测量结果后，哈勃有了一个意外的发现：星系的红移随着距离的增大而增大，距银河系最远的星系，其红移速率最快。这一观点即今天的哈勃定律：星系的视向退行速度与距离成正比，即距离越远，视向速度越大。

这一发现令哈勃感到吃惊，因为传统的观点认为宇宙会永久保持不变。什么宇宙理论能够解释哈勃的发现？研究员得出的结论是，膨胀中的宇宙是引起红移的原因。

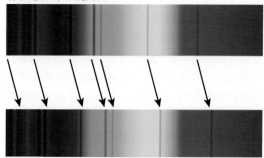

标准光谱线（无移动）

红移将光谱线移动到波长更长的光谱区

图16.21　红移。发光物体远离观察者时，光谱线向光谱红端移动的示意图

为便于理解哈勃定律所述的宇宙膨胀，可以想象葡萄干面团发酵前后的情况（见图16.22）。此时，葡萄干表示星系，面团代表太空。面团发酵后的尺寸若增大2倍，则葡萄干间的距离也增大2倍：葡萄干间的最初距离为2厘米时，发酵面团上葡萄干间的距离将变成4厘米，最初距离为6厘米时，发酵面团上葡萄干间的距离将变成12厘米。与最初相距较近的葡萄干相比，相距较远葡萄干间的移动距离更大。类似于这一类比，在膨胀的宇宙中，与相距较近的天体相比，相距较远天体间的移动距离更大。

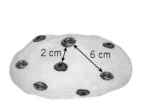

A. 发酵前的葡萄干面团

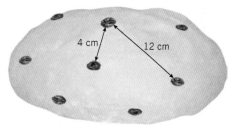

B. 发酵后的葡萄干面团

图16.22　葡萄干面团的发酵对宇宙膨胀的类比。面团发酵后，原本相隔较远的葡萄干与相隔较近的葡萄干相比，移动的距离更大。因此，在膨胀的宇宙中，与相距较近的天体相比，相距较远的天体之间的距离更大

采用同样的面团类比可以说明宇宙膨胀的另一个特征。无论如何看一粒葡萄干，它都会远离其他的葡萄干。同样，宇宙中除同一星团内的任何星系，都在远离观察者。哈勃定律表明宇宙膨胀是均匀且无中心的。后来的哈勃太空望远镜就是为纪念埃德温·哈勃对宇宙认识的贡献而命名的。

16.7.2　大爆炸理论的预言

本书前言曾提到过，假说要在经受检验后才能成为学说。大爆炸模型的预测之一是，若宇宙最初非常炽热，那么研究人员应能检测到这种炽热的残余。白热宇宙发出的电磁辐射（光）有着极高的能量和较短的波长。然而，根据大爆炸理论，持续膨胀的宇宙会拉伸光波，拉伸后的光波应为今天我们称为长波无线电波的微波辐射。科学家已开始着手搜索这些"遗失"的辐射，并将它们命名为宇宙微波背景辐射。像预测的那样，1965年人们检测到了这种微波辐射，且发现它遍布于整个宇宙。

自发现宇宙微波背景辐射后，经过详细的观察，科研人员已确认了大爆炸理论的许多细节，包括在宇宙早期演化史中重大事件发生的顺序和时间。

16.7.3　宇宙的命运是什么？

宇宙学家关于宇宙最后命运的认识并不相同。一种认识是，恒星将逐渐燃尽并被不可见的简并物质和黑洞所替代，因此未来的宇宙是黑暗且冰冷的；另一种认识是，星系红移的速度放慢并最终停止，接着会在引力作用下凝聚，使得所有物质碰撞与合并为最初的高能量与致密状态。宇宙这种与大爆炸过程相反的激烈消亡过程称为"大坍塌"。

宇宙是无止境地膨胀还是最终消亡，将取决于其密度。若宇宙的平均密度大于其临界密度（为1个原子/立方米），那么引力将足以阻止其膨胀，并最终瓦解。若宇宙的密度小于其临界密度，则其会无止境地膨胀。人们认为目前宇宙的平均密度低于其临界密度，因此会持续膨胀。支持宇宙持续膨胀的另一个证据是，人们发现今天的宇宙与过去相比，膨胀得更快。因此，目前的多数宇宙学家认同宇宙会无止境地膨胀的观点。

注意，计算宇宙密度的方法具有很大的不确定性。宇宙中存在大量的"暗物质"，即不参与电磁辐射的物质。人们关于宇宙的大部分知识，都是由光传达给我们的。如果物质没有与光的相互作用，那么我们就看不到它，因此它就是暗物质。但通过我们熟悉的物质与引力的相互作用，可以证明暗物质的存在。许多天文学家目前正在寻找这些互相影响的证据。如果没有足够的暗物质，那么宇宙可能就会"大坍塌"。

概念检查 16.7

1. 天文学是如何确认宇宙膨胀的？
2. 大爆炸理论从提出到确认后，预测了什么？
3. 宇宙最终是无止境地膨胀还是出现"大坍塌"？
4. 宇宙的何种特性决定了其命运？

概念回顾：系外宇宙

16.1　宇宙

定义宇宙学并描述哈勃关于宇宙的重大发现。

关键术语：宇宙学、绝对星等、光年、大爆炸理论

- 宇宙学的研究对象是宇宙，内容包括宇宙的性质、结构和演化。
- 宇宙由数以千亿的星系组成，而每个星系中含有几十亿颗恒星。
- 准确描述宇宙诞生和当前状态的模型是大爆炸理论。该模型认为宇宙始于137亿年前的大爆炸，此后宇宙开始膨胀、冷却，直至演化为当前的状态。

16.2　星际物质：恒星的温床

解释星际物质是恒球来源的原因，比较亮星云和暗星云。

关键术语：星际物质、星云、亮星云、暗星云、辐射星云、反射星云、行星状星云

- 新恒星诞生于星云中，星云广布于恒星之间。
- 辐射星云所发出的光来自附近或内部的炽热恒星。反射星云中含有较大的碎片，包括能反射附近恒星所发出的光的碳化合物颗粒。行星状星云由附近即将消亡恒星发出的尘埃和炽热气体组成。离明亮恒星很远而无法看到的星云称为暗星云。

? 根据附图中的颜色，请说出这是哪类星云。

National Optical Astronomy Observatories

16.3 恒星分类：赫罗图

定义主序星，描述巨星的分类标准。

关键术语： 赫罗图（H-R 图）、主序星、红巨星、超巨星

- 赫罗图表示了恒星绝对星等和表面温度的关系，通过它可获得恒星及其演变的大量信息。
- 恒星在赫罗图中的分布如下：①90%的主序星都位于从左上角（大质量的炽热蓝色恒星）到右下角（小质量的红色恒色）的条带中；②红巨星和超巨星位于右上角，它们非常明亮，且半径很大；③小而致密的白矮星位于图中的底部。

? 在赫罗图上标出 A、B 和 C 处的恒星类型。

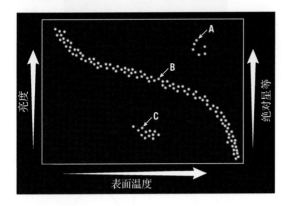

16.4 恒星演化

描述类日恒星的各个演化阶段。

关键术语： 原恒星、氢聚变、红巨星、变星、超新星

- 星云崩塌时会产生难以想象的高温和高压，进而引发核反应形成恒星。
- 没有足够热能导致原子核聚变的红色星体称为原恒星。原恒星内核的温度达到 1000 万开尔文时，

会发生氢聚变，进而形成恒星。氢聚变是指 4 个氢原子核聚变为单个氦原子核，并释放热能。

- 恒星受两个方向相反作用力的控制：压缩并尽可能使恒星最小的引力，使其膨胀的气体压力。两个力的大小相等时，恒星就成为稳定的主序星。
- 中等和大质量恒星会经历另一种核聚变，造成其外壳快速膨胀，进而形成红巨星和超巨星。恒星耗尽其所有核燃料后，其残骸会在引力的作用下碰撞并形成一个非常致密的小天体。

16.5 恒星残骸

比较类日恒星的最后状态和巨星的残骸。

关键术语： 白矮星、简并物质、中子星、脉冲星、黑洞

- 恒星的宿命由其质量决定。
- 质量小于太阳质量一半的恒星碰撞后会成白矮星。
- 大质量恒星爆炸后为成为超新星。超新星事件可形成极度致密的中子星，或形成光也无法逃脱的黑洞。

16.6 星系和星团

列出三种主要的星系，解释大椭圆形星系的形成。

关键术语： 螺旋形星系、棒旋星系、椭圆形星系、矮星系、不规则星系、银河星团、本星系群

- 星系的类型有：①呈不对称状的不规则星系，约占所有已知星系数量的 25%；②呈盘状的螺旋形星系，中心处聚集有较多的恒星，并有从中心向外侧延伸的旋臂；③呈椭球状的椭圆形星系。
- 星组合形成星团，有的星团中含有几个星系。我们所处的星团称为本星系群，它至少包含 40 个星系。

? 附图所示的是何种类型的星系？

(NASA)

16.7 大爆炸理论

描述大爆炸理论及其对宇宙的解释。

关键术语： 宇宙学红移、哈勃定律、暗物质

- 宇宙膨胀的证据来自于人们对星系光谱的红移研究。哈勃认为红移由太空膨胀导致。这一证据有力地支持了大爆炸理论。

● 关于宇宙的最终命运，人们的认识并不相同。一种认识是宇宙会无止境地膨胀，另一认识是宇宙会在引力作用下出现"大坍塌"。多数宇宙学家赞同宇宙无止境膨胀的观点。

思考题

1. 假如美国航空航天局准备将探测器送到如下位置：
   a. 北极星
   b. 太阳系边缘的一颗彗星
   c. 木星
   d. 银河系的边缘
   e. 仙女座的近侧
   f. 太阳

   请按从近到远的顺序排列它们。

2. 使用如下关于 3 颗主序星（A、B 和 C）的信息，回答问题并解释原因。
   ● 恒星 A 作为主序星的时长为 50 亿年。
   ● 恒星 B 的亮度（绝对星等）与太阳相同。
   ● 恒星 C 的表面温度为 5000K。
   a. 请按质量从大到小的顺序排列这些恒星。
   b. 请按所释放的能量，从大到小排列这些恒星。
   c. 请按作为主序星的时长，从最大到最小排列这些恒星。

3. 三个星云的质量如下所示，并假设每个星云最终都坍塌为一颗恒星。根据这些信息回答问题并解释原因。
   ● 星云 A 的质量是太阳的 60 倍。
   ● 星云 B 的质量是太阳的 7 倍。
   ● 星云 C 的质量是太阳的 2 倍。
   a. 哪个或哪些星云可能会演化为一颗红色的主序星？
   b. 在这些星云形成的恒星中，哪颗或哪些会达到巨星阶段？
   c. 在这些星云形成的恒星中，哪颗或哪些会经历超新星阶段？

4. 参考附图（A、B、C 和 D）回答问题：
   a. 哪个星云是辐射星云？
   b. 哪个星云是在恒星接受死亡时形成的？
   c. 哪个星云是反射星云？

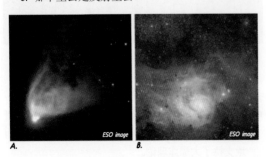

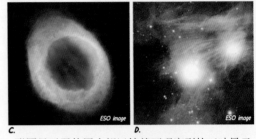

5. 附图显示了使用小望远镜就可观察到的三叶星云。该星云有何独特的性质？

6. 主序星的演化为何与其质量密切相关？请在附图中标出三组主序星的各个演化阶段。

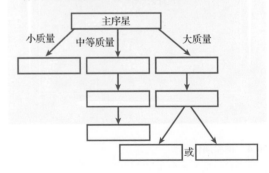

7. 参考附图所示椭圆形星系和螺旋形星系回答下列问题：
   a. 哪幅图是椭圆形星系（是 A 还是 B）？
   b. 哪个星系中含有更多年轻、炽热、大质量的恒星？请给出原因。

A.

B.

c. 当恒星诞生于星云中时，不同大小恒星的形成时间基本相同。大恒星和小恒星中哪组先死亡？随着时间的推移，这会如何影响我们所观察到

的恒星的颜色？基于所给出的答案，哪个星系的寿命更长？请给出原因。

8. 思考宇宙的如下三种特性：

- 无中心。

- 无边缘。

- 宇宙中的所有星系都彼此互相远离。

a. 葡萄干面团的类比说明了宇宙的哪种或哪些特性（见图 16.22）？

b. 葡萄干面团的类比未明确说明宇宙的哪种或哪些特性（见图 16.22）？

附录 A 公制和英制单位的换算

A.1 单位

1 千米（km）= 1000 米（m）　　　　1 米（m）= 100 厘米（cm）

1 厘米（cm）= 0.39 英寸（in.）　　　1 英里（mi）= 5280 英尺（ft）

1 英尺（ft）= 12 英寸（in.）　　　　1 英寸（in.）= 2.54 厘米（cm）

1 平方英里（mi²）= 640 英亩（a）　　1 千克（kg）= 1000 克（g）

1 磅（lb）= 16 盎司（oz）　　　　　1 英寻 = 6 英尺（ft）

A.2 换算

长度

换算前的单位	乘以	换算后的单位
英寸	2.54	厘米
厘米	0.39	英寸
英尺	0.30	米
米	3.28	英尺
码	0.91	米
米	1.09	码
英里	1.61	千米
千米	0.62	英里

面积

换算前的单位	乘以	换算后的单位
平方英寸	6.45	平方厘米
平方厘米	0.15	平方英寸
平方英尺	0.09	平方米
平方米	10.76	平方英尺
平方英里	2.59	平方千米
平方千米	0.39	平方英里

体积

换算前的单位	乘以	换算后的单位
立方英寸	16.38	立方厘米
立方厘米	0.06	立方英寸
立方英尺	0.028	立方米
立方米	35.3	立方英尺
立方英里	4.17	立方千米
立方千米	0.24	立方英里
公升	1.06	夸脱
公升	0.26	加仑
加仑	3.78	公升

图 A.1 温标

质量

换算前的单位	乘以	换算后的单位
盎司	28.35	克
克	0.035	盎司
磅	0.45	千克
千克	2.205	磅

从华氏度（℉）换算为摄氏度（℃）时，先减去 32°，然后除以 1.8。从摄氏度（℃）换算为华氏度（℉）时，先乘以 1.8，然后加上 32°。从摄氏度（℃）换算为开氏温度（K）时，先去掉符号℃，然后加上 273。从开氏温度（K）换算为摄氏度（℃）时，先加上℃符号，然后减去 273。

附录 B　地球的网格系统

地球上的南北向和东西向直线组成了地球的网格系统，它是人们通用的定位系统。网格系统的南北向直线称为经线，它从南极延伸到北极（见图 B.1）。每条经线都是一个半圆。大圆是球体上所能绘出的最大的圆，沿大圆切开球体时，球体会分为两个半球。观察地球仪或图 B.1，我们发现在赤道处经线分割的空间最大，而越靠近极点越收敛。东西向网格线称为纬线，纬线间互相平行（见图 B.1）。所有经线均是大圆，但所有纬线则并非如此，事实上只有赤道是一个大圆。

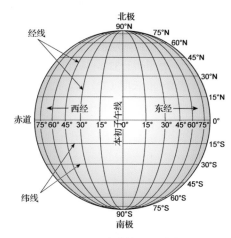

图 B.1　地球的网格系统

B.1　纬度和经度

纬度定义为到赤道的距离，它用度数来表示。纬线通常用来表示纬度。同一纬线上任何一点到赤道的距离均相等，因此具有相同的纬度。赤道的纬度是 0°，南北两极点的纬度分别为南纬 90° 和北纬 90°。

经度是指到本初子午线或 0° 经线的距离，它也以度数为单位。由于所有的经线都相同，因此 0° 经线的指定就具有任意性，但人们广为接受的本初子午线是通过英国格里治皇家天文台的经线，其经度为 0°。这条经线东侧和西侧的经线分别称为东经和西经，经度范围都是 0~180°。

记住，若要确定某个位置，必须确定其方向，即是东经还是西经，是北纬还是南纬（见图 B.2）。如果不指定方向，那么这样的位置就会有多处，唯一的例外是赤道和本初子午线或 180° 经线相交的位置。还要注意，小于 1° 的经度和纬度通常不采用小数表示，而采用分和秒来表示，例如 1 分（′）是 1° 的 1/60，1 秒（″）是 1 分的 1/60。在地图上定位某个位置时，所用的比例尺将取决于地图的比例尺。使用小比例尺世界地图，很难精确到 1° 或 2°。换言之，使用大比例尺地图时，通常可精确到分或秒。

B.2　距离测量

1° 经度所表示的距离会随测量地点的变化而变化。沿赤道测量时代表的距离最大，1° 经度所表示的距离约为 111 千米，它是用地球的周长 40075 千米除以 360 得到的。但随着纬度的增加，经线越来越密，最后会在两极重合（见表 B.1）。因此，约在南北纬 60° 时，1° 经度所表示的距离约为其在赤道时的一半。

由于所有的经线均是半个大圆，因此纬度 1° 所表示的距离约为 111 千米，它和赤道处经度 1° 所表示的距离相等。但地球并非完美的球体，而是两极稍扁、赤道微凸。因此，纬度 1° 所表示的距离仍有较小的差别。

由全球展开图可准确地确定地球上任何两点间的最短距离。注意，球体上两点间的最短距离，是过这两点的大圆上的圆弧距离。要计算过两点的大圆上的圆弧距离，可在展开图上连接这两点，然后取其在赤道上所代表的度数数值再乘以 111 千米即可。

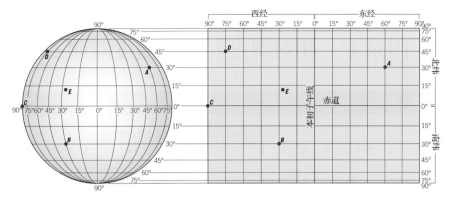

图 B.2　使用网格系统定位。点 A 的位置为 30°N，60°E；点 B 的位置为 30°S，30°W；点 C 的位置为 0°，90°W；点 D 的位置为 45°N、75°W；点 E 的位置为 10°N，25°W

表 B.1　经度所表示的距离

	经度 1°的长度			经度 1°的长度			经度 1°的长度	
纬度/°	千米	英里	纬度/°	千米	英里	纬度/°	千米	英里
0	111.367	69.172	30	96.528	59.955	60	55.825	34.674
1	111.349	69.161	31	95.545	59.345	61	54.131	33.622
2	111.298	69.129	32	94.533	58.716	62	52.422	62.560
3	111.214	69.077	33	93.493	58.070	63	50.696	31.488
4	111.096	69.004	34	92.425	57.407	64	48.954	30.406
5	110.945	68.910	35	91.327	56.725	65	47.196	29.314
6	110.760	68.795	36	90.203	56.027	66	45.426	28.215
7	110.543	68.660	37	89.051	55.311	67	43.639	27.105
8	110.290	68.503	38	87.871	54.578	68	41.841	25.988
9	110.003	68.325	39	86.665	53.829	69	40.028	24.862
10	109.686	68.128	40	85.431	53.063	70	38.204	23.729
11	109.333	67.909	41	84.171	52.280	71	36.368	22.589
12	108.949	67.670	42	82.886	51.482	72	34.520	21.441
13	108.530	67.410	43	81.575	50.668	73	32.662	20.287
14	108.079	67.130	44	80.241	49.839	74	30.793	19.126
15	107.596	66.830	45	78.880	48.994	75	28.914	17.959
16	107.079	66.509	46	77.497	48.135	76	27.029	16.788
17	106.530	66.168	47	76.089	47.260	77	25.134	15.611
18	105.949	65.807	48	74.659	46.372	78	23.229	14.428
19	105.337	65.427	49	73.203	45.468	79	21.320	13.242
20	104.692	65.026	50	71.727	44.551	80	19.402	12.051
21	104.014	64.605	51	70.228	43.620	81	17.480	10.857
22	103.306	64.165	52	68.708	42.676	82	15.551	9.659
23	102.565	63.705	53	67.168	41.719	83	13.617	8.458
24	101.795	63.227	54	65.604	40.748	84	11.681	7.255
25	100.994	62.729	55	64.022	39.765	85	9.739	6.049
26	100.160	62.211	56	62.420	38.770	86	7.796	4.842
27	99.297	61.675	57	60.798	37.763	87	5.849	3.633
28	98.405	61.121	58	59.159	36.745	88	3.899	2.422
29	97.481	60.547	59	57.501	35.715	89	1.950	1.211
30	96.528	59.955	60	55.825	34.674	90	0.000	0.000

附录 C　相对湿度和露点温度对照表

表 C.1　相对湿度（百分比）

干球温度/℃	湿球温度的下降值（干球温度减去湿球温度= 湿球温度的下降值）																					
	1	2	3	4	5	6	7	8	9	10	11	12	13	14	15	16	17	18	19	20	21	22
−20	28																					
−18	40																					
−16	48	0																				
−14	55	11																				
−12	61	23																				
−10	66	33	0																			
−8	71	41	13																			
−6	73	48	20	0																		
−4	77	54	32	11																		
−2	79	58	37	20	1																	
0	81	63	45	28	11																	
2	83	67	51	36	20	6																
4	85	70	56	42	27	14																
6	86	72	59	46	35	22	10	0														
8	87	74	62	51	39	28	17	6														
10	88	76	65	54	43	33	24	13	4													
12	88	78	67	57	48	38	28	19	10	2												
14	89	79	69	60	50	41	33	25	16	8	1											
16	90	80	77	62	54	45	37	29	21	74	7	1										
18	91	81	72	64	56	48	40	33	26	19	12	6	0									
20	91	82	74	66	58	51	44	36	30	23	17	11	5									
22	92	83	75	68	60	53	46	40	33	27	21	15	10	4	0							
24	92	84	76	69	62	55	49	42	36	30	25	20	14	9	4	0						
26	92	85	77	70	64	57	51	45	39	34	28	23	18	13	9	5						
28	93	86	78	71	65	59	53	45	42	36	31	26	21	17	12	8	4					
30	93	86	79	72	66	61	55	49	44	39	34	29	25	20	16	12	8	4				
32	93	86	80	73	68	62	56	51	46	41	36	32	27	22	19	14	11	8	4			
34	93	86	81	74	69	63	58	52	48	43	38	34	30	26	22	18	14	11	8	5		
36	94	87	81	75	69	64	59	54	50	44	40	36	32	28	24	21	17	13	10	7	4	
38	94	87	82	76	70	66	60	55	51	46	42	38	34	30	26	23	20	16	13	10	7	5
40	94	89	82	76	71	67	61	57	52	48	44	40	36	33	29	25	22	19	16	13	10	7

*相对湿度或露点温度是垂直轴上干球温度（左侧）和水平轴上干–湿球温度之差。两者都确定后，就可在表中找到相对湿度（见表 C.1）和露点温度（见表 C.2）。例如，当干球温度为 20℃、湿球温度为 14℃时，干湿球温度差则为 6℃。从表 C.1 中就可以找到对应的相对湿度为 51%，在表 C.2 中找到露点温度为 10℃。

表 C.2　露点温度（℃）

干球温度/℃	1	2	3	4	5	6	7	8	9	10	11	12	13	14	15	16	17	18	19	20	21	22
														（干球温度减去湿球温度＝湿球温度的下降值）								
−20	−33																					
−18	−28																					
−16	−24																					
−14	−21	−36																				
−12	−18	−28																				
−10	−14	−22																				
−8	−12	−18	−29																			
−6	−10	−14	−22																			
−4	−7	−12	−17	−29																		
−2	−5	−8	−13	−20																		
0	−3	−6	−9	−15	−24																	
2	−1	−3	−6	−11	−17																	
4	1	−1	−4	−7	−11	−19																
6	4	1	−1	−4	−7	−13	−21															
8	6	3	1	−2	−5	−9	−14															
10	8	6	4	1	−2	−5	−9	−14	−18													
12	10	8	6	4	1	−2	−5	−9	−16													
14	12	11	9	6	4		−2	−5	−10	−17												
16	14	13	11	9	7	4	1	−1	−6	−10	−17											
18	16	15	13	11	9	7	4	2	−2	−5	−10	−19										
20	19	17	15	14	12	10	7	4	2	−2	−5	−10	−19									
22	21	19	17	16	74	12	10	8	5	3	−1	−5	−10	−19								
24	23	21	20	18	16	14	12	10	8	6	2	−1	−5	−10	−18							
26	25	23	22	20	18	17	15	13	11	9	6	3	0	−4	−9	−18						
28	27	25	24	22	27	19	17	16	14	11	9	7	4	1	−3	−9	−16					
30	29	27	26	24	23	21	19	18	16	14	12	70	8	5	1	−2	−8	−15				
32	31	29	28	27	25	24	22	21	19	17	15	13	11	8	5	2	−2	−7	−14			
34	33	31	30	29	27	26	24	23	21	20	18	16	14	12	9	6	3	−1	−5	−12	−29	
36	35	33	32	31	29	28	27	25	24	22	20	19	17	15	13	10	7	4	0	−4	−10	
38	37	35	34	33	32	30	29	28	26	25	23	21	19	17	15	13	11	8	5	1	−3	−9
40	39	37	36	35	34	32	31	30	28	37	25	24	22	20	18	16	14	12	9	6	2	−2

左侧：干球（空气）温度

（图中标注：露点值）

附录 D　恒星的性质

D.1　测量到最近恒星的距离

测量地球到恒星的距离很困难，但天文学家已找到了测量到恒星距离的一些直接方法与间接方法，其中的一种方法称为恒星视差法，它是测量到最近恒星距离的有效方法。

恒星视差是指地球在绕太阳运动时，附近恒星视位置的轻微移动。视差原理很简单：闭上一只眼睛，将食指垂直放置于眼前，使睁着的眼睛、食指和较远的物体在一条直线上。保持手指不动，然后换一只眼睛观察远处的物体，此时物体的位置会发生改变。将手指移动到更远的位置后重复这一实验，此时会发现手指离眼睛越远，物体位置的改变越小。这种计算恒星距离的基本方法最初由古希腊天文学家提出。

今天，宇宙学家则通过拍摄遥远恒星背景下的较近恒星来确定视差。地球沿轨道运动 6 个月后，再次拍摄同一恒星的照片。对比两张照片，会发现恒星位置相对于背景发生了变化。图 D.1 显示了这种位置的变化，通过这种位置变化，可求出视差角。恒星越近，其视差角越大，而恒星越远，其视差角越小。

真实的视差测量非常复杂，因为视差角非常小，而太阳和所测恒星间的相对运动会进一步加大视差测量的复杂性。直到 1838 年，人们才首次准确地进行了恒星视差测量。直到今天，人们也仅求出了几千颗恒星的视差，而其他恒星的视差位移因太小而无法准确测量。

所幸的是，人们可采用其他方法来准确地测量遥远恒星的距离。此外，不受地球大气影响的哈勃太空望远镜已获得了许多恒星的准确视差距离。

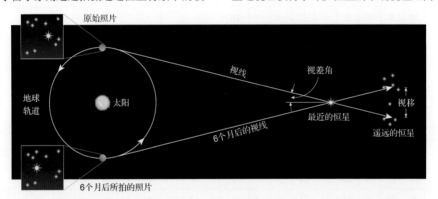

图 D.1　恒星视差的几何图解。图中所示恒星视差角已被放大。因为地球与最近恒星间的距离是地日距离的几千倍，因此此图中的三角形细长得难以测量视差角

D.2　恒星的亮度

最老的恒星分类法是根据其亮度或光度划分的。决定光度有三种因素：恒星的大小；恒星的热度；恒星到地球的距离。夜空中的星星大小不同、温度不同、距离不同，因此其亮度变化很大。

D.3　视星等

公元前 2 世纪，人们就开始按照星星的视觉亮度来分类，当时的古希腊天文学家伊巴古根据星星的亮度，将所观察到的 850 颗星星分成了 6 等。这种分类之后被人们称为视星等，其中一等星最亮，六等星最暗。有些星星看起来比其他星星暗，原因是它们的位置更远。从地球上观测到的星星的亮度，称为视星等。

望远镜发明后,人们发现了许多比六等星更暗的星星。

18 世纪中叶,人们发明了一种标准化星等的方法,这种方法是将一颗星的亮度直接与一等星至六等星的亮度进行比较。一等星的亮度是六等星亮度的 100 倍。按照这一比例,两颗星的等级相差 5 等时,其亮度相差 100 倍。因此,三等星的亮度是八等星的 100 倍。以此类推,相差一个等级的星星,其亮度相差 2.5 倍。也就是说,一等星的亮度是二等星的 2.5 倍。表 D.1 给出了各个星等及其亮度比。

由于部分天体的亮度比一等星的亮度还高,因此人们引入了 0 等星和负等星。按照这一比例,太阳的视星等为–26.7,最亮行星(金星)的视星等为–4.3。而在这一比例的另一端,哈勃太空望远镜观测到了视

星等为 30 的星星,这种天体与肉眼可以分辨的最暗天体相比,还暗 10 亿倍。

表 D.1　恒星亮度比

星等差	亮度比
0.5	1.6:1
1	2.5:1
2	6.3:1
3	16:1
4	40:1
5	100:1
10	10000:1
20	100000000:1

计算:$2.512 \times 2.512 \times 2.512 \times 2.512 \times 2.512$ 或 2.512 的 5 次幂,等于 100。

D.4　绝对星等

天文学家认为宇宙是其中不超过 1000 颗恒星的小宇宙,并且这些恒星到地球的距离相近,此时视星等才可以很好地衡量恒星的真实亮度。然而,今天我们知道宇宙漫无边际,其中所包含的恒星多到无法数清,而且它们到地球的距离各不相等。因为天文学家对恒星的真实亮度更感兴趣,并为此设计了一个称为绝对星等的标准。

视星等相同的星球,因为到地球的距离不同,因此会具有不同的亮度。天文学在确定其亮度时,使用

了一个标准距离,即 32.6 光年。例如,若视星等为–26.7 的太阳到地球的距离为 32.6 光年,则其绝对星等为+5。因此,绝对星等(较小的数值)大于 5 时,本质上其亮度会大于太阳的亮度,它看起来较暗的原因是离地球太远。表 D.2 中给出了一些天体的绝对星等、视星等及它们到地球的距离。多数星球的绝对星等为–5(很亮)～15(很暗),太阳的绝对星等则位于该区间的中间。

表 D.2　部分星球到地球的距离、视星等和绝对星等

名称	距离/光年	视星等	绝对星等*
太阳	NA	–26.7	5.0
半人马座阿尔法星	4.27	0.0	4.4
天狼星	8.70	–1.4	1.5
大角星	36	–0.1	–0.3
参宿四	520	0.8	–5.5
天津四	1600	1.3	–6.9

* 数越小越亮,数越大越暗。

D.5　恒星的颜色和温度

在晴朗的夜空,我们会发现星星的颜色有着明显的不同(见图 D.2)。人眼在光强较弱时,对颜色的分辨能力较差(即光线较暗时只能看到白色和黑色),因此只能看到最亮的星星。猎户座中的一些星星会发出五颜六色的光芒,其中最亮的两颗星是参宿七和参宿四,前者呈蓝色,后者呈红色。

炽热的恒星表面温度超过 30000K,它们以短波

形式发射大部分能量,并因此呈蓝色。另一方面,较冷红色星球的表面温度稍小于 3000K,主要以红色的长波形式发射能量。例如,太阳这种天体的表面温度约为 5000～6000K,因此呈黄色。恒星的颜色体现了其表面温度,因此为天文学家提供了有用的信息。温度数据和星等数据共同能够给出恒星大小和质量的信息。

D.6 双星和恒星质量

夜间最抢眼的星座是北斗七星，它看起来由 7 颗星组成。但对于某些视力非常好的人来说，会发现斗柄中的第二颗星其实是由两个天体组成的。19 世纪初，长期观察天体的威廉·赫歇尔发现，许多成对恒星的轨道是相同的，此时的两颗恒星实际上是由引力连在一起的。能由望远镜分开的两颗恒星称为目视双星。两颗恒星绕共同质心旋转的想法很不寻常，但宇宙中存在很多这样的双星，甚至多星。

双星可用于确定恒星最难计算的质量。一颗天体受其伴星的吸引时，能测量出其质量。双星环绕一个共同的点旋转，该点称为质心（见图 D.3）。质量相同的恒星，其质心位于两者之间。一颗恒星的质量大于其伴星时，其质心会偏向质量较大的恒星。因此，若可求出各自的轨道大小，就可计算出它们的质量。

为便于说明，假设一颗恒星的轨道半径是其伴星轨道半径的一半，则其质量为其伴星的 2 倍。若双星的质量之和为太阳质量的 3 倍，则其中质量较大恒星的质量为太阳质量的 2 倍。多数恒星的质量均为太阳质量的 1/10～50 倍。

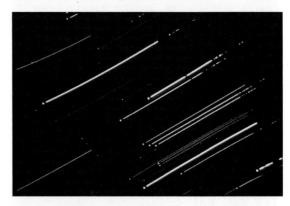

图 D.2　猎户座中恒星的延时照片。这些星迹显示了不同颜色的星星。注意，人眼所看到的颜色与摄影胶片上的颜色稍有不同（National Optical Astronomy Observatories 供图）

D.7 多普勒效应

当能量源相对于观察者移动时，光谱中亮线和暗线的位置会发生变化。波就是以这种方式传播的。我们可以想象汽车或救护车经过时鸣笛声音的变化。汽车靠近时声音会变大，而汽车远离时声音会变小。这种最初由多普勒于 1842 年解释的现象称为多普勒效应。导致这一效应的原因是，声波传播需要时间。若声源正在远离，那么声波在传播时，其波前与波尾相比，更靠近我们，导致波的波长更长（见图 D.4）；而在声源正在靠近时，情形与之相反。

对于光波来说，当光源正在远离时，其颜色与实际相比会更红一些，因为此时波长变长了；当光源正在靠近时，其波长会变得短一些，因此颜色与实际相比会更蓝一些。因此，当红色光源以很快的速度靠近我们时，我们所看到的颜色会是蓝色。光源不动而我们远离或靠近光源时，也会出现这一效应。

多普勒效应非常重要，因为它揭示了地球是否正在远离或靠近某颗天体。此外，我们还可根据波长的变化来计算相对运动的速率。多普勒频移越大，相对运动的速率越高，多普勒频移越小，相对运动的速率越低。

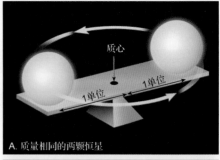

A. 质量相同的两颗恒星

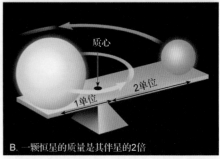

B. 一颗恒星的质量是其伴星的2倍

图 D.3　绕质心旋转的双星。A. 质量相同的两颗恒星，其质心处于中间位置。B.一颗恒星的质量是其伴星的 2 倍时，其质心偏向较重的恒星。因此，较大质量的恒星，其轨道要小一些

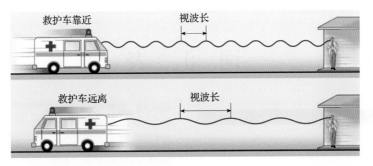

图 D.4　多普勒效应。图中演示了声源和观察者之间相对运动时，会导致波长的变长和缩短

词 汇 表

A

Aa flow　块状熔岩流
Ablation　消融
Abrasion　磨蚀
Absolute instability　绝对不稳定度
Absolute magnitude　绝对星等
Absolute stability　绝对稳定度
Abyssal plain　深海平原
Accretionary wedge　增生楔
Active continental margin　活动大陆边缘
Adiabatic temperature change　绝热温度变化
Advection fog　平流雾
Aerosols　悬浮微粒
Air　空气
Air mass　气团
Air-mass weather　气团天气
Air pressure　气压
Albedo　反照率
Alluvial fan　冲积扇
Alluvium　冲积物
Alpine glacier　山岳冰川
Andesitic composition　安山岩成分
Aneroid barometer　空盒气压表
Angular unconformity　角度不整合
Annual mean temperature　年平均温度
Annual temperature range　年温度范围
Anticline　背斜
Anticyclone　反气旋
Apparent magnitude　视星等
Aquicludes　含水层
Aquifer　蓄水层
Arête　刃脊
Artesian well　自流井
Asteroid　小行星
Asthenosphere　软流圈
Astronomical unit (AU)　天文单位
Astronomy　天文学
Atmosphere　大气圈
Atoll　环礁
Atom　原子
Atomic number　原子序数
Autumnal equinox　秋分

B

Backswamp　漫滩沼泽
Bajada　山麓冲积平原
Barograph　自动记录式气压计
Barometer　气压计
Barometric tendency　气压趋势
Barred spiral　棒旋星云
Barrier island　障壁岛，堰洲岛
Basaltic composition　玄武质成分
Base level　基准面
Basin　盆地

B

Batholith　岩基
Bathymetry　海洋测深学
Baymouth bar　湾口沙洲
Beach drift　海滩漂移物
Beach nourishment　人工育滩
Bed load　推移质，底沙，底负载
Bergeron process　伯杰龙过程
Big bang theory　大爆炸理论
Biochemical sedimentary rock　生物化学沉积岩
Biogenous sediment　生物成因沉积物
Biosphere　生物圈
Black hole　黑洞
Blowout (deflation hollow)　风蚀洼地
Bowen's reaction series　鲍温反应系列
Breakwater　防波堤
Bright nebula　亮星云
Brittle deformation　脆性变形

C

Caldera　破火山口
Capacity　能力，容量
Catastrophism　灾变说
Cavern　洞穴
Celestial sphere　天球（一个想象的无限大球体）
Cenozoic era　新生代
Chemical bond　化学键
Chemical sedimentary rock　化学沉积岩
Chinook wind　钦诺克风
Cinder cone　火山锥渣
Circle of illumination　晨昏线
Cirque　冰斗
Cirrus cloud　卷云
Cleavage　解理
Climate　气候
Cloud　云
Cloud of vertical development　直展云
Coarse-grained texture　粗粒结构
Cold front　冷锋
Collision–coalescence process　碰并过程
Color　颜色
Columnar joints　柱状节理
Comet　彗星
Composite volcano　复式火山
Compound　化合物
Compressional mountains　挤压山脉
Concordant　整合一致
Condensation　冷凝
Condensation nuclei　凝结核
Conditional instability　条件不稳定性
Conduction　传导
Conduit　岩浆通道
Cone of depression　沉陷锥，沉降漏斗
Confined aquifer　承压含水层
Conformable　整合（地层与地层）
Contact metamorphism　接触变质作用

Continental (c) air mass　大陆气团
Continental drift theory　大陆漂移学说
Continental margin　大陆边缘
Continental rift　大陆裂谷
Continental rise　大陆隆
Continental shelf　大陆架
Continental slope　大陆坡
Continental volcanic arc　大陆火山弧
Convection　对流
Convergence　辐合
Convergent plate boundary　汇聚型板块边界
Coral reef　珊瑚礁
Core　地核
Coriolis effect (force)　科里奥利效应（力）
Cosmological red shift　宇宙红移
Crater　火山口/陨石坑
Creep　蠕变
Crevasse　冰隙
Cross-bedding　交错层理
Cross-cutting　穿切法则
Crust　地壳
Crystal settling　结晶沉降
Crystal shape　晶形
Crystallization　结晶
Cumulus　积云
Cup anemometer　风杯转速仪
Curie point　居里温度
Cut bank　凹岸
Cutoff　截弯取直（牛轭湖）
Cyclone　气旋

D

Daily mean temperature　日平均温度
Daily temperature range　日温度范围
Dark matter　暗物质
Dark nebula　暗星云
Dark silicate mineral　暗色硅酸盐矿物
Decompression melting　降压熔融
Deep-ocean basin　深海盆地
Deep-ocean trench　深海沟
Deep-sea fan　深海扇
Deflation　风蚀
Deformation　变形
Degenerate matter　简并物质
Delta　三角洲
Dendritic pattern　树枝状水系
Density　密度
Deposition　凝华
Desalination　脱盐作用
Desert　沙漠
Desert pavement　荒漠覆盖层
Detrital sedimentary rock　碎屑沉积岩
Dew point　露点（温度）
Dike　岩墙
Dip-slip fault　倾向滑移断层
Disconformity　平行不整合
Discordant　不整合
Dissolved load　溶解搬运质
Distributary　支流
Diurnal tidal pattern　全日潮模式
Divergence　扩散
Divergent plate boundary　离散型板块边界
Divide　分水岭

Dome　穹丘
Doppler effect　多普勒效应
Doppler radar　多普勒雷达
Drainage basin　流域
Drawdown　地下水位下降
Drift　冰碛
Drumlin　鼓丘
Dry adiabatic rate　干绝热率
Dry climate　干燥气候
Ductile deformation　韧性变形
Dune　沙丘
Dwarf galaxy　矮星系
Dwarf planets　矮行星

E

Earthquake　地震
Echo sounder　回声探测器
Economic mineral　经济矿物
Elastic deformation　弹性变形
Elastic rebound　弹性回跳
Electron　电子
Element　元素
Elements of weather and climate　天气和气候要素
Elliptical galaxy　椭圆形星系
Emergent coast　上升海岸
Emission nebula　辐射星云
End moraine　终碛
Enhanced Fujita intensity scale　改良藤田级数
Entrenched meander　深切曲流
Environmental lapse rate　环境递减率
Eon　宙
Ephemeral stream　季节性河流
Epicenter　震中
Epoch　世
Equatorial low　赤道低压
Equatorial system　赤道系统
Equinox (spring or autumnal)　二分点（春分/秋分）
Era　代
Erosion　侵蚀
Eruption column　喷发柱
Escape velocity　逃逸速度
Esker　蛇丘
Estuary　河口湾
Evaporation　蒸发
Evaporite　蒸发岩
Evapotranspiration　蒸腾作用
Exfoliation dome　叶状剥蚀穹丘
External process　外力作用
Eye　风眼
Eye wall　风眼墙

F

Fault　断层
Fault-block mountain　断块山
Fault creep　断层蠕动
Fault scarp　断层崖
Felsic composition　长英质成分
Fetch　风区长度
Fine-grained texture　细粒结构
Fiord　峡湾
Fissure　裂缝
Fissure eruption　裂隙喷发
Flood　洪涝

Flood basalts 溢流玄武岩
Floodplain 河漫滩
Fog 雾
Fold 褶皱
Foliated texture 叶理结构
Foliation 叶理
Footwall block 下盘断块
Foreshocks 前震
Fossil magnetism 化石磁性
Fossil succession 化石层序
Fossils 化石
Fracture 破裂，断裂
Fracture zone 破裂带
Freezing 凝固
Freezing nuclei 凝结核
Front 锋
Frontal fog 锋面雾
Frontal wedging 锋面楔形抬升
Frost wedging 冰楔作用
Fumarole （火山）喷气孔

G

Galactic cluster 银河星团
Geocentric 地心说
Geologic time 地质年代
Geologic time scale 地质年代表
Geology 地质学
Geostrophic wind 地转风
Geothermal gradient 地热梯度
Geyser 间歇泉
Giant (star) 巨星
Glacial budget 冰川消融与形成量
Glacial drift 冰碛物
Glacial erratic 冰川漂砾
Glacial striations 冰川擦痕
Glacial trough 冰川槽
Glacier 冰川
Glassy texture 玻璃光泽
Glaze 雨凇
Graben 地堑
Gradient 坡降（梯度）
Granitic composition 花岗质成分
Greenhouse effect 温室效应
Groin 防沙堤
Ground moraine 底碛
Groundwater 地下水
Guyot 平顶山
Gyre 流涡

H

Habit 晶体习性
Hail 冰雹
Half-life 半衰期
Hanging valley 悬谷
Hanging wall block 断层上盘
Hard stabilization 硬加固
Hardness 硬度
Heliocentric 日心说
Hertzsprung-Russell diagram 赫罗图
High clouds 高云
High-pressure center 高压中心
Horn 角峰
Horst 地垒

Hot spot 热点
Hot spring 温泉
Hubble's law 哈勃定律
Humidity 湿度
Hurricane 飓风
Hydrogen burning 氢燃烧
Hydrogen fusion 氢聚变
Hydrogenous sediment 水成沉积
Hydrologic cycle 水循环
Hydrosphere 水圈
Hygrometer 湿度计
Hygroscopic nuclei 吸湿核
Hypocenter 震源
Hypothesis 假说

I

Ice cap 冰盖
Ice sheet 冰原
Iceberg 冰山
Igneous rock 火成岩
Immature soil 未成熟土
Inclination of the axis 轨道倾角
Inclusion 包裹体
Inclusions 捕虏体法则
Index fossil 标准化石
Infrared 红外线
Inner core 内核
Interface 接触面
Interior drainage 内陆水系
Intermediate composition 中性成分
Internal process 内力作用
Interstellar matter 星际物质
Intertropical convergence zone (ITCZ) 热带辐合区
Intraplate volcanism 板内火山活动
Intrusion 侵入体
Iron meteorite 铁陨石
Irregular galaxy 不规则星系
Island arc 岛弧
Isobar 等压线
Isotherms 等温线
Isotopes 同位素

J

Jet stream 急流
Jovian planet 类木行星

K

Kame 冰碛阜
Karst topography 喀斯特地貌
Kettle 锅穴，水壶
Kuiper belt 柯伊伯带

L

Laccolith 岩盖
Lahar 火山泥流
Land breeze 陆风
Latent heat 潜热
Lateral moraine 冰川侧碛
Lava 熔岩
Light silicate mineral 浅色硅酸盐矿物
Lightning 闪电
Light-year 光年

Liquefaction　熔融液化作用
Lithification　固结成岩
Lithosphere　岩石圈
Lithospheric plate　岩石圈板块
Local Group　本星系群
Local wind　局地风
Localized convective lifting　局部对流抬升
Loess　黄土
Longitudinal profile　河流纵剖面
Longshore current　顺岸流
Low clouds　低云
Low-pressure center　低压中心
Lower mantle　下地幔
Lunar regolith　月壤
Luster　光泽

M

Mafic composition　铁镁质成分
Magma　岩浆
Magnetic reversal　磁极倒转
Magnetic time scale　地磁时间尺度
Magnetometer　磁力仪
Magnitude (earthquake)　震级（地震）
Magnitude (stellar)　星等（星体）
Main-sequence stars　主序星
Mantle　地幔
Mantle plume　地幔柱
Maria　月海
Marine terrace　海洋台地
Maritime (m) air mass　海洋气团
Mass number　质量数
Mass wasting　崩塌作用
Massive　岩浆块
Mean solar day　平均太阳日
Meander　曲流
Medial moraine　中碛
Megathrust fault　逆冲断层
Melting　融化
Mercury barometer　水银气压计
Mesosphere (atmosphere)　中间层（大气圈）
Mesosphere (geology)　中间层（地质）
Mesozoic era　中生代
Metallic bond　金属键
Metamorphic rock　变质岩
Metamorphism　变质作用
Meteor　流星
Meteor shower　流星雨
Meteorite　陨石
Meteoroid　流星体
Meteorology　气象学
Microcontinent　微陆块
Middle clouds　中云
Middle-latitude cyclone　中纬度气旋
Mid-ocean ridge　洋中脊
Mineral　矿物
Mineral resources　矿产资源
Mixed tidal pattern　混合潮模式
Model　模型
Modified Mercalli Intensity scale　改良麦加利烈度表
Mohs hardness scale　莫氏硬度表
Moment magnitude　矩震级
Monsoon　季风
Monthly mean temperature　月平均温度

Mountain breeze　山风

N

Natural hazard　自然灾害
Natural levees　天然堤坝
Neap tide　小潮
Nebula　星云
Nebular theory　星云说
Neutron　中子
Neutron star　中子星
Nonconformity　不整合
Nonfoliated texture　无叶理结构
Nonrenewable resource　不可再生资源
Normal fault　正断层
Normal polarity　正常极性
Nucleus (atomic)　原子核
Nucleus (comet)　核（彗星）
Nuée ardente　炽热火山云

O

Oceanic ridge　洋脊
Oceanography　海洋学
Octet rule　八隅规则
Oort cloud　奥尔特云
Ore　矿石
Organic matter　有机质
Organic sedimentary rock　有机沉积岩
Original horizontality　原始水平状态
Orogenesis　造山运动
Orographic lifting　地形抬升
Outer core　外核
Outgassing　去气作用
Outlet glacier　注出冰川
Outwash plain　冰川沉积平原
Overrunning　空气对流
Oxbow lake　牛轭湖
Ozone　臭氧

P

P wave　P波
Pahoehoe flow　绳状熔岩
Paleoclimatology　古气候学
Paleomagnetism　古地磁学
Paleozoic era　古生代
Pangaea　泛大陆
Parasitic cone　寄生火山锥
Parcel　气块
Partial melting　部分熔融
Passive continental margin　被动大陆边缘
Perched water table　上层滞水水面
Period　纪
Permeability　渗透率
Perturbation　扰动
Phanerozoic eon　显生宙
Physical environment　自然环境
Piedmont glacier　山麓冰川
Pipe　管状矿脉
Planetary nebula　行星状星云
Plate　板块
Plate tectonics　板块构造
Playa lake　干盐湖
Pleistocene epoch　更新世

Pluton　火成侵入体
Plutonic　深成岩
Pluvial lake　洪积湖
Point bar　边滩
Polar (P) air mass　极地气团（P）
Polar easterlies　极地东风带
Polar front　极锋
Polar high　极地高压
Polar wandering　极地迁移
Porosity　孔隙度
Porphyritic texture　斑状结构
Positive-feedback mechanism　正反馈机制
Pothole　锅穴
Precambrian　前寒武纪
Precession　岁差
Precipitation fog　降水雾
Pressure gradient　气压梯度
Pressure tendency　气压倾向
Prevailing wind　盛行风
Primary pollutants　初级污染物
Primary (P) wave　纵波
Proglacial lake　冰堰湖
Proton　质子
Protostar　原恒星
Psychrometer　湿度计
Ptolemaic model　托勒密地心说
Pulsar　脉冲星
Pumice　浮石
Pycnocline　密度跃层
Pyroclastic flow　火山碎屑流
Pyroclastic material　火成碎屑物
Pyroclastic texture　火山碎屑结构

Q

Quaternary period　第四纪

R

Radial pattern　放射状
Radiation　辐射
Radiation fog　辐射雾
Radiation pressure　辐射压力
Radioactive decay　放射性衰变
Radiometric dating　放射性测年
Radiosonde　无线电探空仪
Rain　雨
Rainshadow desert　雨影沙漠
Red giant　红巨星
Reflecting telescope　反射式望远镜
Reflection nebula　反射星云
Refracting telescope　折光式望远镜
Refraction　折射
Regional metamorphism　区域变质作用
Regolith　风化层
Relative dating　相对定年
Relative humidity　相对湿度
Renewable resource　可再生资源
Reserve　储量
Retrograde motion　逆向运动
Reverse fault　逆断层
Reverse polarity　反极性
Revolution　公转
Richter scale　里氏震级
Ridge push　洋脊推动

Rift valley　裂谷
Rime　雾凇
Ring of Fire　环太平洋火山带
Rock　岩石
Rock cycle　岩石循环
Rock flour　岩粉
Rock-forming minerals　造岩矿物
Rotation　自转

S

S wave　S 波
Saffir–Simpson scale　萨菲尔-辛普森飓风等级
Salinity　盐度
Saturation　饱和状态
Scoria　火山渣
Scoria cone　火山锥
Sea arch　海蚀拱
Sea breeze　海风
Sea ice　海冰
Sea stack　海蚀柱
Seafloor spreading　海底扩张
Seamount　海山
Seawall　海堤
Secondary (S) wave　横波
Sediment　沉积物
Sedimentary rock　沉积岩
Seismic sea wave　地震海啸
Seismic waves　地震波
Seismogram　地震图
Seismograph　地震仪
Seismology　地震学
Seismometer　地震检波器
Semidiurnal tidal pattern　半日潮模式
Shield volcano　盾状火山
Silicate mineral　硅酸盐矿物
Silicon–oxygen tetrahedron　硅氧四面体
Sill　岩席（岩床）
Sink hole (sink)　落水洞
Slab pull　板片拉张
Slab suction　板片吸附
Sleet　雨夹雪
Slip face　滑落面/落沙坡
Small solar system bodies　太阳系小天体
Snow　雪
Solstice　至日
Sonar　声呐
Sorting　分选
Source region　发源地（气象学）
Specific gravity　比重
Specific humidity　含湿量
Spiral galaxy　螺旋形星系
Spit　沙嘴
Spreading center　扩张中心
Spring　泉水
Spring equinox　春分
Spring tide　大潮
Stable air　稳定气团
Stalactite　钟乳石
Stalagmite　石笋
Steam fog　蒸汽雾
Stellar parallax　恒星视差
Steppe　干草原
Stock　岩株

Stony meteorite　石陨石
Stony-iron meteorite　石铁陨石
Storm surge　风暴潮
Strata　地层
Stratified drift　层状冰碛
Stratosphere　平流层
Stratovolcano　层状火山
Stratus　层云
Streak　条痕
Strike-slip fault　走向滑移断层
Subduction erosion　俯冲削减
Subduction zone　俯冲带
Sublimation　升华
Submarine canyon　海底峡谷
Submergent coast　沉没海岸
Subpolar low　副极地低压
Subtropical high　副热带高压
Summer solstice　夏至
Supergiant　超巨星
Supernova　超新星
Surf　拍岸浪
Surface waves　面波
Suspended load　悬移质
Syncline　向斜

T

Tablemount　海底平顶山
Tabular　扁平状
Tectonic plate　板块构造
Temperature control　温度控制
Temperature gradient　温度梯度
Terrane　地体
Terrestrial planet　类地行星
Terrigenous sediment　陆源沉积物
Texture　结构
Theory　理论学说
Thermal metamorphism　热变质作用
Thermocline　温跃层
Thermohaline circulation　热盐环流
Thermosphere　增温层
Thrust fault　逆冲断层
Thunderstorm　雷暴
Tidal current　潮流
Tidal delta　潮汐三角洲
Tidal flat　潮滩
Tide　潮汐
Till　冰碛石
Tombolo　连岛沙洲
Tornado　龙卷风
Tornado warning　龙卷风警报
Tornado watch　龙卷风观测
Trade winds　信风
Transform boundary　转换断层边界
Transform fault　转换断层
Transpiration　蒸腾作用
Trellis pattern　格状水系
Trench　海沟
Trigger　诱发因素
Tropic of Cancer　北回归线
Tropic of Capricorn　南回归线
Tropical (T) air mass　热带气团
Tropical depression　热带低气压

Tropical storm　热带风暴
Troposphere　对流层
Tsunami　海啸
Turbidity current　浊流

U

Ultramafic composition　超镁铁质组分
Ultraviolet radiation　紫外辐射
Unconformity　不整合面
Uniformitarianism　均变论
Unsaturated zone　不饱和带
Unstable air　不稳定气团
Upslope fog　上坡雾
Upwelling　上涌

V

Valley breeze　谷风
Valley glacier　山谷冰川
Valley train　谷边碛
Vapor pressure　蒸汽压
Variable stars　变星
Vent　喷口
Vesicular texture　气孔结构
Viscosity　黏度
Visible light　可见光
Volatiles　挥发分
Volcanic　火山岩
Volcanic bomb　火山弹
Volcanic cone　火山锥
Volcanic island arc　火山岛弧
Volcanic neck　火山颈
Volcano　火山

W

Warm front　暖锋
Water table　潜水面
Wave height　波高
Wave period　波浪周期
Wave refraction　波浪折射
Wave-cut cliff　海蚀崖
Wave-cut platform　海蚀台地
Wavelength　波长
Weather　天气
Weathering　风化作用
Well　水井
Westerlies　西风带
Wet adiabatic rate　湿绝热递减率
White dwarf　白矮星
Wind　风
Wind vane　风向标
Winter solstice　冬至

Y

Yazoo tributary　亚祖式支流

Z

Zone of accumulation　聚集带
Zone of saturation　饱和带
Zone of wastage　消融带